Fachkunde für Elektroberufe

Von Oberstudienrat Wilhelm Hille, Goslar
und Studiendirektor Otto Schneider, Göttingen

7., überarbeitete Auflage

Mit 404 teils mehrfarbigen Bildern, 25 Tafeln, 102 Versuchen,
100 Beispielen und 366 Übungsaufgaben

 B. G. Teubner Stuttgart 1983

CIP-Kurztitelaufnahme der Deutschen Bibliothek

Hille, Wilhelm:
Fachkunde für Elektroberufe / von Wilhelm Hille
u. Otto Schneider. – 7., überarb. Aufl. –
Stuttgart : Teubner, 1983.
   ISBN 3-519-46800-X

NE: Schneider, Otto:

© B. G. Teubner, Stuttgart 1983

Printed in Germany

Gesamtherstellung: Sellier Druck GmbH, Freising

Umschlaggestaltung: W. Koch, Sindelfingen

Vorwort

Die Verfasser haben sich in der vorliegenden „Fachkunde für Elektroberufe" die Aufgabe gestellt, unter Anlehnung an die zur Zeit gültigen Lehrpläne der berufsbildenden Schulen den Lehrstoff für die Handwerks- und Industrieberufe der elektrischen Energietechnik — unter Berücksichtigung der Verordnung über die Berufsausbildung in der Elektrotechnik vom 12. 12. 1972 — darzustellen. Der gebotene Lehrstoff richtet sich demnach insbesondere an Elektroinstallateure sowie an Elektroanlageninstallateure und Energieanlagenelektroniker (früher Starkstromelektriker). Er ist jedoch auch geeignet, den Elektromechanikern sowie den Elektrogerätemechanikern und Energiegeräteelektronikern, den Elektromaschinenbauern sowie den Elektromaschinenwicklern und Elektromaschinenmonteuren die Grundzüge ihres Fachwissens zu vermitteln. Darüberhinaus bietet das vorliegende Fachkundebuch auch Fachschülern und Technikern eine gründliche Einführung in die Elektrotechnik.

Die Gestaltung einer neuzeitlichen Fachkunde stellt die Verfasser heute vor allem vor die Aufgabe, die durch die technische Entwicklung bedingte Stoffülle mit den Gegebenheiten der Ausbildung in Übereinstimmung zu bringen; eine sinnvolle Stoffauswahl war daher notwendig.

Es erschien weiterhin erforderlich, eine für den Anfänger verständliche und daher ausführliche Darstellung vor allem der physikalischen Grundlagen der Elektrotechnik zu bringen. Auf diese Weise wird ein gutes Fundament für das Verständnis auch komplizierter elektrischer Vorgänge gelegt, z. B. der Stromleitung in Halbleitern und in Gasen sowie der Vorgänge im elektrischen Feld.

Alle Maschinen, Geräte und Schaltungen, die bei dem heutigen Stand der Technik eine wesentliche Rolle spielen, sind ausführlich behandelt. Überholte Techniken sowie Beschreibungen von Arbeitsverfahren (z. B. Installationstechnik) wurden nicht dargestellt. Die Schutzmaßnahmen jedoch sowie andere für das Errichten von elektrischen Anlagen wesentliche VDE-Bestimmungen sind wegen ihrer besonderen Bedeutung in je einem Hauptabschnitt eingehend erläutert.

Das Buch geht bei der Ableitung der elektrischen Grundgesetze überall dort, wo es sinnvoll erscheint, von Versuchen aus. Aus den Versuchsergebnissen werden die Formeln abgeleitet, und zwar im ersten Abschnitt zunächst mit den einfachen Ansätzen der Dreisatzrechnung. Die Versuche können mit den üblichen, an den Schulen meist vorhandenen Einrichtungen durchgeführt werden; eine Anlehnung an bestimmte Lehrmittel wurde bewußt vermieden.

In den durchgerechneten Zahlenbeispielen sind den Zahlenwerten stets auch die Einheiten zugesetzt, um zum Ausdruck zu bringen, daß mit Größen gerechnet wird, die aus Zahlenwert und Einheit bestehen. Die am Schluß der Abschnitte zusammengestellten Übungsaufgaben sollen dem Lernenden die Möglichkeit geben, sein Wissen zu prüfen und zu festigen. Die bei den Übungsaufgaben jeweils eingestreuten weiteren Versuche sind von den Verfassern im Unterricht erprobte Schülergruppenversuche.

Bei der gründlichen Überarbeitung des Textes und der Bilder in der 7. Auflage waren die folgenden Gesichtspunkte bestimmend:

1. Anpassung der Stoffauswahl an die moderne Entwicklung der Elektrotechnik. Das bedeutet vor allem eine gründliche Behandlung der elektronischen Bauelemente auf Halbleiterbasis und ihre Anwendung in Steuerungs- und Regelungsanlagen. In dem Abschnitt „Elektrische und elektronische Steuerung und Regelung" werden auch die logischen Schaltungen dargestellt.

2. Berücksichtigung der z. T. erheblichen Änderungen der VDE-Bestimmungen und DIN-Normen. In den Schaltplänen des Buches werden die neuen, international genormten Schaltzeichen sowie die neuen Normbezeichnungen für Leitungen und Anschlußklemmen verwendet.

Empfehlungen aus dem Kreis der Lehrerschaft folgend, haben die Verfasser aus methodischen Überlegungen für verschiedene Größen die auf Seite 405 angegebenen Formelzeichen beibehalten.

Ferner haben die Verfasser wiederum viele Anregungen aus dem Kreise der Benutzer des Buches ausgewertet. Es bleibt das Bestreben der Verfasser, das Buch der technischen Entwicklung fortlaufend anzupassen, um sowohl Lehrenden wie auch Lernenden eine zuverlässige und moderne Fachkunde für die Ausbildung in die Hand zu geben. Sie sind deshalb für jede Anregung zur Weiterentwicklung ihrer „Fachkunde" auch weiterhin dankbar.

Goslar und Göttingen, im Sommer 1982   W. Hille   O. Schneider

Inhalt

VIII

18 Elektrische und elektronische Steuerung und Regelung

Anhang

Bildquellen-Verzeichnis

[1] W. Hille, Goslar

[2] AEG, Allgem. Elektricitäts-Gesellschaft, Industrieanlagen, Frankfurt a. M.

[3] BBC, Brown, Boveri & Cie. AG, Mannheim-Käfertal

[4] Bosch, Robert, GmbH, Kondensatorenbau, Stuttgart

[5] Varta AG, Frankfurt a. M.

[6] DEW, Deutsche Edelstahlwerke AG, Magnetfabrik, Dortmund

[7] Gossen & Co., Erlangen/Bayern

[8] Hartmann & Braun AG, Meß- und Regeltechnik, Frankfurt a. M.

[9] Neuberger, Kondensatoren GmbH, München

[10] Osram GmbH, Berlin-Charlottenburg

[11] SEL, Standard Elektrik Lorenz AG, Stuttgart-Zuffenhausen

[12] Siemens AG, Erlangen

[13] E. G. O. Elektrogeräte Blanc u. Fischer, Oberdingen

Hinweise auf DIN-Normen in diesem Werk entsprechen dem Stand der Normung bei Abschluß des Manuskriptes. Maßgebend sind die jeweils neuesten Ausgaben der Normblätter des DIN Deutsches Institut für Normung e. V. im Format A4, die durch die Beuth-Verlag GmbH, Berlin und Köln zu beziehen sind. – Sinngemäß gilt das gleiche für alle in diesem Buch erwähnten VDE-Bestimmungen, die durch den VDE-Verlag GmbH, Berlin 2, bezogen werden können, sowie sonstige amtlichen Richtlinien, Bestimmungen, Verordnungen usw.

1 Elektrischer Stromkreis

1.1 Wesen und Wirkungen der Elektrizität

Es ist dem Menschen gelungen, die Naturerscheinung Elektrizität, die elementar in den Blitzen der Gewitter in Erscheinung tritt, zu bändigen und seinen Zielen dienstbar zu machen. Heute ist die Elektrizität nicht mehr aus dem täglichen Leben fortzudenken. Jedem ist ihre Anwendung bekannt und vertraut.

Am elektrischen Zugbetrieb (**1.1**) kann man die beherrschende Rolle der Elektrizität in unserem Zeitalter ein-

drucksvoll erkennen. Der Antrieb der elektrischen Lokomotive, die Beleuchtung und Heizung des Zuges, die Bremsen und Sicherheitseinrichtungen, aber auch das Kochen in der Küche des Speisewagens erfolgen mit Hilfe der Elektrizität. Für den reibungslosen Ablauf des Zugbetriebes auf einem ausgedehnten und stark verzweigten Streckennetz sorgt eine Vielfalt von elektrischen Fernmelde-, Signal- und Funkanlagen sowie von Stellwerken, Beleuchtungsanlagen usw.

Obwohl der tägliche Umgang mit der Elektrizität jedem geläufig ist, haftet ihr dennoch etwas Geheimnisvolles an, weil die eigentlichen elektrischen Vorgänge in den elektrischen Geräten und Anlagen nicht unmittelbar wahrnehmbar sind. Das Wesen der Elektrizität ist eng verknüpft mit dem im folgenden Abschnitt beschriebenen atomaren Aufbau der Stoffe.

1.1 Elektrischer Zugbetrieb als Beispiel für die Anwendung der Elektrizität [11]

1.11 Aufbau der Stoffe

Grundstoffe. Alle Stoffe, aus denen die Gegenstände unserer Welt bestehen, also auch die Werkstoffe der Technik, sind aus unvorstellbar vielen, kleinen Bausteinen zusammengesetzt. Man nennt diese Bausteine A t o m e (das Atom: das Unteilbare).

Stoffe, die aus gleichartigen Atomen aufgebaut sind, heißen Grundstoffe oder Elemente.

Es gibt rund hundert verschiedene Grundstoffe. Sie kommen in der Natur nur selten in reiner Form vor, wie z. B. die Edelmetalle Gold, Silber und Platin. Auch die Gase, die die Lufthülle unserer Erde bilden, nämlich Stickstoff (rund 80%), Sauerstoff (rund 20%) und die in geringen Mengen vorhandenen Edelgase Argon, Helium, Krypton, Neon und Xenon sind Grundstoffe. Sie bilden die Lufthülle in Form eines G e m e n g e s oder G e m i s c h e s (Gemenge = Gemisch).

Chemische Verbindungen. Alle übrigen Grundstoffe kommen fast nur in Form c h e m i s c h e r V e r b i n d u n g e n in der Natur vor, so z. B. alle Metalle (außer den Edelmetallen) in den Erzen. Besonders verwickelte Verbindungen sind alle pflanzlichen und tierischen Stoffe. Die kleinsten einheitlichen Teilchen einer Verbindung nennt man M o l e k ü l e.

Die b e s o n d e r e n M e r k m a l e einer chemischen Verbindung sollen am Beispiel des Wassers erklärt werden. Wasser ist im Temperaturbereich von 0 °C bis 100 °C flüssig.

Die Flüssigkeit wird aus den gasförmigen Grundstoffen Wasserstoff (chemisches Kurzzeichen H) und Sauerstoff (Kurzzeichen O) gebildet. Die beiden Gase sind im Wasser aber nicht einfach miteinander vermengt — denn ein Gemenge zweier Gase ist ebenfalls wieder ein Gas, in diesem Fall das sog. Knallgas —, vielmehr ist Wasser ein völlig anderer Stoff als jeder der Grundstoffe, aus denen es besteht. Man kann dieses Beispiel verallgemeinern:

In einer chemischen Verbindung bilden verschiedene chemische Grundstoffe einen völlig neuen Stoff, der meist ganz andere Eigenschaften als seine Bestandteile hat.

Ein weiteres Merkmal chemischer Verbindungen besteht darin, daß ihre Bestandteile nur in festen und ganzzahligen Mengenverhältnissen vorkommen, im Gegensatz zu einem Gemenge, bei dem die Bestandteile in jedem beliebigen Mengenverhältnis vorhanden sein können. Daraus kann man folgern:

Die Moleküle chemischer Verbindungen enthalten Atome verschiedener Elemente in festen und ganzzahligen Mengenverhältnissen.

Wasser
H_2O

Schwefelsäure
H_2SO_4

Kaliumhydroxyd
KOH

Kupfersulfat
$CuSO_4$

Sauerstoff
O_2

Ozon
O_3

2.1 Aufbau einiger wichtiger Moleküle

Bild **2**.1 zeigt einige Molekülmodelle, die natürlich nur eine Hilfsvorstellung vermitteln können.

In einem Wassermolekül sind z. B. 2 Atome Wasserstoff und 1 Atom Sauerstoff vereinigt. Unter Benutzung der chemischen Kurzzeichen für Wasserstoff (H) und Sauerstoff (O) schreibt man die chemische Formel für ein Wassermolekül: H_2O (sprich: H zwei O). In Bild **2**.1 sind sodann noch die Moleküle einer Säure (Schwefelsäure H_2SO_4), einer Base (Kaliumhydroxyd KOH, dessen Lösung in Wasser Kalilauge heißt) und eines Salzes (Kupfersulfat $CuSO_4$) dargestellt.

Moleküle werden nicht nur in chemischen Verbindungen gebildet. Auch die Atome der Grundstoffe vereinigen sich zu Molekülen, paarweise z. B. die Atome der meisten gasförmigen Grundstoffe: Ein Sauerstoffmolekül hat deshalb die Formel O_2, ein Wasserstoffmolekül H_2. Es gibt auch Moleküle aus drei gleichen Atomen. Wenn z. B. ein elektrischer Lichtbogen einige Zeit brennt, verwandelt sich ein Teil der zweiatomigen Sauerstoffmoleküle der umgebenden Luft in dreiatomigen Sauerstoff, das Ozon O_3, dessen Vorhandensein durch den eigentümlichen Ozongeruch feststellbar ist.

1.12 Atome als Ursprung elektrischer Erscheinungen

Atomaufbau. Man weiß heute, daß die Atome nicht die kleinsten, also unteilbaren Bausteine der Stoffe sind. Sie haben ihrerseits vielmehr einen zum Teil recht verwickelten Aufbau, den man sich durch Atommodelle anschaulich zu machen versucht. Auf Grund eingehender Forschungen stellt man sich den Aufbau eines Atoms etwa so wie den des Sonnensystems vor. Im Zentrum befindet sich der Atomkern, so wie beim Sonnensystem die Sonne. Um den Atomkern herum bewegen sich Elektronen, so wie sich die Planeten um die Sonne bewegen. Die Atome der verschiedenen Grundstoffe unterscheiden sich durch die Größe des Atomkerns und durch die Anzahl der Elektronen, die den Kern umkreisen, ihn sozusagen einhüllen (**3**.1).

Atome bestehen aus Atomkern und Elektronenhülle.

Das einfachste Atom ist das des leichtesten Stoffes, des Wasserstoffes. Es hat nur 1 Elektron. Das Atom des Sauerstoffs hat insgesamt 8 Elektronen, von denen 2 den Kern auf einer inneren und 6 auf einer äußeren Bahn umkreisen. Das Atom des Aluminiums enthält schon 13 Elektronen auf 3 Bahnen verschiedenen Durchmessers. Das schwerste in der Natur vorkommende Atom, das des Urans, hat sogar 92 Elektronen auf 7 Bahnen.

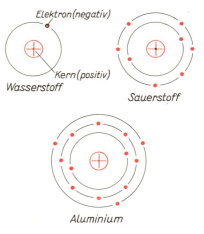

Elektron(negativ)

Kern(positiv)

Wasserstoff

Sauerstoff

Aluminium

3.1 Aufbau einiger Atome (positive und negative Ladungen von Kern und Elektronen werden auf Seite 4 erklärt)

Ladungszustand. In unserem Sonnensystem werden die Planeten dadurch in ihrer Bahn gehalten, daß die Fliehkraft, die die Planeten aus dieser Bahn schleudern könnte, aufgehoben wird durch eine ihr entgegenwirkende gleich große Kraft der Massenanziehung (Gravitationskraft), mit der die Sonne die Planeten anzieht. Im Atom ist auch eine Anziehungskraft zwischen Atomkern und Elektronen vorhanden. Diese verhindert, daß sich die Elektronen infolge der Fliehkraft vom Kern entfernen. Um eine Vorstellung von der Art dieser Anziehungskraft zu gewinnen, soll ein Versuch in der Anordnung nach Bild **4**.1 durchgeführt werden.

☐ **Versuch 1.** Ein Hartgummistab wird mit einem Wolltuch gerieben und in der Mitte an einem Faden aufgehängt. Dann wird ein zweiter, in gleicher Weise geriebener Hartgummistab e i n e m Ende des aufgehängten Stabes genähert. Der aufgehängte Stab weicht vor dem zweiten Stab zurück, beide Stäbe stoßen sich also gegenseitig ab.

Nun wird der gleiche Versuch mit zwei G l a s s t ä b e n , die beide mit einem Seidenlappen gerieben werden, wiederholt. Auch die beiden geriebenen Glasstäbe stoßen sich ab.

Zuletzt wird der Versuch mit e i n e m Hartgummi- und e i n e m Glasstab (**4.1**) durchgeführt und dabei festgestellt, daß sich Hartgummistab und Glasstab gegenseitig anziehen. Bei gleichartigen Stäben sind also abstoßende, bei ungleichartigen Stäben dagegen anziehende Kräfte wirksam. ☐

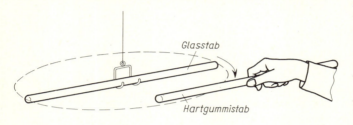

4.1 Kraftwirkungen zwischen elektrisch geladenen Körpern: Geriebener Glas- und Hartgummistab ziehen sich an

Man hat seinerzeit für die Ursache dieser abstoßenden und anziehenden Kräfte das Wort E l e k t r i z i t ä t geprägt und sagt: Durch Reiben werden Hartgummistab und Glasstab e l e k t r i s c h g e l a d e n . Der Versuch zeigt, daß der Glasstab und der Hartgummistab durch Reiben offensichtlich verschieden geartete elektrische Ladungen erhalten; denn bei gleichartigen Ladungen hätten sie sich so abstoßen müssen wie zwei Hartgummi- oder zwei Glasstäbe. Aus dem Versuch folgt:

Gleichartig elektrisch geladene Körper stoßen sich gegenseitig ab, ungleichartig geladene ziehen sich gegenseitig an.

Während also die Gravitationskraft im Sonnensystem immer nur als anziehende Kraft wirksam ist, treten bei elektrischen Erscheinungen sowohl anziehende als auch abstoßende Kräfte auf.

Die anziehende Wirkung von elektrisch geladenem Bernstein kannten die Griechen schon vor mehreren tausend Jahren. Sie stellten verwundert fest, daß z. B. ein Bernsteinkamm beim Kämmen unter geheimnisvollem Knistern eine anziehende Wirkung auf die Haare ausübt oder daß andere leichte Körper angezogen werden. Sie nannten den Bernstein E l e k t r o n . Hieraus entstand wahrscheinlich das Wort Elektrizität.

Atomkräfte. Mit dem Ergebnis von Versuch 1 kann man sich ein Bild von der Anziehungskraft zwischen dem Atomkern und den ihn umkreisenden Elektronen machen, und zwar nimmt man an, daß Atomkern und Elektronen ungleichartige elektrische Ladungen besitzen und sich — so wie Hartgummi- und Glasstab — anziehen. Da sich das Atom als Ganzes nach außen unelektrisch verhält oder, wie man sagt, e l e k t r i s c h n e u t r a l ist, müssen sich die Ladungen des Atomkerns und der Elektronen gegenseitig aufheben. Ihre Ladungen müssen also e n t g e g e n g e s e t z t e Wirkungen haben. Um die beiden ungleichartigen Ladungen unterscheiden zu können, nennt man die Ladung des Atomkerns p o s i t i v (+) und die des Elektrons n e g a t i v (−) (**3.1**). Diese Benennungen dienen nur der Unterscheidung und wurden willkürlich gewählt.

Die Anziehungskraft, die die Elektronen eines Atoms an den Atomkern bindet, ist elektrischer Natur. Die Elektronen der Atomhülle bezeichnet man als negativ, den Atomkern als positiv geladen. Das vollständige Atom ist jedoch elektrisch neutral, weil die negative Ladung der Elektronen und die positive Ladung des Kerns gleich groß sind und sich ihre Wirkungen nach außen hin aufheben.

Das Verhalten der geriebenen Stäbe in Versuch 1 läßt sich nun folgendermaßen erklären: Wird der zunächst elektrisch neutrale Hartgummistab mit dem Wolltuch gerieben, so nimmt er aus diesem (negative) Elektronen auf, und erhält dadurch einen negativen **Ladungsüberschuß**. Der zunächst ebenfalls elektrisch neutrale Glasstab gibt beim Reiben Elektronen an den Seidenlappen ab, wodurch die (positiven) Atomkerne des Glasstabes diesem einen **positiven Ladungsüberschuß** geben. Glasstab und Hartgummistab ziehen sich also ebenso wie Atomkern und Elektronen gegenseitig an. Zwei Hartgummistäbe oder zwei Glasstäbe erhalten beim Reiben dagegen **gleichartige Ladungsüberschüsse**, sie stoßen sich deshalb gegenseitig ab.

Ein Stoff mit Elektronenmangel ist elektrisch positiv, ein Stoff mit Elektronenüberschuß dagegen elektrisch negativ geladen.

Stoffe mit Elektronenmangel oder Elektronenüberschuß sind zwar elektrisch positiv bzw. negativ geladen, ihre stofflichen Eigenschaften ändern sich jedoch nicht. Dies läßt sich damit erklären, daß bei diesen Vorgängen nur eine verhältnismäßig kleine Zahl der äußeren, locker an den Atomkern gebundenen Elektronen beteiligt ist.

Elementarteilchen. Das Elektron enthält die kleinstmögliche negative Ladung; es ist der Träger der **negativen Ladungseinheit**. Die positive Ladung des Wasserstoff-Atomkerns hält der negativen Ladung seines einzigen Elektrons (3.1) das Gleichgewicht. Der Atomkern des Wasserstoffs enthält demnach eine **positive Ladungseinheit**. Die Träger der positiven Ladungseinheiten in den Atomkernen heißen **Protonen** (Einzahl: das Proton). Ein schweres Atom, z. B. das Kupferatom mit 29 Elektronen enthält eine ebenso große Anzahl positiv geladener Protonen, die den negativen Ladungen der Elektronen das Gleichgewicht halten.

Man weiß heute, daß die meisten Atomkerne außer Protonen noch elektrisch neutrale Elementarteilchen enthalten, die sogenannten **Neutronen** (Einzahl: das Neutron), die etwa ebenso schwer sind wie die Protonen. Der Kern des Kupferatoms enthält z. B. außer den 29 Protonen noch 34 bis 35 Neutronen. Man kann den Aufbau der Stoffe nun wie folgt beschreiben:

Die Grundbausteine der Stoffe sind nicht die Atome, sondern deren Elementarteilchen, nämlich positiv geladene Protonen und ungeladene Neutronen im Atomkern sowie negativ geladene Elektronen in der Atomhülle.

Die Atome der verschiedenen Grundstoffe unterscheiden sich durch die Anzahl ihrer Elementarteilchen. Elektronen und Protonen sind im elektrisch neutralen Atom stets in gleicher Anzahl vorhanden.

Ein Proton hat etwa die 1800fache Masse eines Elektrons. Dieser große Massenunterschied bewirkt, daß die Elektronen viel beweglicher sind als die aus Protonen und Neutronen bestehenden Atomkerne.

1.13 Elektrische Spannung und Elektronenstrom

Ladungstrennung. In Bild 6.1 ist der elektrische **Generator** (Generator heißt Erzeuger) eines Kraftwerks vereinfacht dargestellt. Befindet sich der Generator in Ruhe, so sind die Elektronen in seiner Drahtwicklung (meist Kupfer) gleichmäßig verteilt, und an den beiden Anschlußklemmen der Wicklung ist kein elektrischer Zustand feststellbar. Die Wicklung ist also an allen Stellen, auch an den Klemmen, elektrisch neutral (6.1 a). Wird er aber durch eine Antriebsmaschine in Drehung versetzt, so entsteht zwischen den beiden Anschlußklemmen ein Ladungsunterschied. Was ist geschehen?

In der Wicklung des Generators ist jetzt — ähnlich wie bei den geriebenen Stäben in Versuch 1, S. 4 — der elektrische Gleichgewichtszustand zwischen Atomkern und Elektronenhülle der einzelnen Kupferatome gestört. Diese Störung vollzieht sich in Form einer **Elektronenverschiebung** derart, daß ein kleiner Teil der Elektronen in der

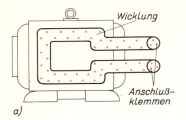

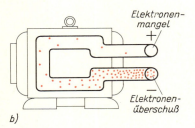

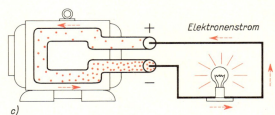

6.1 Elektrische Vorgänge in einem Generator

a) Generator in Ruhe; die Elektronen sind gleichmäßig in der Kupferwicklung verteilt

b) Generator in Betrieb, unbelastet; die Elektronen werden zu der einen Klemme hinbewegt (Minuspol) und von der anderen Klemme fortbewegt (Pluspol)

c) Generator in Betrieb, durch eine Glühlampe belastet; die Elektronen werden in Bewegung gehalten und fließen als Elektronenstrom im geschlossenen Stromkreis

Wicklung zu der einen Generatorklemme hin- und von der anderen Klemme fortbewegt wird (**6.1** b). Diesen Vorgang nennt man L a d u n g s t r e n n u n g. Die Gesamtzahl der in der Wicklung vorhandenen Elektronen bleibt dabei unverändert. Die Atomkerne sowie die meisten Elektronen bleiben an ihrem Platz, sie bilden das feste Gerüst des Kupferdrahtes.

Die Klemme, zu der die Elektronen hinbewegt werden, bekommt E l e k t r o n e n ü b e r - s c h u ß ; sie erscheint elektrisch n e g a t i v   g e l a d e n, weil die negative Ladung der Elektronen die positive Ladung der Atomkerne an dieser Stelle überwiegt. Die negative Klemme heißt auch M i n u s p o l.

Die Klemme, von der die Elektronen fortbewegt werden, hat E l e k t r o n e n m a n g e l. Sie erscheint elektrisch p o s i t i v   g e l a d e n, weil die positive Ladung der an dieser Stelle vorhandenen Atomkerne die negative Ladung der noch verbliebenen Elektronen überwiegt. Die positive Klemme heißt auch P l u s p o l.

Elektrische Spannung. Die an der Minusklemme vorhandenen überschüssigen Elektronen sind bestrebt, außerhalb des Generators zur Plusklemme zu gelangen. Dieses B e s t r e b e n   d e r   E l e k t r o n e n nennt man e l e k t r i s c h e   S p a n n u n g. Der Generator ist also eine Spannungsquelle oder ein S p a n n u n g s e r z e u g e r. Die von ihm erzeugte Spannung wird als Q u e l l e n s p a n n u n g oder auch als U r s p a n n u n g bezeichnet.

In einer Spannungsquelle entsteht durch Ladungstrennung eine elektrische Spannung, die sog. Quellenspannung. Der Minuspol hat Elektronenüberschuß, der Pluspol Elektronenmangel. Die Spannung ist also das Ausgleichsbestreben zwischen Punkten ungleicher Elektronenbesetzung.

Elektronenstrom. Werden die Klemmen des unter Spannung stehenden Generators (**6.1** c) über eine Glühlampe miteinander verbunden (der Generator wird durch die Glühlampe „belastet"), so können die an der Minusklemme vorhandenen überschüssigen Elektronen durch die Kupferleitung und den dünnen Metallfaden der Lampe hindurch zur positiven Klemme strömen. Dabei bringen sie den Metallfaden der Lampe zum Glühen. Für die Richtung des Elektronenstromes gilt:

Der Elektronenstrom fließt außerhalb der Spannungsquelle vom Minus- zum Pluspol und innerhalb der Spannungsquelle vom Plus- zum Minuspol.

Er wird somit von der Quellenspannung der Spannungsquelle fortwährend durch die in sich geschlossene Strombahn, den Stromkreis, getrieben. Die Spannungsquelle wirkt dabei gewissermaßen als „Elektronenpumpe"; sie wird daher auch als Stromquelle bezeichnet.

Arten von Spannungsquellen. Das in diesem Abschnitt beschriebene elektrische Verhalten eines Generators gilt in gleicher Weise auch für alle anderen Spannungsquellen. Sie alle erhalten ihre Quellenspannung durch eine Ladungstrennung, also durch eine Störung des elektrischen Gleichgewichtszustandes zwischen Atomkern und Elektronenhülle der einzelnen Atome. Die Spannungsquellen unterscheiden sich nur durch den Vorgang, der die Ladungstrennung hervorruft. Beim Generator wird die Ladungstrennung durch den Vorgang der elektrischen Induktion (s. Abschn. 3.4), beim galvanischen Element und Akkumulator durch chemische Vorgänge (s. Abschn. 5), beim Thermoelement durch Wärmeeinwirkung (s. Abschn. 2.4) und beim Fotoelement durch Lichteinwirkung (s. Abschn. 8.4) hervorgerufen. Die Ladungstrennung durch Reibung, wie sie im Versuch 1, S. 4, gezeigt wurde, hat in der Elektrotechnik keine praktische Bedeutung erlangt, weil man mit ihr nur sehr kleine Elektronenströme erzielen kann.

1.14 Leiter und Nichtleiter

Feste Leiter

Im folgenden Versuch soll das elektrische Verhalten fester Stoffe untersucht werden.

□ **Versuch 2.** In der Versuchsanordnung mit Spannungsquelle, Schalter und Glühlampe nach Bild **7.1** werden zwischen die Isolierstützen der Reihe nach ein Kupfer-, ein Aluminium-, ein Stahl- und ein Nickelindraht, ferner ein Kohle-, ein Glas-, ein Gummi- und ein Porzellanstab sowie ein trockener Papierstreifen gespannt. Mit Metalldrähten als Stromleiter brennt die Glühlampe nach dem Schließen des Schalters hell, beim Kohlestab wesentlich dunkler und bei trockenem Papier, Gummi, Porzellan und Glas bleibt sie völlig dunkel. Um genauer zu prüfen, ob dabei nicht doch ein kleiner Strom fließt, wird die Glühlampe durch einen sehr empfindlichen Strommesser ersetzt; doch auch dieser zeigt keinen Strom an. □

Der Versuch zeigt, daß die Metalle den Strom gut leiten, Kohle leitet weniger gut und die anderen benutzten Stoffe sind sogenannte Nichtleiter.

Metalle und Kohlenstoff sind Leiter. Gummi, Glas, Porzellan, trockenes Papier, aber auch Baumwolle, Seide, Glimmer, Lacke und die große Anzahl der verschiedenen Kunststoffe sind Nichtleiter oder Isolatoren.

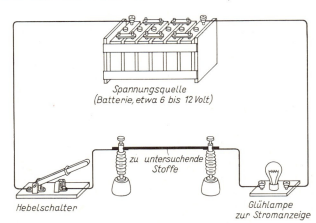

Spannungsquelle
(Batterie, etwa 6 bis 12 Volt)

zu untersuchende Stoffe

Hebelschalter

Glühlampe zur Stromanzeige

7.1 Feststellung der Leitfähigkeit fester Stoffe

Freie Elektronen. Der Grund für dieses unterschiedliche Verhalten ist im Aufbau der Stoffe zu suchen. Wie schon erwähnt, sind es die Elektronen, die durch die Quellenspannung der Spannungsquelle in Bewegung gesetzt werden und so den elektrischen Strom bewirken. Sie sind nach Abschn. 1.12 Grundbausteine aller Stoffe, also auch der Nichtleiter. Die Elektronen von Nichtleitern können aber durch eine Spannung nicht in Bewegung gesetzt werden, weil sie fest an ihren Atomkern gebunden sind. In Nichtleitern kann deshalb auch kein Elektonenstrom entstehen. Im Gegensatz dazu enthalten Leiterstoffe eine Anzahl von Elektronen, die im Atomverband frei beweglich sind und durch eine Spannung in Bewegung gesetzt werden können. Man nennt diese Elektronen freie Elektronen. Metallische Leiter und Kohlenstoff enthalten außer den an die Atomkerne gebundenen Elektronen solche freien Elektronen. Nichtleiter oder Isolatoren enthalten dagegen sehr wenig freie, sondern fast nur fest an die Atomkerne gebundene Elektronen.

Man kann die verschiedenen Stoffe nicht streng in Leiter und Nichtleiter trennen, denn der Übergang von der einen Gruppe zur anderen ist fließend. Auch die Isolierstoffe enthalten eine geringe Menge freier Elektronen, sind also eigentlich ebenfalls Leiter, wenn auch sehr schlechte.

Halbleiter

Sie nehmen eine besondere Stellung ein. Halbleiter sind nichtmetallische Stoffe, deren Leitfähigkeit zwischen der der Leiter und der der Nichtleiter liegt. Ihre Eigenart besteht aber darin, daß sich ihre Leitfähigkeit je nach Zusammensetzung stark verändert, wenn sich ihre Temperatur, die anliegende Spannung oder die Stärke des auftreffenden Lichtes verändern (s. Abschn. 1.4).

Eine besondere Rolle spielen die Halbleiter Germanium und Silizium, die in Abschn. 17.1 ausführlich behandelt werden.

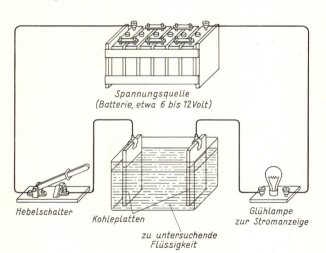

Spannungsquelle (Batterie, etwa 6 bis 12 Volt)

Hebelschalter

Kohleplatten

zu untersuchende Flüssigkeit

Glühlampe zur Stromanzeige

8.1 Feststellung der Leitfähigkeit von Flüssigkeiten

Flüssige Leiter

□ **Versuch 3.** An die Klemmen einer Spannungsquelle werden nach Bild **8.1** zwei Kohleplatten[1]) angeschlossen, die in ein Gefäß mit destilliertem Wasser eintauchen. Destilliertes Wasser ist frei von Verunreinigungen aller Art, also chemisch reines Wasser (H_2O). Nach Einlegen des Schalters leuchtet die Glühlampe nicht auf. Auch der Zeiger

---

[1]) Kohle eignet sich besonders gut, weil sie sich während des Versuchs chemisch nicht verändert, also z. B. nicht oxidiert, und weil sie einen sehr hohen Schmelzpunkt hat (s. Versuch 4).

eines an ihrer Stelle eingeschalteten, empfindlichen Strommessers schlägt nicht aus. Jetzt wird etwas Kochsalz (Natriumchlorid NaCl) oder irgendein anderes Salz in dem Wasser gelöst. Die Glühlampe leuchtet auf.

Der Versuch wird wiederholt, dem destillierten Wasser jetzt statt des Salzes jedoch eine Säure (z. B. Schwefelsäure H_2SO_4) oder eine Base (z. B. Kaliumhydroxyd KOH) zugesetzt. Auch mit diesen Zusätzen kommt die Glühlampe zum Leuchten und zeigt so einen Strom an.

Löst man in destilliertem Wasser dagegen Zucker oder wählt man als Flüssigkeit Öl, so fließt kein Strom. □

Flüssigkeiten sind zum Teil Nichtleiter, z. B. destilliertes Wasser, Zuckerlösung und Öl, zum Teil sind sie Leiter, wie die Lösungen von Säuren, Basen und Salzen in Wasser.

Auch der Erdboden und der menschliche Körper sind „flüssige" Leiter, denn sie enthalten Lösungen von Säuren, Basen und Salzen in Wasser. Näheres über die Vorgänge in flüssigen Leitern s. Abschn. 5.

Gasförmige Leiter

□ **Versuch 4.** Die Spannung eines Netzgeräts wird nach Bild **9.1** an zwei isoliert angeordnete Kohlestifte gelegt. Beide Stifte haben zunächst einen geringen Abstand voneinander: Der Strommesser zeigt keinen Strom an. Jetzt werden beide Kohlestifte einander bis zur Berührung genähert: Der Zeiger des Strommessers schlägt weit aus.

Wenn die Kohlestifte nun wieder voneinander entfernt werden, kann ein Lichtbogen „gezogen" werden, wobei der Zeigerausschlag des Strommessers zurückgeht. (Vorsicht, Schutzbrille verwenden!) □

Dieser Versuch zeigt, daß in Luft kein Strom fließt, wenn sich zwischen den Kohlestiften eine Luftstrecke von Zimmertemperatur befindet. Dagegen fließt ein Strom, wenn die Luft zwischen den Kohlestiften erhitzt wird. Es läßt sich nachweisen, daß dies nicht nur für Luft, sondern auch für andere Gase gilt, nicht dagegen für den leeren Raum, das Vakuum. Dieses leitet nicht, da es keine Atome und somit auch keine Elektronen enthält.

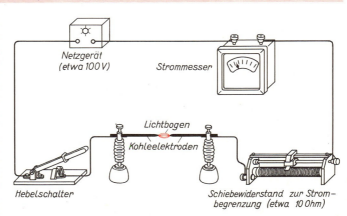

9.1 Feststellung der Leitfähigkeit gasförmiger Leiter (Lichtbogen)

Kalte Gase und das Vakuum sind Isolatoren, heiße Gase sind dagegen Leiter.

Näheres über die Vorgänge in gasförmigen Leitern s. Abschn. 8.31.

1.15 Wirkungen des elektrischen Stromes

Der Nachweis für eine Elektronenbewegung und damit für das Vorhandensein eines elektrischen Stromes wurde bei den vorangegangenen Versuchen indirekt mit Hilfe von Glühlampe und Strommesser geführt. Die Elektronen sind so unvorstellbar klein, daß sie auf keine Weise unmittelbar sichtbar gemacht werden können. Um den Elektronenstrom dennoch festzustellen und messen zu können, nutzt man die verschiedenen Wirkungen des Stromes aus, die den Leiter selbst oder seine Umgebung beeinflussen. Diese Wirkungen sollen jetzt betrachtet werden.

Wärmewirkung

☐ **Versuch 5.** Ein dünner Konstantandraht (schlecht leitende Metall-Legierung) wird nach Bild **10.1** zwischen zwei Isolierstützen ausgespannt und an eine Spannungsquelle angeschlossen. Über den Draht wird ein gefalteter Papierstreifen gehängt. Nach dem Einlegen des Schalters wird der Strom durch allmähliches Verkleinern des Strombegrenzerwiderstandes langsam erhöht. Bei wachsendem Strom dehnt sich der Draht zunächst aus und beginnt darauf zu glühen, wobei das Papier schließlich in Brand gesetzt wird. Jetzt werden die Anschlußklemmen vertauscht und der Versuch wiederholt. Man erhält das gleiche Ergebnis. ☐

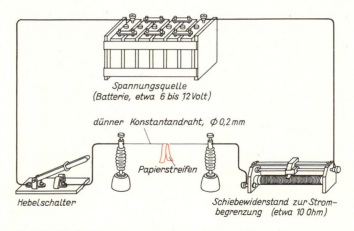

10.1 Nachweis der Wärmewirkung des elektrischen Stromes

Wird ein Leiter von einem Strom durchflossen, so wird der Leiter erwärmt. Die Wärmewirkung ist unabhängig von der Stromrichtung. Es läßt sich nachweisen, daß alle vom Strom durchflossenen Leiter erwärmt werden, also auch flüssige und gasförmige Leiter.

Anwendung findet die Wärmewirkung bei Schmelzsicherungen, Elektrowärmegeräten, Glühlampen, beim Lichtbogen- und Widerstandsschweißen.

Stromwärme entsteht daneben unerwünscht in allen Bauteilen und Leitungen elektrischer Anlagen, Geräten und Maschinen. In diesen Fällen ist sie nicht ausnutzbar (Verlustwärme) und beeinträchtigt die Arbeitsweise der elektrischen Einrichtungen. Näheres über die Wärmewirkung des Stromes s. Abschn. 2.

Magnetische Wirkung

☐ **Versuch 6.** Statt des Konstantandrahtes im Versuch 5 wird jetzt nach Bild **11.**1 ein Kupferdraht größeren Querschnitts zwischen den Isolierstützen in Nord-Süd-Richtung ausgespannt und an die Spannungsquelle angeschlossen. Unter dem Draht wird eine Magnetnadel aufgestellt. Beim Einschalten des Stromes wird die Magnetnadel aus ihrer Nord-Süd-Richtung abgelenkt. Sie stellt sich bei großem Strom quer zur Leiterachse ein. Danach werden die Anschlußklemmen vertauscht und der Versuch wiederholt. Die Magnetnadel wird in entgegengesetzter Richtung abgelenkt. ☐

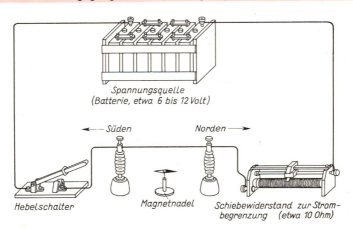

Spannungsquelle
(Batterie, etwa 6 bis 12 Volt)

← — Süden   Norden — →

Hebelschalter   Magnetnadel   Schiebewiderstand zur Strombegrenzung (etwa 10 Ohm)

11.1 Nachweis der magnetischen Wirkung des elektrischen Stromes

Ein von einem Strom durchflossener Leiter kann wie ein Magnet eine Magnetnadel aus ihrer Nord-Süd-Richtung ablenken. Diese magnetische Wirkung des Stromes ist von der Stromrichtung abhängig. Magnetische Wirkungen entstehen bei allen vom Strom durchflossenen Leitern, also auch bei flüssigen und gasförmigen Leitern.

Anwendung findet die magnetische Wirkung vor allem bei den Elektromagneten, bei allen elektrischen Maschinen, bei den meisten Meßgeräten, bei magnetisch betätigten Schaltern (Schütze, Relais und Schutzschalter) sowie bei der Klingel und Hupe. Näheres über die magnetische Wirkung des Stromes s. Abschn. 3.2.

Chemische Wirkung

☐ **Versuch 7.** An die Klemmen einer Spannungsquelle wird nach Bild **12.**1 über zwei Kohleplatten ein flüssiger Leiter, und zwar eine wäßrige Kupfersulfatlösung ($CuSO_4$) angeschlossen. In kurzer Zeit wird die mit dem negativen Pol der Spannungsquelle verbundene Kohleplatte mit einer Kupferschicht überzogen, während die positive Platte unverändert bleibt. Werden die Anschlußklemmen vertauscht, so wird an der anderen jetzt negativen Platte eine Kupferschicht niedergeschlagen. Die Kupferschicht entsteht offensichtlich aus dem Kupfer (Cu) der Kupfersulfatlösung ($CuSO_4$). ☐

In einem flüssigen Leiter, Elektrolyt genannt, treten bei Stromdurchgang chemische Veränderungen auf. Diese sind von der Stromrichtung abhängig.

Im Gegensatz zur Wärmewirkung und zur magnetischen Wirkung tritt die chemische Wirkung nur in flüssigen Leitern auf.

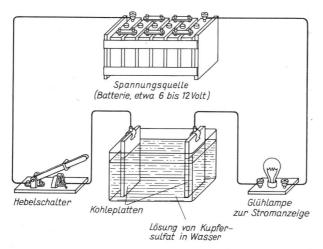

Spannungsquelle
(Batterie, etwa 6 bis 12 Volt)

Hebelschalter   Kohleplatten

Lösung von Kupfer-
sulfat in Wasser

Glühlampe
zur Stromanzeige

Anwendung findet die chemische Wirkung bei der Metallgewinnung (Aluminium, Reinkupfer), bei der Herstellung von Metallüberzügen (galvanisieren) und bei den Akkumulatoren. Näheres über die chemische Wirkung des Stromes s. Abschn. 5.

12.1 Nachweis der chemischen Wirkung des elektrischen Stromes

Lichtwirkung

Der Lichtbogen in Versuch 4, S. 9, der glühende Draht in Versuch 5, S. 10, und auch der Metallfaden einer Glühlampe erzeugen indirekt Licht infolge der Temperaturerhöhung: **Temperaturstrahler**. Beim Stromdurchgang in Gasen ist jedoch auch eine direkte Lichterzeugung, ohne den Umweg über die Wärmewirkung, möglich, so z. B. bei der Glimmlampe, der Leuchtstofflampe und der Leuchtröhre: **Luminiszenzstrahler**. Näheres über die Lichterzeugung in Gasen s. Abschn. 8.31.

1.2   Einfacher Stromkreis

1.21 Schaltung eines einfachen Stromkreises

Nach Abschn. 1.13 kann ein Strom nur dann fließen, wenn eine Spannungsquelle vorhanden ist, deren Klemmen leitend miteinander verbunden sind. Dann entsteht eine geschlossene Strombahn, die man als **Stromkreis** bezeichnet.

Ein elektrischer Strom kann nur dann fließen, wenn eine Spannungsquelle und ein geschlossener Stromkreis vorhanden sind.

In der Technik ist das Aufrechterhalten eines Stromes nur dann sinnvoll, wenn man seine Wirkungen (s. Abschn. 1.15) ausnutzen kann. Hierzu muß man die erwünschte Wirkung in einem elektrischen Gerät, dem „Verbraucher" erzeugen. Die Verbraucher (Glühlampe, Elektromotor, Elektrowärmegeräte usw.) werden über Zuleitungen mit der Spannungsquelle verbunden.

Wird der Stromkreis nicht über einen Verbraucher geschlossen, sondern nur über eine Zuleitung, so wird die Spannungsquelle „kurzgeschlossen". Ein solcher **Kurzschluß** stellt zwar auch einen in sich geschlossenen Stromkreis her, dieser bietet aber nicht die Möglichkeit, die Wirkungen des Stromes auszunutzen. Außerdem stellt er wegen des entstehenden, unter Umständen sehr großen Kurzschlußstromes eine Gefahr für die elektrische Anlage dar.

Ein einfacher elektrischer Stromkreis besteht aus der Spannungsquelle, dem Verbraucher sowie den Verbindungsleitungen (Hin- und Rückleitung) zwischen Spannungsquelle und Verbraucher.

Meist enthält der Stromkreis noch einen Schalter, um den Strom bequem ein- und ausschalten zu können.

Schaltplan

Bild **13.**1 zeigt den S c h a l t p l a n eines einfachen Stromkreises. Schaltpläne veranschaulichen das Zusammenwirken zwischen den Bauteilen bzw. Bauelementen einer Schaltung. In diesen Plänen werden die in den Bildern **6.**1 bis **12.**1 verwendeten gegenständlichen Darstellungen der Bauelemente durch genormte einfache Symbole, die sogenannten S c h a l t z e i c h e n, ersetzt. Schaltzeichen lassen keine Rückschlüsse auf Form und Bauweise der Bauelemente zu. Die Schaltpläne stellen i. allg. den ausgeschalteten Zustand dar. Das „Lesen" eines Schaltplanes ist nur dann möglich, wenn man die Schaltzeichen für die verschiedenen Schaltelemente kennt und wenn man bedenkt, daß auch verwickelte Schaltungen aus Einzelstromkreisen aufgebaut sind.

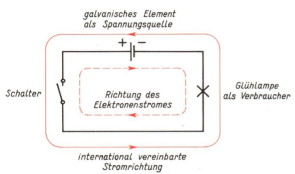

13.1 Schaltplan eines einfachen Stromkreises mit der Richtung des Elektronenstromes ----→ und der vereinbarten Stromrichtung ——→ bei geschlossenem Schalter

Die S c h a l t u n g v o n S t r o m m e s s e r u n d S p a n n u n g s m e s s e r — häufig auch noch Amperemeter und Voltmeter genannt — zeigt Bild **13.**2. Ein Spannungsmesser wird a n den Stromkreis, also p a r a l l e l zu Spannungsquelle und Verbraucher, geschaltet. Ein Strommesser liegt im Stromkreis, also i n R e i h e mit Spannungsquelle und Verbraucher, weil der gesamte Strom, dessen Stärke gemessen werden soll, durch ihn hindurch fließen muß.

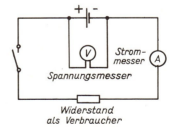

13.2 Schaltung von Strom- und Spannungsmesser. In den Schaltzeichen von Meßgeräten stehen die Einheiten der zu messenden Größen, hier z. B. V (Volt) und A (Ampere) oder auch die Formelzeichen U bzw. I.

Man kann mit Hilfe des Strommessers durch einen Versuch ein wichtiges Gesetz für den einfachen Stromkreis feststellen.

☐ **Versuch 8.** Der Strommesser in Bild **13.**2 wird der Reihe nach an verschiedenen Stellen in den Stromkreis geschaltet, die gemessenen Stromstärken werden miteinander verglichen. Sie haben überall den gleichen Wert. ☐

In einem einfachen Stromkreis ist die Stärke des Stromes, Stromstärke genannt, an allen Stellen des Stromkreises gleich groß.

Von den Elektronen, die im Stromkreis fließen, geht demnach keines auf seinem Wege verloren. Sie treten nach Bild **6.**1 c aus der Spannungsquelle aus und fließen alle wieder zu ihr zurück.

Richtung des elektrischen Stromes

Der Elektronenstrom fließt bei geschlossenem Stromkreis außerhalb der Spannungs- quelle von deren negativer Klemme zur positiven Klemme und innerhalb der Spannungs- quelle von der positiven zur negativen Klemme **(13.1)**. Leider hat man die Rolle der Elektronen als „Ladungsträger" bei der Stromleitung in Metallen zu jener Zeit noch nicht erkannt, als die Stromrichtung willkürlich festgelegt wurde. Man setzte damals als Stromrichtung die Bewegungsrichtung gedachter positiver Ladungsträger fest, die man außerhalb der Spannungsquelle von der positiven zur negativen Klemme, also dem tatsächlichen Elektronenstrom gerade e n t g e g e n g e s e t z t fließend annahm. Heute weiß man, daß es in metallischen Leitern keinen Strom positiver Ladungsträger gibt, sondern nur einen solchen negativer Ladungsträger, also den Elektronenstrom. Man hat aber später die seinerzeit international vereinbarte Stromrichtung beibehalten, weil die Änderung dieser vereinbarten Stromrichtung Verwirrung angerichtet hätte und weil sie für den, der die Zusammenhänge kennt, nicht notwendig ist. Man bleibt also bei der Vereinbarung:

Der elektrische Strom fließt außerhalb einer Spannungsquelle von deren positiver Klemme zur negativen Klemme, er tritt also an der positiven Klemme aus und an der negativen Klemme ein.

Die W a n d e r g e s c h w i n d i g k e i t, mit der die Elektronen im Stromkreis fortbewegt werden, ist sehr gering. Sie beträgt im Durchschnitt nur etwa zwei Meter in der Stunde. Angesichts dieser Tat- sache erscheint es daher zunächst merkwürdig, daß z. B. die Lampen einer Straßenbeleuchtungs- anlage in demselben Augenblick aufflammen, in dem der Schalter betätigt wird, obwohl die Lampen mehrere hundert Meter vom Schalter entfernt sind und der gesamte Stromkreis einschließlich der Spannungsquelle i. allg. eine Ausdehnung von mehreren Kilometern hat. Verständlich wird dies jedoch, wenn man bedenkt, daß an jeder Stelle im Stromkreis freie Elektronen vorhanden sind, die beim Schließen des Schalters durch die Quellenspannung der Spannungsquelle fast gleichzeitig in Bewegung gesetzt werden, so als ob sie sich gegenseitig anstoßen. Die Geschwindigkeit, mit der sich der Stoß im Stromkreis fortpflanzt, ist dabei sehr groß. Sie beträgt im Durchschnitt 10 000 Kilo- meter in der Sekunde und mehr. Man nennt die Geschwindigkeit der Stoßfortpflanzung die S i g n a l - g e s c h w i n d i g k e i t oder Impuls-Geschwindigkeit.

Den U n t e r s c h i e d z w i s c h e n W a n d e r - und S i g n a l g e s c h w i n d i g k e i t kann man anschau- lich am Beispiel rangierender Güterzüge erläutern: Bei einem in Ruhe befindlichen Güterzug pflanzt sich der Stoß der Rangierlokomotive sehr rasch vom ersten zum letzten Wagen fort, während sich dabei die Wagen selbst nur langsam voranbewegen. Unvorstellbar größer muß man sich diesen Unterschied bei so kleinen Teilchen wie den Elektronen denken.

1.22 Gleich- und Wechselstrom

Bisher wurde stets angenommen, daß die Spannung der Spannungsquelle unverändert immer in der g l e i c h e n R i c h t u n g wirkt. Man spricht dann von einer G l e i c h s p a n - n u n g. Bei ihr haben die Klemmen der Spannungsquelle immer die gleiche Polarität; die eine Klemme hat immer Elektronenüberschuß (Minusklemme), die andere immer Elektronenmangel (Plusklemme). Der bei geschlossenem Stromkreis fließende Strom hat auch stets die g l e i c h e R i c h t u n g. Er ist ein G l e i c h s t r o m **(15.1)**.

Gleichspannung und Gleichstrom können gleichbleibende (konstante) Werte haben, sie können aber auch veränderlich sein. Erfolgt die Änderung in einem bestimmten Takt, so spricht man von pulsierender Gleichspannung und pulsierendem Gleich-strom (**15.2**).

Gleichspannung und Gleichstrom behalten ihre Richtung bei.

Ändert die Spannung der Spannungsquelle in einem bestimmten Takt ihre Richtung, so spricht man von einer Wechselspannung. Bei ihr wechseln die Klemmen der Spannungsquelle in gleichen Zeitabschnitten (periodisch) ihre Polarität, haben also abwechselnd Elektronenüberschuß und Elektronenmangel. Die modernen Energiever-teilungsnetze werden mit Wechselspannung ge-speist, die einen sinusförmigen Verlauf hat (s. Abschn. 6.11). Der bei geschlossenem Strom-kreis fließende Strom ist dann ein Wechselstrom, der im Takt der Wechselspannung seine Richtung im Stromkreis fortwährend umkehrt (**15.3**).

Wechselspannung und Wechselstrom ändern perio-disch ihre Richtung.

Da die Zeit, in der die Spannung in einer Richtung wirkt, im Wechselstromkreis meist sehr kurz ist — bei Wechselspannung der öffentlichen Versorgungsnetze beträgt sie nur 0,01 Sekunden — und da die Wander-geschwindigkeit der Elektronen sehr gering ist, können die Elektronen im Wechselstromkreis nicht mehr strömen, sondern nur noch (um den Bruchteil eines Millimeters) hin- und herpendeln. Wechselstrom ist also eigentlich gar kein Elektronen-„Strom", sondern eine Elektronen-„Schwingung".

Linien- oder Kurvendiagramm. Bei der Dar-stellung des zeitlichen Verlaufs des Stromes in den Schaubildern **15**.1 bis **15**.3 trägt man die eine Richtung von der waagerechten Achse (Zeitachse) aus nach oben über den entsprechenden Zeitwer-ten auf und die entgegengesetzte Richtung nach unten (**15.3**). Die Größe des Stromes in den einzel-nen Zeitpunkten wird durch den senkrechten Ab-stand der Kurvenpunkte von der Zeitachse an-gegeben. Solche Schaubilder, in denen der zeitliche Verlauf von Spannung, Stromstärke oder einer anderen Größe über einer Zeitachse dargestellt wird, nennt man Zeitschaubilder oder Zeit-diagramme. Sie sind eine besondere Art der Linien- oder Kurvendiagramme.

Liniendiagramme können auch Zusammenhänge zwischen anderen Größen darstellen, z. B. zwi-schen der Temperatur und dem Widerstand eines Leiters (**27.1**).

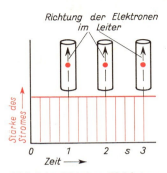

15.1 Schaubild eines Gleichstroms

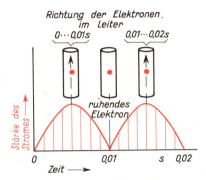

15.2 Schaubild eines pulsierenden Gleichstroms

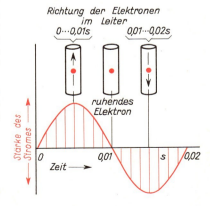

15.3
Schaubild einer Periode des sinusförmigen Wechselstroms

1.23 Einheiten für Stromstärke, Spannung und Widerstand

In einem elektrischen Stromkreis treibt die Spannung den Strom durch den Stromkreis. Dabei setzen die Leitungen und vor allem der Verbraucher dem Strom einen **Widerstand** entgegen.

Stromstärke, Spannung und Widerstand sind die Grundgrößen des elektrischen Stromkreises.

Um mit diesen Größen rechnen zu können, müssen ihnen Maßeinheiten (oder allgemein: Einheiten) zugeordnet werden, die der Gesetzgeber verbindlich festlegt. International gilt folgendes:

1. Die Einheit der Stromstärke ist das Ampere[1]), Kurzzeichen A (Basiseinheit).

2. Die Einheit des elektrischen Widerstandes ist das Ohm[2]), Kurzzeichen Ω (griechisch Omega).

3. Die Einheit der elektrischen Spannung ist das Volt[3]), Kurzzeichen V.

Die Art der Festlegung dieser Einheiten ist im Anhang „Das SI-Einheitensystem" erläutert.

Für große und kleine Zahlenwerte elektrischer und anderer physikalischer Größen benutzt man zweckmäßig **Vielfache und Teile der Einheiten**, die sich um Zehnerfaktoren unterscheiden. Sie werden dadurch gekennzeichnet, daß man der Einheit einen entsprechenden Vorsatz gibt (Tafel **16.1**).

Tafel 16.1 Vorsätze für Vielfache und Teile von Einheiten

Vorsatz (Abkürzung)	gesprochen	Umrechnungsfaktor
T	Tera	$1\,000\,000\,000\,000 = 10^{12}$ billionenfach
G	Giga	$1\,000\,000\,000 = 10^{9}$ milliardenfach
M	Mega	$1\,000\,000 = 10^{6}$ millionenfach
k	Kilo	$1\,000 = 10^{3}$ tausendfach
h	Hekto	$100 = 10^{2}$ hundertfach
da	Deka	$10 = 10^{1}$ zehnfach
d	Dezi	$\dfrac{1}{10} = \dfrac{1}{10^{1}} = 10^{-1} = $ ein Zehntel
c	Centi	$\dfrac{1}{100} = \dfrac{1}{10^{2}} = 10^{-2} = $ ein Hundertstel
m	Milli	$\dfrac{1}{1\,000} = \dfrac{1}{10^{3}} = 10^{-3} = $ ein Tausendstel
μ[4])	Mikro	$\dfrac{1}{1\,000\,000} = \dfrac{1}{10^{6}} = 10^{-6} = $ ein Millionstel
n	Nano	$\dfrac{1}{1\,000\,000\,000} = \dfrac{1}{10^{9}} = 10^{-9} = $ ein Milliardstel
p	Piko	$\dfrac{1}{1\,000\,000\,000\,000} = \dfrac{1}{10^{12}} = 10^{-12} = $ ein Billionstel

[1]) Ampère, französischer Naturforscher, 1775 bis 1836.
[2]) Ohm, deutscher Naturforscher, 1789 bis 1854 (s. Abschn. 1.24).
[3]) Volta, italienischer Naturforscher, 1745 bis 1827.

[4]) Griechisch my.

gebräuchliche Vielfache und Teile der Einheiten für Spannung, Stromstärke und Widerstand

Größe	Spannung	Stromstärke	Widerstand
Einheit	1 V	1 A	1 Ω
Vielfache	1 kV = 1 000 V	1 kA = 1 000 A	1 kΩ = 1 000 Ω
	1 MV = 1 000 000 V		1 MΩ = 1 000 000 Ω
Teile	$1\,mV = \dfrac{1}{1\,000}\,V$	$1\,mA = \dfrac{1}{1\,000}\,A$	
		$1\,\mu A = \dfrac{1}{1\,000\,000}\,A$	

1.24 Ohmsches Gesetz

Wenn man die elektrischen Vorgänge in einem einfachen Stromkreis oder in verwickelteren Schaltungen rechnerisch erfassen will, muß man die Abhängigkeit der Stromstärke (Formelzeichen I) von der Spannung (Formelzeichen U) einerseits und dem Widerstand (Formelzeichen R) andererseits kennen. Diese Abhängigkeit wird jetzt untersucht.

☐ **Versuch 9.** Am mehrzelligen Stahlakkumulator in Bild **17**.1 werden der Reihe nach verschiedene Spannungen abgegriffen. Dann mißt man die Spannung U an den Klemmen des Verbrauchers, eines konstanten (unveränderlichen, gleichbleibenden) Widerstandes $R = 10\,\Omega$, sowie den hindurchfließenden Strom I.

Es stellen sich folgende Wertepaare ein:

U in V	1,2	2,4	3,6	4,8	6
I in A	0,12	0,24	0,36	0,48	0,6

Hier wie auch bei allen folgenden Versuchen wird der sehr geringe Einfluß der Meßgeräte auf das Versuchsergebnis der Einfachheit halber nicht berücksichtigt. ☐

Demnach bewirkt eine Spannungserhöhung auf den doppelten Wert auch eine Verdopplung des Stromes. Durch Vergleich der Spannungs- und Stromwerte erhält man also folgendes Versuchsergebnis:

Bei konstantem Widerstand wird die Stromstärke I um so größer, je größer die Spannung U wird, und zwar ändert sich die Stromstärke im gleichen Verhältnis wie die Spannung.

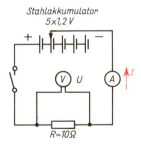

17.1 Nachweis des Ohmschen Gesetzes

☐ **Versuch 10.** Man wählt wieder die Schaltung nach Bild **17**.1, benutzt jetzt jedoch eine konstante Spannung $U = 6\,V$ und der Reihe nach Verbraucher mit verschiedenen, aber bekannten Widerstandswerten.

Es werden folgende Wertepaare gemessen.

R in Ω	10	20	50	100	200	500
I in A	0,6	0,3	0,12	0,06	0,03	0,012

☐

Der Vergleich der Widerstands- und Stromwerte ergibt:

Bei konstanter Spannung U wird die Stromstärke I um so größer, je kleiner der Widerstand R wird, und zwar ändert sich die Stromstärke im umgekehrten Verhältnis wie der Widerstand.

Ohmsches Gesetz. Faßt man die Ergebnisse der beiden vorangegangenen Versuche zusammen, so erhält man das Ohmsche Gesetz:

Die Stromstärke I steigt mit zunehmender Spannung U und nimmt mit zunehmendem Widerstand R ab. Dabei ändert sich die Stromstärke im gleichen Verhältnis wie die Spannung und im umgekehrten Verhältnis wie der Widerstand.

Dieser gesetzmäßige Zusammenhang läßt sich, wie in den folgenden Beispielen gezeigt wird, mit Hilfe der Dreisatzrechnung in die Form einer Gleichung bringen. Die Festsetzung der Einheiten hat man so gewählt, daß ein Spannungserzeuger mit der Spannung $U = 1$ V in einem Verbraucher mit dem Widerstand $R = 1\,\Omega$ die Stromstärke $I = 1$ A erzeugt.

Beispiel 1: Wie groß ist die Stromstärke I in einem Widerstand $R = 50\,\Omega$, wenn an seinen Klemmen die Spannung $U = 220$ V liegt?

Lösung (Dreisatzrechnung):

Die Spannung   1 V treibt durch den Widerstand 1 Ω eine Strom von 1 A,

Die Spannung 220 V treibt durch den Widerstand 1 Ω einen Strom von 220 · 1 A,

Die Spannung 220 V treibt durch den Widerstand 50 Ω einen Strom von $\dfrac{220}{50}$ A = 4,4 A.

Führt man in die Zahlenrechnung 4,4 = 220/50 des vorstehenden Beispiels die entsprechenden elektrischen Größen und deren Formelzeichen ein, so erhält man eine Gleichung für das

Ohmsche Gesetz $$\textbf{Stromstärke } I = \frac{\textbf{Spannung } U}{\textbf{Widerstand } R}$$

Mit den Formelbuchstaben allein erhält man daraus die Formel für die Berechnung der

Stromstärke $$I = \frac{U}{R}$$

Beispiel 2: Mit der Formel $I = U/R$ ergibt sich für Beispiel 1 ein kürzerer Rechnungsgang.

Lösung (Formelrechnung):

Stromstärke $$I = \frac{U}{R} = \frac{220\,\text{V}}{50\,\Omega} = 4,4\,\text{A}$$

Das Ohmsche Gesetz läßt sich natürlich auch anwenden, wenn nach der Spannung gefragt wird, die erforderlich ist, um einen bestimmten Strom durch einen bekannten Widerstand zu treiben. Hierfür wieder ein Beispiel, zunächst nach den Regeln der Dreisatzrechnung durchgerechnet.

Beispiel 3: Welche Spannung U ist erforderlich, wenn durch einen Widerstand $R = 500\,\Omega$ ein Strom $I = 0,4$ A fließen soll?

Lösung (Dreisatzrechnung):

Der Strom 1   A wird durch den Widerstand 1 Ω von der Spannung 1 V getrieben,

Der Strom 0,4 A wird durch den Widerstand 1 Ω von der Spannung 0,4 · 1 V getrieben,

Der Strom 0,4 A wird durch den Widerstand 500 Ω von der Spannung 0,4 · 500 V = 200 V getrieben.

Aus der vorstehenden Zahlenrechnung 200 = 0,4 · 500 geht hervor, daß man die Spannung U aus Stromstärke I und Widerstand R auch mit folgender Formel errechnen kann

Spannung U = Stromstärke I × Widerstand R $U = I \cdot R$

Beispiel 4: Mit der Formel $U = I \cdot R$ erhält man das Ergebnis bequemer und schneller.

Lösung (Formelrechnung):

Spannung $U = I \cdot R = 0{,}4\,\text{A} \cdot 500\,\Omega = 200\,\text{V}$

Bei gegebener Spannung läßt sich für eine geforderte Stromstärke auch der notwendige Widerstand ausrechnen, wie das folgende Zahlenbeispiel zeigt.

Beispiel 5: Welchen Widerstand R muß ein Verbraucher haben, damit bei der angelegten Spannung $U = 220\,\text{V}$ der Strom $I = 8\,\text{A}$ fließt?

Lösung (Dreisatzrechnung):

Die Spannung   1 V treibt den Strom 1 A durch den Widerstand 1 Ω,
Die Spannung 220 V treibt den Strom 1 A durch den Widerstand $220 \cdot 1\,\Omega$,
Die Spannung 220 V treibt den Strom 8 A durch den Widerstand $\dfrac{220}{8}\,\Omega = 27{,}5\,\Omega$.

Setzt man in der Zahlenrechnung $27{,}5 = \dfrac{220}{8}$ des vorstehenden Beispiels an die Stelle der Zahlen die entsprechenden Formelbuchstaben, so kann man den Widerstand R aus Spannung U und Stromstärke I mit folgender Formel errechnen

Widerstand $R = \dfrac{\text{Spannung } U}{\text{Stromstärke } I}$ $R = \dfrac{U}{I}$

Beispiel 6: Mit der Formel $R = \dfrac{U}{I}$ erhält man für Beispiel 5 den zu errechnenden Widerstand auf einfache Weise.

Lösung (Formelrechnung):

Widerstand $R = \dfrac{U}{I} = \dfrac{220\,\text{V}}{8\,\text{A}} = 27{,}5\,\Omega$

Wenn man das Ohmsche Gesetz nicht mit Hilfe der Dreisatzrechnung, sondern einfacher mit Hilfe der oben abgeleiteten drei Formeln anwenden will, genügt es, sich die Ausgangsformel $I = \dfrac{U}{R}$ als G r u n d f o r m e l einzuprägen und daraus durch Umstellen die beiden anderen Formeln abzuleiten. Die Verschiedenartigkeit der drei Formeln ist nämlich nur eine äußerliche. Tatsächlich sind sie gleichwertig, d. h. nur verschiedene Schreibweisen der e i n e n Grundformel $I = \dfrac{U}{R}$.

Man erhält z. B. die Formel $U = I \cdot R$ aus der Formel $I = \dfrac{U}{R}$, wenn man b e i d e Seiten der letzteren mit dem Widerstand R multipliziert. Dadurch bleibt die Gleichheit beider Seiten bestehen und man erhält $I \cdot R = U \cdot \dfrac{R}{R}$. Auf der rechten Seite kann man R herauskürzen. Nach Vertauschen der beiden Seiten der Gleichung erhält man dann $U = I \cdot R$.

Die Formel $R = \dfrac{U}{I}$ erhält man aus $U = I \cdot R$, wenn man b e i d e Seiten der letzteren durch die Stromstärke I dividiert. Auch dann bleibt die Gleichheit beider Seiten der Formel bestehen. Man erhält $\dfrac{U}{I} = \dfrac{I}{I} \cdot R$. Nach Kürzen von I auf der rechten Seite und Vertauschen beider Seiten ergibt sich $R = \dfrac{U}{I}$.

Es ist wichtig, das Formelrechnen und Formelumstellen in der hier für das Ohmsche Gesetz gezeigten Weise immer wieder zu üben. Man kann dann mit wenigen Grundformeln auskommen und braucht das Gedächtnis nicht mit unnötigem Formelballast zu belasten. Die Richtigkeit einer Formelumstellung kann man übrigens leicht nachprüfen, wenn man nachträglich die Formelbuchstaben durch Zahlen ersetzt. Man schreibt z.B. statt der Grundformel $I = \dfrac{U}{R}$ die zutreffende Zahlenrechnung $8 = \dfrac{24}{3}$. Dann müssen die Zahlenrechnungen der umgestellten Formeln ebenfalls zutreffend sein. Es gilt also richtig $U = I \cdot R$ bzw. $24 = 8 \cdot 3$ und $R = \dfrac{U}{I}$ bzw. $3 = \dfrac{24}{8}$.

Übungsaufgaben zu Abschnitt 1.1 und 1.2

1. Wodurch unterscheiden sich Grundstoffe und chemische Verbindungen?
2. Wie kann man sich den Aufbau eines Atoms vorstellen?
3. Durch welche Vorgänge entsteht eine elektrische Spannung?
4. Welche Klemme ist bei einer Gleichspannungsquelle die Plusklemme und welche die Minusklemme?
5. Worin unterscheiden sich Leiter und Nichtleiter in ihrem atomaren Aufbau?
6. Woran läßt sich das Vorhandensein eines elektrischen Stromes feststellen, obwohl die Elektronen wegen ihrer unvorstellbar kleinen Abmessungen der direkten Sinneswahrnehmung entzogen sind?
7. Welche Bedingungen müssen erfüllt sein, damit ein elektrischer Strom fließen kann?
8. Welche Richtung ist international als die Richtung des elektrischen Stromes vereinbart worden und welche Richtung hat der Elektronenstrom tatsächlich?
9. Wie müssen Strommesser und Spannungsmesser geschaltet werden?
10. Welcher Unterschied besteht zwischen einem Gleich- und einem Wechselstrom?
11. Wie lautet das Ohmsche Gesetz in Worten?

1.3 Elektrischer Widerstand

1.31 Widerstand eines Leiters

☐ **Versuch 11.** Um die Abhängigkeit des Widerstandes eines Leiters von seiner Länge zu untersuchen, werden zwischen die Isolierstützen der Versuchsanordnung nach Bild 21.1 der Reihe nach Drähte gleichen Werkstoffes und gleichen Querschnitts aber verschiedener Länge gespannt und in den Meßstromkreis geschaltet. Dann wird der Widerstand der Drähte nach dem Ohmschen Gesetz aus der angelegten Spannung U und der gemessenen Stromstärke ermittelt. Der Versuch zeigt, daß der Widerstand bei doppelter Leiterlänge ebenfalls verdoppelt, bei dreifacher Länge ebenfalls verdreifacht wird usw. ☐

Der Widerstand eines Leiters wird um so größer, je größer die Leiterlänge ist. Er wächst im gleichen Verhältnis wie die Leiterlänge.

☐ **Versuch 12.** Um die Abhängigkeit des Widerstandes vom Leiterquerschnitt festzustellen, werden zwischen die Isolierstützen der Versuchsanordnung nach Bild 21.1 nacheinander Drähte gleichen Werkstoffs und gleicher Länge aber verschiedenen

Querschnitts gespannt und ihr Widerstand nach dem Ohmschen Gesetz durch Messung von Spannung und Stromstärke ermittelt. Der Versuch ergibt, daß der Widerstand bei doppelt so großem Leiterquerschnitt auf die Hälfte sinkt, bei dreifachem Querschnitt auf ein Drittel usw. ☐

Der Widerstand eines Leiters wird um so kleiner, je größer der Leiterquerschnitt ist. Er wächst im umgekehrten Verhältnis wie der Leiterquerschnitt.

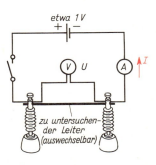

☐ **Versuch 13.** Zwischen die Isolierstützen der Versuchsanordnung nach Bild **21.1** werden der Reihe nach Drähte aus verschiedenen Leiterwerkstoffen, und zwar ein Kupferdraht, ein Aluminiumdraht und ein Stahldraht mit gleicher Länge und gleichem Querschnitt ausgespannt und in den Meßstromkreis geschaltet. Der Widerstand der zu messenden Drähte wird wiederum nach dem Ohmschen Gesetz ermittelt. Man erhält verschiedene Widerstandswerte. So ist der Widerstand des Aluminiumdrahtes ungefähr anderthalbmal so groß, der des Stahldrahtes etwa sechsmal so groß wie der Widerstand des Kupferdrahtes. ☐

21.1 Bestimmung von Leiterwiderständen

Der Widerstand eines Leiters ist von der Art des Leiterwerkstoffs abhängig.

Um die Art des Werkstoffs bei der Widerstandsberechnung bequem berücksichtigen zu können, gibt man für jeden Leiterwerkstoff den Widerstandswert für die Leiterlänge von 1 m und den Leiterquerschnitt von 1 mm² an. Man nennt diesen Widerstand, weil er nur für diesen Werkstoff gilt (für ihn „spezifisch" ist), den **s p e z i f i s c h e n   W i d e r s t a n d** ϱ (griechisch rho) des betreffenden Werkstoffes. Da auch die Temperatur des Leiters seinen Widerstand beeinflußt, wird der spezifische Widerstand stets bei einer bestimmten Temperatur, und zwar bei 20 °C gemessen.

Der spezifische Widerstand eines Leiterwerkstoffs ist zahlenmäßig gleich seinem Widerstand bei 1 m Länge, 1 mm² Querschnitt und der Temperatur 20 °C.

Die Einheit des spezifischen Widerstandes ist $\dfrac{\Omega \cdot \text{mm}^2}{\text{m}}$. So hat z. B. Kupfer den spezifischen Widerstand von $\varrho = 0,0178\,\Omega \cdot \text{mm}^2/\text{m}$. Weitere Angaben über den spezifischen Widerstand wichtiger Leiterwerkstoffe enthält Tafel **22.1**.

Der Leiterwiderstand R (gemessen in Ω) darf nicht mit dem spezifischen Widerstand ϱ (gemessen in $\Omega \cdot \text{mm}^2/\text{m}$), also dem Widerstand je 1 m Leiterlänge und je 1 mm² Leiterquerschnitt, verwechselt werden. Die naheliegende Frage, warum in der Einheit des spezifischen Widerstandes nur m nicht aber mm² im Nenner steht, kann erst beantwortet werden, wenn mit dem spezifischen Widerstand gerechnet wird (s. Abschn. 1.32).

Widerstands- und Heizleiterlegierungen. Während man für Leitungen (Verbindungsleitungen in Geräten, Haus- und Freileitungen, Kabeln usw.) Leiterwerkstoffe mit kleinem spezifischen Widerstand benutzt (Kupfer, Aluminium), benötigt man für den Bau von Heiz-, Meß- und Stellwiderständen Leiterwerkstoffe mit möglichst hohem spezifischen Widerstand, um kleine Drahtlängen zu erhalten. Da Legierungen aus verschiedenen Metallen i. allg. einen wesentlich höheren spezifischen Widerstand als die einzelnen Bestandteile haben, benutzt man als Widerstands- und Heizleiterwerkstoffe M e t a l l e g i e r u n g e n .

Tafel **22.**1 Eigenschaften wichtiger Leiterwerkstoffe bei 20 °C

Werkstoff		spezif. Widerstand ϱ $\dfrac{\Omega \cdot mm^2}{m}$	Leitfähig-keit $\varkappa$ $\dfrac{m}{\Omega \cdot mm^2}$	Temperatur-beiwert α $\dfrac{1}{K}$	Dichte ϱ $\dfrac{kg}{dm^3}$
gut leitende Metalle	Silber	0,016	62,5	+ 0,0038	10,5
	Kupfer	0,0178	56	+ 0,004	8,9
	Aluminium	0,0286	35	+ 0,0038	2,7
	Stahl	0,14	7,1	+ 0,0045	7,8
Widerstands-legierungen	CuMn 12 Ni, z. B. Manganin	0,43	2,3	⎫	8,4
	CuNi 44, z. B. Konstantan	0,5	2	⎬ praktisch 0	8,8
	CuMn 2 Al, z. B. Isa 13	0,13	7,7	⎭	8,9
Heizleiter-legierungen	NiCr 80 20	1,12 (bei + 1000 °C 1,14)	–	–	8,3
	NiCr 60 15	1,13 (bei + 1000 °C 1,24)	–	–	8,2
	CrAl 20 5	1,37 (bei + 1000 °C 1,45)	–	–	7,2
	CrAl 25 5	1,44 (bei + 1000 °C 1,49)	–	–	7,2

Widerstandslegierungen enthalten vorwiegend Kupfer, Nickel und Mangan. Sie sind unter Handelsbezeichnungen wie Manganin und Konstantan bekannt (Tafel **22.**1) und tragen die DIN-Kurzbezeichnung, die ihre Zusammensetzung angibt. Beispiel: CuNi 44 enthält 44% Nickel; der Rest von 56% ist Kupfer.

Heizleiterlegierungen bestehen aus Chrom-Nickel, Chrom-Nickel-Eisen oder Aluminium-Chrom-Eisen. Die höchstzulässige Betriebstemperatur beträgt etwa 1100 °C. Die Kurzbezeichnung enthält, wie bei den Widerstandslegierungen, Angaben über Legierungsbestandteile (Tafel **22.**1). Der Heizleiterwerkstoff CrAl 20 5 enthält z. B. etwa 20% Chrom und 5% Aluminium (der Rest, also 75%, ist Eisen), der Werkstoff NiCr 80 20 entsprechend etwa 80% Nickel und 20% Chrom.

1.32 Berechnen von Widerständen

Mit Hilfe der in den Versuchen 11, 12 und 13, S. 20 und 21, ermittelten Gesetzmäßigkeiten ist es möglich, den Widerstand R eines Leiters aus bekanntem Werkstoff (ausgedrückt durch den spezifischen Widerstand ϱ) und bekannten Abmessungen (ausgedrückt durch Leiterlänge l und Leiterquerschnitt A) zu berechnen. Hierzu soll zunächst wieder die Dreisatzrechnung und anschließend die Formelrechnung benutzt werden.

Beispiel 7: Wie groß ist der Widerstand R eines Kupferdrahtes von der Länge $l = 80$ m und dem Querschnitt $A = 4$ mm².

Lösung (Dreisatzrechnung): Kupfer hat den spezifischen Widerstand $\varrho = 0,0178\ \Omega \cdot mm^2/m$ (Tafel **22.**1). Daraus schließt man:

Ein Kupferdraht von 1 m Länge und 1 mm² Querschnitt hat den Widerstand 0,0178 Ω, bei 80 m Länge und 1 mm² Querschnitt beträgt der Widerstand 80 · 0,0178 Ω,

bei 80 m Länge und 4 mm² Querschnitt ist er $\dfrac{80 \cdot 0,0178}{4}\ \Omega = 0,356\ \Omega$.

Ordnet man der Zahlenrechnung $0,356 = 80 \cdot 0,0178/4$ des vorstehenden Beispiels die zugehörigen Formelzeichen zu, so findet man für den Widerstand R folgende Formel

$$\text{Widerstand } R = \frac{\text{spezifischer Widerstand } \varrho \times \text{Leiterlänge } l}{\text{Leiterquerschnitt } A} \qquad R = \frac{\varrho \cdot l}{A}$$

Setzt man darin die Leiterlänge l in m, den Leiterquerschnitt A in mm² und den spezifischen Widerstand ϱ in $\Omega \cdot$ mm²/m ein, so erhält man den Widerstand R in Ω.

Beispiel 8: Mit der Formel $R = \varrho \cdot l/A$ findet man für Beispiel 7 den gesuchten Widerstand bequemer und schneller.

Lösung (Formelrechnung):

$$R = \frac{\varrho \cdot l}{A} = \frac{0{,}0178 \cdot \dfrac{\Omega \cdot \text{mm}^2}{\text{m}} \cdot 80 \text{ m}}{4 \text{ mm}^2} = 0{,}356 \ \Omega$$

Einheit des spezifischen Widerstandes. Die eben durchgeführten Ableitungen und Rechnungen bestätigen die Einheit $\Omega \cdot$ mm²/m für den spezifischen Widerstand. Alle Gleichungen können nämlich in je eine Gleichung der Zahlenwerte und der Einheiten zerlegt werden, und beide Gleichungen müssen „richtig" sein. Für die Gleichung in Beispiel 8 erhält man nach Trennung von Zahlenwerten und Einheiten

$$\frac{0{,}0178 \cdot 80}{4} = 0{,}356 \quad \text{und} \quad \frac{\Omega \cdot \dfrac{\text{mm}^2}{\text{m}} \cdot \text{m}}{\text{mm}^2} = \Omega$$

nach Kürzung also $\Omega = \Omega$. Es bleibt nur die Einheit Ω übrig, wie es hier die Berechnung eines Widerstandes auch erfordert.

Man erhält die Einheit des spezifischen Widerstandes ϱ auch, wenn man die Grundformel $R = \varrho \cdot l/A$ so umformt, daß auf der rechten Seite nur ϱ steht. Hierzu muß man sie auf beiden Seiten mit A malnehmen und durch l teilen. Man erhält dann $\varrho = R \cdot A/l$. Mit R in Ω, l in m und A in mm² wird dann für ϱ die Einheit $\Omega \cdot$ mm²/m bestätigt.

Beispiel 9: Welche Länge l muß ein Konstantandraht aus CuNi 44 mit dem Querschnitt $A = 2$ mm² und dem Widerstand $R = 10 \ \Omega$ haben?

Lösung: Der Widerstandswerkstoff CuNi 44 hat den spezifischen Widerstand $\varrho = 0{,}5 \ \Omega \cdot$ mm²/m. Die der Rechnung zugrunde liegende Formel $R = \varrho \cdot l/A$ muß für die Ermittlung der Leiterlänge l umgeformt werden. Zu diesem Zweck multipilziert man beide Seiten der Gleichung mit A und teilt dann durch ϱ. Nach Vertauschen beider Seiten erhält man $l = R \cdot A/\varrho$. Nun können die Zahlenwerte mit den Einheiten eingesetzt werden und die Leiterlänge ist

$$l = \frac{R \cdot A}{\varrho} = \frac{10 \ \Omega \cdot 2 \text{ mm}^2}{0{,}5 \ \Omega \cdot \dfrac{\text{mm}^2}{\text{m}}} = 40 \cdot \frac{1}{\dfrac{1}{\text{m}}} = 40 \text{ m}$$

Einheitenprobe. In der letzten Zeile des vorstehenden Beispiels können alle Einheiten bis auf die Einheit m der Leiterlänge weggekürzt werden. Diese Einheitenprobe bestätigt die Richtigkeit der Umformung der Grundformel $R = \varrho \cdot l/A$. Auf die gleiche Weise wie vorhin kann man diese Formel auch für die Berechnung des Leiterquerschnitts A und des spezifischen Widerstandes ϱ umformen und diese Größen ausrechnen, wenn die anderen Größen bekannt sind. Beim Umformen ist immer die Regel zu beachten, daß das Gleichgewicht beider Seiten einer Gleichung nur dann erhalten bleibt, wenn man auf beiden Seiten die gleichen Veränderungen vornimmt. Eine Kontrolle ist, wie gesagt, durch eine Einheitenprobe möglich.

Beispiel 10: Ein Kupferleiter von der Länge $l = 120$ m soll einen Widerstand von $R = 0{,}357 \ \Omega$ haben. Welchen Querschnitt A muß er erhalten?

Lösung: Man geht von der Grundformel $R = \varrho \cdot l/A$ aus. Wenn man auf beiden Seiten mit A mal-nimmt, erhält man $R \cdot A = \varrho \cdot l$. Nach Teilen durch R ist der Leiterquerschnitt

$$A = \frac{\varrho \cdot l}{R} = \frac{0{,}01786 \cdot \dfrac{\Omega \cdot mm^2}{m} \cdot 120 \text{ m}}{0{,}357 \ \Omega} = 6 \text{ mm}^2$$

Bei Benutzung der Widerstandsformel

$$R = \frac{\varrho \cdot l}{A}$$

ist darauf zu achten, daß dann, wenn der Drahtdurchmesser d gegeben ist, aus diesem erst der Drahtquerschnitt A nach der Formel

$$A = \frac{\pi}{4} \cdot d^2 = 0{,}785 \cdot d^2$$

ausgerechnet werden muß. Hat der Leiterquerschnitt eine andere als die Kreisform, so muß der Querschnitt vor dem Einsetzen in die Widerstandsformel natürlich ebenfalls mit der für diese Querschnittsfläche gültigen Formel ausgerechnet werden.

Beispiel 11: Ein Heizwiderstand soll bei der Spannung $U = 220$ V den Strom $I = 2{,}5$ A aufnehmen. Wieviel Chromnickelband (Ni Cr 80 20) von der Breite $b = 2$ mm und der Dicke $s = 0{,}15$ mm braucht man?

Lösung: Der spezifische Widerstand von NiCr 80 20 beträgt $\varrho = 1{,}12 \ \Omega \cdot mm^2/m$, der Leiter-querschnitt ist

$$A = b \cdot s = 2 \text{ mm} \cdot 0{,}15 \text{ mm} = 0{,}3 \text{ mm}^2$$

Der erforderliche Widerstand ist $\quad R = \dfrac{U}{I} = \dfrac{220 \text{ V}}{2{,}5 \text{ A}} = 88 \ \Omega$

Die hierfür benötigte Leiterlänge wird $l = \dfrac{R \cdot A}{\varrho} = \dfrac{88 \ \Omega \cdot 0{,}3 \text{ mm}^2}{1{,}12 \cdot \dfrac{\Omega \cdot mm^2}{m}} = 23{,}6 \text{ m}$

1.33 Leitfähigkeit und Leitwert

Leitfähigkeit

Der spezifische Widerstand ϱ hat bei guten Leitern einen so kleinen Zahlenwert, daß die Rechnung damit, vor allem in der Schreibweise als Dezimalbruch, unbequem ist. Wenn man statt dessen jedoch den **Kehrwert des spezifischen Widerstandes**, die Leitfähigkeit κ (griechisch kappa) benutzt, kann man bei guten Leitern mit Zahlen-werten rechnen, die man sich leicht merken kann.

Leitfähigkeit $\quad\quad \kappa = \dfrac{1}{\varrho}$

Der Kehrwert des spezifischen Widerstandes ϱ heißt Leitfähigkeit κ.

Aus dem Kehrwert des spezifischen Widerstandes erhält man deren Einheit. Für den spezifischen Widerstand von Kupfer $\varrho = 0{,}0178 \cdot \Omega \cdot mm^2/m$ erhält man als zu-gehörigen Wert der Leitfähigkeit

$$\kappa = \frac{1}{\varrho} = \frac{1}{0{,}0178 \ \dfrac{\Omega \cdot mm^2}{m}} = 56 \ \frac{m}{\Omega \cdot mm^2}$$

Die Einheit der Leitfähigkeit ist also $\dfrac{m}{\Omega \cdot mm^2}$. Weitere Angaben über die Leitfähigkeit wichtiger Leiterwerkstoffe s. Tafel 22.1.

Mit der Leitfähigkeit κ ist der

Widerstand $\qquad R = \dfrac{l}{\kappa \cdot A}$

Setzt man in dieser Formel die Leiterlänge l in m, den Leiterquerschnitt A in mm² und die Leitfähigkeit κ in $\dfrac{m}{\Omega \cdot mm^2}$ ein, so erhält man den Widerstand in Ω.

Beispiel 12: Berechne den Widerstand einer Aluminiumschiene von der Länge $l = 7$ m und mit dem rechteckigen Querschnitt $A = 80$ mm × 12,5 mm.

Lösung: Mit dem Querschnitt $A = a \cdot b = 80$ mm $\cdot$ 12,5 mm $= 1000$ mm² erhält man den Widerstand

$$R = \frac{l}{\kappa \cdot A} = \frac{7 \text{ m}}{35 \cdot \dfrac{m}{\Omega \cdot mm^2} \cdot 1000 \text{ mm}^2} = 0,0002 \ \Omega$$

Das folgende Beispiel soll zeigen, welche zahlenmäßige Bedeutung die Leitfähigkeit hat.

Beispiel 13: Wie lang ist ein Kupferdraht mit dem Widerstand $R = 1 \ \Omega$ und mit dem Querschnitt $A = 1$ mm²?

Lösung: Der Widerstand ist $R = \dfrac{l}{\kappa \cdot A}$, hieraus erhält man durch Malnehmen mit $\kappa \cdot A$ die

Leiterlänge $\qquad l = R \cdot A \cdot \kappa = 1 \ \Omega \cdot 1 \text{ mm}^2 \cdot 56 \cdot \dfrac{m}{\Omega \cdot mm^2} = 56$ m

Aus dem vorstehenden Beispiel läßt sich folgende anschauliche Vorstellung ableiten:

Die Leitfähigkeit κ eines Leiterwerkstoffes ist zahlenmäßig gleich der Länge eines Leiters mit 1 mm² Querschnitt, der den Widerstand 1 Ω hat. Je besser die Leitfähigkeit eines Leiterwerkstoffes ist, um so größer ist also seine Länge bei dem Widerstand 1 Ω und dem Querschnitt 1 mm².

Leitwert

Auch die Benutzung des K e h r w e r t e s d e s W i d e r s t a n d e s, des Leitwertes G, bietet manchmal Vorteile (s. Abschn. 1.52).

Leitwert $\qquad G = \dfrac{1}{R}$

Der Kehrwert des Widerstandes R heißt Leitwert G.

Für die Einheit des Leitwertes, also für $1/\Omega$, ist der Einheitenname S i e m e n s[1]) (S) vereinbart worden. Es ist $1/\Omega = S$. Setzt man in die Leitwertformel den Widerstand R in Ohm ein, so erhält man den Leitwert G in Siemens.

Beispiel 14: Wie groß ist der Leitwert G des Widerstandes $R = 25 \ \Omega$.

Lösung: Leitwert $\qquad G = \dfrac{1}{R} = \dfrac{1}{25 \ \Omega} = 0,04$ S

1.4 Abhängigkeit des Widerstandes von Temperatur, Spannung und Beleuchtungsstärke

Bei den vorangegangenen Betrachtungen wurde angenommen, daß der Widerstand im Stromkreis seinen Wert stets beibehält, daß also $R = U/I = $ konstant ist. Das trifft für

[1]) Werner von Siemens, deutscher Ingenieur, 1816 bis 1892.

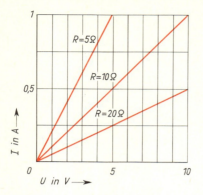

metallische Leiter, soweit sie sich nicht nennenswert erwärmen, auch zu. Man spricht dann von linearen Widerständen. Die Bezeichnung linear drückt aus, daß ihr Strom-Spannungs-Diagramm eine gerade Linie ist (**26.1**). Solche Diagramme, die sich auf ein bestimmtes Bauteil beziehen, werden auch als Kennlinie bezeichnet.

Im folgenden werden Fälle behandelt, bei denen $R = U/I$ nicht konstant ist. Man nennt Widerstände dieser Art nichtlineare Widerstände.

26.1 Strom-Spannungs-Kennlinien linearer Widerstände

1.41 Abhängigkeit des Widerstandes von der Temperatur

Bei Metallen trifft $R = $ const. dann nicht mehr zu, wenn sich die Temperatur des Leiters stark verändert.

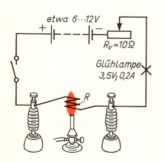

□ **Versuch 14.** Die Stromstärke in der Versuchsanordnung nach Bild **26.2** wird mit dem Schiebewiderstand R_V so eingestellt, daß die als Stromanzeiger benutzte Glühlampe gerade glüht. Nun wird der zu untersuchende Widerstand R, bestehend aus gewendeltem Stahldraht mit dem Durchmesser 0,2 mm, mit Hilfe eines Streichholzes, einer Kerzen- oder einer Gasflamme erhitzt. Die Glühlampe erlischt. Nimmt man die Flamme wieder fort, so glüht die Lampe nach einer kurzen Abkühlungszeit der Drahtwendel wieder auf. □

26.2 Abhängigkeit des Widerstandes eines Stahldrahtes von der Temperatur

Da an der Versuchsanordnung nur die Temperatur des Widerstandes geändert wird, läßt sich das Erlöschen der Lampe nur durch eine Widerstandserhöhung der Wendel infolge der Erwärmung erklären. Wählt man für die Wendel anstatt Stahl andere Metalle oder Metalllegierungen, so lassen sich ebenfalls mehr oder weniger große Widerstandszunahmen feststellen.

Der Widerstand der Metalle wird größer, wenn die Temperatur des Leiters erhöht wird. Für Temperaturverminderung gilt das Umgekehrte. Bis zu einer Temperatur von etwa 200 °C ändert sich der Widerstand im gleichen Verhältnis wie die Temperatur.

Bei der Mehrzahl der Metalle, so auch bei Kupfer und Aluminium, steigt der Widerstand bei einer Erwärmung um 1 K[1]) etwa um 0,4%. Bei Widerstandswerkstoffen, z. B. bei der Legierung Konstantan, erhöht sich dagegen der Widerstand bei Erwärmung viel weniger, er ist weitgehend temperaturunabhängig. In allen Fällen ist es gleichgültig, ob die Temperaturerhöhung durch äußere Einflüsse oder durch die Wärmewirkung des Stromes selbst (s. Abschn. 2.1) hervorgerufen wird. Die Widerstandsänderung erfaßt man durch den Temperaturbeiwert (Temperaturkoeffizient) α (griechisch alpha). Ändert sich die Temperatur eines Leiters von 1 Ohm um den Betrag $\Delta\vartheta$

---

[1]) Der Temperaturunterschied wird in Kelvin (K) oder Grad Celsius (°C) angegeben: 1 K = 1 °C (s. Abschn. 2.11).

(griechisch Delta und theta; Δ ist das Zeichen für Differenz, Unterschied, und ϑ das Formelzeichen für Temperatur), so beträgt seine Widerstandsänderung $\alpha \cdot \Delta\vartheta$. Bei einem Leiter mit dem Widerstand R beträgt dann die

Widerstandsänderung $\qquad$ $\boldsymbol{\Delta R = R \cdot \alpha \cdot \Delta\vartheta}$

Die Einheit des Temperaturbeiwerts ist $1/K$. Setzt man in der vorstehenden Formel den Widerstand R in Ω den Temperaturbeiwert α in $1/K$ und die Temperaturdifferenz $\Delta\vartheta$ in K ein, so erhält man die Widerstandsänderung ΔR in Ω.

Der Temperaturbeiwert α ist zahlenmäßig gleich der Widerstandsänderung eines Leiters von 1 Ohm Widerstand, wenn sich seine Temperatur um 1 K ändert.

Daß $1/K$ als Einheit des Temperaturbeiwerts zutreffend ist, kann man leicht durch Einsetzen der Einheiten in die obige Formel nachweisen

$$\Omega = \Omega \cdot \frac{1}{K} \cdot K$$

Die Temperaturbeiwerte der wichtigsten Leiterwerkstoffe sind in Tafel **22.1** aufgeführt. Sie gelten exakt nur für die Temperatur 20 °C. Bei großen Temperaturänderungen (Änderungen von mehr als 200 °C) kann ihr Wert erheblich vom Tafelwert abweichen.

Beispiel 15: Ein Kupferdraht hat bei der Temperatur $\vartheta_1 = 20\,°C$ den Widerstand $R_1 = 6\,\Omega$. Wie groß ist sein Widerstand R_2 nach Erwärmung auf die Temperatur $\vartheta_2 = 80\,°C$?

Lösung: Kupfer hat den Temperaturbeiwert $\alpha = 0,004\ \dfrac{1}{K}$

Die Temperaturerhöhung beträgt $\qquad \Delta\vartheta = \vartheta_2 - \vartheta_1 = 80\,°C - 20\,°C = 60\,K$

Daraus ergibt sich die Widerstandserhöhung $\Delta R = R_1 \cdot \alpha \cdot \Delta\vartheta = 6\,\Omega \cdot 0,004 \cdot \dfrac{1}{K} \cdot 60\,K = 1,44\,\Omega$

und der Warmwiderstand $\qquad\qquad R_2 = R_1 + \Delta R = 6\,\Omega + 1,44\,\Omega = 7,44\,\Omega$.

Bei Metallen ist die Widerstandsänderung ΔR bei Temperaturzunahme eine Widerstandszunahme, bei Kohle, flüssigen und gasförmigen Leitern sowie bei den meisten Halbleitern ist die Widerstandsänderung dagegen eine Widerstandsabnahme. Dies drückt man durch ein positives (+) oder negatives (−) Vorzeichen des Beiwertes aus.

Bei den Metallen ist der Temperaturbeiwert positiv, bei Kohle, flüssigen und gasförmigen Leitern und bei Halbleitern negativ. Bei Halbleitern ist er jedoch in Ausnahmefällen auch positiv.

Halbleiter haben eine weitaus stärkere Temperaturabhängigkeit des Widerstandes als Metalle (27.1). Sie bestehen aus Oxiden von Eisen, Titan, Barium und anderen Metallen. Man unterscheidet Kaltleiter und Heißleiter. Kaltleiter haben wie Metalle einen positiven Temperaturkoeffizienten. Man nennt sie daher auch PTC-Widerstände (**p**ositiver **T**emperatur-**C**oeffizient). Ihr Temperaturkoeffizient liegt je nach Zusammensetzung bei 6...70% je K (Kupfer 0,4% je K). Heißleiter haben einen negativen Temperaturkoeffizienten. Sie werden daher auch als NTC-Widerstände bezeichnet. Ihr Temperaturkoeffizient beträgt 3...6% je K.

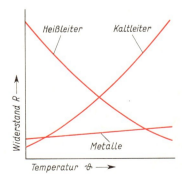

27.1 Temperaturabhängigkeit des Widerstandes bei Temperaturen von 20 °C bis etwa 150 °C

Anwendung

Indirekte Temperaturmessung. Die Widerstandsänderung bei Temperaturänderungen bietet die Möglichkeit, indirekt die Temperatur eines Leiters zu ermitteln. Dieses Verfahren ist vor allem dann willkommen, wenn der Leiter für Thermometer unzugänglich angeordnet ist, z. B. bei Maschinenwicklungen. Im folgenden Beispiel soll eine solche indirekte Temperaturbestimmung durchgeführt werden.

Beispiel 16: Eine Motorwicklung aus Kupferdraht hat vor dem Einschalten des Motors bei der Raumtemperatur $\vartheta_1 = 18\,°C$ den Widerstand $R_1 = 0,5\,\Omega$. Während des Betriebes erhöht sich ihr Widerstand auf $R_2 = 0,6\,\Omega$. Wie groß ist die mittlere Betriebstemperatur der Spule?

Lösung: Die Widerstandserhöhung der Spule beträgt $\Delta R = R_2 - R_1 = 0,6\,\Omega - 0,5\,\Omega = 0,1\,\Omega$

Aus der Formel $\Delta R = R_1 \cdot \alpha \cdot \Delta\vartheta$ erhält man nach Teilen durch $R_1 \cdot \alpha$ die Temperaturerhöhung $\Delta\vartheta = \dfrac{\Delta R}{\alpha \cdot R_1}$ und somit hier

$$\Delta\vartheta = \frac{0,1\,\Omega}{0,004\,\dfrac{1}{K} \cdot 0,5\,\Omega} = 50\,K$$

Wenn man die Anfangstemperatur der Wicklung der Raumtemperatur gleichsetzt, erhält man die mittlere Betriebstemperatur der Wicklung

$$\vartheta_2 = \vartheta_1 + \Delta\vartheta = 18\,°C + 50\,K = 68\,°C$$

Die errechnete Betriebstemperatur ist nur ein angenäherter Mittelwert, denn die Temperatur der äußeren Windungen ist niedriger, die der innen liegenden Windungen dagegen höher als der Mittelwert.

Direkte Temperaturmessung. Man kann die Widerstandsänderung eines Leiters oder Halbleiters auch zur direkten Temperaturmessung in den **Widerstandsthermometern** benutzen. Hierzu bildet man aus einer Batterie, einem Strommesser und einem temperaturabhängigen Widerstand einen Meßstromkreis. Da sich die Stromstärke im Meßstromkreis bei Temperaturänderungen mit dem temperaturabhängigen Widerstand ändert, kann man den Strommesser direkt in °C eichen. Als temperaturabhängigen Widerstand, der sich in einer Meßsonde an der Temperaturmeßstelle befindet, verwendet man entweder einen dünnen Nickel- oder Platindraht oder einen Heißleiter.

Temperaturfühler. Sie dienen dazu, bei Erreichen einer bestimmten Temperatur einen Schaltvorgang auszulösen. Es werden vor allem Heiß- und Kaltleiter verwendet. Beispiele: Motorschutz (s. Abschn. 14.44) und Temperaturregelung (s. Abschn. 18.22).

1.42 Abhängigkeit des Widerstandes von der Spannung

Der Widerstand einiger Halbleiter, insbesondere des Siliziumkarbids (SiC), ist stark von der angelegten Spannung abhängig. Man nennt diese Widerstände Varistoren oder **VDR-Widerstände** (von **v**oltage-**d**ependent-**r**esistor (engl.) = spannungsabhängiger Widerstand).

□ **Versuch 15.** An einen VDR-Widerstand (z. B. Valvo, Typ 232 255 301 201) wird über einen Spannungsteiler eine von 0 ... 10 V steigende Spannung gelegt (**29.1**a). Errechnet man aus mehreren gemessenen Wertepaaren von U und I den Widerstand $R = U/I$, so zeigt sich, daß dieser mit steigender Spannung stark absinkt (**29.1**b). Das gleiche Verhalten zeigt sich bei entgegengesetzter Polarität. □

VDR-Widerstände sind spannungsabhängige Widerstände auf Halbleiterbasis. Ihr Widerstandswert nimmt mit zunehmender Spannung in starkem Maße ab.

Anwendung. VDR-Widerstände werden zur Verhinderung von Überspannungen verwendet, wie sie z. B. beim Abschalten von Spulen durch Selbstinduktion entstehen können (s. Abschn. 3.43). Der zur Spule parallelgeschaltete VDR-Widerstand hat bei der angelegten Spannung einen sehr hohen Widerstandswert. Für die viel höhere Selbstinduktionsspannung beim Abschalten bildet er jedoch praktisch einen Kurzschluß, so daß die Spannung keine gefährliche Höhe annehmen kann.

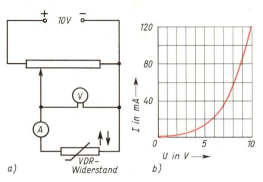

29.1
Abhängigkeit des Widerstandswertes von der Spannung bei einem VDR-Widerstand

a) Schaltplan der Versuchsanordnung
b) Strom-Spannungs-Kennlinie (nichtlinear)

Auch die **Katodenfallableiter** in Freileitungsnetzen enthalten spannungsabhängige Widerstände. Zusammen mit einer eingebauten Funkenstrecke verhindern sie das Entstehen von Überspannungen bei Gewittern.

1.43 Abhängigkeit des Widerstandes von der Beleuchtungsstärke

Einige Halbleiter, vor allem Kadmiumsulfid (CdS), haben die Eigenschaft, ihren Widerstand zu verringern, wenn Licht auf sie fällt. Sie werden als **Fotoleiter** oder **Fotowiderstände** bezeichnet (**29.2**) und bestehen aus einer dünnen, auf der isolierenden Unterlage 1 aufgebrachten Halbleiterschicht 2, die durch ein geschlossenes Glasgehäuse geschützt ist, und den Metallelektroden 3 und 4.

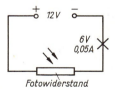

29.3
Abhängigkeit des Widerstandswertes eines Fotowiderstandes von der Beleuchtungsstärke

29.2
Fotowiderstand

□ **Versuch 16.** Ein Fotowiderstand wird nach Bild **29.3** geschaltet. Er wird zunächst durch ein Tuch abgedeckt, so daß kein Licht auf ihn fällt. Die Lampe bleibt dunkel. Wird das Tuch entfernt, so daß der Fotowiderstand von hellem Licht getroffen wird, so leuchtet die Lampe auf, und zwar um so heller, je heller das auftreffende Licht, je größer also die Beleuchtungsstärke ist. □

Fotowiderstände, auch Fotoleiter genannt, sind Halbleiterbauelemente, deren Widerstand mit wachsender Beleuchtungsstärke stark abnimmt.

Der Dunkelwiderstand von Fotowiderständen beträgt mehrere Megohm. Er verringert sich mit zunehmender Beleuchtungsstärke auf Werte von wenigen hundert Ohm.

Anwendung. Fotowiderstände werden z. B. als Dämmerungsschalter und in Lichtschranken verwendet (s. Abschn. 17.43). Auch in Belichtungsmessern von Foto- und Filmapparaten finden sie Anwendung.

Das in Abschn. 8.4 behandelte Fotoelement ist kein beleuchtungsabhängiger Widerstand, sondern eine Spannungsquelle, deren Spannung durch Lichteinwirkung entsteht.

1.5 Schaltung von Widerständen

1.51 Reihenschaltung

In dem folgenden Versuch, dessen Schaltung Bild **30**.1 zeigt, sollen die Gesetzmäßigkeiten der Reihen- oder Hintereinanderschaltung von mehreren Widerständen untersucht werden. Ein wesentliches Merkmal der Reihenschaltung ist schon vor der Durchführung des Versuchs erkennbar und durch Einschalten eines Strommessers an verschiedenen Stellen des Stromkreises auch leicht nachprüfbar (Versuch 8, S. 13).

In einer Reihenschaltung von Widerständen ist die Stromstärke I in allen Widerständen gleich groß.

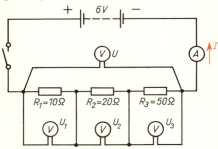

□ **Versuch 17.** An den Akkumulator in Bild **30**.1 werden drei verschieden große Widerstände R_1, R_2 und R_3, in Reihe geschaltet, angeschlossen. Dann werden die Gesamtspannung U, die Teilspannungen U_1, U_2 und U_3 sowie die Stromstärke I gemessen. Dabei ergeben sich z. B. die Werte: $U = 6$ V, $U_1 = 0,75$ V, $U_2 = 1,5$ V, $U_3 = 3,75$ V, $I = 0,075$ A. □

30.1 Reihenschaltung von Widerständen

Die zahlenmäßige Untersuchung der Spannungsmeßwerte zeigt den folgenden Zusammenhang:

In einer Reihenschaltung ist die Gesamtspannung gleich der Summe der Teilspannungen.

$$U = U_1 + U_2 + U_3 + \dots$$

Bei n gleichen Widerständen R_1 ist die Gesamtspannung $U = n \cdot U_1$.

Diese Gesetzmäßigkeit ist eine vereinfachte Form des 2. Kirchhoffschen[1]) Satzes. Man kann aus den Meßwerten in Versuch 17 mit Hilfe des Ohmschen Gesetzes in der Form $R = \dfrac{U}{I}$ die Einzelwiderstände R_1, R_2 und R_3 der Schaltung und daraus den Gesamtwiderstand (den „Ersatzwiderstand") R ausrechnen

$$R_1 = \frac{U_1}{I} = \frac{0,75\ \text{V}}{0,075\ \text{A}} = 10\ \Omega$$
$$R_2 = \frac{U_2}{I} = \frac{1,5\ \text{V}}{0,075\ \text{A}} = 20\ \Omega \left.\right\} \quad R = \frac{U}{I} = \frac{6\ \text{V}}{0,075\ \text{A}} = 80\ \Omega$$
$$R_3 = \frac{U_3}{I} = \frac{3,75\ \text{V}}{0,075\ \text{A}} = 50\ \Omega$$

Aus den Rechenergebnissen läßt sich folgern:

In einer Reihenschaltung ist der Gesamtwiderstand (auch Ersatzwiderstand genannt) gleich der Summe der Teilwiderstände.

---

[1]) Kirchhoff, deutscher Naturforscher, 1824 bis 1887.

$$R = R_1 + R_2 + R_3 + \cdots$$

Bei n gleichen Widerständen R_1 ist der Gesamtwiderstand $R = n \cdot R_1$.

Die Formel $R = R_1 + R_2 + R_3 + \cdots$ läßt sich auch mit Hilfe des Ohmschen Gesetzes aus dem 2. Kirchhoffschen Satz entwickeln. Dividiert man die Spannungen auf beiden Seiten der Gleichung $U = U_1 + U_2 + U_3 + \cdots$ durch den gemeinsamen Strom I, so erhält man $U/I = U_1/I + U_2/I + U_3/I + \cdots$ und damit $R = R_1 + R_2 + R_3 + \cdots$

Durch Vergleich der Teilspannungen $(U_1 : U_2 : U_3 = 0{,}75\,V : 1{,}5\,V : 3{,}75\,V = 1 : 2 : 5)$ und der Einzelwiderstände $(R_1 : R_2 : R_3 = 10\,\Omega : 20\,\Omega : 50\,\Omega = 1 : 2 : 5)$ ergibt sich:

In einer Reihenschaltung ist das Verhältnis der Teilspannungen gleich dem Verhältnis der entsprechenden Teilwiderstände.

$$U_1 : U_2 : U_3 = R_1 : R_2 : R_3$$

Für je zwei der in Reihe geschalteten Widerstände gilt, wenn man die Verhältnisse in Form von Brüchen schreibt

$$\frac{U_1}{U_2} = \frac{R_1}{R_2} \quad \text{oder} \quad \frac{U_2}{U_3} = \frac{R_2}{R_3} \quad \text{usw.}$$

Beispiel 17: Die Widerstände $R_1 = 8\,\Omega$, $R_2 = 14\,\Omega$ und $R_3 = 22\,\Omega$ werden in Reihenschaltung an die Spannung $U = 220\,V$ gelegt. Wie groß sind die Stromstärke I und die Teilspannungen U_1, U_2 und U_3 an den Widerständen?

Lösung:

$$R = R_1 + R_2 + R_3 = 8\,\Omega + 14\,\Omega + 22\,\Omega = 44\,\Omega$$

$$I = \frac{U}{R} = \frac{220\,V}{44\,\Omega} = 5\,A$$

$$U_1 = I \cdot R_1 = 5\,A \cdot 8\,\Omega = 40\,V \quad U_2 = I \cdot R_2 = 5\,A \cdot 14\,\Omega = 70\,V \quad U_3 = I \cdot R_3 = 5\,A \cdot 22\,\Omega = 110\,V$$

Die Probe $U = U_1 + U_2 + U_3$ ergibt $40\,V + 70\,V + 110\,V = 220\,V$, also wie erforderlich die vorgegebene Gesamtspannung.

Beispiel 18: Die Spannung $U = 110\,V$ soll an einem Gesamtwiderstand $R = 2200\,\Omega$ so aufgeteilt werden, daß die Teilspannung $U_1 = 75\,V$ abgegriffen werden kann. Wie groß müssen die beiden Einzelwiderstände R_1 und R_2 sein?

Lösung:

$$U_2 = U - U_1 = 110\,V - 75\,V = 35\,V$$

$$I = \frac{U}{R} = \frac{110\,V}{2200\,\Omega} = 0{,}05\,A$$

$$R_1 = \frac{U_1}{I} = \frac{75\,V}{0{,}05\,A} = 1500\,\Omega \quad R_2 = \frac{U_2}{I} = \frac{35\,V}{0{,}05\,A} = 700\,\Omega$$

Beispiel 19: Zwei Widerstände $R_1 = 1{,}6\,k\Omega$ und $R_2 = 2{,}8\,k\Omega$ liegen in Reihe. Am Widerstand R_1 liegt die Teilspannung $U_1 = 80\,V$. Welche Spannung U_2 liegt am Widerstand R_2?

Lösung a):

$$I = \frac{U_1}{R_1} = \frac{80\,V}{1600\,\Omega} = 0{,}05\,A$$

$$U_2 = I \cdot R_2 = 0{,}05\,A \cdot 2800\,\Omega = 140\,V$$

Lösung b): Es gilt die Verhältnisgleichung $U_2/U_1 = R_2/R_1$. Nach Malnehmen mit U_1 erhält man die Teilspannung

$$U_2 = \frac{U_1 \cdot R_2}{R_1} = \frac{80\,V \cdot 2800\,\Omega}{1600\,\Omega} = 140\,V$$

Spannungsabfall. Die im Stromkreis an einem der in Reihe geschalteten Widerstände liegende Teilspannung wird auch als Spannungsabfall an diesem Widerstand bezeichnet, da die Gesamtspannung in diesem Widerstand um einen bestimmten Betrag „abfällt", d. h. geringer wird. Die für die übrigen Widerstände verbleibende Restspannung ist also um diesen Spannungsabfall geringer als die Gesamtspannung. In Versuch 17 teilt sich z. B. die Gesamtspannung U in die drei Spannungsabfälle U_1, U_2 und U_3. Der 2. Kirchhoffsche Satz läßt sich daher auch so ausdrücken:

Die an einem Stromkreis mit in Reihe geschalteten Widerständen liegende Gesamtspannung ist gleich der Summe der Spannungsabfälle in diesen Widerständen.

Anwendung. Eigentlich kommt die Reihenschaltung in jedem einfachen Stromkreis mit einem Verbraucher vor, denn Spannungsquelle, Leitungen, Schalter und Verbraucher liegen ja in Reihe. Auch für Strommesser wird die Reihenschaltung verwendet.

Die Reihenschaltung mehrerer Verbraucher dagegen ist selten. Sie wird u. a. angewandt bei Glühlampenketten (z. B. für Christbaumbeleuchtung) und bei der Stufenschaltung von Elektrowärmegeräten (s. Abschn. 2). Häufiger wird sie herangezogen, um mit Hilfe eines Vorwiderstandes die Betriebsspannung für einen Verbraucher zu verringern oder ihn an eine höhere Netzspannung anzupassen (s. Abschn. 1.54). Mit Hilfe von Vorwiderständen kann man Gleichstrommotoren anlassen (s. Abschn. 12) und den Meßbereich eines Spannungsmessers erweitern (s. Abschn. 9.22).

1.52 Parallelschaltung

Während der Strom in einfachen Stromkreisen und bei der Reihenschaltung von Widerständen nur einen Weg vorfindet, liegt bei der Parallel- oder Nebeneinanderschaltung (**32.**1) eine Verzweigung des Stromkreises vor. Im Stromverzweigungspunkt A teilt sich der Gesamtstrom I in die Teilströme I_1, I_2 und I_3, im Stromverzweigungspunkt B vereinigen sich die Teilströme wieder zum Gesamtstrom I. Ein wesentliches Merkmal der Parallelschaltung ist schon vor der Durchführung eines Versuchs erkennbar: Alle parallel geschalteten Widerstände liegen zwischen den gleichen Stromverzweigungspunkten A und B, also an der gleichen Spannung.

In einer Parallelschaltung von Widerständen liegt an allen Widerständen dieselbe Spannung.

Der folgende Versuch soll weitere Gesetzmäßigkeiten der Parallelschaltung aufzeigen.

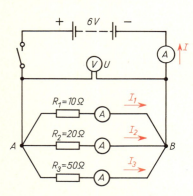

32.1 Parallelschaltung von Widerständen

□ **Versuch 18.** An einen Akkumulator nach Bild **32.**1 sind drei verschieden große Widerstände in Parallelschaltung angeschlossen. Es werden der Gesamtstrom I, die Teilströme I_1, I_2 und I_3 sowie die Gesamtspannung U gemessen. Dabei ergeben sich z. B. die Werte $I = 1,02\,A$, $I_1 = 0,6\,A$, $I_2 = 0,3\,A$, $I_3 = 0,12\,A$, $U = 6\,V$. □

Eine genauere Untersuchung der Strommeßwerte zeigt folgenden einfachen Zusammenhang:

In einer Parallelschaltung ist der Gesamtstrom gleich der Summe der Teilströme.

$$I = I_1 + I_2 + I_3 + \ldots$$

Bei n gleichen Widerständen ist der Gesamtstrom

$$I = n \cdot I_1$$

Dies ist eine vereinfachte Form des 1. Kirchhoffschen Satzes.

Man kann aus den Meßwerten in Versuch 18 mit Hilfe des Ohmschen Gesetzes in der Form $R = \frac{U}{I}$ die Einzelwiderstände R_1, R_2 und R_3 der Schaltung sowie den Gesamt- oder Ersatzwiderstand ausrechnen

$$R_1 = \frac{U}{I_1} = \frac{6\,V}{0,6\,A} = 10\,\Omega \left.\begin{array}{l} \\ \\ \end{array}\right\}$$

$$R_2 = \frac{U}{I_2} = \frac{6\,V}{0,3\,A} = 20\,\Omega \qquad R = \frac{U}{I} = \frac{6\,V}{1,02\,A} = 5,88\,\Omega$$

$$R_3 = \frac{U}{I_3} = \frac{6\,V}{0,12\,A} = 50\,\Omega$$

Der Vergleich der Einzelwiderstände R_1, R_2 und R_3 mit dem Gesamtwiderstand R ergibt im Gegensatz zur Reihenschaltung:

In einer Parallelschaltung von Widerständen ist der Gesamtwiderstand kleiner als jeder Einzelwiderstand.

Um den zahlenmäßigen Zusammenhang zwischen den Einzelwiderständen und dem Gesamtwiderstand zu finden, wandelt man die Widerstände zweckmäßig zunächst in ihre Leitwerte (s. Abschn. 1.33) um. Für Bild **32.1** erhält man dann

$$G_1 = \frac{1}{R_1} = \frac{1}{10\,\Omega} = 0,1\,S \qquad G_2 = \frac{1}{R_2} = \frac{1}{20\,\Omega} = 0,05\,S \qquad G_3 = \frac{1}{R_3} = \frac{1}{50\,\Omega} = 0,02\,S$$

Auf dieselbe Weise findet man den Gesamtleitwert

$$G = \frac{1}{R} = \frac{1}{5,88\,\Omega} = 0,17\,S$$

Die Zahlenergebnisse der vorstehenden Berechnung führen auf den Satz:

In einer Parallelschaltung von Widerständen ist deren Gesamtleitwert gleich der Summe der Einzelleitwerte.

$$G = G_1 + G_2 + G_3 + \ldots$$

Bei n gleichen Leitwerten G_1 ist der Gesamtleitwert

$$G = n \cdot G_1$$

Ferner erhält man, da $G = \frac{1}{R}$ ist, die Formel

$$\frac{1}{R} = \frac{1}{R_1} + \frac{1}{R_2} + \frac{1}{R_3} + \ldots$$

für n gleiche Widerstände R_1 ist der Gesamtwiderstand

$$R = \frac{R_1}{n}$$

Diese Formeln besagen:

In einer Parallelschaltung ist der Kehrwert des Gesamtwiderstandes gleich der Summe der Kehrwerte der Einzelwiderstände.

Die Formel $\frac{1}{R} = \frac{1}{R_1} + \frac{1}{R_2} + \frac{1}{R_3} \cdots$ läßt sich auch mit dem Ohmschen Gesetz aus dem 1. Kirchhoffschen Satz entwickeln. Mit $I = \frac{U}{R}$ erhält man aus $I = I_1 + I_2 + I_3 \cdots$ die Gleichung

$\dfrac{U}{R} = \dfrac{U}{R_1} + \dfrac{U}{R_2} + \dfrac{U}{R_3} \cdots$. Dividiert man deren beide Seiten durch die gemeinsame Spannung U,

so ergibt sich $\dfrac{1}{R} = \dfrac{1}{R_1} + \dfrac{1}{R_2} + \dfrac{1}{R_3} \cdots$.

Durch Vergleich der Teilstromstärken ($I_1 : I_2 : I_3 = 0{,}6\,\text{A} : 0{,}3\,\text{A} : 0{,}12\,\text{A} = 10 : 5 : 2$) und der Einzelleitwerte ($G_1 : G_2 : G_3 = 0{,}1\,\text{S} : 0{,}05\,\text{S} : 0{,}02\,\text{S} = 10 : 5 : 2$) findet man:

In einer Parallelschaltung von Widerständen ist das Verhältnis der Teilströme gleich dem Verhältnis der entsprechenden Einzelleitwerte.

$$I_1 : I_2 : I_3 = G_1 : G_2 : G_3 \quad \text{oder} \quad I_1 : I_2 : I_3 = \dfrac{1}{R_1} : \dfrac{1}{R_2} : \dfrac{1}{R_3}$$

Für je zwei der parallel geschalteten Widerstände in Bild **30.**1 gilt

$$\dfrac{I_1}{I_2} = \dfrac{G_1}{G_2} \qquad \text{oder} \qquad \dfrac{I_1}{I_2} = \dfrac{R_2}{R_1}$$

ferner $\qquad \dfrac{I_2}{I_3} = \dfrac{G_2}{G_3} \qquad \text{oder} \qquad \dfrac{I_2}{I_3} = \dfrac{R_3}{R_2} \qquad$ usw.

Beispiel 20: Die drei Widerstände $R_1 = 8\,\Omega$, $R_2 = 10\,\Omega$ und $R_3 = 40\,\Omega$ sind parallel geschaltet. Die Gesamtstromstärke ist $I = 5\,\text{A}$. Wie groß sind der Gesamtwiderstand R, die Spannung U und die Teilstromstärken I_1, I_2 und I_3?

Lösung: $\qquad \dfrac{1}{R} = \dfrac{1}{R_1} + \dfrac{1}{R_2} + \dfrac{1}{R_3} = \dfrac{1}{8\,\Omega} + \dfrac{1}{10\,\Omega} + \dfrac{1}{40\,\Omega} = 0{,}125\,\dfrac{1}{\Omega} + 0{,}1\,\dfrac{1}{\Omega} + 0{,}025\,\dfrac{1}{\Omega} =$

$\qquad\qquad = 0{,}25\,\dfrac{1}{\Omega}$

Durch Bildung des Kehrwertes erhält man $R = \dfrac{1}{0{,}25}\,\Omega = 4\,\Omega$

$U = I \cdot R = 5\,\text{A} \cdot 4\,\Omega = 20\,\text{V}$

$I_1 = \dfrac{U}{R_1} = \dfrac{20\,\text{V}}{8\,\Omega} = 2{,}5\,\text{A} \qquad I_2 = \dfrac{U}{R_2} = \dfrac{20\,\text{V}}{10\,\Omega} = 2\,\text{A} \qquad I_3 = \dfrac{U}{R_3} = \dfrac{20\,\text{V}}{40\,\Omega} = 0{,}5\,\text{A}$

Probe: $\qquad I = I_1 + I_2 + I_3 = 2{,}5\,\text{A} + 2\,\text{A} + 0{,}5\,\text{A} = 5\,\text{A}$

Beispiel 21: Zwei Widerstände, $R_1 = 150\,\Omega$ und $R_2 = 100\,\Omega$, liegen in Parallelschaltung an der Spannung $U = 60\,\text{V}$. Wie groß ist die Gesamtstromstärke I?

Lösung: $\qquad I_1 = \dfrac{U}{R_1} = \dfrac{60\,\text{V}}{150\,\Omega} = 0{,}4\,\text{A} \qquad\qquad I_2 = \dfrac{U}{R_2} = \dfrac{60\,\text{V}}{100\,\Omega} = 0{,}6\,\text{A}$

$I = I_1 + I_2 = 0{,}4\,\text{A} + 0{,}6\,\text{A} = 1\,\text{A}$

Beispiel 22: In dem Widerstand $R_1 = 20\,\Omega$ fließen 50 mA. Wie groß ist die Stromstärke I_2 in dem zu R_1 parallel liegenden Widerstand $R_2 = 250\,\Omega$?

Lösung a): $\quad U = I_1 \cdot R_1 = 0{,}05\,\text{A} \cdot 20\,\Omega = 1\,\text{V} \qquad I_2 = \dfrac{U}{R_2} = \dfrac{1\,\text{V}}{250\,\Omega} = 0{,}004\,\text{A} = 4\,\text{mA}$

Lösung b): Es gilt die Verhältnisgleichung $I_2/I_1 = R_1/R_2$. Nach Malnehmen mit I_1 erhält man die Teilstromstärke

$$I_2 = \dfrac{R_1 \cdot I_1}{R_2} = \dfrac{20\,\Omega \cdot 0{,}05\,\text{A}}{250\,\Omega} = 0{,}004\,\text{A} = 4\,\text{mA}$$

Anwendung. Bis auf wenige Ausnahmen werden alle Verbraucher des öffentlichen Energieversorgungsnetzes (z. B. Lampen, Motoren, Haushaltgeräte usw.) in Parallelschaltung betrieben. (Ausnahmen s. Abschn. 1.51 unter „Anwendung der Reihenschaltung".) Die Parallelschaltung wird auch in der Meßtechnik benutzt, um mit Hilfe eines Nebenwiderstandes den Meßbereich eines Strommessers zu erweitern (s. Abschn. 9.22), oder um einen Spannungsmesser an den Stromkreis anzuschalten (s. Abschn. 1.21, Bild **13**.2).

1.53 Zusammengesetzte Schaltungen

Häufig kommen in einer Schaltung gleichzeitig Reihen- und Parallelschaltung vor. Schaltungen dieser Art nennt man z u s a m m e n g e s e t z t e o d e r g e m i s c h t e S c h a l - t u n g e n oder auch G r u p p e n s c h a l t u n g e n. Man kann also z. B. drei Widerstände sowohl in reiner Reihen- o d e r Parallelschaltung als auch in zusammengesetzten Schaltungen nach Bild **35**.1 a und **35**.1 b verbinden.

Zur Berechnung des Gesamtwiderstandes R der Schaltung a) bestimmt man zuerst den Gesamtwiderstand $R_{1,2}$ der beiden parallel geschalteten Widerstände R_1 und R_2. Dann erst wird aus der Reihenschaltung von $R_{1,2}$ und R_3 der Gesamtwiderstand R der gesamten Schaltung berechnet. Für Schaltung b) ermittelt man zuerst den Gesamtwiderstand $R_{2,3}$ der in Reihe geschalteten Widerstände R_2 und R_3 und daraufhin aus der Parallelschaltung von R_1 und $R_{2,3}$ den Gesamtwiderstand R.

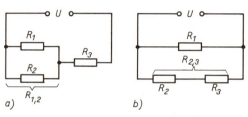

35.1 Zusammengesetzte Schaltung mit drei Widerständen

Für verwickeltere gemischte Schaltungen kann man den Gesamtwiderstand R leicht berechnen, wenn man wie im folgenden Beispiel verfährt.

Beispiel 23: Wie groß ist die Stromstärke I in der Schaltung nach Bild **35**.2?

L ö s u n g : Die Hintereinanderschaltung von R_4, R_5 und R_6 hat insgesamt den Wert

$$R_{4,5,6} = R_4 + R_5 + R_6 = 10\ \Omega + 10\ \Omega + 10\ \Omega = 30\ \Omega$$

Der Widerstand $R_{4,5,6}$ liegt dem Widerstand R_3 parallel. Die zugehörigen Leitwerte können zusammengezählt werden; also ist der Leitwert der Parallelschaltung

$$\frac{1}{R_{3,4,5,6}} = \frac{1}{R_{4,5,6}} + \frac{1}{R_3} = \frac{1}{30\ \Omega} + \frac{1}{20\ \Omega} = \frac{5}{60}\ S$$

$$R_{3,4,5,6} = \frac{60}{5}\ \Omega = 12\ \Omega$$

Nun ist der Gesamtwiderstand der Reihenschaltung von $R_{3,4,5,6}$ und den Widerständen R_1 und R_2

$$R = R_1 + R_2 + R_{3,4,5,6} = 5\ \Omega + 5\ \Omega + 12\ \Omega = 22\ \Omega$$

Mithin ist der Strom $I = \dfrac{U}{R} = \dfrac{220\ V}{22\ \Omega} = 10\ A$

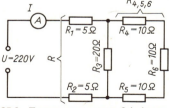

35.2 Zusammengesetzte Schaltung mit sechs Widerständen

Anwendung. Die Schaltung nach Bild **35**.1a wird angewendet beim S p a n n u n g s - t e i l e r oder Potentiometer (s. Abschn. 1.54).

Zusammengesetzte Schaltungen von Verbraucherwiderständen kommen bei den Energieversorgungsnetzen vor. Hier bilden die Leitungen oder Kabel mit den parallel geschalteten Verbrauchern (**36.1**) eine Schaltung nach Bild **35.2**, in der die „Querwiderstände" R_3 und R_6 die Verbraucher, die „Längswiderstände" R_1, R_2, R_4 und R_5 die Zuleitungen darstellen.

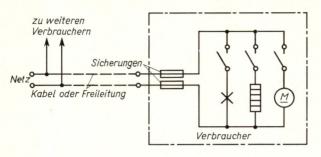

zu weiteren Verbrauchern

Netz

Sicherungen

Kabel oder Freileitung

Verbraucher

36.1 Anschluß mehrerer Verbraucher (Lampe, Heizgerät, Motor) an das Energieversorgungsnetz)

1.54 Vorwiderstand und Spannungsteiler

Vorwiderstand

Schaltet man vor einen Verbraucher einen festen Widerstand, so wird die verfügbare Gesamtspannung, im Verhältnis der Widerstandswerte von Verbraucher und Vorwiderstand aufgeteilt. Der Verbraucher bekommt also nur noch eine Teilspannung. Wird der Vorwiderstand mit einem verstellbaren Abgriff versehen (Stellwiderstand), so kann man die Klemmenspannung für den Verbraucher verändern.

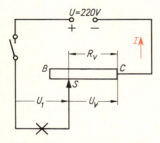

$U = 220 V$

R_v

B C

S

U_1 U_v

36.2 Schaltung eines Vorwiderstandes

□ **Versuch 19.** Die Spannung U_1 an einer Glühlampe 15 W; 220 V soll nach Bild **36.2** durch einen verstellbaren Vorwiderstand von 1000 Ω verändert werden. Befindet sich der Schleifkontakt S des Vorwiderstandes in der Endstellung C, so liegt die Glühlampe an der vollen Spannung 220 V. Wird der Schleifkontakt nach links zum Punkt B bewegt, so wird die Lampe dunkler, erlischt aber nicht völlig, wenn der Schleifkontakt in B steht. Wird die Lampe durch einen Spannungsmesser ersetzt, so zeigt dieser beim Verstellen des Widerstandes praktisch keine Änderung der Spannung. □

Die Klemmenspannung U_1 der Lampe läßt sich also nicht auf den Wert Null verringern. Das ist auch verständlich, denn auf die Lampe entfällt auch bei voll eingeschaltetem Vorwiderstand stets eine mehr oder weniger große Teilspannung.

Mit einem verstellbaren Vorwiderstand läßt sich die Klemmenspannung eines Verbrauchers nicht bis zum Wert Null verringern. Ohne angeschlossenen Verbraucher ist der Vorwiderstand wirkungslos.

Beispiel 24: Eine Glühlampe für 4 V; 2 A soll über einen Vorwiderstand an die Netzspannung $U = 220$ V angeschlossen werden. Welcher Vorwiderstand ist hierfür erforderlich?

Lösung: Der Vorwiderstand R_v muß den Unterschied von Netzspannung U und Lampenspannung U_1 aufnehmen.

Spannungsabfall am Vorwiderstand $U_v = U - U_1 = 220\ V - 4\ V = 216\ V$

Vorwiderstand
$$R_v = \frac{U_v}{I} = \frac{216\ V}{2\ A} = 108\ \Omega$$

Spannungsteiler (Potentiometer)

☐ **Versuch 20.** In die Versuchsschaltung nach Bild **36.2** wird das Leitungsstück A—B eingefügt (**37.1** a). Nach der Herstellung dieser Verbindung läßt sich die Lampe zum völligen Erlöschen bringen. Wird die Lampe durch einen Spannungsmesser ersetzt, so zeigt dieser auch ohne Verbraucher die Verringerung der Spannung bis auf den Wert Null an. ☐

Wie ist dies zu erklären? Die Schaltung zeigt, daß der Widerstand jetzt nicht mehr ein Vorwiderstand, sondern ein Verbraucherwiderstand ist, der mit seinen beiden Enden stets an der vollen Spannung liegt. Er wird also immer von einem Strom, dem sogenannten Querstrom I_q durchflossen. Der Schleifkontakt teilt die Gesamtspannung U in zwei Teilspannungen

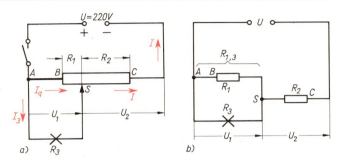

37.1 Schaltung eines Spannungsteilers (Potentiometers)

U_1 und U_2 (daher der Name Spannungsteiler). An die Klemme A und den beweglichen Schleifkontakt S angeschlossen kann die Lampe je nach Stellung des Schleifers mit einer veränderbaren Teilspannung versorgt werden. Steht der Schleifkontakt bei C, bekommt die Lampe die **volle Spannung**, steht er bei B, erhält die Lampe **keine Spannung**.

Ein Spannungsteiler (Potentiometer) mit verstellbarem Schleifkontakt gestattet, die Spannung von der vollen Spannung bis zum Wert Null zu verändern. Diese Spannungsänderung läßt sich auch ohne angeschlossenen Verbraucher erreichen.

Vorwiderstand und Spannungsteiler erkennt man äußerlich an der Zahl der Anschlußklemmen. Der Vorwiderstand hat zwei, der Spannungsteiler drei Anschlußklemmen.

Leerlauf. Ist an den Spannungsteiler zwischen den Punkten S und B oder C ein Verbraucher (in Bild **37.1** eine Lampe) nicht angeschlossen, so liegt eine einfache Reihenschaltung der beiden Teilwiderstände R_1 und R_2 auf beiden Seiten des Schleifkontaktes S vor: Der Spannungsteiler arbeitet im Leerlauf, ist also unbelastet. Dann wächst die abgegriffene Spannung im gleichen Verhältnis wie der abgegriffene Teilwiderstand, hier also wie R_1.

Trägt man die Werte der Teilspannung U_1 für verschiedene Stellungen von S in Bild **37.2** auf und verbindet dann die

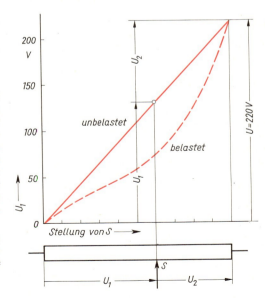

37.2 Kennlinien eines Spannungsteilers

einzelnen Punkte miteinander, so erhält man als Kennlinie für den unbelasteten Spannungsteiler eine gerade Linie.

Belastung. Wird, wie in Bild **37.1** a, zwischen A und S ein Verbraucher R_3 angeschlossen, ist der Spannungsteiler also belastet, so liegt eine zusammengesetzte Schaltung nach dem „Ersatzschaltplan" in Bild **37.1** b vor. (Diese Schaltung wurde schon einmal behandelt; Bild **35.1** a.) Links vom Schleifkontakt S befindet sich jetzt eine Parallelschaltung des Teilwiderstandes R_1 und des Belastungswiderstandes R_3. Deren Ersatzwiderstand $R_{1,3}$ ist kleiner als der bei Leerlauf allein wirksame Widerstand R_1. Somit wird die an $R_{1,3}$ bei allen Stellungen des Schleifkontaktes liegende Teilspannung U_1 geringer als beim unbelasteten Spannungsteiler, und zwar um so mehr, je kleiner der Belastungswiderstand R_3, je größer also die Belastungsstromstärke I_3 ist. Die Kennlinie des belasteten Spannungsteilers ist deshalb um so mehr nach unten durchgebogen, je stärker der Spannungsteiler belastet wird (**37.2**).

Beim Betrieb eines Spannungsteilers ist darauf zu achten, daß ein Teil des Spannungsteilers vom Summenstrom I, bestehend aus Querstom I_q und Belastungsstrom I_3 durchflossen wird. Dieser Teil (in Bild **37.1** a der Widerstand R_2) kann dadurch bei Unachtsamkeit überlastet werden.

Beispiel 25: Der Spannungsteiler nach Bild **37.1** ist so eingestellt, daß die Teilwiderstände $R_1 = 1,5$ kΩ und $R_2 = 3$ kΩ betragen. Die Glühlampe hat den Widerstand $R_3 = 3$ kΩ. Wie groß ist die Spannung U_1 an der Glühlampe, wenn die Gesamtspannung $U = 220$ V beträgt?

Lösung:
$$\frac{1}{R_{1,3}} = \frac{1}{R_1} + \frac{1}{R_3} = \frac{1}{1500\ \Omega} + \frac{1}{3000\ \Omega} = \frac{3}{3000} \frac{1}{\Omega}$$

$$R_{1,3} = \frac{3000}{3}\ \Omega = 1000\ \Omega \qquad R = R_{1,3} + R_2 = 1000\ \Omega + 3000\ \Omega = 4000\ \Omega$$

$$I = \frac{U}{R} = \frac{220\ V}{4000\ \Omega} = 0,055\ A \qquad U_1 = I \cdot R_{1,3} = 0,055\ A \cdot 1000\ \Omega = 55\ V$$

Übungsaufgaben zu Abschnitt 1.3 bis 1.5

1. Von welchen Größen hängt der Widerstand eines Leiters ab?
2. Was versteht man unter dem spezifischen Widerstand und der Leitfähigkeit?
3. Ein Widerstandsdraht hat die Bezeichnung CuNi 44. Was bedeutet dies?
4. Wodurch läßt sich die verschieden große Leitfähigkeit der Metalle erklären?
5. Was versteht man unter dem elektrischen Leitwert? Welche Einheit hat er?
6. Was drücken die beiden Kirchhoffschen Sätze aus?
7. Wo kommen in der Elektrotechnik Reihen-, Parallel- und zusammengesetzte Schaltungen vor?
8. Wann wird man für die Änderung der Klemmenspannung eines Verbrauchers einen Vorwiderstand, wann einen Spannungsteiler vorziehen?
9. Versuch: Es ist die Abhängigkeit der Stromstärke von der angelegten Spannung für eine Metalldrahtlampe und für eine Kohlefadenlampe durch eine Kennlinie darzustellen. Im Schaubild wird die Spannung waagerecht und die Stromstärke senkrecht aufzutragen. Welche Folgerung ergibt sich aus dem Kennlinienverlauf?
10. Versuch: Die mittlere Betriebstemperatur einer Spule ist indirekt über die Widerstandszunahme zu bestimmen.
11. Versuch: Es sind die Kennlinien eines Schiebewiderstandes in Spannungsteilerschaltung nach Bild **37.2** im Leerlauf und bei zwei verschiedenen Belastungen zu ermitteln.

1.6 Elektrisches Verhalten der Spannungsquellen

1.61 Klemmenspannung bei Leerlauf und Belastung

☐ **Versuch 21.** Nach Bild **39.1** wird die Spannung an den Klemmen einer Taschenlampenbatterie (Nennspannung 4,5 V) mit Hilfe eines hochohmigen Spannungsmessers zunächst im Leerlauf (Stromkreis durch Schalter unterbrochen) gemessen. Dann wird der Schalter geschlossen und die Batterie mit dem verstellbaren Widerstand $R_a = 10\,\Omega$ belastet. Die Klemmenspannung U sinkt bei Belastung der Batterie ab. Wird der Belastungsstrom der Batterie — oft einfach Belastung genannt — durch Verstellen des Schleifers S am Belastungswiderstand R_a nach links weiter erhöht, so sinkt die Klemmenspannung immer weiter ab. Zuletzt wird die Batterie kurzgeschlossen, wodurch die Klemmenspannung auf den Wert Null sinkt. ☐

U in V	4,5	3,75	3	2,25	1,5	0,75	0
I in A	0	0,5	1	1,5	2	2,5	3

Man kann folgende Versuchsergebnisse festhalten:

Die Klemmenspannung einer Spannungsquelle ist von der Belastung abhängig.

Im Leerlauf ist die Klemmenspannung am höchsten, und zwar gleich der Quellenspannung U_q (s. Abschn. 1.13).

Mit zunehmender Belastung sinkt die Klemmenspannung immer weiter ab. Im Kurzschlußfall fließt der größtmögliche Strom, der Kurzschlußstrom, und die Klemmenspannung wird Null.

Die Abhängigkeit der Klemmenspannung vom Belastungsstrom I kann durch eine **K e n n l i n i e** nach Bild **39.2** dargestellt werden. Zu diesem Zweck zeichnet man waagerecht nach rechts einen Maßstab für den Strom I. Senkrecht über dem Nullpunkt der Stromskala wird ein Maßstab für die Klemmenspannung U errichtet. Nun trägt man über jeder gemessenen Stromstärke die zugehörige Klemmenspannung auf und verbindet die so gefundenen Punkte miteinander. Man erhält bei $R_i =$ konstant eine gerade Linie, die Belastungskennlinie ($I–U$-Kennlinie) der Taschenlampenbatterie. Die Kennlinie schneidet auf der senkrechten U-Skala die Quellenspannung U_q für $I = 0$ und auf der waagerechten I-Skala den Kurzschlußstrom I_k für $U = 0$ ab.

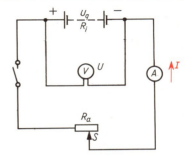

39.1 Schaltung zur Untersuchung des Verhaltens einer Spannungsquelle

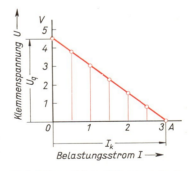

39.2 Belastungskennlinie einer Spannungsquelle (Taschenlampenbatterie) bei $R_i =$ konstant

Die Abhängigkeit der Klemmenspannung einer Spannungsquelle von der Belastungsstromstärke hat ihren Grund darin, daß die vom Strom durchflossene Spannungsquelle einen **i n n e r e n   W i d e r s t a n d** R_i hat, in dem der Strom nach dem Ohmschen

Gesetz einen **inneren Spannungsabfall** U_i verursacht. Man erhält die Klemmenspannung U der Spannungsquelle also, wenn man den inneren Spannungsabfall U_i von der Quellenspannung U_q abzieht. Es gelten demnach folgende Formeln

Innerer Spannungsabfall $\boldsymbol{U_i = I \cdot R_i}$ Klemmenspannung $\boldsymbol{U = U_q - U_i = U_q - I \cdot R_i}$

Die Klemmenspannung sinkt demnach um so stärker ab, je größer die Belastung I und der innere Widerstand R_i sind. Bei Leerlauf der Spannungsquelle fließt kein Belastungsstrom. Es wird daher auch kein innerer Spannungsabfall erzeugt, und die Klemmenspannung ist gleich der Quellenspannung. Im Kurzschlußfall ist kein Außenwiderstand R_a vorhanden, wenn man von dem geringen Widerstand der Kurzschlußbrücke absieht. Der Kurzschlußstrom I_k wird nach dem Ohmschen Gesetz also nur von der Quellenspannung und dem Innenwiderstand der Spannungsquelle bestimmt. Man berechnet sie deshalb nach der Formel

Kurzschlußstrom $$I_k = \frac{U_q}{R_i}$$

Beispiel 26: Wie groß sind die Qellenspannung U_q und der Innenwiderstand R_i der Taschenlampenbatterie in Versuch 21, S. 39?

Lösung: Die Quellenspannung ist gleich der Leerlaufspannung, nach dem Versuchsergebnis also $U_q = 4,5$ V. Zur Bestimmung des Innenwiderstandes kann man aus den Meßwerten einen beliebigen Belastungsstrom und die dazugehörige Klemmenspannung herausgreifen, z. B. $I = 1$ A und $U = 3$ V. Dann sind der innere Spannungsabfall

$$U_i = U_q - U = 4,5\ \text{V} - 3\ \text{V} = 1,5\ \text{V}$$

und der innere Widerstand

$$R_i = \frac{U_i}{I} = \frac{1,5\ \text{V}}{1\ \text{A}} = 1,5\ \Omega \quad \text{oder} \quad R_i = \frac{U_q}{I_k} = \frac{4,5\ \text{V}}{3\ \text{A}} = 1,5\ \Omega$$

Beispiel 27: Eine Spannungsquelle mit der Quellenspannung $U_q = 12$ V und dem Innenwiderstand $R_i = 0,6\ \Omega$ wird belastet. Wie groß ist die Klemmenspannung U bei einer Stromstärke von $I = 4$ A, und wie groß ist der zu erwartende Kurzschlußstrom I_k?

Lösung: $U_i = I \cdot R_i = 4\ \text{A} \cdot 0,6\ \Omega = 2,4\ \text{V}$ $U = U_q - U_i = 12\ \text{V} - 2,4\ \text{V} = 9,6\ \text{V}$

$$I_k = \frac{U_q}{R_i} = \frac{12\ \text{V}}{0,6\ \Omega} = 20\ \text{A}$$

1.62 Spannungsverteilung im Stromkreis

Jetzt können die elektrischen Verhältnisse in einem einfachen Stromkreis (40.1) berechnet werden, dessen Schaltelemente — Spannungsquelle, Leitungen und Verbraucher — der Reihe nach vom Strom durchflossen werden (Reihenschaltung s. Abschn. 1.51).

Der gesamte Stromkreiswiderstand R setzt sich aus dessen Einzelwiderständen, also aus dem Innenwiderstand R_i der Spannungsquelle, dem Widerstand R_L der Leitungen (je $R_L/2$ für Hin- und Rückleitung) und dem Widerstand R_a des Verbrauchers nach der Formel $R = R_i + R_a + R_L$ zusammen. Die Quellenspan-

40.1 Spannungsverteilung im einfachen Stromkreis
Gesamter Stromkreiswiderstand $R = R_i + R_L + R_a$
Quellenspannung $U_q = U_i + U_L + U_a$

nung U_q der S p a n n u n g s q u e l l e treibt den Strom I durch den ganzen Stromkreis. Dieser Strom wird also nach der Formel $I = U_q/R$ berechnet. Nach dem 2. Kirchhoffschen Satz wird die Quellenspannung in m e h r e r e T e i l s p a n n u n g e n aufgeteilt, auf jeden Teilwiderstand entfällt e i n e der Teilspannungen des Stromkreises. Bei Überwindung des Innenwiderstandes R_i der Spannungsquelle durch den Strom entsteht der innere Spannungsabfall $U_i = I \cdot R_i$. Für den äußeren Stromkreis steht also nur die Klemmenspannung U der Spannungsquelle zur Verfügung. Sie setzt sich zusammen aus dem Spannungsabfall $U_L = I \cdot R_L$ in den Leitungen und der Spannung $U_a = I \cdot R_a$ an den Klemmen des Verbrauchers. Für den V e r b r a u c h e r ist demnach nur ein Teil der Quellenspannung, nämlich die Spannung U_a als Nutzspannung verfügbar. Die Teilspannungen U_i und U_L können nicht ausgenutzt werden, man nennt sie daher auch S p a n n u n g s v e r l u s t e. Einen großen Nutzspannungsanteil der Quellenspannung erhält man, wenn die Spannungsverluste möglichst klein sind. Dies erreicht man durch kleinen Innenwiderstand R_i der Spannungsquelle und kleinen Leitungswiderstand R_L.

Beispiel 28: Für die Schaltung in Bild **40.**1 sind die Stromstärke I, die Spannungsabfälle U_i und U_L, die Klemmenspannung U am Generator und die Spannung U_a an den Klemmen des Verbrauchers zu ermitteln. Der innere Widerstand des Generators beträgt $R_i = 1{,}5\ \Omega$, der des Verbrauchers $R_a = 28\ \Omega$. Die Verbindungsleitung besteht aus zweiadriger Kupferleitung von 1,5 mm² Querschnitt. Die Länge der Hin- und Rückleitung beträgt $2 \cdot l = 2 \cdot 21$ m. Der Generator erzeugt die Quellenspannung $U_q = 240$ V.

L ö s u n g : Der Leitungswiderstand beträgt

$$R_L = \frac{2 \cdot l}{\kappa \cdot A} = \frac{2 \cdot 21\ \text{m}}{56 \cdot \dfrac{\text{m}}{\Omega \cdot \text{mm}^2} \cdot 1{,}5\ \text{mm}^2} = 0{,}5\ \Omega$$

Dann ist der Gesamtwiderstand des Stromkreises

$$R = R_i + R_L + R_a = 1{,}5\ \Omega + 0{,}5\ \Omega + 28\ \Omega = 30\ \Omega$$

und damit die Stromstärke $\quad I = \dfrac{U_q}{R} = \dfrac{240\ \text{V}}{30\ \Omega} = 8\ \text{A}$

Der innere Spannungsabfall ist $\qquad\qquad U_i = I \cdot R_i = 8\ \text{A} \cdot 1{,}5\ \Omega = 12\ \text{V}$
und die Klemmenspannung des Generators $\quad U = U_q - U_i = 240\ \text{V} - 12\ \text{V} = 228\ \text{V}$
Der Spannungsverlust in den Leitungen beträgt

$$U_L = I \cdot R_L = 8\ \text{A} \cdot 0{,}5\ \Omega = 4\ \text{V}$$

Für den Verbraucher verbleibt die Nutzspannung $\quad U_a = I \cdot R_a = 8\ \text{A} \cdot 28\ \Omega = 224\ \text{V}$

Die Rechnung kann man leicht nachprüfen; denn nach dem 2. Kirchhoffschen Satz muß die Summe der Spannungsabfälle gleich der Quellenspannung sein

$$U_q = U_i + U_L + U_a = 12\ \text{V} + 4\ \text{V} + 224\ \text{V} = 240\ \text{V}$$

1.63 Zusammenschalten mehrerer Spannungsquellen

Reihenschaltung

Diese ist dadurch gekennzeichnet, daß der Strom nacheinander die in Reihe geschalteten Spannungsquellen durchfließt, deren Quellenspannungen verschieden groß sein können, aber alle in dieselbe Richtung wirken. Hierzu müssen die u n g l e i c h a r t i g e n Pole der Spannungsquellen nach Bild **42.**1 a miteinander verbunden werden.

Bei der Reihenschaltung von Spannungsquellen addieren sich deren Quellenspannungen.

$$U_q = U_{q1} + U_{q2} + U_{q3} + \ldots$$

bei n Spannungsquellen mit gleichen Quellenspannungen U_{q1} ist die Gesamt-Quellenspannung

$$U_q = n \cdot U_{q1}$$

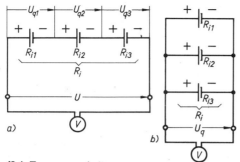

42.1 Zusammenschalten
mehrerer Spannungsquellen

a) Reihenschaltung $U_q = U_{q1} + U_{q2} + U_{q3}$

b) Parallelschaltung $U_q = U_{q1} = U_{q2} = U_{q8}$

Ferner gilt, ebenso wie bei der Reihenschaltung von Verbraucherwiderständen:

Bei der Reihenschaltung von Spannungsquellen addieren sich deren Innenwiderstände.

$$R_i = R_{i1} + R_{i2} + R_{i3} + \ldots$$

bei n Spannungsquellen mit gleichen Widerständen R_{i1} ist der Gesamt-Innenwiderstand

$$R_i = n \cdot R_{i1}$$

Beispiel 29: Eine Batterie aus 6 gleichen, in Reihe geschalteten Trockenelementen, von denen jedes die Quellenspannung $U_{q1} = 1{,}5$ V und den Innenwiderstand $R_{i1} = 0{,}6$ Ω hat, wird mit einem Widerstand $R_a = 6{,}4$ Ω belastet. Wie groß sind Stromstärke I und Klemmenspannung U der Batterie?

Lösung: Gesamte Quellenspannung der Batterie $\quad U_q = n \cdot U_{q1} = 6 \cdot 1{,}5$ V $= 9$ V
gesamter Innenwiderstand $\quad R_i = n \cdot R_{i1} = 6 \cdot 0{,}6$ Ω $= 3{,}6$ Ω
gesamter Stromkreiswiderstand $\quad R = R_i + R_a = 3{,}6$ Ω $+ 6{,}4$ Ω $= 10$ Ω

Stromstärke $\quad I = \dfrac{U_q}{R} = \dfrac{9\ \text{V}}{10\ \Omega} = 0{,}9$ A

Klemmenspannung der Batterie $\quad U = I \cdot R_a = 0{,}9$ A $\cdot 6{,}4$ Ω $= 5{,}76$ V

Parallelschaltung

Hier wird der Strom von parallelen Spannungsquellen gleicher Klemmenspannung geliefert, deren Quellenspannungen in dieselbe Richtung wirken. Es müssen also die **gleichartigen** Pole der Spannungsquellen nach Bild **42.1** b miteinander verbunden werden.

Parallel zu schaltende Spannungsquellen müssen gleiche Quellenspannungen besitzen. Die Gesamt-Quellenspannung ist so groß wie die Quellenspannung jeder einzelnen Spannungsquelle.

Betrachtet man die Schaltung der Spannungsquellen in Bild **42.1** b für sich, also ohne angeschlossenen Belastungswiderstand R_a, so sieht man, daß sie „gegeneinander" geschaltet sind, weil man ihre gleichartigen Klemmen miteinander verbunden hat. Überwiegt nun die Quellenspannung **einer** Spannungsquelle die unter sich gleichen Quellenspannungen der anderen, so treibt die erstere einen Strom durch die Spannungsquelle mit der kleineren Quellenspannung. Dieser **Ausgleichsstrom** kann sehr große Werte annehmen, weil die Innenwiderstände der Spannungsquellen i. allg. gering sind. Da die Spannungsquellen hierdurch Schaden nehmen können, vermeidet man die Ausgleichsströme, indem man nur Spannungsquellen mit gleicher Quellenspannung parallel schaltet.

Für **parallelgeschaltete Spannungsquellen** gilt, genau so wie für die Parallelschaltung von Verbraucherwiderständen:

Bei der Parallelschaltung von Spannungsquellen addieren sich deren Innenleitwerte.

$$\frac{1}{R_i} = \frac{1}{R_{i1}} + \frac{1}{R_{i2}} + \frac{1}{R_{i3}} + \ldots$$

Bei n Spannungsquellen mit gleichen Innenwiderständen R_{i1} ist der Gesamt-Innenwiderstand $R_i = R_{i1}/n$.

Durch die Verringerung des Innenwiderstandes bei mehreren parallel geschalteten

Spannungsquellen wird der innere Spannungsabfall geringer, und die Klemmenspannung sinkt bei Belastung nicht so stark ab; die Belastbarkeit der parallel geschalteten Spannungsquellen wird also erhöht.

1.7 Elektrische Leistung und Arbeit

1.71 Leistung des elektrischen Stromes

□ **Versuch 22.** Drei gleiche Gefäße mit Heizwiderständen werden mit der gleichen Wassermenge von gleicher Temperatur gefüllt (**43.1**). Die drei Heizwiderstände werden gleichzeitig eingeschaltet, und der Temperaturanstieg der Wasserfüllungen in den Gefäßen wird mit Thermometern gemessen. Obwohl Betriebsspannungen, Stromstärken und Widerstände in allen drei Fällen verschieden sind, steigt die Temperatur in den drei Gefäßen gleich schnell an. □

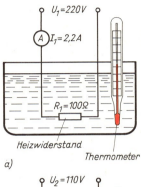

Der Versuch zeigt, daß hier die Leistungsfähigkeit dreier verschieden großer Ströme gleich ist. Diese hängt daher nicht von der Stromstärke allein ab. Wenn man die drei Wertepaare von Spannung und Stromstärke malnimmt, erhält man immer den gleichen Zahlenwert 484 als Maß für die in den drei Gefäßen entwickelte Wärmemenge (s. Abschn. 2.11). Dieses Ergebnis entspricht dem Gesetz:

Die Leistungsfähigkeit oder kurz Leistung P des elektrischen Stromes wird durch das Produkt aus Spannung U und Stromstärke I bestimmt.

Elektrische Leistung $\qquad P = U \cdot I$

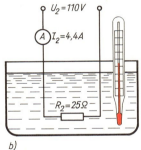

Als Einheit der elektrischen Leistung ist das Watt (W) festgesetzt worden[1]).

1 W ist die Leistung eines Stromes von 1 A bei einer Spannung von 1 V, also 1 V · 1 A = 1 W.

Man erhält in der Gleichung $P = U \cdot I$ demnach die Leistung P in Watt, wenn man die Spannung U in Volt und die Stromstärke I in Ampere einsetzt. Für große und kleine Zahlenwerte der elektrischen Leistung werden folgende Vielfache und Teile der Einheit Watt benutzt (Tafel **16.1**):

$$1 \text{ mW} = \frac{1}{1000} \text{ W}, \ 1 \text{ kW} = 1000 \text{ W}, \ 1 \text{ MW} = 1\,000\,000 \text{ W}$$

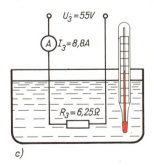

Beispiel 30: Für die drei Heizwiderstände in Bild **43.1** erhält man folgende Leistungen

$$P_1 = U_1 \cdot I_1 = 220 \text{ V} \cdot 2,2 \text{ A} = 484 \text{ W}$$
$$P_2 = U_2 \cdot I_2 = 110 \text{ V} \cdot 4,4 \text{ A} = 484 \text{ W}$$
$$P_3 = U_3 \cdot I_3 = \ 55 \text{ V} \cdot 8,8 \text{ A} = 484 \text{ W}$$

43.1 Ermittlung der Leistung des elektrischen Stromes

Beispiel 31: Welcher Strom fließt im Glühfaden einer Glühlampe mit der Aufschrift 220 V 60 W?

---

[1]) James Watt, englischer Erfinder, 1736 bis 1819.

Lösung: Aus $P = U \cdot I$ erhält man nach Teilen durch U auf beiden Seiten der Formel

$$I = \frac{P}{U} = \frac{60 \text{ W}}{220 \text{ V}} = 0,27 \text{ A}$$

Beispiel 32: Für welche Spannung ist ein Widerstand 4,5 kW 11,8 A gebaut?

Lösung: Aus der Formel $P = U \cdot I$ erhält man nach Teilen durch I auf beiden Seiten

$$U = \frac{P}{I} = \frac{4500 \text{ W}}{11,8 \text{ A}} = 380 \text{ V}$$

Wenn in die Formel $P = U \cdot I$ anstelle der Spannung U nach dem Ohmschen Gesetz $(U = I \cdot R)$ das Produkt $I \cdot R$ eingesetzt wird, erhält man $P = I \cdot I \cdot R$ oder, in der üblichen Schreibweise

Elektrische Leistung $P = I^2 \cdot R$ [1])

Man erhält in dieser Formel die Leistung P in W, wenn man die Stromstärke I in A und den Widerstand R in Ω einsetzt.

Beispiel 33: Für die drei Heizwiderstände in Bild **43**.1 kann die Heizleistung also auch auf folgende Weise berechnet werden

$$P_1 = I_1^2 \cdot R_1 = 2,2 \text{ A} \cdot 2,2 \text{ A} \cdot 10 \ \Omega = 484 \text{ W} \qquad P_2 = I_2^2 \cdot R_2 = 4,4 \text{ A} \cdot 4,4 \text{ A} \cdot 25 \ \Omega = 484 \text{ W}$$
$$P_3 = I_3^2 \cdot R_3 = 8,8 \text{ A} \cdot 8,8 \text{ A} \cdot 6,25 \ \Omega = 484 \text{ W}$$

Beispiel 34: Mit welcher Stromstärke I darf ein Widerstand mit der Aufschrift 10 W 4 kΩ im Höchstfalle belastet werden? Wie groß darf die angelegte Spannung höchstens sein?

Lösung: Aus $P = I^2 \cdot R$ erhält man nach Teilen durch R die Formel $P / R = I^2$ bzw. $I^2 = P / R$.

Zieht man nun auf beiden Seiten die Wurzel, so ist die Stromstärke[2])

$$I = \sqrt{\frac{P}{R}} = \sqrt{\frac{10 \text{ W}}{4000 \ \Omega}} = 0,05 \text{ A} = 50 \text{ mA}$$

$$U = I \cdot R = 0,05 \text{ A} \cdot 4000 \ \Omega = 200 \text{ V}$$

Wenn in der Formel $P = U \cdot I$ anstelle der Stromstärke I nach dem Ohmschen Gesetz $\left(I = \dfrac{U}{R}\right)$ der Bruch $\dfrac{U}{R}$ eingesetzt wird, bekommt die Leistungsformel die Form $P = U \cdot \dfrac{U}{R}$, in der üblichen Schreibweise

Elektrische Leistung $P = \dfrac{U^2}{R}$

Man erhält in dieser Formel die Leistung P in W, wenn man die Spannung U in V und den Widerstand R in Ω einsetzt.

Beispiel 35: Für die drei Heizwiderstände in Bild **43**.1 kann man die Heizleistung auch auf folgende Weise errechnen

$$P_1 = \frac{U_1^2}{R_1} = \frac{220 \text{ V} \cdot 220 \text{ V}}{100 \ \Omega} = 484 \text{ W} \qquad P_2 = \frac{U_2^2}{R_2} = \frac{110 \text{ V} \cdot 110 \text{ V}}{25 \ \Omega} = 484 \text{ W}$$
$$P_3 = \frac{U_3^2}{R_3} = \frac{55 \text{ V} \cdot 55 \text{ V}}{6,25 \ \Omega} = 484 \text{ W}$$

---

[1]) I^2 gesprochen: I hoch zwei oder I Quadrat. Die Hochzahl 2 bedeutet, daß die Größe I zweimal als Faktor gesetzt werden muß: $I \cdot I = I^2$.

[2]) $\sqrt{P/R}$, sprich: Wurzel aus P durch R. Beim Wurzelziehen wird ein Wert gesucht, der, ins Quadrat erhoben, den Wert unter dem Wurzelzeichen $\sqrt{}$ ergibt, z. B. $I = \sqrt{16 \text{ A}^2} = 4$ A. Die Wurzel aus einer Zahl kann man leicht und mit hinreichender Genauigkeit durch Probieren ermitteln. Bequemer ist allerdings die Benutzung einer Zahlentafel (Tabellenbuch) oder eines Taschenrechners.

Beispiel 36: An welche höchste Spannung U darf ein Widerstand $R = 10$ kΩ bei der Belastbarkeit $P = 0,25$ W gelegt werden? Wie groß darf die Belastungsstromstärke höchstens sein?

Lösung: Aus $P = U^2/R$ ergibt sich nach Malnehmen beider Seiten mit R die Formel $U^2 = P \cdot R$. Zieht man nun auf beiden Seiten die Wurzel, so erhält man die Spannung

$$U = \sqrt{P \cdot R} = \sqrt{0,25 \text{ W} \cdot 10000 \ \Omega} = 50 \text{ V}$$

$$I = \frac{U}{R} = \frac{50 \text{ V}}{10000 \ \Omega} = 0,005 \text{ A} = 5 \text{ mA}$$

Die Formeln $P = I^2 \cdot R$ und $P = \dfrac{U^2}{R}$ umschreiben das folgende Gesetz:

Bei gleichbleibendem Widerstand eines Verbrauchers ändert sich die darin entstehende elektrische Leistung sowohl mit dem Quadrat der Stromstärke als auch mit dem Quadrat der Spannung.

Beispiel 37: Der Widerstand $R = 100 \ \Omega$ wird nacheinander an folgende Spannungen angelegt: $U_1 = 110$ V, $U_2 = 220$ V und $U_3 = 440$ V. Wie groß sind die zugehörigen Stromstärken und Leistungen?

Lösung:

$$I_1 = \frac{U_1}{R} = \frac{110 \text{ V}}{100 \ \Omega} = 1,1 \text{ A} \qquad P_1 = U_1 \cdot I_1 = 110 \text{ V} \cdot 1,1 \text{ A} = 121 \text{ W}$$

$$I_2 = \frac{U_2}{R} = \frac{220 \text{ V}}{100 \ \Omega} = 2,2 \text{ A} \qquad P_2 = U_2 \cdot I_2 = 220 \text{ V} \cdot 2,2 \text{ A} = 484 \text{ W}$$

$$I_3 = \frac{U_3}{R} = \frac{440 \text{ V}}{100 \ \Omega} = 4,4 \text{ A} \qquad P_3 = U_3 \cdot I_3 = 440 \text{ V} \cdot 4,4 \text{ A} = 1936 \text{ W}$$

Wie das vorstehende Beispiel zeigt, hat eine Verdoppelung der Spannung die doppelte Stromstärke, aber die vierfache Leistung zur Folge; vierfache Spannung bedeutet also vierfache Stromstärke, aber sechzehnfache Leistung.

Entsprechend der Leistungsaufnahme aus der Spannungsquelle wächst auch die Wärmeentwicklung eines Widerstandes mit dem Quadrat von Spannung und Stromstärke, eine Tatsache, die man beachten muß, wenn man einen Widerstand vor Überlastung bewahren will.

Nennleistung. Die Leistungsfähigkeit eines Gerätes oder einer Maschine ist für deren Verwendbarkeit die wichtigste technische Angabe. Sie wird daher als N e n n l e i s t u n g auf jedem L e i s t u n g s s c h i l d von Geräten und Maschinen angegeben. Erst in zweiter Linie folgen die übrigen N e n n d a t e n, nämlich Nennspannung, Nennstromstärke, Nennfrequenz, Nenndrehzahl usw.

1.72 Elektrische Arbeit

Wenn eine Kraftmaschine (z. B. ein Bagger) ihre mechanische L e i s t u n g (hier eine Förderleistung) über eine bestimmte Zeit abgibt, hat sie A r b e i t v e r r i c h t e t (s. Abschn. 14.14). Das gleiche gilt auch in der Elektrizitätslehre. Wird die elektrische Leistung P eine bestimmte Zeit lang in Anspruch genommen, so wird Arbeit verrichtet.

Die elektrische Arbeit W ist das Produkt aus elektrischer Leistung P und Zeit t.

Arbeit $\qquad\qquad\qquad\qquad W = P \cdot t$

Einheiten der elektrischen Arbeit sind die Wattsekunde (Ws), auch Joule (J)[1] ge-

---

[1] Joule (gesprochen: dschul), englischer Naturforscher, 1818 bis 1889.

nannt, die Wattstunde (Wh) und die Kilowattstunde (kWh)[1]; 1 kWh = 3 600 000 Ws = = 3 600 000 J = 3 600 kJ = 3,6 MJ (s. Anhang „SI-Einheitensystem"). Zum Messen der elektrischen Arbeit dient der Elektrizitätszähler.

Beispiel 38: Ein Bügeleisen für 220 V hat die Nennleistung 500 W. Wie groß ist die dem Netz entnommene elektrische Arbeit in kWh bei einer Bügelzeit von 4 Stunden (4 h)?

Lösung: $\qquad W = P \cdot t = 0,5 \text{ kW} \cdot 4 \text{ h} = 2 \text{ kWh}$

Beispiel 39: Beim Betrieb eines Verbrauchers veränderte sich der Zählerstand in der Zeit $t = 6$ h von $W_1 = 13 680$ kWh auf $W_2 = 13 698$ kWh. Wie groß war die mittlere Leistungsaufnahme P des Verbrauchers?

Lösung: Beanspruchte Arbeit während der Betriebsdauer

$$W = W_2 - W_1 = 13 698 \text{ kWh} - 13 680 \text{ kWh} = 18 \text{ kWh}$$

Aus $W = P \cdot t$ erhält man nach Teilen durch t die Leistung

$$\frac{W}{t} = P \text{ bzw. } P = \frac{W}{t} = \frac{18 \text{ kWh}}{6 \text{ h}} = 3 \text{ kW}$$

Die in einem Gerät verrichtete Arbeit W hängt also sowohl von der aufgenommenen Leistung P wie auch von der Betriebsdauer t ab. Es ist also möglich, daß ein Verbraucher geringerer Leistung in einem großen Zeitraum eine größere Arbeit verrichtet bzw. dem Netz entnimmt, als ein Verbraucher größerer Leistung in einer kurzen Zeit.

Die Elektrizitätsversorgungsunternehmen (Abkürzung EVU) berechnen die „Stromkosten" daher nach der dem Netz entnommenen Arbeit. Der zu zahlende Arbeitspreis wird aus dem Preis je Kilowattstunde und der Anzahl der dem Netz entnommenen Kilowattstunden errechnet.

Beispiel 40: Ein Rundfunkgerät nimmt am 220 V-Netz einen Strom von 0,27 A auf. Wie hoch ist der Arbeitspreis im Jahr bei einer Benutzungsdauer von 1000 Stunden und einem Preis von 0,12 DM je kWh?

Lösung: $\qquad P = U \cdot I = 220 \text{ V} \cdot 0,27 \text{ A} = 60 \text{ W}$

$\qquad W = P \cdot t = 60 \text{ W} \cdot 1000 \text{ h} = 60 000 \text{ Wh} = 60 \text{ kWh}$

$\qquad 1 \text{ kWh kostet } 0,12 \text{ DM, } 60 \text{ kWh kosten } 0,12 \cdot 60 = 7,20 \text{ DM}$

Der Arbeitspreis beträgt demnach 7,20 DM im Jahr.

Tarife

Um die Nutzung elektrischer Arbeit so wirtschaftlich wie möglich zu gestalten, berechnen die Elektrizitätsunternehmen die Stromkosten nach verschiedenen Tarifen. Die am häufigsten vorkommenden Tarife sind die verschiedenen Grundgebührentarife für Haushalt, Gewerbe und Landwirtschaft. Hier setzen sich die Stromkosten aus einer mehr oder weniger hohen, festen Grundgebühr und einem Arbeitspreis je Kilowattstunde zusammen. Die Grundgebühr richtet sich beim Haushaltstarif im allgemeinen nach der Zahl und bei manchen Tarifen auch nach der Größe der Räume sowie nach der Gesamtleistung der angeschlossenen Elektrowärmegeräte (Anschlußwert).

Um die Kraftwerke innerhalb eines Tages möglichst gleichmäßig zu belasten, sind die EVU daran interessiert, daß die elektrische Arbeit möglichst gleichmäßig abgenommen wird. Sie bieten daher z. B. durch den billigen Nachtstromtarif einen Anreiz, elektrische Arbeit auch während der Nachtstunden in Anspruch zu nehmen. Der Nachtstromtarif kommt im Haushalt hauptsächlich für den Betrieb von Warmwasserbereitern und Speicherheizungen in Frage. Andere Tarife, vor allem der Scheinleistungstarif mit Maximum- und Blindarbeitszähler (s. Abschn. 9.4), werden vorwiegend mit Großabnehmern vereinbart.

---

[1] h (lateinisch: hora) ist das Kurzzeichen für Stunde.

Beispiel 41: In einem Haushalt werden dem Netz in einem Monat 360 kWh entnommen. Welche Stromkosten entstehen bei einem Grundpreistarif mit einem Grundpreis von 31,60 DM und einem Arbeitspreis von 0,13 DM je kWh?

Lösung: 1 kWh kostet 0,13 DM   360 kWh kosten 0,13 · 360 = 46,80 DM

Arbeitspreis 46,80 DM   Grundpreis 31,60 DM   Gesamtkosten also 78,40 DM

Leistungsbestimmung mit Hilfe des Zählers

Die Meßgeräte für die Messung der elektrischen Arbeit sind die Kilowattstunden-zähler (s. Abschn. 9.4). Die Frontplatte eines Wechselstrom-Kilowattstundenzählers zeigt Bild 47.1. Man erkennt darauf u.a. die Zählerkonstante. Sie gibt an, wieviel Umdrehungen die Ankerscheibe des Zählers bei einer Kilowattstunde macht. Mann kann die Zahl der Ankerumdrehungen während einer bestimmten Zeit durch Beobachten der roten Marke zählen (Uhr mit Sekundenzeiger benutzen) und hieraus die Leistungsaufnahme des angeschlossenen Verbrauchers berechnen.

Beispiel 42: Beim Betrieb eines Elektrowärmegerätes macht die Ankerscheibe des Zählers mit der Zählerkonstanten 600 Umdr./kWh in 15 Sekunden genau 3 Umdrehungen. Wie groß ist die Leistungsaufnahme des Verbrauchers?

Lösung: In 15 Sekunden macht die Zählerscheibe 3 Umdrehungen, in 1 Sekunde $^3/_{15}$ Umdrehungen und in 1 Stunde = 3600 Sekunden dann 3 · 3600/15 = 720 Umdrehungen. Die vom Verbraucher beanspruchte Leistung P erhält man nach der Formel

$$P = \frac{\text{Umdrehungen der Zählerscheibe in der Stunde } n_z}{\text{Zählerkonstante } k}$$

$$P = \frac{n_z}{k} = \frac{720 \text{ Umdr./h}}{600 \text{ Umdr./kWh}} = 1,2 \text{ kW}$$

Kilowattstunden

AEG Wechselstromzähler 212
Form J6H   Nr. [   ]   216
220V   10(30) A   50Hz
1kWh=600 Ankerumdrehungen
Schltg.100   Baujahr 1982

47.1 Frontplatte eines Wechselstrom-Kilowattstunden-Zählers

1.73 Energieumwandlung und Wirkungsgrad

Der elektrische Strom ist fähig, in Elektrowärmegeräten Wärmearbeit, in Motoren mechanische Arbeit, in Lampen Lichtarbeit zu verrichten. Diese Fähigkeit nennt man auch Arbeitsvermögen oder Energie. Da der elektrische Strom also Arbeit verrichten kann, gibt es auch elektrische Energie.

Energie bedeutet Arbeitsvermögen. Es gibt verschiedene Energiearten, wie mechanische, chemische, elektrische, Wärme- und Strahlungsenergie, z.B. Licht.

In den Verbrauchern wird elektrische Energie in andere Energieformen verwandelt. Umgekehrt werden in den Spannungsquellen diese Energieformen in elektrische Energie verwandelt. So wird z. B. in den Generatoren der Kraftwerke die mechanische Energie der Turbine, die sie wiederum aus der Wärmeenergie des Dampfes oder der mechanischen Energie des strömenden Wassers erhält, in elektrische Energie umgewandelt. Die galvanischen Elemente und Akkumulatoren verwandeln chemische Energie, die Thermoelemente Wärmeenergie und die Fotoelemente Lichtenergie in elektrische Energie.

Bei allen diesen Energieumwandlungen gilt in Natur und Technik der S a t z v o n d e r
E r h a l t u n g d e r E n e r g i e :

E nergie kann weder erzeugt werden noch verloren gehen. Sie wird vielmehr immer
v on einer Form in die andere umgewandelt.
E lektrische Energie ist somit nur e i n e der möglichen Energieformen.

Spannungsquellen und Verbraucher sind also E n e r g i e w a n d l e r. Bei jeder Energieumwandlung beanspruchen diese Wandler einen Teil der zugeführten Energie als Eigenverbrauch. Dieser Energiean-
teil, der stets in Wärme umgewandelt wird, ist nicht
nutzbar. Man nennt ihn
daher E n e r g i e v e r l u s t,
obwohl die betreffende
Energie nach dem Gesetz
von der Erhaltung der
Energie natürlich nicht
„verloren" gehen kann.
Energieverluste entstehen
im Elektromotor z. B. durch
Reibung in den Lagern und
durch Stromwärme in der
Wicklung (48.1).

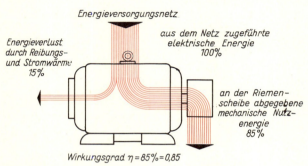

48.1 Energieumwandlung in einem Gleichstrommotor

Der Energieverlust bei Energieumwandlungen ist der Unterschied zwischen zugeführter
und genutzter Energie.

Energieverlust = zugeführte Energie — Nutzenergie

Um die Nutzbarkeit und damit auch die Wirtschaftlichkeit einer Energieumwandlung
ausdrücken zu können, setzt man zweckmäßig den Anteil der genutzten Energie ins
Verhältnis zur zugeführten Energie. Wenn z. B. bei einer Energieumwandlung 15% der
zugeführten Energie als Energieverlust nicht nutzbar sind, so entstehen die restlichen
85% als abgegebene Nutzenergie zur Verfügung; 85% sind das 0,85fache der zugeführten Energie. Der so gewonnene Ausnutzungsfaktor — hier 0,85 — heißt W i r k u n g s -
g r a d η (griechisch eta).

Der Wirkungsgrad ist das Verhältnis von genutzter Energie und zugeführter Energie.

Wirkungsgrad $\qquad \eta = \dfrac{\text{abgegebene Nutzenergie}}{\text{zugeführte Energie}}$

Es ist manchmal zweckmäßiger, den Wirkungsgrad aus dem Verhältnis der genutzten
zur zugeführten Leistung zu ermitteln. Das Ergebnis ist das gleiche, denn man kann zur
Bestimmung des Energieverlustes und somit des Wirkungsgrades sowohl die Arbeit
(= Energie) wie auch die Leistung heranziehen.

Wirkungsgrad $\qquad \eta = \dfrac{\text{abgegebene Nutzarbeit } W_{ab}}{\text{zugeführte Arbeit } W_{zu}} \qquad \eta = \dfrac{W_{ab}}{W_{zu}} = \dfrac{P_{ab} \cdot t}{P_{zu} \cdot t}$

oder

Wirkungsgrad $\qquad \eta = \dfrac{\text{abgegebene Nutzleistung } P_{ab}}{\text{zugeführte Leistung } P_{zu}} \qquad \eta = \dfrac{P_{ab}}{P_{zu}}$

Da die Nutzarbeit stets kleiner ist als die zugeführte Arbeit, wird der Zähler des Bruches
immer kleiner als der Nenner, z. B.

$$\eta = \frac{85 \text{ kW}}{100 \text{ kW}} = 0,85$$

oder
$$\eta = \frac{85 \text{ kW}}{100 \text{ kW}} \cdot 100^0/_0 = 85^0/_0$$

Daraus ergibt sich: Der Wirkungsgrad η ist stets kleiner als 1 bzw. kleiner als $100^0/_0$. Bei der Berechnung des Wirkungsgrades lassen sich die Einheiten stets wegkürzen. Daraus folgt:

Der Wirkungsgrad ist ein Zahlenfaktor ohne Einheit.

Beispiel 43: Ein Gleichstrommotor gibt an seiner Welle die mechanische Leistung $P_{ab} = 3$ kW ab. Die Betriebsspannung beträgt $U = 440$ V, die Stromstärke $I = 8$ A. Welchen Wirkungsgrad η hat der Motor und wie groß ist sein Leistungsverlust P_v?

Lösung:
$$P_{zu} = U \cdot I = 440 \text{ V} \cdot 8 \text{ A} = 3520 \text{ W}$$

$$\eta = \frac{P_{ab}}{P_{zu}} = \frac{3000 \text{ W}}{3520 \text{ W}} = 0,85 = 85^0/_0$$

$$P_v = P_{zu} - P_{ab} = 3520 \text{ W} - 3000 \text{ W} = 520 \text{ W}$$

Übungsaufgaben zu Abschnitt 1.6 und 1.7

1. Weshalb sinkt die Klemmenspannung einer Spannungsquelle bei Belastung ab?
2. Was ist ein Kurzschluß?
3. In welchen Fällen wird die Reihenschaltung und in welchen Fällen die Parallelschaltung von Spannungsquellen angewendet?
4. Von welchen Größen hängt die elektrische Leistung ab?
5. Welchen Grund hat die Aufteilung der Normaltarife in Grundpreis und Arbeitspreis?
6. Welcher Wesensunterschied besteht zwischen den Einheiten kW und kWh?
7. Was versteht man unter Energie?
8. Ein Transformator hat einen Wirkungsgrad von $95^0/_0$. Was besagt diese Angabe?
9. Warum ist der Wirkungsgrad kleiner als Eins?
10. Wodurch entstehen in einem Motor Energieverluste?
11. Versuch: Ermitteln Sie Quellenspannung, Kurzschlußstromstärke und Innenwiderstand einer Taschenlampenbatterie und zeichnen Sie mit Hilfe der gemessenen Strom- und Spannungswerte die Belastungskennlinie der Batterie (**39.2**).
12. Versuch: Bestimmen Sie die Leistungsaufnahme eines Verbrauchers, z. B. eines Heizofens, mit Hilfe des Zählers.

2 Elektrizität und Wärme

2.1 Wärmewirkung des elektrischen Stromes

Wie in Abschn. 1.15 ausgeführt, erzeugt der elektrische Strom in einem Widerstand Wärme. Da jeder Leiter einen Widerstand hat, entwickelt sich in jedem stromdurchflossenen Leiter Wärme. Sie ist teils gewollt, z. B. in elektrischen Heiz- und Kochgeräten, teils unerwünscht, z. B. in Leitungen sowie in den Wicklungen elektrischer Maschinen. Bevor die Vorgänge bei der Umwandlung elektrischer Energie in Wärmeenergie und umgekehrt behandelt werden, sollen einige Grundlagen aus der Wärmelehre besprochen werden.

2.11 Temperatur und Wärmemenge

Wärme ist eine Energieform (s. Abschn. 1.73). Sie hat ihre Ursache in kleinen Bewegungen der Moleküle eines Körpers. Je wärmer ein Körper ist, desto größer ist die Geschwindigkeit, mit der sich seine Moleküle bewegen und damit seine Wärmeenergie.

Der Wärmezustand eines Körpers wird durch seine Temperatur und durch die in ihm vorhandene Wärmemenge (= Wärmeenergie) gekennzeichnet.

Temperatur ϑ (griechisch theta) oder t. Sie ist ein Maß für die Geschwindigkeit, mit der sich die Moleküle in einem Körper bewegen und damit für den Grad der Erwärmung des Körpers. Hohe Temperatur eines Körpers bedeutet große Geschwindigkeit der Molekularbewegung und umgekehrt. Hören die Molekularbewegungen ganz auf, so ist die tiefstmögliche Temperatur, der sogenannte absolute Nullpunkt erreicht.

Die Messung der Temperatur erfolgt mit dem Thermometer. Die in der Technik verwendete Einheit der Temperatur ist der Grad Celsius[1] (°C).

Die Quecksilbersäule des Thermometers dehnt sich zwischen Schmelz- und Siedepunkt des Wassers um ein bestimmtes Maß aus. Ein Hundertstel dieses Maßes entspricht 1 °C. Temperaturen unter dem Schmelzpunkt erhalten negative Vorzeichen. Der absolute Nullpunkt liegt bei −273 °C (genau 273,16 °C).

In der Wissenschaft bevorzugt man für die Temperaturmessung die Einheit Kelvin[2] (K) mit dem Formelzeichen T. Man hat festgelegt, daß 0 K die Temperatur des absoluten Nullpunktes (−273,16 °C) und daß 1 K = 1 °C ist. Der Schmelzpunkt des Wassers liegt also bei 0 °C ≈ 273 K, dann ist z. B. 25 °C = 273 K + 25 K = 298 K.

Temperaturdifferenzen wurden früher abweichend von den in °C und K gemessenen Temperaturpunkten in Grad (grd) angegeben. Es ist 1 grd = 1 °C = 1 K. Nach dem Einheitengesetz von 1969 (s. Anhang ,,SI-Einheitensystem") heißt ab 1. 1. 75 die Einheit der Temperaturdifferenz nicht mehr grd, sondern Kelvin (K), (früher °K) oder °C.

---

[1] Celsius, schwedischer Naturforscher, 1701 bis 1744.
[2] Kelvin, englischer Naturforscher, 1824 bis 1907.

Wärmemenge Q. Diese ist ein Maß für die in einem Körper enthaltene Wärmeenergie. Die Einheit der Wärmemenge ist die allgemeine Energieeinheit, das Joule (J) (s. Abschn. 1.72).

Nach dem Einheitengesetz von 1969 war bis zum 31. 12. 77 als Einheit der Wärmemenge auch noch die Kalorie (cal) bzw. die Kilokalorie (kcal) zulässig. 1 kcal ist die Wärmemenge, die 1 kg Wasser (1 Liter) um 1 K erwärmt. $1 J = 1 Ws = 0,234 cal \approx 0,24 cal$; $1 cal = 4,187 J \approx 4,2 J$ und $1 kcal \approx 4,2 kJ$ (s. Anhang „SI-Einheitensystem").

Die für die Erwärmung eines Körpers erforderliche Wärmemenge hängt von der zu erreichenden Temperaturerhöhung und von der Masse m, gemessen in kg, des zu erwärmenden Körpers ab. Sie wächst im gleichen Verhältnis wie die Temperaturerhöhung und die Masse. Schließlich ist die Wärmemenge noch von der Stoffart abhängig, die durch deren spezifische Wärmekapazität c ausgedrückt wird.

Die spezifische Wärmekapazität c eines Stoffes ist zahlenmäßig gleich der Wärmemenge, die erforderlich ist, um 1 kg des betreffenden Stoffes um 1 K zu erwärmen.

Die Einheit der spezifischen Wärmekapazität ist

$$\frac{kJ}{kg \cdot K}, \quad \text{früher} \quad \frac{kcal}{kg \cdot K}; \quad \text{für Wasser ist } c = 4,2 \frac{kJ}{kg \cdot K}, \quad \text{früher} \quad c = 1 \frac{kcal}{kg \cdot K}$$

Die spezifische Wärmekapazität einiger anderer Stoffe ist in den gleichen Einheiten (Klammerwerte in kcal/kg · K):

Kupfer 0,38 (0,09)   Blei 0,125 (0,03)   Aluminium 0,92 (0,22)   Steine etwa 0,84 (0,2)
Stahl 0,46 (0,11)   Zinn 0,222 (0,053)   Glas etwa 0,84 (0,2)   Holz etwa 2,5 (0,6)

Die für die Erwärmung eines Stoffes mit der Masse m um die Temperaturdifferenz $\Delta\vartheta = \vartheta_2 - \vartheta_1$ erforderliche Wärmemenge Q wird mit folgender Formel errechnet

Wärmemenge $\quad\quad\quad\quad\quad \boldsymbol{Q = c \cdot m \cdot \Delta\vartheta}$

Man erhält Q in kJ bzw. kcal, wenn man m in kg, $\Delta\vartheta$ in K und c in $\dfrac{kJ}{kg \cdot K}$ bzw. $\dfrac{kcal}{kg \cdot K}$ einsetzt.

Die Masse m mit der Masseneinheit kg darf nicht mit der Gewichtskraft G mit der Krafteinheit N (Newton) oder der bisher verwendeten Einheit kp (s. Abschn. 14.1 u. Anhang „Das SI-Einheitensystem") verwechselt werden. Für beide Größen wird im täglichen Leben die gleiche Bezeichnung „Gewicht" gebraucht; vor allem auch dann, wenn man eigentlich die Masse meint, z. B. beim Kauf einer abgewogenen Ware. Diese Gleichsetzung war bei der Verwendung der Krafteinheit kp zulässig, weil die Gewichtskraft, also die Erdanziehungskraft, auf die Masse 1 kg als 1 kp festgesetzt war, also die Masse 1 kg der Gewichtskraft 1 kp entsprach. Die neue Krafteinheit N ist nicht mehr durch die Erdanziehungskraft auf die Masseneinheit 1 kg bestimmt. Näheres darüber im Abschnitt 14.1 und im Anhang „Das SI-Einheitensystem".

Die Masse eines Körpers verändert sich nicht mit dem Ort, wohl aber seine Gewichtskraft. Somit bleibt 1 kg Wasser selbst auf dem Mond 1 kg; die Gewichtskraft verringert sich aber infolge der geringen Anziehungskraft des Mondes auf etwa $^1/_7$. Überall dort, wo bei einem Körper nicht die auf ihn wirkende Erdanziehungskraft, also seine Gewichtskraft, interessiert, sondern — wie hier bei der Erwärmung — seine Masse, wird die Masseneinheit kg verwendet.

Beispiel 44: Es sollen 80 l Wasser von der Temperatur $\vartheta_1 = 15\,^{\circ}C$ auf $\vartheta_2 = 85\,^{\circ}C$ erwärmt werden. Welche Wärmemenge Q ist dafür erforderlich?

Lösung: 80 l Wasser haben die Masse 80 kg.

Temperaturdifferenz $\Delta\vartheta = \vartheta_2 - \vartheta_1 = 85\,^{\circ}C - 15\,^{\circ}C = 70\,K$

Mit der Einheit Kilojoule (kJ) ist die Wärmemenge

$$Q = c \cdot m \cdot \Delta\vartheta = 4,2\,\frac{kJ}{kg \cdot K} \cdot 80\,kg \cdot 70\,K = 23500\,kJ$$

Mit der Einheit kcal ist die Wärmemenge

$$Q = c \cdot m \cdot \Delta\vartheta = 1\,\frac{kcal}{kg \cdot K} \cdot 80\,kg \cdot 70\,K = 5600\,kcal$$

2.12 Entstehung und Berechnung der Stromwärme

Im Versuch 5, S. 10, wurde gezeigt, daß in einem vom Strom durchflossenen Leiter Wärme entsteht. Der folgende Versuch soll klären, von welchen Einflußgrößen die entwickelte Wärmemenge abhängt.

□ **Versuch 23.** Die Wassermenge 1 l mit der Temperatur ϑ_1 wird mit einem 600 W-Tauchsieder 5 min lang erhitzt, daneben die gleiche Wassermenge mit einem 300 W-Tauchsieder (**52.1**). Um die unerwünschte Abkühlung des Wassers gering zu halten, sind beide Wasserbehälter mit Watte oder Glaswolle isoliert. Die Endtemperatur ϑ_2 wird in beiden Behältern gemessen und die Temperaturerhöhung $\Delta\vartheta = \vartheta_2 - \vartheta_1$ ermittelt. Sie beträgt im ersten Behälter 42 K, im zweiten 21 K.

Wird die Erwärmung in dem Behälter mit dem 300 W-Tauchsieder weitere 5 min fortgesetzt, so beträgt die Temperaturerhöhung das Doppelte wie bisher, also ebenfalls 42 K. □

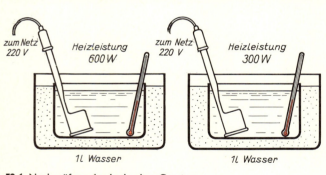

zum Netz 220 V — Heizleistung 600 W — zum Netz 220 V — Heizleistung 300 W — 1 l Wasser — 1 l Wasser

52.1 Nachprüfung des Jouleschen Gesetzes

Die Versuchsergebnisse lassen folgende Schlüsse zu:

1. Die Wassertemperatur erhöht sich im gleichen Verhältnis wie die Aufheizleistung, im Versuch z. B. im Verhältnis 1 : 2. Da die Wassermenge in beiden Behältern die gleiche war, ist die entwickelte Wärmemenge Q ebenfalls im gleichen Verhältnis wie die Leistung größer geworden.

2. Die Wassertemperatur und damit die entwickelte Wärmemenge Q erhöhen sich im gleichen Verhältnis wie die Aufheizdauer, im Versuch im Verhältnis 1 : 2.

Die Stromwärme Q ist daher sowohl der Leistung P wie auch der Erwärmungszeit t, also dem Produkt $P \cdot t$ verhältnisgleich. Da $P \cdot t$ die elektrische Arbeit ist, kann man sagen:

Die Stromwärme ist der elektrischen Arbeit verhältnisgleich.

Dieser Satz heißt nach dem Entdecker das Joulesche Gesetz. Er stimmt mit dem Satz von der Erhaltung der Energie (s. S. 48) überein.

Durch die Festsetzung der Einheiten Joule und Wattsekunde für Wärmemenge Q und elektrische Arbeit W ist $1\,J = 1\,Ws$ (s. Anhang „Das SI-Einheitensystem). Somit ist die von der elektrischen Arbeit W erzeugte Stromwärme

$$Q = W$$

Setzt man darin die elektrische Arbeit W in Ws ein, so erhält man die Stromwärme Q in J ($1\,kJ = 1\,kWs$ und $3600\,kJ = 3600\,kWs = 1\,kWh$).

Mit der älteren Einheit kcal heißt die vorstehende Formel $Q = 860 \cdot W$ mit W in kWh, 860 in kcal/kWh und Q in kcal[1]).

Wärmewirkungsgrad. In jedem Elektrowärmegerät, z. B. in Kochplatten, Wärmestrahlern oder in den Tauchsiedern in Versuch 23 wird die gesamte elektrische Energie in Wärme umgewandelt. Hier entstehen somit bei der Energieumwandlung keine Verluste wie z. B. in Elektromotoren, in denen neben der gewünschten mechanischen Energie unerwünscht Wärme durch Reibung in den Lagern, durch Stromwärme in den Spulen sowie durch die Verluste in den Eisenkernen (s. Abschn. 1.73, 3.23 und 3.42) entwickelt wird. In Elektrowärmegeräten entstehen Verluste allerdings dadurch, daß ein Teil der Stromwärme auf den Gerätekörper und die Luft übergeht (z. B. Kochtopf auf einer Kochplatte). Sie ist als Nutzwärme verloren.

Bezeichnet man die erzeugte Stromwärme mit Q_1 und die vom erwärmten Stoff (z. B. Wasser) aufgenommene Wärmemenge mit Q_2, so ist der Wärmeverlust $Q = Q_1 - Q_2$ und der

Wärmewirkungsgrad $\qquad\qquad \eta = \dfrac{Q_2}{Q_1}$

Beispiel 45: Ein Kochtopf enthält 5 l Wasser von $\vartheta_1 = 20\,°C$. Um es auf einer 800 W-Kochplatte zum Kochen ($\vartheta_2 = 100\,°C$) zu bringen, benötigt man die Zeit $t = 50$ min. Wie groß ist der Wirkungsgrad η?

Lösung: 5 l Wasser entsprechen 5 kg Wasser. Die Temperaturerhöhung des Wassers beträgt $\Delta\vartheta = \vartheta_2 - \vartheta_1 = 100\,°C - 20\,°C = 80\,K$. Die dazu notwendige Wärmemenge ist

$$Q_2 = c \cdot m \cdot \Delta\vartheta = 4{,}2\,\frac{kJ}{kg \cdot K} \cdot 5\,kg \cdot 80\,K = 1680\,kJ \quad \text{oder}$$

$$Q_2 = c \cdot m \cdot \Delta\vartheta = 1\,\frac{kcal}{kg \cdot K} \cdot 5\,kg \cdot 80\,K = 400\,kcal$$

Die in der Zeit $t = 50$ min $= \dfrac{50}{60}$ h verrichtete elektrische Arbeit beträgt

$$W = P \cdot t = 0{,}8\,kW \cdot \frac{50}{60}\,h = 0{,}667\,kWh$$

Die erzeugte Stromwärme ist

$$Q_1 = W = 0{,}667\,kWh \cdot 3600\,\frac{s}{h} = 2400\,kWs = 2400\,kJ \quad \text{oder}$$

$$Q_1 = 860 \cdot W = 860\,\frac{kcal}{kWh} \cdot 0{,}667\,kWh = 573\,kcal$$

Daraus ergibt sich der Wirkungsgrad für das Kochen auf der Kochplatte

$$\eta = \frac{Q_2}{Q_1} = \frac{1680\,kJ}{2400\,kJ} = \frac{400\,kcal}{573\,kcal} = 0{,}696 \approx 0{,}7$$

2.2 Schmelzsicherungen und Leitungsschutzschalter

Schmelzsicherungen haben die Aufgabe, als Leitungssicherungen Leitungen und als Gerätesicherungen Geräte vor zu hoher Erwärmung infolge zu großer Stromstärke, hervorgerufen durch Überlastung oder Kurzschluß, zu schützen.

---

[1]) Zur Vereinfachung der Schreibweise läßt man die Einheit kcal/kWh bei 860 fort.

Schmelzsicherungen enthalten einen Schmelzleiter, der sich bei einer die Leitung bzw. das Gerät gefährdenden Stromstärke bis zum Schmelzen erwärmt und dadurch den Stromkreis unterbricht. Durch geeignete Legierungen und richtiges Bemessen des Querschnitts, erhält man den Widerstand, der zum Erreichen der Schmelztemperatur erforderlich ist. Schmelzleiter sind Runddrähte oder Bänder. Schmelzbänder für große Nennströme erhalten Löcher (55.1). Auf diese Weise erreicht man an den geschwächten Stellen die sichere Unterbrechung des Stromkreises.

Leitungsschutzsicherungen sind in der Regel Sicherungen der Betriebsklasse gL (=Ganzbereichs-Leitungsschutz); d.h. sie bieten Schutz gegen Überlastung und Kurzschluß. Sie entsprechen den bisher verwendeten trägen Sicherungen mit dem Schneckensymbol. Ihre Ansprechzeit liegt beim 5fachen Nennstrom, je nach Größe der Sicherung zwischen 0,2 und 5 s. Die bisher verwendeten flinken Sicherungen entfallen künftig. Bei Überlastung schmilzt zunächst ein auf der Mitte des Schmelzleiters aufgebrachtes Lot mit niedrigem Schmelzpunkt (4 in Bild 55.1). Das flüssige Lot diffundiert (diffundieren = eindringen) in den Schmelzleiter; dadurch sinkt dessen Schmelzpunkt soweit, daß er schmilzt. Dieser Vorgang verlängert die Schmelzzeit und damit die Ansprechzeit so weit, daß die Sicherungen bei kurzzeitigen und damit ungefährlichen Überströmen, wie sie z.B. beim Einschalten von Motoren auftreten, nicht ansprechen.

Außer der Betriebsklasse gL gibt es weitere Betriebsklassen für den Schutz von Schaltgeräten Halbleiteranlagen und Bergbaueinrichtungen. Als Beispiel sei für Schaltgeräte die Betriebsklasse aM genannt. Es handelt sich um eine Teilbereichssicherung (a). Sie dient nur dem Kurzschluß-schutz, z.B. in Motorstromkreisen, wenn Schütze mit Bimetallrelais den Überlastschutz über nehmen (s. S. 302).

Da die Feuersicherheit einer elektrischen Anlage wesentlich von der einwandfreien Funktion passender Sicherungen abhängt, dürfen deren durchgeschmolzene Schmelzleiter nicht behelfsmäßig durch gewöhnliche Drahtstücke ersetzt werden:

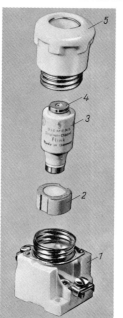

Das Flicken von Sicherungen ist gefährlich und deshalb verboten.

Man unterscheidet bei den Schmelzsicherungen Schraubsicherungen und Niederspannungs-Hochleistungssicherungen.

Schraubsicherungen. Normbezeichnung D-Sicherungen (D bedeutet: im Durchmesser abgestuft). Eine vollständige Schraubsicherung heißt Sicherungselement und besteht aus Sockel, Paßeinsatz, Schmelzeinsatz und Schraubkappe (54.1). Der Paßeinsatz soll verhindern, daß ein Schmelzeinsatz für zu großen Nennstrom eingesetzt wird (Feuergefahr!). Deshalb haben die Schmelzeinsätze an dem Ende, das in den Paßeinsatz hineinragt, einen im Durchmesser abgestuften Kontaktstift. Er ist um so dicker, je höher der Nennstrom der Sicherung ist; entsprechend größer ist der Durchmesser der Öffnung des zugehörigen Paßeinsatzes. Als Paßeinsätze werden meist Paßschrauben, aber auch Paßringe und Paßhülsen verwendet.

54.1 D-Sicherung (Schraubsicherung) [12]
1 Sockel   3 Schmelzeinsatz   5 Schraubkappe
2 Paßeinsatz   4 Kennmelder

Der **Schmelzeinsatz** (**55**.1) besteht aus einer geschlossenen Hülse aus Porzellan oder Steatit. (Steatit ist eine keramische Masse ähnlich dem Porzellan.) Sein Innenraum ist mit feinkörnigem Quarzsand gefüllt, der den beim Schmelzen und Verdampfen des Schmelzleiters sich bildenden Lichtbogen im Entstehen erstickt.

Der farbige **Kennmelder** 1 des Schmelzeinsatzes ist an einem Haltedraht 2 befestigt. Dieser schmilzt, nachdem der Schmelzleiter 3 geschmolzen ist. Der Kennmelder wird dann durch eine kleine Schraubenfeder ausgestoßen und zeigt hierdurch an, daß die Sicherung durchgeschmolzen ist. Zur leichten Erkennbarkeit des Nennstroms des Schmelzeinsatzes sind die Kennmelder farbig gekennzeichnet (Tafel **55**.2).

55.1 Schmelzeinsatz (Sicherungspatrone) [12]

    1 Kennmelder   2 Haltedraht für Kennmelder
    3 Schmelzleiter   4 Lot mit niedrigem Schmelzpunkt

Tafel 55.2 Schmelzsicherungen

Nennstrom in A	6	10	16	20	25	35	50	63	80	100	125	160	200
Kennfarbe	grün	rot	grau	blau	gelb	schwarz	weiß	kupfer	silber	rot	gelb	kupfer	blau
Sockelgewinde	E27 (E14 bis 16A)					E33 (E18 ab 20A)			R 1¹/₄″ (M 30 × 2)		R 2″ (Nicht f. Neuanlagen)		

Der auf dem Schmelzeinsatz angegebene Nennstrom darf kurzzeitig um etwa 30 % überschritten werden. Tafel **344**.1 enthält die zulässigen Sicherungsnennströme für Kupferleitungen bis 25 mm² Querschnitt. Die Nennspannung der üblichen Sicherungen beträgt 500 V.

Neben den D-Sicherungen werden bis 100 A zunehmend **DO-Sicherungen** verwendet. Sie haben kleinere Gewindedurchmesser (eingeklammerte Werte in Tafel **55**.2) und dadurch bedingt auch kleinere Baumaße.

Niederspannungs-Hochleistungssicherungen, Normbezeichnung: NH-Sicherungen (**56**.1) können dank ihres besonders ausgebildeten Schmelzleiters und ihres großen, dickwandigen Steatitkörpers sehr große Kurzschlußströme, wie sie in Anlagen mit großen Leitungsquerschnitten auftreten, sicher abschalten. Sie werden für Nennströme von 6 bis 1000 A verwendet. Über 100 A werden sie ausschließlich verwendet (s. Abschn. 16.32).

Geräteschutzsicherungen. Diese Sicherungen für kleine Ströme bestehen aus einem Glasröhrchen, welches an beiden Enden durch Metallkappen verschlossen ist. Der Schmelzleiter ist zwischen den Metallkappen aufgespannt. Geräteschutzsicherungen schützen Rundfunk- und Fernsehgeräte sowie sonstige Geräte der Nachrichtentechnik und Elektronik vor Überlastung und Kurzschluß.

Leitungsschutzschalter (LS-Schalter, Sicherungsautomaten)

LS-Schalter sollen — wie die Schmelzsicherung — Leitungen vor zu hoher Erwärmung durch Überlastung und Kurzschluß schützen. Gegenüber Schmelzsicherungen haben sie den Vorteil, daß sie nach Beseitigung der Ansprechursache sofort wieder eingeschaltet werden können. Sie werden für Nennströme von 6···63A hergestellt.

b)

56.1 Niederspannungs-Hochleistungs-(NH-)Sicherung [12]
 a) Sicherung mit zugehörigem Schmelzeinsatz
 b) Einsetzen in das Sicherungsunterteil mittels aufgesetztem
  Griff

a)

LS-Schalter (**56.2**) sind Schloßschalter mit thermischem Bimetallauslöser (s. Abschn. 2.32) als Überlastungsschutz, elektromagnetischem Schnellauslöser und Freiauslösung. Ihre Wirkungsweise gleicht der des Motorschutzschalters (s. Abschn. 14.42). Die Auslösezeit des Bimetallauslösers entspricht der einer Schmelzsicherung. Die elektromagnetische Schnellauslösung spricht bei 5fachem Nennstrom, also vor allem bei Kurzschluß, innerhalb von 0,1 s an.

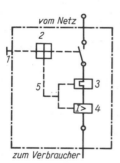

Geräteschutzschalter (G- oder K-Automaten) für Nennströme von 0,5 ··· 25 A haben eine beim 8 ··· 10fachen Nennstrom ansprechende Schnellauslösung. Sie dienen zur Absicherung von Geräten, die einen hohen Einschaltstromstoß hervorrufen, z. B. kleinen Einphasenmotoren oder großen Lampengruppen.

56.2 Schaltzeichen eines LS-Schalters
1 Handbetätigung	3 thermischer
2 Schaltschloß	Auslöser

4 elektromagnetischer Schnellauslöser
5 mechanische Wirkverbindung

2.3 Elektrowärmegeräte

Der Wärmebedarf in Industrie, Gewerbe und Haushalt zum Schmelzen, Glühen, Heizen, Trocknen, Kochen usw. wird oft durch elektrische Energie gedeckt. In den Schmelz- und Heizöfen, Glühöfen, Kochplatten, Heißwasserbereitern usw. muß die erzeugte Wärme dorthin übertragen werden, wo sie gebraucht wird, z. B. vom Heizdraht der Kochplatte zum Inhalt des Kochtopfes. Deshalb sollen zunächst die verschiedenen Möglichkeiten der Wärmeübertragung erläutert werden.

2.31 Möglichkeiten der Wärmeübertragung

Wärme kann durch Leitung, Strömung und Strahlung übertragen werden.

Wärmeleitung. Hierunter versteht man die Fortleitung der Wärme in Körpern, vor allem in festen Körpern. So wird z. B. die Wärme der brennenden Kohle durch die Ofenwandungen nach außen und die Wärme der elektrischen Kochplatte durch den Topfboden auf das Kochgut geleitet. Gute Wärmeleiter sind alle Metalle, vor allem jedoch diejenigen, die auch den elektrischen Strom gut leiten, also Silber, Kupfer und Aluminium. Schlechte Wärmeleiter sind vor allem die Gase, also auch Luft sowie alle porösen Stoffe, also Stoffe mit Lufteinschlüssen, wie z. B. Holz, Kork, Wolle, Haare, Torf, selbst Schnee. Poröse Stoffe werden verwendet, um die Wärmeabgabe zu verhindern, Glaswolle z. B. zur Wärmeisolation bei Warmwasserspeichern.

Wärmeströmung (Konvektion) kommt zustande, wenn der erwärmte Stoff in Bewegung gerät und so die Wärme weiterträgt; dazu sind aber nur Gase und Flüssigkeiten in der Lage. Beispiele: Zimmerluft erwärmt sich am heißen Ofen und steigt nach oben, kalte Luft strömt vom Fußboden her nach. Bei der Warmwasserheizung strömt die im Heizkessel erzeugte Wärme mit dem umlaufenden Wasser in die Heizkörper und wird dann über die Heizkörperwandungen auf die Zimmerluft übertragen.

□ **Versuch 24.** Die Wärmeströmung wird sichtbar, wenn man in ein mit Wasser gefülltes Glasgefäß einige nasse Sägespäne wirft und das Wasser mit einem Tauchsieder erhitzt. Man sieht dann an der Bewegung der Sägespäne, wie sich das am Tauchsieder durch Wärmeleitung erwärmte Wasser nach oben bewegt und von unten her kaltes Wasser nachströmt. □

Wärmestrahlung ist eine Form der Wärmeübertragung, bei der kein stofflicher Wärmeträger mitwirkt; sie erfolgt also auch im luftleeren Raum. Durch Strahlung dringt z. B. die Wärmeenergie der Sonne zur Erde. Die Wirkung der Wärmestrahlung spürt man, wenn man die Hand in die Nähe eines glühenden Körpers hält: Die Hand wird dann unmittelbar von dem strahlenden Körper erwärmt. Würde ihr die Wärme von der umgebenden Luft durch Wärmeleitung zugeführt, so müßte die Wärmeempfindung auch dann noch spürbar sein, kurz nachdem man den glühenden Körper wegnimmt oder gegen die Hand abschirmt. Das ist aber nicht der Fall. Die Wärmestrahlung wird zur Wärmeübertragung bei Heizsonnen, Strahlöfen usw. ausgenutzt.

Wärmestrahlung ist wie das Licht und die Wellen der Funktechnik eine elektromagnetische Strahlung mit den Wellenlängen der Infrarotstrahlung, d. h. sie hat eine größere Wellenlänge als die rote Lichtstrahlung (s. Abschn. 8.11). Sie ist selbst noch keine Wärmeenergie; diese entsteht vielmehr erst dann, wenn die Strahlen auf einen Körper auftreffen und dort absorbiert (verschluckt) werden. Reflektierende (spiegelnde) Flächen werfen die Wärmestrahlen jedoch, ähnlich wie Lichtstrahlen, zurück. Dabei absorbiert die reflektierende Oberfläche selbst um so weniger Wärme, je glatter sie ist. Aus diesem Grund haben elektrische Wärmestrahlgeräte einen polierten Metallreflektor, der die Wärmestrahlen in eine bestimmte Richtung lenkt, so wie der Reflektor eines Scheinwerfers die Lichtstrahlen.

2.32 Steuerungs- und Regelungseinrichtungen für Elektrowärmegeräte

Bei Elektrowärmegeräten ist es oft erwünscht, daß die Temperatur durch einen Stellschalter oder einen Regler auf bestimmte Werte eingestellt wird oder daß sich das Gerät nach Erreichen einer bestimmten Temperatur selbsttätig abschaltet. Hierfür kommen in Frage:

Stufenschalter als Stellschalter	für Heiz- und Kochgeräte
Temperaturbegrenzer	für Boiler
Temperaturregler (Thermostaten)	für Bügeleisen, Schnellkochplatten, Heißwassergeräte usw.
Leistungsregler	für Kochplatten.

Steuern und Regeln

Physikalische Größen aller Art, z. B. Temperaturen, Drehzahlen, elektrische Ströme usw., kann man durch Steuern oder Regeln beeinflussen (s. auch Abschn. 18).

Unter Steuern versteht man die Beeinflussung der zu ändernden Größe durch Betätigung eines Steuergerätes.

Die Steuerung kann in Stufen, durch einen Stellschalter, oder stufenlos, durch einen Stellwiderstand erfolgen. Beispiele: Mit dem Stufenschalter eines elektrischen Heizofens wird der Heizstrom und damit die Heizleistung in Stufen gesteuert. Mit dem Spannungsteiler in Bild **37.1** wird die Lampenhelligkeit stufenlos gesteuert.

Regeln ist ein Vorgang, bei dem die zu beeinflussende Größe durch einen Regler selbsttätig (automatisch) auf einem bestimmten Wert, dem Sollwert, gehalten wird. Dieser kann häufig vorher mit einem Vorwähler eingestellt werden.

Beispiel: Der Temperaturregler eines Heißwassergerätes regelt die Wassertemperatur durch selbsttätiges Ein- und Ausschalten des Heizstroms auf den vorher am Temperaturwähler eingestellten Sollwert. Für die Temperaturbegrenzung und -regelung werden hauptsächlich zwei Schaltelemente verwendet, das Bimetall und der Invarstab.

Regler für Elektrowärmegeräte

Bimetallregler. Zwei Blechstreifen aus Werkstoffen mit unterschiedlicher Wärmeausdehnung sind aufeinandergeschweißt („Bi" bedeutet doppelt). Ein solcher Blechstreifen krümmt sich, wenn man ihn genügend großen Temperaturänderungen aussetzt. Bei Erwärmung biegt er sich nach der Seite des Bleches mit der kleineren Wärmeausdehnung. Die dabei auftretende Kraft kann man zum Öffnen oder Schließen eines Schaltorgans ausnutzen. Macht man im Bimetallregler (**58.1**) den Abstand a (im Ruhezustand des Bimetalls) veränderlich, so läßt sich innerhalb eines bestimmten Bereiches die Temperatur einstellen, bei welcher der Schalter betätigt wird. Beim Temperaturregler (Thermostat) wird das Bimetall durch die Temperatur am Einbauort erwärmt. Beim Leistungsregler geschieht dies mit Hilfe einer Heizwendel, die entweder isoliert auf dem Bimetall selbst oder unmittelbar daneben angeordnet ist.

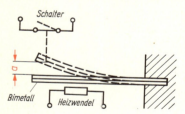

58.1 Bimetallregler im Ruhezustand und nach Erwärmung (gestrichelt). Eine besondere Heizwendel ist nur beim Leistungsregler erforderlich

Invarstabregler (59.1). Die Bezeichnung Invar ist von „invariabel" (unveränderlich) abgeleitet. Der Invarstab besteht aus einer Metallegierung mit sehr kleiner Wärmeausdehnung. Er ist mit einem Ende in einem Rohr aus Kupfer oder Messing, Metallen mit viel größerer Wärmeausdehnung, befestigt. Erwärmt sich das Rohr, so wird es länger, nicht aber der Invarstab, so daß dieser den Weg a zurücklegt, der (ähnlich wie die Biegung des Bimetalls) dazu benutzt wird, über eine Hebelübertragung einen Schalter zu betätigen (**61.2**). Man kann mit dem Invarstab größere Kräfte als mit dem Bimetall erzeugen.

Der Invarstab wird als Temperaturregler in Heißwasserspeichern sowie Backöfen und zur Betätigung von Temperaturbegrenzungsschaltern in Boilern verwendet.

Die Wärmeausdehnung allein eines Metallstabs mit üblicher Wärmeausdehnung (z. B. Kupfer oder Messing) ließe sich dann für die Betätigung eines Schalters nutzen, wenn sich das in Bild **61.2** dargestellte Hebelsystem und der Schalter selbst nicht mit erwärmten. Aus konstruktiven Gründen liegen dieseTeile bei den genannten Wärmegeräten aber so nahe bei den Heizquellen, daß sie sich fast im gleichen Maße wie der Stab erwärmen und ausdehnen. Daher käme bei Verwendung allein eines Stabes aus gewöhnlichem Metall keine ausreichende Bewegung zwischen Stab und Schalter zustande.

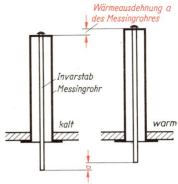

59.1 Invarstabregler
Maß *a* vergrößert dargestellt

2.33 Haushaltswärmegeräte

Bei elektrischen Haushaltsgeräten unterscheidet man

Raumheizgeräte	Heizstrahler, Heizlüfter, Radiatoren, Speicherheizgeräte (s. Abschn. 18.22).
Kochgeräte	Einzel- und Doppelkochplatten, Backöfen, Herde
Heißwassergeräte	Speicher, Boiler, Durchlauferhitzer; auch Geschirrspüler und Waschmaschinen enthalten Aufheizeinrichtungen für Wasser
Bügeleisen	Einfache Bügeleisen, Regelbügeleisen, Dampfbügeleisen
sonstige Geräte	Tauchsieder, Heizkissen, Wasserkocher, Brotröster, Kaffeemaschinen, Wäschetrockner usw.

Die im Haushalt verwendeten Geräte nutzen alle die Stromwärme, d.h. die Wärmeentwicklung in stromdurchflossenen Widerstandsdrähten, den sogenannten Heizleitern. Als Heizleiter verwendet man Drähte und Bänder aus Widerstandslegierungen (s. Abschn. 1.31). Sie sind oft als Wendeln isoliert in Metallrohre eingebettet; sog. Rohrheizkörper. Außerdem werden Stäbe aus Siliziumkarbid verwendet.

Aus der großen Zahl von Haushaltsgeräten sollen Kochplatte und Speicher näher beschrieben werden.

Kochplatte (59.2). Es gibt drei genormte Plattengrößen mit den Durchmessern 145 mm, 180 mm und 220 mm. Einfache Ausführungen haben zwei Heizleiter, die mit Hilfe eines Viertakt-Stufenschalters in drei Leistungsstufen geschaltet werden können (**60.1**). Verbreiteter ist die Siebentakt-Schaltung (**60.2**). Hier können drei Heizleiter in sechs Leistungsstufen geschaltet werden (**60.3**). Dazu kommt die Aus-Schaltstufe des Schalters.

59.2 Aufgeschnittene Schnellkochplatte
mit Überhitzungsschutz [13]
1 Heizleiter
2 Überhitzungsschutz
  (Temperaturwächter)
3 Anschlußstein

Neuzeitliche Elektroherde enthalten mindestens eine Schnellkochplatte, auch Blitzkochplatte genannt, mit Siebentaktschaltung und Überhitzungsschutz (**60.2**). Sie verkürzt durch ihre höhere Leistung die Ankochzeit und enthält einen als Temperaturwächter dienenden Bimetallschalter, der bei der Schaltstufe 6 den Heizleiter R_1 ausschaltet, sobald sich die Platte unzulässig erhitzt. Die Schaltung der drei Heizleiter R_1, R_2 und R_3 in den Schalterstellungen 6 bis 1 zeigen die Ersatzschaltpläne in Bild **60.3**.

Häufig haben Kochplatten ein selbsttätiges Schaltorgan (Automatik-Kochplatte), das als Temperaturregler (Bild **58.1**) wirkt. Mit Hilfe eines Vorwählers läßt sich die dem Wärmebedarf entsprechende Temperatur einstellen.

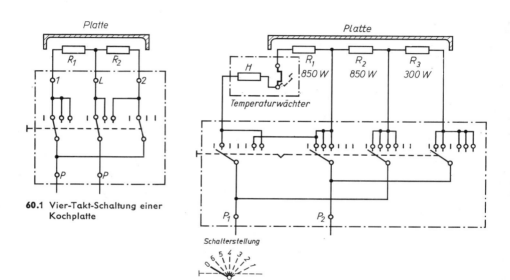

60.1 Vier-Takt-Schaltung einer Kochplatte

60.2 Sieben-Takt-Schaltung einer Kochplatte mit Temperaturwächter
  H Heizwicklung des Bimetallschalters

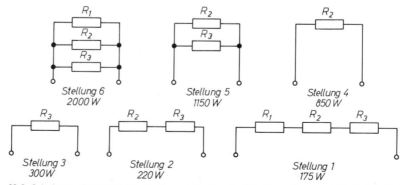

60.3 Schaltung der Heizleiter R_1, R_2 und R_3 für die Schalterstellungen 6 bis 1 des Siebentaktschalters

Heißwasserspeicher. Speicher sind wärmeisolierte Wasserbehälter mit elektrischer Heizung. Die meist verbreitete Art ist der Ü b e r l a u f s p e i c h e r (**61.1**), beheizt durch eine Art Tauchsieder. Das Wasser wird auf die am Temperaturwähler eines Reglers eingestellte Temperatur (höchstens 85 °C) erhitzt. Wird diese Temperatur überschritten, so schaltet der Regler, z. B. ein I n v a r s t a b r e g l e r, die Heizung durch Kippen einer Quecksilberschaltröhre ab. Der Regler (**61.2**) hat einen Temperaturwähler 1, der eine Hebelanordnung 2 so verstellt, daß die Quecksilberschaltröhre 4 den Strom bei höherer oder niedrigerer Wassertemperatur abschaltet.

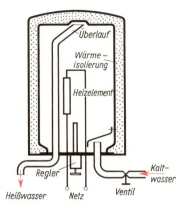

61.1 Überlauf-Heißwasserspeicher

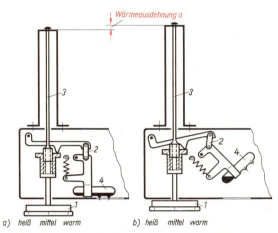

61.2 Temperaturregler eines Heißwasserspeichers. Heizelement durch Quecksilber-Schaltröhre 4 eingeschaltet (a) oder ausgeschaltet (b)

1 Temperaturwähler 3 Invarstab
2 Hebelanordnung 4 Quecksilberschaltröhre

Heißes Wasser wird dem Speicher (**61.1**) entnommen, indem man durch Öffnen des Wasserleitungs-Absperrventils unten kaltes Wasser zufließen läßt. Hierdurch wird das heiße Wasser bis zum Überlauf gehoben. Dort fließt immer soviel heißes Wasser ab, wie kaltes Wasser unten einströmt. Das Absperrventil sperrt den Wasserleitungsdruck vom Kessel ab. Überlaufspeicher sind daher d r u c k l o s e S p e i c h e r. Die Wärmeisolierung bewirkt, daß sich das aufgeheizte Wasser nur sehr langsam abkühlt, so daß zum Aufrechterhalten der am Regler eingestellten Temperatur nur kurze Heizzeiten notwendig sind. Speicher gibt es für 5 ··· 120 l Fassungsvermögen mit 2 ··· 9 kW Heizleistung. Die zweckmäßige Größe richtet sich z. B. danach, ob nur ein Waschbecken oder auch die Küche und das Bad mit heißem Wasser versorgt werden sollen.

Speicher für mehrere Zapfstellen stehen unter dem Druck der Wasserleitung. Sie werden als D r u c k s p e i c h e r bezeichnet.

B o i l e r unterscheiden sich von Speichern dadurch, daß sie keine Wärmeisolation haben. In ihnen kann man deshalb Heißwasser nicht speichern. Sie werden daher erst kurz vor der Wasserentnahme aufgeheizt. Nach Erreichen der zwischen 35···85 °C einstellbaren Temperatur schaltet ein Temperaturbegrenzer den Strom ab. Er muß für einen weiteren Aufheizvorgang von Hand wieder eingeschaltet werden. Boiler eignen sich z. B. zur Heißwasserbereitung für ein Wannenbad.

D u r c h l a u f e r h i t z e r sind auf Grund ihrer hohen Heizleistung — in leistungsfähigen Energieversorgungsnetzen bis zu 21 kW — in der Lage, das Wasser während des Durchströmens zu erhitzen. Dadurch können sie sofort und fortlaufend heißes Wasser liefern. Wie bei Speichern ist meist noch ein wärmeisolierter Kessel vorhanden, der jedoch wesentlich kleiner ist als dort. Ein Temperaturbegrenzer schaltet die Heizung bei 85 °C ab. Das heiße Wasser wird durch Betätigen des Auslaßventils entnommen. Der Kessel steht unter vollem Wasserleitungsdruck; er muß daher ein Druck-Sicherheitsventil haben.

2.4 Spannungserzeugung durch Wärme. Thermoelement

So wie elektrische Energie in Wärme umgewandelt werden kann, läßt sich umgekehrt Wärmeenergie in elektrische Energie umformen. Die entsprechenden Energiewandler sind die Thermoelemente.

□ **Versuch 25.** Ein Konstantandraht (**62.1**) wird mit Hilfe zweier Isolierstützen ausgespannt und an den beiden Enden 1 und 2 fest mit zwei Kupferdrähten verdrillt, die an einem empfindlichen Spannungsmesser (Nullpunkt in der Mitte) angeschlossen sind. Erhitzt man die Verbindungsstelle 1 mit einer Flamme, so zeigt der Spannungsmesser einen Ausschlag. Der Ausschlag wird größer, wenn 1 stärker erwärmt wird. Erwärmt man beide Verbindungsstellen auf die gleiche Temperatur, so entsteht kein Ausschlag. Erhitzt man nur die Verbindungsstelle 2, so schlägt das Meßgerät in entgegengesetzter Richtung wie bisher aus. Wird der Konstantandraht durch einen Stahldraht ersetzt, so wird der Ausschlag geringer. Wählt man Kupferdraht anstelle des Konstantandrahtes, so erhält man keinen Ausschlag. □

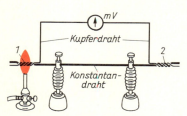

62.1 Erzeugung einer Thermospannung an den Verbindungsstellen 1 und 2

Wird eine der beiden Verbindungsstellen zweier verschiedener Metalle erwärmt, so entsteht eine sogenannte **Thermospannung. Sie steigt bei wachsendem Temperaturunterschied zwischen der erwärmten und der nicht erwärmten Verbindungsstelle. Ihre Größe hängt außerdem von der Art der Metalle ab.**

Eine so aufgebaute Anordnung wird als T h e r m o e l e m e n t bezeichnet. Die zu erhitzende Verbindungsstelle wird meist durch Löten oder Schweißen hergestellt. Man verwendet Metallkombinationen, die verhältnismäßig große Thermospannungen ergeben und hohe Temperaturen vertragen. Gebräuchliche Kombinationen sind

Kupfer-Konstantan	4,2 mV je 100 K, verwendbar bis	400 °C
Nickelchrom-Konstantan	5,3 mV je 100 K, verwendbar bis	700 °C
Platin-Platinrhodium	0,8 mV je 100 K, verwendbar bis	1300 °C

Die in Thermoelementen erzeugte Spannung ist also sehr klein. Auch der Wirkungsgrad der Energieumwandlung ist sehr gering. Er liegt unter 10⁰/₀. Aus diesen Gründen ist das Thermoelement nicht für die wirtschaftliche Erzeugung größerer Mengen elektrischer Energie geeignet.

Anwendung. Thermoelemente werden für T e m p e r a t u r m e s s u n g e n verwendet. Da die erzeugte Spannung mit der Temperatur zunimmt, kann man einen angeschlossenen Spannungsmesser in Grad Celsius eichen. Er wird damit zu einem elektrischen Thermometer. Das Thermoelement findet auch Anwendung bei der M e s s u n g von Hochf r e q u e n z - (*HF*-) W e c h s e l s t r ö m e n (oder - s p a n n u n g e n). Die in Bild **63.1** im Heizdraht 1 des sogenannten Thermokreuzes oder Thermoumformers durch den Wechselstrom $I_\sim$ erzeugte Wärmemenge erhitzt die Lötstelle des Thermoelementes 2 um so mehr, je stärker der Wechselstrom ist. Der durch die Erwärmung im Thermoelement erzeugte Gleichstrom I_- wird in einem Gleichstrommesser 3 gemessen. Er ist ein Maß für die zu messende Wechselstromstärke.

63.1 Messung von Hochfrequenzströmen und -spannungen über Thermoumformer
    1 Heizdraht
    2 Thermoelement
    3 Meßinstrument

Übungsaufgaben zu Abschnitt 2

1. Was versteht man unter der Temperatur eines Körpers?

2. Wie läßt es sich erklären, daß feste Stoffe bei höher werdender Temperatur erst flüssig und dann gasförmig werden?

3. Von welchen Einflußgrößen hängt die durch einen Strom erzeugte Wärmemenge ab?

4. An Hand des Anhangs „Das SI-Einheitensystem" ist zu klären, mit welcher elektrischen Energieeinheit das Joule gleichgesetzt werden kann.

5. Warum bedeutet eine geflickte Sicherung Brandgefahr?

6. Welche Gefahren birgt ein Kurzschluß?

7. Aus welchen Teilen ist eine vollständige D-Sicherung aufgebaut?

8. Eine Sicherungspatrone ist im Schnitt zu skizzieren, ihre Bestandteile sind zu bezeichnen.

9. Worin unterscheiden sich flinke und träge Sicherungen a) im Verhalten, b) im Aufbau?

10. Warum fühlt sich bei gleicher Temperatur Holz wärmer an als Metall?

11. Welchen Wirkungsgrad erreicht man bei der Umwandlung elektrischer Energie in Wärme in allen elektrischen Wärmegeräten?

12. Worin besteht der Unterschied zwischen einem Leistungsregler und einem Temperaturregler?

13. Welche Vorteile haben Schnellkochplatten?

14. Mit Hilfe von Bild **60.**3 sind
    a) die Widerstandswerte R_1, R_2 und R_3,
    b) die Ersatzwiderstände für die Schaltstellungen 6—5—2—1 zu berechnen,
    c) die Richtigkeit der angegebenen Heizleistungswerte für die unter b) genannten Schalterstellungen zu überprüfen.

15. Was ist ein Thermoelement?

16. V e r s u c h. Je 1 l Leitungswasser (Temperatur feststellen!) wird mit einem 600 W-Tauchsieder bzw. mit einem 1000 W-Tauchsieder zum Sieden gebracht und die dazu nötige Zeit festgestellt. Für beide Fälle ist der Wirkungsgrad zu ermitteln.

3 Elektrizität und Magnetismus

Der Magnetismus ist an zwei von ihm hervorgerufenen Wirkungen erkennbar:

1. Magnetismus ist in der Lage, K r ä f t e auszuüben: Magnete ziehen Eisenteile an und Elektromotoren werden durch magnetische Kraftwirkungen in Drehung versetzt.

2. Durch Magnetismus werden in elektrischen Leitern S p a n n u n g e n erzeugt (induziert). Davon macht man vor allem in Generatoren und Transformatoren Gebrauch.

Beide Wirkungen lassen sich mit D a u e r m a g n e t e n und E l e k t r o m a g n e t e n hervorrufen. Dauermagnete, z. B. Stabmagnete aus Stahl, sind ständig magnetisch, Elektromagnete, z. B. die Magnetspule einer elektrischen Klingel, nur so lange, wie Strom fließt.

3.1 Dauermagnetismus

3.11 Eigenschaften der Dauermagnete

☐ **Versuch 26.** Ein kräftiger Stabmagnet wird in Eisenfeilspäne getaucht. Man beobachtet, daß an den Enden sehr viele Eisenfeilspäne festgehalten werden, zur Mitte hin jedoch zunehmend weniger. In der Mitte selbst werden keine Späne angezogen. Hängt man den Stabmagneten an einem Faden drehbar auf, so stellt er sich in Nord-Süd-Richtung ein. ☐

Die Enden des Stabmagneten als die Stellen mit der größten Anziehungskraft werden als M a g n e t p o l e bezeichnet.

Der nach Norden weisende Pol eines drehbar angeordneten Stabmagneten wird als magnetischer Nordpol, der nach Süden weisende als magnetischer Südpol bezeichnet.

Ein kleiner, drehbar gelagerter Stabmagnet heißt M a g n e t n a d e l . Sie ist der wichtigste Teil des Kompasses.

In Abbildungen und Schaltplänen werden die Pole mit N und S gekennzeichnet. Auf den Magneten selbst ist es z. T. gebräuchlich, den Nordpol durch schwarze oder rote Farbe zu kennzeichnen.

☐ **Versuch 27.** Nähert man einer Magnetnadel (65.1 a) einen Stabmagneten mit nicht gekennzeichneten Polen, so zieht der eine Pol des Stabmagneten (willkürlich mit 1 beschriftet) beispielsweise den Nordpol der Nadel an und stößt deren Südpol ab (Stabmagnet gestrichelt). Der andere Pol 2 des Stabmagneten verhält sich umgekehrt. Mit einem zweiten Stabmagneten wird der gleiche Versuch wiederholt.

Anschließend wird einer der beiden Stabmagnete auf zwei Rollen, z. B Glasröhrchen, gelegt. Nähert man nun d i e Pole beider Stabmagnete einander, die gleicherweise den

Nordpol der Nadel anziehen bzw. abstoßen, also mit gleichen Ziffern beschriftet sind, so stoßen sie sich wiederum gegenseitig ab (**65.1** b). Dreht man einen der beiden Magnete um 180°, so ziehen sie sich an (**65.1** c). □

Ungleichartige Pole zweier Magnete ziehen sich an, gleichartige Pole stoßen sich ab.

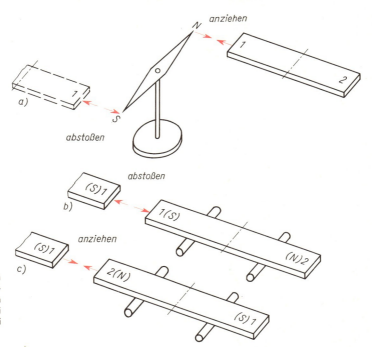

65.1
Kraftwirkung zwischen Stabmagnet und Magnetnadel (a), zwischen zwei Stabmagneten bei Abstoßen (b) und bei Anziehen (c)

Die Nord-Süd-Ausrichtung drehbar angeordneter Magnete beruht darauf, daß die Erde ein großer Magnet ist, dessen Pole in der Nähe der geographischen Pole liegen. Aus dem Satz über die gegenseitige Anziehung ungleichartiger Pole folgt, daß am geographischen Nordpol der magnetische Südpol und am geographischen Südpol der magnetische Nordpol der Erde liegt. Die genaue Lage der magnetischen Erdpole weicht, von Westeuropa aus gesehen, um einige Winkelgrade nach links ab; die Magnetnadel des Kompasses hat also eine kleine Linksabweichung von der Nord-Süd-Richtung, die als Mißweisung bezeichnet wird.

3.12 Magnetisches Feld

Der Bereich, in dem sich Kraftwirkungen eines Magneten nachweisen lassen, heißt magnetisches Feld oder kurz Magnetfeld. Es entsteht auch im luftleeren Raum, ist also nicht an einen Stoff gebunden.

Das Magnetfeld ist der Einflußbereich eines Magneten.

□ **Versuch 28.** Nähert man eine kleine Magnetnadel an verschiedenen Stellen einem Stabmagneten, so stellt sie sich jeweils in eine bestimmte Richtung ein und zeigt so die Richtung der Kraftwirkung im Magnetfeld an (**66.1** a). Dreht man die Nadel aus ihrer natürlichen Stellung um 180°, so wird sie durch das Magnetfeld wieder zurückgedreht.
Die Kraftwirkung im Magnetfeld hat also eine bestimmte Richtung.

Die Richtung der Kraftwirkungen im Magnetfeld kann man auch dadurch sichtbar machen, daß man ein Stück weißen Karton auf den Stabmagneten legt und darauf Eisenfeilspäne streut. Die Späne richten sich wie kleine Magnetnadeln aus und bilden in sich geschlossene Linienzüge. □

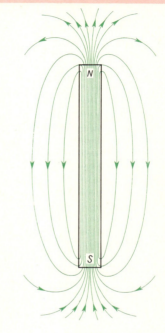

66.1

Magnetfeld eines Stabmagneten

Kraftrichtung
a) durch Magnetnadeln und Eisenfeilspäne sichtbar gemacht

b) durch Feldlinien veranschaulicht

a)   b)

Magnetnadel und Eisenfeilspäne machen die Wirkrichtung der Kräfte im Magnetfeld sichtbar. Die durch Eisenfeilspäne gebildeten Linienzüge werden daher als Kraftlinien oder Feldlinien bezeichnet. Als Richtung der Feldlinien ist die Richtung vereinbart worden, in die der Nordpol einer Magnetnadel im Magnetfeld zeigt.

Magnetfelder werden zeichnerisch wie in Bild **66.1** b durch Feldlinienbilder dargestellt. Es werden meist nur wenige Feldlinien gezeichnet, um das Wesentliche besser erkennbar zu machen. Der Verlauf der Linien gibt die Richtung, die Dichte der Linien die Größe der Kraftwirkung für die jeweilige Stelle im Magnetfeld an.

Man kann die Richtung der magnetischen Kraftwirkung durch Feldlinien veranschaulichen. Diese bilden in sich geschlossene Linienzüge, die außerhalb des Magneten von dessen Nordpol zum Südpol und innerhalb des Magneten von dessen Südpol zum Nordpol gerichtet sind.

Feldlinien sind nicht wirklich im Magnetfeld vorhanden. Sie sind nur eine Vorstellungshilfe, um den besonderen, im Grunde rätselhaften Zustand im Raum um den Magneten zu veranschaulichen. Die magnetischen Wirkungen sind auch nicht etwa auf die gezeichneten Linien beschränkt; die Zwischenräume befinden sich ebenfalls in dem gleichen magnetischen Zustand.

Wechselwirkung zwischen Magnetfeldern

Eine Magnetnadel im Feld eines Magneten ist bestrebt, ihre Längsachse in die Richtung der Feldlinien des Magneten zu stellen (**66.1** a). Die Anziehung ungleichartiger und die Abstoßung gleichartiger Magnetpole kann man daher auch folgendermaßen beschreiben:

Beweglich angeordnete Magnete haben das Bestreben, ihre Stellung zueinander so zu verändern, daß ihre Feldlinien die gleiche Richtung haben.

☐ **Versuch 29.** Zwei Stabmagnete werden im Abstand von einigen Zentimetern so angeordnet, daß sich einmal ihre ungleichartigen und darauf ihre gleichartigen Pole gegenüberliegen. In beiden Fällen wird ein Stück Karton auf die Magnete gelegt, das mit Eisenfeilspänen bestreut wird. Die Späne ordnen sich wie in Bild **67.1**. ☐

Da sich ungleichartige Pole anziehen und gleichartige Pole abstoßen, läßt sich aus den Feldlinienbildern ablesen:

In Richtung der Feldlinien wirken Zugkräfte, senkrecht zur Feldlinienrichtung Druckkräfte.

Die Feldlinien haben gleichsam das Bestreben, sich zu verkürzen und ihren gegenseitigen Abstand zu vergrößern.

Versuch 29 und Bild **67.1** zeigen ferner, daß sich zwischen den beiden gegenüberliegenden Magnetpolen zweier Stabmagnete ein Magnetfeld ausbildet, dessen Feldlinien anders verlaufen als die der Einzelmagnete (**66.1**). Die Einzelfelder setzen sich nämlich zu einem Gesamtfeld, dem r e s u l t i e r e n d e n F e l d, zusammen.

Durchsetzen mehrere Magnetfelder denselben Raum, so bilden sie gemeinsam ein resultierendes Feld, dessen Feldlinien anders verlaufen als die der Einzelfelder.

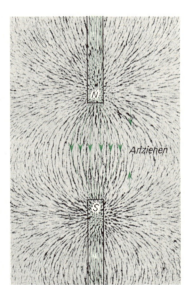
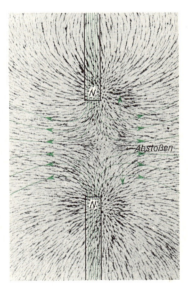

67.1
Magnetfeld zwischen zwei Stabmagneten

a) zwischen ungleichartigen Polen S und N
b) zwischen gleichartigen Polen N und N

3.13 Entstehung des Magnetismus

☐ **Versuch 30.** Durch Eintauchen einer Stricknadel aus Stahl in Eisenfeilspäne wird zunächst festgestellt, daß sie unmagnetisch ist. Dann wird sie mit einem der Pole eines kräftigen Stabmagneten mehrmals in Längsrichtung bestrichen. Nochmaliges Eintauchen der Stricknadel in die Eisenfeilspäne beweist, daß sie nun zu einem Magneten geworden ist, dessen Pole sich an den Enden befinden. Jetzt wird die Stricknadel mit der Beißzange in zwei gleichlange Teile aufgetrennt. Erneutes Eintauchen beider Teile in Eisenfeilspäne zeigt, daß jede Hälfte der Nadel wieder einen vollständigen Magneten mit je zwei Polen bildet. Wiederholte Trennung der Teilstücke ergibt stets wieder vollständige Magnete mit Nord- und Südpol. □

Magnetpole treten stets paarweise auf. Es ist unmöglich, einen einzelnen Pol herzustellen.

Die Teilung der Stricknadel im vorstehenden Versuch läßt sich in Gedanken so lange fortsetzen, bis man zu den kleinsten im Werkstoff vorhandenen Magneteinheiten, den Elementarmagneten kommt. Diese liegen in einem noch nicht magnetisierten Werkstoff völlig ungeordnet durcheinander, so daß sich ihre Magnetfelder gegenseitig aufheben (**68.1** a). In einem Magnetfeld werden sie wie Magnetnadeln mehr oder weniger vollständig ausgerichtet (**68.1** b), so daß sie gemeinsam eine verstärkte magnetische Wirkung ausüben.

Beim Magnetisieren werden die Elementarmagnete im Werkstoff ausgerichtet.

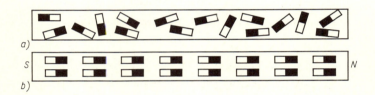

a)

S   N

b)

68.1
Anordnung der Elementarmagnete im Stahl vor (a) und nach dem Magnetisieren (b), schematisch dargestellt

Elementarmagnete sind außer in Eisen und Stahl noch in Nickel, Kobalt sowie in deren Legierungen und Oxiden vorhanden. Daher lassen sich nur diese Stoffe magnetisieren. Ein Gegenstand aus magnetisierbarem Stoff, z. B. die Stricknadel, läßt sich auch durch Einbringen in das Magnetfeld einer stromdurchflossenen Spule (s. Abschn. 3.22) magnetisieren. Allgemein gilt:

Ein Körper aus magnetisierbarem Werkstoff wird zum Magneten, wenn er in ein Magnetfeld gebracht wird.

Dies erklärt, daß auch ein unmagnetisches Werkstück aus weichem Stahl von einem Magneten angezogen wird. Der Feldlinienverlauf in Bild **68.2** zeigt, daß dieses Metallstück selbst ein Magnet

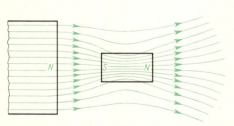

68.2 Polausbildung an einem in ein Magnetfeld gebrachten vorher unmagnetischen Weicheisenstück

wird. Beide nunmehr vorhandenen Magnetfelder ergeben das abgebildete resultierende Feld. Das Stück aus weichem Stahl bildet an seinem dem Stabmagneten zugewendeten Ende einen ungleichartigen Pol aus, so daß sich Magnet und Stahlstück gegenseitig anziehen.

Im Grunde haben Dauermagnetismus und Elektromagnetismus (s. Abschn. 3.2) dieselbe Ursache. Beide entstehen durch Elektronenbewegungen. Während der Elektromagnetismus durch den in einem Leiter fließenden Elektronenstrom erzeugt wird, entsteht der Dauermagnetismus durch gleichsinnige Elektronenbewegung innerhalb der ausgerichteten Elementarmagnete.

Magnetismus entsteht durch gleichsinnige Bewegung von Elektronen.

3.14 Flüchtiger, remanenter und permanenter Magnetismus

☐ **Versuch 31.** Ein Stück aus weichem Stahl, z. B. ein Drahtstift, wird einem Stabmagneten genähert; er wird von diesem angezogen und ist dann seinerseits imstande, einen leichten Gegenstand aus Stahl, z. B. eine Büroklammer, anzuziehen. Entfernt man den Stabmagneten, so fällt die Büroklammer vom Nagel ab.

Ein weiterer Versuch mit hartem Stahl, z. B. einer kleinen Feile, zeigt, daß die Feile die Büroklammer auch dann noch festhält, wenn man den Stabmagneten wieder entfernt hat. ☐

Beide Stahlstücke sind offensichtlich durch den Dauermagneten magnetisiert worden. Der Stift wurde aber nur vorübergehend magnetisch. Diese nicht beständige Form des Magnetismus heißt f l ü c h t i g e r   M a g n e t i s m u s. Meist bleibt ein geringer Rest zurück; er wird als R e s t m a g n e t i s m u s oder r e m a n e n t e r   M a g n e t i s m u s bezeichnet. Die Feile behält ihren Magnetismus. Diese beständige Form des Magnetismus heißt D a u e r - m a g n e t i s m u s oder p e r m a n e n t e r   M a g n e t i s m u s.

In weichen Stählen entsteht im Magnetfeld vorwiegend flüchtiger Magnetismus, in harten Stählen vorwiegend Dauermagnetismus.

Dauermagnete werden für viele Zwecke verwendet und daher in den mannigfachsten Formen hergestellt. Bild **69.**1 zeigt einige Beispiele.

69.1 Verschiedene Formen von Dauermagneten [6]

    1 Lautsprechermagnete
    2 Magnet für Drehspulmeßwerk
    3 Magnet für Kernmagnetmeßwerk
    4 Greiferstab
    5 Sternmagnet für Fahrrad-Lichtmaschine
    6 Zählerbremsmagnet

D a u e r m a g n e t - W e r k s t o f f e. Zur Herstellung von Dauermagneten werden heute entweder Metallegierungen oder Metalloxidmischungen verwendet:

1. AlNi- und AlNiCo-Legierungen sind Legierungen von Aluminium und Nickel oder von Aluminium, Nickel und Kobalt mit Eisen. Sie werden meist mit ihren Handelsnamen, z. B. Oerstit, Permanit, Koerzit, bezeichnet.

2. Ferrit-Magnetwerkstoffe, z. B. mit den Handelsnamen Oxit, Koerox, Ferroxdure. Sie bestehen aus Eisenoxid (Fe_2O_3), verbunden mit Barium- oder Strontiumoxid. Die pulverförmigen Oxide werden gepreßt und wie keramische Massen bei Temperaturen dicht unter dem Schmelzpunkt gesintert. Ferrite haben eine besonders hohe Koerzitivfeldstärke (s. Abschn. 3.24, Hystereschleife). Dauermagnete lassen sich nur durch Schleifen bearbeiten.

3.2 Elektromagnetismus

3.21 Magnetfeld eines Einzelleiters

In Versuch 6, S. 11, wurde bereits gezeigt, daß ein stromdurchflossener Leiter eine Magnetnadel aus ihrer Nord-Süd-Richtung ablenkt, der Strom somit eine magnetische Wirkung hat. Durch den folgenden Versuch soll diese Erscheinung genauer untersucht werden.

□ **Versuch 32.** Ein senkrecht angeordneter Kupferstab wird durch eine Pappscheibe geführt und ein starker Gleichstrom (etwa 20 A) hindurchgeleitet. Dann läßt sich folgendes beobachten:

1. Eine in geringem Abstand in beliebiger Höhe um den Leiter herumgeführte Magnetnadel wird so abgelenkt, daß sie um den Leiter einen konzentrischen Kreis beschreibt. Sie dreht sich um 180°, wenn die Stromrichtung umgekehrt wird.

2. Auf die Pappscheibe gestreute Eisenfeilspäne ordnen sich ringförmig um den Stab (**70.1**).

3. Bei kleinerer Stromstärke und im größeren Abstand vom Leiter werden diese Wirkungen merklich schwächer. □

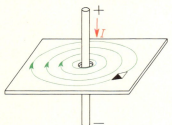

70.1 Magnetfeld eines stromdurchflossenen Leiters. Der Strompfeil zeigt die international vereinbarte Stromrichtung, also nicht die Richtung des Elektronenstroms an

Stromdurchflossene Leiter sind von einem Magnetfeld umgeben, dessen Feldlinien den Leiter auf seiner ganzen Länge ringförmig umgeben. Die Richtung der Feldlinien hängt von der Stromrichtung ab.

Die Stärke des magnetischen Feldes und damit die Dichte der Feldlinien steigt mit größer werdender Stromstärke. Mit zunehmender Entfernung vom Leiter wird sie geringer.

Zu erklären sind diese Feststellungen mit der in Abschn. 3.13 behandelten Erscheinung, wonach bewegte Elektronen immer von einem Magnetfeld umgeben sind. Nun ist aber der Strom in einem Leiter nichts anderes als eine sehr große Anzahl sich in e i n e r Richtung bewegender Elektronen. Deren Einzelfelder vereinigen sich zu einem kräftigen Gesamtfeld, das den Leiter röhrenförmig umgibt.

Bild **70.1** zeigt deutlich, daß Feldlinien, wie bereits in Abschn. 3.12 beschrieben, immer in sich geschlossene Linienzüge (hier Kreise) bilden. Das Feld hat aber hier keine Pole. Der beobachtete Zusammenhang zwischen der Stromrichtung und dem Richtungssinn der Feldlinien läßt sich durch die U h r z e i g e r r e g e l, auch K o r k e n z i e h e r r e g e l genannt, ausdrücken:

Blickt man in Stromrichtung auf den Leiterquerschnitt, so sind die Feldlinien um den Leiter im Uhrzeigersinn gerichtet (70.1).

Als Stromrichtung ist hier die vereinbarte Richtung des elektrischen Stromes, nicht die tatsächliche Richtung des Elektronenstromes gemeint (s. Abschn. 1.21). Zur Kennzeichnung der Stromrichtung in Leiterquerschnitten senkrecht zur Papierebene ist es üblich, den vom Betrachter fortfließenden Strom durch ein Kreuz und den auf den Betrachter zufließenden Strom durch einen Punkt zu kennzeichnen (**71.1**), so als wenn der Betrachter gegen das gefiederte Ende (X) oder gegen die Spitze (·) eines Pfeiles blickt.

Strom fließt vom Betrachter fort   *Strom fließt auf den Betrachter zu*

71.1 Kennzeichnung der Stromrichtung in Leiterquerschnitten senkrecht zur Papierebene

3.22 Magnetfeld einer Spule

Wickelt man einen Leiter zu einer wendelförmigen Spule auf, so durchsetzen alle Feldlinien der einzelnen Spulenwindungen das Innere der Spule. Hierdurch wird die Feldliniendichte dort größer und das Feld mithin stärker als außerhalb der Spule, wie das Feldlinienbild **71.2** zeigt.

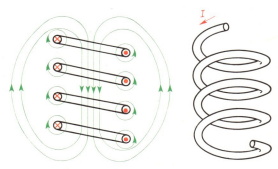

71.2 Entstehung des Magnetfeldes einer Spule

71.3 Feldlinienbild des Magnetfeldes einer Spule

☐ **Versuch 33.** Über eine Spule mit vielen Windungen (z. B. 600 Wdg.) wird wie in Bild **71.3** ein passend ausgeschnittenes Kartonstück geschoben und durch die Spule Gleichstrom (etwa 2 A) geschickt. Streut man nun auf den Karton Eisenfeilspäne, so ordnen sie sich ähnlich wie beim Stabmagneten (**66.1**). ☐

Die Richtung des Spulenfeldes kann man mit der Uhrzeigerregel bestimmen (**70.1**). Die Feldlinien aller Spulenwindungen haben demnach innerhalb der Spule den gleichen Richtungssinn und schließen sich zu einem gemeinsamen, alle Windungen umschließenden Feldlinienbündel zusammen. Die sich daraus ergebende Form des Spulenfeldes ähnelt sehr dem Feld eines Stabmagneten (**66.1**). Die Pole liegen an den Stirnseiten der Spule.

Durchflutung

☐ **Versuch 34.** Schickt man durch eine Spule mit z. B. 300 Wdg. einen Strom von etwa 2 A, so ist sie in der Lage, ein leichtes Eisenrohr[1]) in ihren Hohlraum hineinzuziehen und festzuhalten (**72.1**). Erhöht man die Stromstärke, so wird das Rohr weiter in die Spule

---

[1]) Weiche Stähle als Werkstoff für magnetische Bauteile, die einen sehr kleinen Restmagnetismus haben, werden in der Elektrotechnik als „Eisen" bezeichnet.

hineingezogen. Nun wird die Stromstärke so weit verringert, daß das Rohr aus der Spule herausfällt (z. B. bei 1,4 A). Wiederholt man den Versuch an Spulen mit gleichem Wickelraum, d. h. gleichem Durchmesser und gleicher Länge, aber doppelter und vierfacher Windungszahl, so beträgt die Stromstärke, bei der das Eisenrohr abfällt, bei 600 Wdg. die Hälfte und bei 1200 Wdg. ein Viertel der Stromstärke, die bei 300 Wdg. benötigt wird. □

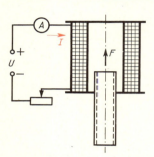

Das Produkt aus Stromstärke und Windungszahl ist in allen Fällen gleich groß. Es bestimmt somit die Kraftwirkung des Spulenfeldes.

72.1 Haltekraft F von Magnetspulen mit verschiedener Windungszahl, aber gleichem Wickelraum

Eisenrohr fällt ab bei		Zahlenprodukt
$I_1 = 1,4$ A,	$N_1 = 300$ Wdg.	$1,4 \cdot 300 = 420$
$I_2 = 0,7$ A,	$N_2 = 600$ Wdg.	$0,7 \cdot 600 = 420$
$I_3 = 0,35$ A,	$N_3 = 1200$ Wdg.	$0,35 \cdot 1200 = 420$

Die Stärke von Spulenfeldern wächst bei gleichen Spulenabmessungen und damit gleicher mittlerer Feldlinienlänge im gleichen Verhältnis wie die Stromstärke und wie die Windungszahl der Spule.

Diese Tatsache ist verständlich, da das Spulenfeld um so stärker wird, je größer die Gesamtzahl der durch die Spule bewegten Elektronen ist. Diese wächst aber sowohl mit der Stromstärke als auch mit der Windungszahl der Spule. Man nennt das Produkt aus Stromstärke I und Windungszahl N die Durchflutung Θ (griechisch: Theta) der Spule.

Durchflutung $$\Theta = I \cdot N$$

Mit der Einheit Ampere (A) für die Stromstärke ergibt sich auch für die Durchflutung die Einheit A, da die Windungszahl eine reine Zahl ist, also keine Einheit hat. Oft werden aber die Windungen (Wdg.) wie eine Einheit hinzugefügt, so daß für die Durchflutung die Einheit Amperewindungen (A Wdg.) erscheint. Das Wort „Durchflutung" drückt aus, daß diese ein Maß für die Gesamtzahl der das Magnetfeld aufbauenden und es gleichsam „durchflutenden" Elektronen ist.

Beispiel 46: Eine Spule mit $N_1 = 300$ Wdg. wird von einem Strom $I_1 = 4$ A durchflossen. Wieviel Windungen N_2 muß eine Spule mit gleichem Wickelraum erhalten, wenn mit einem Strom von $I_2 = 0,8$ A ein gleichstarkes Feld erzeugt werden soll?

Lösung: $\Theta_1 = \Theta_2$ oder $I_1 \cdot N_1 = I_2 \cdot N_2$. Nach Division beider Seiten durch I_2 erhält man

$$N_2 = \frac{I_1 \cdot N_1}{I_2} = \frac{4 \text{ A} \cdot 300 \text{ Wdg.}}{0,8 \text{ A}} = 1500 \text{ Wdg.}$$

72.2 Bifilare Wicklung

Bifilare Wicklungen. Wird ein Draht nach Bild **72.2** aufgewickelt, so entsteht in der Spule kein Magnetfeld, weil zwei nebeneinanderliegende Leiter jeweils entgegengesetzte Stromrichtung haben, so daß sich ihre Magnetfelder aufheben. Eine solche Wicklung wird als bifilar, d. h. zweifädig, bezeichnet. Bifilare Wicklungen werden manchmal für Drahtwiderstände angewandt, wenn die magnetischen Wirkungen, z. B. bei Meßgeräten, unerwünscht sind.

Magnetische Feldstärke

Die Kraftwirkung des Spulenfeldes verringert sich demnach bei gleicher Durchflutung
mit wachsender Länge der Spule und damit wachsender mittlerer Feldlinienlänge.

**Die Stärke eines Spulenfeldes hängt nicht nur von der Durchflutung, sondern auch von
der Spulenlänge und damit von der mittleren Feldlinienlänge ab. Sie wächst im gleichen
Verhältnis wie die Durchflutung Θ und im umgekehrten Verhältnis wie die mittlere Feldlinienlänge l.**

Der Ausdruck $\Theta/l = I \cdot N/l$ heißt daher **m a g n e t i s c h e   F e l d s t ä r k e** H der Spule.

Feldstärke
$$H = \frac{\Theta}{l} = \frac{I \cdot N}{l}$$

Setzt man die Stromstärke I in A
und die mittlere Feldlinienlänge l
in cm oder m ein, so erhält man
die Feldstärke H in A/cm oder
A/m oder, wenn man Wdg. für
Windungen zusetzt, in A Wdg./
cm oder A Wdg./m.

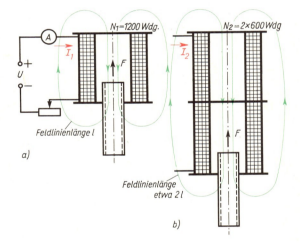

73.1 Haltekraft F von Magnetspulen
mit verschiedenem Wickelraum,
aber gleicher Windungszahl

    a) Spule mit der mittleren Feld-
       linienlänge l

    b) Spule doppelter Länge mit der
       mittleren Feldlinienlänge von
       etwa 2 l

Eisenrohr fällt ab bei:
a) $I_1 = 0,35$ A, $N_1 = 1200$ Wdg.
b) $I_2 = 0,7$ A, $N_2 = 2 \cdot 600$ Wdg.

3.23 Magnetspule mit Eisenkern

In einem Versuch soll der Einfluß eines Eisenkernes auf das magnetische Feld einer stromdurchflossenen Spule untersucht werden.

Durch den Eisenkern erfährt das Magnetfeld der Spule also eine wesentliche Verstärkung, insbesondere dann, wenn der Kern in sich geschlossen ist. Spulen mit Eisenkern dienen häufig zur Erzeugung von Kraftwirkungen, z. B. als Hubmagnete oder in Schaltschützen. Sie werden als elektrisch erregte Magnete oder kurz als Elektromagnete bezeichnet. Entsprechend nennt man die Magnetspule bzw. deren Wicklung auch Erregerwicklung.

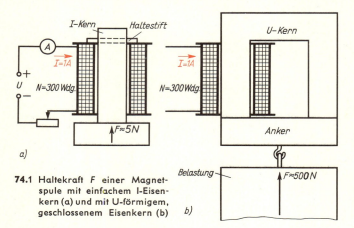

74.1 Haltekraft F einer Magnetspule mit einfachem I-Eisenkern (a) und mit U-förmigem, geschlossenem Eisenkern (b)

Das Magnetfeld einer stromdurchflossenen Spule kann durch einen Eisenkern wesentlich verstärkt werden.

Permeabilität und Sättigung

Die in Versuch 36 beobachteten Erscheinungen werden durch die Erklärungen in Abschn. 3.13 verständlich. Demnach wird hier der Eisenkern im Magnetfeld der Spule selber zum Magneten. Sein Magnetfeld verstärkt das Spulenfeld. Diese verstärkende Wirkung ist so lange vorhanden, bis das Spulenfeld alle Elementarmagnete des Eisenkerns ausgerichtet hat. Bei weiterer Steigerung des Spulenstroms läßt sich dann keine nennenswerte Verstärkung des Spulenfeldes mehr feststellen. Man sagt, das Eisen ist magnetisch gesättigt. Diese feldverstärkende Wirkung des Eisens und anderer magnetischer Werkstoffe wird als Permeabilität bezeichnet und durch die Permeabilitätszahl μ_r (griechisch my), auch relative Permeabilität genannt, ausgedrückt.

Die Permeabilitätszahl μ_r gibt für Eisen und andere magnetische Werkstoffe an, auf das Wievielfache sich das Magnetfeld einer Spule verstärkt, statt in Luft, in einem Kern aus diesem Werkstoff ausbildet. Für Luft ist also die Permeabilitätszahl $\mu_r = 1$. Mit zunehmender magnetischer Sättigung des Kerns nimmt die Permeabilität ab.

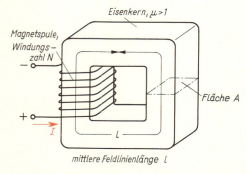

74.2 Einflußgrößen für die Magnetfeldbildung einer Magnetspule mit Eisenkern

Magnetische Flußdichte und magnetischer Fluß

Die Dichte der Feldlinien des magnetischen Feldes wird magnetische Flußdichte oder auch magnetische Induktion B genannt. Sie hängt von zwei Größen ab (**74.2**), nämlich von der Feldstärke $H = I \cdot N/l$, wobei l die mittlere Feldlinienlänge und N die Windungszahl ist, und von der Permeabilitätszahl μ_r des Stoffes, der den vom Magnetfeld durchsetzten Raum ausfüllt.

Den Zusammenhang zwischen den drei genannten Größen drückt der folgende Satz aus:

Die Flußdichte B des Magnetfeldes einer Spule steigt mit der Feldstärke H und mit der Permeabilitätszahl μ_r des im Magnetfeld vorhandenen Stoffes.

Magnetische Flußdichte $\qquad\qquad B = \mu_0 \cdot \mu_r \cdot H$

Setzt man die Feldstärke H in A/cm ein, so erhält man die Flußdichte B in der Einheit Voltsekunden/cm² (Vs/cm²). Mit H in A/m erhält man B in Vs/m², auch Tesla (T) genannt[1]). Es ist 1 T = 1 Vs/m² = 10^{-4} Vs/cm² (s. Anhang „SI-Einheitensystem").
Für Vs wird auch der Einheitenname Weber (Wb) verwendet[2]). Damit ist 1 Vs/cm² = 1 Wb/cm². Die Festlegung der Einheit Vs wird im Abschnitt 3.41 erläutert.
Die in der Formel verwendete Größe μ_0 ist die sog. **magnetische Feldkonstante**, auch Induktionskonstante genannt. Sie hat den Wert

$\qquad\quad \mu_0 = 1{,}26 \cdot 10^{-8}$ Vs/Acm für H in A/cm

oder $\quad \mu_0 = 1{,}26 \cdot 10^{-6}$ Vs/Am = $1{,}26 \cdot 10^{-6}$ Tm/A für H in A/m .

Demnach entsteht in Luft ($\mu_r = 1$) bei der Feldstärke $H = 1$ A/cm die Flußdichte $B = \mu_0 \cdot \mu_r \cdot H = 1{,}26 \cdot 10^{-8}$ Vs/Acm $\cdot$ 1 A/cm $= 1{,}26 \cdot 10^{-8}$ Vs/cm² $= 1{,}26 \cdot 10^{-4}$ T.   Mit $H = 1$ A/m wird $B = 1{,}26 \cdot 10^{-6}$ Vs/Am $\cdot$ 1 A/m $= 1{,}26 \cdot 10^{-6}$ T.

Die ältere, nicht mehr zulässige Einheit für die Flußdichte ist das Gauß (G)[3]). Es ist 1 Vs/cm² = $= 10^8$ G und 1 Vs/m² = 1 T = 10^4 G, wenn man in der Formel $B = \mu_0 \cdot \mu_r \cdot H$ für $\mu_0 = 1{,}26$ Gcm/A einsetzt.

Bei Eisen und anderen magnetischen Werkstoffen hat die Permeabilitätszahl μ_r keinen konstanten Wert, sie ist vielmehr von der Feldstärke H abhängig. Die Flußdichte B in Spulen mit Eisenkern kann man daher nicht mit der obigen Formel berechnen. Hierfür ist die Kenntnis der Magnetisierungskurve des betreffenden Werkstoffes erforderlich, wie dies weiter unten noch erläutert wird.

Das gesamte Magnetfeld, das eine Fläche A, z. B. den Querschnitt eines Spulenkerns (74.2) durchsetzt, wird als **magnetischer Fluß** Φ bezeichnet.

Den magnetischen Fluß Φ, der die Querschnittsfläche A durchsetzt, erhält man, indem man die magnetische Flußdichte B mit der Querschnittsfläche multipliziert.

Magnetischer Fluß $\qquad\qquad \Phi = B \cdot A$

Setzt man hierin die Flußdichte B in Vs/cm² und die Fläche A in cm² ein, so erhält man den magnetischen Fluß Φ in Vs, auch Weber (Wb) genannt.
Mit B in G und A in cm² erhält man Φ in der älteren, nicht mehr zulässigen Einheit Maxwell[4]) (M). 1 Vs = 1 Wb = 10^8 M.

Die Bezeichnung magnetischer „Fluß" ist insofern nicht zutreffend, als Feldlinien nicht „fließen".

Magnetisierungskurve

Die Permeabilitätszahl μ_r ist für Luft und die meisten in der Elektrotechnik verwendeten Werkstoffe, von praktisch belanglosen Abweichungen abgesehen, gleich 1. Nur für Eisen, Nickel und Kobalt sowie für Legierungen und Oxide dieser Metalle ist sie

---

[1]) Tesla, österreichischer Ingenieur, 1865 bis 1943
[2]) Weber, deutscher Naturforscher, 1804 bis 1881.
[3]) Gauß, deutscher Mathematiker und Naturforscher, 1777 bis 1855.
[4]) Maxwell, englischer Naturforscher, 1831 bis 1879.

wesentlich größer. Sie hat jedoch, wie schon erwähnt, keinen konstanten Wert, sondern nimmt infolge der magnetischen Sättigung mit zunehmender Feldstärke ab. Die Fluß-

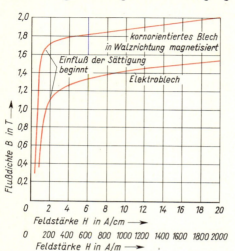

dichte kann man daher nicht mit der Formel $B = \mu_0 \cdot \mu_r \cdot H$ berechnen. Sie wird einem Kurvenschaubild entnommen, das für den in Frage kommenden magnetischen Werkstoff die Abhängigkeit der Flußdichte B von der Feldstärke H darstellt. Ein solches Kurvenschaubild wird als Magnetisierungskurve bezeichnet (**76.1**).

Magnetisierungskurven sind infolge der magnetischen Sättigung gekrümmt.

76.1
Magnetisierungskurven für Kernbleche.
$1\,T = 1\,Vs/m^2 = 10^{-4}\,Vs/cm^2$

Berechnung magnetischer Spulenfelder

Mit Hilfe der Magnetisierungskurve kann man sowohl die Permeabilitätszahl des Werkstoffs für eine bestimmte Feldstärke als auch die zur Erzeugung einer gewünschten Flußdichte erforderlichen Größen, also Feldstärke, Durchflutung und Stromstärke ermitteln. Dies soll an zwei Beispielen gezeigt werden.

Beispiel 47: Flußdichte B und Permeabilitätszahl μ_r in einem Spulenkern aus geschichtetem Elektroblech IV sind für zwei Betriebsfälle zu ermitteln, für die Feldstärke $H_1 = 3$ A/cm und für $H_2 = 20$ A/cm.

Lösung: Für den Eisenkern aus Elektroblech entnimmt man Bild **76.1**

$$B_1 = 1,2\,T = 1,2 \cdot \frac{Vs}{m^2} \qquad B_2 = 1,5\,T = 1,5 \cdot \frac{Vs}{m^2}$$

Durch Umstellen der Formel $B = \mu_0 \cdot \mu_r \cdot H$ erhält man für beide Fälle die Permeabilitätszahlen

$$\mu_{r1} = \frac{B_1}{\mu_0 \cdot H_1} = \frac{1,2\ Vs/m^2}{1,26 \cdot 10^{-6}\ Vs/Am \cdot 300\ A/m} = 3180$$

$$\mu_{r2} = \frac{B_2}{\mu_0 \cdot H_2} = \frac{1,5\ Vs/m^2}{1,26 \cdot 10^{-6}\ Vs/Am \cdot 2000\ A/m} = 598$$

Die Ergebnisse in Beispiel 47 zeigen, daß bei zunehmender Magnetisierung des Eisens die Permeabilitätszahl μ_r stark zurückgeht, im vorliegenden Falle von 3180 auf 598. Größere Flußdichten müssen im Sättigungsgebiet also durch unverhältnismäßig große Feldstärken erkauft werden. Bei Verwendung der gleichen Magnetspule sind dann sehr große Ströme erforderlich. In dem vorstehenden Beispiel erfordert die Zunahme der Flußdichte von 1,2 T auf 1,5 T in der gleichen Spule eine fast siebenfache Durchflutung und damit fast siebenfachen Strom (20 A/3 A ≈ 7).

Hat der Eisenkern einen Luftspalt (**77.1**), so kann man die mittlere Feldlinienlänge l in zwei Teillängen zerlegen, wobei die Teillänge l_E auf den Eisenkern und l_L auf den Luftspalt entfällt. Die für beide Teillängen erforderlichen Durchflutungen Θ_E und Θ_L werden getrennt ermittelt und dann zur Gesamtdurchflutung $\Theta = \Theta_E + \Theta_L$ addiert, wie im folgenden Beispiel gezeigt wird.

Beispiel 48: In einem Eisenkern aus Elektroblech mit quadratischem Querschnitt (**77.1**) soll die Flußdichte $B = 9 \cdot 10^{-5}$ Vs/cm² $= 0,9$ T erzeugt werden. Es sind zu ermitteln

a) die mittleren Feldlinienlängen in Eisen l_E und in Luft l_L

b) die notwendigen Feldstärken H_E und H_L, sowie die erforderlichen Durchflutungen Θ_E und Θ_L

c) die erforderliche Stromstärke I für eine Spule mit 2000 Wdg.

d) der magnetische Fluß Φ

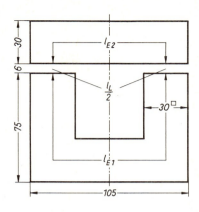

77.1 Berechnung einer Magnetspule (Maße in mm)

Lösung:

a) $l_E = l_{E1} + l_{E2} = [2 \cdot (7,5 - 1,5) + (10,5 - 3)]$ cm $+ [2 \cdot 1,5 + (10,5 - 3)]$ cm $= 30$ cm
   $l_L = 2 \cdot 0,6$ cm $= 1,2$ cm

b) Der Magnetisierungskurve in Bild **76.1** wird $H_E = 1,3$ A/cm entnommen. Aus der Gleichung für die Feldstärke $H = \Theta / l$ erhält man durch Malnehmen mit l die Formel für die Durchflutung

$\Theta_E = H_E \cdot l_E = 1,3 \, \dfrac{A}{cm} \cdot 30$ cm $= 39$ A

Die Feldstärke H_L für den Luftspalt folgt aus der Formel $B = \mu_0 \cdot \mu_r \cdot H$ nach Teilen durch $\mu_0 \cdot \mu_r$.

Man erhält die Feldstärke $\qquad H_L = \dfrac{B}{\mu_0 \cdot \mu_r} = \dfrac{9 \cdot 10^{-5} \text{ Vs/cm}^2}{1,26 \cdot 10^{-8} \dfrac{\text{Vs}}{\text{A/cm}} \cdot 1} = 7170$ A/cm

Für diese Feldstärke im Luftspalt ist folgende Durchflutung erforderlich

$\qquad\qquad\qquad\qquad \Theta_L = H_L \cdot l_L = 7170$ A/cm $\cdot 1,2$ cm $= 8610$ A

Die Gesamtdurchflutung ist $\qquad \Theta = \Theta_E + \Theta_L = 39$ A $+ 8610$ A $= 8650$ A

c) Aus der Gesamtdurchflutung $\Theta = I \cdot N$ errechnet man die Stromstärke

$$I = \frac{\Theta}{N} = \frac{8650 \text{ A}}{2000} = 4,32 \text{ A}$$

d) Der magnetische Fluß ist
$\Phi = B \cdot A = 9 \cdot 10^{-5}$ Vs/cm² $\cdot 9$ cm² $= 81 \cdot 10^{-5}$ Vs $= 0,81$ mWb

Die Ergebnisse in Beispiel 48 unter b) zeigen, daß für 30 cm Feldlinienlänge im Eisen die Durchflutung 39 A, für 1,2 cm Feldlinienlänge in Luft dagegen 8610 A benötigt werden. Man ersieht daraus den sehr großen Strombedarf für die Erzeugung starker magnetischer Felder in Luft, im Beispiel nämlich

1,2 cm L u f t w e g $I_L = \dfrac{8610 \text{ A}}{2000} = 4,32$ A $\quad$ 30 cm E i s e n w e g $I_E = \dfrac{39 \text{ A}}{2000} = 0,0195$ A $= 19,5$ mA

3.24 Magnetische Werkstoffe — Hystereseverluste

Werkstoffe für Spulenkerne

Die Permeabilitätszahl bei einer bestimmten Feldstärke hängt von der Zusammensetzung der verwendeten Eisensorte ab. Für Spulenkerne verwendet man meist Elektrobleche die so legiert (zusammengesetzt) sind, daß sie eine hohe Permeabilitätszahl haben. Sie enthalten neben Eisen und Kohlenstoff noch einige Prozent Silizium zur Herabsetzung der Wirbelstromverluste (s. Abschn. 3.42). Für größere Transformatoren werden kaltgewalzte, sog. kornorientierte Bleche verwendet. Sie lassen sich in Walzrichtung besonders leicht magnetisieren (**76.**1) und ummagnetisieren. Dadurch sind ihre Ummagnetisierungsverluste nur etwa ein siebentel so groß wie bei den warmgewalzten Elektroblechen.

Werden besonders kleine, leichte Kerne benötigt, z. B. für Telefon- und Funkgeräte, so benutzt man Legierungen, die neben Eisen bis zu 80% Nickel enthalten. Sie sind unter ihren Handelsnamen Hyperm, Permalloy, Megaperm usw. bekannt. Solche Legierungen haben eine 10···50 mal so große Permeabilitätszahl wie Elektroblech.

Hystereseverluste

Magnetische Werkstoffe haben die Eigenschaft, einen bestimmten Restmagnetismus zurückzuhalten, wenn sie vorher durch ein Magnetfeld magnetisiert worden sind (s. Abschn. 3.14). Das ist offensichtlich dann sehr erwünscht, wenn es sich um Werkstoffe für Dauermagnete handelt. Dagegen sollen Werkstoffe für Spulenkerne möglichst keinen Restmagnetismus zurückbehalten, wenn der Spulenstrom abgeschaltet wird. Hierdurch wird verhindert, daß Eisenteile nach dem Abschalten des Stromes festgehalten werden („kleben"), z. B. der schnell bewegte Anker der elektrischen Klingel. Auch in allen Wechselstromspulen stört der Restmagnetismus. Er muß nämlich bei jedem Richtungswechsel des Stromes erst durch Ummagnetisieren der Elementarmagnete beseitigt werden, bevor sich das entgegengesetzt gerichtete Feld bilden kann. Das bedeutet aber Energieverluste in Form von Wärme. Man bezeichnet sie als Hysterese- oder Ummagnetisierungsverluste (Hysteresis: Nachwirkung). Diese werden um so größer, je höher die Frequenz des Wechselstroms ist. Die Hystereseverluste sind auch deshalb unerwünscht, weil die von ihnen erzeugte Verlustwärme auf die Spulenwicklung übergeht und unter Umständen deren Isolation zerstört.

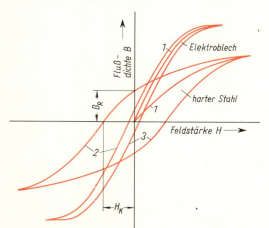

Geringe Hystereseverluste erreicht man durch geeignetes Legieren der verwendeten Eisensorten.

Hystereseschleife

Die Kurven in Bild **78.**1 veranschaulichen die Vorgänge beim Ummagnetisieren von zwei magnetischen Werkstoffen. Die Kurven 1 zeigen die Abhängigkeit der Flußdichte B von der Feldstärke H, wenn die Werkstoffe aus dem unmagnetischen Zustand magnetisiert werden. Sie entsprechen den Magnetisierungskurven in Bild **76.**1.

78.1 Hystereseschleifen
B_R remanente Flußdichte
H_K Koerzitivfeldstärke

Die Kurven 2 zeigen das Abnehmen der Flußdichte, wenn vom gesättigten Zustand des Eisens ausgehend, die Feldstärke wieder mehr und mehr verringert wird. Der Betrag B_R ist die Remanenz. Um sie durch Ummagnetisieren zu beseitigen, muß die entgegengesetzt gerichtete Feldstärke H_K, Koerzitivfeldstärke genannt, aufgewendet werden.

Bei weiterer Erhöhung der Feldstärke in derselben Richtung nimmt die Flußdichte im umgekehrten Richtungssinne nach den Kurven 2 wieder bis zur Sättigung zu. Die Kurven 3 entstehen, wenn die Feldstärke, von der Sättigung ausgehend, wieder bis auf Null verringert und dann in entgegengesetzter Richtung so weit erhöht wird, bis erneut die Sättigung erreicht ist.

Die breite Hystereseschleife gehört zu einer harten Stahlsorte für Dauermagnete. Remanenz und Koerzitivfeldstärke sind hier groß. Die schmale Schleife mit kleinen Werten für B_R und H_K gehört zu einem Elektroblech, wie es für Spulenkerne verwendet wird. Koerzitivfeldstärke und Remanenz müssen hier so klein wie möglich sein.

Übungsaufgaben zu Abschnitt 3.1 und 3.2

1. Von zwei völlig gleich aussehenden Stahlstücken ist eines magnetisch, eines unmagnetisch. Wie läßt sich ohne weiteres Hilfsmittel feststellen, welches von beiden magnetisch ist?
2. Warum liegt der magnetische Nordpol der Erde im Süden und der magnetische Südpol im Norden?
3. Kompasse zeigen in der Nähe größerer Eisenkörper falsch an. Wie ist dies zu erklären?
4. Wie kann man ein Meßgerät gegen Beeinflussung durch äußere magnetische Felder schützen?
5. Das Feldlinienbild zwischen den ungleichen Polen zweier Stabmagnete ist für den Fall zu skizzieren, daß der Luftzwischenraum teilweise durch ein Eisenstück ausgefüllt ist.
6. Wodurch entsteht die magnetische Sättigung des Eisens?
7. Wie läßt sich das Brummen und Schnarren bei Wechselstromspulen erklären?
8. Warum soll das Eisen für Spulenkerne eine möglichst geringe Remanenz und Koerzitivfeldstärke haben?
9. Warum werden die Luftspalte elektrischer Maschinen möglichst klein gehalten?
10. Versuch. Ein Stahlteil (z. B. eine Feile oder ein Schraubenzieher) wird magnetisiert, indem man es in eine von Gleichstrom durchflossene Spule hält. Es wird dann wieder entmagnetisiert, indem man es nochmals in die gleiche, dann aber von Wechselstrom durchflossene Spule hält und bei eingeschaltetem Strom wieder aus der Spule herauszieht. Wie kann man den beobachteten Magnetisierungs- und Entmagnetisierungsvorgang erklären?

3.3   Kraftwirkungen magnetischer Felder

Die in Abschn. 3.23 behandelten Kraftwirkungen von Elektromagneten werden in zahlreichen Geräten ausgenutzt, z. B. in Klingeln, Summern, Hupen, Türöffnern, Schützen, Meßgeräten u. a. Magnetische Kraftwirkungen treten auch zwischen den Feldern eines Magneten und eines stromdurchflossenen Leiters sowie zwischen zwei stromdurchflossenen Leitern auf.

3.31 Kraftwirkungen zwischen Magnetfeld und Stromleiter

☐ **Versuch 37.** Schaltet man in der Versuchsanordnung nach Bild **80.1** den Strom ein, so wird der an zwei leicht beweglichen Litzen aufgehängte Leiter („Leiterschaukel") in der eingezeichneten Richtung bewegt, wenn Stromrichtung und Lage der Magnetpole dem Bild entsprechen. Auf den Leiter wirkt im Magnetfeld also eine Kraft F. Die Auslenkung des Leiters und mithin auch die Kraft wird größer, wenn man die Stromstärke I erhöht oder einen stärkeren Magneten verwendet. Sie wird ebenfalls größer, wenn man einen Magneten doppelter Breite benutzt (zwei gleiche Magnete nebeneinander stellen). Dann ist nämlich die dem Magnetfeld ausgesetzte wirksame Leiterlänge doppelt so groß.

Der Leiter bewegt sich in entgegengesetzter Richtung, wenn man entweder die Magnetpole oder die Stromrichtung umkehrt. Kehrt man beide gleichzeitig um, so ändert sich die Bewegungsrichtung nicht.

Die gleichen Wirkungen beobachtet man, wenn man statt des Dauermagneten einen Elektromagneten verwendet. □

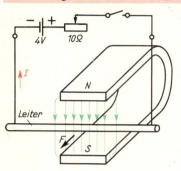

Befindet sich ein stromdurchflossener Leiter in einem Magnetfeld, so wirkt auf ihn eine Kraft, die mit der Flußdichte B des Magnetfeldes und der Stromstärke I sowie mit der wirksamen Länge des Leiters im Magnetfeld wächst. Die Richtung der Kraft hängt von der Feldrichtung und von der Stromrichtung ab.

80.1 Kraftwirkung des Magnetfeldes auf einen beweglich angeordneten Stromleiter

Bild **80.2** erklärt Entstehung und Richtung der auf den Leiter wirkenden Kraft F. Das Hauptfeld des Magneten Φ_H und das Feld des Stromleiters Φ_I sind in Bild **80.2** a jedes für sich dargestellt. Da sich aber beide beeinflussen, entsteht aus beiden Feldern ein resultierendes Feld Φ_r, das man punktweise konstruieren kann: Man stellt Stärke und Richtung beider Felder, z. B. für die Punkte 1 bis 4 durch Feldpfeile dar (**80.2** b), und findet dann Stärke und Richtung des resultierenden Feldes in diesen Punkten; die Pfeile für Φ_H und Φ_I werden also einfach wie zwei Kraftpfeile zusammengesetzt (s. Abschn. 14.1). Links vom Leiter, im Punkt 4, sind beide Felder entgegengesetzt gerichtet, so daß das Hauptfeld Φ_H geschwächt wird. Rechts vom Leiter, im Punkt 2, haben beide Felder gleiche Richtung, hier wird das Hauptfeld verstärkt. In den Punkten 1 und 3 wird die Richtung des Hauptfeldes geändert. Die Richtung des resultierenden

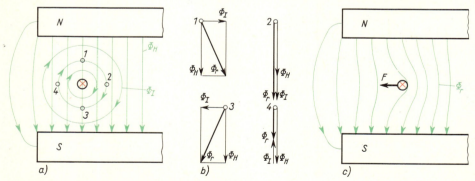

80.2 Feldlinienbilder des Magneten und des Stromleiters
   a) Hauptfeld Φ_H und Stromfeld Φ_I so gezeichnet, als wenn sie sich nicht gegenseitig beeinflussen
   b) Richtung des resultierenden Feldes Φ_r für die Punkte 1 bis 4 in a)
   c) resultierendes Feldlinienbild

Feldes Φ_r ersieht man aus den Feldpfeil-
Parallelogrammen für diese Punkte. Da
die Feldlinien das Bestreben haben, sich
zu verkürzen und ihren Abstand zu vergrößern (s. Abschn. 3.12), entsteht eine
nach links gerichtete Kraft F, die den Leiter nach links bewegt.

Die auf einen Einzelleiter wirkende Kraft
kann man für Drehbewegungen ausnutzen, wenn man statt des beweglichen
Einzelleiters eine drehbar angeordnete
Leiterwindung oder Spule verwendet.

□ **Versuch 38.** Eine leichte, an Metall-
bändern drehbar aufgehängte Spule wird
zwischen die Pole eines U-förmigen
Dauermagneten gebracht (**81.1**). Fließt
durch die Spule ein Gleichstrom I (etwa
5 A), so dreht sie sich so weit, bis ihre
Längsachse (diese deckt sich mit der Richtung des Spulenflusses Φ_{sp}) in der Richtung
des Magnetfeldes Φ_M liegt. Im Felde eines
Elektromagneten verhält sich die Spule in
gleicher Weise. □

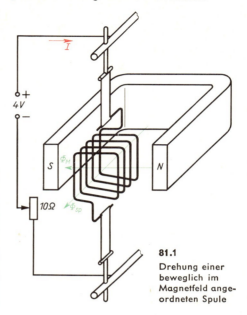

81.1
Drehung einer
beweglich im
Magnetfeld ange-
ordneten Spule

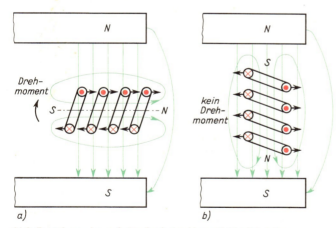

a) b)

81.2 Entstehung des auf eine Spule im Magnetfeld wirkenden
Drehmoments

Bild **81.2**a liefert die
Erklärung für das Ent-
stehen des Drehmo-
mentes (s. Abschn. 14.1)
in der Spule. Auf jede
Windung der Spule
wirkt die gleiche Kraft
wie auf einen Einzel-
leiter. Ihre Richtung
ergibt sich aus dem Bild
80.2. Die Spule dreht
sich daher bis in die
Lage in Bild **81.2**b. Da
dann die Kräfte kein
Drehmoment mehr er-
zeugen, erfolgt keine
weitere Drehung. Der
magnetische Fluß Φ_M
des Magneten hat in
dieser Stellung die-
selbe Richtung wie der
magnetische Fluß Φ_{sp} in der Spule, die Feldlinien sind also in die gleiche Richtung
gebracht worden (s. S. 67).

**Auf eine drehbar angeordnete stromdurchflossene Spule wirkt im Felde eines Magneten
so lange ein Drehmoment, bis ihr Feld und das Feld des Magneten dieselbe Richtung
einnehmen.**

Anwendungen. Die beschriebenen Kraftwirkungen werden vor allem bei Motoren und Drehspul-Meßinstrumenten technisch verwertet. Eine weitere Anwendung stellt der in großen Gleichstromschaltern und -schützen verwendete Blasmagnet dar.

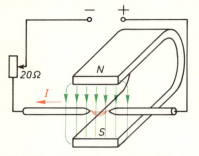

□ **Versuch 39.** Mit Hilfe einer Gleichspannung von 220 V und eines Begrenzungswiderstandes von etwa 20 Ω wird ein Lichtbogen bei einer Stromstärke von etwa 10 A zwischen zwei Kohlestiften gebildet. Führt man jetzt über den Lichtbogen einen kräftigen Magneten (**82.1**), so wird der Lichtbogen, entsprechend Bild **80.2**c, zum Betrachter hin abgelenkt und erlischt. □

82.1 Magnetische Blaswirkung auf einen Lichtbogen

Ein Lichtbogen wird wie ein stromdurchflossener Leiter aus einem Magnetfeld herausgedrängt und erlischt dadurch.

Die in Schaltern und Schützen zur Lichtbogenlöschung eingebauten Blasmagnete sind Elektromagnete. Ihre mit dem Verbraucher in Reihe geschaltete Wicklung wird vom Betriebsstrom durchflossen. Die Blaswirkung nimmt daher mit der Betriebsstromstärke zu oder ab, sie ist also bei größeren Lichtbogenströmen — wie erforderlich — stärker als bei kleineren Strömen.

3.32 Kraftwirkung zwischen Stromleitern

□ **Versuch 40.** Durch zwei leicht bewegliche, parallele Metallbänder wird ein Gleich- oder Wechselstrom von etwa 20 A geschickt (**82.2**). Ist die Stromrichtung in beiden Bändern dieselbe, so ziehen sie sich gegenseitig an, fließen die Ströme in zueinander entgegengesetzter Richtung, so stoßen sie sich ab. □

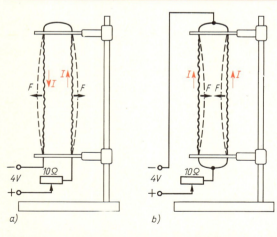

82.2 Kraftwirkung zwischen zwei parallelen Stromleitern
a) entgegengesetzte Stromrichtung: Abstoßen
b) gleiche Stromrichtung: Anziehen

Das Zustandekommen dieser Kraftwirkungen zwischen benachbarten Stromleitern zeigt Bild **83.1**a für parallele Leiter und gleiche Stromrichtung. Die Leiter ziehen sich mit der Kraft *F* an, weil sich die zwischen ihnen vorhandenen, entgegengesetzt gerichteten Felder aufheben, und weil sie gemeinsam von einem resultierenden Feld umschlossen werden, dessen Feldlinien das Bestreben haben, sich zu verkürzen (s. Abschn. 3.12). Die parallelen Stromleiter in Bild **83.1**b mit entgegengesetzter Stromrichtung stoßen sich einander ab, weil sich das Feld zwischen ihnen verstärkt und die Feldlinien das Bestreben haben, ihren Abstand zu vergrößern.

Zwischen Stromleitern mit gleicher Stromrichtung wirken anziehende Kräfte. Zwischen Stromleitern mit entgegengesetzter Stromrichtung wirken abstoßende Kräfte.

Die bei großen Strömen, vor allem bei Kurzschlüssen, zwischen parallelen Stromleitern auftretenden Kräfte können zerstörend wirken. Bei großen Verteilungsanlagen müssen die Sammelschienen daher entsprechend stabil befestigt werden. Aus dem gleichen Grunde werden die Spulen elektrischer Maschinen durch Bandagieren versteift und die Spulenköpfe großer Maschinen gegeneinander abgestützt. Die Anziehungskraft zwischen Stromleitern mit gleicher Stromrichtung wirkt auch zwischen den benach-

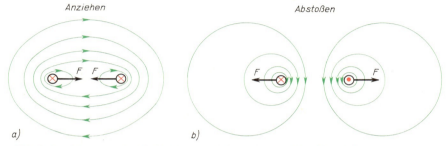

83.1 Zustandekommen der Kraftwirkung zwischen zwei parallelen Stromleitern

barten Windungen einer Spule; diese werden also zusammengedrückt, hierdurch wird die Spule kürzer. Die abstoßenden Kräfte bei entgegengesetzter Stromrichtung wirken innerhalb einer Windung jeweils zwischen zwei gegenüberliegenden Leiterteilen; diese Kräfte suchen die Windung zu erweitern. Rechteckspulen haben hierdurch das Bestreben, sich kreisförmig zu verformen.

Eine stromdurchflossene Spule ist bestrebt, sich zu verkürzen. Rechteckspulen sind bestrebt, sich kreisförmig aufzuweiten.

Eine von Wechselstrom durchflossene Spule versucht, sich bei jeder Periode zweimal zu verformen. Ihre Windungen führen daher Schwingungen mit der doppelten Frequenz des Wechselstroms aus. Dadurch entsteht bei einer Netzfrequenz von 50 Hz ein Brummton von 100 Hz.

3.4 Induktionswirkung magnetischer Felder

3.41 Spannungserzeugung durch elektrische Induktion

Da jede Elektronenbewegung ein Magnetfeld hervorruft, liegt die Frage nahe, ob sich nicht umgekehrt auch die freien Elektronen eines im Magnetfeld bewegten Leiters in Bewegung setzen, sich also in einem offenen Leiter nach einer Seite hin verschieben (Ladungstrennung). Zwischen den Enden des offenen Leiters würde dann eine Spannung und in einer geschlossenen Leiterwindung ein Strom entstehen (s. Abschn. 1.13). Diese Frage soll durch den folgenden Versuch beantwortet werden.

☐ **Versuch 41.** An die Enden eines zu ei ner Windung geformten Leiters (Leiterwindung) wird ein empfindlicher Spannungsmesser angeschlossen (**84.1** a). Der in der Skalenmitte liegende Nullpunkt gestattet, auch die Richtung der Spannung zu erkennen. Die Windung wird nun aus der Ruhelage einmal langsam, einmal schnell in den eingezeichneten Richtungen bewegt und dabei die Zeigerausschläge des Instrumentes beobachtet. Dann werden die gleichen Bewegungen mit dem Magneten ausgeführt. Schließlich wird der Leiter zu mehreren Windungen zusammengefaßt und der Versuch wiederholt (**84.1** b). ☐

Aus den Beobachtungen kann man folgern:

1. Der Spannungsmesser zeigt d a n n eine Spannung an, wenn die Leiterbewegung quer zur Feldrichtung und quer zur Leiterachse erfolgt. Die Spannung ist unabhängig davon, ob der Leiter oder der Magnet bewegt wird.

2. Sie wird bei schnellerer Bewegung größer und wesentlich größer, wenn statt der einfachen Leiterwindung eine Spule im Feld bewegt wird.

3. Die Spannungs- und damit die Stromrichtung ändert sich, wenn e n t w e d e r die Bewegungsrichtung o d e r die Richtung des Magnetfeldes umgekehrt wird.

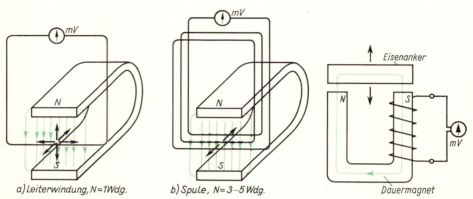

a) Leiterwindung, N=1 Wdg.   b) Spule, N= 3···5 Wdg.

84.1 Erzeugung einer Induktionsspannung durch die Bewegung eines Leiters im Magnetfeld

84.2 Erzeugung einer Induktionsspannung durch Verstärken und Schwächen eines Magnetfeldes

Zwei weitere Versuche sollen noch klarer zeigen, worauf es bei der Spannungserzeugung mit Hilfe des magnetischen Feldes ankommt.

☐ **Versuch 42.** Nähert man dem Dauermagneten in Bild **84.2** einen Eisenanker, so zeigt der an der Spule liegende empfindliche Spannungsmesser einen Spannungsstoß im Spulenstromkreis. Entfernt man den Anker wieder, so entsteht ein entgegengesetzt gerichteter Spannungsstoß. Der erzeugte Spannungsstoß ist um so größer, je schneller die Bewegung des Eisenankers erfolgt und je größer die Windungszahl der Spule ist. ☐

Das Magnetfeld des Dauermagneten wird beim Nähern des Eisenankers verstärkt (s. Abschn. 3.23) und beim Wegnehmen des Ankers geschwächt. Hierdurch ändert sich der die Spule durchsetzende magnetische Fluß.

☐ **Versuch 43.** Der Spannungsmesser an der Spule 2 in der Versuchsanordnung nach Bild **85.1** zeigt einen Spannungsstoß an, wenn die Magnetspule 1 eingeschaltet wird. Beim Ausschalten entsteht ein entgegengesetzt gerichteter Spannungsstoß. Wird die Stromstärke und damit der magnetische Fluß in dem geschlossenen Eisenkern geändert (Vorwiderstand verstellen), so entsteht ebenfalls ein Spannungsstoß in entsprechender Richtung; er ist um so größer, je schneller die Stromstärke und damit der magnetische Fluß geändert wird. ☐

Die bei den vorstehenden drei Versuchen beobachtete Erscheinung wird als **elektrische Induktion** (induzieren: hineinführen) bezeichnet.
Aus den drei vorstehenden Versuchen läßt sich das
von **Faraday**[1]) gefundene **Induktionsgesetz**
ableiten:

**In einer Leiterwindung oder einer Spule entsteht
eine Induktionsspannung, wenn sich der von ihnen
umschlossene magnetische Fluß ändert. Bei geschlossenem Stromkreis fließt ein Induktionsstrom.**

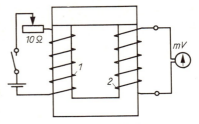

85.1 Erzeugung einer Induktionsspannung durch Feldauf- und -abbau
1 Magnetspule 2 Induktionsspule

Der von der Windung oder Spule umschlossene
magnetische Fluß kann, wie in Versuch 41, durch Bewegen des Magneten bzw. der Spule (**Induktion
durch Bewegung**) oder, wie in den Versuchen 42 und 43, durch Vergrößern oder
Verringern der Flußdichte B (**Induktion ohne Bewegung**) verändert werden.

Größe der induzierten Spannung

Diese hängt davon ab, wie schnell sich der magnetische Fluß in der Windung ändert,
um wieviel der magnetische Fluß also innerhalb der Windung in der Zeiteinheit (z. B.
in 1 s) zu- oder abnimmt und wie groß die Windungszahl der Spule und damit die wirksame Leiterlänge ist.
**Die induzierte Spannung wächst mit der Änderungsgeschwindigkeit des von der Spule
umfaßten magnetischen Flusses und mit der Windungszahl der Spule.**

Einheit des magnetischen Flusses. Die Induktionswirkung des Magnetfeldes hat zur
Festsetzung der Einheit Voltsekunde (Vs) = Weber (Wb) für den magnetischen Fluß
gedient (s. Abschn. 3.23).

**Ändert sich der von einer Leiterwindung umschlossene magnetische Fluß in 1 s gleich-
mäßig so schnell, daß die Spannung 1 V induziert wird, so beträgt die Flußänderung
1 Voltsekunde (Vs) = 1 Weber (Wb).**

Richtung der induzierten Spannung (Lenzsche Regel)

☐ **Versuch 44.** Vor dem Eisenkern einer Magnetspule mit etwa 600 Wdg. wird als
geschlossene Leiterwindung ein Metallring an einem Faden aufgehängt (85.2). Nach
dem Schließen des Spulenstromkreises bewegt sich der Ring von der Spule weg, nach
dem Öffnen auf die Spule zu. ☐

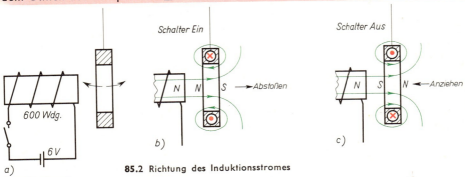

85.2 Richtung des Induktionsstromes

[1]) Faraday, englischer Naturforscher, 1791 bis 1867.

Die abstoßende Kraft nach dem Einschalten der Spule zeigt, daß der im Ring induzierte Strom einen magnetischen Fluß erzeugt, der dem Fluß der Magnetspule entgegengesetzt gerichtet ist (**85.2**b). Der magnetische Fluß des Ringes wirkt also dem **Aufbau eines Feldes** beim Einschalten der Spule und damit der Induktionsursache entgegen. Die nach dem Ausschalten beobachtete anziehende Kraft zwischen Magnetspule und Ring beweist, daß jetzt beide Magnetfelder gleiche Richtung haben (**85.2**c). Das Magnetfeld des Ringes wirkt also auch beim Ausschalten des Stromes der Induktionsursache, und zwar in diesem Falle dem **Abbau des Feldes** der Magnetspule entgegen.

Aus den Richtungen der Feldlinien des Rings in Bild **85.2** kann man nach der Uhrzeigerregel (S. 70), die Richtung des Induktionsstromes, wie sie in das Bild eingetragen ist, bestimmen. Das Ergebnis von Versuch 44 wird durch die **Lenzsche Regel**[1] ausgedrückt.

Induktionsströme sind so gerichtet, daß ihr Magnetfeld die Änderung des magnetischen Flusses — also die Induktionsursache — zu verhindern sucht.

Wird die Induktionsspannung, wie in Versuch 41, S. 83, durch die Bewegung eines Leiters im Magnetfeld erzeugt, so hemmt der bei geschlossenem Stromkreis fließende Induktionsstrom bzw. dessen Magnetfeld nach der Lenzschen Regel seine Ursache,

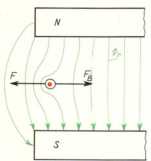

d.h. die Bewegung des Leiters wird gebremst. Die **Bremskraft** F_B (**86.1**) entsteht hier durch den Induktionsstrom in gleicher Weise wie die Antriebskraft F in Versuch 37, S. 79. Die Gültigkeit der Lenzschen Regel wird durch den Satz von der Erhaltung der Energie (s. Abschn. 1.73) bestätigt, wonach jede Energieerzeugung eine **Energieumwandlung** ist, also keine Energie aus dem Nichts entstehen kann.

86.1 Bremswirkung des Induktionsstromes

Anwendungen

In Versuch 41 wird **mechanische Energie** in **elektrische Energie** umgewandelt. Dies geschieht auch in einem **elektrischen Generator** (s. Abschn. 6.1 und 12.1), dessen Spannung durch Induktion der Bewegung entsteht. Der Läufer wird dabei um so stärker gebremst, je größer der Belastungsstrom und damit die abgegebene elektrische Leistung ist. Um so größer muß dann auch die erforderliche Antriebskraft und damit die mechanische Leistung der Antriebsmaschine sein. Die Wirkungsweise der **Transformatoren** (s. Abschn. 10) beruht auf der Induktion ohne Bewegung. Die Induktion ist daher in der Elektrotechnik für die Erzeugung und Umformung elektrischer Energie von entscheidender Bedeutung.

3.42 Wirbelströme

□ **Versuch 45.** Wird durch eine Magnetspule (**87.1**), die einen in sich geschlossenen Eisenkörper aus voneinander isolierten Blechen hat, ein Wechselstrom geschickt, so erwärmt sich der Eisenkörper auch nach längerer Zeit nur geringfügig. Wird das abnehmbare Joch durch ein solches aus massivem Eisen ersetzt, so erwärmt sich dieses schon nach kurzer Zeit sehr stark. Bei einer Wiederholung des Versuches mit Gleichstrom bleibt das Joch kalt. □

[1] Lenz, deutscher Naturforscher, 1804 bis 1865.

Die beobachteten Wirkungen beruhen auf Induktionsvorgängen im Eisenkörper der Spule. Das durch den Wechselstrom im Eisen erzeugte magnetische Wechselfeld induziert dort Ströme, die keine vorgeschriebene Strombahn wie in den üblichen Stromkreisen vorfinden, vielmehr entstehen im Eisen ungeordnete Stromwirbel. Man nennt sie **Wirbelströme**. In einem massiven Eisenkern können sie so hohe Werte erreichen, daß sich der Kern in kurzer Zeit unzulässig erwärmt. Durch dessen Aufbau aus voneinander isolierten Blechen wird ihr Zustandekommen erschwert. Wird die Spule von Gleichstrom durchflossen, so entsteht ein ruhendes Magnetfeld, im Eisenkern können also keine Wirbelströme erzeugt werden, der Kern bleibt kalt.

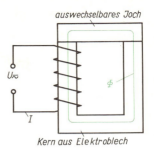

auswechselbares Joch

$U_\approx$

Φ

I

Kern aus Elektroblech

87.1 Wirbelströme im Eisenkern

Wirbelströme sind Induktionsströme, die in Metallkörpern, vor allem in Spulenkernen, entstehen, wenn diese von sich verändernden Magnetfeldern durchsetzt sind.

Wirbelströme können sowohl entstehen, wenn Metallteile in ruhenden Magnetfeldern bewegt werden oder wenn — wie im obigen Versuch — ruhende Metallteile von einem magnetischen Wechselfeld durchsetzt sind. Der durch die Erwärmung der Metallteile entstehende Energieverlust wird als **Wirbelstromverlust** bezeichnet. In Eisenkörpern von Spulen und elektrischen Maschinen läßt er sich durch Blätterung (Lamellieren) des Eisens, d.h. durch Aufbau des Eisenkörpers aus voneinander isolierten Blechen klein halten.

Spulenkerne werden aus diesem Grunde immer aus Blechen von 0,35 oder 0,5 mm Dicke aufgebaut. Die Bleche werden als Elektrobleche bezeichnet. Sie sind durch Lack oder eine aufgeklebte Papierschicht voneinander isoliert. Durch Siliziumzusatz wird ihre elektrische Leitfähigkeit herabgesetzt; dadurch wird eine weitere Verkleinerung der Wirbelströme erreicht.

Anwendungen

Die durch Wirbelströme entstehende Wärme wird vielfach auch für technische Zwecke ausgenutzt. Im **Induktionsofen** werden Metalle einem starken magnetischen Wechselfeld ausgesetzt und durch die entstehende Wirbelstromwärme zum Schmelzen gebracht. In ähnlicher Weise kann man Metalle, vor allem Stähle, in Induktions-, Glüh- und Härteanlagen auf die erforderliche Glüh- oder Härtetemperatur erwärmen.

Eine weitere Anwendung der Wirkung von Wirbelströmen ist die **Wirbelstrombremsung**. Ihre Wirkungsweise soll in einem Versuch gezeigt werden.

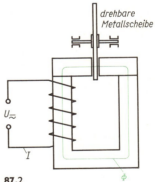

drehbare Metallscheibe

$U_\approx$

I

Φ

87.2 Wirbelstrombremse

□ **Versuch 46.** In Bild **87.2** ist eine Scheibe aus gut leitendem Metall, z. B. aus Kupfer oder Aluminium, leicht drehbar in einem Magnetfeld angeordnet. Sie dreht sich, nachdem sie von Hand angeworfen wurde, bei ausgeschaltetem Spulenstrom eine Zeitlang weiter. Sobald bei laufender Scheibe aber der Strom eingeschaltet wird, entsteht eine starke Bremswirkung, und zwar sowohl bei Speisung der Magnetspule mit Gleichstrom wie auch mit Wechselstrom. □

Die Bremswirkung entsteht dadurch, daß in der sich im Magnetfeld drehenden Scheibe Wirbelströme induziert werden, deren Magnetfelder nach der Lenzschen Regel der Entstehungsursache, hier der Drehung, entgegenwirken. Die auf diesem Prinzip beruhende Wirbelstrombremsung wird u. a. bei Zählern (s. Abschn. 9.4) und zur Dämpfung der Zeigerbewegung von Meßgeräten (s. Abschn. 9.22) ausgenutzt.

Metallkörper, die sich in einem Magnetfeld bewegen, werden durch Wirbelströme gebremst.

3.43 Selbstinduktion

Die Induktionswirkung einer stromdurchflossenen Spule auf ihre eigenen Windungen bei Änderung der Stromstärke und damit des magnetischen Feldes wird als S e l b s t - i n d u k t i o n bezeichnet. Stromstärke und Magnetfeld einer Spule ändern sich sowohl beim Ein- und Ausschalten des Stromes als auch dann, wenn die Spule mit Wechselstrom gespeist wird.

3.431 Spule im Gleichstromkreis

Einschalten einer Spule

☐ **Versuch 47.** Das Glühlämpchen 1 und eine Spule mit Eisenkern liegen über einen Schalter in Reihe an einer Batterie (**88.1**). Parallel dazu liegt das Lämpchen 2, das durch einen in Reihe geschalteten Schiebewiderstand nach Schließen des Schalters zunächst auf gleiche Helligkeit wie Lämpchen 1 eingestellt wird. Beim erneuten Schließen des Schalters leuchtet Lämpchen 2 sofort , Lämpchen 1 aber etwas später auf. Betreibt man die Spule ohne Eisenkern, so leuchten beim Einschalten beide Lämpchen gleichzeitig auf. ☐

Das verzögerte Aufleuchten des Lämpchens 1 ist auf eine in der Spule mit Eisenkern erzeugte und der angelegten Spannung entgegengesetzt gerichtete Selbstinduktionsspannung zurückzuführen. Diese entsteht durch den Aufbau des Magnetfeldes in der Spule und muß nach der Lenzschen Regel der angelegten Spannung entgegengesetzt gerichtet sein. Ohne Eisenkern ist das Magnetfeld der Spule so schwach, daß keine merkliche Selbstinduktionsspannung zustandekommt.

Beim Einschalten einer Spule entsteht eine Selbstinduktionsspannung, die der angelegten Spannung entgegenwirkt.

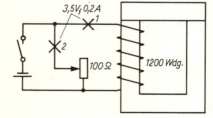

3,5 V; 0,2 A

100 Ω   1200 Wdg.

88.1 Selbstinduktionsspannung beim Einschalten einer Spule

Ausschalten einer Spule

☐ **Versuch 48.** Parallel zu einer Spule mit Eisenkern wird eine Glimmlampe für 220 V gelegt (**89.1**). Glimmlampen benötigen zur Zündung der Gasentladung eine Mindestspannung von etwa 150 V (s. Abschn. 8.31). Die 220 V-Glimmlampe leuchtet beim Anschalten der 4 V-Batterie nicht auf, weil die Batteriespannung viel zu klein ist. Beim Ausschalten leuchtet sie jedoch einen Augenblick hell auf. Ohne Spulenkern ist nur ein schwaches Aufleuchten zu erkennen. ☐

Offenbar entsteht bei Unterbrechung des Stromkreises eine kurze, hohe Selbstinduktionsspannung, die wesentlich größer als die angelegte Spannung ist. Dieser „Spannungsstoß" entsteht durch das schnelle Zusammenbrechen des Magnetfeldes beim Abschalten der Batterie. Ohne Eisenkern ist der Spannungsstoß, bedingt durch das dann schwächere Magnetfeld, viel kleiner. Die Selbstinduktionsspannung muß die gleiche Richtung wie die angelegte Spannung haben, weil sie nach der Lenzschen Regel bestrebt ist, die Induktionsursache, hier das Verschwinden des Feldes, aufzuhalten.

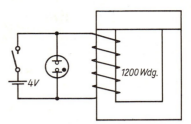

89.1 Selbstinduktionsspannung beim Ausschalten einer Spule

Beim Ausschalten einer Spule entsteht eine Selbstinduktionsspannung, die dieselbe Richtung hat wie die angelegte Spannung. Sie kann bei Spulen mit starken Magnetfeldern sehr große Werte annehmen.

Größe der Selbstinduktionsspannung — Induktivität

Diese hängt von der Änderungsgeschwindigkeit des magnetischen Flusses in der Spule ab (s. Abschn. 3.41). Die Flußänderung ist ihrerseits sowohl von der Änderungsgeschwindigkeit des Spulenstromes wie auch von der Größe und Beschaffenheit der Spule abhängig. Die bei einer bestimmten Stromänderung entstehende Flußänderung ist nämlich um so größer, je größer die Windungszahl der Spule, je größer der Spulenquerschnitt, je kleiner die Feldlinienlänge und je größer die Permeabilität eines vorhandenen Eisenkerns ist. Von den genannten Spulendaten hat die W i n d u n g s z a h l   e i n e n   b e s o n d e r s   g r o ß e n   E i n f l u ß auf die Selbstinduktionsspannung: Die doppelte Windungszahl hat einen doppelt so starken magnetischen Fluß zur Folge, der seine induzierende Wirkung wiederum auf die doppelte Windungszahl ausübt. Die Selbstinduktionsspannung ist daher bei der doppelten Windungszahl $2 \cdot 2 = 4$mal so groß. Sie steigt also mit dem Quadrat der Windungszahl. Der Einfluß der Spulengröße und -beschaffenheit auf die Höhe der Selbstinduktionsspannung wird durch die I n d u k t i v i t ä t   L der Spule ausgedrückt.

Die Induktivität L einer Spule ist ein Maß für ihre Fähigkeit, eine Selbstinduktionsspannung zu erzeugen.

Die Einheit der Induktivität ist das H e n r y [1] (H). $1 H = 1 Vs/A$.

Eine Spule hat die Induktivität 1 H, wenn bei einer gleichmäßigen Änderung des Spulenstroms um 1 A je Sekunde (1 A/s) die Selbstinduktionsspannung 1 V induziert wird.

3.432 Spule im Wechselstromkreis

☐ **Versuch 49.** An die gleiche Spule wie in Bild **89.1** — zunächst ohne Eisenkern — wird mit einem Umschalter nacheinander eine Gleich- und eine Wechselspannung gleicher Größe gelegt. Ein in den Stromkreis eingeschaltetes Lämpchen leuchtet dann an beiden Spannungserzeugern gleich hell auf (**90.1**). Wiederholt man den Versuch mit einem geschlossenen Kern, so leuchtet das Lämpchen an der Gleichspannung unverändert hell, an der Wechselspannung gar nicht mehr. ☐

Durch die ständige Änderung des Magnetfeldes in Spulen, die an einer Wechselspannung liegen, entsteht eine Selbstinduktionsspannung, die sich offenbar als zusätzlicher Widerstand der Spule, als „i n d u k t i v e r   W i d e r s t a n d" (s. Abschn. 6.21) auswirkt. Durch ihn wird der Spulenstrom gedrosselt. Deshalb nennt man Spulen in Wechselstromkreisen vielfach D r o s s e l s p u l e n.

---

[1] Henry, amerikanischer Naturforscher, 1797 bis 1878.

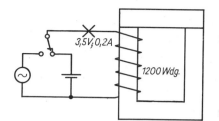

Wird an eine Spule eine Wechselspannung gelegt, so entsteht eine Selbstinduktionsspannung, die wie ein zusätzlicher Widerstand — induktiver Widerstand genannt — wirkt.

90.1 Selbstinduktionsspannung in einer Wechselstromspule

3.433 Auswirkung und Anwendung

Die Selbstinduktionswirkung beim Einschalten von Spulenstromkreisen hat geringe praktische Bedeutung. Zu beachten ist die Selbstinduktion dagegen beim Ausschalten von Spulen, vor allem im Gleichstromkreis. Die dabei erzeugte Selbstinduktionsspannung kann nämlich bei einer Spule mit hoher Induktivität so groß werden, daß die Wicklungsisolation durchschlagen wird. Auch wird in einem Schalter im Spulenkreis bei großer Induktivität ein Lichtbogen erzeugt, der die Schalterkontaktstücke zerstört. Große Spulen schaltet man daher über einen Vorwiderstand stufenweise ab und schließt sie dann kurz (s. Abschn. 12.14). Häufig sieht man in Schaltern zur schnellen Löschung des Lichtbogens eine Blasspule vor (s. Abschn. 3.31, S. 82).

Hin und wieder wird die beim Ausschalten entstehende hohe Selbstinduktionsspannung ausgenutzt, z. B. bei der Drosselspule der Leuchtstofflampe (s. Abschn. 8.32). Sie bewirkt das Zünden der Lampe. Die Selbstinduktionswirkung in Wechselstromspulen hat große praktische Bedeutung, die in Abschn. 6.2 noch näher betrachtet wird.

Übungsaufgaben zu Abschnitt 3.3 und 3.4

1. Wie muß der Strom in der drehbaren Spule (**90.2**) gerichtet sein, wenn sie sich in der eingezeichneten Richtung bewegen soll? Es sind die Richtungen der Magnetfelder des Dauermagneten und der Spulenleiter und dann die Stromrichtung einzuzeichnen.

2. Welches Bestreben hat die Kraft, die durch die Magnetfelder der stromdurchflossenen Hin- und Rückleitung, z. B. in einer zweiadrigen Mantelleitung, entsteht?

3. Von welchen Einflüssen hängt die Größe der in einer Spule induzierten Spannung ab?

4. Warum läßt sich mit einer Wirbelstrombremse eine Bewegung nicht bis zum Stillstand abbremsen?

5. Wo werden Wirbelströme ausgenutzt?

90.2

6. Auf Grund welcher Vorgänge entsteht in einer Spule eine Selbstinduktionsspannung?

7. Durch welche Maßnahmen kann man in einer Spule eine große Selbstinduktionsspannung erzielen?

8. Versuch. Mit Hilfe der Lenzschen Regel soll ermittelt werden, welche Richtung der Induktionsstrom in Spule 2 (**91.1**) beim Schließen und Öffnen des Schalters hat und welche Polarität jeweils die Klemmen der Spule 2 haben. Die Richtigkeit der Überlegungen ist durch einen Versuch zu prüfen.

9. Versuch. An der Spule einer elektrischen Klingel und somit auch an den Handgriffen in
Bild **91.2** entsteht trotz der kleinen angelegten Spannung von 4 V eine so große Spannung,
daß man beim Anfassen der Griffe eine deutliche Wirkung verspürt. Wie kommt das?

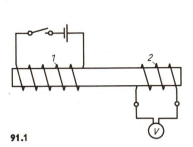

91.1

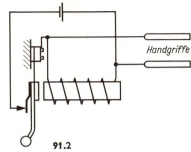

91.2

4 Elektrisches Feld und Kondensator

4.1 Elektrisches Feld

Aus den Versuchen in Abschn. 3.2 geht hervor, daß stromführende Leiter von einem magnetischen Feld umgeben sind, dessen Stärke von der Stromstärke im Leiter abhängt. Bei elektrischen Vorgängen tritt aber noch ein andersartiges Feld, das sogenannte elektrische Feld, in Erscheinung. Es entsteht zwischen elektrisch ungleichartig geladenen Körpern, z. B. zwischen zwei spannungführenden Leitern. Die Stärke des elektrischen Feldes hängt von der Höhe der zwischen den elektrisch geladenen Körpern bestehenden Spannung ab. Augenfällige Wirkungen machen sich jedoch erst bei hohen Spannungen bemerkbar. Aus diesem Grunde werden für die Versuche 50 bis 53 hohe Gleichspannungen von mehreren tausend Volt verwendet.

4.11 Kraftwirkungen zwischen geladenen Körpern

□ **Versuch 50.** Nach Anlegen einer hohen Gleichspannung von 5000···10000 V (Vorsicht!) an die Anordnung in Bild **93.1** a leuchtet ei ne Elektrode[1] der Glimmlampe kurzzeitig auf. Außerdem wird, unabhängig von der Polung, die beweglich angeordnete Platte 1 an die feste Platte 2 herangezogen und festgehalten. Schaltet man jetzt den Spannungserzeuger ab, so bleibt die Anziehungskraft erhalten. Werden danach die beiden Platten über die Glimmlampe kurzgeschlossen, so leuchtet deren andere Elektrode kurzzeitig auf, und die bewegliche Platte geht in die Ruhelage zurück.

Verringert oder erhöht man die Spannung, so erhöht bzw. verringert sich auch die Anziehungskraft, wie die mehr oder weniger heftige Bewegung der beweglichen Platte 1 zeigt. Werden die beiden Platten näher aneinander gerückt, so wird die Anziehungskraft größer, werden sie voneinander entfernt, so wird diese Kraft kleiner. Bei Verwendung größerer Platten wird die Anziehungskraft ebenfalls größer.

Jetzt wird die Versuchsanordnung auf eine weitere metallische Platte 3 gestellt und diese mit ei nem Pol der Spannungsquelle verbunden (**93.1** b). Schließt man nun die bewegliche und die feste Platte 1 bzw. 2 gemeinsam an den zweiten Pol der Spannungsquelle, so wird die bewegliche Platte abgestoßen. □

Der Versuch bestätigt und erweitert die in Abschn. 1.12 gefundene Gesetzmäßigkeit:

Zwischen elektrisch ungleichartig geladenen Körpern wirkt eine Anziehungskraft, zwischen gleichartig geladenen Körpern eine abstoßende Kraft. Die Kraft nimmt bei wachsender Spannung sowie bei größerer Oberfläche und bei geringerem Abstand der beiden Körper zu.

[1] Elektrode: In Stromkreisen die Übergangsstelle vom metallischen Leiter auf leitende Flüssigkeiten, Gase, Halbleiter und Vakuum. Die Pluselektrode heißt Anode, die Minuselektrode Katode.

Die Ladung der Stäbe im Versuch 1, S. 4, entsteht durch Reibung, die Ladung der Platten in Versuch 50 wird dagegen durch die angelegte Spannung bewirkt. Der mit dem positiven Pol der Spannungsquelle verbundenen Platte werden Elektronen entzogen; sie erhält dadurch Elektronenmangel und es überwiegen die positiven Protonen der Atomkerne, die Platte ist also positiv geladen. Die andere Platte erhält vom negativen Pol der Spannungsquelle einen Elektronenüberschuß; sie wird dadurch negativ geladen. Die Glimmlampe zeigt die mit dem Laden verbundene kurzzeitige Elektronenbewegung in den Zuleitungen, den Ladestromstoß, an.

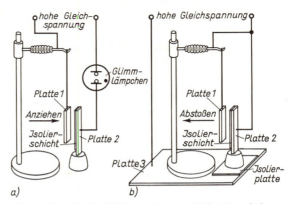

93.1 a) Anziehende Kräfte zwischen ungleichartig geladenen Metallplatten
b) Abstoßende Kräfte zwischen gleichartig geladenen Metallplatten
Die Isolierschicht verhindert Plattenkurzschluß

Nach dem Abklemmen der Spannungsquelle bleiben die Ladungen auf den Platten erhalten und mit den Ladungen die zwischen den Platten herrschende Spannung und Kraft. Erst wenn die Platten leitend miteinander verbunden werden, können sich die Ladungen durch einen Entladestromstoß wieder ausgleichen. In der Versuchsanordnung nach Bild **93.1** a leuchtet dann die andere Elektrode der Glimmlampe auf und zeigt hierdurch an, daß Lade- und Entladestrom entgegengesetzte Richtung haben.

Die Kraftwirkungen sind für die gleiche Anordnung nur von der Höhe der Spannung abhängig. Die verwendete Hochspannungsquelle braucht daher kurzzeitig nur geringe Ströme für das Aufladen der Platten zu liefern. Sie wird also nur kurzzeitig belastet, und es genügt eine sehr kleine Leistung. Solche Gleichspannungsquellen für hohe Spannungen bei kleiner Leistung lassen sich z. B. mit Hilfe eines kleinen Hochspannungstransformators mit anschließendem Gleichrichter, mit einer elektronischen Hochspannungsquelle oder mit einem Bandgenerator erzeugen. Der Bandgenerator beruht auf der Aufladung von Körpern durch Reibung (s. Abschn. 1.12).

Auf der Kraftwirkung zwischen zwei geladenen Körpern beruht das als Hochspannungsanzeigegerät dienende Elektrometer (**93.2**). Es besteht aus einem festen (1) und einem drehbar gelagerten schmalen Metallblättchen (2). Beide sind isoliert in einem metallischen Gehäuse (3) angebracht. Der Aufbau des Elektrometers entspricht also der Versuchsanordnung in Bild **93.1** b. Ein Pol der Spannungsquelle wird an das Gehäuse, der andere an die beiden Blättchen gelegt. Das bewegliche Blättchen dient als Zeiger. Es wird um so stärker von dem festen Blättchen abgestoßen und von der gegenüberliegenden Gehäusewand angezogen, je höher die angelegte Spannung ist. Auf der hinter dem beweglichen Blättchen angebrachten nicht geeichten Skala kann die relative, d. h. verhältnismäßige Höhe der angelegten Spannung abgelesen werden.

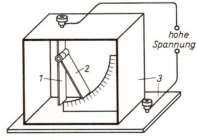

93.2 Elektrometer
1, 2 festes und bewegliches Metallblättchen
3 Metallgehäuse

□ **Versuch 51.** Eine hohe Gleichspannung wird an zwei Metallplatten gelegt (**94.1**). Sie laden sich, wie im Anschluß an Versuch 50 erläutert, auf. Zwischen den beiden Platten wird nun an einem langen Faden eine leichte Kugel, z. B. ein Tischtennisball, dessen Oberfläche durch Graphit (Bleistift) leitend gemacht wurde, aufgehängt. Bringt man die Kugel mit der positiven Platte in Berührung, so wird sie ebenfalls positiv aufgeladen und dann als gleichartig geladener Körper wieder abgestoßen, gleichzeitig aber von der negativen Platte angezogen. Kommt die Kugel jetzt mit der negativen Platte in Berührung, so wird sie negativ aufgeladen, abgestoßen und von der positiven Platte angezogen. Dieser Vorgang wiederholt sich so lange, wie Spannung an den Platten liegt: Die Kugel pendelt hin und her.

Die Kraft wird größer und die Hin- und Herbewegung schneller, wenn die Spannung erhöht oder der Abstand der Platten verringert wird. Schaltet man die Spannungsquelle ab, so pendelt die Kugel bei abnehmender Geschwindigkeit noch einige Male hin und her und gleicht dabei den Ladungsunterschied zwischen den beiden Platten aus. □

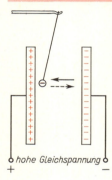

Der Versuch zeigt, daß im Raum zwischen zwei ungleichartig geladenen Körpern ähnliche Kräfte wie in einem magnetischen Feld (s. Abschn. 3.12) wirken. Der Bereich, in dem sich solche Wirkungen nachweisen lassen, wird deshalb als **elektrisches Feld** bezeichnet. Es entsteht wie das Magnetfeld auch in einem luftleeren Raum, ist also nicht an einen Stoff gebunden.

Im Raum zwischen elektrisch ungleichartig geladenen Körpern entsteht ein elektrisches Feld, das durch seine Kraftwirkungen festgestellt werden kann. Das Feld ist um so stärker, je größer die Spannung zwischen den Körpern und je kleiner deren Abstand ist.

o *hohe Gleichspannung* o
+   −

94.1 Geladener Körper im freien Raum zwischen zwei ungleichartig geladenen Platten

4.12 Darstellung und Eigenschaften des elektrischen Feldes

Die bisher durchgeführten Versuche zeigen, daß das elektrische Feld auf in ihm befindliche Körper Kräfte ausübt. Dies legt nahe, Richtung und Größe dieser Kräfte, ähnlich wie beim Magnetfeld, durch Feldlinien darzustellen.

□ **Versuch 52.** Eine flache Glasschale (**95.1** a) von 5 bis 10 cm Länge wird mit Rizinusöl (hochwertiger Isolator) gefüllt, und es werden als aufzuladende Körper drei Blechplatten 1 bis 3 hineingestellt. Die Öloberfläche wird mit einer dünnen Schicht Grieß bestreut. Wird an die beiden Bleche 1 und 2 eine Gleichspannung von etwa 10 kV gelegt, so ordnen sich die Grießkörner zu Linienzügen, die von einem Blech zum anderen verlaufen (**95.1** b). Die Anordnung der Bleche entspricht derjenigen der Platten in Bild **93.1** a. Legt man jetzt einen Pol der Spannungsquelle gemeinsam an die Bleche 1 und 2 und den anderen Pol an Blech 3, so ordnen sich die Grießkörner nach Bild **95.1** c. In diesem Falle entspricht die Anordnung der Bleche den Platten in Bild **93.1** b. □

Der Versuch zeigt die Darstellung des elektrischen Feldes durch Feldlinien.

So wie ein Magnetfeld durch magnetische Feldlinien veranschaulicht werden kann, läßt sich ein elektrisches Feld durch elektrische Feldlinien darstellen.

Im Gegensatz zu den magnetischen Feldlinien, die stets in sich geschlossen sind (s. Abschn. 3.12), beginnen und enden die elektrischen Feldlinien an den Oberflächen der geladenen Körper (**95.1**). Die Richtung der Kräfte wird durch die Richtung der Feldlinien, ihre Größe und damit die Stärke des elektrischen Feldes durch die Feldliniendichte veranschaulicht. Als Richtung der Feldlinien hat man die Richtung vereinbart, in die sich ein positiv geladener Körper im Felde bewegt. Dies ist die Richtung von der positiven zur negativ geladenen Platte (**95.1**).

Elektrische Feldlinien zwischen geladenen Körpern beginnen an der positiven und enden an der negativen Ladung.

Da sich ungleichartig geladene Körper anziehen und gleichartig geladene Körper abstoßen, läßt sich aus den Feldlinienbildern **95.1** b und c ablesen:

Wie bei magnetischen Feldlinien wirken in Richtung elektrischer Feldlinien anziehende, senkrecht zur Feldlinienrichtung abstoßende Kräfte.

So wie die magnetischen Feldlinien haben also auch die elektrischen Feldlinien gleichsam das Bestreben, sich zu verkürzen und ihren gegenseitigen Abstand zu vergrößern.

95.1 a) Herstellung von Feldlinienbildern
 b) Feldlinienverlauf zwischen den ungleichartig geladenen Blechen 1 und 2
 c) Feldlinienverlauf zwischen den gleichartig geladenen Blechen 1 und 2 einerseits sowie dem ungleichartig geladenen Blech 3 andererseits

Bild **95.2** zeigt den vereinfacht dargestellten Feldverlauf zwischen den geriebenen Stäben in Versuch 1, S. 4. Die Rolle des ungleichartig geladenen Körpers wird in Bild **95.2** b über die Versuchsperson von der Erde und allen mit ihr in Verbindung stehenden leitenden Gegenständen im Raum übernommen, z.B. durch Stahlträger in Wänden und Decken, Rohrleitungen aller Art usw. Dort enden die eingezeichneten Feldlinien. Die abstoßenden Kräfte zwischen den beiden gleichartig geladenen Platten in Bild **93.1** b und **95.1** c können sich demnach auch ohne die entgegengesetzt geladene dritte Platte ausbilden, wenn, wie in Bild **95.2** b, die Gegenstände im Raum über die damit meist in Verbindung stehende Erde und über den geerdeten zweiten Pol der Spannungsquelle als entgegengesetzt geladene Platte wirken. Allerdings sind wegen der dann bedingten großen Abstände die abstoßenden Kräfte viel geringer.

95.2 Elektrisches Feld zwischen zwei sich anziehenden (a) und sich abstoßenden geriebenen Stäben (b); vereinfachte Darstellung

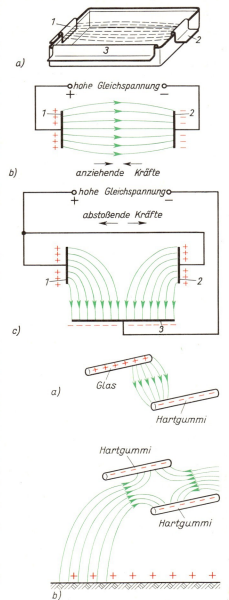

a)

b) anziehende Kräfte

c)

a) Glas Hartgummi

Hartgummi Hartgummi

b)

Influenz

☐ **Versuch 53.** Zwischen die Platten 1 und 2 der Anordnung in Bild **94.**1 werden an Isoliergriffen zwei weitere sich berührende metallische Platten 3 und 4 eingeführt, die über leicht bewegliche isolierte Litzen an ein Elektrometer angeschlossen sind (**96.**1). Wird eine hohe Gleichspannung an die Platten 1 und 2 gelegt, so zeigt das Elektrometer eine Spannung an. Wird die Hochspannung abgeschaltet, so verschwindet der Elektrometerausschlag wieder. Trennt man aber bei angelegter Hochspannung die Platten 3 und 4, so bleibt der Ausschlag des Elektrometers nach dem Abschalten bestehen. ☐

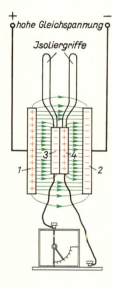

96.1 Influenzwirkung im elektrischen Feld

Diesen Beobachtungen liegen folgende Vorgänge zugrunde. In Bild **96.**1 verhalten sich die beiden sich berührenden metallischen Platten 3 und 4 wie ein leitender Körper. Dieser ist den Feldwirkungen zwischen den Platten 1 (positive Ladung) und 2 (negative Ladung) ausgesetzt. Das elektrische Feld bewegt nun in dem eingeführten metallischen Körper die freien Elektronen in Richtung der positiven Ladung, also zur Platte 1 hin. Hierdurch findet in dem Körper eine Ladungstrennung statt, weil dessen **eine** Seite jetzt Elektronenüberschuß, die andere Elektronenmangel aufweist. Zwischen den beiden entgegengesetzt geladenen Teilen des Körpers entsteht also eine Spannung. Ladungstrennung und Spannung bleiben bestehen, wenn die beiden entgegengesetzt geladenen Körperhälften 3 und 4 im Feld voneinander getrennt werden; außerdem wirken dann Feldkräfte auf diese Hälften. Der ladungstrennende Vorgang heißt I n f l u e n z (Einwirkung). Die durch die Influenz entstehende Spannung heißt influenzierte Spannung.

Auch in N i c h t l e i t e r n kommen Influenzwirkungen zustande. Allerdings lassen sich die gebundenen Elektronen des Nichtleiters nur innerhalb der Atome selbst verschieben, die Atome werden polarisiert. Die P o l a r i s a t i o n der Atome wirkt wie eine Ladungstrennung innerhalb jedes Atoms. Nichtleiter mit polarisierten Atomen wirken daher wie ein an einem Ende positiv, am anderen Ende negativ geladener Körper; sie bilden einen elektrischen D i p o l (Zweipol).

Auf einen im elektrischen Feld befindlichen Körper wird eine Influenzwirkung ausgeübt. Die Influenzwirkung hat in Leitern eine Ladungstrennung, in Nichtleitern eine Polarisation der Atome zur Folge.

Das Verhalten der in Versuch 52, S. 94, zur Darstellung des elektrischen Feldes verwendeten Grießkörner ist jetzt verständlich. Diese Nichtleiter werden durch die Influenzwirkung des elektrischen Feldes polarisiert und ziehen sich gegenseitig mit ihren ungleichartig geladenen Enden an. Dadurch ordnen sie sich kettenförmig aneinander und geben somit ein Bild des elektrischen Feldes. Auch die anziehende Kraft geriebener Hartgummi- und Glasstäbe auf Papierstückchen beruht auf der Polarisation der Atome im Papier. Durch die wenigen, auch in Nichtleitern vorhandenen freien Elektronen findet allerdings ein langsamer Ladungsausgleich zwischen den Papierstückchen und einem solchen Stab statt. Man beobachtet daher, daß die Papierstückchen nach einiger Zeit wieder abfallen oder daß sie sogar — bedingt durch die dann vorhandene gleichartige Ladung — abgestoßen werden. Besondere Bedeutung kommt der elektrischen Polarisation beim Dielektrikum der Kondensatoren zu (s. Abschn. 4.21).

Einen Vergleich zwischen elektrischen und magnetischen Feldern zeigt Tafel **97.**1.

Tafel **97.**1 Vergleich elektrischer und magnetischer Felder

Elektrische Felder	Magnetische Felder
Entstehung	
zwischen elektrisch ungleichartig geladenen Körpern, insbesondere zwischen den beiden Polen einer Spannungsquelle sowie zwischen zwei an die Spannungsquelle angeschlossenen Elektroden in flüssigen Leitern und Gasen, im Vakuum und bei Halbleitern.	durch bewegte Elektronen, vor allem um stromdurchflossene Leiter.
Je größer die **Spannung**, um so stärker das elektrische Feld.	Je größer die **Stromstärke**, um so stärker das magnetische Feld.
Wirkungen	
Kräfte auf unmittelbar oder durch Influenz elektrisch geladene Körper.	**Kräfte** auf magnetische Werkstoffe — vor allem Eisen — und auf stromdurchflossene Leiter.
Stromstoß in Leitern beim Auf- und Abbau des Feldes.	**Spannungsstoß** in Leitern beim Auf- und Abbau des Feldes: **Induktion**.

4.2 Kondensator

Die Versuche 50 und 51 ergaben, daß die entgegengesetzten Ladungen auf zwei gegenüberliegenden Platten und damit die Spannung zwischen diesen Platten bestehen bleibt, wenn die Spannungsquelle abgeklemmt wird. Die Platten entladen sich erst, wenn sie leitend miteinander verbunden werden. Mit einer solchen Plattenanordnung kann man also elektrische Ladungen speichern, sie stellt die einfachste Form eines **Kondensators** dar. Die beiden Platten werden **Beläge**, die isolierende Zwischenschicht **Dielektrikum** des Kondensators genannt. Dielektrikum bedeutet soviel wie elektrische Trennschicht: die Ladungen auf den beiden Platten werden durch sie am Ausgleich gehindert, also getrennt.

4.21 Ladung und Kapazität

Ladung. Sowohl beim Lade- als auch beim Entladevorgang eines Kondensators wird eine bestimmte Elektronenmenge, auch **Ladung** oder Elektrizitätsmenge genannt, durch die Zuleitungen bewegt. Die in einer bestimmten Zeit durch irgendeinen Leiterquerschnitt bewegte Ladung Q ist um so größer, je größer die Stromstärke I und je größer die Zeitdauer t ist.

Ladung $\qquad\qquad Q = I \cdot t$

Setzt man die Stromstärke I in A und die Zeit t in s ein, so erhält man die Ladung Q in Amperesekunden (As). Für 1 As wird auch der besondere Einheitenname **Coulomb**[1]) (C) benutzt. Es ist also 1 C = 1 As.

Kapazität. Die Größe der beim Lade- bzw. Entladevorgang eines Kondensators durch die Zuleitung bewegten Ladung hängt sowohl von der angelegten Spannung als auch von der Kapazität des Kondensators ab.

---

[1]) Coulomb, französischer Naturforscher, 1736 bis 1806.

Die Kapazität C eines Kondensators ist ein Maß für seine Fähigkeit, eine elektrische Ladung zu speichern.

Die Einheit der Kapazität ist das Farad[1]) (F). 1 F = 1 As/V.

Ein Kondensator hat die Kapazität 1 F, wenn er bei der angelegten Spannung 1 V die Ladung 1 C = 1 As aufnimmt.

Da ein Kondensator mit der Kapazität 1 F sehr groß ist, benutzt man meist folgende Teile der Einheit Farad (s. Tafel **16.1**).

$$\text{Mikrofarad: } 1\ \mu F = \frac{1}{1\,000\,000}\ F = \frac{1}{10^6}\ F = 10^{-6}\ F$$

$$\text{Nanofarad: } 1\ nF = \frac{1}{1\,000\,000\,000}\ F = \frac{1}{10^9}\ F = 10^{-9}\ F$$

$$\text{Picofarad: } 1\ pF = \frac{1}{1\,000\,000\,000\,000}\ F = \frac{1}{10^{12}}\ F = 10^{-12}\ F$$

Die Kapazität eines Kondensators ist um so größer, je größer die sich gegenüberstehenden Plattenflächen sind und je kleiner der Plattenabstand ist. Befindet sich zwischen den Platten als Dielektrikum statt Luft ein anderer Stoff, so wird die Kapazität erhöht. Die kapazitätserhöhende Wirkung wird durch die Dielektrizitätskonstante ε (griechisch Epsilon) gekennzeichnet.

Die Dielektrizitätskonstante ε eines Stoffes gibt an, auf das Wievielfache sich die Kapazität eines Kondensators erhöht, wenn statt Luft der betreffende Stoff als Dielektrikum dient.

Für Luft — genauer für das Vakuum — ist ε = 1. Einige gebräuchliche Dielektrika haben folgende Dielektrizitätskonstanten:

Luft 1,0006	Papier 4···6	Aluminiumoxid 8	Kunststoffe 2,5···5
Glas 5···16	Glimmer 7	Tantaloxid 25	keramische Dielektrika
		Clophen 4,7 ··· 5,6	bis 10 000

Die Kapazität eines Kondensators ist um so größer, je größer die sich gegenüberstehenden Plattenoberflächen, je kleiner der Plattenabstand und je größer die Dielektrizitätskonstante des Dielektrikums sind.

Die kapazitätserhöhende Wirkung des Dielektrikums beruht auf der Polarisation seiner Atome im elektrischen Feld durch Influenz (s. Abschn. 4.12). Je leichter sich ein Dielektrikum polarisieren läßt, um so größer ist seine kapazitätserhöhende Wirkung und damit seine Dielektrizitätskonstante. Das Dielektrikum rückt gleichsam die ungleichartigen Ladungen der sich gegenüberstehenden Platten näher aneinander. Dies hat also die gleiche Wirkung wie die Verringerung des Plattenabstandes: Die Kapazität wird erhöht.

4.22 Laden und Entladen des Kondensators

Kondensator im Gleichstromkreis

☐ **Versuch 54.** Ein Kondensator mit der Kapazität C = 2 μF kann durch einen Umschalter (Ausgangsstellung 0) an eine veränderbare Gleichspannung U gelegt (Stellung 1) und dann kurzgeschlossen werden (Stellung 2, s. Bild **99.1**). Der Zeiger des als Ladungsmesser mit beidseitigem Ausschlag (Nullpunkt in der Skalenmitte) verwendeten Spannungsmessers schlägt kurzzeitig aus, wenn man den Kondensator in Schalterstellung 1 auflädt. Wird der Kondensator jetzt nach Umlegen des Schalters in Stellung 2 entladen, so schlägt der Zeiger des Ladungsmessers wieder kurzzeitig aus, und zwar um

---

[1]) Farad ist abgeleitet von Faraday (s. Fußnote 1 S. 85).

den gleichen Betrag, jedoch in entgegengesetzter Richtung. Bei doppelt so großer Spannung ist der Zeigerausschlag ebenfalls verdoppelt, bei dreifacher Spannung verdreifacht usw.

Wird der Versuch mit einem Kondensator von 4 µF wiederholt, so erhält man bei gleich großer Spannung den doppelten Ausschlag gegenüber dem Kondensator von 2 µF, ein Kondensator von 6 µF bewirkt den dreifachen Zeigerausschlag usw.

Legt man nacheinander einen Widerstand von 1 und 2 MΩ in den Kondensator-Stromkreis, so wird der Zeigerausschlag des Ladungsmessers kleiner, er dauert aber länger. □

Der Zeigerausschlag des im Versuch 54 als Ladungsmesser verwendeten Spannungsmessers ist ein Maß für die Größe der bei der Aufladung des Kondensators von dem einen Belag abgezogenen und dem anderen Belag zugeführten Elektronenmenge, also der Ladung des Kondensators. Die Aufladung des Kondensators ist beendet, wenn er die gleiche Spannung erreicht hat wie der angeschlossene Spannungserzeuger. Dann kann nämlich kein **Ladestrom** mehr fließen, da beide Spannungen entgegengesetzt gerichtet sind.

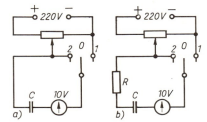

99.1 Laden und Entladen eines Kondensators an einer Gleichspannungsquelle, und zwar ohne (a) und mit (b) Widerstand R im Kondensator-Stromkreis

Der von der Spannungsquelle abgetrennte Kondensator bleibt geladen und ist nun seinerseits in der Lage, einen **Entladestrom** in entgegengesetzter Richtung durch den Stromkreis zu treiben.

Der Kondensator sperrt Gleichstrom. Lediglich beim Anlegen einer Gleichspannung entsteht ein kurzer Ladestromstoß, beim Entladen des Kondensators ein Entladestromstoß. Lade- und Entladestrom haben entgegengesetzte Richtung. Die beim Lade- und Entladevorgang bewegte Ladung Q wächst im gleichen Verhältnis wie die angelegte Spannung U und die Kapazität C des Kondensators.

Ladung $$Q = U \cdot C$$

Setzt man hierin die Spannung U in V und die Kapazität C in F = As/V ein, so erhält man die Ladung Q in C = As.

Versuch 54 zeigt ferner, daß der Lade- und Entladevorgang bei gleicher Ladung $Q = U \cdot C$ länger dauert, wenn der Lade- und Entladestrom durch einen Widerstand begrenzt wird. Diese Beobachtung bestätigt die Richtigkeit der Formel $Q = I \cdot t$.

Zeitkonstante

Versuch 54 zeigt, daß Lade- und Entladezeit bei der Reihenschaltung von Kondensator und Widerstand (oft als **RC-Glied** bezeichnet) mit der Kapazität des Kondensators und der Größe des Widerstandes zunehmen.

Bild **100.1** zeigt die zeitliche Zunahme der Kondensatorspannung U_C im Verlauf der Ladung (Ladekennlinie). Die mit fortschreitender Ladezeit flacher werdende Kurve läßt erkennen, daß die Kondensatorspannung während der Ladung immer weniger wächst.

Dies erklärt sich aus der während der Ladung mehr und mehr zunehmenden Kondensatorspannung U_C, die der angelegten Spannung U entgegenwirkt. Dadurch werden die wirksame Ladespannung $U - U_C$ und damit der Ladestrom immer kleiner.

Die Entladekurve zeigt, daß die Kondensatorspannung zuerst schnell und im weiteren Verlauf der Entladung immer langsamer absinkt.

Wäre es möglich, die Aufladung bis zur Beendigung mit der wirksamen Spannung U, also mit gleichbleibendem Ladestrom I durchzuführen, so ergäbe sich die Ladezeit t aus den Formeln $Q = U \cdot C$ und $Q = I \cdot t$ wie folgt:

$$I \cdot t = U \cdot C \quad \text{und daraus} \quad t = \frac{U}{I} \cdot C; \quad \text{mit} \quad \frac{U}{I} = R \quad \text{wird} \quad t = C \cdot R$$

Dieser Zeitwert t für die Ladung wird als Zeitkonstante τ (griechisch tau) bezeichnet.

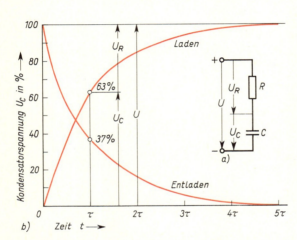

b) Zeit $t \longrightarrow$

Durch den oben beschriebenen und aus den Lade- und Entladekennlinien in Bild **100.1** ersichtlichen Verlauf von Ladung und Entladung wird deutlich, daß während der Zeit τ die Kondensatorspannung U_C erst auf 63% angestiegen bzw. während der Entladung auf 37% der vollen Ladespannung abgesunken ist. Lade- und Entladevorgang sind erst in der Zeit $5 \cdot \tau$ praktisch beendet.

100.1 Laden und Entladen eines Kondensators über einen Widerstand R
a) Schaltung
b) Verlauf der Kondensatorspannung U_C; τ Zeitkonstante

Die Zeitkonstante τ für ein RC-Glied gibt die Zeit an, in der beim Laden die Kondensatorspannung U_C auf 63% der angelegten Spannung angestiegen bzw. beim Entladen auf 37% der vollen Ladespannung abgesunken ist.

Zeitkonstante $\qquad\qquad\qquad\qquad\qquad \boldsymbol{\tau = C \cdot R}$

Setzt man R in $\Omega = $ V/A und C in F = As/V ein, so erhält man τ in Sekunden (s).

Kondensator im Wechselstromkreis

☐ **Versuch 55.** Ein Kondensator wird über einen Spannungsteiler mit Netz-Wechselspannung gespeist (**101.1**). Der Strommesser zeigt einen Wechselstrom an, der bei größerer Spannung und größerer Kapazität des Kondensators zunimmt. ☐

Der angezeigte Wechselstrom bewirkt ein im Takt der Frequenz des Netzwechselstromes (50 Perioden je Sekunde, s. Abschn. 6.1) erfolgendes Laden und Entladen des Kondensators. Während jeder Periode der Wechselspannung wird er einmal in der einen Richtung und einmal in der entgegengesetzten Richtung geladen und entladen.

Der Kondensator wird im Wechselstromkreis im Takte der Frequenz geladen und entladen. Der dadurch entstehende Wechselstrom steigt mit der angelegten Spannung und der Kapazität des Kondensators.

Verluste im Kondensator. In den Abschn. 3.23 und 3.42 wurden die in Spulenkernen auftretenden Verluste durch Hysterese und Wirbelströme behandelt. Auch im Dielektrikum von Kondensatoren entstehen Verluste, wenn i. allg. auch in geringerem Maße. Ein Teil wird dadurch verursacht, daß das Dielektrikum kein vollkommener Isolator ist. Das wirkt sich so aus, als ob parallel zum Kondensator ein hochohmiger Widerstand geschaltet wäre. Verluste dieser Art entstehen vor allem in Aluminium-Elektrolytkondensatoren (s. Abschn. 4.3).

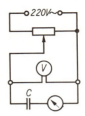

101.1 Kondensator an einer Wechselspannungsquelle

Bei Wechselstrom kommt hinzu, daß durch die im Takte der Frequenz wechselnde Polarisation des Dielektrikums sog. dielektrische Verluste entstehen. Sie sind den Hystereseverlusten in Spulenkernen vergleichbar. Dielektrische Verluste können sich vor allem bei hohen Frequenzen als spürbare Wärmeverluste bemerkbar machen.

4.3 Ausführung und Schaltung von Kondensatoren

4.31 Ausführung

Der einfachste Kondensator ist der in Versuch 50, S. 92, verwendete Plattenkondensator. Er ist aber unhandlich und hat nur eine relativ kleine Kapazität. Praktisch ausgeführte Kondensatoren mit nicht veränderbarer Kapazität (Festkondensatoren) für die Energietechnik werden meist als Wickelkondensatoren in mannigfachen Ausführungen verwendet. Die wichtigsten Arten werden nun beschrieben.

Papierkondensatoren (101.2) haben etwa 0,01 mm dicke Beläge aus Aluminiumfolie. Ihr Dielektrikum besteht aus getränktem Papier von ebenfalls ungefähr 0,01 mm Dicke. Die Tränkung ist als Feuchtigkeitsschutz notwendig, weil Papier hygroskopisch ist, d.h. Feuchtigkeit aufnimmt. Hierdurch verringern sich Isolierfähigkeit und Durchschlagsfestigkeit. Zum Tränken wird meist Clophen, eine synthetische, unbrennbare Flüssigkeit, verwendet. Die Beläge werden mit dem Papier zu einem Wickel **(101.2 a)** aufgerollt, der in einen Becher aus Stahlblech, Aluminiumblech oder Kunststoff eingesetzt ist **(101.2 b)**.

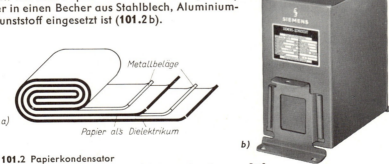

101.2 Papierkondensator
a) Kondensatorwickel b) Leistungskondensator [12]

MP-Kondensatoren (102.1) sind ähnlich aufgebaut wie Papierkondensatoren, jedoch haben sie statt der Aluminiumfolie eine nur etwa 0,0001 mm dicke auf das Papier

102.1
Metall-Papier-
(MP-) Konden-
sator [4]

aufgedampfte Metallschicht aus einer Aluminium- oder Zinklegierung. Diese Metallschicht hat einen so niedrigen Verdampfungspunkt, daß die bei einem Spannungsdurchschlag entstehende Wärme genügt, um in sehr kurzer Zeit das Metall in der Umgebung der Durchschlagstelle zu verdampfen, so daß der Kondensator − selbst nach vielen Durchschlägen − betriebsfähig bleibt; er ist „selbstheilend". Er hat durch die wesentlich dünneren Beläge ein geringeres Volumen als ein Papierkondensator gleicher Kapazität.

Elektrolytkondensatoren (102.2) haben als Dielektrikum eine nur etwa 0,0005 mm dicke Oxidschicht, die im Betrieb auf dem positiven Aluminiumbelag erzeugt wird (**102.2**a). Als Minuspol dient ein Elektrolyt, z. B. eine Ammoniumsalzlösung, die durch ein saugfähiges Papier festgehalten wird. Das Papier ist über eine zweite Aluminiumfolie oder über ein Aluminiumgehäuse (**102.2**b) mit dem negativen Pol des Stromkreises verbunden. Der so aufgebaute Kondensator darf nur für Gleichspannung und nur bei richtiger Polung verwendet werden. Wird er falsch gepolt oder an eine Wechselspannung angeschlossen, so überzieht sich auch der nichtoxidierte Belag mit einer Oxidschicht und die Kapazität sinkt ab. Bei Betrieb an Netzwechselspannung würde sich der Kondensator auch stark erwärmen, weil durch das dann gegebene 100malige Umpolen je Sekunde die Ionen des Elektrolyten (s. Abschn. 5.1) ebenso oft hin und her bewegt würden. Für Wechselstrom werden ungepolte Elektrolytkondensatoren verwendet. Darin sind beide Beläge oxidiert. Da aber auch diese sich aus dem genannten Grunde stark erwärmen, sind sie nur für kurzzeitigen Betrieb geeignet z. B. als Anlaßkondensatoren für Wechselstrommotoren (s. Abschn. 11.22).

Elektrolytkondensatoren sind wegen ihres sehr dünnen Dielektrikums kleiner als Papierkondensatoren und in der gepolten Ausführung auch kleiner als MP-Kondensatoren gleicher Kapazität. Ihre Durchschlagsfestigkeit ist aber geringer. Das Dielektrikum hat eine gewisse Stromdurchlässigkeit. Der sog. Reststrom beträgt je nach Spannung und Kapazität 0,1 ⋯ 1 mA.

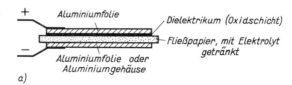

a)

Aluminiumfolie

Dielektrikum (Oxidschicht)

Fließpapier, mit Elektrolyt getränkt

Aluminiumfolie oder Aluminiumgehäuse

102.2 Elektrolytkondensator
a) Anordnung von Belägen und Dielektrikum
b) Ansicht in gepolter Ausführung [9]

Tantal-Elektrolytkondensatoren (103.1) haben Anoden aus dem Schwermetall Tantal. Das Dielektrikum besteht aus einer Tantaloxidschicht. Als Elektrolyt dient in manchen Ausführungen Manganoxid in fester Form.

Tantalkondensatoren sind wie Al-Elektrolytkondensatoren gepolt und dürfen daher nur an Gleichspannungen gelegt werden. Sie haben besonders kleine Abmessungen. Ihre

Verluste sind besonders gering. Sie werden für niedrige Spannungen mit Kapazitäten bis etwa 100 µF vor allem in elektronischen Schaltungen verwendet.

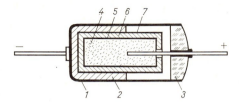

103.1 Tantal-Kondensator mit festem Elektrolyten

1 Stahlbecher 2 Lot als leitende Zwischenschicht 3 abgedichtete Glasdurchführung 4 Tantal-Sinteranode 5 Dielektrikum (Tantaloxid) 6 fester Elektrolyt (Manganoxid) 7 Kupferüberzug

Kunststofffolien-Kondensatoren haben als Dielektrikum statt Papier eine Kunststofffolie. Die Beläge sind entweder Al-Folien (KP-, KT-, KS-Kondensatoren) oder sie sind wie bei den MP-Kondensatoren auf das Dielektrikum aufgedampft (MKT- und MKP-Kondensatoren). MKT- und MKP-Kondensatoren sind selbstheilend. Der letzte Buchstabe der Kurzbezeichnung gibt die Art des verwendeten Kunststoffes an.

Das Volumen dieser Kondensatoren ist noch kleiner als das der MP-Kondensatoren gleicher Kapazität. Sie werden vor allem in elektronischen Schaltungen verwendet. Für die dort auftretenden vielfältigen Aufgaben und Anforderungen sind sie besonders geeignet, z. B. durch ihre z.T. sehr niedrigen Verluste.

Keramische Kleinkondensatoren (103.2) werden mit Kapazitäten von $1 \cdots 10\,000$ pF hergestellt. Als Dielektrikum dienen keramische Werkstoffe aus Oxiden von Titan, Barium, Magnesium und Kalzium. Je nach der Zusammensetzung erhält man ε-Werte von $20 \cdots 10\,000$. Die Verluste sind je nach der Zusammensetzung gering bis sehr gering (letzteres bei kleinen ε-Werten). Durch den keramischen Aufbau des Dielektrikums lassen sich diese Kondensatoren nicht als Wickelkondensatoren herstellen.

Keramische Kondensatoren werden vorwiegend in der Nachrichtentechnik, z.T. auch in elektronischen Anlagen der Energietechnik sowie häufig als Entstörkondensatoren, z. B. im Starter der Leuchtstofflampe (s. Bild **184.1** d), verwendet.

103.2 Keramik-Kondensator in Scheibenform
1 Dielektrikum 2 Beläge 3 Isolierende Umkleidung

Anwendung. Kondensatoren werden in der Energietechnik vor allem zur Kompensation des Blindstroms und als Motorkondensatoren, sowie für vielfältige Aufgaben in der Energieelektronik verwendet. Näheres wird in den Abschn. 6.44; 8.32; 11.22; 11.3; 17.3 und 18.13 ausgeführt.

Kleinkondensatoren dienen in der Energietechnik zur Funkentstörung z. B. von Leuchtstofflampen und Stromwendermotoren. Meist werden heute für diesen Zweck keramische Kondensatoren verwendet.

4.32 Schaltung von Kondensatoren

Parallelschaltung von Kondensatoren bedeutet eine Vergrößerung der Plattenoberfläche bei gleichem Plattenabstand und bewirkt damit eine Kapazitätsvergrößerung (**104.1**). Die Gesamtkapazität ist gleich der Summe der Einzelkapazitäten aller parallel geschalteten Kondensatoren.

104.1
Parallel-
schaltung von
Kondensa-
toren

Gesamtkapazität $\quad C = C_1 + C_2 + C_3 + \dots$

bei n gleichen Kondensatoren C_1 also

$$C = n \cdot C_1$$

Reihenschaltung von Kondensatoren wirkt sich wie eine Vergrößerung des Plattenabstandes bei gleicher Plattenoberfläche und damit wie eine Kapazitätsverminderung aus (**104.2**). Bei n gleich großen Kondensatoren C_1 wird der Plattenabstand also n-mal so groß und die Kapazität n-mal kleiner. Bei n gleichen Kondensatoren C_1 ist also

104.2
Reihen-
schaltung
von
Konden-
satoren

$$C = \frac{C_1}{n}$$

Bei verschieden großen Kondensatoren erhält man den

Kehrwert der Kapazität $\quad \dfrac{1}{C} = \dfrac{1}{C_1} + \dfrac{1}{C_2} + \dfrac{1}{C_3} + \dots$

Die Gesamtladung einer Kondensatorkette ist $Q = C \cdot U$. Bei mehreren in Reihe liegenden Kondensatoren sind die Teilladungen auf allen Belägen gleich groß, weil alle sich gegenüberstehenden positiven und negativen Ladungen gleich groß sein müssen. Demnach ist die Gesamtladung $Q = Q_1 = Q_2 = Q_3 = \dots$

Nach dem 2. Kirchhoffschen Satz ist $U = U_1 + U_2 + U_3 + \dots$. Aus $Q = C \cdot U$ folgt $U = Q/C$ und damit $Q/C = Q/C_1 + Q/C_2 + Q/C_3 + \dots$. Dividiert man diese Gleichung durch Q, so erhält man die obige Gleichung $1/C = 1/C_1 + 1/C_2 + 1/C_3 + \dots$ Sie entspricht in ihrer Form der Gleichung für die Parallelschaltung von Widerständen $1/R = 1/R_1 + 1/R_2 + 1/R_3 \dots$. Dabei ist der Gesamtwiderstand bekanntlich kleiner als der kleinste Einzelwiderstand. Bei der Reihenschaltung von Kondensatoren gilt hier entsprechend: Die Gesamtkapazität ist kleiner als die kleinste Einzelkapazität.

Beispiel 49: Wie groß ist die Gesamtkapazität C bei drei in Reihe geschalteten Kondensatoren $C_1 = 4\,\mu F$; $C_2 = 5\,\mu F$; $C_3 = 3\,\mu F$?

Lösung $\quad \dfrac{1}{C} = \dfrac{1}{C_1} + \dfrac{1}{C_2} + \dfrac{1}{C_3} = \dfrac{1}{4\,\mu F} + \dfrac{1}{5\,\mu F} + \dfrac{1}{3\,\mu F} = \dfrac{15 + 12 + 20}{60}\,\dfrac{1}{\mu F} = \dfrac{47}{60}\,\dfrac{1}{\mu F}$

$\qquad C = \dfrac{60}{47}\,\mu F = 1{,}28\,\mu F$

Übungsaufgaben zu Abschnitt 4

1. Wo bilden sich elektrische Felder?
2. Wie hängen elektrische Felder und elektrische Ladungen zusammen?
3. Worin besteht der Influenzvorgang?
4. Es kommt vor, daß während eines Gewitters in einem Gebäude Zerstörungen an elektrischen Geräten entstehen, ohne daß der Blitz eingeschlagen ist. Wie ist dies zu erklären?
5. Worauf beruht die Speicherwirkung des Kondensators?
6. Welche Gefahr besteht, wenn ein Kondensator mit einer zu hohen Spannung betrieben wird?
7. Warum schreiben die VDE-Vorschriften vor, daß Kompensations-Kondensatoren über 0,5 µF zwischen den Anschlußklemmen einen Widerstand von 1 MΩ haben müssen?

8. Wie groß ist die Ladung in As eines Kondensators von 10 µF, wenn er an 500 V angeschlossen wird?

9. Welche Aufgabe hat der Elektrolyt in Elektrolytkondensatoren?

10. Worin besteht der Einfluß des Dielektrikums auf die Kapazität?

11. Versuch. Es ist das Verhalten eines Elektrometers zu beobachten, dessen Anschlußklemme nacheinander berührt wird
    a) mit dem positiven Pol einer Gleichstromquelle von etwa 220 V, deren negativer Pol geerdet ist
    b) mit einem geriebenen Glasstab
    c) mit dem positiven Pol der Gleichstromquelle, nachdem das Elektrometer vorher durch Berühren der Anschlußklemme mit der Hand entladen wurde
    d) mit einem geriebenen Hartgummi- oder Kunststoffstab
    Die Beobachtungen sind zu deuten.

12. Versuch. Zwei Kondensatoren 2 µF und 4 µF werden in Reihe an eine Gleichspannung von 220 V gelegt. Es ist zu überlegen, mit welcher Spannung jeder Kondensator aufgeladen wird. Das Ergebnis ist durch einen Versuch nachzuprüfen.

5 Vorgänge in flüssigen Leitern. Akkumulatoren

5.1 Chemische Wirkungen des elektrischen Stromes

In Abschn. 1.14 und 1.15 wurde gezeigt, daß reines Wasser ein Nichtleiter ist, daß es jedoch durch Zusatz geringer Mengen einer Säure, einer Base oder eines Salzes zu einem elektrischen Leiter, einem Elektrolyten, wird. Dieses Verhalten steht mit den chemischen Veränderungen der Flüssigkeit durch den elektrischen Strom in einem unmittelbaren Zusammenhang. Beim Anschluß eines Elektrolyten an eine Gleichspannung treten an den Elektroden und in manchen Fällen auch im Elektrolyten chemische Veränderungen auf, die jetzt näher betrachtet werden sollen.

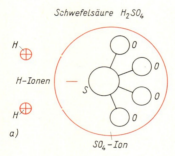

Schwefelsäure H_2SO_4

H-Ionen

SO_4–Ion

a)

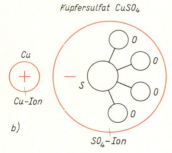

Kupfersulfat $CuSO_4$

Cu-Ion

SO_4–Ion

b)

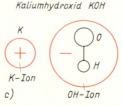

Kaliumhydroxid KOH

K-Ion

OH–Ion

c)

5.11 Ionenbildung in Flüssigkeiten

Setzt man destilliertem Wasser eine Säure zu, z. B. Salzsäure HCl, so zerfallen die Salzsäure-Moleküle beim Lösen in Wasser sofort in zwei Teile, die sich voneinander trennen. Man nennt diesen Vorgang elektrolytische Zersetzung und die sich bildenden, im Wasser frei beweglichen Molekülbruchstücke Ionen (das Ion: Wanderer). Die Moleküle der Salzsäure HCl zerfallen stets in positive H-Ionen und negative Cl-Ionen. Bei der Trennung gibt das H-Atom sein Elektron — jedes Wasserstoffatom hat ein Elektron — an das Cl-Atom ab. Dadurch entsteht ein positives H-Ion (H^+) und ein negatives Cl-Ion (Cl^-). Ein Schwefelsäure-Molekül H_2SO_4 zerfällt stets in zwei H-Ionen und ein SO_4-Ion (106.1 a). Salpetersäure HNO_3 zerfällt in positive H-Ionen und negative NO_3-Ionen

106.1 Ionenbildung bei einer Säure (a), einem Salz (b) und einer Lauge (c)

Da jedes Säuremolekül aus einem oder mehreren Wasserstoffatomen und dem Säurerest besteht, kann man sagen:

Wird eine Säure in Wasser gelöst, so zerfallen die Säuremoleküle in positiv geladene Wasserstoff-Ionen und in negativ geladene Säurerest-Ionen.

Salze. Treten im Säuremolekül an die Stelle der Wasserstoffatome Metallatome, so entsteht ein Salz. Ein Salz besteht also aus einem Metall und einem Säurerest. Löst man in destilliertem Wasser ein Salz, z. B. Kupfersulfat $CuSO_4$, so zerfällt jedes gelöste Kupfersulfat-Molekül (**106.1** b) in ein doppelt positiv geladenes Kupfer-Ion (Cu^{++}) und in ein doppelt negativ geladenes SO_4-Ion (SO_4^{--}). Kochsalz $NaCl$ zerfällt in positive Na-Ionen (Na^+) und in negative Cl-Ionen (Cl^-), Silbernitrat $AgNO_3$ in positive Ag-Ionen (Ag^+) und negative NO_3-Ionen (NO_3^-).

Löst man ein Salz in Wasser, so zerfallen die Salzmoleküle in positiv geladene Metall-Ionen und in negativ geladene Säurerest-Ionen.

Laugen. Basen oder Hydroxide bestehen aus einem Metall und der OH-Gruppe, z. B. Kaliumhydroxid KOH und Natriumhydroxid $NaOH$. Die Lösung einer Base in Wasser heißt Lauge. In Kalilauge zerfallen die Moleküle des Kaliumhydroxids in positive K-Ionen (K^+) und negative OH-Ionen (OH^-) (**106.1** c), in Natronlauge die Moleküle des Natriumhydroxids in positive Na-Ionen und negative OH-Ionen.

In einer Lauge sind die Moleküle der gelösten Base in positiv geladene Metall-Ionen und negativ geladene OH-Ionen zerspalten.

Zusammenfassung. Die Moleküle von Säuren, Salzen und Basen sind als Ganzes elektrisch neutral. In Wasser gelöst, sind sie in der oben angegebenen Weise in positiv und negativ geladene Ionen zerlegt, die im Lösungsmittel frei beweglich sind. Dabei ist die Ladung der positiven Ionen immer gleich der Ladung der negativ geladenen Ionen.

5.12 Elektrolyse

☐ **Versuch 56.** In ein Glasgefäß wird destilliertes Wasser H_2O gefüllt und es werden diesem einige Tropfen Schwefelsäure H_2SO_4 zugesetzt. In den so hergestellten Elektrolyten werden als Elektroden zwei Kohleplatten getaucht und an diese über einen Strommesser und einen verstellbaren Vorwiderstand von etwa 10 Ohm eine Gleichspannung von einigen Volt gelegt (**107.1**). An beiden Platten bilden sich Gasbläschen, an der Minusplatte jedoch wesentlich mehr als an der Plusplatte. Die Gasentwicklung nimmt mit steigender Stromstärke zu. Fängt man die entwickelten Gase an beiden Elektroden auf, wie dies z. B. mit dem Hoffmannschen Wasserzersetzungsapparat möglich ist (**108.1**), so stellt man fest, daß an der Minus-Elektrode genau doppelt so viel Gas entsteht, wie an der

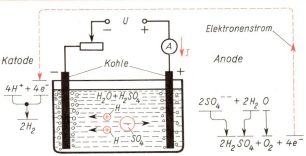

107.1 Gasabscheidung durch Elektrolyse

Plus-Elektrode. Es läßt sich nachweisen, daß das Gas an der Minus-Elektrode Wasserstoff (H) und das Gas an der Plus-Elektrode Sauerstoff (O) ist. Das Wasser des Elektrolyten wird also in seine beiden Bestandteile Wasserstoff und Sauerstoff zerlegt. □

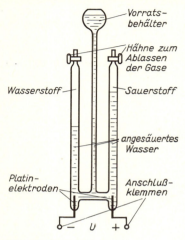

Vorrats-
behälter

Hähne zum
Ablassen
der Gase

Wasserstoff — Sauerstoff

angesäuertes
Wasser

Platin-
elektroden — Anschluß-
klemmen

— U +

108.1 Hoffmannscher Wasserzersetzungsapparat

Man nennt einen solchen Vorgang, bei dem unter dem Einfluß einer elektrischen Spannung Bestandteile des Elektrolyten an den Elektroden ausgeschieden werden, Elektrolyse. Die Minus-Elektrode heißt Katode, die Plus-Elektrode Anode.

Unter Elektrolyse versteht man die chemische Zersetzung eines Elektrolyten bei Stromdurchgang.

Der Vorgang läßt sich wie folgt erklären. In dem Augenblick, in dem die Elektroden an eine Gleichspannung gelegt werden, entsteht zwischen ihnen ein elektrisches Feld, unter dessen Einfluß die elektrisch geladenen Ionen des Elektrolyten in Bewegung gesetzt werden. Die positiven Wasserstoffionen (H^+) wandern zur Katode, denn ungleichartige Ladungen ziehen sich an (s. Abschn. 1.12). Man nennt die positiven Ionen entsprechend ihrer Wanderrichtung auch Kationen. An der Katode nehmen sie die ihnen fehlenden Elektronen (e^-) auf und scheiden als elektrisch neutrale Wasserstoffmoleküle in Form von Gasbläschen aus dem Elektrolyten aus.

Die positiv geladenen Kationen wandern zur Katode.

Die negativen Ionen wandern unter dem Einfluß des elektrischen Feldes zur Anode und geben dort ihre überschüssigen Elektronen (e^-) ab. Man nennt die negativen Ionen nach ihrer Wanderrichtung auch Anionen.

Die negativ geladenen Anionen wandern zur Anode.

In dem oben durchgeführten Versuch können die doppelt negativen SO_4-Ionen (SO_4^{--}) aber nicht aus dem Elektrolyten ausscheiden, weil SO_4-Moleküle nicht beständig sind. Sie haben aber die Möglichkeit, den Wassermolekülen H_2O des Elektrolyten den Wasserstoff H_2 zu entreißen und mit ihm zusammen wieder Schwefelsäure H_2SO_4 zu bilden, die sofort in Lösung geht und sich dann wieder in positive und negative Ionen aufspaltet. Übrig bleibt der Sauerstoff des Wassers, der sich in Form von Gasbläschen an der Anode abscheidet. Obwohl also der an der Katode ausgeschiedene Wasserstoff wie auch der an der Anode abgeschiedene Sauerstoff einerseits den gelösten Schwefelsäure-Molekülen, andererseits aber den Wasser-Molekülen des Elektrolyten entstammen, ist das Ergebnis der beschriebenen Vorgänge doch eine fortwährende Verminderung des im Elektrolyten vorhandenen Wassers, während die Menge der im Elektrolyten gelösten Schwefelsäure erhalten bleibt.

□ **Versuch 57.** Mit einer wäßrigen Kupfersulfatlösung als Elektrolyt wird der Versuch 56 wiederholt (109.1). Statt des Wasserstoffs scheidet sich jetzt an der Katode Kupfer ab, an der Anode wird wie in Versuch 56 Sauerstoff entwickelt. Mit zunehmender Versuchsdauer wird der anfangs kräftig blau gefärbte Elektrolyt immer heller. □

Ebenso wie die Wasserstoff-Ionen in Versuch 56 wandern die positiven Metall-Ionen (Cu^{++}) der Salzlösung zur Katode, nehmen dort die ihnen fehlenden Elektronen (e^-) auf und setzen sich als metallisches Kupfer auf der Katode ab. Die negativen Säurerest-Ionen (SO_4^{--})

wandern zur Anode, geben dort die überschüssigen Elektronen ab, entreißen dem Wasser den Wasserstoff und bilden Schwefelsäure, die sofort in Lösung geht. Der Sauerstoff des Wassers bleibt übrig, setzt sich wie in Versuch 56 an der Anode ab und entweicht dann. Das Metallsalz verschwindet schließlich völlig aus dem Elektrolyten und wird durch Säure ersetzt. Hierdurch verschwindet auch die Blaufärbung des Elektrolyten. Wenn alles im Elektrolyten vorhandene Metall an der Katode ausgeschieden ist, verläuft die elektrolytische Zersetzung weiter wie in Versuch 56.

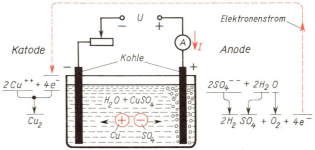

109.1 Metallabscheidung durch Elektrolyse

☐ **Versuch 58.** Mit einer Kupferplatte als Anode wird der Versuch 57 wiederholt (**109.2**). Nun behält der Elektrolyt seine kräftige Blaufärbung. An der Katode wird wie in Versuch 57 Kupfer abgeschieden und von der Anode geht Kupfer in Lösung. ☐

Die an der Anode ankommenden Säurerest-Ionen (SO_4^{--}) finden in Lösung gegangene Kupferionen (Cu^{++}) vor, mit denen sie Kupfersulfat bilden, das wieder in Lösung geht. Die in der Anode zurückbleibenden Elektronen (e^-) des Kupfers gelangen unter dem Einfluß der angelegten Spannung zur Katode. Sie neutralisieren dort die Cu-Ionen (Cu^{++}) zu Kupfermolekülen. Im gleichen Maße,

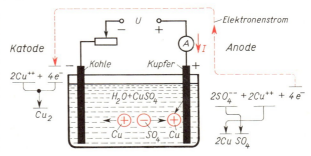

109.2 Kupferabscheidung bei Verwendung einer Kupferanode

in dem an der Katode Kupfer abgeschieden wird, wird es durch das von der Anode in die Lösung gehende Kupfer ersetzt.

Zusammenfassend kann man sagen:

1. Im elektrolytischen Bad werden Wasserstoff und Metalle stets an der Katode ausgeschieden, metallische Anoden im Elektrolyten gelöst.

2. Während bei der metallischen Stromleitung unter dem Einfluß einer Spannung ein Elektronenstrom fließt, werden bei der elektrolytischen Stromleitung unter dem Einfluß eines durch die angelegte Spannung im Elektrolyten sich bildenden elektrischen Feldes zwei Strömungen mit positiven und negativen Ionen in Bewegung gesetzt, die in Richtung der **ungleichartig** geladenen Elektrode, also einander entgegen fließen. Dabei wird der Elektrolyt zersetzt. Ionenströme treten immer paarweise auf.

3. Bei der metallischen Stromleitung bleiben die Atomrümpfe[1]) des Leiterwerkstoffes an Ort und Stelle. Bei der elektrolytischen Stromleitung werden die Atomkerne des im Elektrolyten gelösten Stoffes dagegen im Ionenverband mitbewegt. Die Ionenleitung ist also mit einem Stofftransport verbunden, die Elektronenleitung nicht.

---

¹) Atomrumpf: Atom ohne die Elektronen der äußeren Schale (s. S. 3).

Führt man Versuch 58 mit der Salzlösung eines anderen Metalls als Elektrolyten durch, so erhält man bei gleicher Stromstärke und gleicher Versuchsdauer eine andere Menge abgeschiedenen Stoffes. Diese Abhängigkeit wird durch das **elektrochemische Äquivalent** des betreffenden Stoffes zum Ausdruck gebracht.

Das elektrochemische Äquivalent c eines Stoffes ist zahlenmäßig gleich der Masse des Stoffes in g, die bei 1 A in 1 s oder 1 h aus dem Elektrolyten ausgeschieden wird.

Würde man in Versuch 58 die abgeschiedenen Stoffmengen bei verschiedenen Stromstärken und für verschiedene Zeiten wiegen, so würden sich die Massen der abgeschiedenen Stoffe sowohl proportional zur Stromstärke als auch zur Zeit ergeben: **Faradaysches Gesetz**[1]).

Die Masse des bei der Elektrolyse abgeschiedenen Stoffes erhält man, wenn man das elektrochemische Äquivalent des abgeschiedenen Stoffes mit der Stromstärke und der Zeit multipliziert.

Ausgeschiedene Stoffmenge $\qquad m = c \cdot I \cdot t$

Man erhält die Masse m des abgeschiedenen Stoffes z. B. in mg bzw. g, wenn man das elektrochemische Äquivalent c in mg/As bzw. g/Ah, die Stromstärke I in A und die Zeit t in s bzw. h einsetzt.

Beispiel 50: Welche Silbermenge m wird in $t = 6$ h durch einen Strom von $I = 20$ A ausgeschieden, wenn für Silber $c = 4,02$ g/Ah ist?

Lösung: $\qquad m = c \cdot I \cdot t = 4,02 \ \dfrac{g}{A \, h} \cdot 20 \ A \cdot 6 \ h = 482 \ g$

5.13 Anwendung der Elektrolyse

In der Galvanotechnik wird die Metallabscheidung nach Versuch 58 benutzt, um reine Metalle zu gewinnen, um Metalloberflächen mit einer Schicht aus edlerem Metall zu überziehen (Galvanostegie) oder um naturgetreue metallische Abdrücke von Gegenständen herzustellen (Galvanoplastik).

Gewinnung reiner Metalle. Man benutzt Platten oder Barren aus unreinem Rohmetall als Anode und läßt das reine Metall an einer dünnen Metallfolie als Katode sich abscheiden. Auf diese Weise wird z. B. das in der Elektrotechnik verwendete sehr reine Elektrolytkupfer hergestellt.

Galvanostegie. Mit dieser Technik werden vor allem Gegenstände aus Stahl mit einer dünnen Schicht aus edlerem Metall, z. B. Chrom, Kupfer, Nickel usw. überzogen, um die Oberfläche gegenüber Witterungseinflüssen chemisch widerstandsfähiger zu machen. Sodann werden Schmuckstücke durch Vergolden oder Versilbern veredelt sowie Kontaktstücke von Schaltgeräten durch eine Silberauflage verbessert. Die zu überziehenden Metallteile bilden die Katode, während Platten oder Barren des Überzugsmetalls als Anode dienen.

Eloxieren. Das Eloxalverfahren (**El**ektrisch **ox**idiertes **Al**uminium) ermöglicht es, Werkstücke aus Aluminium mit einer sehr dichten und harten Oxidhaut zu überziehen, welche die Oberfläche widerstandsfähig gegenüber Witterungseinflüssen und mechanischen Beschädigungen (z. B. Zerkratzen) macht. Die mit der Oxidhaut zu überziehenden Aluminiumteile werden als Anode in einen geeigneten Elektrolyten gehängt. Der an der Anode abscheidende Sauerstoff verbindet sich mit dem Aluminium zu Aluminiumoxid Al_2O_3. Die Oxidschicht ist einfärbbar.

Galvanoplastik. Sie erlaubt, von vielerlei Gegenständen (Münzen, Plastiken, Druckstöcken, Schallplatten usw.) beliebig viele naturgetreue Abdrücke herzustellen. Zuerst wird von dem nachzubildenden Gegenstand ein Negativabdruck (Mater, Matrize) aus Wachs, Gips oder Plastikmasse angefertigt. Dann macht man dessen Oberfläche durch

---

[1]) Siehe Fußnote S. 85.

Überziehen mit Graphitpulver (Graphit ist kristalliner Kohlenstoff) leitend und hängt ihn als Katode in das galvanische Bad ein. Die sich auf dem Abdruck absetzende Metallschicht stellt einen Positivabdruck des nachzubildenden Gegenstandes dar. Ist die Schicht dick genug, so kann man den metallischen Positivabdruck vom Negativabdruck lösen. Dieser Positivabdruck wird als Ausgangsmatrize für die eigentliche Preßmatrize, z. B. zur Herstellung von Schallplatten, verwendet.

5.2 Spannungserzeugung in galvanischen Elementen

Mit Hilfe der chemischen Wirkung des elektrischen Stromes ist es möglich, elektrische Energie in chemische Energie zu verwandeln, d. h. Stoffumsetzungen durchzuführen. Im folgenden soll gezeigt werden, unter welchen Umständen umgekehrt chemische Energie in elektrische Energie umgewandelt werden kann.

5.21 Galvanisches Element

□ **Versuch 59.** Ein Glasgefäß wird mit einer wäßrigen Schwefelsäurelösung als Elektrolyt gefüllt. In den Elektrolyten werden zwei Elektroden aus demselben Metall, z. B. zwei Kupferplatten, getaucht und an einen Spannungsmesser angeschlossen. Vorausgesetzt, daß die Platten sauber sind, ist keine Spannung zwischen ihnen feststellbar. Das gleiche Ergebnis erhält man, wenn man als Elektroden zwei Zinkplatten, zwei Bleiplatten u. a. wählt.

Nun werden jeweils Platten aus zwei verschiedenen Metallen benutzt. Der Spannungsmesser zeigt dann eine Spannung an, die je nach der Zusammenstellung der Elektroden verschieden groß ist. Es werden unter Berücksichtigung der Polarität folgende Spannungen gemessen

positive Elektrode	Kupfer	Kupfer	Blei
negative Elektrode	Blei	Zink	Zink
Spannung etwa	0,5 V	1 V	0,5 V

Die Wiederholung des Versuchs mit anderen Elektrolyten, z. B. Salmiaksalzlösung, bei verschiedenen Konzentrationen, ergibt etwas andere Spannungen. Andere Elektrodenabstände und andere Elektrodengrößen haben keinen Einfluß auf die Spannung. □

Tauchen zwei Elektroden aus verschiedenem Metall in einen Elektrolyten, so besteht zwischen ihnen eine elektrische Spannung, deren Höhe von der Art der verwendeten Elektrodenwerkstoffe und der Art und Konzentration des Elektrolyten bestimmt wird.

Eine Spannungsquelle dieser Art heißt galvanisches Element[1]).

Ordnet man die Elektroden-Werkstoffe paarweise nach der Größe der durch sie im gleichen Elektrolyten erzeugten Spannung, so erhält man die elektrochemische Spannungsreihe, z. B.

Al — Zn — Fe — Ni — Pb — Cu — Ag — Au

(—) unedles Metall   edleres Metall (+)

Der in der Reihe jeweils rechts stehende Stoff eines Elektrodenpaares bildet gegenüber dem links stehenden Stoff den positiven Pol des betreffenden Elementes. Die Spannung zwischen zwei beliebigen Elektroden-Werkstoffen in einem Elektrolyten ist um so größer, je weiter sie in der Reihe voneinander entfernt stehen. Die größte Spannung der Reihe entsteht also zwischen Aluminium (— Al) und Gold (+ Au). Sie beträgt etwa 3,1 V. Das unedlere Metall (—) wird bei Stromdurchgang zersetzt.

---

[1]) Galvani, italienischer Naturforscher, 1737 bis 1798.

☐ **Versuch 60.** In einem Glasgefäß wird ein Elektrolyt hergestellt, indem man ein Gewichtsteil Salmiak NH_4Cl (Ammoniumchlorid) in 10 Gewichtsteilen destilliertem Wasser löst. In den Elektrolyten werden eine Zinkplatte und eine Kohleplatte als Elektroden eingetaucht (**112.1**). Ein angeschalteter Spannungsmesser zeigt eine Spannung von etwa 1,3 V an und läßt erkennen, daß die Zinkplatte Minus-Elektrode und die Kohleplatte Plus-Elektrode ist. Die Kohleplatte dient dabei nur als Übertrager (Katalysator) von Luftsauerstoff. Dieser ist der aktiv an den elektrolytischen Vorgängen mitwirkende Stoff. Die Platte selbst verändert sich nicht.

Nun wird die Versuchsanordnung mit einer Glühlampe 1,5 V 0,03 A belastet. Nach kurzer Brenndauer läßt die Leuchtkraft der Glühlampe merklich nach; schließlich erlischt sie ganz. Nimmt man darauf die Kohleplatte für einige Minuten aus dem Elektrolyten heraus und taucht sie wieder ein, so brennt die Lampe wie zu Beginn des Versuchs, um nach kurzer Zeit jedoch erneut zu erlöschen. Der Vorgang läßt sich beliebig oft wiederholen. ☐

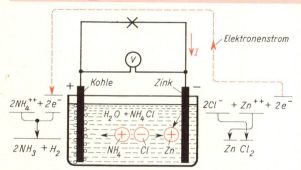

112.1 Chemische Vorgänge im Zink-Kohle-Element

Die Versuchsanordnung ist ein **galvanisches Element**, dessen Spannung jedoch nach relativ kurzer Betriebszeit auf Null absinkt. Es ist, ebenso wie die in Versuch 59 zusammengestellten Elemente, ein Element nur geringer Belastbarkeit und daher für technische Zwecke unbrauchbar. Der Versuch zeigt, daß als Elektroden-Werkstoffe für galvanische Elemente außer den Metallen auch leitfähige Nichtmetalle, in diesem Fall Kohlenstoff, in Frage kommen.

Elektrochemische Vorgänge im Zink-Kohle-Element. Im Elektrolyten sind die Moleküle des Salmiaks NH_4Cl in positive NH_4-Ionen (NH_4^+) (Ammonium NH_4 verhält sich wie das Metall in Metallsalzen) und negative Chlor-Ionen (Cl^-) gespalten (**112.1**). Sobald die Zink-Elektrode in die Flüssigkeit getaucht wird, ist das Zink bestrebt, sich im Elektrolyten zu lösen. Dieses Lösungsbestreben nennt man **Lösungsdruck**. Die in den Elektrolyten übertretenden Zinkatome gehen dabei in den Ionenzustand (Zn^{++}) über. Als Metall-Ionen sind sie stets positiv, haben also Elektronenmangel. Jedes der in die Lösung gehenden Zinkatome läßt zwei seiner Elektronen in der Zink-Elektrode zurück. Dadurch erhält die Zink-Elektrode einen Elektronenüberschuß, der Elektrolyt Elektronenmangel. Taucht man nun in den Elektrolyten eine Kohle-Elektrode, die zwar ein elektrischer Leiter ist, aber selbst keine Ionen bilden kann, so nimmt diese die Polarität des Elektrolyten an. Die Zink-Elektrode ist demnach der Minuspol, die Kohle-Elektrode der Pluspol des Elements.

Die treibende Kraft für die Ladungstrennung ist im Zink-Kohle-Element der Lösungsdruck des Zinks.

Im unbelasteten Zustand des Elements geht nur wenig Zink in Lösung, weil die negativ geladene Zink-Elektrode eine anziehende Kraft auf die im Elektrolyten vorhandenen positiven Zink-Ionen ausübt und sehr bald ein Gleichgewichtszustand zwischen dem Lösungsdruck des Zinks einerseits und der Kraft der Ladungsanziehung andererseits hergestellt ist. Werden die beiden Elektroden des Elements jedoch leitend miteinander verbunden, so fließt im Stromkreis außerhalb des Elements ein Elektronenstrom von der Zink- zur Kohle-Elektrode. Die an der Kohle-Elektrode ankommenden Elektronen werden von den die Kohle-Elektrode umgebenden positiven NH_4-Ionen aufgenommen.

Da NH$_4$-Moleküle aber nicht beständig sind, zerfallen die NH$_4$-Ionen bei der Elektronenaufnahme in neutrale NH$_3$-Moleküle (gasförmiges Ammoniak), die vom Wasser des Elektrolyten aufgenommen werden, und in positive H-Ionen, die sich nach Aufnahme von je einem Elektron als Wasserstoff in Form von Gasbläschen auf der Kohleplatte absetzen.

In dem Maße, in dem die positiven NH$_4$-Ionen an der Kohle-Elektrode aus dem Elektrolyten ausscheiden, gehen neue positive Zink-Ionen an der Zink-Elektrode in Lösung. Sie bilden mit den um die Zink-Elektrode vorhandenen negativen Cl-Ionen Zinkchlorid Zn Cl$_2$, das jedoch in Wasser löslich ist und wieder in positive Zn-Ionen und negative Cl-Ionen zerfällt. Die Zink-Elektrode wird allmählich zersetzt.

Polarisation. Schon nach kurzer Belastungszeit überzieht sich die Kohle-Elektrode des Zink-Kohle-Elementes (**112.**1) mit dem freiwerdenden Wasserstoff. Die Wasserstoffschicht bildet mit dem Elektrolyten ein zusätzliches Element, dessen Spannung der des Elements entgegenwirkt. Man nennt diesen Vorgang Polarisation und die Gegenspannung Polarisationsspannung.

Die Polarisation bewirkt eine Verminderung der zwischen den Elektroden des Elementes verfügbaren Spannung.

Die Polarisation läßt sich verhindern, wenn man dafür sorgt, daß der sich absetzende Wasserstoff beseitigt wird, etwa dadurch, daß er chemisch zu Wasser gebunden wird. Die Stoffe, die den dazu nötigen Sauerstoff enthalten, heißen Depolarisatoren.

5.22 Trockenelemente

Naßelemente mit flüssigem Elektrolyten werden heute in der Technik nicht mehr benutzt An ihre Stelle sind die Trockenelemente, auch Trockenzellen genannt, getreten. Hier ist der Elektrolyt mit einem Quellmittel, z. B. Weizenmehl, zu einer Paste eingedickt oder wird von einem saugfähigen Papier aufgenommen.

Braunsteinzellen. Bei ihnen verwendet man als Depolarisator Braunstein MnO$_2$ (Mangandioxid). Braunstein ist in der Lage, die positiven Wasserstoffionen aufzunehmen. Sie verbinden sich mit Sauerstoff des Braunsteins zu H$_2$O. Der Braunstein lädt sich dabei gegenüber dem Elektrolyten bis zu 0,8 V positiv auf. Zusammen mit der negativen Ladung der Zinkplatte entsteht so die Zellenspannung von etwa 1,5 V. Sie gilt als Nennspannung für alle Braunsteinzellen.

Man unterscheidet zwei Arten von Braunsteinzellen. Die Becherzelle (**113.**1a) besteht aus einem Zinkbecher, der sowohl Zellengefäß als auch Minuspol ist, und der stabförmig ausgebildeten

Kohle-Elektrode, die in der Mitte des Bechers angeordnet und von der sogenannten Braunsteinpuppe umgeben ist. Zwischen Zinkbecher und Braunsteinpuppe befindet sich die Elektrolytpaste.

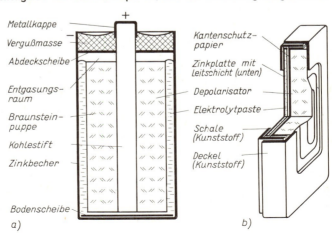

113.1 Braunstein-Zelle
Schnitt
a) durch eine Becher-
zelle (Rundzelle)
b) durch eine Flach-
zelle

Metallkappe
Vergußmasse
Abdeckscheibe
Entgasungsraum
Braunsteinpuppe
Kohlestift
Zinkbecher
Bodenscheibe
a)

Kantenschutzpapier
Zinkplatte mit Leitschicht (unten)
Depolarisator
Elektrolytpaste
Schale (Kunststoff)
Deckel (Kunststoff)
b)

Die Plattenzelle (Flachzelle) (**113.1** b) enthält aufeinander gestapelte Elektroden. Die als rechteckige Scheibe ausgebildete negative Zinkelektrode wird auf einer Seite mit Fließpapier, das mit Elektrolytpaste versehen ist, belegt. Die positive Gegenelektrode bildet die zu einer gleich großen Platte gepreßte Depolarisationsmasse. Die Flachzelle hat also keine Kohleelektrode. Zur besseren Kontaktgabe mit der folgenden Zelle besitzt die Depolarisator-„Tablette" an ihrer Oberseite eine Erhöhung, die durch eine Öffnung des Zellendeckels ragt und mit der Zinkplatte der nächstfolgenden Zelle Kontakt bildet. Die Unterseite der Zinkelektrode wird mit einer Leitschichtfolie bezogen, die verhindert, daß die Zinkelektrode die Depolarisationstablette der darunterliegenden Zelle direkt berührt. Das Zellengefäß besteht aus einer Kunststoffschale mit Deckel und je einer Kontaktöffnung auf der Ober- und Unterseite. Mehrere dieser Zellen werden, zu einer Batterie übereinander geschichtet, in Reihe geschaltet.

114.1 Rundzellen [5]

Rundzellen sind die heute gebräuchlichste Form der Becherzelle (**114.1**). Sie sind meist durch einen Stahlmantel gegen das Auslaufen der Elektrolytpaste gesichert. Rundzellen werden je nach Größe als Mono-, Baby-, Mignon- und Mikro(Knopf-)Zellen bezeichnet.

Alkalische Zellen enthalten als Elektrolyt statt des Salmiaksalzes NH_4Cl Kalilauge KOH. Sie haben bei gleichen Abmessungen eine wesentlich größere Kapazität als die Zellen mit Salmiak-Elektrolyten.

Ihre Hauptanwendung finden Rundzellen in Taschenlampen, Radiogeräten, Trockenrasierern, elektrischen Uhren usw.

Knopfzellen spielen eine wichtige Rolle in Hörgeräten, Meßgeräten, elektrischen Belichtungsmessern von Fotogeräten usw.

Luftsauerstoff-Elemente. Sie enthalten anstelle einer Braunsteinpuppe eine solche aus hochporösem Kohlenstoff, sogenannte Aktivkohle, die durch Belüftungsröhrchen mit der Außenluft verbunden ist. Der von der Aktivkohle aufgesogene und gespeicherte Sauerstoff der Luft übernimmt hier die Rolle des Depolarisators.

Luftsauerstoff-Elemente werden vorwiegend für große Batterien mit langsamer Entladung verwendet, z. B. in Weidezaungeräten.

5.23 Korrosion durch Elementbildung

Die Bildung eines galvanischen Elements erfolgt immer dort, wo zwei verschiedene Metalle dem Zutritt von Elektrolytflüssigkeit, z. B. chemisch nicht reinem Wasser (Grund- oder Leitungswasser), ausgesetzt sind. Hierbei wird das unedlere Metall zersetzt. Man bezeichnet die auf diese Weise hervorgerufene unerwünschte Zerstörung von Werkstoffen als elektrochemische Korrosion oder Kontaktkorrosion.

In der Elektrotechnik kann Kontaktkorrosion z. B. dort auftreten, wo die Verbindungsstellen von Kupfer- und Aluminiumleitern der Einwirkung von Feuchtigkeit ungeschützt ausgesetzt sind. Um die Zerstörung von Leiterwerkstoff zu vermeiden, müssen die Verbindungsstellen durch eine Lack- oder Fettschicht geschützt werden. Man kann auch besondere Verbindungsklemmen (Alcu-Klemmen) benutzen, die für den Kupferleiter an dem einen Ende aus Kupfer, für den Aluminiumleiter am anderen Ende aus Aluminium bestehen.

Häufig wird die Korrosion durch falsche Werkstoffwahl auch dort verursacht, wo Werkstücke, die der Feuchtigkeit ausgesetzt sind, durch Schrauben oder Niete aus anderem Werkstoff miteinander verbunden werden. Liegen die Werkstoffe in der elektrochemischen Spannungsreihe (S. 111) weit auseinander, so entsteht eine entsprechend große galvanische Spannung.

Übungsaufgaben zu Abschnitt 5.1 und 5.2

1. Welcher Unterschied besteht zwischen der Stromleitung in Metallen und der Leitung in Salzlösungen, Säuren und Laugen?
2. Wie wird die chemische Wirkung des elektrischen Stromes in der Elektrotechnik ausgenutzt?
3. Ein Gegenstand soll auf galvanischem Weg mit einer Metallschicht überzogen werden. An welche Klemme des Spannungserzeugers muß er angeschlossen werden?
4. Wovon hängt die Menge des im galvanischen Bad abgeschiedenen Metalls ab?
5. Der Aufbau eines galvanischen Elements ist zu beschreiben.
6. Wovon hängen die Quellenspannung und der innere Widerstand eines galvanischen Elements ab?
7. Welche Aufgabe haben Braunstein oder Aktivkohle im Zink-Kohle-Element zu erfüllen?
8. Der Aufbau eines Braunstein-Trockenelements (Becher- und Flachzelle) ist zu beschreiben.
9. Wo können elektrochemische Korrosionserscheinungen auftreten?
10. Versuch: Es ist die Polarität der Klemmenspannung einer Gleichspannungsquelle zu ermitteln, indem zwei Drähte angeschlossen und mit den Enden in Leitungswasser getaucht oder auf angefeuchtetes Polreagenzpapier gehalten werden.
11. Versuch: Ein Kupferpfennig wird in trockene Aluminiumfolie, wie sie zum Verpacken von Schokolade verwendet wird, eingewickelt. Ein zweiter Kupferpfennig wird in zuvor durch einen Wassertropfen angefeuchtete Aluminiumfolie eingewickelt (in beiden Fällen muß die Folie an den Münzen glatt anliegen). Wickelt man die Münzen nach etwa 24 Stunden vorsichtig wieder heraus, so ist die trockene Folie unversehrt geblieben. Die angefeuchtete Folie weist dagegen kleine Löcher auf. Wie ist dies zu erklären?

5.3 Bleiakkumulatoren

Akkumulatoren (Sekundärelemente) unterscheiden sich von galvanischen Elementen (Primärelementen) dadurch, daß die bei der Entladung an den Platten entstehenden chemischen Umwandlungen durch einen Ladevorgang wieder rückgängig gemacht werden können. Nach den verwendeten Plattenwerkstoffen unterscheidet man Blei- und Stahlakkumulatoren (Nickel-Eisen- und Nickel-Kadmiumakkumulatoren).

5.31 Vorgänge im Bleiakkumulator

☐ **Versuch 61.** Ein Glasgefäß wird mit destilliertem, also chemisch reinem Wasser gefüllt und diesem Schwefelsäure H_2SO_4 im Volumenverhältnis 1 : 10 zugesetzt. Hängt man zwei gut abgeschmirgelte Bleiplatten in den Elektrolyten und verbindet sie mit einem Spannungsmesser (Bild **116.1**, Schalterstellung 0), so zeigt dieser keine Spannung an, vorausgesetzt, daß die Platten sauber sind. Nach dem Eintauchen in die Schwefelsäurelösung bildet sich an den Plattenoberflächen sofort eine dünne, nicht erkennbare Schicht von Bleisulfat $PbSO_4$.

Die Platten werden nun an eine Gleichsspannungsquelle von 3···4 V gelegt (Schalterstellung L). In kurzer Zeit wird die positive Bleiplatte (Anode) dunkelbraun, die negative Bleiplatte (Katode) hellgrau. Nach etwa zwei Minuten werden die Platten an einen Rasselwecker angeschlossen (Schalterstellung *E*). Er klingelt längere Zeit. Die Versuchsanordnung ist also selbst zu einer Spannungsquelle geworden, die vor der Belastung etwa 2 V erzeugt, deren Klemmenspannung bei Belastung aber bald zusammenbricht. Während der Belastung wird die Minusplatte dunkler, die Plusplatte heller. Der Versuch kann beliebig oft mit dem gleichen Ergebnis wiederholt werden. □

Man spricht von Aufladen oder L a d e n der Versuchsanordnung, wenn diese durch Anlegen an eine Gleichspannung selbst zu einer Spannungsquelle wird und die stofflich zunächst gleichen Platten durch die chemische Wirkung des elektrischen Stromes verschiedene stoffliche Zusammensetzung erhalten. Von E n t l a d e n spricht man, wenn sich die Platten bei Belastung wieder in gleiche Stoffe zurückverwandeln. Der Zeigerausschlag des Strommessers in Bild **116.1** zeigt, daß der Entladestrom I_E die umgekehrte Richtung hat wie der Ladestrom I_L. Beim Laden wird elektrische Energie in chemische Energie, beim Entladen umgekehrt chemische Energie in elektrische Energie verwandelt. Eine Anordnung dieser Art wird A k k u m u l a t o r genannt, auch die Bezeichnung Z e l l e ist gebräuchlich.

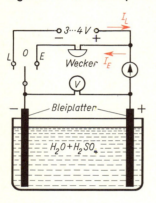

116.1 Wirkungsweise des Bleiakkumulators
Schalterstellung *L*: Laden   Schalterstellung *E*: Entladen

Laden

Beide Platten bestehen im entladenen Zustand aus Bleisulfat $PbSO_4$. Beim Laden (**116.2** a) wandern die positiven H-Ionen des Elektrolyten unter dem Einfluß des durch die Spannung zwischen den beiden Elektroden hervorgerufenen elektrischen Feldes zur Minusplatte und entreißen dem Bleisulfat auf der Minusplatte den Säurerest SO_4^{--}. Es wird Schwefelsäure H_2SO_4 gebildet, die in Lösung geht. Das Bleisulfat $PbSO_4$ der Minusplatte wird dabei in reines Blei verwandelt.

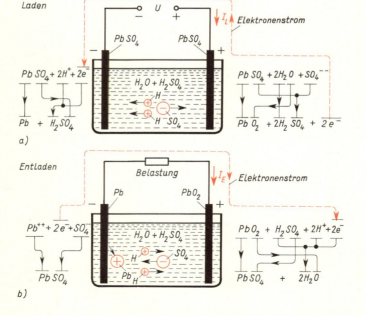

116.2
Chemische Vorgänge beim Laden (a) und Entladen (b) eines Bleiakkumulators

Die negativen SO_4-Ionen des Elektrolyten wandern zur Plusplatte, geben dort die über-schüssigen Elektronen ab, spalten das Wasser des Elektrolyten auf und verbinden sich mit dem Wasserstoff ebenfalls zu Schwefelsäure, während der übrigbleibende Sauer-stoff nicht etwa frei wird, sondern sich mit dem Blei des Bleisulfats der Plusplatte zu Bleidioxid PbO_2 verbindet.

Beim Laden nimmt der Säureanteil des Elektrolyten zu, während der Wasseranteil abnimmt. Da die Dichte der Schwefelsäure größer ist als die Dichte des Wassers, wird die Dichte des Elektrolyten größer.

Entladen

Im geladenen Zustand besteht die Minusplatte also aus reinem, hellgrauem Blei, die Plusplatte aus schwarz-braunem Bleidioxid. Wie das Zink im Zink-Kohle-Element, so hat das Blei der Minusplatte das Bestreben, sich im Elektrolyten zu lösen. Dabei muß es in den Ionenzustand übergehen. Beim Entladen (**116.**2b) verbinden sich die in die Lösung drängenden Blei-Ionen unter Zurücklassung von Elektronen mit den negativen SO_4-Ionen des Elektrolyten zu Bleisulfat, das unlöslich ist und sich auf der Minusplatte absetzt. Die Minusplatte erhält dadurch Elektronenüberschuß, der bei geschlossenem Stromkreis als Elektronenstrom zur positiven Platte fließt.

Die positiven H-Ionen des Elektrolyten entnehmen der Plusplatte die durch den äußeren Teil des Stromkreises ankommenden Elektronen und verbinden sich mit dem Sauerstoff des Bleidioxids zu Wasser, während das übrigbleibende Blei auf der Plusplatte mit dem dort vorhandenen Säurerest des Elektrolyten wieder Bleisulfat bildet.

Beim Entladen nimmt der Wasseranteil des Elektrolyten zu, der Säureanteil nimmt ab. Dadurch wird die Säuredichte geringer.

5.32 Aufbau des Bleiakkumulators

Platten. Die in Versuch 61, S. 115, be-nutzte Anordnung mit massiven Bleiplatten ist deshalb wenig ergiebig, weil deren Oberfläche zu klein ist. Um die wirksame Plattenoberfläche zu vergrößern, sind ver-schiedene Plattenausführungen entwickelt worden. Die in den Starterbatterien ver-wendeten Gitterplatten bestehen z. B. aus einem Gitter aus Hartblei, in das die wirksame Masse (aktive Masse) aus Bleidioxid bei positiven bzw. Bleischwamm bei negativen Platten als Paste einge-strichen wird (**117.**1).

Plattensätze. Jede Zelle einer Bleibatterie enthält einen positiven und einen negativen Plattensatz. Beide werden durch je eine Polbrücke zusammengehalten und grei-fen ineinander, so daß positive und nega-tive Platten einander abwechseln. Die beiden Außenplatten sind negativ. Die

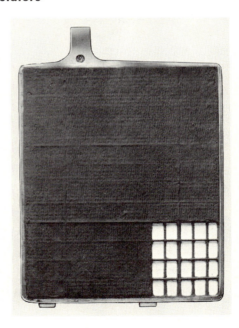

117.1 Gitterplatte [5]

kleinstmögliche Zelle enthält also nicht zwei, sondern drei Platten, nämlich eine positive und zwei negative. Diese Anordnung ist notwendig, weil die positive Platte stets auf beiden Seiten belastet werden muß, um ein Verbiegen durch die starken Volumenänderungen bei den Stoffumsetzungen zu vermeiden.

Plattenscheider oder Separatoren zwischen den Platten sorgen dafür, daß die Platten auf richtigem Abstand gehalten werden und sich nicht berühren können (Plattenschluß). Sie bestehen aus gelochten Kunststoffolien, aus Platten eines elektrolytdurchlässigen Stoffes (poröser Kunststoff, Hartgummi, Glaswollgewebe) oder aus Glasröhrchen.

Zellengefäße werden aus Glas, Hartgummi oder Kunststoff hergestellt. Um einen Plattenschluß durch den sich im Laufe der Zeit am Boden bildenden Masseschlamm zu vermeiden, müssen die Platten einen ausreichenden Abstand vom Gefäßboden haben. Dieser wird dadurch erreicht, daß man die Platten entweder an Aufhängefahnen in das Gefäß einhängt oder auf Stege (Prismen) des Gefäßbodens stellt (**118.1**).

1 negative Platte
2 positive Platte
3 Polbrücke
4 Verschlußstopfen
5 Elektrolytstandmarke mit Schwappschutz
6 Batteriedeckel mit einvulkanisierten Bleibuchsen für die Endpole
7 Zellenverbinder
8 positiver Endpol
9 Blockkasten
10 Bodenbefestigungsleiste
11 Gewellter, mikroporöser Kunststoffscheider

118.1 Starterbatterie, 12 V, teilweise geschnitten [5]

5.33 Betrieb des Bleiakkumulators

Bleiakkumulatoren sind empfindlich. Um eine ausreichende Lebensdauer zu erhalten, muß die Bedienungsanleitung des Herstellers sorgfältig beachtet werden.

Laden

Akkumulatoren sind mit Gleichstrom zu laden. Vor dem Anschluß an das Ladegerät ist darauf zu achten, daß sich der Akkumulator in einwandfreiem Zustand befindet. Verschmutzte Zellengefäße sind zu säubern, die Verschlußstopfen immer zu öffnen, damit die sich beim Laden entwickelnden Gase — Sauerstoff und Wasserstoff — entweichen können. Außerdem ist zu prüfen, ob die Platten vollständig mit Elektrolytflüssigkeit bedeckt sind. Ist das nicht der Fall, so muß destilliertes Wasser nachgefüllt werden. Nur wenn Elektrolytflüssigkeit verschüttet wurde, muß Säure mit der für die Zelle vorgeschriebenen Säuredichte nachgefüllt werden.

Die Akkumulatorensäure darf nicht mit Metallen in Berührung kommen, da sie diese angreift und dabei selbst verunreinigt wird. Schon geringe Verunreinigungen schaden dem Akkumulator. Es sind daher stets Gefäße, Trichter und Rührstäbe aus Glas, Hartgummi oder Kunststoff zu verwenden.

Die Klemmen des Akkumulators müssen mit den gleichartigen Klemmen des Ladegerätes verbunden werden, also: Plus an Plus, Minus an Minus.

Falsches Anschließen zerstört den Akkumulator in kurzer Zeit. Die L a d e s t r o m s t ä r k e wird vom Hersteller vorgeschrieben. Sie ist i. allg. gleich der Nenn-Entladestromstärke. Man stellt sie am Ladegerät z. B. mit einem Vorwiderstand ein und überwacht sie mit einem Strommesser.

Während des Ladens steigen Spannung und Säuredichte des Akkumulators an. Überschreitet die Zellenspannung 2,4 V, so beginnen die Zellen deutlich zu gasen. Bei richtiger Ladestromstärke setzt das Gasen ein, wenn die Umwandlung der Platten fast beendet ist und der Ladestrom beginnt, das Wasser des Elektrolyten zu zersetzen. Bei beginnendem Gasen ist es zweckmäßig, die Ladestromstärke herabzusetzen, um das Abspülen von Masseteilchen aus den Platten zu vermeiden (Abschlammen) und den durch das Gasen bedingten Energieverlust gering zu halten. Den Verlauf der Zellenspannung während des Ladevorganges kann man durch eine L a d e k e n n l i n i e wiedergeben **(119.1)**.

Der Bleiakkumulator ist voll geladen, wenn Säuredichte und Spannung nicht mehr steigen. Die S ä u r e d i c h t e des vollgeladenen Akkumulators beträgt je nach Bauart 1,20 kg/dm³ bis 1,28 kg/dm³. Vollgeladene Akkumulatoren sind vom Ladegerät abzuschalten, Säuredichte und Säurestand sind zu prüfen, alle äußeren Teile sind von ausgesprühter Elektrolytflüssigkeit zu reinigen und die Anschlußpole und Zellenverbinder mit säurefreiem Fett einzufetten. Die Verschlußstopfen dürfen erst nach mehrstündiger Entlüftungszeit eingeschraubt werden.

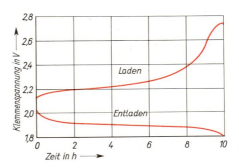

119.1 Lade- und Entladekennlinie einer Bleizelle

Entladen

Die N e n n s p a n n u n g einer Bleizelle beträgt 2 V. Während der Entladung sinken Zellenspannung und Säuredichte langsam ab. Die E n t l a d e k e n n l i n i e **(119.1)** gibt den Verlauf der Zellenspannung beim Entladen wieder.

Die z u l ä s s i g e E n t l a d e s t r o m s t ä r k e wird vom Hersteller angegeben. Die Entladung ist zu beenden, wenn die vom Hersteller angegebene Entladeschlußspannung — im allgemeinen etwa 1,8 V — erreicht ist, da sonst die Platten Schaden leiden. Die Säuredichte beträgt am Schluß der Entladung je nach Bauart 1,16 kg/dm³ bis 1,19 kg/dm³. Bleiakkumulatoren sollen nach erfolgtem Entladen möglichst schnell wieder aufgeladen werden, da sonst die Gefahr besteht, daß die Platten „sulfatieren".

Man versteht darunter die Umwandlung des normalerweise feinkristallinen Bleisulfats in solches von grobkristalliner Form. Letzteres nimmt nur noch in unvollkommener Weise an den Umsetzungen der wirksamen Plattenmasse teil, so daß der Akkumulator durch S u l f a t a t i o n unbrauchbar wird. Auch die vollgeladene Bleibatterie darf nicht für längere Zeit unbenutzt sein, da sie sich durch innere Vorgänge selbst entlädt und infolge der Selbstentladung ebenfalls der Gefahr des Sulfatierens ausgesetzt ist. Um die S e l b s t e n t l a d u n g auszugleichen und die Batterie dauernd vollgeladen zu erhalten, muß in bestimmten Zeitabständen nach den Angaben des Herstellers — etwa einmal im Monat — eine Nachladung durchgeführt oder die Batterie dauernd mit einem geringen Strom geladen werden (Erhaltungsladung).

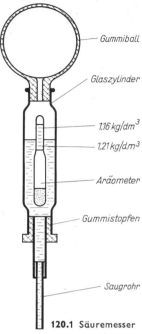

Gummiball

Glaszylinder

1,16 kg/dm³

1,21 kg/dm³

Aräometer

Gummistopfen

Saugrohr

120.1 Säuremesser

Prüfspitzen

Belastungs-
widerstand

120.2
Zellenprüfer

Prüfung des Ladezustandes

Sie erfolgt am zuverlässigsten durch Messung der Säuredichte. Diese läßt sich mit einem Aräometer (Senkwaage) bestimmen. Das Aräometer ist ein spindelförmiger Schwimmkörper, der je nach der Säuredichte mehr oder weniger tief in die Säure eintaucht. An einer Skala des Aräometers kann man die Säuredichte und damit den Ladezustand ablesen.

Wegen des engen Einbaus der Platten im Akkumulator muß die Säure i. allg. mit Hilfe eines Säurehebers (**120.1**) aus dem Zellengefäß befördert werden. Drückt man den Gummiball des Hebers zusammen und gibt ihn, nachdem man das Saugrohr in die Säure getaucht hat, wieder frei, so steigt die Säure im Glaszylinder empor und bringt das Aräometer zum Schwimmen; an dessen Skala kann man die Säuredichte ablesen. Aräometer und Säureheber bilden den Säuremesser.

Die Messung der Klemmenspannung des unbelasteten Akkumulators läßt keinen Schluß auf seinen Ladezustand zu, wohl aber die Messung der Klemmenspannung unter starker Belastung. Starterbatterien prüft man auf diese Weise mit Hilfe des Zellenprüfers (**120.2**). Ist bei durchsichtigem Gehäuse die Plattenfarbe des Akkumulators deutlich zu erkennen, so gibt auch sie dem erfahrenen Auge einen Anhalt für den Ladezustand des Akkumulators.

Schaltung von Akkumulatoren

Der innere Widerstand von Akkumulatoren ist sehr gering. Bei großen Zellen kann er kleiner als 0,001 Ohm sein. Die Parallelschaltung von Zellen ist daher wegen der schon bei geringen Spannungsunterschieden auftretenden großen Ausgleichsströme, die dem Akkumulator schaden und ihn unbrauchbar machen können, nicht gebräuchlich. Akkumulatorzellen werden aber zur Spannungserhöhung oft in Reihe geschaltet. Durch Zusammenschaltung mehrerer Zellen entsteht so eine Batterie.

Unfallverhütung

Blei und seine Verbindungen sind sehr gesundheitsschädlich (Bleivergiftung). In Akkumulatorenräumen ist deshalb zur Vermeidung von Gesundheitsschäden das Essen und Trinken verboten. Nach dem Arbeiten an Akkumulatoren sind die Hände gründlich zu waschen.

Schwefelsäure wirkt sehr stark ätzend auf Haut und Kleidung. Beim Umgang mit Säure ist daher äußerste Vorsicht geboten. Müssen Schwefelsäure und Wasser zur Herstellung von Elektrolytflüssigkeit miteinander vermischt werden, so darf man die Säure immer nur vorsichtig und unter Umrühren in das Wasser gießen; denn beim Lösen von Schwefelsäure in Wasser wird Wärme frei, die zu explosionsartigem Verspritzen der Flüssigkeit führt, wenn man Wasser in Säure gießt. Beim Umgang mit Säure Schutzbrille und Schutzkleidung tragen! Säurespritzer sind sofort mit viel Wasser abzuspülen. Als Gegenmittel gegen Säureverätzungen kann man auch 2,5%ige Boraxlösung benutzen (Augenspülgläser bereithalten).

In Räumen, in denen Akkumulatoren geladen werden, sind wegen der Explosionsgefahr durch Knallgasbildung Rauchen und offenes Licht verboten. Akkumulatoren dürfen wegen möglicher Funkenbildung deshalb nicht unter Strom abgeklemmt werden; die Räume müssen ausreichend belüftet werden. Knallgas entsteht durch die Wasserzersetzung beim Gasen der Batteriezellen. Es ist ein Wasserstoff-Sauerstoff-Gemisch, das bei Entzündung explosionsartig zu Wasser „verbrennt".

5.34 Kapazität und Wirkungsgrad

Das Fassungsvermögen oder die Kapazität K eines Akkumulators wird ausgedrückt durch die Strommenge, gemessen in Amperestunden Ah, die der voll geladene Akkumulator bis zu der vom Hersteller angegebenen Entladeschlußspannung abgeben kann.

Kapazität $\qquad\qquad\qquad K = I \cdot t$

Die Kapazität eines Akkumulators ist abhängig von der Plattengröße sowie von der Anzahl der in der Zelle parallelgeschalteten Platten, andererseits von der Entladezeit. Je schneller ein Akkumulator entladen wird, um so unvollkommener wird die aktive Masse der Platten umgewandelt, um so kleiner ist die abgebbare Strommenge. Der Hersteller gibt die Kapazität für eine bestimmte Entladezeit, bei Starterbatterien z. B. für 20stündige Entladung, als Nennkapazität an.

Beispiel 51: Ein Akkumulator hat eine Kapazität von $K = 75$ Ah bei 10stündiger Entladung. Welche Stromstärke I kann bei 10stündiger Entladung entnommen werden? Wie groß ist die ungefähre Ladestromstärke?

Lösung: Dividiert man in der Formel $K = I \cdot t$ beide Seiten durch t, so erhält man

$$I = \frac{K}{t} = \frac{75 \text{ Ah}}{10 \text{ h}} = 7{,}5 \text{ A}$$

Die Ladestromstärke kann in diesem Fall ebenso groß wie die zehnstündige Entladestromstärke gewählt werden. Sie beträgt zahlenmäßig $^1/_{10}$ der Nennkapazität.

Sowohl bei der Ladung als auch bei der Entladung wird ein Teil der umgesetzten elektrischen Energie durch den Innenwiderstand des Akkumulators in Wärme verwandelt. Infolge der Wärmeverluste ist die beim Entladen zur Verfügung stehende elektrische Arbeit geringer als die beim Laden erforderliche Arbeit. Bezeichnet man die beim Laden zuzuführende elektrische Arbeit mit W_{zu} und die beim Entladen freiwerdende elektrische Arbeit mit W_{ab}, so erhält man für die Berechnung des Wirkungsgrades η die Formel

Wirkungsgrad $\qquad\qquad\qquad \eta = \dfrac{W_{ab}}{W_{zu}}$

Der Wirkungsgrad beträgt beim Bleiakkumulator im 10-stündigen Lade-Entladebetrieb etwa 70%.

5.4 Stahlakkumulatoren

Neben den Bleiakkumulatoren mit Schwefelsäure als Elektrolyt gibt es eine zweite Gruppe von elektrochemischen Akkumulatoren, die andere Elektroden und Kalilauge als Elektrolyt enthalten. Die Bezeichnung geht auf den Werkstoff der Zellengefäße und der Elektroden zurück. Man unterscheidet im wesentlichen drei Bauarten:

offene Nickel-Eisen-Akkumulatoren,
offene Nickel-Kadmium-Akkumulatoren,
gasdichte Nickel-Kadmium-Akkumulatoren.

5.41 Vorgänge im Stahlakkumulator

Im geladenen Zustand besteht die wirksame Masse der negativen Platten beim Nickel-Eisen-Akkumulator aus fein verteiltem reinem Eisen, beim Nickel-Kadmium-Akkumulator vorwiegend aus fein verteiltem Kadmium. Die wirksame Masse der positiven Platten besteht bei allen drei Arten aus Nickelhydroxid mit der Zusammensetzung $NiO(OH)$.

Im entladenen Zustand besteht die wirksame Masse der negativen Platten beim Nickel-Kadmium-Akkumulator im wesentlichen aus Kadmiumhydroxid $Cd(OH)_2$, beim Nickel-Eisen-Akkumulator aus Eisenhydroxid $Fe(OH)_2$. Die wirksame Masse der positiven Platten besteht bei beiden Arten aus Nickelhydroxid mit der Zusammensetzung $Ni(OH)_2$.

Beim Laden wird die negative Masse elektrochemisch in metallisches Kadmium bzw. Eisen, das $Ni(OH)_2$ in $NiO(OH)$ verwandelt (**122.1**). Beim Entladen verläuft der Vorgang umgekehrt. Der Elektrolyt besteht aus 20⁰/₀iger Kalilauge, das ist eine Lösung von Kaliumhydroxid KOH in destilliertem Wasser. Er dient im Stahlakkumulator nur als Ionenleiter und ist an der Stoffumsetzung beim Laden und Entladen nicht beteiligt. Deshalb ändert sich auch seine Dichte (im Gegensatz zum Bleiakkumulator) beim Laden und Entladen praktisch nicht.

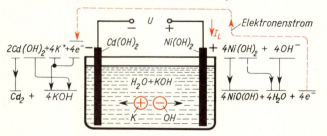

122.1 Elektrochemische Vorgänge beim Laden eines Nickel-Kadmium-Akkumulators

5.42 Aufbau des Stahlakkumulators

Taschenplatten enthalten die wirksame Masse in Taschen aus fein gelochtem, vernickeltem Stahlblech (**123.1**). Sinterplatten bestehen aus porösen Platten oder Folien, die aus Nickelpulver hergestellt werden. Die wirksame Masse wird auf chemischem Wege in die Poren eingetränkt. Zwischen den Platten sind Abstandshalter (Separatoren) angeordnet.

Zellengefäße bestehen aus vernickeltem Stahlblech oder neuerdings auch aus Kunststoff. Die Gefäße sind mit den Zellendeckeln verschweißt. Da die Stahlgefäße elektrisch leiten, müssen die Zellen einer mehrzelligen Batterie gegeneinander isoliert sein.

5.43 Betrieb des Stahlakkumulators

Stahlakkumulatoren sind weniger empfindlich als Bleiakkumulatoren. Um eine ausreichende Lebensdauer zu erreichen, ist es allerdings auch bei ihnen erforderlich, die Bedienungsanleitung des Herstellers sorgfältig zu beachten. Die Nennspannung des Stahlakkumulators beträgt je Zelle 1,2 V, die höchste Zellenspannung am Schluß des Ladevorganges etwa 1,8 V, die Entladeschlußspannung bei fünfstündiger Entladung meist etwa **1** V. Der Spannungsverlauf beim Laden und Entladen ist in Bild **123.2** wiedergegeben. Der vom Hersteller angegebene Ladenennstrom braucht bei beginnendem Gasen — Gasungsspannung je nach Ausführung und Bauart 1,55 V bis 1,75 V — nicht herabgesetzt zu werden.

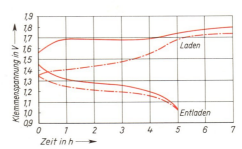

123.2 Lade- und Entladekennlinien eines offenen Stahlakkumulators bei 7 stündiger Ladung und 5 stündiger Entladung. Die Kurven können je nach der Zellenkonstruktion abweichend verlaufen

—————————— Nickel-Eisen-Zellen
—·—·—·—·— Nickel-Kadmium Taschenplatten-Zellen

123.1 Aufgeschnittene Stahl-Akkumulator-Zelle mit positiven und negativen Taschenplatten [5]

Da sich der Wasseranteil des Elektrolyten während des Betriebes kaum ändert, ändert sich die Dichte des Elektrolyten praktisch nicht. Diese, meist 1,17 kg/dm³, gibt daher im Gegensatz zum Bleiakkumulator keinen Aufschluß über den Ladezustand des Stahlakkumulators. Der Ladevorgang ist beendet, wenn die Zellenspannung nicht mehr ansteigt. Verdunstetes oder durch Gasen verbrauchtes Wasser des Elektrolyten ist durch destilliertes Wasser zu ersetzen. Lauge ist nur bei Verschütten nachzufüllen.

Geringe Verunreinigungen der Lauge durch Säure schaden dem Stahlakkumulator sehr und können ihn schließlich unbrauchbar machen. Bleiakkumulatoren dürfen deshalb mit Stahlakkumulatoren nur dann im gleichen Raum oder Behälter untergebracht werden, wenn sichergestellt ist, daß die Elektrolyte auch nicht spurenweise zusammenkommen.

Vor allem ist streng darauf zu achten, daß Füllgeräte für Säure nicht auch zum Füllen von Lauge benutzt werden. Stahlakkumulatoren dürfen nicht ohne Gefäßdeckel betrieben werden, da der Elektrolyt durch den Kohlendioxidgehalt der Luft verdorben wird. Die Zellenventile verhindern das Eindringen von Kohlendioxid weitgehend. Der Elektrolyt des Stahlakkumulators muß je nach Art des Betriebes etwa alle 1 bis 3 Jahre ausgewechselt werden. Beim Umgang mit Lauge ist wie bei Säure äußerste Vorsicht geboten, denn auch Lauge wirkt sehr stark ätzend auf Haut und Kleidung. Schutzbrille sowie Schutzkleidung tragen! Laugenspritzer sind sofort mit viel Wasser abzuspülen.

Beim Laden von Stahlakkumulatoren wird Knallgas entwickelt. Es gelten daher auch bei ihnen die entsprechenden Unfallverhütungsvorschriften für Akkumulatorenräume (s. S. 120).

Der Wirkungsgrad des Nickel-Eisen-Akkumulators beträgt etwa 50%, der des Nickel-Kadmium-Akkumulators etwa 50—75%. Er ist niedriger als beim Bleiakkumulator, weil die erforderliche Ladespannung erheblich über der Entladespannung liegt.

Die Vorteile des Stahlakkumulators gegenüber dem Bleiakkumulator bestehen darin, daß er gegen mechanische Beanspruchungen widerstandsfähiger ist und bei vorschriftsmäßiger Behandlung eine längere Lebensdauer hat. Er kann ferner gelegentliches zu weitgehendes Entladen sowie Überlastung vertragen und ohne Schaden für längere Zeit — auch im entladenen Zustand — unbenutzt stehen.

Die Nachteile gegenüber dem Bleiakkumulator sind die kleinere Zellenspannung und der niedrigere Wirkungsgrad sowie der wesentlich höhere Preis, das höhere Gewicht und der größere Platzbedarf.

5.44 Gasdichte Nickel-Kadmium-Akkumulatoren

Beim offenen Akkumulator entwickelt sich sowohl beim Laden und Überladen als auch beim Tiefentladen Wasserstoff und Sauerstoff. Beim gasdichten Akkumulator ist es gelungen, das Entstehen von Wasserstoff zu verhindern. Der sich bildende Sauerstoff wird im Akkumulator durch elektrochemische Vorgänge gebunden. Der Akkumulator ist dicht verschlossen und benötigt nicht die bei offener Bauart erforderliche Wartung. Gasdichte Akkumulatoren werden in drei Bauformen hergestellt: Knopfzellen mit Kapazitäten von 10 mAh bis 5 Ah sowie prismatische Zellen und Rundzellen mit Kapazitäten von 1,3 Ah bis 40 Ah (**124.1**). Sie können in sehr kleinen Abmessungen gefertigt und wie jedes andere Schaltelement in elektrische Schaltungen fest eingebaut werden. Sie sind weitgehend unempfindlich gegen Überladen und Tiefentladen, wobei allerdings der vom Hersteller für die einzelnen Typen jeweils angegebene Ladestrom und max. Entladestrom einzuhalten ist.

124.1 Gasdichte Nickel-Kadmium-Akkumulatoren [5]
1 Prismatische Zelle
2 Rundzelle
3 Knopfzelle
4 Knopfzellenbatterie

Das Hauptanwendungsgebiet gasdichter Zellen ist die Stromversorgung von Kleingeräten der verschiedensten Art; z. B.:

Knopfzellen für Hörgeräte, Blitzlichtgeräte, Uhren, Meßgeräte, elektrisches Spielzeug

Rundzellen und prismatische Zellen für tragbare Rundfunk- und Fernsehgeräte, Funksprechgeräte, Taschenlampen, Magnettongeräte, Diktiergeräte, Notlichtanlagen.

In vielen Fällen können gasdichte Nickel-Kadmium-Zellen an Stelle von Trockenbatterien (z.B. Monozellen, Mignonzellen, Knopfzellen) verwendet werden. Sie haben diesen gegenüber den Vorteil, daß sie sich wieder aufladen lassen. Beim Entladen bleibt ihre Spannung wesentlich konstanter als bei Trockenbatterien. Sie können auch erheblich höher belastet werden, weil sie einen kleinen Innenwiderstand haben. Diesen Vorteilen steht der höhere Preis gegenüber.

Übungsaufgaben zu den Abschnitten 5.3 und 5.4

1. Der Aufbau eines Bleiakkumulators ist zu beschreiben.
2. Wie kann man bei einem Bleiakkumulator den Ladezustand feststellen?

3. Beschreibe den Anschluß eines Akkumulators an das Ladegerät!

4. Welche Angaben kennzeichnen die Größe einer Akkumulatorenbatterie?

5. Welche Vorsichtsmaßnahmen sind beim Umgang mit Akkumulatoren zu beachten?

6. Welche Veränderungen erfahren Platten, Elektrolyt und Spannung eines Bleiakkumulators beim Laden und beim Entladen?

7. Die Angaben nach Aufgabe 6 sind für einen Stahlakkumulator zu machen.

8. Welche Vor- und Nachteile hat der Stahlakkumulator gegenüber dem Bleiakkumulator?

9. Wann ist der Ladevorgang bei einem Bleiakkumulator und wann bei einem Stahlakkumulator beendet?

10. Versuch: Es ist ein Bleiakkumulator nach Versuch 61, S. 115, herzustellen und seine Kapazität durch wiederholtes Laden und Entladen zu erhöhen.

11. Versuch: Der Ladezustand eines Bleiakkumulators ist mit dem Zellenprüfer und dem Säuremesser unter Zuhilfenahme der Bedienungsanleitung festzustellen.

6 Wechselstromkreis

Wechselstrom und Drehstrom (eine besondere Form des Wechselstroms, s. Abschn. 7) beherrschen heute die meisten Gebiete der Elektrotechnik. In der Energietechnik werden diese Stromarten u. a. deshalb verwendet, weil sie sich einfacher erzeugen und wirtschaftlicher über weite Strecken übertragen lassen als Gleichstrom; auch haben Drehstrommotoren einen besonders einfachen Aufbau. Auch die Nachrichtentechnik ist ohne Wechselstrom undenkbar. Das Wesen des Wechselstroms als schwingende Bewegung der Elektronen im Leiter (15.3) im Gegensatz zu der Elektronenströmung nur in einer Richtung bei Gleichstrom bedingt, daß die inneren Vorgänge im Wechselstromkreis von denen des Gleichstromkreises erheblich abweichen.

Bei Entfernungen von mehreren tausend Kilometern entstehen bei der Übertragung von Drehstrom Schwierigkeiten. Daher wird neuerdings hochgespannter Gleichstrom verwendet, der am Anfang der Fernleitung durch Gleichrichter aus Drehstrom gewonnen und am Ende in Wechselrichtern wieder in Drehstrom umgeformt wird.

6.1 Entstehung und Bestimmungsgrößen des Wechselstroms

6.11 Entstehung der sinusförmigen Wechselspannung

Anhand von Bild **126.1** soll die Induktionswirkung eines homogenen Magnetfeldes[1]) auf eine Leiterwindung untersucht werden, die im Magnetfeld mit konstanter Drehzahl angetrieben wird. Anfang A und Ende E der Windung liegen an zwei Schleifringen, die darauf schleifenden Bürsten sind mit einem Spannungsmesser verbunden. Bekanntlich ist die in dieser Leiterwindung induzierte Spannung von der Geschwindigkeit abhängig, mit der sich der magnetische Fluß Φ, der sie durchsetzt, ändert (s. Abschn. 3.41).

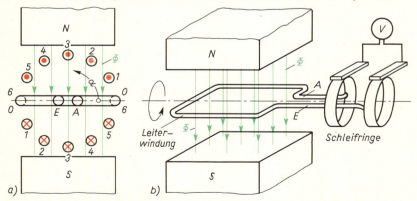

126.1 Erzeugung einer Wechselspannung durch Induktion in einer im Magnetfeld sich drehenden Leiterwindung

---

[1]) Homogen heißt gleichmäßig. Hier ist ein Magnetfeld mit überall gleicher Flußdichte gemeint.

Die Änderung des Flusses innerhalb der Windung entsteht durch deren Drehung, und zwar ist in der waagerechten Stellung 0—0 (Drehwinkel $\alpha = 0$) die Windung von den meisten Feldlinien durchsetzt, der Fluß Φ also am größten. In der senkrechten Stellung 3—3 (Winkel $\alpha = 90°$) tritt kein Fluß durch die Windungsfläche hindurch. Es soll nun geklärt werden, wie schnell sich der Fluß innerhalb der Windung zwischen den Stellungen 0—0 und 3—3 ändert.

Hierzu ist in Bild **127.1** in verschiedenen Stellungen der Leiterwindung deren Umfangsgeschwindigkeit v durch einen Geschwindigkeitspfeil dargestellt. Der Pfeil gibt Größe und Richtung der Geschwindigkeit an, die die Windung am Umfang in den Stellungen 0—0 bis 3—3 hat. Wie das Bild zeigt, bleibt die G r ö ß e der Geschwindigkeit wegen der konstanten Drehzahl unverändert, ihre R i c h t u n g ändert sich jedoch ständig. In Stellung 0—0 ist der Geschwindigkeitspfeil v entgegengesetzt zur Richtung der Feldlinien, also senkrecht nach oben gerichtet.

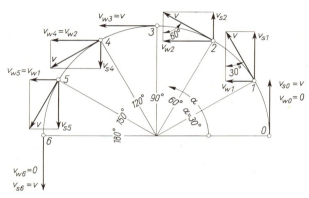

127.1 Zerlegen der Umfangsgeschwindigkeit v der Leiterwindung in einen waagerechten Anteil v_w und einen senkrechten Anteil v_s für die sechs Stellungen 0—0 bis 6—6 der Windung

In Stellung 3—3 steht der Geschwindigkeitspfeil im rechten Winkel zu den Feldlinien, also waagerecht. In den dazwischen liegenden Stellungen 1—1 und 2—2 geht der Geschwindigkeitspfeil mehr und mehr von der senkrechten in die waagerechte Richtung über. Seine Richtung entspricht jeweils der Richtung der Tangenten in den Punkten 0 bis 3, also der auf den Radien errichteten Senkrechten in diesen Punkten.

Man kann nun die Umfangsgeschwindigkeit v wie eine Kraft in zwei senkrecht aufeinanderstehende K o m p o n e n t e n, hier in den waagerechten Geschwindigkeitsanteil v_w und den senkrechten Anteil v_s zerlegen (s. Abschn. 14.1). Die Ä n d e r u n g des F l u s s e s i n d e r L e i t e r w i n d u n g hängt nur von dem waagerechten Anteil v_w der Umfangsgeschwindigkeit v ab, denn nur er bewirkt Flußänderungen in der Windung; der senkrechte Anteil v_s ist dafür bedeutungslos. In der waagerechten Stellung 0—0 der Leiterwindung (**126.**1a) ist der waagerechte Geschwindigkeitsanteil $v_{w0} = 0$, somit ist dort auch die i n d u z i e r t e S p a n n u n g g l e i c h N u l l. Man bezeichnet daher die in Richtung der Verbindungslinie 0—0 liegende Ebene als n e u t r a l e Z o n e. In der Stellung 3—3 ist $v_{w3} = v$. Der waagerechte Geschwindigkeitsanteil und die i n d u z i e r t e S p a n n u n g e r r e i c h e n h i e r also i h r e n H ö c h s t w e r t. In allen Stellungen zwischen den Stellungen 0—0 und 3—3 nehmen die waagerechte Geschwindigkeitskomponente v_w und damit die induzierte Spannung u[1] mit zunehmendem Drehwinkel α mehr und mehr zu.

Trägt man auf einer waagerechten Achse die Drehwinkel α von $0 \cdots 360°$ auf und darüber, senkrecht nach oben und unten die dazugehörigen Werte von v_w, so erhält man das Kurvendiagramm **128.1**. Die Pfeile für v_w in Bild **127.1** sind bei den folgenden Winkeln α gleich groß, aber entgegengesetzt gerichtet

      30°, 150° und 210°, 330°   60°, 120° und 240°, 300°   90° und 270°

---

[1]) Die sich ständig ändernden Augenblickswerte von Spannung und Strom — auch Zeitwerte genannt — werden durch die Kleinbuchstaben u und i gekennzeichnet.

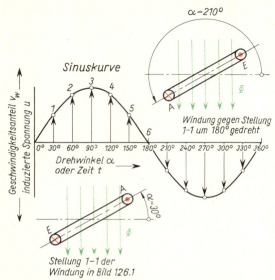

128.1 Geschwindigkeitsanteil v_w und induzierte Spannung u während einer Umdrehung der Leiterwindung in Bild **126.1**

Aus diesem Grunde werden die Werte von v_w für die Drehwinkel $180° \cdots 360°$ im Liniendiagramm nach unten angetragen.

Da die induzierte Spannung u dem Geschwindigkeitsanteil v_w proportional ist, zeigt die gezeichnete Kurve auch den zeitlichen Verlauf der induzierten Spannung. Die **Richtung der Spannung in der** Leiterwindung erhält man mit Hilfe der Lenzschen Regel (s. Abschn. 3.41, Bild **86**.1). Demnach hat diese Spannung für Drehwinkel von $180° \cdots 360°$ die umgekehrte Richtung wie für Drehwinkel von $0 \cdots 180°$. Die Geschwindigkeitskurve gibt also auch die Umkehrung der Spannungsrichtung bei $\alpha = 180°$ richtig wieder. Schreibt man an die waagerechte Achse statt der Winkelwerte $0 \cdots 360°$ die bei der Drehung ablaufende Zeit t, so entspricht das Schaubild dem **Liniendiagramm** in Bild **15**.3.

Für die weiteren Betrachtungen werden einige Begriffe der Winkelfunktionen benötigt, die zunächst erläutert werden sollen.

Winkelfunktionen Sinus und Kosinus. Nach dem Ähnlichkeitssatz der Geometrie ist das Verhältnis zwischen den Längen je zweier gleichliegender Seiten in rechtwinkligen Dreiecken mit gleichen spitzen Winkeln α und β, unabhängig von ihrer Größe, immer gleich (**128**.2a)

$$c_1 : b_1 = c_2 : b_2 \text{ usw.} \qquad a_1 : c_1 = a_2 : c_2 \text{ usw.} \qquad b_1 : a_1 = b_2 : a_2 \text{ usw.}$$

Für rechtwinklige Dreiecke mit verschiedenen spitzen Winkeln α und β erhält man natürlich auch verschiedene Verhältnisse der Seitenlängen. Diese Verhältnisse sind demnach von den spitzen Winkeln abhängig; sie sind, wie man sagt, Funktionen der Dreieckswinkel, und man nennt sie daher Winkelfunktionen oder trigonometrische Funktionen.

Das Verhältnis der Längen der den spitzen Winkeln α und β gegenüberliegenden Katheten a bzw. b zur Länge der Hypotenuse c wird nun als der Sinus des betreffenden Winkels bezeichnet (**128**.2b): Es sind also $\sin \alpha = a/c$ und $\sin \beta = b/c$ (gesprochen: Sinus alpha bzw. beta). Das Verhältnis der Längen der den spitzen Winkeln anliegenden Katheten zur Länge der Hypotenuse heißt der Kosinus des betreffenden Winkels, also $\cos \alpha = b/c$ und $\cos \beta = a/c$ (gesprochen: Kosinus alpha bzw. beta). Die Sinus- und Kosinuswerte für Winkel von $0 \cdots 90°$ werden in Sinus-Kosinus-Tafeln zusammengefaßt.

Wie Bild **127**.1 zeigt, hängt der waagerechte Geschwindigkeitsanteil v_w vom Sinus des Drehwinkels α ab, denn aus

$$\sin \alpha = \frac{v_w}{v}$$

folgt $v_w = v \cdot \sin \alpha$

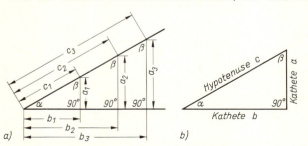

128.2 Winkelfunktionen in rechtwinkligen Dreiecken

Ist die Drehzahl und damit v konstant, so hängen v_w und die induzierte Spannung u nur noch von sin α ab. Die während der Umdrehung einer Leiterwindung induzierte Spannung ändert sich also wie der Sinus des Drehwinkels. Im Liniendiagramm erscheint daher der zeitliche Spannungsverlauf als S i n u s k u r v e.

Dreht sich eine Leiterwindung mit konstanter Drehzahl in einem homogenen Magnetfeld, so wird in ihr eine Wechselspannung induziert, deren Größe wie der Sinus des Drehwinkels zu- und abnimmt. Bei geschlossenem Stromkreis entsteht eine schwingende Elektronenbewegung, die als Wechselstrom bezeichnet wird.

Ähnlich wie hier in e i n e r Leiterwindung werden in den Spulen der Wechsel- und Drehstromgeneratoren Wechselspannungen induziert. Allerdings liegen dort die Induktionsspulen meist im feststehenden Teil der Maschine (Ständer). Sie werden in Nuten des Ständerblechpakets untergebracht. Das Magnetfeld wird von der E r r e g e r - w i c k l u n g des Läufers erzeugt (**129.1**). Dadurch ändert sich an dem Induktionsvorgang nichts; jedoch ergibt sich der Vorteil, daß der Strom über feste Anschlußklemmen abgenommen werden kann.

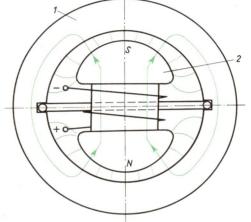

129.1 Wechselstromgenerator mit sinusförmiger Flußverteilung im Luftspalt. Zur besseren Übersichtlichkeit ist nur ein Nutenpaar mit e i n e r Induktionsspule und auch nur e i n Feldlinienpaar eingezeichnet
1 Ständer mit Induktionsspule
2 Läufer (Polrad) mit Erregerwicklung

Der magnetische Fluß verläuft bei dieser Anordnung bis auf den kleinen Luftspalt zwischen Ständer und Läufer im Eisen. Im Luftspalt treten die Feldlinien senkrecht zur Oberfläche aus dem Eisen in die Luft über. Wäre der Luftspalt über die gesamte Polschuhbreite gleich breit, so hätte das während der Drehung des Läufers eine gleichmäßige Flußänderung in den Induktionsspulen des Ständers zur Folge. Nach dem Induktionsgesetz ergäbe sich dann statt des gewünschten sinusförmigen Verlaufs der Spannung ein fast rechteckiger; d. h., nach einer halben Umdrehung kehrte sich die gleichbleibend große Induktionsspannung in eine ebensolche mit entgegengesetzter Richtung während der nächsten halben Umdrehung um. Um nun auch hier eine sinusförmige Spannung zu erhalten, wird der Luftspalt von der Mitte des Polschuhes aus nach beiden Seiten so weit verbreitert, daß die Flußdichte über die Breite jedes der beiden Polschuhe sinusförmig zu- und abnimmt. Dadurch entsteht in der Induktionsspule der gewünschte sinusförmige Verlauf der Spannung.

Der in der Technik angestrebte sinusförmige Verlauf hat gewichtige Gründe. Die wichtigsten sind:
a) Nur bei Sinusform lassen sich auf einfache Weise Berechnunge n für Wechselstromkreise durchführen. Alle jetzt folgenden Berechnungen basieren auf der Sinusform von Spannung und Strom.
b) Nur bei sinusförmigen Spannungen bleibt beim Transformieren am Ausgang des Transformators die Kurvenform erhalten, d. h., es entsteht wieder eine sinusförmige Spannung. Jede größere Abweichung von der Sinusform führt im Netz zu unübersehbaren Verhältni ssen in bezug auf die Höhe und den zeitlichen Verlauf der Spannung.

6.12 Bestimmungsgrößen des Wechselstroms

Größen im allgemeinen Sinne sind alle meßbaren, durch Zahlenwert (Maßzahl) und Einheit (Maßeinheit) ausdrückbaren Eigenschaften, Vorgänge und Zustände, z. B. Längen ($l = 2$ cm), Kräfte ($F = 4$ kp), Geschwindigkeiten ($v = 20$ m/s), Ströme ($I = 26$ A), Spannungen ($U = 2,8$ V) usw. Zu den bisher bereits verwendeten Größen treten in der Wechselstromtechnik einige weitere hinzu, die nun erläutert werden. Dabei werden häufig Gesetzmäßigkeiten oder Berechnungs- wie auch Darstellungsmöglichkeiten behandelt, die in gleicher Weise für W e c h s e l s p a n n u n g e n, W e c h s e l s t r ö m e oder W e c h s e l f e l d e r herangezogen werden können. Für diese Größen soll der zusammenfassende Ausdruck W e c h s e l g r ö ß e n benutzt werden.

Frequenz

Regelmäßig wiederkehrende Vorgänge, z. B. Schwingungen, nennt man p e r i o d i s c h e V o r g ä n g e. Einen vollständigen Schwingungsvorgang bezeichnet man als P e r i o d e (**130.**1). Der während einer Periode zweimal entstehende Höchstwert heißt S c h e i t e l - w e r t, M a x i m a l w e r t oder A m p l i t u d e, bei Spannung und Strom mit u_{max} bzw. i_{max} bezeichnet. Die Häufigkeit des Schwingungsvorganges wird durch die F r e q u e n z f angegeben.

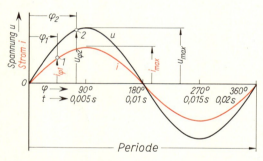

130.1 Bestimmungsgrößen für Wechselspannung und -strom
Für die Punkte 1 und 2 gilt $i_{\varphi 1} = i_{max} \cdot \sin \varphi_1$ und $u_{\varphi 2} = u_{max} \cdot \sin \varphi_2$
Für die Frequenz 50 Hz erhält die Zeitachse die angegebene Einteilung: E i n e Periode dauert $1/_{50}$ s $= 0,02$ s

Die Frequenz f einer Wechselgröße gibt die Anzahl der Perioden je Zeiteinheit an.

Für die gebräuchliche Einheit der Frequenz 1 Periode je Sekunde (1/s) ist der besondere Einheitenname H e r t z [1] (Hz) vereinbart worden. Es ist also

$$\mathbf{1 \ Hz = 1 \ \frac{1}{s}}$$

Für hohe Frequenzen werden Vielfache der Einheit Hertz, nämlich Kilohertz (kHz), Megahertz (MHz) und Gigahertz (GHz) verwendet.

Der Netz-Wechsel- und -Drehstrom hat die Frequenz 50 Hz, der Wechselstrom für elektrische Bahnen 50/3 Hz $= 16^2/_3$ Hz. Die für Sprach- und Musikdarbietungen zu übertragenden Wechselströme haben Frequenzen von etwa 16···16000 Hz. Sie werden T o n f r e q u e n z s t r ö m e genannt. Für die Funkübertragung werden als sogenannte Trägerfrequenzströme H o c h f r e q u e n z s t r ö m e verwendet. Ihre Frequenzen liegen zwischen $10^5 ··· 10^{10}$ Hz $= 100$ kHz ··· 10 GHz.

Frequenz und Polpaarzahl

Um in einem Generator mit e i n e m Polpaar (ein Nord- und ein Südpol wie in Bild **129.**1, Zahl der Polpaare also $p = 1$) eine Wechselspannung mit der Frequenz $f = 1$ Hz zu erzeugen, muß das Polrad in e i n e r Sekunde eine Umdrehung, in e i n e r Minute

---

[1] Heinrich Hertz, deutscher Naturforscher, 1857 bis 1894.

also 60 Umdrehungen machen: Drehzahl $n = 60 \frac{1}{\text{min}}$ oder 60 min^{-1}. Bei einer beliebigen Frequenz f ist die erforderliche Drehzahl f mal größer: $n = f \cdot 60$ min^{-1}. Bei zwei Polpaaren ($p = 2$), also vier Polen entsteht schon bei einer halben Umdrehung eine Periode, weil in der Leiterwindung schon bei einer halben Umdrehung dieselbe Flußänderung erfolgt, wie bei einem Polpaar während einer ganzen Umdrehung (**131**.1). Bei drei Polpaaren entsteht schon bei einer drittel Umdrehung eine Periode usw.

Mit dem Formelzeichen p für die Polpaarzahl kann man die für eine bestimmte Frequenz f erforderliche Generatordrehzahl nach folgender Formel berechnen

Generatordrehzahl $\quad n = \dfrac{60 \cdot f}{p}$

Setzt man hierin die Frequenz f in Hz ein, so erhält man die Generatordrehzahl n in 1/min oder min^{-1}. Dem Faktor 60 ist die Einheit s/min zuzuordnen.

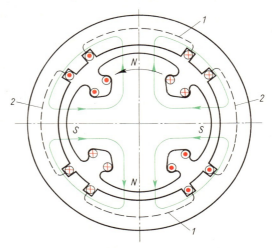

131.1 Vierpoliger Wechselstromgenerator. Läufer (Polrad) mit vier Polen (2 Polpaaren), Ständer mit zwei Paar Induktionsspulen 1—1 und 2—2, die parallel oder in Reihe geschaltet werden

Beispiel 52: Die Drehzahl n ist für einen vierpoligen Generator (Polpaarzahl $p = 2$) zu berechnen, wenn die Frequenz $f = 500$ Hz erzeugt werden soll.

Lösung: Mit $f = 500$ Hz (1/s) und $p = 2$ ist die erforderliche Drehzahl

$$n = \frac{60 \cdot f}{p} = \frac{60 \text{ s/min} \cdot 500 \text{ 1/s}}{2} = 15\,000 \text{ min}^{-1}.$$

Phasenwinkel

Bei einem zweipoligen Generator (**126**.1) hat die in der Leiterwindung erzeugte Wechselspannung eine Periode durchlaufen, wenn die Leiterwindung eine Umdrehung gemacht hat, wenn also der Drehwinkel $\alpha = 360°$ ist. Bei einem vierpoligen Generator (**131**.1) durchläuft die Wechselspannung bereits bei einer halben Umdrehung der Leiterwindung ($\alpha = 180°$) die volle Periode. Um von der Bauart des jeweils verwendeten Generators unabhängig zu sein, gibt man die Zeitwerte[1]) u und i von Wechselspannungen und -strömen nicht in Abhängigkeit vom (geometrischen) Drehwinkel α der Leiterwindung, sondern vom elektrischen Phasenwinkel φ (griechisch phi) an, wobei eine ganze Periode stets dem Phasenwinkel $\varphi = 360°$ entspricht, unabhängig davon, welcher Drehwinkel α — je nach der Polpaarzahl der Maschine — dazu gehört.

Bei einem sechspoligen Generator ($p = 3$) z. B. entspricht ein Drehwinkel $\alpha = 360°$ drei Perioden der Wechselspannung mit $\varphi = 3 \cdot 360° = 1080°$. Zu $\varphi = 360°$ gehört bei dieser Maschine andererseits der Drehwinkel $\alpha = 360°/3 = 120°$. Bei den Phasenwinkeln 90° und 270° treten immer die Höchstwerte u_{max} bzw. i_{max}, bei den Phasenwinkeln 0°, 180° und 360° immer die Nullwerte einer Periode der Sinusschwingung auf (**128**.1).

---

[1]) Siehe Fußnote 1 S. 127.

Für eine gegebene Frequenz f bedeutet der Phasenwinkel φ auch eine Zeitangabe, weil der Ablauf einer Periode eine gewisse Zeit erfordert. Bei der Frequenz $f = 50$ Hz benötigt eine Periode ($\varphi = 360°$) z. B. die Zeit $t = \,^1/_{50}$ s $= 0,02$ s, eine Viertelperiode ($\varphi = 90°$) die Zeit $t = \,^1/_{200}$ s $= 0,005$ s. Wegen dieses Zusammenhanges zwischen Phasenwinkel und Zeit kann man auf der waagerechten Achse von Liniendiagrammen außer dem Phasenwinkel φ auch die Zeit t angeben, wie in Bild **130.1** für $f = 50$ Hz geschehen.

Aus dem gleichen Grund spricht man vereinfachend auch oft von der **P h a s e** und meint damit **d e n Z e i t p u n k t** im Verlauf einer Sinusschwingung, dem der zugehörige Phasenwinkel φ zugeordnet ist, siehe z. B. in Bild **130.1** die Phasenwinkel φ_1, φ_2 und die zugehörigen Ströme und Spannungen $i\varphi_1$ und $u\varphi_2$. Die Phasenwinkel werden in den Liniendiagrammen vom Koordinaten-Nullpunkt, also von der Zeit $t = 0$ aus gerechnet.

Die **A u g e n b l i c k s - o d e r Z e i t w e r t e** u und i von Spannung bzw. Strom erhält man entsprechend der Formel $v_w = v \cdot \sin\varphi$ (s. S. 128) durch Malnehmen der Scheitelwerte u_{max} bzw. i_{max} mit dem Sinus des zugehörigen Phasenwinkels φ (**130.1**).

Augenblickswert der Spannung $u = u_{max} \cdot \sin\varphi$

Augenblickswert des Stromes $i = i_{max} \cdot \sin\varphi$

Beispiel 53: Es sind die Augenblickswerte i eines Wechselstroms mit dem Scheitelwert $i_{max} = 1$ A für die Phasenwinkel $\varphi = 0°$, 30°, 60° und 90° zu berechnen.

Lösung: Augenblickswert $i_{0°} = i_{max} \cdot \sin 0° = 1$ A $\cdot$ 0 = 0 A (Nullwert)

Augenblickswert $i_{30°} = i_{max} \cdot \sin 30° = 1$ A $\cdot$ 0,5 = 0,5 A

Augenblickswert $i_{60°} = i_{max} \cdot \sin 60° = 1$ A $\cdot$ 0,866 = 0,866 A

Augenblickswert $i_{90°} = i_{max} \cdot \sin 90° = 1$ A $\cdot$ 1 = 1 A (Scheitelwert)

Gegenseitige Phasenverschiebung

Drehen sich zwei Leiterwindungen I und II mit gleicher Drehzahl in einem homogenen Magnetfeld mit zwei Polen (Polpaarzahl $p = 1$), so sind die Phasenwinkel der beiden in ihnen induzierten Wechselspannungen, je nach der Lage der beiden Leiterwindungen zueinander, verschieden (**132.1** a). Liegen die beiden Leiterwindungen mit Anfang A und Ende E übereinander, so haben die in ihnen erzeugten Wechselspannungen gleichzeitig ihre Null- und Höchstwerte. Man sagt dann, die Spannungen sind **g l e i c h p h a s i g** oder auch, sie „liegen in Phase" (Kurve 1 und, damit deckungsgleich, Kurve 2 in Bild **132.1** b). Sind beide Windungen gegeneinander versetzt angeordnet (**132.1** a), so sind die Null- und Höchstwerte der Spannungen zeitlich gegeneinander verschoben. Man sagt, die beiden durch die Kurven 1 und 3 dargestellten Spannungen haben gegeneinander eine

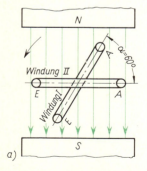
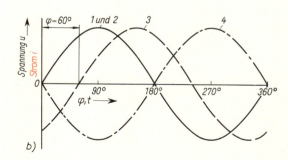

132.1 Gegenseitige Phasenlage von Wechselgrößen

Phasenverschiebung und drückt diese durch den Phasenverschiebungswinkel φ aus. Er beträgt im vorliegenden Fall $\varphi = 60°$, stimmt also hier zahlenmäßig mit dem Winkel α überein, den die beiden Leiterwindungen miteinander bilden, weil $p = 1$ ist. Sind beide Windungen um 180° gegeneinander versetzt (der Anfang A von Windung I liegt über dem Ende E von Windung II), so werden die Null- und Höchstwerte zwar gleichzeitig induziert, die Spannungen sind aber entgegengesetzt gerichtet (Kurven 1 und 4). Man bezeichnet diesen Kurvenverlauf als gegenphasig. Die gleichen Betrachtungen kann man auch mit anderen Wechselgrößen, z. B. mit zwei Wechselströmen, anstellen.

Zur vollständigen Kennzeichnung mehrerer zusammengehöriger Wechselgrößen gehören Zahlenwert, Einheit, Frequenz und ihre gegenseitige Phasenlage.

Phasenverschiebungswinkel φ treten nicht nur zwischen zwei Spannungen aus zwei verschiedenen Spannungsquellen, wie zwischen den beiden Leiterwindungen in Bild **132.1**, auf, sondern entsprechend natürlich auch zwischen zwei Strömen, häufig sogar zwischen Strom und Spannung in demselben Stromkreis mit nur einer Spannungsquelle. Hierüber wird in Abschn. 6.2 bis 6.4 noch ausführlich zu sprechen sein.

6.13 Zeigerdarstellung von Wechselgrößen

Der zeitliche Verlauf von sinusförmigen Wechselspannungen und -strömen wird nicht nur durch Liniendiagramme veranschaulicht, vielmehr kann man ihn sinnbildlich auch durch Zeiger im Zeigerdiagramm darstellen. Bild **133.1** zeigt den Zusammenhang zwischen dem Liniendiagramm einer sinusförmigen Wechselspannung u und dem Zeigerdiagramm. Darin denkt man sich den Zeiger mit einer Länge, die dem Scheitelwert u_{max} entspricht, und mit der Frequenz f umlaufend. Die Drehrichtung des Zeigers wird entgegen dem Uhrzeiger angenommen.

Zu der im Nullpunkt des Liniendiagramms zur Zeit $t = 0$ beginnenden Sinuskurve gehört die waagerechte Ausgangsstellung des Zeigers mit nach rechts weisender Spitze. In Bild **133.1** ist noch die Zeigerstellung für $\varphi = 60°$ eingezeichnet. Das Lot von der Zeigerspitze auf die waagerechte Achse (gestrichelt) ist der Augenblickswert u der Sinuskurve für den Phasenwinkel $\varphi = 60°$. Dieses Lot ist für alle Zeigerstellungen

$$u = u_{max} \cdot \sin\varphi$$

Soll die gegen eine Spannung u_1 um den Phasenverschiebungswinkel φ nacheilende zweite Spannung u_2 dargestellt werden, so wird dafür ein zweiter um den Winkel φ

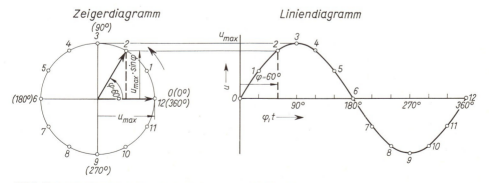

133.1 Zusammenhang zwischen Liniendiagramm und Zeigerdiagramm

verschobener Zeiger hinter dem ersten Zeiger hergeführt (**134.1**). Die Zeiger in **e i n e m** Zeigerdiagramm werden in einer bestimmten Ausgangsstellung stillgesetzt gedacht. Das Zeigerbild stellt somit gewissermaßen eine Momentaufnahme der sich drehenden Zeiger zur Zeit $t = 0$ dar.

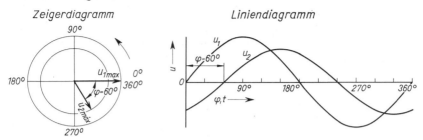

134.1 Liniendiagramm und Zeigerdiagramm zweier gegeneinander phasenverschobener Wechselspannungen verschiedener Größe aber gleicher Frequenz

Der Vorteil der Zeigerdiagramme gegenüber Liniendiagrammen besteht vor allem darin, daß man mit ihnen zeitlich sinusförmig sich ändernde Wechselgrößen recht einfach darstellen kann. Besonders übersichtlich wird die Darstellung durch Zeigerdiagramme, wenn mehrere gegeneinander phasenverschobene Wechselgrößen dargestellt werden müssen.

Statt mit den Scheitelwerten u_{max} und i_{max} kann man Zeigerdiagramme auch mit den Effektivwerten U und I (s. Abschn. 6.14) darstellen, weil beide Werte sich nur durch den Faktor 1,41 unterscheiden.

Sinusförmige Wechselgrößen gleicher Frequenz können durch Zeigerdiagramme veranschaulicht werden. Darin entspricht die Länge der Zeiger den Spannungs- oder Stromwerten, der Winkel zwischen den Zeigern gibt den gegenseitigen Phasenverschiebungswinkel φ zwischen den Wechselgrößen an.

Addition von Wechselgrößen

Sind zwei sinusförmige Wechselgrößen, also z. B. zwei Wechselströme oder hier die beiden Wechselspannungen u_1 und u_2 aus Bild **134.1**, zu addieren, so muß man ihre Augenblickswerte im Liniendiagramm Punkt für Punkt nach Größe **u n d** Vorzeichen zusammenzählen (**135.1**). Man erhält auf diese Weise die Summenspannung u. Im Liniendiagramm dürfen auf diese Weise auch Wechselgrößen **v e r s c h i e d e n e r** **F r e q u e n z** addiert werden.

Wechselgrößen beliebiger Frequenz werden addiert, indem man ihre Augenblickswerte im Liniendiagramm nach Größe und Vorzeichen addiert.

Sind die beiden zu addierenden Wechselgrößen sinusförmig und von gleicher Frequenz, so hat die Summenkurve ebenfalls wieder Sinusform.

Aus Bild **135.1** geht hervor, daß man die Addition zweier Wechselgrößen **g l e i c h e r** **F r e q u e n z** einfacher im Zeigerdiagramm vornehmen kann, indem man die beiden zu addierenden Zeiger, hier $u_{1\,max}$ und $u_{2\,max}$, zu einem Parallelogramm ergänzt. Wie bei der Addition zweier Kräfte verschiedener Richtung (s. Abschn. 14.11) erhält man den resultierenden Zeiger der Summengröße (hier u_{max}) als Diagonale in diesem Parallelogramm. Die Addition gerichteter Größen unter Berücksichtigung von Größe **u n d** Richtung nennt man **g e o m e t r i s c h e** **A d d i t i o n**.

Sinusförmige Wechselgrößen gleicher Frequenz werden addiert, indem man ihre Zeiger geometrisch addiert, d.h. nach Größe und Richtung zusammensetzt.

Zeigerdiagramm   *Liniendiagramm*

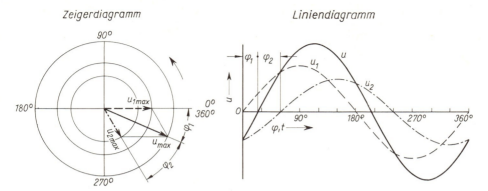

135.1 Addieren von zwei phasenverschobenen Wechselspannungen gleicher Frequenz im Zeigerdiagramm und Liniendiagramm

6.14 Wirkwiderstand im Wechselstromkreis[1])

Gegenseitige Phasenlage von Strom und Spannung

In einem Wirkwiderstand R hat die Stromkurve zur gleichen Zeit ihre Null- und Scheitelwerte wie die Spannungskurve, da sich die Stromstärke nach dem Ohmschen Gesetz in jedem Augenblick im gleichen Maße ändert wie die Spannung (**136.1 a**).

In einem Wirkwiderstand R liegt der Strom mit der Spannung in Phase, somit ist der Phasenverschiebungswinkel $\varphi = 0$.

Wechselstromleistung bei Belastung mit einem Wirkwiderstand

Wie die Augenblickswerte u und i von Spannung und Strom, so ändert sich auch fortwährend der Augenblickswert P_t der Leistung. Man erhält die Augenblickswerte der Leistung (**136.1 b**) durch Malnehmen der Augenblickswerte von Spannung und Strom (s. Abschn. 1.71), also

$$P_t = u \cdot i \qquad \text{oder} \qquad P_t = i^2 R = \frac{u^2}{R}$$

So kann man z. B. für die Scheitelwerte $u_{max} = 6$ V, $i_{max} = 4$ A, also für den Widerstand $R = \dfrac{u_{max}}{i_{max}} = \dfrac{6\,\text{V}}{4\,\text{A}} = 1,5\,\Omega$ folgende Augenblickswerte P_t der Leistung ermitteln

$$P_{0°} \qquad\qquad = u_{max} \cdot \sin\ 0° \cdot i_{max} \cdot \sin 0° = 6\,\text{V} \cdot 0 \cdot 4\,\text{A} \cdot 0 \qquad = 0$$

$$P_{30°} = P_{150°} = u_{max} \cdot \sin 30° \cdot i_{max} \cdot \sin 30° = 6\,\text{V} \cdot 0,5 \cdot 4\,\text{A} \cdot 0,5 \qquad = 6\,\text{W}$$

$$P_{60°} = P_{120°} = u_{max} \cdot \sin 60° \cdot i_{max} \cdot \sin 60° = 6\,\text{V} \cdot 0,866 \cdot 4\,\text{A} \cdot 0,866 = 18\,\text{W}$$

$$P_{90°} \qquad\qquad = u_{max} \cdot \sin 90° \cdot i_{max} \cdot \sin 90° = 6\,\text{V} \cdot 1 \cdot 4\,\text{A} \cdot 1 \qquad = 24\,\text{W}$$

Die im Widerstand R erzeugte Leistung ist von der Stromrichtung unabhängig. Deshalb liegt die Leistungskurve für die zweite Periodenhälfte ebenfalls oberhalb der Zeitachse. Die Leistungskurve in Bild **136.1 b** zeigt, daß die Leistung während e i n e r Periode von

---

[1]) Der Widerstand R eines Leiters wird in Wechselstromkreisen zur Unterscheidung vom induktiven und kapazitiven Widerstand (s. Abschn. 6.21 u. 6.31) auch als Wirkwiderstand bezeichnet.

Zeigerdiagramm   *Liniendiagramm*

$U = 0{,}707 \cdot u_{max}$

$I = 0{,}707 \cdot i_{max}$

u_{max}

i_{max}

Schaltplan

$u_{60°} = u_{max} \cdot \sin 60°$

$i_{60°} = i_{max} \cdot \sin 60°$

a)

136.1 Verlauf von Spannung und
Strom (a) sowie Leistung (b)
bei Belastung einer Wechsel-
spannungsquelle mit einem
Wirkwiderstand; P_t ist der
Augenblickswert der Leistung
(Erläuterung der Effektiv-
werte U und I s. S. 137)

$P_t = u \cdot i = i^2 \cdot R = \dfrac{u^2}{R}$

$P_{60°} = u_{60°} \cdot i_{60°}$

mittlere Leistung

$P = \dfrac{P_{max}}{2}$

b)

Spannung und Strom zwischen **zwei** Nullwerten und **zwei** Scheitelwerten P_{max}
schwankt. Die Leistung schwankt also mit der doppelten Frequenz von Strom und Spannung.

Die von der Leistungskurve und der Zeitachse eingeschlossene Fläche ist ein Maß für
die im Verbraucher in eine andere Energieform umgewandelte elektrische Energie. Die
Fläche unter der Leistungskurve läßt sich in ein flächengleiches Rechteck verwandeln, wenn
man parallel zur Zeitachse im Abstand $P_{max}/2$ eine waagerechte Linie zieht; denn die
gleichsinnig schraffierten Flächenteile über und unter der Mittellinie sind flächengleich.
Die auf diese Weise erhaltene **mittlere Leistung** $P_{max}/2$ verrichtet in der Zeit t die
gleiche Arbeit wie die sich ständig ändernde Augenblicksleistung P_t. Der folgende Versuch wird diesen Sachverhalt noch deutlicher machen.

□ **Versuch 62.** Da Wechselspannung und -strom ihre Richtung nach jeder halben
Periode ändern, müssen für die Anordnung in Bild **137.1** Meßinstrumente verwendet
werden, deren Zeiger hiervon unabhängig immer in derselben Richtung ausschlagen.
Dies ist bei Leistungsmessern (s. Abschn. 9.31) stets der Fall. Als Strom- und Spannungsmesser müssen solche mit Dreheisenmeßwerk (s. Abschn. 9.23) oder Drehspulmeß-
geräte mit Gleichrichter (s. Abschn. 9.22) verwendet werden. Legt man nun als ohmschen Widerstand die 100 W-Glühlampe der Versuchsschaltung zunächst an die
Gleichspannung $U_- = 220$ V und dann an die Wechselspannung $U_\sim = 220$ V, so zeigen die Meßinstrumente jedesmal gleiche Spannungs-, Strom- und Leistungswerte an,
nämlich $U = 220$ V, $I = 0{,}45$ A und $P = 100$ W. Entsprechend leuchtet die Lampe auch
in beiden Fällen gleich hell.

In beiden Fällen erhält man den Widerstand des Glühfadens R und die Leistung rechnerisch in Übereinstimmung mit dem Versuchsergebnis

$$R = \frac{U}{I} = \frac{220\,\text{V}}{0{,}45\,\text{A}} = 489\,\Omega \qquad P = U \cdot I = 220\,\text{V} \cdot 0{,}45\,\text{A} = 100\,\text{W} \quad \square$$

Der Versuch beweist, daß das Ohmsche Gesetz und die Formeln zur Berechnung von Widerstand und Leistung für den Wechselstromkreis mit ohmscher Belastung unverändert wie im Gleichstromkreis gelten, wenn die von den Meßgeräten angezeigten Werte eingesetzt werden.

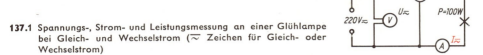

137.1 Spannungs-, Strom- und Leistungsmessung an einer Glühlampe bei Gleich- und Wechselstrom ($\sim$ Zeichen für Gleich- oder Wechselstrom)

Der Mittelwert der Leistung $P_{max}/2$ ist die von einem Leistungsmesser unmittelbar angezeigte Leistung P.

Effektivwerte von Wechselspannung und Wechselstrom

Das Ergebnis von Versuch 62 wirft die Frage auf, welche Werte die Meßgeräte im Wechselstromkreis eigentlich anzeigen, weil sich die Augenblickswerte von Spannung, Stromstärke und Leistung doch fortwährend ändern und weil Spannung und Stromstärke außerdem noch ihre Richtung umkehren. Die Scheitelwerte werden offensichtlich n i c h t angezeigt, da diese während jeder Periode nur kurzzeitig auftreten. Die von den Meßgeräten angezeigten Werte müssen deshalb M i t t e l w e r t e sein, die in der Zeit t die gleiche elektrische Arbeit zu übertragen vermögen wie die entsprechenden Gleichstromwerte. Man nennt die im Wechselstromkreis von Spannungs- und Strommesser angezeigten Meßwerte U und I daher Leistungsmittelwerte oder E f f e k t i v w e r t e (effektiv heißt wirksam).

Die Effektivwerte U und I von Wechselspannung und -strom entwickeln in einem ohmschen Widerstand R die gleiche Leistung P, wie ein ebenso großer Gleichstrom I und eine ebenso große Gleichspannung U.

Zahlenmäßig findet man den vom Strommesser angezeigten Effektivwert I des Wechselstroms mit den Werten in Bild **136.1** wie folgt. Der Scheitelwert P_{max} der Leistung ist

$$P_{max} = u_{max} \cdot i_{max} \text{ oder } P_{max} = i^2_{max} \cdot R = (4\,A)^2 \cdot 1{,}5\,\Omega = 4\,A \cdot 4\,A \cdot 1{,}5\,\Omega = 24\,W$$

Die vom Leistungsmesser angezeigte Leistung ist dann $P = P_{max}/2 = 12\,W$. Sowohl ein Gleichstrom I wie auch ein Wechselstrom mit dem gleichen Effektivwert I ergibt nach Versuch 62 im Widerstand R die gleiche Leistung $P = I^2 \cdot R$. Man erhält durch Gleichsetzen also

$$I^2 \cdot R = \frac{i^2_{max} \cdot R}{2}$$

Dividiert man beide Seiten dieser Gleichung durch den Widerstand R, so verschwindet dieser aus der Gleichung $I^2 = i^2_{max}/2$. Zieht man auf beiden Seiten die Wurzel, so erhält man für den Effektivwert der Stromstärke

$$I = \frac{i_{max}}{\sqrt{2}} = \frac{i_{max}}{1{,}41} = 0{,}707 \cdot i_{max}$$

Auf die gleiche Weise findet man für den vom Spannungsmesser angezeigten Effektivwert U der Spannung

$$P = \frac{P_{max}}{2} = \frac{u^2_{max}}{2R} = \frac{U^2}{R} \qquad\qquad U = \frac{u_{max}}{\sqrt{2}} = \frac{u_{max}}{1{,}41} = 0{,}707 \cdot u_{max}$$

Der Effektivwert beträgt demnach bei Spannung und Strom etwa 70% des Scheitelwertes (**136.1**).

effektive Stromstärke $\quad \boldsymbol{I = 0{,}707 \cdot i_{max}}$ $\qquad\qquad$ effektive Spannung $\quad \boldsymbol{U = 0{,}707 \cdot u_{max}}$

Entsprechend findet man die Scheitelwerte aus den Effektivwerten

Scheitelwert der Stromstärke $i_{max} = 1{,}41 \cdot I$ Scheitelwert der Spannung $u_{max} = 1{,}41 \cdot U$

Der Scheitelwert u_{max} der Spannung ist maßgebend für die Durchschlagbeanspruchung von Isolierstoffen, z. B. beim Dielektrikum eines Kondensators. Ein Kondensator, der laut Aufschrift für 500 V Gleichspannung bemessen ist, darf höchstens an die effektive Wechselspannung $U = 0{,}707 \cdot u_{max} = 0{,}707 \cdot 500$ V $= 354$ V angeschlossen werden. Bei einer Wechselspannung $U = 500$ V würde das Dielektrikum mit $u_{max} = 1{,}41 \cdot U = {} = 1{,}41 \cdot 500$ V $= 705$ V beansprucht werden. Dann könnte es durch einen Spannungsdurchschlag zerstört werden.

Beispiel 54: Mit den in Bild 136.1 angegebenen Zahlen erhält man dort für die Effektivwerte von Strom und Spannung und somit für die Leistung P

effektive Spannung	$U = 0{,}707 \cdot u_{max} = 0{,}707 \cdot 6$ V $= 4{,}24$ V
effektive Stromstärke	$I = 0{,}707 \cdot i_{max} = 0{,}707 \cdot 4$ A $= 2{,}83$ A
Leistung	$P = U \cdot I = 4{,}24$ V $\cdot 2{,}83$ A $= 12$ W

6.2 Spule im Wechselstromkreis

6.21 Induktiver Widerstand

In Abschnitt 3.43 wurde gezeigt, daß in einer von Wechselstrom durchflossenen Spule eine Selbstinduktionsspannung entsteht, die sich als zusätzlicher Widerstand, als induktiver Widerstand (Formelzeichen X_L) auswirkt. Die Verwendung des Formelzeichens X soll zum Ausdruck bringen, daß der induktive Widerstand kein Echt-Widerstand wie der Widerstand R der Spulenwicklung ist, daß also keine Wärme entsteht, wenn er von Strom durchflossen wird. Man bezeichnet daher den induktiven Widerstand auch als Blindwiderstand und den Wicklungswiderstand als Wirkwiderstand der Spule. Der Wirkwiderstand kann allerdings bei Wechselstrom, insbesondere bei Spulen mit geschlossenem Kern und auch bei höherer Frequenz, merklich größer sein als der Gleichstromwiderstand (s. unter „Verlustwiderstand" S. 140). Die beiden folgenden Versuche sollen klären, von welchen Größen der induktive Widerstand einer Spule abhängt.

☐ **Versuch 63.** Zwei Spulen mit 300 und 1200 Wdg. werden nacheinander ohne Eisenkern, mit offenem und schließlich mit geschlossenem Eisenkern an eine Gleichspannung und dann an eine gleich große Wechselspannung $U = 6$ V gelegt (**139**.1). Jedes Mal wird die Stromstärke gemessen und nach dem Ohmschen Gesetz aus Spannung und Stromstärke der Spulenwiderstand errechnet. Dabei mögen sich folgende Werte ergeben:

	Spule mit 300 Wdg.				Spule mit 1200 Wdg.			
	Gleichstrom		Wechselstrom		Gleichstrom		Wechselstrom	
	Strom	Widerst.	Strom	Widerst.	Strom	Widerst.	Strom	Widerst.
ohne Kern	7,5 A	0,8 Ω	6 A	1 Ω	0,48 A	12,5 Ω	0,35 A	17 Ω
offener Kern	7,5 A	0,8 Ω	1 A	6 Ω	0,48 A	12,5 Ω	0,07 A	85 Ω
geschlossener Kern	7,5 A	0,8 Ω	0,1 A	60 Ω	0,48 A	12,5 Ω	—	960 Ω

Bei der Messung mit geschlossenem Kern an Wechselspannung 6 V ergibt sich eine sehr kleine, nicht ablesbare Stromstärke, bei 100 V Wechselspannung ein Strom von 0,104 A. Aus 100 V/0,104 A erhält man den in die vorstehende Tafel eingetragenen Widerstand 960 Ω. ☐

Der Versuch zeigt, daß der Gleichstromwiderstand der Spule nur vom Widerstand des Spulendrahtes abhängt; er ist praktisch gleich dem Wirkwiderstand R der Wicklung. Der bei Wechselstrom in Erscheinung tretende Spulenwiderstand setzt sich daher aus dem Wirkwiderstand R der Wicklung und dem zusätzlichen induktiven Widerstand X_L zusammen. Der induktive Widerstand wird, ebenso wie die Induktivität der Spule (s. Abschn. 3.43), um so größer, je besser der magnetische Fluß durch den Eisenkern geschlossen wird. Der induktive Widerstand ist daher ohne Eisenkern am kleinsten, und bei geschlossenem Kern am größten. Er steigt ferner, ebenso wie die Induktivität einer Spule, mit dem Quadrat der Windungszahl. Bei der 4fachen Windungszahl, nämlich bei 1200 Windungen, ist der induktive Widerstand $4 \cdot 4 = 16$ mal so groß wie bei 300 Windungen.

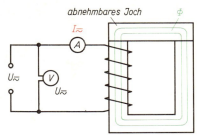

139.1 Spule ohne Kern sowie mit offenem und geschlossenem Kern im Wechselstromkreis. Da der Fluß Φ ein Wechselfluß ist, sind die magnetischen Feldlinien ohne Richtungspfeile gezeichnet

Abweichende Werte in der obigen Tafel sind durch unvermeidbare Versuchsfehler erklärbar. Auch ist bei offenem Kern — und noch deutlicher ohne Kern — das Verhältnis der im Versuch ermittelten Spulenwiderstände für das Windungsverhältnis $300:1200 = 1:4$ für Wechselstrom nicht genau $1:16$, weil der Wirkwiderstand der Wicklung im Verhältnis zum induktiven Widerstand merklich ins Gewicht fällt. Erst bei geschlossenem Kern ist der induktive Widerstand so groß, daß der Wirkwiderstand dagegen vernachlässigbar ist.

Der Einfluß von Eisenkern, Windungszahl und Spulenform auf die Größe der Selbstinduktionsspannung und damit auf den induktiven Widerstand X_L wird durch die Induktivität L der Spule ausgedrückt (s. Abschn. 3.43).

Der induktive Widerstand X_L einer Spule wächst mit ihrer Induktivität L.

☐ **Versuch 64.** Durch die Spule mit 300 Wdg. und geschlossenem Eisenkern aus Versuch 63 wird ein Wechselstrom veränderbarer Frequenz geschickt, der hier mit einem Stromwender (**139.2** a) aus Batterie-Gleichstrom erzeugt wird. Bei **e i n e r** Umdrehung der Handkurbel wird der Gleichstrom zweimal umgepolt. Es entsteht ein Wechsel-

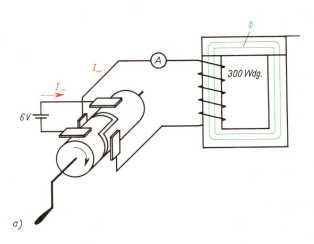

139.2
Erzeugung von Wechselströmen verschiedener Frequenz mit Hilfe des Stromwenders (a) und Liniendiagramm der Stromkurve (b)

strom, der nicht sinusförmig, sondern rechteckförmig verläuft (**139.2** b). Je schneller man die Kurbel dreht, um so höher wird die Frequenz des Wechselstroms. Dabei wird der Ausschlag des Strommessers im gleichen Maße kleiner, wie die Drehzahl steigt, je höher also die Frequenz des Wechselstromes wird. □

Der induktive Widerstand X_L einer Spule steigt mit der Frequenz f der angelegten Wechselspannung.

Die Versuche 63 und 64 ergeben somit:

Eine von Wechselstrom durchflossene Spule hat außer ihrem Wirkwiderstand R einen induktiven Widerstand X_L, der mit der Induktivität L der Spule und mit der Frequenz f des Wechselstromes zunimmt.

Der induktive Widerstand kann nach folgender Formel berechnet werden

induktiver Widerstand $\qquad\qquad$ **$X_L = 2\,\pi \cdot f \cdot L$**

Man erhält hierin X_L in Ω, wenn man f in Hz (Hertz) und L in H (Henry) einsetzt.

Das Produkt $2\,\pi \cdot f$ ist die K r e i s f r e q u e n z ω (griechisch omega), also $\omega = 2\,\pi \cdot f$. Die Bezeichnung Kreisfrequenz weist darauf hin, daß in der Formel mit dem Faktor $2\,\pi$ der Umfang des Kreises mit dem Radius Eins (z. B. $r = 1$ m, $U = 2\,\pi \cdot 1$ m $= 2\,\pi$ m) enthalten ist. Dieser Faktor ist erforderlich, um den induktiven Widerstand zahlenmäßig in Ohm zu erhalten.

Verlustwiderstand. In Spulenkernen entstehen Verluste durch Hysterese und Wirbel-ströme (s. Abschn. 3.23 und 3.42). Sie bewirken, daß der gesamte wärmeerzeugende Widerstand bei Spulen mit Eisenkern im Wechselstromkreis um den zusätzlichen V e r-l u s t w i d e r s t a n d größer ist als der Gleichstromwiderstand der Spulenwicklung. Der Verlustwiderstand kann bei geschlossenem Kern das Mehrfache des Gleichstromwider-standes betragen (s. Versuch 65).

Verzerrung der Stromkurve bei magnetisch gesättigtem Spulenkern

Bisher wurde in Abschn. 6.2 stillschweigend angenommen, daß in den betrachteten Spulen bei sinusförmiger Spannung, wie sie von den Versorgungsnetzen der EVU gelie-fert wird, auch immer sinusförmige Ströme entstehen. Ein Oszillogramm (Schwingungs-bild) des Spulenstromes zeigt jedoch, daß dies zwar bei e i s e n l o s e n S p u l e n zutrifft, nicht aber bei S p u l e n m i t E i s e n k e r n , die im Sättigungsgebiet des Eisens arbeiten. Hier erhält man eine mehr oder weniger verzerrte Stromkurve (**140.1**).

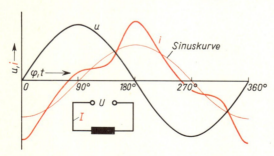

140.1 Verzerrung des Spulenstroms durch magnetische Sättigung des Eisenkerns

Verursacht wird die Stromver-zerrung durch den gekrümmten Verlauf der Magnetisierungskurve (**76.1**). Infolge dieser Krümmung ändert sich der magnetische Fluß nicht verhältnisgleich (linear) mit dem Strom. Hierdurch ist ein mit steigender Sättigung weniger rasch zunehmender induktiver Wider-stand bedingt, der seinerseits die Stromkurve, abweichend von der Sinusform, mit beginnender Eisensättigung steiler ansteigen läßt.

6.22 Phasenverschiebung zwischen Spannung und Strom im Spulenstromkreis

Spule mit rein induktivem Widerstand. Dieser Fall liegt praktisch schon dann vor, wenn der induktive Widerstand sehr groß gegenüber dem Wirkwiderstand ist, so daß der letztere vernachlässigt werden kann. Die in einer solchen Spule entstehende Selbstinduktionsspannung u_{qL} ist in dem Zeitpunkt am größten, in dem der Spulenstrom i durch Null geht, also bei $\varphi = 0; 180; 360°$ usw. Denn dann ändern sich Strom und magnetischer Fluß am stärksten, die Stromkurve hat ihre größte Steilheit (**141.1**). Nach der Lenzschen Regel wirkt die Selbstinduktionsspannung u_{qL} der sie verursachenden Stromänderung entgegen (s. Abschn. 3.41). Sie muß daher während des Stromanstiegs der Stromrichtung entgegenwirken, um so den Stromanstieg zu behindern. Im Liniendiagramm muß daher die u_{qL}-Kurve während des Stromanstiegs zwischen $0 \cdots 90°$ (Stromkurve über der Zeitachse) unterhalb der Zeitachse verlaufen (positive Richtung über, negative unter der Zeitachse). Die Selbstinduktionsspannung sinkt in demselben Maße, in dem sich die Steigung der Stromkurve vermindert. Sie wird in dem Augenblick Null, in dem die Stromkurve bei $90°$ ihren Höchstwert erreicht. Dann ist das Magnetfeld voll ausgebildet. Zwischen $90 \cdots 180°$ wird der Strom wieder kleiner, dabei nimmt die Kurvensteilheit zu.

Nach der Lenzschen Regel muß die Selbstinduktionsspannung u_{qL} jetzt dem Strom gleichgerichtet sein, um den Stromabfall aufzuhalten; u_{qL}- und i-Kurve verlaufen daher auf der gleichen Seite der Zeitachse. Zwischen 180 bis 360° gelten die gleichen Überlegungen. Die Selbstinduktionsspannung u_{qL} ist gegenüber dem Strom i immer um eine Viertelperiode (90°) nacheilend verschoben, man sagt, i eilt u_{qL} um 90° voraus.

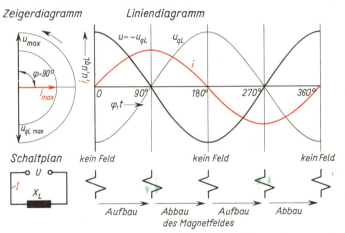

141.1 Phasenverschiebung zwischen Spannung und Strom in einer Spule mit rein induktivem Widerstand

Zur Überwindung der Selbstinduktionsspannung u_{qL} muß an die Spule eine Spannung u gelegt werden, die der Selbstinduktionsspannung in jedem Augenblick gleich aber entgegengesetzt gerichtet ist, also zu ihr gegenphasig verläuft; u ist also gegen u_{qL} um 180° verschoben. Die u-Kurve ist somit das Spiegelbild der u_{qL}-Kurve.

In einer von Wechselstrom durchflossenen Spule mit rein induktivem Widerstand eilt der Strom der angelegten Spannung um $\varphi = 90°$ nach.

Spule mit Wirkwiderstand und induktivem Widerstand. Hat die Spule einen so großen Wirkwiderstand R, daß dieser einen merklichen Wirkspannungsabfall u_w hervorruft, so ist eine zusätzliche Spannung u_w nötig, um auch diesen Spannungsabfall aufzubringen (**142.1**). Die Wirkspannung u_w liegt mit dem Strom in Phase, da sie gleichzeitig mit dem Strom ihren Null- und Höchstwert hat (s. Abschn. 6.14).

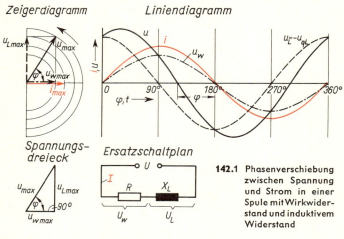

142.1 Phasenverschiebung zwischen Spannung und Strom in einer Spule mit Wirkwiderstand und induktivem Widerstand

Hinzu kommt die die Selbstinduktionsspannung u_{qL} überwindende induktive Blindspannung u_L. Sie eilt gegenüber der Wirkspannung u_w um 90° vor. Die an die Spule angelegte Spannung u erhält man durch Addition von u_w und u_L (s. Bild **135.1**). Gegenüber der so ermittelten Spannung u hat der Strom i einen Phasenverschiebungswinkel φ, der kleiner ist als 90°.

In einer Spule mit dem Wirkwiderstand R und dem induktiven Widerstand X_L ist der Phasenverschiebungswinkel φ zwischen Strom i und angelegter Spannung u kleiner als 90°. Er ist um so größer, je größer X_L im Verhältnis zu R ist.

Man kann sich die Spule als Reihenschaltung aus dem Wirkwiderstand R und dem induktiven Widerstand X_L zusammengesetzt denken. In einer solchen Ersatzschaltung spielen sich die beschriebenen Vorgänge auf die gleiche Weise ab wie in der Spule selbst. Bild **142.1** zeigt den zugehörigen Ersatzschaltplan, der bei der gedanklichen Klärung verwickelter Vorgänge oft verwendet wird.

6.23 Ohmsches Gesetz für den Spulenstromkreis

Aus dem Zeigerdiagramm kann man die Spannungen als Spannungsdreieck herauslösen (**142.1**). In diesem sind die Spannungen noch mit ihren Scheitelwerten enthalten. Nach Dividieren der Seiten des Dreiecks durch den Faktor 1,41 (s. Abschn. 6.14) erhält man das Spannungsdreieck in Effektivwerten (**142.2**b). Als rechtwinkliges Dreieck gestattet es die Anwendung des Pythagoreischen Lehrsatzes: In einem rechtwinkligen Dreieck ist der Flächeninhalt des Quadrats über der Hypotenuse (U in Bild **142.2**b) gleich der Summe der Flächeninhalte der Quadrate über den beiden Katheten (dort U_w und U_L). Zwischen den im Spannungsdreieck miteinander verbundenen Spannungen gilt daher

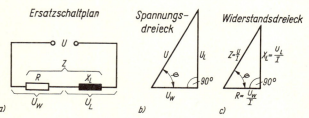

$$U^2 = U_w{}^2 + U_L{}^2$$

142.2
Ersatzschaltplan einer Spule mit Wirkwiderstand und induktivem Widerstand (a), Entstehung des zugehörigen Widerstandsdreiecks (c) aus dem Spannungsdreieck (b)

Mit Hilfe der Winkelfunktionen (s. S. 128) erhält man ferner folgenden Zusammenhang zwischen dem Phasenverschiebungswinkel φ und den Spannungen

$$\cos\varphi = \frac{U_w}{U} \qquad \sin\varphi = \frac{U_L}{U}$$

Da die Spule mit Wirk- und induktivem Widerstand wie eine Reihenschaltung aus diesen beiden Widerständen betrachtet werden darf, durch die derselbe Strom I fließt, kann man die im Spannungsdreieck veranschaulichten Spannungen durch diesen Strom dividieren. Man erhält dann nach dem Ohmschen Gesetz die zu den betreffenden Spannungen gehörenden Widerstände.

Aus dem Spannungsdreieck gewinnt man auf diese Weise das W i d e r s t a n d s d r e i e c k (**142.2** c). Der Phasenverschiebungswinkel φ ist darin unverändert erhalten, da das Verhältnis der Widerstände zueinander das gleiche ist wie das der entsprechenden Spannungen im Spannungsdreieck. Die Hypotenuse des Widerstandsdreiecks stellt den aus dem Wirkwiderstand R und dem induktiven Widerstand X_L gebildeten wirksamen Gesamtwiderstand der Spule dar. Er wird als S c h e i n w i d e r s t a n d Z bezeichnet und hat ebenfalls die Einheit Ohm.

Der Scheinwiderstand Z ist der wirksame Wechselstromwiderstand der Spule.

Das Ohmsche Gesetz für den Wechselstromkreis läßt sich demnach durch die folgende Formel ausdrücken

Stromstärke $$I = \frac{U}{Z}$$

Zwischen den im Widerstandsdreieck miteinander verbundenen Widerständen gilt ferner nach dem Lehrsatz des Pythagoras

$$Z^2 = R^2 + X_L{}^2$$

Mit Hilfe der Winkelfunktionen erhält man zwischen dem Phasenverschiebungswinkel φ und den Widerständen den Zusammenhang

$$\cos\varphi = \frac{R}{Z} \qquad \sin\varphi = \frac{X_L}{Z}$$

Nach dem Ohmschen Gesetz ergibt sich ferner

Wirkspannung $$U_w = I \cdot R$$

induktive Blindspannung $$U_L = I \cdot X_L$$

Beispiel 55: Eine Spule nimmt an der Gleichspannung $U_- = 12$ V den Strom $I_- = 0,5$ A auf. Bei der Wechselspannung $U_\sim = 220$ V mit der Frequenz $f = 50$ Hz fließt der Wechselstrom $I_\sim = 4$ A. Wie groß sind die Widerstände R, Z und X_L, die Induktivität L, der Phasenverschiebungswinkel φ zwischen Spannung und Strom sowie die Wirkspannung U_w und die induktive Blindspannung U_L?

L ö s u n g :

Wirkwiderstand $R = \dfrac{U_-}{I_-} = \dfrac{12\text{ V}}{0,5\text{ A}} = 24\ \Omega$ $\qquad$ Scheinwiderstand $Z = \dfrac{U_\sim}{I_\sim} = \dfrac{220\text{ V}}{4\text{ A}} = 55\ \Omega$

Durch den Verlustwiderstand (s. Abschn. 6.21) ist der Wirkwiderstand bei Wechselstrom allerdings größer als der Gleichstromwiderstand 24 Ω.

Den induktiven Widerstand X_L erhält man mit Hilfe der Formel $Z^2 = R^2 + X_L{}^2$. Subtrahiert man auf beiden Seiten R^2 und zieht anschließend auf beiden Seiten der Gleichung die Wurzel, so ergibt sich $X_L = \sqrt{Z^2 - R^2} = \sqrt{(55\ \Omega)^2 - (24\ \Omega)^2} = 49,5\ \Omega$. Aus dem Widerstandsdreieck **142.2** c erhält man $\cos\varphi = \dfrac{R}{Z} = \dfrac{24\ \Omega}{55\ \Omega} = 0,436$ und daraus nach der Sinus-Kosinus-Tafel $\varphi = 64°$.

Ferner findet man $U_w = I \cdot R = 4\,A \cdot 24\,\Omega = 96\,V$ und $U_L = I \cdot X_L = 4\,A \cdot 49{,}5\,\Omega = 198\,V$.
Probe: $U^2 = U_w{}^2 + U_L{}^2$, also $U = \sqrt{U_w{}^2 + U_L{}^2} = \sqrt{(96\,V)^2 + (198\,V)^2} \approx 220\,V$.

6.24 Wechselstromleistung bei induktiver Belastung

▢ **Versuch 65.** Im Stromkreis nach Bild **144.**1 liegt eine Spule mit geschlossenem Eisenkern. Der Gleichstromwiderstand der Spulenwicklung beträgt $R = 2{,}6\,\Omega$. Die Meßgeräte mögen folgende Werte anzeigen: $U = 220\,V$, $I = 2{,}5\,A$ und $P = 70\,W$. Abweichend von den Ergebnissen in Versuch 62, S. 136, mit der gleichen Schaltung, aber einem ohmschen Widerstand als Belastung ist das Produkt $U \cdot I$ hier bei Belastung durch eine Spule wesentlich größer als die vom Leistungsmesser angezeigte Leistung. Woran liegt das? ▢

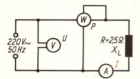

Die Frage, die sich aus dem Versuch stellt, wird durch die folgenden Betrachtungen der verschiedenen Leistungsarten im Spulenstromkreis beantwortet.

144.1 Leistung im Spulenstromkreis

Wirkleistung in der Spule. Die vom Leistungsmesser in Versuch 65 angezeigte Leistung $P = 70\,W$ ist ein Maß für die in eine andere Energieform umgewandelte elektrische Energie. Man nennt diese Leistung daher auch **Wirkleistung**. Nachweisbar ist davon sofort der Anteil, den die Stromwärme im Wirkwiderstand R der Spulenwicklung erzeugt. Dieser für die **Kupferverluste** erforderliche Anteil der Wirkleistung ist in Versuch 65 $P_{Cu} = I^2 \cdot R = (2{,}5\,A)^2 \cdot 2{,}5\,\Omega = 16\,W$. Gemessen wurde aber die Wirkleistung $P = 70\,W$. Nun entsteht Wärme jedoch nicht nur im Widerstand R der Spulenwicklung, sondern auch durch den Verlustwiderstand, der durch **Hysterese** und **Wirbelstromverluste** im Eisenkern entsteht. Man nennt diese Verluste zusammen auch **Eisenverluste** (s. Abschn. 3.23 und 3.42). Der auf sie entfallende Anteil der Wirkleistung ist bei der in Versuch 65 verwendeten Spule $P_{Fe} = P - P_{Cu} = 70\,W - 16\,W = 54\,W$. Der Wirkwiderstand der Spule bei Wechselstrom ergibt sich aus $P = I^2 \cdot R_w$. Es ist $R_w = \dfrac{P}{I^2} = \dfrac{70\,W}{(2{,}5\,A)^2} = 11{,}2\,\Omega$. Er ist also beträchtlich größer als der Gleichstromwiderstand $2{,}5\,\Omega$.

Die vom Leistungsmesser angezeigte Wirkleistung P ist ein Maß für die dem Stromkreis entzogene Energie.

Scheinleistung in der Spule. Das in Versuch 65 ermittelte Produkt aus Spannung U und Stromstärke I (zahlenmäßig 550) ist wesentlich größer als die vom Leistungsmesser angezeigte Wirkleistung $P = 70\,W$. Es ist für die im Stromkreis umgesetzte Energie nicht maßgebend und heißt daher **Scheinleistung** S.

Die Scheinleistung S ist kein Maß für die Umwandlung der elektrischen Energie im Stromkreis. Sie ist lediglich eine Rechengröße.

Für die Scheinleistung wird daher nicht die Einheit Watt verwendet, sondern die besondere Einheit **Voltampere** (VA).

Scheinleistung $\qquad\qquad\qquad\qquad S = U \cdot I$

Setzt man hierin U in V und I in A ein, so erhält man S in VA. In Versuch 65 beträgt die Scheinleistung der Spule demnach $S = U \cdot I = 220\,V \cdot 2{,}5\,A = 550\,VA$. Bedeutung kommt der Scheinleistung S bei der Bemessung von Leiterquerschnitten bei Generatoren und Transformatoren zu (s. Abschn. 10.11).

Blindleistung in der Spule. Würde die Spule in Versuch 65 keinen Wirkwiderstand, sondern nur induktiven Blindwiderstand haben (**141**.1), so erfolgte in ihr überhaupt keine Energieumwandlung, die Wirkleistung *P* wäre Null. Welche Arbeit verrichtet aber der Strom *i*, der in diesem Falle gegenüber der Spannung *u* um 90° nacheilt? Im ersten Viertel der Periode baut er im Verbraucher das Magnetfeld auf, verwandelt also elektrische in magnetische Energie. Im zweiten Viertel der Periode wird das Magnetfeld wieder abgebaut. Dieses erzeugt eine Selbstinduktionsspannung u_L, die den Strom *i* in entgegengesetzter Richtung zur angelegten Spannung *u* durch den Stromkreis treibt. Hierbei wird die Energie des Magnetfeldes in elektrische Energie zurückverwandelt. Im dritten Viertel der Periode baut der in entgegengesetzter Richtung fließende Strom ein umgekehrt gerichtetes Magnetfeld auf, das im letzten Viertel der Periode wieder zusammenbricht. Während e i n e r Periode wird dem Stromkreis also z w e i m a l Energie entzogen und z w e i m a l wieder zurückgegeben, eine bleibende Energieumwandlung erfolgt jedoch nicht, vielmehr flutet die Energie zwischen dem Spannungserzeuger und der Spule hin und her.

Die Leistungskurve für rein induktive Belastung zeigt Bild **145**.1. In der ersten Viertelperiode, in welcher der Strom die gleiche Richtung wie die angelegte Spannung hat, die Energie also an den Verbraucher geliefert wird, verläuft die Leistungskurve oberhalb der Zeitachse (+). In der zweiten Viertelperiode, in der der Strom durch die Wirkung der

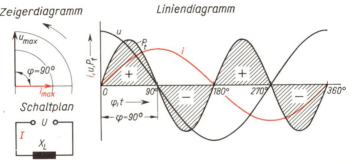

145.1 Leistungskurve bei rein induktiver Belastung ($\varphi = 90°$). Schraffierte Flächen: Bedarf an Magnetisierungsenergie

Selbstinduktionsspannung in entgegengesetzter Richtung zur angelegten Spannung fließt, die Energie also an die Spannungsquelle zurückgeliefert wird, wird die Leistung deshalb unterhalb der Zeitachse aufgetragen (−). Die von der Leistungskurve und der Zeitachse eingeschlossene schraffierte Fläche ist ein Maß für die zwischen Spannungsquelle und Verbraucher fortwährend hin- und herflutende Energie. Der Mittelwert der Leistung und damit die übertragene Wirkleistung ist Null. Da die zum Aufbau eines Magnetfeldes erforderliche Leistung keine bleibende Energieumwandlung zur Folge hat, nennt man sie induktive B l i n d l e i s t u n g Q_L.

Die induktive Blindleistung Q_L dient zur Aufrechterhaltung des magnetischen Wechselfeldes. Sie entzieht dem Stromkreis keine Energie.

Man benutzt für die Blindleistung *Q* statt *W* auch die Einheit V o l t a m p e r e r e a k t i v (Var) (reaktiv heißt soviel wie zurückwirkend).

Wirk- und Blindleistung in der Spule. Ist der Wirkwiderstand *R* einer Spule wie in Versuch 65 so groß, daß er nicht vernachlässigt werden kann, so nimmt die Spule sowohl Wirkleistung *P* als auch Blindleistung *Q* auf. Bild **146**.1 zeigt die Leistungskurve für den Fall, daß der Phasenverschiebungswinkel zwischen Spannung und Strom $\varphi = 60°$ beträgt. Die vom Leistungsmesser angezeigte Wirkleistung *P* wird durch den Mittelwert der Leistung, d. i. etwa die halbe Höhe der über der Zeitachse liegenden trapezähnlichen schraffierten Flächen, wiedergegeben. Sie sind um die unter der Zeitachse liegenden Flächenstücke kleiner als die vollen Kurvenflächen über der Zeitachse.

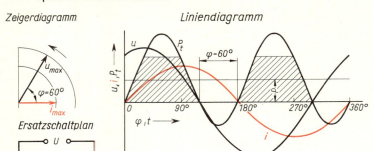

Zeigerdiagramm *Liniendiagramm*

Ersatzschaltplan

146.1 Leistungskurve für eine Spule mit induktivem Widerstand und Wirkwiderstand ($\varphi = 60°$). Schraffierte Flächen: Wirkarbeit $W = P \cdot t$

Leistungsfaktor $\cos\varphi$. Der Zusammenhang zwischen Schein-, Wirk- und Blindleistung einer Spule wird anschaulicher, wenn man aus dem Widerstandsdreieck (**146.2** b) das Leistungsdreieck (**146.2** c) ableitet, dessen Winkel mit den Winkeln des Widerstandsdreiecks (und damit auch des Spannungsdreiecks) übereinstimmen. Man benutzt hierzu die allgemeine Leistungsformel und nimmt die Widerstände R, Z und X_L mit dem Quadrat des gemeinsamen Stromes mal. Die dem Phasenverschiebungswinkel φ im Leistungsdreieck anliegende Kathete ist ein Maß für die Wirkleistung $P = I^2 \cdot R$. In dieser Wirkleistung sind die Eisenverluste der Spule mitenthalten, wenn der im Widerstandsdreieck angegebene Wirkwiderstand R auch den Verlustwiderstand der Spule erfaßt.

Die dem Winkel φ gegenüberliegende Kathete verkörpert die induktive Blindleistung $Q_L = I^2 \cdot X_L$. Die Hypotenuse schließlich veranschaulicht die Scheinleistung $S = I^2 \cdot Z$, denn nach Einsetzen von $Z = U/I$ in die vorstehende Formel erhält man $S = U \cdot I$.

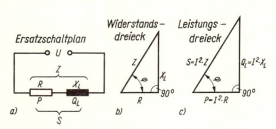

Ersatzschaltplan

Widerstandsdreieck

Leistungsdreieck

a)   b)   c)

146.2 Ersatzschaltplan einer Spule mit Wirkwiderstand und induktivem Widerstand (a), Entstehung des Leistungsdreiecks (c) aus dem Widerstandsdreieck (b)

Zwischen den im Leistungsdreieck miteinander verbundenen Leistungen gilt nach dem Lehrsatz des Pythagoras (s. S. 142) die Beziehung

$$S^2 = P^2 + Q_L^2$$

Mit Hilfe der Winkelfunktionen erhält man zwischen dem Phasenverschiebungswinkel φ und den Leistungen den Zusammenhang

$$\cos\varphi = \frac{P}{S} \qquad \sin\varphi = \frac{Q_L}{S}$$

und daraus nach Malnehmen beider Seiten der Gleichungen mit S die Formeln $P = S \cdot \cos\varphi = U \cdot I \cdot \cos\varphi$ und $Q_L = S \cdot \sin\varphi = U \cdot I \cdot \sin\varphi$.

Man ermittelt die Wirkleistung P also durch Malnehmen der Scheinleistung S mit dem Faktor $\cos\varphi$. Dieser wird daher auch als **Wirkleistungsfaktor** oder kurz als **Leistungsfaktor** bezeichnet.

In der Energietechnik ist es üblich, die Phasenverschiebung durch den Leistungsfaktor $\cos\varphi$ auszudrücken.

Leistungsfaktor $\qquad\qquad \cos\varphi = \dfrac{P}{S}$

Die Blindleistung Q_L erhält man durch Malnehmen der Scheinleistung S mit dem Faktor $\sin\varphi$. Dieser wird daher auch **Blindleistungsfaktor** genannt.

Blindleistungsfaktor $\qquad\qquad \sin\varphi = \dfrac{Q_L}{S}$

Leistungsfaktor und Blindleistungsfaktor sind reine Zahlenfaktoren, haben also keine Einheit. Die Leistungsformeln sollen nochmals zusammengefaßt werden

Scheinleistung	$S = U \cdot I$	mit S in **VA**
Wirkleistung	$P = U \cdot I \cdot \cos\varphi$	mit P in **W**
Induktive Blindleistung	$Q_L = U \cdot I \cdot \sin\varphi$	mit Q_L in **Var**

Wirkstrom und Blindstrom. Es ist zur Klärung der Vorgänge im Spulenstromkreis manchmal vorteilhaft, sich den Spulenstrom I in zwei Teilströme zerlegt zu denken. Der eine Stromanteil, **Wirkstrom** I_w genannt, liegt mit der angelegten Spannung U in Phase. Er überträgt im Stromkreis gewissermaßen die Wirkleistung $P = U \cdot I_w$. Der zweite Stromanteil, **Blindstrom** I_L genannt, eilt der angelegten Spannung U um 90° nach. Er deckt gleichsam den Strombedarf für die Blindleistung $Q_L = U \cdot I_L$. Bild **147.1** zeigt das zugehörige Zeigerbild in Effektivwerten und das daraus gewonnene **Stromdreieck**. Es hat die gleichen Winkel wie Spannungs-, Widerstands- und Leistungsdreieck. Daher gilt

$$I^2 = I_w{}^2 + I_L{}^2 \qquad \cos\varphi = \frac{I_w}{I} \qquad \sin\varphi = \frac{I_L}{I}$$

Zeigerdiagramm   *Stromdreieck*

147.1 Zerlegung des Spulenstroms I in einen Wirkstromanteil I_w und einen Blindstromanteil I_L im Zeigerbild (a), Entstehung des Stromdreieckes (b) aus dem Zeigerdiagramm durch Umklappen

Im Spulenstromkreis fließt der Strom I. Wirkstrom I_w und Blindstrom I_L sind Rechengrößen.

Obwohl der Blindstrom keine Wirkarbeit verrichtet, belastet er das Leitungsnetz sowie die Transformatoren und Generatoren. Man ist daher bestrebt, die elektrischen Anlagen und Leitungen vom Blindstrom freizumachen (s. Abschn. 6.44).

Beispiel 56: Ein Wechselstrommotor für $U = 220$ V nimmt den Betriebsstrom $I = 5$ A auf. Mit einem Leistungsmesser wird die Wirkleistung $P = 800$ W gemessen. Wie groß sind die Scheinleistung S, der Leistungsfaktor $\cos\varphi$, die Blindleistung Q_L sowie der Wirkstrom I_w und der Blindstrom I_L des Motors? Welchen Energieverbrauch zeigt ein Zähler nach 8 Betriebsstunden an?

Lösung:

Scheinleistung $\qquad S = U \cdot I = 220$ V $\cdot$ 5 A $= 1100$ VA $= 1{,}1$ kVA

Leistungsfaktor $\cos\varphi = \dfrac{P}{U \cdot I} = \dfrac{800 \text{ W}}{1100 \text{ VA}} = 0{,}73$

Aus einer Tafel für Sinus- und Kosinuswerte entnimmt man

$\qquad\qquad \varphi = 43° \qquad$ und $\qquad \sin\varphi = 0{,}682$

Wirkstrom $\qquad I_w = I \cdot \cos\varphi = 5$ A $\cdot$ 0,73 $= 3{,}65$ A

Blindstrom $\qquad I_L = I \cdot \sin\varphi = 5$ A $\cdot$ 0,682 $= 3{,}41$ A

Blindleistung $Q_L = U \cdot I \cdot \sin\varphi = 220\,\text{V} \cdot 5\,\text{A} \cdot 0,682 = 750\,\text{Var} = 0,750\,\text{kVar}$

Der Zähler mißt in 8 h die Wirkarbeit

$$W = P \cdot t = 800\,\text{W} \cdot 8\,\text{h} = 6400\,\text{Wh} = 6,4\,\text{kWh}$$

Übungsaufgaben zu Abschnitt 6.1 und 6.2

1. Unter welchen Voraussetzungen entsteht in einer sich drehenden Leiterwindung eine sinusförmig verlaufende Wechselspannung?
2. Welche Vor- und Nachteile hat Wechselstrom gegenüber Gleichstrom?
3. Wie oft wechselt Wechselstrom mit der Frequenz 50 Hz in e in e r Sekunde seine Richtung?
4. Welche Bewegungen führen die Elektronen bei Wechselstrom aus?
5. Eine Spule nimmt an einer Wechselspannung einen wesentlich kleineren Strom auf als an einer gleich großen Gleichspannung. Wie ist dies zu erklären?
6. Wovon hängt die Größe des induktiven Widerstandes einer Spule ab?
7. Welche Einflußgrößen bestimmen die Induktivität einer Spule?
8. Wie läßt sich mit Hilfe des Induktionsgesetzes die in Versuch 64, S. 139, festgestellte Tatsache erklären, daß der induktive Widerstand mit der Frequenz zunimmt?
9. In einem Stromkreis sind Spannung und Strom um 90° gegeneinander phasenverschoben. Welche Z e it s p a n n e entspricht bei $f = 50$ Hz dieser Phasenverschiebung? (Siehe hierzu die Zeitachse in Bild **130.1**).
10. Wovon hängt die Phasenverschiebung im Spulenstromkreis ab?
11. Aus welchen Messungen kann man den Leistungsfaktor $\cos\varphi$ bestimmen?
12. V e r s u c h. Eine Drosselspule wird an eine Wechselspannung gelegt. Mit Hilfe eines Spannungs-, Strom- und Leistungsmessers werden die Effektivwerte von Strom und Spannung U, I sowie die Wirkleistung P gemessen und mit einer Meßbrücke der Gleichstromwiderstand $R_\_$ bestimmt. Aus den Meßwerten sind zu berechnen

   a) der Scheinwiderstand Z
   b) die Scheinleistung S
   c) die Blindleistung Q_L
   d) der Leistungsfaktor $\cos\varphi$
   e) der Phasenverschiebungswinkel φ zwischen Strom und Spannung
   f) der induktive Widerstand X_L
   g) der Wirkwiderstand $R_\sim$ bei Wechselstrom
   h) die Induktivität L
   i) die Kupferverlustleistung P_{Cu}
   j) die Eisenverlustleistung P_{Fe}
   k) Leistungs-, Widerstands-, Spannungs- und Stromdreieck sind mit den ermittelten Werten zu zeichnen.

6.3 Kondensator im Wechselstromkreis

6.31 Kapazitiver Widerstand

Aus Versuch 55, S. 100, ist bereits bekannt, daß ein Kondensator im Wechselstromkreis in jeder Periode zweimal geladen und entladen wird. Die beiden folgenden Versuche zeigen, welchen Einfluß dabei Spannung und Frequenz des Spannungserzeugers und die Kapazität des Kondensators haben.

□ **Versuch 66.** In der Schaltung nach Bild **149**.1 werden nacheinander Kondensatoren von 2, 4 und 6 μF (Verhältnis 1 : 2 : 3) verwendet. Bei einer angelegten Wechselspannung 220 V, 50 Hz werden dabei folgende Ströme gemessen: 0,14 A; 0,28 A; 0,42 A (Verhältnis ebenfalls 1 : 2 : 3). Wird die Spannung verringert, z. B. mit einem Spannungsteiler, so zeigt der Strommesser im gleichen Verhältnis verringerte Ströme an. □

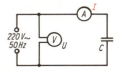

149.1 Kondensator im Wechselstromkreis

Die Stromstärke wächst also im gleichen Verhältnis wie die angelegte Spannung und wie die Kapazität des Kondensators.

□ **Versuch 67.** Um den Einfluß der Frequenz auf den Kondensatorstrom zu zeigen, wird wie in Versuch 64, S. 139, mit Hilfe eines Stromwenders eine Gleichspannung von etwa 6 V in eine rechteckförmige Wechselspannung verwandelt und diese an einen der zu untersuchenden Kondensatoren gelegt. Mit zunehmender Drehzahl des Stromwenders, also steigender Frequenz der Wechselspannung, zeigt der Strommesser einen im gleichen Maße ansteigenden Strom an. □

Die Ladung Q des Kondensators wird im Stromkreis um so schneller hin und her bewegt, je größer die Frequenz ist. Die häufigere Bewegung der elektrischen Ladung Q in der Zeiteinheit bedeutet aber eine Erhöhung der Stromstärke.

Beide Versuche bestätigen die folgende Gesetzmäßigkeit:

Die Stromstärke im Kondensator-Stromkreis wächst im gleichen Verhältnis wie die Kapazität C des Kondensators und wie die angelegte Spannung U und deren Frequenz f.

Die Stromstärke ist also dem Produkt $U \cdot f \cdot C$ verhältnisgleich. Um die Stromstärke zahlenmäßig in A zu erhalten, muß — ähnlich wie in der Formel für die Berechnung des induktiven Widerstandes — das Produkt $U \cdot f \cdot C$ mit 2π multipliziert werden; man erhält dann

$$I = U \cdot 2\pi \cdot f \cdot C \qquad \text{oder, in anderer Schreibweise} \qquad I = \frac{U}{\dfrac{1}{2\pi \cdot f \cdot C}}$$

Der Ausdruck $\dfrac{1}{2\pi \cdot f \cdot C}$ bestimmt die Stromstärke im Kondensatorstromkreis in gleicher Weise wie der Widerstand R im Gleichstromkreis; er wird daher als kapazitiver Widerstand X_C bezeichnet. Die Verwendung des Formelzeichens X_C soll wie beim induktiven Widerstand X_L zum Ausdruck bringen, daß der kapazitive Widerstand kein „echter Widerstand" wie der Widerstand R ist, bei Stromfluß also keine Wärme entsteht. Man bezeichnet ihn daher wie den induktiven Widerstand auch als Blindwiderstand.

Der kapazitive Widerstand eines Kondensators nimmt mit wachsender Kapazität des Kondensators und wachsender Frequenz der angelegten Wechselspannung ab.

Er ist also im umgekehrten Sinne frequenzabhängig wie der induktive Widerstand.

Kapazitiver Widerstand $\qquad X_C = \dfrac{1}{2\pi \cdot f \cdot C}$

Man erhält X_C in Ohm, wenn man f in Hz und C in F einsetzt. In einem Stromkreis mit rein kapazitiver Belastung gilt, ähnlich wie beim Ohmschen Gesetz für Gleichstrom

Stromstärke $\qquad I = \dfrac{U}{X_C}$

Beispiel 57: Wie groß sind kapazitiver Widerstand X_C und Stromstärke I_C von Kondensatoren mit der Kapazität $C = 3\ \mu F$ und $6\ \mu F$? $U = 220\ V$; $f = 50\ Hz$.

Lösung für $C = 3\ \mu F$

$$X_C = \frac{1}{2\pi \cdot f \cdot C} = \frac{1}{2 \cdot 3{,}14 \cdot 50\ Hz \cdot 0{,}000003\ F} = 1062\ \Omega \qquad I = \frac{U}{X_C} = \frac{220\ V}{1062\ \Omega} = 0{,}21\ A$$

Lösung für $C = 6\ \mu F$

$$X_C = \frac{1}{2\pi \cdot f \cdot C} = \frac{1}{2 \cdot 3{,}14 \cdot 50\ Hz \cdot 0{,}000006\ F} = 531\ \Omega \qquad I = \frac{U}{X_C} = \frac{220\ V}{531\ \Omega} = 0{,}42\ A$$

Funkentstörung mit Kondensatoren. Ein Kondensator wirkt in Hochfrequenz-Stromkreisen wie eine Kurzschlußstelle, da sein kapazitiver Widerstand mit zunehmender Frequenz abnimmt. Er vermag daher, hochfrequente Störspannungen, wie sie an vielen elektrischen Maschinen und Geräten entstehen, kurzzuschließen und dadurch unschädlich zu machen. Solche Störspannungen treten überall dort auf, wo Stromkreise betriebsmäßig häufig unterbrochen werden: An allen Maschinen mit Stromwendern (Gleichstromgeneratoren und -motoren sowie Einphasen- und Drehstrom-Stromwendermotoren), elektrischen Weckern, Glimmzündern für Leuchtstofflampen, Tem-

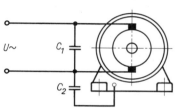

peraturreglern (z. B. in Heizkissen), Zündunterbrechern in Kraftfahrzeugen usw. Die Störspannungen rufen in Funkgeräten Störgeräusche und in Fernsehgeräten Bildstörungen hervor. Der Entstör-Kondensator muß die hochfrequente Störspannung überbrücken. Bild **150.1** zeigt als Beispiel für geringe Entstöransprüche die Entstörung eines Stromwendermotors durch zwei Kondensatoren. Darin ist C_2 ein Berührungsschutzkondensator. Dieser muß durchschlagsicher gebaut sein, weil bei einem Durchschlag die Netzspannung am Motorgehäuse läge. Berührungsschutzkondensatoren erhalten auf ihrem Gehäuse das Zeichen ($\curlyvee$). Die Entstörkondensatoren haben Kapazitäten zwischen 2000 und 100000 pF. Funkentstörte Geräte tragen das Funkschutzzeichen (**150.2**).

150.1 Funkentstörung eines Motors

150.2
VDE-Funkschutz-
zeichen. N = normal

6.32 Phasenverschiebung zwischen Spannung und Strom im Kondensatorstromkreis

Der Kondensator ist geladen, wenn kein Ladestrom mehr fließt (s. Abschn. 4.2), der Strom i (Ladestrom) also seinen Nullwert durchläuft; dann erreicht andererseits die Kondensatorspannung u_c ihren Höchstwert (**151.1**). Zwischen 90 und 180° wird der Kondensator entladen. Der Strom i (Entladestrom) hat daher die gleiche Richtung wie die Kondensatorspannung u_c; beide Kurven verlaufen auf der gleichen Seite der Zeitachse. Bei $\varphi = 180°$ ist der Kondensator entladen, die Kondensatorspannung u_c also Null und der Strom i auf seinem Höchstwert. Zwischen 180 und 270° wird der Kondensator in entgegengesetzter Richtung geladen. Während des Ladevorganges ist die Kondensatorspannung u_c dem Strom i (Ladestrom) wieder entgegengesetzt gerichtet. Bei steigender Kondensatorspannung u_c nimmt der Strom i ab. Bei 270° ist der Kondensator erneut geladen, die Kondensatorspannung u_c auf ihrem Höchstwert, der Strom i Null. Zwischen 270 und 360° gelten ähnliche Überlegungen wie zwischen $\varphi = 90...180°$.

Die Kondensatorspannung u_c ist die mit der elektrischen Ladung und dem elektrischen Feld verbundene Spannung zwischen den Kondensatorbelägen. Diese Ladung und damit auch die entsprechende Spannung bleibt am Kondensator bestehen, wenn die angelegte Spannung abgeschaltet wird. Die Kondensatorspannung u_c ist gegenüber dem Strom um eine Viertelperiode (90°) voreilend verschoben. Zu ihrer Überwindung

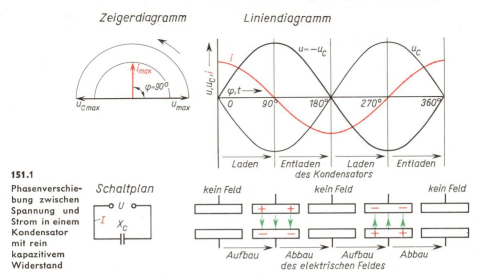

151.1
Phasenverschiebung zwischen Spannung und Strom in einem Kondensator mit rein kapazitivem Widerstand

muß an den Kondensator eine Spannung u gelegt werden, die der Kondensatorspannung u_c in jedem Augenblick gleich aber entgegengerichtet ist, also zu ihr gegenphasig verläuft; u ist also gegen u_c um 180° verschoben: Die u-Kurve ist das Spiegelbild der u_c-Kurve: $u = -u_c$.

Im Kondensatorstromkreis eilt der Strom der angelegten Spannung um $\varphi = 90°$ voraus. Der Kondensatorstrom ist daher ein Blindstrom. Dieser kapazitive Blindstrom ist gegenüber dem induktiven Blindstrom im Spulenstromkreis um 180° verschoben. Beide Blindströme verlaufen somit gegenphasig.

Dieser Sachverhalt ist exakt nur bei Kondensatoren mit Luft als Dielektrikum gegeben. Bei anderen Dielektrika entstehen geringe Wärmeverluste (s. Abschn. 4.22). Diese Verluste im Kondensator bewirken wie ein in Reihe oder parallel mit dem Kondensator geschalteter Wirkwiderstand eine Verkleinerung der Phasenverschiebung φ zwischen Strom und Spannung. Bei den großen Leistungen und der niedrigen Frequenz der Starkstromnetze (16²/₃ und 50 Hz) spielen diese Verluste jedoch i. allg. keine Rolle. Man rechnet daher in Kondensatorstromkreisen meist mit $\varphi = 90°$.

6.33 Wechselstromleistung bei kapazitiver Belastung

□ **Versuch 68.** Ein Kondensator von 10 µF wird an die Wechselspannung 220 V, 50 Hz gelegt, Spannung, Stromstärke und Wirkleistung werden gemessen (**151.2**). Obwohl der Strommesser die Stromstärke 0,7 A anzeigt, schlägt der Zeiger des Leistungsmessers **nicht** oder nur geringfügig aus. □

Dieses überraschende Ergebnis hat seinen Grund darin, daß der Spannungsquelle keine Energie entzogen wird. Der kapazitive Blindstrom bewirkt vielmehr nur das Auf- und Entladen des Kondensators, also den Auf- und Abbau seines elektrischen Feldes. Die beim Aufbau aufgewendete Energie wird beim Abbau wieder zurückgewonnen, ähnlich wie beim Auf- und Abbau des magnetischen Feldes in der Spule. Hier wie dort wird für den Auf- und Abbau des Feldes lediglich eine Blindleistung Q benötigt. Abwei-

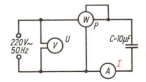

151.2 Leistung im Kondensatorstromkreis

chend von der Spule entnimmt der Kondensator der Spannungsquelle jedoch bei niedrigen Frequenzen fast keine Wirkleistung, da er keine nennenswerten Verluste hat (s. Abschn. 6.32)[1]). Die Leistungskurve für einen Stromkreis mit reiner Kondensatorbelastung entspricht Bild **145.1**.

Im Kondensatorstromkreis entsteht bei niedrigen Frequenzen keine nennenswerte Wirkleistung. Die kapazitive Blindleistung $Q_C = U \cdot I$ dient zur Aufrechterhaltung des elektrischen Wechselfeldes im Kondensator.

6.4 Zusammengesetzte Wechselstromkreise

Aus Wirkwiderständen, induktiven und kapazitiven Blindwiderständen lassen sich durch Reihen- und Parallelschaltungen verschiedenartig kombinierte Wechselstromkreise bilden. Von den zahlreichen Schaltungsmöglichkeiten sollen im folgenden die Kombinationen behandelt werden, die in praktisch verwendeten Schaltungen vorkommen.

6.41 Reihenschaltung von Wirkwiderstand und Spule

□ **Versuch 69.** In der Versuchsschaltung (**152.1** a) werden die angelegte Spannung, z. B. 100 V, und die Teilspannungen U_R und U_{Sp} gemessen. Es zeigt sich, daß die Summe $U_R + U_{Sp}$ wesentlich größer ist als die angelegte Spannung U. □

Das Zeigerdiagramm **152.1** b veranschaulicht die Vorgänge. In der Reihenschaltung werden Widerstand R und Spule (mit X_L und R) von demselben Strom durchflossen. Dieser Strom liegt im Widerstand R mit dessen Klemmenspannung U_R in Phase; in der Spule entsteht durch deren induktiven Widerstand die Phasenverschiebung φ_{Sp} zur Klemmenspannung U_{Sp}. Somit entsteht auch zwischen U_R und U_{Sp} die gleiche Phasenverschiebung. Man darf die Teilspannungen U_R und U_{Sp} also nicht einfach addieren, sondern muß die geometrische Summe aus beiden Spannungswerten bilden. Der Phasenverschiebungswinkel φ_{Sp} ist durch den Wirkwiderstand der Spule kleiner als 90°.

Bei der Reihenschaltung von Widerstand und Spule ist die Summe der Teilspannungen U_R und U_{Sp} größer als die angelegte Spannung.

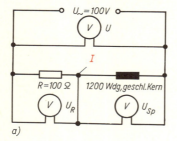

Mit dem Oszilloskop läßt sich die Phasenverschiebung zwischen U_R und U_{Sp} sichtbar machen.

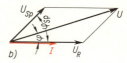

152.1 Versuchsschaltung (a) mit Zeigerdiagramm (b) zu Versuch 69

Ähnliche Spannungsverhältnisse treten an der Leuchtstofflampe mit induktivem Vorschaltgerät auf (s. Abschn. 8.32).

---

[1]) Bei den sehr hohen Frequenzen der Hochfrequenz-Nachrichtentechnik sind die elektrischen Verluste allerdings nicht mehr vernachlässigbar klein.

Beispiel 58: Zu einer Drosselspule mit $R_W = 50\,\Omega$ und $X_L = 450\,\Omega$ wird der Widerstand $R = 200\,\Omega$ in Reihe geschaltet. Die Reihenschaltung wird an die Wechselspannung 220 V; 50 Hz gelegt. Berechne

a) den Scheinwiderstand der Schaltung   c) die Teilspannung U_R

b) den Strom   d) die Teilspannung U_{Sp}

Lösung:

a) $Z = \sqrt{(R + R_W)^2 + X_L^2} = \sqrt{(200\,\Omega + 50\,\Omega)^2 + (450\,\Omega)^2} = 512\,\Omega$

b) $I = \dfrac{U}{Z} = \dfrac{220\,V}{512\,\Omega} = 0{,}43\,A$

c) $U_R = I \cdot R = 0{,}43\,A \cdot 200\,\Omega = 86\,V$

d) $U_{Sp} = I \cdot \sqrt{R_W^2 + X_L^2} = 0{,}43\,A \cdot \sqrt{(50\,\Omega)^2 + (450\,\Omega)^2} = 194\,V$

6.42 Reihenschaltung von Wirkwiderstand und Kondensator (RC-Schaltung)

☐ **Versuch 70.** In der Versuchsschaltung **152.1** a wird die Spule durch einen Kondensator mit $C = 4\,\mu F$ ersetzt. Die angelegte Spannung, z. B. 100 V, und die Teilspannungen U_R und U_C werden gemessen. Wie im vorigen Versuch ist auch hier die Summe der Teilspannungen $U_R + U_C$ wesentlich größer als die angelegte Spannung U. Macht man R veränderlich (Schiebewiderstand), so ändert sich das Verhältnis $U_R : U_C$.☐

Das Zeigerdiagramm **153.1** zeigt die Spannungs- und Stromverhältnisse. Sie ähneln denen im vorigen Versuch. Allerdings eilt die Kondensatorspannung U_C der Spannung U_R nicht vor wie bei ber RL-Schaltung, sondern um 90° nach. Der Phasenwinkel φ_C ist hier praktisch 90°, da die Verluste im Kondensator bei 50 Hz sehr gering sind.

Bei der Reihenschaltung von Widerstand und Kondensator ist die Summe von U_R und U_C größer als die angelegte Spannung. Durch Veränderung von R läßt sich die Phasenverschiebung zwischen U und U_C in weiten Grenzen beeinflussen.

153.1 Zeigerdiagramm zu Versuch 70

Auch hier läßt sich, wie im vorigen Versuch, die Phasenverschiebung zwischen U_R und U_C oder zwischen U und U_R sowie deren Veränderung im zweiten Fall bei verschieden großen Werten von R mit dem Oszilloskop sichtbar machen.

Die RC-Schaltung mit veränderbarem Widerstand wird z. B. zur Phasendrehung bei der sog. Phasenanschnittsteuerung von Thyristoren angewandt (s. Abschn. 18).

Beispiel 59: Ein Widerstand mit $R = 200\,\Omega$ wird mit einem Kondensator mit $C = 10\,\mu F$ (praktisch ohne Verluste) in Reihe geschaltet und an die Wechselspannung $U = 220\,V$; 50 Hz gelegt. Wie groß sind

a) der kapazitive Widerstand X_C des Kondensators?   d) die Teilspannung U_R?

b) der Scheinwiderstand Z der Schaltung?   e) die Teilspannung U_C?

c) der Strom I?   f) die Phasenverschiebung φ zwischen U und I?

Lösung:

a) $X_C = \dfrac{1}{2\,\pi \cdot f \cdot C} = \dfrac{1}{2 \cdot 3{,}14 \cdot 50\,Hz \cdot 0{,}00001\,F} = 317\,\Omega$

b) $Z = \sqrt{R^2 + X_C^2} = \sqrt{(200\,\Omega)^2 + (317\,\Omega)^2} = 375\,\Omega$

c) $\quad I = \dfrac{U}{Z} = \dfrac{220\,\text{V}}{375\,\Omega} = 0,587\,\text{A}$ 　　　e) $\quad U_C = I \cdot X_C = 0,587\,\text{A} \cdot 317\,\Omega = 186\,\text{V}$

d) $\quad U_R = I \cdot R = 0,587\,\text{A} \cdot 200\,\Omega = 117\,\text{V}$ 　　f) $\quad \cos\varphi = \dfrac{U_R}{U} = \dfrac{117\,\text{V}}{220\,\text{V}} = 0,531;\ \ \varphi \approx 58°$

6.43 Reihen- und Parallelschaltung von Spule und Kondensator

Reihenschaltung

☐ **Versuch 71.** In der Versuchsschaltung nach Bild **154.1** a mit einer Reihenschaltung von Spule und Kondensator wird die Induktivität L der Spule durch Verschieben des Jochs so lange verändert, bis der Strom I einen maximalen Wert erreicht. Spulenspannung U_{Sp} und Kondensatorspannung U_C haben dann ebenfalls Höchstwerte. Sie liegen wesentlich über der angelegten Spannung U und sind untereinander fast gleich. ☐

Man bezeichnet diesen Zustand als S p a n n u n g s r e s o n a n z (Resonanz heißt Mitschwingen). Resonanz tritt ein, wenn induktiver Widerstand X_L der Spule und kapazitiver Widerstand X_C des Kondensators gleich sind, also $X_L = X_C$. Den Resonanzzustand erläutern der Ersatzschaltplan (**154.1** b) und das Zeigerdiagramm (**154.1** c). Daraus ist zu ersehen, daß $U_C = I \cdot X_C$ und $U_L = I \cdot X_L$ um 180° gegeneinander phasenverschoben sind, sich also gegenseitig aufheben, so daß nur die kleine Spannung $U = U_w = I \cdot R$ aufgebracht zu werden braucht, um die großen Spannungen U_L und U_C zu erhalten. Hat die Spule bei großer Induktivität nur einen geringen Wirkwiderstand (dicke Wicklungsdrähte, geringe Eisenverluste), so genügt dafür eine sehr kleine Spannung. Das Zeigerdiagramm zeigt noch, daß der Strom I im Resonanzfall mit der angelegten Spannung U in Phase ist.

Bei der Reihenschaltung von Spule und Kondensator können die Teilspannungen im Resonanzfalle sehr hohe Werte annehmen und die angelegte Spannung um ein Vielfaches übersteigen.

154.1 Versuchsschaltung (a) sowie
Ersatzschaltplan (b) und
Zeigerdiagramm (c) für
S p a n n u n g s r e s o n a n z

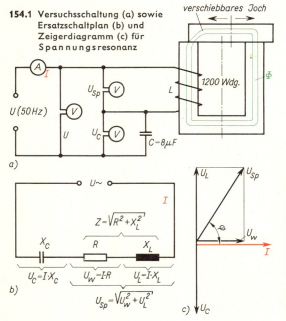

Die Spannungsresonanz spielt in der Nachrichtentechnik eine wichtige Rolle. In der Energietechnik muß sie vermieden werden, da durch die auftretenden erheblichen Überspannungen Spulenwicklungen und Kondensatoren gefährdet werden.

Parallelschaltung

☐ **Versuch 72.** In der Versuchsschaltung nach Bild **155.1** a mit einer Parallelschaltung von Spule und Kondensator wird, wie im vorigen Versuch, die Spuleninduktivität L so lange verändert, bis der Strom I in der Zuleitung einen kleinsten Wert erreicht hat. Spulenstrom I_{Sp} und Kondensatorstrom I_C haben dann einen maximalen Wert und sind fast gleich groß. Sie sind wesentlich größer als der Strom I in der Zuleitung. ☐

Dieser Zustand wird als **Strom-resonanz** bezeichnet. Er tritt — wie die Spannungsresonanz bei der Reihenschaltung von L und C — ein, wenn $X_L = X_C$ ist. Die Stromresonanz kann man an Hand des Ersatzschaltplans (**155.**1b) und des Zeigerdiagramms (**155.**1 c) veranschaulichen. Aus dem Zeigerdiagramm ist zu ersehen, daß sich I_L und I_C durch ihre gegenphasige Lage gegenseitig aufheben, so daß in der Zuleitung nur ein Strom fließt, der dem Wirkstromanteil I_w des Spulenstromes I_{Sp} entspricht, also $I = I_w$. In der Zuleitung fließt also ein wesentlich kleinerer Strom als im Kondensator- und Spulenzweig der Schaltung. Wie das Zeigerdiagramm ferner zeigt, ist der Strom I im Resonanzfall mit der angelegten Spannung U in Phase.

Bei der Parallelschaltung von Spule und Kondensator können im Resonanzfalle die Ströme $I_L = I_C$ sehr hohe Werte annehmen und den Gesamtstrom in der Zuleitung um ein Vielfaches übersteigen.

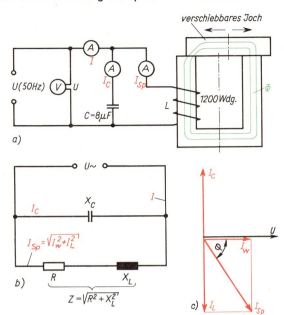

155.1 Versuchsschaltung (a) sowie Ersatzschaltplan (b) und Zeigerdiagramm (c) für **Stromresonanz**

Die Stromresonanz spielt sowohl in der Nachrichtentechnik als auch in der Energietechnik eine wichtige Rolle (s. Abschn. 6.44).

Schwingkreise

Die Schaltungen in Bild **154.**1 und **155.**1 werden Schwingkreisschaltungen, genauer Reihen- und Parallelschwingkreis genannt. An Hand von Bild **156.**1 sollen die Vorgänge im Schwingkreis noch einmal genauer verfolgt werden. Der aufgeladene Kondensator ($I = 0$) entlädt sich bei geschlossenem Schalter in der ersten Viertelperiode über die Spule. Der damit verbundene Entladestrom baut in der Spule ein Magnetfeld auf; ist der Kondensator entladen, so hat sich das Magnetfeld voll entwickelt ($\varphi = 90°$). Die dann bei abnehmendem Strom entstehende Selbstinduktionsspannung ist nach der Lenzschen Regel so gerichtet, daß sie den Strom auch bei entladenem Kondensator weiter aufrechterhält. Dadurch wird der Kondensator in der zweiten Viertelperiode im entgegengesetzten Sinne wieder voll aufgeladen ($\varphi = 180°$). In der zweiten Periodenhälfte ($\varphi = 180$ bis $360°$) wiederholt sich der gleiche Vorgang in umgekehrter Richtung. Es wird so ein fortgesetztes Hin- und Herschwingen der Elektronen zwischen Spule und Kondensator aufrechterhalten.

Die Dauer einer Schwingungsperiode und damit die **Eigenfrequenz** des Schwingkreises hängen von der Kapazität des Kondensators und der Induktivität der Spule ab.

In einem idealen, d. h. **verlustlosen Schwingkreis** würde eine einmal angestoßene Schwingung ohne weitere Energiezufuhr von außen bestehen bleiben. Bei einem **verlustbehafteten Schwingkreis** klingt der Schwingungsvorgang jedoch schnell ab, weil die elektrische Energie des Schwingkreises sich in den Wirkwiderständen des Kreises in Wärme umsetzt. Wird ein verlustbehafteter Schwingkreis an eine Wechselspannung gelegt — als Reihenschwingkreis wie in Versuch 71 oder als Parallelschwingkreis wie in Versuch 72 — deren Frequenz gleich der Eigenfrequenz des Schwingkreises ist, so herrscht Resonanz zwischen der Eigenfrequenz des Kreises und der Frequenz der angelegten Spannung, und es entstehen die in den Versuchen beobachteten großen Resonanz-spannungen bzw. -ströme. Die dabei der Spannungsquelle entnommene Leistung dient nur zur Deckung der Verluste in Spule und Kondensator.

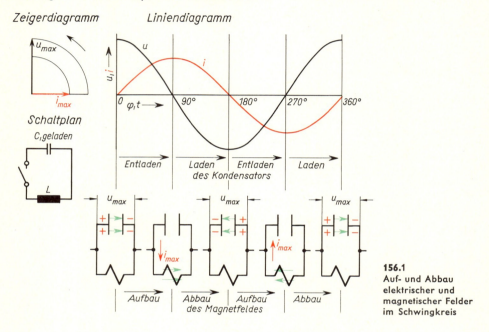

156.1
Auf- und Abbau
elektrischer und
magnetischer Felder
im Schwingkreis

6.44 Kompensation des induktiven Blindstroms

Bei Stromverbrauchern mit reinen Wirkwiderständen (Glühlampen, Elektrowärme-geräte) sind Strom und Spannung in Phase ($\varphi = 0$). Daneben gibt es in den Energie-versorgungsnetzen zahlreiche Verbraucher, deren induktive Widerstände eine Phasen-verschiebung verursachen (φ ist nicht gleich Null), z. B. Motoren, Drosselspulen und Transformatoren. Der darin fließende Blindstrom belastet das gesamte Leitungsnetz mit allen Leitungen, Schaltgeräten und Transformatoren, ohne Arbeit zu verrichten, also nutzlos.

Beispiel 60: Ein Gerät für 220 V$_\sim$ hat bei einer Stromaufnahme von $I = 10$ A den Leistungs-faktor $\cos\varphi = 0,5$. Seine Wirkleistung beträgt also $P = U \cdot I \cdot \cos\varphi = 220$ V $\cdot 10$ A $\cdot 0,5 = 1100$ W. Würde die Leitung nur den Wirkstrom $I = I \cdot \cos\varphi = 10$ A $\cdot 0,5 = 5$ A führen, so wäre sie statt mit 10 A nur mit 5 A belastet. Sie könnte also weitere 5 A Wirkstrom aufnehmen und damit weitere 1100 W übertragen, ohne stärker als im ersten Fall belastet zu sein.

Versuch 72, S. 154, zeigte, daß es durch Parallelschalten eines Kondensators zu einem induktiven Verbraucher möglich ist, die Zuleitung ganz oder teilweise von Blindstrom freizuhalten. Der Blindstrom fließt dann nur noch zwischen Spule und Kondensator. Der induktive Blindstrom wird, wie man sagt, d u r c h   d e n   k a p a z i t i v e n   B l i n d s t r o m k o m p e n s i e r t, d. h. ausgeglichen. Man spricht dann von V e r b e s s e r u n g   d e s   L e i-s t u n g s f a k t o r s durch Kompensation der Blindleistung. Soll auf den günstigsten Lei-stungsfaktor $\cos\varphi = 1$ kompensiert werden, so müssen der kapazitive und der induktive Blindstrom gleich sein: $I_L = I_C$.

In einem kompensierten Wechselstromkreis fließt zwischen Spannungsquelle und Verbraucher nur Wirkstrom. Der Leistungsfaktor beträgt cos φ = 1.

Die Kompensation des Blindstroms hat große Bedeutung erlangt, weil die Energieversorgungsunternehmen (EVU) sie ihren Abnehmern oft zur Pflicht machen. Sie fordern, daß in größeren Anlagen der Leistungsfaktor den Wert 0,9 nicht unterschreitet. Motoren müssen kompensiert werden, wenn ihre Einzelleistung 11 kW oder die Gesamtleistung mehrerer gleichzeitig betriebener Motoren 25 kW oder mehr beträgt. Auf den dafür verwendeten Kondensatoren wird vielfach neben der Kapazität die Blindleistung angegeben, die sie bei der Nennspannung kompensieren können (s. Abschn. 8.32 und 11.3).

Beispiel 61: Eine größere Leuchtstofflampenanlage für $U = 220$ V~ nimmt die Leistung $P = 3,3$ kW auf und hat, bedingt durch die induktiven Vorschaltgeräte der Lampen, ohne Kompensation den Leistungsfaktor cos φ = 0,5. Wie groß müssen Blindleistung Q_C und Kapazität C der erforderlichen Kondensatoren sein, wenn die Anlage auf cos φ = 1 kompensiert werden soll?

Lösung: Bei Kompensation auf cos φ = 1 muß $Q_C = Q_L$ sein. Die Wirkleistung ist

$$P = U \cdot I \cdot \cos\varphi, \quad \text{daraus folgt} \quad I = \frac{P}{U \cdot \cos\varphi} = \frac{3300 \text{ W}}{220 \text{ V} \cdot 0,5} = 30 \text{ A}$$

Nach der Sinus- und Kosinus-Tafel ist $\varphi = 60°$ und $\sin\varphi = 0,866$. Dann ist die kapazitive Blindleistung

$$Q_C = Q_L = U \cdot I \cdot \sin\varphi = 220 \text{ V} \cdot 30 \text{ A} \cdot 0,866 = 5710 \text{ Var}$$

Jetzt erhält man aus $\quad Q_C = U \cdot I_C = \dfrac{U^2}{X_C} = 2\pi \cdot f \cdot C \cdot U^2 \quad$ die

Kapazität $\quad C = \dfrac{Q_C}{2\pi \cdot f \cdot U^2} = \dfrac{5710 \text{ Var}}{2 \cdot 3,14 \cdot 50 \text{ Hz} \cdot (220 \text{ V})^2} = 0,000\,377 \text{ F} = 377 \text{ μF}$

Übungsaufgaben zu Abschnitt 6.3 und 6.4

1. Wovon hängt der kapazitive Widerstand eines Kondensators ab?

2. Ein an eine Wechselspannung angelegter Kondensator zeigt nach wiederholtem Abschalten jeweils sehr unterschiedliche Ladungen (Nachprüfen!). Wie ist dies zu erklären?

3. Der Strommesser am Anfang eines längeren Kabels zeigt auch dann einen Wechselstrom an, wenn an dem Kabel keine Verbraucher angeschlossen sind. Erklärung?

4. Wie kommt es, daß in einem Wechselstromkreis mit Kondensator ein Strom fließt, obwohl das Dielektrikum des Kondensators ein Isolator ist?

5. Warum darf man bei Reihenschaltung und Parallelschaltung von Spule und Kondensator die an Spule und Kondensator gemessenen Spannungen (bzw. Ströme) nicht einfach addieren, um die Gesamtspannung (den Gesamtstrom) zu ermitteln?

6. Motoren dürfen nicht auf den Leistungsfaktor cos φ = 1 kompensiert werden, weil dann beim Auslaufen des abgeschalteten Motors hohe Überspannungen entstehen. Wie kommen diese zustande?

7. Warum beseitigt man den induktiven Blindstrom aus dem Leitungsnetz durch Kompensieren mit Kondensatoren?

8. Warum sind bei Stromresonanz Kondensator- und Spulenstrom viel größer als der Strom in der Zuleitung?

9. Versuch. Bestimme die Kapazität eines Kondensators mit Hilfe von Spannungs- und Strommessung am Wechselstromnetz.

10. Versuch. Eine Drosselspule soll mit Kondensatoren auf den Leistungsfaktor cos φ = 1 kompensiert werden. Die hierfür notwendige Kapazität ist durch Probieren zu ermitteln. Der gefundene Wert ist rechnerisch zu überprüfen (Rechengang wie in Beispiel 61).

7 Drehstrom

Drehstrom oder Dreiphasenstrom entsteht durch das Zusammenschalten, Verketten, von drei um 120° (also um eine Drittelperiode) phasenverschobenen Wechselströmen, auch drei Phasen[1]) genannt. Die Bezeichnung Drehstrom besagt, daß man mit diesem in drei räumlich versetzt angeordneten Magnetspulen ein sich drehendes Magnetfeld, das Drehfeld, erzeugen kann.

Drehstrom wird heute bei der Erzeugung und Verteilung elektrischer Energie allgemein angewendet, weil er gegenüber Wechselstrom — zur Unterscheidung von Drehstrom auch Einphasenstrom genannt — die folgenden Vorteile hat:

1. Für die Übertragung der drei Phasen des Drehstroms werden durch Verketten anstatt $3 \cdot 2 = 6$ Leitungen tatsächlich nur 3 oder 4 Leitungen benötigt.

2. Das Drehfeld ermöglicht den Bau besonders einfacher Motoren.

3. In Drehstromnetzen stehen zwei verschieden hohe Spannungen, meist 220V und 380V, zur Verfügung.

7.1 Entstehung des Drehstroms

7.11 Erzeugung von drei um 120° phasenverschobenen Wechselströmen

Drehstromgeneratoren enthalten drei Induktionswicklungen, Stränge genannt. Sie sind in zweipoligen Generatoren (Polpaarzahl $p = 1$, s. Abschn. 6.12) räumlich gegeneinander um den Winkel $\alpha = 120°$ versetzt angeordnet, so daß zwischen den drei Strangspannungen auch der Phasenverschiebungswinkel $\varphi = 120°$ entsteht. In Bild **159.1** sind zur besseren Übersichtlichkeit die im Ständer angeordneten Stränge jeweils nur mit einer Windung im Schnitt dargestellt. Das zweipolige Magnetfeld wird in der auf dem Läufer angeordneten Erregerwicklung erzeugt. Der Erregerstrom wird der Erregermaschine, einem Gleichstromgenerator mit der Spanung U_-, entnommen und der Erregerwicklung über zwei Schleifringe zugeführt. Die zeitliche Verschiebung der in den drei Wicklungssträngen induzierten Spannungen und Ströme ist im Liniendiagramm **159.1** b und im Zeigerdiagramm **159.1** c dargestellt.

Bildet man für einen beliebigen Zeitpunkt die Summe der drei Augenblickswerte $u_1 + u_2 + u_3$ oder $i_1 + i_2 + i_3$, so erhält man immer den Wert Null, wenn man die Richtung beachtet und $u_{1\,max} = u_{2\,max} = u_{3\,max}$ bzw. $i_{1\,max} = i_{2\,max} = i_{3\,max}$ ist **(159.1** b).

[1]) Das Wort Phase wird bei Drehstrom vereinfachend nicht nur statt Phasenwinkel (s. Abschn. 6.12) benutzt, sondern auch als Bezeichnung für die drei miteinander verketteten Wechselspannungen und -ströme, häufig — wenn eigentlich auch nicht zulässig — sogar für die drei Außenleiter des Drehstromnetzes.

Für den Phasenwinkel $\varphi = 30°$ ergibt sich z.B. $v_1 + v_2 + v_3 = 50\,V - 100\,V + 50\,V = 0\,V$. Allgemein gilt:

Die Summe der Augenblickswerte von drei gleich großen, um 120° phasenverschobenen Wechselspannungen und -strömen ist in jedem beliebigen Zeitpunkt gleich Null.

Diese Eigenschaft ermöglicht die Verkettung der drei Strangstromkreise zur Stern- und Dreieckschaltung.

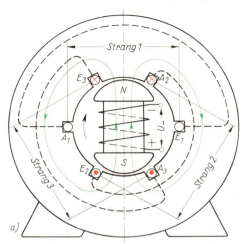

159.1
Drehstromgenerator in zweipoliger Ausführung (a) mit Liniendiagramm der drei Strangspannungen und -ströme (b) und dem zugehörigen Zeigerdiagramm (c). A_1 bis A_3 und E_1 bis E_3 Anfang und Ende der Stränge

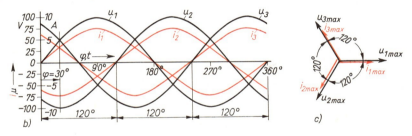

7.12 Sternschaltung

Verbindet man die Enden der drei Stränge (E_1 bis E_3 in Bild **159.1**) miteinander, so erhält man die Sternschaltung nach Bild **160.1**.

☐ **Versuch 73.** Drei 220 V-Glühlampen mit je 100 W werden nach Bild **160.2** in Sternschaltung an das 380/220 V-Drehstromnetz angeschlossen. Es wird der Strom jeder Lampe sowie der Strom im gemeinsamen Rückleiter gemessen. Die Ströme in den Lampen sind gleich groß und der Rückleiter ist stromlos. Wird der Rückleiter unterbrochen, so brennen die Lampen unverändert weiter, auch die angezeigten Lampenströme ändern sich nicht. ☐

Das Versuchsergebnis bestätigt, daß im gleichmäßig belasteten Drehstromsystem in jedem Augenblick $i_1 + i_2 + i_3 = 0$ ist. Die Stromverteilung auf die drei Leiter erfolgt in der Weise, daß der Strom, periodisch wechselnd in e i n e m Leiter zu den Lampen hinfließt und im zweiten sowie dritten Leiter zurückfließt oder in zwei Leitern hin- und im dritten Leiter zurückfließt. In dem $\varphi = 30°$ entsprechenden Zeitpunkt in Bild **159.1**b sind also zwei Leiter Hinleiter für je $i_1 = i_3 = 4\,A$, der dritte Leiter ist Rückleiter für $i_2 = 8\,A$.

In Bild **160.1** sind die für Drehstromsysteme genormten Bezeichnungen eingetragen: **L₁, L₂, L₃**, (alte Bezeichnung R, S, T): Bezeichnungen für die drei Drehstromleiter. Sie werden als A u ß e n l e i t e r oder auch als Hauptleiter bezeichnet. Als blanke Stromschienen erhalten sie in der Nähe der Anschlußstellen die Kennzeichnung L_1, L_2, L_3, (früher die Farben gelb-grün-violett).

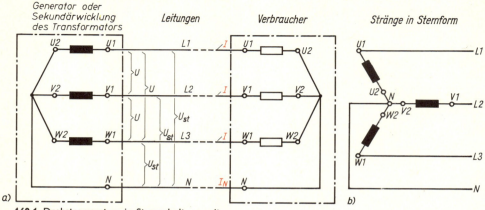

a)

160.1 Drehstromsystem in Sternschaltung mit Sternpunktleiter (Vierleitersystem) (a) und Darstellung der Wicklungsstränge in Sternform (b)

b)

N: Bezeichnung für den **Sternpunkt** oder Mittelpunkt und den vom Sternpunkt ausgehenden Sternpunkt- oder Mittelleiter, abgekürzt N-Leiter, (d. h. Neutral-Leiter (alte Bezeichnung Mp-Leiter). Als blanke Stromschiene erhält er in der Nähe der Anschlußstellen die Kennzeichnung N oder blaue Farbstreifen (früher weiß). Er wird im Netz meist geerdet und wird dann zusätzlich mit E oder ⏚ gekennzeichnet.

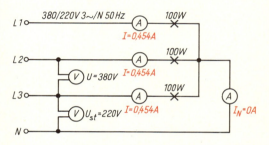

160.2 Ströme in den Außenleitern und im Sternpunktleiter bei Sternschaltung

U1, V1, W1: Klemmbezeichnungen für die Wicklungsanfänge bei Generatoren, Transformatoren und Motoren für Drehstrom (bisher U, V, W).

U2, V2, W2: Klemmenbezeichnungen der entsprechenden Wicklungsenden (bisher X, Y, Z).

U_{st}, I_{st}: Strangspannung bzw. Strangstrom, auch Phasenspannung bzw. Phasenstrom genannt.

U: Spannung zwischen zwei beliebigen Außenleitern, meist als Leiterspannung (verkettete Spannung) bezeichnet.

I: Strom in einem beliebigen Außenleiter, Leiterstrom genannt.

Aus der zeichnerischen Anordnung der Wicklungsstränge in Bild **160.1** b ist die Bezeichnung Sternschaltung entstanden.

Spannungen und Ströme bei Sternschaltung

Bild **160.1** zeigt, daß die Leiterströme I bei Sternschaltung ebenso groß wie die Strangströme I_{st} sein müssen, da sich zwischen den einzelnen Strängen und den angeschlossenen Außenleitern keine Stromverzweigungspunkte befinden.

Leiterstrom $$I = I_{st}$$

Weiterhin ergibt sich zwischen den drei Außenleitern insgesamt dreimal die Leiterspannung U und zwischen je einem Außenleiter und dem N-Leiter ebenfalls dreimal die

Strangspannung U_{st}. In welchem Verhältnis Leiterspannung und Strangspannung zueinander stehen, soll anhand von Bild **161.1** geklärt werden.

Die Spannungen zwischen den Klemmen $U1-U2$, $V1-V2$ und $W1-W2$, also die Strangspannungen U_U, U_V und U_W sind um je 120° gegeneinander phasenverschoben (**161.1** a). Verbindet man die Enden zweier Stränge, z.B. $U2$ mit $V2$ (**161.1** b), so wirkt zwischen den Klemmen $U1$ und $V1$ die Spannung U_V im umgekehrten Sinne mit U_U zusammen (**161.1** c). Bildet man daraus das Spannungsdreieck in Bild **161.1** d, so ergibt sich im Dreieck

$$\cos 30° = \frac{U/2}{U_{st}}\,;$$ multipliziert man mit $2\,U_{st}$, so wird $U = 2 \cdot U_{st} \cdot \cos 30°$.

Mit $\cos 30° = 0,866$ ist $U = 2 \cdot U_{st} \cdot 0,866 = 1,73 \cdot U_{st}$ und mit $1,73 = \sqrt{3}$ auch $U = \sqrt{3} \cdot U_{st}$. Also ist die

Leiterspannung $\qquad U = 1,73 \cdot U_{st}$

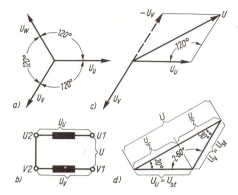

161.1 Leiterspannung bei Sternschaltung als Resultierende zweier Strangspannungen

Bei der Sternschaltung werden je zwei Strangspannungen U_{st} miteinander zur Leiterspannung U verkettet. Bei mitgeführtem Mittelleiter sind zwei Spannungen, die Leiterspannung und die Strangspannung verfügbar.

Da in den öffentlichen Versorgungsnetzen die Strangspannung $U_{st} = 220$ V ist, ergibt sich als Leiterspannung $U = 1,73 \cdot 220$ V ≈ 380 V (s. Versuch 73).

□ **Versuch 74.** Ersetzt man in der Schaltung nach Bild **160.2** eine der drei 100 W-Lampen durch eine 60 W-Lampe, so wird die Belastung des Drehstromsystems ungleichmäßig. Jetzt zeigt der Strommesser im N-Leiter einen Strom an. Dieser ist allerdings kleiner als die Leiterströme. Unterbricht man den N-Leiter, so leuchtet die 60 W-Lampe heller, die beiden 100 W-Lampen leuchten dunkler als vorher. □

Bei nicht gleichmäßiger Belastung der drei Stränge fließt im N-Leiter eines Drehstromsystems in Sternschaltung ein Ausgleichsstrom.

Bei fehlendem N-Leiter erhält der geringer belastete Strang eine zu große Spannung, der höher belastete Strang eine zu kleine Spannung. Um dies zu verhindern, wird der N-Leiter in den Versorgungsnetzen der EVU immer mitgeführt. So entsteht das Vier-Leiter-Drehstromnetz.

In den Vier-Leiter-Drehstromnetzen ist der Sternpunkt des Generators im Kraftwerk bzw. der Transformatoren in den Umspannstationen und damit auch der N-Leiter geerdet. Der N-Leiter (Mittelleiter) führt daher keine Spannung gegen Erde. Daher rührt die Bezeichnung N-Leiter: Neutralleiter. Durch die Erdung des N-Leiters erreicht man, daß zwischen der Erde und einem Außenleiter nur die Strangspannung entsteht. Dieses bedeutet eine Verringerung der Unfallgefahr. Bei nicht geerdetem Sternpunkt entstände bei Erdschluß eines Außenleiters zwischen Erde und einem der beiden anderen Außenleiter die Leiterspannung 380 V. Der geerdete N-Leiter wird als Nulleiter bezeichnet, wenn er außer seiner Aufgabe als stromführender Leiter bei Anwendung der Schutzmaßnahme „Nullung" als Schutzleiter (PE) dient. Er führt dann die Kurzbezeichnung PEN (s. Abschn. **15.35**).

Die Speisetransformatoren der Versorgungsnetze sind in Stern geschaltet. Bei mitgeführtem N-Leiter stehen dann gleichzeitig die Strangspannung 220 V für Beleuchtung und Kleingeräte und die Leiterspannung 380 V für Motoren und Großgeräte (z.B. große Elektrowärmegeräte) zur Verfügung.

7.13 Dreieckschaltung

Verbindet man das Ende jedes Wicklungsstranges mit dem Anfang des nächsten (**162**.1), so entsteht ein geschlossener Stromkreis, in dem die Summe der drei Strangspannungen zur Wirkung kommt. Da diese nach Abschn. 7.11 jedoch gleich Null ist, fließt innerhalb des aus den Wicklungssträngen gebildeten Kreises kein Strom. Nach der Form der Darstellung in Bild **162**.1 b heißt die Schaltung Dreieckschaltung.

Spannungen und Ströme bei Dreieckschaltung

Nach Bild **162**.1 liegen zwei Außenleiter immer am Anfang und Ende eines Wicklungsstranges; deshalb ist die Leiterspannung U gleich der Strangspannung U_{st}, also

Leiterspannung $\qquad\qquad U = U_{st}$

In der Dreieckschaltung ist nur eine Spannung verfügbar.

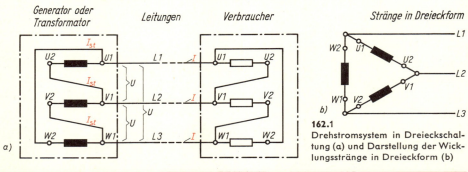

162.1
Drehstromsystem in Dreieckschaltung (a) und Darstellung der Wicklungsstränge in Dreieckform (b)

□ **Versuch 75.** Nach Bild **162**.2 werden dreimal je zwei 100 W-Glühlampen in Reihe geschaltet, zu einer Dreieckschaltung zusammen geschaltet und an das 380 V-Drehstromnetz gelegt. Aus den Strommessungen erhält man $I : I_{st} = 0,43$ A : 0,25 A = 1,73. □

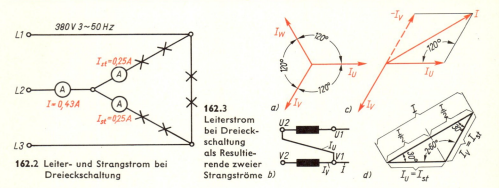

162.2 Leiter- und Strangstrom bei Dreieckschaltung

162.3
Leiterstrom bei Dreieckschaltung als Resultierende zweier Strangströme

Der Leiterstrom I setzt sich jeweils aus zwei Strangströmen I_{st} zusammen (**162**.1 a). Im Punkt $V1$ fließen z. B. die Strangströme I_U und I_V zusammen. Der Leiterstrom ist also größer als der Strangstrom. In welchem Verhältnis Leiterstrom und Strangstrom zueinander stehen, geht aus Bild **162.3** hervor. Die Strangströme I_U, I_V und I_W sind um je 120° gegeneinander phasenverschoben (**162.**3a). In Punkt $V1$ (**162.**3b) ist das Ende $U2$ des Stranges $U1—U2$ mit Anfang $V1$ des Stranges $V1—V2$ verbunden. Beide Stränge sind demnach gegensinnig parallel geschaltet. Wie die Leiterspannung aus Bild **161.**1c und d erhält man den Leiterstrom aus Bild **162.**3c und d in Übereinstimmung mit Versuch 75.

Leiterstrom $\qquad\qquad I = 1{,}73 \cdot I_{st}$

Bei der Dreieckschaltung sind je zwei Strangströme I_{st} miteinander zum Leiterstrom I verkettet.

Die Dreieckschaltung wird für Energieversorgungsnetze kaum noch angewendet, weil sie nur e i n e Netzspannung liefert. Sie wird aber bei Transformatoren zur Speisung der Hochspannungs-Fernleitungen (s. Abschn. 10.21), bei Drehstrommotoren sowie in Schaltungen von Kompensationskondensatoren für Drehstrommotoren (s. Abschn. 11.1 und 11.3) häufig verwendet.

7.2 Leistung des Drehstroms

Die Drehstromleistung erhält man bei Stern- und Dreieckschaltung aus der Summe der drei Strangleistungen.

Bei gleichmäßiger Belastung der Außenleiter gilt demnach die Formel

$$P = 3 \cdot U_{st} \cdot I_{st} \cdot \cos\varphi$$

Bei der Sternschaltung ist $I_{st} = I$ und $U_{st} = U/\sqrt{3}$. Damit wird die D r e h s t r o m l e i -
s t u n g bei Sternschaltung

$$P = 3 \cdot \frac{U}{\sqrt{3}} \cdot I \cdot \cos\varphi = 1{,}73 \cdot U \cdot I \cdot \cos\varphi$$

Entsprechend ist bei der D r e i e c k s c h a l t u n g $U_{st} = U$ und $I_{st} = I/\sqrt{3}$. Damit wird die D r e h s t r o m l e i s t u n g bei D r e i e c k s c h a l t u n g

$$P = 3 \cdot U \cdot \frac{I}{\sqrt{3}} \cdot \cos\varphi = 1{,}73 \cdot U \cdot I \cdot \cos\varphi$$

Bei g l e i c h m ä ß i g e r B e l a s t u n g erhält man somit für Stern- u n d Dreieckschaltung die Leistung aus Leiterspannung U und Leiterstrom I mit der Formel

Drehstromleistung $\qquad\qquad P = 1{,}73 \cdot U \cdot I \cdot \cos\varphi$

Beispiel 62: Wie groß ist die Leistungsaufnahme eines Elektrowärmegerätes mit drei Heizwiderständen von je 100 Ω, wenn diese, a) in Stern und b) in Dreieck geschaltet an 380 V gelegt werden? In welchem Verhältnis stehen Strangströme, Leiterströme und Leistungen in beiden Schaltungen zueinander?

Lösung.
Die Wirkwiderstände des Wärmegerätes nehmen reinen Wirkstrom auf; es entsteht daher keine Phasenverschiebung, also ist $\cos\varphi = 1$.
S t e r n s c h a l t u n g. An jedem Widerstand liegt die Strangspannung U_{st} (Bild **160.**1), daher werden Strangstrom und Leiterstrom

$$I_{st\,Y} = \frac{U_{st}}{R} = \frac{220\ \text{V}}{100\ \Omega} = 2{,}2\ \text{A} \quad \text{und} \quad I_Y = I_{st\,Y} = 2{,}2\ \text{A}$$

Dann ist die Leistung $P_Y = 1{,}73 \cdot U \cdot I_Y = 1{,}73 \cdot 380\ \text{V} \cdot 2{,}2\ \text{A} = 1452\ \text{W}$

D r e i e c k s c h a l t u n g. An jedem Widerstand liegt die Leiterspannung U (**162.**1), daher werden

Strangstrom und Leiterstrom

$$I_{st\triangle} = \frac{U}{R} = \frac{380\text{ V}}{100\ \Omega} = 3{,}8\text{ A} \quad \text{und} \quad I_{\triangle} = 1{,}73 \cdot I_{st\triangle} = 1{,}73 \cdot 3{,}8\text{ A} = 6{,}57\text{ A}$$

Die Leistung wird $\quad P_{\triangle} = 1{,}73 \cdot U \cdot I_{\triangle} = 1{,}73 \cdot 380\text{ V} \cdot 6{,}57\text{ A} = 4332\text{ W}$

Die gesuchten Verhältniszahlen sind

$$I_{st\,Y} : I_{st\triangle} = 2{,}2\text{ A} : 3{,}8\text{ A} = 1 : 1{,}73 \qquad I_Y : I_{\triangle} = 2{,}2\text{ A} : 6{,}57\text{ A} = 1 : 3$$

$$P_Y : P_{\triangle} = 1452\text{ W} : 4332\text{ W} = 1 : 3$$

Aus den Ergebnissen des vorstehenden Beispiels ist zu folgern:

Bei gleicher Leiterspannung sind die Leiterstromstärke I und die aufgenommene Leistung P bei einem Verbraucher in Dreieckschaltung das Dreifache der entsprechenden Werte bei Sternschaltung.

Beispiel 63: Wie groß ist die Stromaufnahme I eines Drehstrommotors mit den Nenngrößen $U = 380$ V; $P = 2{,}2$ kW; $\cos\varphi = 0{,}82$; $\eta = 0{,}8$?

Lösung: Die auf dem Leistungsschild eingetragene Nennleistung ist immer die abgebbare Leistung P_{ab}. Der Wirkungsgrad ist

$$\eta = \frac{P_{ab}}{P_{zu}}, \quad \text{daraus} \quad P_{zu} = \frac{P_{ab}}{\eta} = \frac{2{,}2\text{ kW}}{0{,}8} = 2{,}75\text{ kW}$$

Aus der zugeführten Leistung $P_{zu} = 1{,}73 \cdot U \cdot I \cdot \cos\varphi$ erhält man

$$I = \frac{P_{zu}}{1{,}73 \cdot U \cdot \cos\varphi} = \frac{2750\text{ W}}{1{,}73 \cdot 380\text{ V} \cdot 0{,}82} = 5{,}08\text{ A}$$

7.3 Drehfeld

7.31 Entstehung des Drehfeldes

□ **Versuch 76.** Drei Spulen mit Eisenkern (etwa **1200 Wdg.**) werden nach Bild **164.1** angeordnet, in Stern geschaltet und an das **380 V**-Netz gelegt. In ihrer Mitte wird eine Magnetnadel aufgestellt. Beim Einschalten der Netzspannung ist ein Zittern der Nadel zu beobachten, hervorgerufen durch die Kraftwirkungen zwischen den Spulenmagnetfeldern und dem Feld der Magnetnadel. Wird nun die Magnetnadel in der eingetragenen Richtung angestoßen, so dreht sie sich mit hoher Drehzahl weiter. Es gelingt nicht, sie in umgekehrter Richtung in Drehung zu versetzen. Vertauscht man aber zwei Anschlüsse, z.B. *L1* und *L2*, so dreht sich die Nadel nur in umgekehrter Richtung. Werden die Spulen in Dreieck geschaltet, so beobachtet man die gleichen Erscheinungen. □

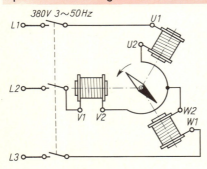

Nach Abschn. **3.12** stellt sich ein Magnet in einem fremden Magnetfeld mit seiner Längsachse in Richtung der Feldlinien dieses Feldes. Der Versuch läßt daher den Schluß zu, daß zwischen den drei von Drehstrom durchflossenen Spulen ein sich drehendes Magnetfeld, ein D r e h f e l d, entstanden ist.

164.1 Nachweis des Drehfeldes

**Die durch die drei Strangströme des Drehstroms in drei Spulen entstehenden Wechsel-
felder bilden gemeinsam ein Drehfeld, wenn die Spulen kreisförmig um 120° gegeneinander versetzt angeordnet sind. Der Drehsinn des Drehfeldes kehrt sich um, wenn
zwei Außenleiter vertauscht werden.**

Das Ergebnis von Versuch 76 soll mit Hilfe von Bild **165.1** erläutert werden. Für drei Zeitpunkte t_1, t_2, t_3, die eine Drittelperiode (= 120°) auseinanderliegen, sind die Stromrichtungen in die drei Spulenstränge eingezeichnet. Dabei wird angenommen, daß der
Strom von den Spulenanfängen $U1$, $V1$, $W1$ nach den Spulenenden $U2$, $V2$, $W2$ fließt,
wenn die Stromkurve oberhalb der waagerechten Zeitachse verläuft. Dann ergibt sich
der in Bild **165.1** eingezeichnete Feldverlauf. Er zeigt, daß die drei Strangströme des
Drehstroms drei Wechselfelder erzeugen, die sich zu einem resultierenden, zweipoligen
Feld zusammensetzen, das während e i n e r Periode e i n m a l umläuft. Wegen des
entstehenden zweipoligen Drehfeldes wird diese Spulenanordnung als zweipolig
(Polpaarzahl $p = 1$) bezeichnet. Die Anordnung der 3 Wicklungsstränge im Maschinen-
ständer zeigt Bild **159.1**.

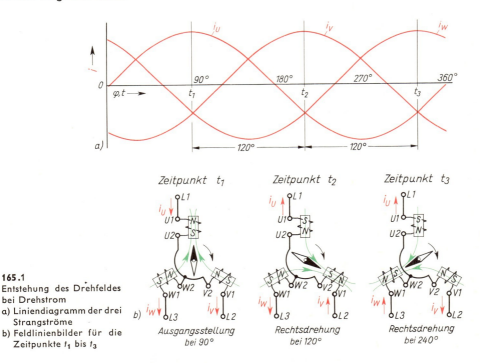

165.1
Entstehung des Drehfeldes
bei Drehstrom
a) Liniendiagramm der drei
   Strangströme
b) Feldlinienbilder für die
   Zeitpunkte t_1 bis t_3

Bild **166.1** zeigt eine Maschine mit einer vierpoligen Wicklung im Ständer (Polpaarzahl $p = 2$), entsprechend der Darstellungsweise in Bild **159.1**. Die eingezeichneten
Strom- und Feldrichtungen für die Zeitpunkte t_1 und t_2 aus Bild **165.1** veranschaulichen,
daß sich das Drehfeld hier um den Winkel $\alpha = 120°/p = 120°/2 = 60°$ weitergedreht hat;
es macht während e i n e r Periode also nur eine h a l b e Umdrehung. Entsprechend entsteht in einer sechspoligen Maschine (Polpaarzahl $p = 3$) eine drittel Umdrehung usw.
Die Zahl der Umdrehungen des Drehfeldes je Periode ist also $1/p$. In e i n e r Sekunde
ist die Drehzahl dann f mal so groß, also f/p, in einer Minute $60 \cdot f/p$. Ebenso wie die

Drehzahl des Generators (s. Abschn. 6.12) ist die

Drehzahl des Drehfeldes $\qquad n = \dfrac{60 \cdot f}{p}$

Man erhält hierin n in 1/min oder min^{-1}, wenn man f in Hz einsetzt.

Werden zwei Außenleiteranschlüsse einer Drehstromwicklung vertauscht, so erhalten die Ströme in zwei Wicklungssträngen (z. B. in den Strängen $U1-U2$ und $V1-V2$) die umgekehrte Phasenfolge. Zeichnet man für diese Phasenfolge Bild **165.1** neu, so erhält man für das Drehfeld die umgekehrte Drehrichtung.

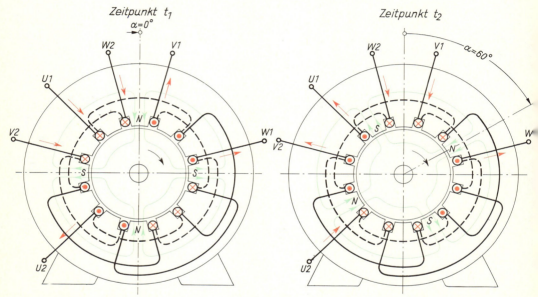

166.1 Polbildung in einer vierpoligen Drehstrommotorwicklung, Polpaarzahl $p = 2$. Rückwärtige Verbindungen sind gestrichelt; Läufer ist ohne Wicklung bzw. ohne Kurzschlußkäfig dargestellt

7.32 Wirkung des Drehfeldes im Synchronmotor

Die Magnetnadel in Versuch 76, S. 164, dreht sich mit der gleichen Drehzahl wie das Drehfeld, man sagt, sie läuft mit dem Drehfeld s y n c h r o n („zeitgleich"). Nach diesem Prinzip arbeiten die S y n c h r o n m o t o r e n. Als Läufer verwendet man, außer bei Kleinstmotoren, Elektromagnete, die wie die Drehstromgeneratoren (s. Abschn. 7.11) über Schleifringe mit Gleichstrom erregt werden. Drehstromgeneratoren eignen sich daher auch als Synchronmotoren.

Die Drehzahl des Synchronmotors ist gleich der Drehzahl des Drehfeldes.

Man berechnet sie also nach der Formel $n = 60 \cdot f/p$. Die sich daraus ergebenden Drehzahlen für 2-, 4-, 6- usw. bis 12 polige Motoren sind bei $f = 50$ Hz dann 3000, 1500,

1000, 750, 600 und 500 min^{-1}. Die höchste Drehzahl bei 50 Hz beträgt mit $p = 1$ also 3000 min^{-1}.

Eigenschaften und Anwendung. Der Synchronmotor läuft nicht selbsttätig an. Bei Überlastung fällt er aus dem Tritt und bleibt stehen. Außerdem benötigt er eine Gleichstromquelle für die Erregung des Magnetfeldes. Wegen dieser Nachteile wird der Synchronmotor fast nur als Kleinstmotor mit Permanentmagnet-Läufer angewendet, wenn es auf sehr konstante Drehzahl ankommt, z. B. für Zeitrelais oder Plattenspieler. Das Drehfeld wird dann mittels einer Hilfswicklung (Abschn. 7.34) oder durch sog. Spaltpole (s. Abschn. 11.23) erzeugt. Ein besonderer Aufbau des Läufers bewirkt, daß die Motoren asynchron anlaufen und nach Erreichen der vollen Drehzahl synchron weiterlaufen. Zur Speisung der Energieversorgungsnetze wird die Synchronmaschine als **Synchron-generator (159.1)** jedoch fast ausschließlich verwendet.

7.33 Wirkung des Drehfeldes im Asynchronmotor

□ **Versuch 77.** In die Anordnung zu Versuch 76, S. 164 wird statt der Magnetnadel als „Läufer" ein drehbar angeordneter, geschlossener Ring (**167.1** a) aus einem Nichteisenmetall, z. B. Aluminium, eingeführt. Er wirkt wie eine kurzgeschlossene Spule mit **einer** Windung. Nach Einschalten des Drehstromes beginnt sich der Ring zu drehen (**167.1** b), und zwar **ohne angestoßen zu werden.** Sein Drehsinn ist der gleiche wie der der Magnetnadel in Versuch 76. □

Die Drehung des Ringes wird dadurch bewirkt, daß der Ring von einem sich periodisch ändernden Anteil des Drehfeldflusses Φ_1 durchsetzt wird (**167.2**). In dem geschlossenen Ring entsteht dadurch ein Induktionsstrom, dessen Feld nach der Lenzschen Regel die Feldänderung im Ring zu verhindern sucht (s. Abschn. 3.41). Dreht sich das Drehfeld Φ_1 z. B. aus der Stellung in Bild **167.2** a bis zur Stellung in Bild **167.2** b, so verringert sich der Flußanteil des Drehfeldes, der den Ring durchsetzt (als Vollinien dargestellte Feldlinien von Φ_1).

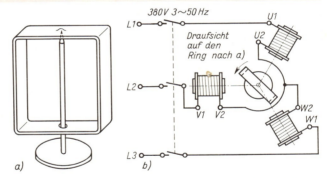

167.1 Kurzschlußring (a) als asynchroner Läufer im Drehfeld (b)

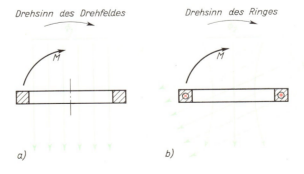

167.2 Entstehung des Drehmoments M in einem vom Drehfeld Φ_1 durchsetzten Kurzschlußring; Φ_2 ist das vom Induktionsstrom des Ringes erzeugte Feld

Durch den Induktionsstrom im Ring entsteht ein magnetischer Fluß Φ_2, der den abnehmenden Flußanteil des Drehfeldes zu verstärken sucht. Nach der Uhrzeigerregel (s. S. 70) ergibt sich für den betrachteten Zeitabschnitt die in Bild **167.**2 b eingezeichnete Stromrichtung des Induktionsstromes.

Die Felder Φ_1 und Φ_2 haben das Bestreben, sich in die gleiche Richtung auszurichten (s. Abschn. 3.12). Somit wird auf den Ring ein Drehmoment M im Umlaufsinn des Drehfeldes ausgeübt, so daß er der Drehung des Drehfeldes folgt. Würde er dabei auf die Drehzahl des Drehfeldes kommen, so bliebe der ihn durchsetzende Anteil des Drehfeldes Φ_1 unverändert; die Induktionswirkung im Ring hörte auf, das Drehmoment wäre gleich Null, und die Drehzahl des Ringes würde infolgedessen absinken. Dann dreht sich das Drehfeld aber wieder schneller als der Ring. Der dabei erzeugte Induktionsstrom ist allerdings kleiner als bei stillstehendem Ring, da die Feldänderung im Ring nur noch durch den Unterschied zwischen den Drehzahlen von Drehfeld und Ring entsteht. Die Induktionswirkung des Drehfeldes ist also weitaus geringer als bei stillstehendem Läufer. Der Ring dreht sich demnach weiter, jedoch langsamer als das Drehfeld. Man sagt, er dreht sich **asynchron**, d. h. nicht synchron.

Das gleiche Verhalten wie der Ring zeigen Läufer, die wie ein Käfig nach Bild **168.**1 aufgebaut sind: **Käfig- oder Kurzschlußläufer**.

Das Drehfeld versetzt einen Läufer mit geschlossener Wicklung in asynchrone Drehung. Läufer und Drehfeld haben gleichen Drehsinn.

Der Unterschied zwischen der Drehzahl des Drehfeldes n_d und der Drehzahl des Läufers n wird als **Schlupfdrehzahl** n_s bezeichnet.

Schlupfdrehzahl $\qquad\qquad n_s = n_d - n$

Das Verhältnis der Schlupfdrehzahl n_s zur Drehzahl des Drehfeldes n_d, heißt **Schlupf** s.

168.1
Käfigläufer. Auch
dieser Läufer dreht sich
in der Anordnung nach
Bild **164.**1 und **167.**1 b

Schlupf $\qquad\qquad s = \dfrac{n_s}{n_d}$

Der Schlupf s wird meist in % angegeben: $s = \dfrac{n_s}{n_d} \cdot 100\%$.

Die nach diesem Prinzip arbeitenden Motoren heißen **Asynchronmotoren** oder auch **Induktionsmotoren**, weil der Läuferstrom durch Induktion erzeugt wird. Sie benötigen keine Stromzuführung für den Läufer. Der Asynchronmotor ist wegen seines einfachen Aufbaues die weitaus am häufigsten verwendete Motorenart (s. Abschn. 11).

Beispiel 64: Ein vierpoliger Asynchronmotor (Polpaarzahl $p = 2$) hat laut Leistungsschild die Nenndrehzahl $n = 1440$ min^{-1} bei $f = 50$ Hz. Wie groß sind die Drehzahl des Drehfeldes n_d, die Schlupfdrehzahl n_s und der Schlupf s?

Lösung: Mit der Netzfrequenz 50 Hz $= 50\,\dfrac{1}{s}$ ist die Drehzahl des Drehfeldes

$$n_d = \frac{60 \cdot f}{p} = \frac{60\,\dfrac{s}{\min} \cdot 50\,\dfrac{1}{s}}{2} = 1500\ \text{min}^{-1}$$

Dann ist die Schlupfdrehzahl $n_s = n_d - n = 1500$ min^{-1} $- 1440$ min^{-1} $= 60$ min^{-1} und der Schlupf

$$s = \frac{n_s}{n_d} = \frac{60\ \text{min}^{-1}}{1500\ \text{min}^{-1}} = 0,04 = 4\%$$

7.34 Erzeugung eines Drehfeldes bei Einphasen-Wechselstrom durch eine Hilfsphase

☐ **Versuch 78.** Zwei Spulen mit je etwa 1200 Windungen werden parallel geschaltet und nach Bild **169**.1 an 220 V Wechselspannung gelegt. Zu der einen Spule kann man wahlweise einen Kondensator von etwa 10 µF (Schalterschaltung 2) oder einen Widerstand von etwa 300 Ω (Schalterstellung 1) in Reihe schalten. Die beiden Spulen werden rechtwinklig zueinander aufgestellt, davor wird ein Kurzschlußring drehbar angeordnet. Beim Einschalten der Einphasen-Wechselspannung beginnt der Ring sich zu drehen. Wird eine der beiden Spulen umgepolt, so dreht sich der Ring in entgegengesetztem Umlaufsinn. Die gleiche Wirkung wie der Kondensator hat der Widerstand (Schalterstellung 1). In Schalterstellung 3 wird dagegen kein Drehmoment ausgeübt. Der Versuch kann wie Versuch 76, S. 164, auch mit einer Magnetnadel durchgeführt werden. ☐

Offenbar wird im vorstehenden Versuch bei den Schalterstellungen 1 und 2 ein Drehfeld erzeugt, das ohne Kondensator oder Widerstand nicht zustande kommt. Mit Hilfe von Bild **169**.2 soll seine Entstehung erklärt werden. Zur Vereinfachung wird eine Phasenverschiebung von $\varphi = 90°$ zwischen den beiden Spulenströmen zugrunde gelegt. Für vier Zeitpunkte t_1 bis t_4, die jeweils eine Viertelperiode, also 90° auseinanderliegen, sind wieder (wie in Bild **165**.1) Strom- und Feldrichtung eingezeichnet. Es entsteht auch hier ein Drehfeld mit der Drehzahl $n_d = 60 \cdot f/p$.

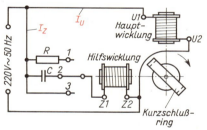

169.1 Erzeugung eines Drehfeldes mit Einphasen-Wechselstrom. $U1 - U2$ und $Z1 - Z2$ sind die für Motoren mit Hilfswicklung genormten Klemmenbezeichnungen

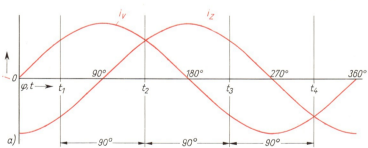

169.2
Entstehung des Drehfeldes bei zwei um 90° phasenverschobenen Strömen
a) Liniendiagramm der beiden Spulenströme
b) Feldlinienbilder für vier Zeitpunkte t_1 bis t_4

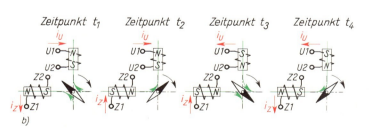

Die Wechselfelder zweier räumlich um 90° versetzt angeordneten Spulen bilden gemeinsam ein Drehfeld, wenn die Spulenströme gegeneinander um etwa 90° phasenverschoben sind.

Die Anordnung hat den Nachteil, daß das Drehmoment n u r d a n n während einer Umdrehung gleich groß bleibt, wenn die Phasenverschiebung der beiden Spulenströme 90° beträgt und die von ihnen erzeugten Wechselfelder beide ebenfalls gleich stark sind. Diese Bedingungen sind leider in der Praxis nicht erfüllbar. Aus diesem Grunde und auch wegen des erforderlichen zusätzlichen Bauteils (Kondensator oder Widerstand) werden nach dem hier beschriebenen Prinzip nur Motoren kleiner Leistung gebaut (s. Abschn. 11.2).

Übungsaufgaben zu Abschnitt 7

1. Welche Vorteile bietet Drehstrom gegenüber Einphasen-Wechselstrom?
2. Wie ist ein Drehstromgenerator aufgebaut?
3. Wie läßt es sich erklären, daß die drei gleich großen Strangströme des Drehstromsystems mit nur drei Leitungen anstatt sechs übertragen werden können?
4. Welche Folgen treten ein, wenn in einem Drehstromkreis mit ungleich belasteten Phasen der N-Leiter unterbrochen wird? (S. auch Versuch zu Aufgabe 11.)
5. Welche drei Aufgaben hat der geerdete N-Leiter?
6. In welchem Verhältnis stehen bei Stern- und Dreieckschaltung
   a) Strangspannung und Leiterspannung,
   b) Strangstrom und Leiterstrom?
7. Für welche Aufgaben werden Stern- oder Dreieckschaltung bevorzugt?
8. Durch Abändern von Bild **165**.1 ist zu begründen, daß sich der Drehsinn des Drehfeldes durch Vertauschen von zwei Anschlüssen umkehren läßt.
9. Durch welche besonderen Eigenschaften wird die Anwendung des Synchronmotors bestimmt?
10. Die Entstehung des Drehmomentes beim Asynchronmotor ist zu erläutern.
11. Versuch. Drei gleich große Schiebewiderstände (etwa 300 Ω) werden in Sternschaltung an das Drehstromnetz gelegt. Spannungen und Ströme werden bei gleichen und unterschiedlichen Widerstandswerten an den Meßgeräten abgelesen und in eine Tabelle eingetragen. Die ermittelten Werte sind auf ihre Übereinstimmung mit den Beobachtungen in Versuch 74, S. 161, zu beurteilen.

	mit N-Leiter				ohne N-Leiter		
	I_{L1}	I_{L2}	I_{L3}	I_N	U_{L1L2}	U_{L2L3}	U_{L3L1}
bei gleichen Widerständen R_1 auf die Hälfte vermindert							

8 Beleuchtung

Elektrische Lampen (Glühlampen und Gasentladungslampen) wandeln elektrische Energie in Lichtenergie um. Eine elektrische Beleuchtungseinrichtung besteht aus der La m p e als Lichtquelle und der Leuchte. Die Leuchte dient zur Aufnahme der Lampe und zur zweckmäßigen Verteilung des Lichtes.

8.1 Grundlagen

8.11 Wesen und Verhalten des Lichtes

Licht ist eine durch das menschliche Auge wahrnehmbare elektromagnetische Schwingungsenergie. Schwingungsvorgänge, die sich wie das Licht von ihrem Entstehungsort ausbreiten, nennt man We l l e n. Ein Wellenbündel wird als S t r a h l bezeichnet. Wie alle elektromagnetischen Wellen (z. B. die Funkwellen) hat auch das Licht die Fähigkeit, sich im leeren Raum auszubreiten. Dies ist am eindrucksvollsten an der von der Sonne ausgesandten Licht- und Wärmestrahlung erkennbar, die durch den leeren Weltraum zur Erde gelangt.

Licht ist eine Energieform, denn man kann es nur unter Energieaufwand erzeugen. Von Licht getroffene Körper werden erwärmt. Es entsteht also Wärmeenergie.

Die Ausbreitung elektromagnetischer Schwingungsenergie ist der Ausbreitung von Wasser- und Schallwellen verwandt. Allerdings besteht der wesentliche Unterschied, daß bei allen elektromagnetischen Wellen — also auch bei Lichtwellen — keine periodischen Bewegungen von Stoffteilchen entstehen wie bei Wasser- und Schallwellen, sondern periodische Änderungen von elektrischen und magnetischen Feldern im Raum.

Lichtgeschwindigkeit und Wellenlänge

Die Schwingungszahl der Lichtschwingungen je Sekunde wird wie bei anderen Wechselgrößen (Spannung, Strom, magnetischer Fluß) als Frequenz f bezeichnet. Während einer Schwingungsperiode entsteht im Raum eine Welle mit der We l l e n l ä n g e λ (griechisch lambda). Da die Zahl der Schwingungen je Sekunde gleich der Frequenz f ist, entstehen je Sekunde mithin f Wellen. Diese haben die Ausbreitungsgeschwindigkeit $f \cdot \lambda$, die für alle elektromagnetischen Wellen rund 300 000 km/s beträgt. Sie wird als L i c h t g e s c h w i n d i g k e i t c bezeichnet.

Lichtgeschwindigkeit $\qquad$ **$c = f \cdot \lambda \approx 300\,000$ km/s**

Bild **172.1** a zeigt, nach der Wellenlänge geordnet, eine Zusammenstellung der heute bekannten elektromagnetischen Wellen, das S p e k t r u m. Darin ist die Wellenlänge λ in Nanometer (nm) angegeben, 1 nm $= 10^{-9}$ m $= (1/1\,000\,000)$ mm. Die vom Auge als Licht wahrnehmbaren Wellenlängen liegen zwischen $\lambda = 380$ und 750 nm, dem Frequenz-

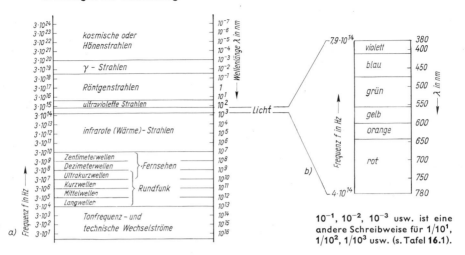

172.1 Spektrum der heute bekannten elektromagnetischen Wellen (a) und darin des sichtbaren Lichtes (b)

bereich $f = 7,9 \cdot 10^{14}$ bis $4 \cdot 10^{14}$ Hz entsprechend. Für alle anderen Wellenlängen hat der Mensch kein Sinnesorgan. Die verschiedenen Wellenlängen innerhalb des sichtbaren Bereichs unterscheidet das Auge als unterschiedliche Farben, 750 nm z. B. als Rot, 380 nm als Violett, s. das vergrößert dargestellte Spektrum in Bild **172.**1 b.

Das an das rote Ende dieses Spektrums anschließende Wellengebiet umfaßt den Bereich der infraroten Strahlen. Sie werden auch als Wärmestrahlen bezeichnet, weil sie von erwärmten Körpern ausgehen und sich beim Auftreffen auf andere Körper nur durch Wärmewirkungen bemerkbar machen (s. Abschn. 2.31). Die an das violette Ende des Spektrums anschließenden Wellenlängen werden als ultraviolette Strahlen (UV-Strahlen) bezeichnet. Sie sind wie die infraroten Strahlen unsichtbar und treten bei elektrischen Gasentladungsvorgängen und bei Lichtbögen auf, wo sie Augenschädigungen (das Verblitzen beim Lichtbogenschweißen) verursachen. Die UV-Strahlen der Sonne bewirken u. a. das „Verbrennen" und die Bräunung der Haut. Die im Quecksilberdampf der Entladungslampen entstehende UV-Strahlung wird in der auf dem Glaskörper der Lampen angebrachten Leuchtstoffschicht in sichtbares Licht umgewandelt (s. Abschn. 8.32).

Tageslicht, also Sonnenlicht, besteht aus einer Mischung von Lichtwellen des gesamten sichtbaren Spektrums, es enthält somit alle Farben. Dies zeigt der Regenbogen, der das in seine Grundfarben rot-gelb-grün-blau-violett und deren Übergänge zerlegte Sonnenlicht zeigt.

Künstliches Licht hat Spektren, die je nach der Lichtquelle verschieden zusammengesetzt sind. Glühlampen haben einen größeren Rotanteil als Sonnenlicht. Bei Leuchtstofflampen kann das Spektrum durch die Art des Leuchtstoffs weitgehend beeinflußt werden.

Reflexion, Absorption und Streuung des Lichts

Beim Auftreffen von Licht auf einen Körper können folgende Erscheinungen auftreten (**173.**1):

Reflexion. Ein Teil des Lichtes wird zurückgeworfen, reflektiert. Stoffe, die Licht aller Wellenlängen reflektieren, sehen bei Tageslicht weiß aus. Reflektiert jedoch ein Stoff nur Licht bestimmter Wellenlänge, so hat er die entsprechende Farbe, z. B. rot. Enthält das auftreffende Licht keinen Rotanteil, so sieht dieser Körper dann grau bis schwarz aus (s. Abschn. 8.33, Na-Dampflampe).

Absorption. Ist der Körper lichtdurchlässig, so durchdringt das Licht den Stoff. Lichtdurchlässige Stoffe sind also durchsichtig, z. B. Glas. Sowohl bei der Reflexion als auch bei der Durchdringung eines Stoffes wird ein Teil des Lichts absorbiert, d. h. verschluckt. Stoffe, die das gesamte auftreffende Licht absorbieren, sehen schwarz aus.

Streuung. Sowohl der reflektierte als auch der den Stoff durchdringende Teil des Lichts wird häufig auch noch zerstreut. Bei Streuung verläßt ein Lichtstrahl die Körperoberflächen als ein auseinanderstrebendes, schwächeres Lichtbündel, vergleichbar den feinen Wasserstrahlen bei einer Brauseeinrichtung. Bei Lampen und Leuchten wird die Lichtstreuung oft absichtlich durch die Verwendung mattierter oder getrübter Gläser herbeigeführt (**173.1**).

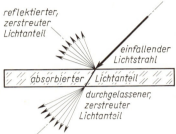

173.1 Verhalten des Lichtes beim Auftreffen auf eine getrübte Glasplatte (Milchglas)

Durchsichtige Stoffe. Hier treten die obengenannten Erscheinungen gleichzeitig auf, je nach der Stoffart anteilmäßig verschieden. Klarglas läßt etwa 90% des auffallenden Lichtes durch, nur 3% werden absorbiert, 7% reflektiert; getrübtes Glas (Milchglas) absorbiert einen größeren Anteil. Der durchgelassene Anteil wird bei Klarglas kaum, bei getrübtem Glas jedoch stark zerstreut. In einer brennenden Glühlampe mit getrübtem Glas ist daher der Glühfaden nur noch schwach und unscharf erkennbar.

Undurchsichtige Stoffe lassen kein Licht durch, hier wird das Licht nur reflektiert (dabei z. T. gestreut) und absorbiert. Ein versilberter Glasspiegel reflektiert bei geringer Streuung 88%, eine Aluminiumfolie bei starker Streuung etwa 80% des auftreffenden Lichtes.

8.12 Grundbegriffe und -größen der Beleuchtungstechnik

Größen und Einheiten

Lichtstärke I. Lichtquellen geben Energie in Form von Lichtstrahlung ab. Die Stärke der Lichtstrahlung in einer bestimmten Richtung heißt Lichtstärke der Lichtquelle in dieser Richtung; sie ist bei den meisten Lichtquellen in verschiedenen Richtungen verschieden groß. Die Einheit der Lichtstärke ist die Candela[1] (cd) (s. Anhang „SI-Einheiten").

Eine Candela (cd) ist $1/60$ der Lichtstärke, die 1 cm² der Oberfläche des schmelzenden Platins (1773 °C) in senkrechter Richtung ausstrahlt.

Aus der Basiseinheit Candela werden alle anderen Einheiten der Beleuchtungstechnik abgeleitet.

Lichtstrom Φ. Mit dieser Größe bezeichnet man die Lichtleistung einer Lichtquelle. Denkt man sich eine Lichtquelle im Mittelpunkt einer Hohlkugel mit dem Halbmesser

---

[1] Candela: Kerze. Früher wurde für die Lichtstärke die Einheit „Hefnerkerze" (HK) verwendet: 1 cd = 1,15 HK.

$r = 1$ m, die in allen Richtungen die Lichtstärke 1 cd hat, so strahlt ihr gesamter Lichtstrom gleichmäßig auf die innere Oberfläche der Hohlkugel $A = 4\,\pi \cdot r^2 = 4\,\pi \cdot 1\ \text{m}^2 = 4\,\pi\ \text{m}^2$. Auf 1 m² fällt also $1/4\,\pi$ des gesamten Lichtstroms. Dieser Lichtstrom heißt 1 Lumen[1]) (lm).

Ein Lumen (lm) ist der Lichtstrom, den eine Lichtquelle, die in allen Richtungen die Lichtstärke 1 cd hat, in 1 m Entfernung auf eine 1 m² große Fläche strahlt (174.1).

Diese Lichtquelle erzeugt somit den Lichtstrom $\Phi = 4\,\pi \cdot 1$ cd $= 12{,}57$ lm. Bei beliebiger, jedoch in allen Richtungen des Raumes gleicher Lichtstärke I ist daher der

Lichtstrom $$\Phi = 4\,\pi \cdot I$$

Beleuchtungsstärke E. Der auf eine Fläche auftreffende Lichtstrom erzeugt auf ihr eine bestimmte Beleuchtungsstärke. Einheit für die Beleuchtungsstärke ist das L u x[2]) (lx).

Ein Lux (lx) ist die Beleuchtungsstärke, die auf der Fläche $A = 1$ m² entsteht, wenn diese von dem Lichtstrom $\Phi = 1$ lm beleuchtet wird; es ist also 1 lx $= 1$ lm/m².

Die Beleuchtungsstärke auf einer beleuchteten Fläche ergibt sich wie folgt

$\Phi = 1$ lm	beleuchtet die Fläche	$A = 1$ m²	mit $E = 1$ lx
$\Phi = 3$ lm	beleuchtet die Fläche	$A = 1$ m²	mit $E = 3$ lx
$\Phi = 3$ lm	beleuchtet die Fläche	$A = 4$ m²	mit $E = \dfrac{3}{4}$ lx
Φ in lm	beleuchtet die Fläche	A in m²	mit $E = \dfrac{\Phi}{A}$ in lx

Also ist die Beleuchtungsstärke $$E = \frac{\Phi}{A}$$

Setzt man hierin den Lichtstrom Φ in lm und die Fläche A in m² ein, so erhält man die Beleuchtungsstärke E in lx.

Bild **174.1** zeigt den Zusammenhang zwischen Lichtstärke I (in cd), Lichtstrom Φ (in lm) und Beleuchtungsstärke E (in lx). Die Beleuchtungsstärke wird mit dem Beleuchtungsmesser (Luxmeter) gemessen, s. Abschn. 8.4.

Aus Bild **174.1** folgt die Beleuchtungsstärke, die eine punktförmige Lichtquelle bei allseitig ungehinderter Lichtausbreitung in der Entfernung a erzeugt; sie ist $E = I/a^2$. Die Lichtausbreitung ist aber nur im Freien ungehindert möglich. In geschlossenen Räumen wird das Licht an den Raumflächen (Decken, Wänden) reflektiert. Die Lichtquellen weichen auch häufig erheblich von der Punktform ab, z. B. die Leuchtstofflampe. Aus diesen beiden Gründen ist die vorstehende einfache Formel für Innenräume überhaupt nicht anwendbar und liefert auch für Beleuchtungseinrichtungen im Freien nur angenähert richtige Werte.

174.1 Lichtstrom $\Phi = 1$ lm einer punktförmigen Lichtquelle mit der Lichtstärke $I = 1$ cd. Abnahme der Beleuchtungsstärke E mit dem Quadrat der Entfernung a

[1]) Lumen: Licht.   [2]) Lux: Licht.

Leuchtdichte L. Die Helligkeit einer selbstleuchtenden Fläche, z. B. die dem Auge sichtbare, leuchtende Fläche einer Glühlampe, sowie die Helligkeit einer angeleuchteten, das Licht reflektierenden Fläche werden durch die Leuchtdichte gekennzeichnet. Die Einheit der Leuchtdichte ist die Candela je Quadratmeter (cd/m²) bzw. cd/cm² (1 cd/cm² = 10⁴ cd/m²). Die Einheitenbezeichnung Stilb[1]) (sb) für 1 cd/cm² ist nicht mehr zulässig. Nicht mehr zulässig ist außerdem die Einheit Apostilb (asb). 10 sb = 1/π cd/m².

Die leuchtende Fläche $A = 10$ cm² hat daher bei der Lichtstärke $I = 80$ cd die Leuchtdichte $L = I/A = 80$ cd/10 cm² = 8 cd/cm². Bei zu großer Leuchtdichte wird das Auge geblendet.

Eigenschaften üblicher Lampen

Lichtverteilung. Diese wird durch die Ausführung der Lampen und Leuchten bestimmt Wird die Lichtstärke einer Lampe oder Leuchte aus verschiedenen Richtungen im Raum gemessen und durch entsprechend lange Pfeile zeichnerisch dargestellt, so entsteht durch Verbindung der Endpunkte aller Pfeile der Lichtverteilungskörper (175.1a). Meist wird die Lichtverteilung nicht räumlich, sondern nur in einer oder in zwei senkrechten Ebenen als Lichtverteilungskurve angegeben (175.1 b). Um bei einem Lampentyp oder einer Leuchte nicht für jede Lampenleistung eine Lichtverteilungskurve zeichnen zu müssen, legt man den Lichtverteilungskurven immer den Lichtstrom $\Phi = 1000$ lm zugrunde.

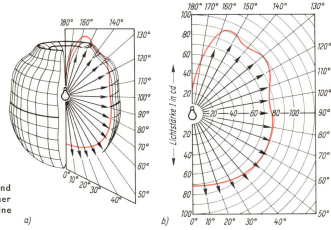

175.1
Lichtverteilungskörper (a) und Lichtverteilungskurve in einer senkrechten Ebene (b) für eine Allgebrauchslampe   a)   b)

Lichtausbeute. Sie gibt an, wie weit eine Lampe elektrische Leistung in Licht umsetzt und wird in lm/W angegeben. Tafel **176.1** enthält für die gebräuchlichen Glühlampen und Leuchtstofflampen Zahlenwerte für den Lichtstrom und die Lichtausbeute.

---

[1]) von stilbein: glänzen.

Tafel 176.1 Lichtstrom und Lichtausbeute gebräuchlicher Glüh- und Leuchtstofflampen für 220 V

Glühlampen, innenmattiert oder Klarglas (Allgebrauchslampen)

elektrische Leistung in W	40	60	75	100	150	200	300
Lichtstrom in lm	430	730	960	1380	2100	3150	5000
Lichtausbeute in lm/W	10,8	12,2	12,7	13,8	14,0	15,8	16,6

Leuchtstofflampen

elektrische Leistung[1]) in W	Lichtstrom in lm für die Lichtfarben			Lichtausbeute in lm/W für die Lichtfarben		
	neutral-weiß	warmton-weiß	tageslicht-weiß	neutral-weiß	warmton-weiß	tageslicht-weiß
20 (25)	1050	1250	850	42	50	34
40 (50)	2500	3200	2000	50	70	40
65 (78)	4000	5100	3200	51	71	41

[1]) Klammerwerte: Leistungsaufnahme einschließlich Vorschaltgerät.

8.13 Berechnung von Beleuchtungsanlagen

Anforderungen. Eine Beleuchtungsanlage soll bei ausreichender Beleuchtungsstärke gleichmäßiges, blendungsfreies Licht erzeugen. Auch die Lichtfarbe ist zweckentsprechend zu wählen, vor allem bei Verwendung von Leuchtstofflampen (s. Abschn. 8.32). Die in DIN 5035 empfohlenen Beleuchtungsstärken werden nach den an die Beleuchtung gestellten Ansprüchen in Gruppen eingeteilt (Tafel 176.2 für Allgemeinbeleuchtung zur Unterscheidung von Einzelplatzbeleuchtung).

Tafel 176.2 Empfohlene Beleuchtungsstärken für Arbeitsstätten nach DIN 5035 (Auswahl)

Ansprüche an die Beleuchtung	Beleuchtungs-stärke bei Allge-meinbeleuchtung in lx	Beispiele für Räume und Arbeits-verrichtungen
leichte Sehaufgaben	100	Mindestwert für Räume, die dem ständigen Aufenthalt von Personen dienen
	200	Mindestwert für ständig besetzte Arbeitsplätze, grobe Arbeiten
normale Sehaufgaben	300	mittelfeine Arbeiten, z. B. Drehen, Fräsen, Hobeln
schwierige Sehaufgaben	500	feine Arbeiten, Büroräume
	1000	Feinmontage, Großraumbüro dunkel

Als beleuchtete Bezugsfläche, auf der die angegebenen Werte der Beleuchtungsstärke vorhanden sein sollen, gilt eine waagerechte Fläche 1 m über dem Fußboden.

Beleuchtungswirkungsgrad. Bei jeder Beleuchtungsanlage entstehen Lichtverluste, weil ein Teil des in den Lampen erzeugten Lichtes absorbiert wird, bevor es die Arbeitsfläche erreicht. Verluste entstehen durch den Reflektor und die Abdeckgläser der Leuchte sowie durch unvollständige Reflexion an Decken und Wänden. Außerdem gelangt ein Teil des Lichtes durch die Fenster ins Freie. Die Lichtverluste sind um so größer, je größer der indirekte Anteil des Lichtes (durch Reflexion an Wänden und Decke), je kleiner und höher der Raum ist und je dunkler Wände und Decken sind. Der Nutzlichtstrom ist um die Summe dieser Verluste kleiner als der erzeugte Lichtstrom. Das Verhältnis beider ist der Beleuchtungswirkungsgrad η (Tafel **177.**1)

Tafel **177.**1 gibt einen ungefähren Anhalt für den Beleuchtungswirkungsgrad. Eine genauere Bestimmung läßt sich mit der Berechnungsmethode des „Deutschen Lichtinstituts", Wiesbaden, oder nach Angaben der Leuchtenhersteller erreichen.

Beleuchtungswirkungsgrad $\qquad \eta = \dfrac{\textbf{Nutzlichtstrom}}{\textbf{erzeugter Lichtstrom}}$

Tafel **177.**1 Beleuchtungswirkungsgrade η

Lichtverteilung	Beleuchtungsart				
	direkt[1]	vorwiegend direkt	gleich-förmig	vorwiegend indirekt	indirekt
					■ Lichtundurchlässig ▨ Milchglas
Raumflächen	hell dunkel	hell dunkel	hell dunkel	hell dunkel	hell dunkel
große, niedrige Räume	0,5 0,45	0,45 0,30	0,38 0,25	0,33 0,20	0,30 0,15
kleine, hohe Räume	0,45 0,40	0,35 0,25	0,30 0,20	0,25 0,15	0,20 0,10

[1]) Für frei strahlende Leuchtstofflampen η-Werte mit 1,25 multiplizieren.

Beleuchtungsart. Diese kennzeichnet die Art der Lichtverteilung (2. Zeile in Tafel **177.**1) durch die Leuchte. Sie drückt also aus, wie groß der Lichtanteil ist, der von der Leuchte direkt auf die Arbeitsfläche fällt und welcher Anteil auf Decke und Wände trifft und von dort durch Reflektion, also indirekt, zur Arbeitsfläche gelangt. Der indirekte Lichtanteil wird gleichzeitig stark zerstreut, gelangt also von allen Seiten auf die Arbeitsfläche, so daß durch ihn keine Schatten entstehen. Rein indirekte Beleuchtung ist daher schattenlos; rein direkte Beleuchtung erzeugt dagegen scharfe Schatten. Meist werden die zwischen diesen Grenzfällen liegenden Beleuchtungsarten angewendet; dabei ergeben sich dann mehr oder weniger weiche Schatten.

Berechnungsgang. Wie oben dargelegt, ist der Nutzlichtstrom, der auf der Fläche A die Beleuchtungsstärke E erzeugt, $\Phi = E \cdot A$. Wegen der Lichtverluste in den Leuchten und im Raum muß bei der Ermittlung des für die Arbeitsfläche zu erzeugenden Lichtstroms der Beleuchtungswirkungsgrad η berücksichtigt werden. Dann wird

der in den Lampen zu erzeugende Lichtstrom $\qquad \Phi = \mathbf{1{,}25} \cdot \dfrac{E \cdot A}{\eta}$

A ist die Fußbodenfläche des zu beleuchtenden Raumes in m². Durch den Faktor **1,25** wird der Lichtstromrückgang infolge Alterung und Verschmutzung der Beleuchtungsanlage berücksichtigt.

Beispiel 65: Ein Büroraum mit 7 m $\times$ 10 m = 70 m² Fußbodenfläche und 3,5 m Höhe, mit weißer Decke und hellen Wänden soll eine Beleuchtung durch 300 W-Glühlampen erhalten. Wie groß ist der zu erzeugende Lichtstrom Φ und wieviel Lampen sind erforderlich, wenn eine gleichförmige Beleuchtung gefordert wird? Wie groß ist der Leistungsaufwand?

Lösung: Da die Raumflächen hell sind und weil der Raum verhältnismäßig niedrig ist, kann nach Tafel **177**.1 der Beleuchtungswirkungsgrad $\eta = 0,38$ angenommen werden. Nach Tafel **176**.2 wird die Beleuchtungsstärke $E = 500$ lx gewählt. Dann ist der zu erzeugende Lichtstrom

$$\Phi = 1,25 \cdot \frac{E \cdot A}{\eta} = 1,25 \cdot \frac{500 \text{ lx} \cdot 70 \text{ m}^2}{0,38} = 115\,000 \text{ lm}$$

Nach Tafel **176**.1 erzeugt eine 300 W-Glühlampe den Lichtstrom $\Phi_1 = 5000$ lm. Somit ergibt sich die Anzahl n der Lampen aus

$$n = \frac{\Phi}{\Phi_1} = \frac{115\,000 \text{ lm}}{5\,000 \text{ lm}} = 23 \text{ Lampen}$$

Diese erfordern eine elektrische Leistung von $P = n \cdot P_1 = 23 \cdot 300 \text{ W} = 6900 \text{ W}$.

Beispiel 66: Der Raum in Beispiel 65 soll statt mit Glühlampen in der gleichen Art mit 65 W-Leuchtstofflampen, Lichtfarbe neutralweiß, beleuchtet werden. Die Anzahl der Lampen und der Leistungsaufwand sind zu berechnen.

Lösung: Nach Tafel **176**.1 ist $\Phi_1 = 4000$ lm. Dann benötigt man

$$n = \frac{\Phi}{\Phi_1} = \frac{115\,000 \text{ lm}}{4\,000 \text{ lm}} = 29 \text{ Lampen}$$

Da in den Vorschaltdrosseln der Lampen 13 W Verluste entstehen, ergibt sich die Gesamtleistung $P = n \cdot P_1 = 29 \cdot 78 \text{ W} = 2260 \text{ W}$. Das ist nur ein Drittel der Leistung bei Glühlampenbeleuchtung. Bei frei brennenden Lampen in nach allen Seiten offenen Leuchten kann mit dem 1,25fachen Wirkungsgrad gerechnet werden. Dann verringert sich die Lampenzahl auf 29 : 1,25 $\approx$ 23 Lampen und die Leistung auf 23 · 78 W = 1790 W.

8.2 Glühlampen

Glühlampen enthalten einen dünnen Glühfaden aus Metall oder Kohle, der bei Stromdurchgang so stark erwärmt wird, daß er glüht. Er strahlt dann Wärme und Licht ab; das Licht wird also i n d i r e k t, d.h. auf dem Umweg über eine Erwärmung erzeugt. Der abgestrahlte Lichtstrom wird um so größer, je höher die Temperatur des Glühfadens ist. Glühlampen heißen daher auch T e m p e r a t u r s t r a h l e r.

Lichtquellen, deren Licht d i r e k t, also nicht durch Temperaturerhöhung entsteht, heißen L u m i n e s z e n z s t r a h l e r. Dazu gehören vor allem die in Abschn. 8.3 behandelten Gasentladungslampen.

Aufbau und Ausführungsformen

In den ersten Jahren der Glühlampenentwicklung wurden als Glühfäden Kohlefäden verwendet. Kohlefäden dürfen aber nur auf etwa 1900 °C erhitzt werden, weil sie sonst zu stark verdampfen. Bei dieser Temperatur ist aber der erzeugte Lichtstrom relativ klein. Es entsteht vorwiegend Wärmestrahlung und man erreicht deshalb nur eine geringe Lichtausbeute. Aus diesem Grunde werden K o h l e f a d e n l a m p e n heute nur noch selten verwendet, z. B. für medizinische Lichtbäder, wo man vor allem Wärmestrahlen benötigt.

Für Beleuchtungszwecke wird heute ausschließlich die W o l f r a m f a d e n l a m p e benutzt. Das schwer schmelzbare Metall Wolfram kann bis auf 3000 °C erhitzt werden, hierdurch wird die Lichtausbeute wesentlich größer. Die mittlere Lebensdauer dieser Lampen beträgt 1000 Brennstunden.

Glühlampen sind sehr empfindlich gegen Spannungsschwankungen. Bei Unterspannung nimmt ihr Lichtstrom stark ab, z. B. um etwa 20% bei 5% Unterspannung. Bei Überspannung sinkt ihre Lebensdauer beträchtlich, z. B. um etwa 50% bei 5% Überspannung. Aus diesem Grunde ist es wichtig, daß Netz- und Lampenspannung gut übereinstimmen. Um dies zu ermöglichen, liefert die Lampenindustrie für die Nennspannung 220 V drei Lampentypen, und zwar für 220···230 V, 235 V und 240 V.

Lampenkolben sind bei kleinen Lampen praktisch luftleer. Bei Lampen über 25 W wird der Glaskolben mit einem Gas gefüllt, um die Verdampfung des Glühfadens bei der hohen Glühtemperatur zu erschweren. Das Gas muß chemisch neutral sein, d. h. es darf sich nicht mit dem glühenden Metallfaden verbinden. Hierfür eignen sich Stickstoff, Argon und Krypton. Um die Wärmeableitung durch das Gas über den Glühlampenkolben an die umgebende Luft und damit die Abkühlung des Glühfadens gering zu halten, sind die Glühfäden gewendelt, bei Lampen zwischen 40···100 W sogar doppelt gewendelt (**179**.1). Man erreicht so bei gleicher elektrischer Leistung eine höhere Fadentemperatur und damit eine größere Lichtausbeute. Zur Verminderung der Blendung werden die Glaskörper der Lampen häufig auf der Innenseite mattiert oder aus einem getrübten Silikatglas hergestellt (Milchglas, Opalglas).

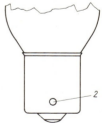

179.1 Gewendelter Glühfaden (etwa 10 fache Vergrößerung)
a) einfach, b) doppelt gewendelt

Halogen-Glühlampen enthalten außer der Gasfüllung geringe Zusätze eines sog. Halogens, z. B. Brom oder Jod. Dadurch wird das aus der Glühwendel verdampfte Wolfram immer wieder auf die Wendel zurückgeführt und kann sich nicht auf dem Glaskolben als schwärzender Niederschlag absetzen. Man erreicht dadurch bei kleinen Abmessungen eine höhere Lichtausbeute und längere Lebensdauer der Lampe. Halogenlampen werden z. Z. hauptsächlich für Auto-Scheinwerfer, Projektionslampen und Flutlichtlampen verwendet.

Lampensockel dienen zur Halterung der Lampe in der Lampenfassung. Im allgemeinen wird der Schraubsockel, auch Edisonsockel genannt, verwendet. Die genormten Größen zeigt Tafel **179**.2.

Tafel **179**.2 Schraubsockel für Lampen

Bezeichnung	Sockel-durchmesser	Gewinde
Zwergsockel	10 mm	E 10
Mignonsockel	14 mm	E 14
Normalsockel	27 mm	E 27
Goliathsockel	40 mm	E 40

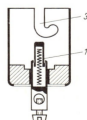

179.3
Bajonettsockel (Swansockel) mit Bajonettfassung
1 Federndes Fußkontaktstück
2 Führungsstift
3 Führungsschlitz

Für Fahrzeuge sind Schraubsockel nicht geeignet, weil sich die Lampen durch die Erschütterungen während des Fahrens lockern. Hier verwendet man daher den Bajonettsockel (**179**.3). Er wird in eine Steckfassung mit federndem Fußkontaktstück 1 eingeführt. Die Feder drückt die beiden sich gegenüberliegenden Stifte 2 des Sockels unverrückbar in die Führungsschlitze 3 der Fassung, so daß ein Verdrehen und Lockern der Lampe verhindert wird. Fassungs- und Sockelmantel dienen hier als Gegenkontakt. Es gibt auch Ausführungen mit zwei Fußkontakten.

Übungsaufgaben zu Abschnitt 8.1 und 8.2

1. Wie ist der Vorgang der Lichtausbreitung zu erklären?
2. Was versteht man unter Reflexion, Absorption und Streuung des Lichts?
3. In welcher Maßeinheit gibt man den Lichtstrom einer Lampe an?
4. Durch welche Größe wird die Helligkeit auf einer beleuchteten Fläche ausgedrückt?
5. Welche Einflüsse bestimmen den Beleuchtungswirkungsgrad?
6. Das Licht gelangt bei einer überwiegend indirekten Beleuchtung hauptsächlich durch Reflexion an Decken und Wänden auf die Arbeitsfläche. Welchen Einfluß hat das auf die Schattenwirkung?
7. Welche Gesichtspunkte bestimmen die Güte einer Beleuchtung?
8. Warum sind die meisten Glühlampen mit Gas gefüllt?
9. Welchen Zweck hat die Wendelung des Glühfadens?
10. Durch welchen Vorgang wird die Blendwirkung des Glühfadens bei Verwendung mattierten Glases verhindert?
11. Versuch. Mit einem Beleuchtungsmesser ist die Beleuchtungsstärke auf mehreren Tischen des Klassenraums festzustellen a) bei Tageslicht, b) bei künstlicher Beleuchtung. Die Ergebnisse nach b) sind unter dem Gesichtspunkt der Gleichmäßigkeit und der notwendigen Beleuchtungsstärke nach DIN 5035 zu beurteilen.

8.3 Gasentladungslampen

Gasentladungslampen bestehen aus einem luftdicht verschlossenen, gasgefüllten Glasgefäß (Entladungsgefäß), in das zwei Elektroden eingeschmolzen sind. Das Entladungsgefäß enthält eine Füllung aus einem Edelgas (Neon, Argon, Xenon) oder eine geringe Menge Quecksilber oder Natrium, die während des Betriebes verdampft bzw. bei geringem Druck zum Teil stets in Dampfform vorhanden ist. Nach dem Betriebsdruck der Gasfüllung unterscheidet man Niederdruck- und Hochdrucklampen. Die Niederdrucklampen arbeiten mit dem geringen Gasdruck von etwa 0,1 mbar[1]) bis etwa 100 mbar. Zu ihnen zählen Leuchtstofflampen, Glimmlampen, Natriumdampflampen, Leuchtröhren und Leuchtstoffröhren. Die Hochdrucklampen haben einen Gasdruck von etwa 1 bar bis 20 bar, Höchstdrucklampen bis zu 100 bar. Hochdrucklampen sind die Quecksilberdampflampen, Hochdruck-Natriumdampflampen und Xenonlampen.

8.31 Vorgänge beim Stromdurchgang durch Gase

Gasentladung ist ein anderer Ausdruck für die Stromleitung in Gasen. Die dabei auftretenden Vorgänge sind sehr mannigfaltig. Ihr Ablauf wird durch die Art der Gas- bzw. Dampffüllung und vor allem durch den Betriebsdruck bestimmt.

Glimmentladung

Die allen Entladungen gemeinsamen Merkmale sollen durch den folgenden Versuch an einer Glimmlampe festgestellt werden. Glimmlampen enthalten eine Niederdruck-Gasfüllung aus Neon oder einer Neon-Helium-Mischung, sowie zwei Elektroden, die in geringem Abstand voneinander angeordnet sind.

□ **Versuch 79.** Eine Glimmlampe ohne eingebauten Vorwiderstand für 220 V 15 mA wird — zur Strombegrenzung in Reihe mit dem getrennten Vorwiderstand 5 kΩ

---

[1]) Einheit des Luftdrucks: 1 mbar = $^{1}/_{1000}$ bar — Normaler Luftdruck 1,033 bar = 1033 mbar (s. Anhang „Das SI-Einheitensystem")

1,6 W — an eine Gleichspannungsquelle mit verstellbarer Betriebsspannung angeschlossen (**181.**1). Diese Spannung wird, vom Wert Null an beginnend, langsam erhöht. Gemessen werden die Stromstärke I, die Klemmenspannung U_L an der Lampe und die Betriebsspannung U.

Ein Strom ist bei kleinen Spannungen U nicht feststellbar. Erreicht die Betriebsspannung etwa den Wert $U = 147$ V, die Zündspannung, so setzt der Strom plötzlich ein; er beträgt etwa 3 mA. Nach Einleitung der Gasentladung durch die Zündung der Lampe geht die Klemmenspannung an der Lampe auf etwa $U_L = 137$ V, die Brennspannung, zurück.

Erhöht man jetzt die Betriebsspannung U, so steigt zwar die Stromstärke, die Klemmenspannung U_L an der Lampe erhöht sich aber nur geringfügig. Wird die Betriebsspannung wieder verringert, so bleibt bei unveränderter Brennspannung die Gasentladung zunächst erhalten, um dann bei einer Lampenspannung von ungefähr 136 V, der Löschspannung, plötzlich wieder auszusetzen. Während des Brennens der Lampe leuchtet das Gas zwischen den Elektroden rötlich-gelb, und zwar besonders unmittelbar an der negativen Elektrode. □

Stoßionisation. Der vorstehende Versuch bestätigt die in Versuch 4, S. 9, schon für die atmosphärische Luft festgestellte Tatsache, daß „kalte" Gase (Raumtemperatur) Nichtleiter sind; entsprechend fließt auch in der Gasfüllung der Glimmlampe bis zum Erreichen der Zündspannung zwischen den Elektroden kein Strom. Tatsächlich sind aber in der Gasfüllung stets einige Ladungsträger, sowohl freie Elektronen wie auch positive Neon-Ionen vorhanden. Die Ursache hierfür ist in der durchdringenden Weltraumstrahlung und in den Zusammenstößen der Moleküle durch deren Wärmebewegung (s. Abschn. 2.11) zu suchen, die in jedem Gas aus dessen neutralen Gasatomen stets eine mehr oder weniger große Anzahl von Elektronen abspalten, so daß freie Elektronen und positive Gasionen entstehen.

181.1
Untersuchung der Vorgänge bei der Glimmentladung (der Punkt im Schaltzeichen der Glimmlampe bedeutet Gasfüllung)

Legt man also eine Gleichspannung an die Elektroden einer Gasentladungslampe, z. B. einer mit Neon gefüllten Glimmlampe, so werden die wenigen im Gas vorhandenen Ladungsträger in dem nun vorhandenen elektrischen Feld in Richtung auf die ungleichartig elektrische Elektrode in Bewegung gesetzt (s. Abschn. 4.12). Mit zunehmender Spannung wird das elektrische Feld stärker und die Geschwindigkeit der Ladungsträger größer. Bei Erreichung der Zündspannung haben die freien Elektronen schließlich eine so große Geschwindigkeit erreicht, daß sie bei einem Zusammenstoß mit neutralen Gasatomen, hier des Neons (**182.**1 a), aus diesen Elektronen herausschlagen. Bei jedem derartigen Zusammenstoß entsteht ein neues freies Elektron und ein positives Gasion (**182.**1 b), wobei das stoßende Elektron frei bleibt. Jeder neue Ionisationsstoß erzeugt neue freie Elektronen und positive Ionen, so daß die Zahl der Ladungsträger lawinenartig anwächst. Die Gasentladung setzt jetzt plötzlich ein, die Lampe zündet. Man nennt diese Entstehung von freien Elektronen und von Gasionen durch Zusammenstoß von bewegten Ladungsträgern mit neutralen Atomen Stoßionisation und den Leitungsvorgang Glimmentladung.

Da die Stromstärke nach dem Zünden der Gasentladung plötzlich kurzschlußartig bis zur Zerstörung des Entladungsgefäßes anwachsen würde, muß zur Strombegrenzung ein Vorwiderstand, ein Begrenzungswiderstand (**181.**1), in den Stromkreis geschaltet werden.

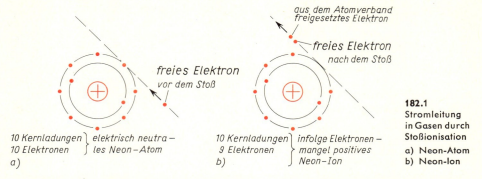

10 Kernladungen ⎫ elektrisch neutra —
10 Elektronen ⎭ les Neon–Atom
a)

10 Kernladungen ⎫ infolge Elektronen —
9 Elektronen   ⎭ mangel positives
                   Neon–Ion
b)

182.1
Stromleitung
in Gasen durch
Stoßionisation
a) Neon–Atom
b) Neon–Ion

**Eine Glimmentladung wird durch Stoßionisation eingeleitet (gezündet) und aufrechter-
halten, wobei der Strom selbst fortwährend neue Ladungsträger erzeugt. Der Strom
muß durch einen Begrenzungswiderstand begrenzt werden.**

Ist die Gasentladung eingeleitet, so geht die Lampenspannung von der Zündspannung
auf die zur Aufrechterhaltung der Entladung erforderliche kleinere Brennspannung
zurück. Die Brennspannung ist um den Spannungsabfall im Begrenzungswiderstand
kleiner als die Betriebsspannung.

Die Höhe von Zündspannung, Brennspannung und Löschspannung einer Gasentladung wird bestimmt durch Abstand, Form und Werkstoff der Elektroden, durch den Querschnitt des Entladungsgefäßes sowie durch Art, Druck und Temperatur der Gasfüllung.

Bei Wechselstrom benutzt man zur Strombegrenzung statt eines Widerstandes,
dessen Stromwärme einen großen Leistungsverlust ergeben würde, eine Drosselspule
oder einen Streufeldtransformator als Vorschaltgerät. Diese haben bei kleinem Wirkwiderstand einen hohen induktiven Widerstand, der keine Wärmeverluste verursacht.

Direkte Lichterzeugung durch Glimmentladungen. Versuch 79, S. 180, zeigt die
direkte Erzeugung von Licht in einem gasförmigen Leiter, also die Lichterzeugung
ohne den Umweg über die Erwärmung des Leiters, wie bei der Glühlampe. Diesen
Vorgang, die Lumineszenz, kann man sich vereinfacht folgendermaßen vorstellen.

Ein freies Elektron hat auf seinem Weg durch das elektrische Feld beim Auftreffen auf ein
neutrales Gasatom, hier des Neons (**182.2**a), nicht immer eine so große Geschwindigkeit, daß es ein Elektron aus dem „Atomverband" des Gasatoms herausschlagen kann,
wie dies in Bild **182.1** gezeigt wurde. Die Wucht des Aufpralls reicht aber in vielen Fällen

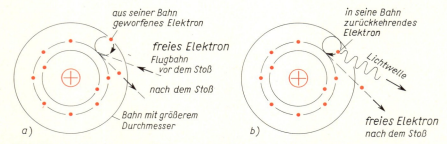

182.2 Direkte Lichterzeugung in Gasen durch Elektronenstoß. Neon-Atom kurz vor (a) und
während der Lichtabstrahlung (b)

aus, um ein Elektron des getroffenen Atoms aus seiner Bahn abzulenken und vorübergehend in eine Umlaufbahn größeren Durchmessers zu heben, ohne daß es den Atomverband endgültig verläßt. Dabei gibt das stoßende Elektron an das getroffene Atom
E n e r g i e ab. Kehrt das Elektron durch die Anziehungskraft des Kerns in seine alte Bahn
zurück, so entsteht dabei ein L i c h t t e i l c h e n (Photon), das sich von seinem Entstehungsort aus als Lichtwelle entfernt (**182.2 b**). Die durch den Elektronenstoß aufgenommene
Energie wird also in Form sichtbaren oder unsichtbaren L i c h t s (UV-Licht) wieder frei.
Findet dieser Vorgang bei vielen Atomen statt, so leuchtet das Gas, wobei die Wellenlänge des ausgesandten Lichtes, also die L i c h t f a r b e, von der Art des Gases abhängt.

Atome und Ionen können durch Elektronenstoß zur Lichtabstrahlung angeregt werden.

V e r g l e i c h v o n d i r e k t e r u n d i n d i r e k t e r L i c h t e r z e u g u n g. Der eben beschriebenen
direkten Lichterzeugung durch Elektronenstoß in Gasen (Lumineszenz) steht die indirekte Lichterzeugung gegenüber, die bei den Glühlampen (s. Abschn. 8.21) beschrieben wurde. Hier wird Licht
dadurch erzeugt, daß man die Temperatur des Körpers bis zum Glühen steigert (Temperaturstrahler). Dadurch wird der Energiegehalt der Atome so weit erhöht, daß Elektronen auf Umlauf-
bahnen mit größerem Durchmesser gehoben werden können. Beim Zurückkehren in die alte Bahn
wird Licht abgestrahlt.

Während nun Glühlampen gleichzeitig Licht aller W e l l e n l ä n g e n des sichtbaren Spektrums
erzeugen, strahlen Gasentladungen nur Licht von einigen durch die Art des verwendeten Gases b e -
s t i m m t e n W e l l e n l ä n g e n ab. Daher entsteht in jedem Gas eine für dieses Gas charakteristische
Lichtfarbe, so ist z. B. die Leuchtfarbe des Edelgases Neon orangerot, die des Heliums weißlich-
rosa. Kohlendioxyd sendet weißes Licht, Natriumdampf gelbes, Lithium rotes Licht aus. Quecksilberdampf erzeugt vorwiegend unsichtbares UV-Licht und bläulich-weißes Licht.

Bogenentladung

Die auf S. 180 beschriebene Glimmentladung erfolgt mit Hilfe von Ladungsträgern, die
durch Stoßionisation entstehen. Wird die Spannung an der Lampe durch Verkleinerung
des Begrenzungswiderstandes gesteigert, so prallen die positiven Ionen so heftig auf die
Katode, daß sich diese stark erhitzt (bis etwa 3000 °C). Dadurch wird in der Katode eine
so starke molekulare Wärmebewegung erzeugt (s. Abschn. 2.1), daß Elektronen ihren
Atomverband verlassen und aus der Katodenoberfläche austreten. So entsteht zusätzlich
eine sehr große Anzahl freier Elektronen. Die Stromstärke wächst erheblich an, und es
bildet sich ein hell leuchtender L i c h t b o g e n (Abschn. 1.14) mit sehr hoher Temperatur
(4000···6000 °C). Man nennt diese Form der Entladung B o g e n e n t l a d u n g.

**Im Gegensatz zur Glimmentladung vollzieht sich die Bogenentladung bei großer Strom-
stärke und hoher Temperatur.**

Die Bogenentladung findet A n w e n d u n g bei der Bogenlampe, beim Lichtbogenschweißen
und bei den Quecksilberdampf-Gleichrichtern. Unerwünscht ist die Lichtbogenbildung beim Öffnen
von Schaltern in Stromkreisen mit induktiver Belastung. Der Lichtbogen zerstört die Schalter-Kon-
taktstücke durch starke Erhitzung.

8.32 Aufbau und Schaltung der Leuchtstofflampen

Aufbau und Wirkungsweise

L e u c h t s t o f f l a m p e n (**184.1** a) sind neben den Glühlampen die am meisten verwendeten Lichtquellen. Sie bestehen aus dem E n t l a d u n g s g e f ä ß 1, einem langgestreckten
Glasrohr, das an den Enden mit S o c k e l n 2 versehen ist, aus denen je zwei Kontaktstifte 3 (**184.1** b) herausragen. Diese sind mit den G l ü h e l e k t r o d e n 4 im Rohr leitend
verbunden. Die Glühelektroden bestehen aus Wolfram-Wendeln, die mit einer Paste
aus Metalloxiden, z.B. Bariumoxid überzogen sind, um den Elektronenaustritt zu erleichtern.

a)

b)

c)

d)

184.1 Leuchtstofflampe und Starter [10]

a) Leuchtstofflampe, Ansicht
b) Leuchtstofflampe, Sockelaufbau
  1 Entladungsgefäß   4 Glühelektroden
  2 Sockel   5 Abschirmblech
  3 Kontaktstifte

c) Starter, Ansicht
d) Starter, Schnitt
  1 Glimmzünder   4 Anschlußkontakte
  2 Bimetallschalter   5 Metallbecher
  3 Entstörkondensator

Das Entladungsrohr enthält eine **Gasfüllung** geringen Druckes, bestehend aus Argon und **Quecksilber** in Dampfform. Die Innenseite des Rohres ist mit einer **Leuchtstoffschicht** versehen. Das Argon dient zur Erleichterung der Zündung. An der Lichterzeugung beteiligen sich vorwiegend die Atome des Quecksilberdampfes. Sie erzeugen nach dem Zusammenstoß mit Elektronen aber vorzugsweise unsichtbare Ultraviolett-(UV-)Strahlung. Der Anteil an sichtbarem Licht ist sehr gering. Treffen die unsichtbaren ultravioletten Strahlen jedoch auf die Leuchtstoffschicht der Gefäßwand, so regen sie diese zum Leuchten an: **Fluoreszenz**. Die Leuchtstoffschicht wandelt also die unsichtbare UV-Strahlung in sichtbares Licht um, sie wirkt als **Lichtumformer**.

Vergleich mit der Glühlampe

Die **Lichtausbeute** der Leuchtstofflampe ist relativ gut. Sie wandelt nämlich etwa 10% der elektrischen Energie in Licht um, die Glühlampe nur etwa 3%. Wegen der großen leuchtenden Flächen ist die **Leuchtdichte** L gering, entsprechend ist das Licht blendungsfreier als bei Glühlampen. Je nach Zusammensetzung des Leuchtstoffs lassen sich **verschiedene Lichtfarben** erzeugen. Die vorwiegend verwendeten Lichtfarben sind in Tafel **176.1** aufgeführt. Lampen mit besonders guter Farbwiedergabe erhalten meist die Zusatzbezeichnung „de Luxe", also z. B. warmweiß de Luxe. Sie haben eine geringere Lichtausbeute. Die **mittlere Lebensdauer** der Leuchtstofflampen beträgt etwa 7500 Brennstunden, also etwa das 7,5fache der Glühlampen. Beträgt die Umgebungstemperatur weniger als + 5 °C, so nimmt der Lichtstrom der

Leuchtstofflampen merklich ab. Bei Außenanlagen werden sie daher immer in geschlossenen Leuchten untergebracht.

Betriebsschaltung

Zur Zündung der Lampe am Wechselstromnetz wird meist die Schaltung nach Bild **185**.1 mit vorgeschalteter **D r o s s e l s p u l e** (induktives Vorschaltgerät) und Starter (**184**.1 c und d) verwendet. Der **S t a r t e r** besteht aus dem **Glimmzünder 1** (**184**.1 d) und einem dazu parallel geschalteten Entstörkondensator 3 (s. Abschn. 6.31). Der Glimmzünder ist eine kleine Glimmlampe, deren **e i n e** Elektrode als Bimetallelektrode (s. Abschn. 2.32) ausgebildet ist. Beim Einschalten der Leuchtstofflampe (kalter Glimmzünder) ist der **B i m e t a l l - s c h a l t e r 2** offen. Über das Vorschaltgerät und die Glühelektroden liegt Spannung an den Elektroden des Starters. Die Gasfüllung des Glimmzünders zündet, und durch die Glimmentladung erwärmt sich die Bimetall-Elektrode, krümmt sich und schließt dann die Glimmstrecke kurz; die Glimmentladung erlischt. Jetzt werden die Glühelektroden der Leuchtstofflampe kräftig vorgeheizt, aus ihrer Oberfläche treten Elektronen aus.

Währenddessen kühlt sich der Glimmzünder wieder ab. Die Bimetall-Elektrode biegt sich in ihre Ruhelage zurück und öffnet den Heizstromkreis der Leuchtstofflampe. Das durch den Vorheizstrom in dem Vorschaltgerät aufgebaute Magnetfeld bricht plötzlich zusammen und erzeugt durch Selbstinduktion (s. Abschn. 3.43) einen Spannungsstoß von

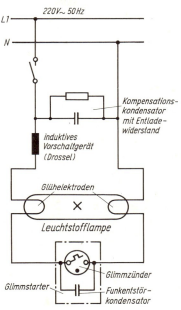

185.1 Betriebsschaltung der Leuchtstofflampe mit induktivem Vorschaltgerät

mehreren hundert Volt. Dieser Spannungsstoß erzeugt zwischen den Glühelektroden der Lampe kurzzeitig ein so starkes elektrisches Feld, daß die durch die Vorheizung der Elektroden frei gewordenen Elektronen die Stoßionisation im Gas einleiten können: Die Lampe zündet.

Nach der Zündung dient das Vorschaltgerät als **B e g r e n z u n g s w i d e r s t a n d**. Die Lampenspannung geht auf etwa die Hälfte der Netzspannung zurück (Brennspannung). Der Glimmzünder spricht bei gezündeter Lampe nicht an, weil die Brennspannung der Lampe unter seiner Zündspannung liegt.

Blindstromkompensation

Bei induktivem Vorschaltgerät. Die Induktivität der Vorschaltdrossel der Leuchtstofflampe bewirkt eine **i n d u k t i v e B e l a s t u n g d e s N e t z e s** mit einer entsprechenden Phasenverschiebung zwischen Spannung und Strom; der Leistungsfaktor beträgt etwa $\cos\varphi = 0{,}5$. Zur Kompensation des Blindstromes (s. Abschn. 6.44) kann **p a r a l l e l** zu den Netz-Anschlußklemmen jeder **e i n z e l n e n** Lampe ein Kondensator geschaltet werden. Bei größeren Leuchtstofflampenanlagen werden mehrere Lampen gemeinsam kompensiert (Gruppenkompensation). Die EVU schreiben die Kompensation vor, wenn die Lampenleistung mehr als insgesamt 130 W je Außenleiter beträgt.

Bei kapazitivem Vorschaltgerät. Manche Energieversorgungsunternehmen lassen netzparallele Kompensationskondensatoren nicht zu, da durch sie der Betrieb von Rundsteueranlagen beeinträchtigt wird.

Tonfrequenz-Rundsteueranlagen dienen der Fernschaltung z. B. der Straßenbeleuchtung. Hier wird der Netzspannung eine Steuerspannung von etwa 1000 Hz überlagert. Die zu steuernden Geräte sprechen „selektiv", d. h. nur auf diese Frequenz an. Liegen nun zwischen den Netzleitern Kondensatoren, so bilden diese für die Rundsteuerspannung einen sehr geringen Widerstand, schließen sie also praktisch kurz und machen sie unwirksam.

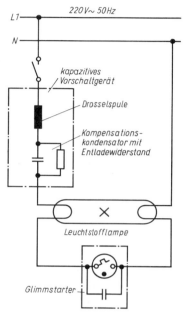

186.1 Betriebsschaltung der Leuchtstofflampe mit kapazitivem Vorschaltgerät

Sind aus diesem Grunde netzparallele Kondensatoren nicht zugelassen, so muß der Einfluß des induktiven Vorschaltgerätes einer Lampe auf die Phasenlage des Stromes durch ein kapazitives Vorschaltgerät einer zweiten Lampe (**186.**1) kompensiert werden. Hier wird der Kompensationskondensator in Reihe mit der Drosselspule geschaltet.

Wird eine Lampe mit einem induktiven und eine zweite mit einem kapazitiven Vorschaltgerät an das Netz geschaltet, so entsteht die sog. Duoschaltung. Beide Vorschaltgeräte werden so aufeinander abgestimmt, daß der Leistungsfaktor $\cos\varphi \approx 1$ beträgt.

In explosionsgefährdeten Räumen und bei Gleichstrombetrieb, z. B. bei der Zugbeleuchtung, werden Leuchtstofflampen besonderer Bauart ohne Starter betrieben. Als Zündhilfe dient ein an der Innenwandung des Glaskörpers der Lampe angebrachter metallischer Zündstreifen, dessen eines Ende mit einer Elektrode verbunden ist und dessen anderes Ende bis dicht an die zweite Elektrode reicht. Beim Einschalten bildet sich dann über die kurze Strecke zwischen dem freien Ende des Zündstreifens und der zweiten Elektrode eine Glimmentladung, die die Zündung der Lampe einleitet. Die Elektroden dieser Lampen werden nicht vorgeheizt.

Bei Gleichstrombetrieb dient ein Widerstand als Vorschaltgerät.

Flimmerwirkung. Bei Wechselstrombetrieb erlischt die Gasentladung in der Leuchtstofflampe jeweils kurz vor dem Ende jeder Halbperiode und zündet erneut während der folgenden Halbperiode. Dies hat zur Folge, daß der bei der Gasentladung erzeugte Lichtstrom mit der doppelten Frequenz der Betriebsspannung zwischen Null und dem Höchstwert schwankt: Die Lampe „flimmert".

Das Flimmern macht sich i. allg. nicht bemerkbar. Es kann aber dann unangenehm werden, wenn schnell bewegte oder sich drehende Gegenstände beleuchtet werden. Es wird dann oft eine langsame Bewegung oder gar ein Stillstand vorgetäuscht (stroboskopischer Effekt) und dadurch eine erhebliche Unfallgefahr hervorgerufen.

Man kann die Flimmerwirkung bei einer Leuchtstofflampenanlage durch die Verwendung der Duoschaltung weitgehend beseitigen. Infolge der Phasenverschiebung zwischen den Lampenströmen fällt nämlich die größte Helligkeit der einen Lampe mit der kleinsten Helligkeit der anderen zeitlich zusammen. Eine noch wirksamere Möglichkeit, die Flimmerwirkung zu beseitigen, besteht darin, die Lampen derselben Anlage auf die **drei Netzleiter** des Drehstromnetzes zu **verteilen.** Auch durch die Verwendung von stark nachleuchtenden Leuchtstoffen wird die Flimmerwirkung verringert.

8.33 Sonstige Gasentladungslampen

Quecksilberdampf-Hochdrucklampen (Hg-Lampen) (**187**.1). Ein kugel- oder röhrenförmiger Außenkolben 1 — meist mit Schraubsockel 2 versehen — enthält das verhältnismäßig kleine eigentliche **Entladungsgefäß 3 aus Quarz- oder Hartglas.** Obwohl Quarz- und Hartglas sehr hitzebeständig sind, muß das Entladungsgefäß gekühlt werden. Dies geschieht durch Füllung des Außenkolbens mit Stickstoff. Das Entladungsgefäß selbst ist mit **Argongas** — zur Einleitung der Zündung — und mit einer geringen Menge **Quecksilber** gefüllt. Die Zündung erfolgt mit Hilfe einer oder zweier **Hilfselektroden 4.** Diese liegen in unmittelbarer Nähe einer **Hauptelektrode 5** und sind über einen hochohmigen Schutzwiderstand 6 mit der gegenüberliegenden Hauptelektrode verbunden. Zwischen Haupt- und Hilfselektrode wird die Zündung der Lampe durch eine Glimmentladung eingeleitet, wobei der in Reihe zur Hilfselektrode geschaltete **Schutzwiderstand 6** die Stromstärke begrenzt. Durch die Hilfselektroden wird die Zündspannung der Lampe auf unter 180 V gesenkt, so daß sie an einer Netzspannung von 220 V sicher zündet. Nach kurzer Zeit greift die Entladung auf das ganze Entladungsgefäß über, das Quecksilber verdampft und nach etwa drei Minuten wird der volle Lichtstrom erreicht.

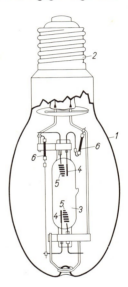

187.1
Quecksilberdampf-Hochdrucklampe [10]
1 Außenkolben
2 Schraubsockel
3 Entladungsgefäß
4 Hilfselektroden
5 Hauptelektroden
6 Schutzwiderstand

Infolge des hohen Gasdruckes liefert die Lampe neben der starken UV-Strahlung, die aber durch den Außenkolben verschluckt wird, ein sehr intensives **bläulich-weißes Licht.** Um die starke unsichtbare UV-Strahlung auszunutzen und die Lichtfarbe zu verbessern, wird die Innenseite des Außenkolbens meist mit einer Leuchtstoffschicht versehen (HgL-Lampen). Die Strombegrenzung erfolgt bei den Quecksilberdampf-Hochdrucklampen mit Hilfe einer **Vorschaltdrossel.** Dadurch beträgt der Leistungsfaktor etwa cos φ = 0,5. Wiederzündung nach dem Abschalten ist erst nach einer Abkühlzeit von etwa drei Minuten möglich, da die **Zündspannung** der heißen Lampe wegen des hohen Gasdrucks zunächst über der Versorgungsspannung liegt.

Quecksilberdampf-Hochdrucklampen haben eine etwa dreimal so große **Lichtausbeute** wie Glühlampen. Die mittlere Lebensdauer beträgt etwa 6000 Brennstunden, ist also etwa sechsmal so hoch wie die der Glühlampen. Anwendung finden die Quecksilberdampf-Hochdrucklampen wegen ihres billigen Betriebes und wegen ihrer langen Lebensdauer vorwiegend für die Beleuchtung von Verkehrs- und Industrieanlagen. Gegenüber den Leuchtstofflampen haben sie den Vorteil geringerer Abmessungen, auch werden sie für Leistungen bis zu 2000 W hergestellt.

Quecksilberdampf-Mischlichtlampen. Bei diesen **Verbundlampen** aus Quecksilberdampf- und Glühlampe befindet sich zur Verbesserung der Lichtfarbe zwischen Außenkolben und Entladungsgefäß eine Glühwendel, die in Reihe mit dem Entladungsgefäß geschaltet ist. Sie dient gleichzeitig als Begrenzungswiderstand, so daß kein besonderes Vorschaltgerät erforderlich ist.

Halogen-Quecksilberdampflampen (HgI- und HgIL-Lampen) haben als Zusatz zum Quecksilber eine Halogenverbindung. Lichtausbeute und Farbwiedergabe verbessern sich dadurch wesentlich. Sie sind jedoch erheblich teurer als einfache Hg- und HgL-Lampen.

Niederdruck-Natriumdampflampen (Na-Lampen) **(188.1).** Sie bestehen aus einem U-förmig gebogenen Entladungsrohr 1, in dem zwischen zwei Elektroden 2 eine Entladung in Natriumdampf stattfindet. Die Zündung wird durch einen Zusatz von Edelgas, meist Neon, erleichtert.

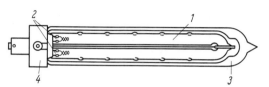

188.1 Niederdruck-Natriumdampflampe
1 U-förmiges Entladungsrohr   2 Elektroden
3 Wärmeschutzgefäß   4 Lampensockel

Die zur Zündung der Lampe erforderliche Spannung von etwa 470 V erzeugt ein Streufeld-Transformator, der meist als Spartransformator (s. Abschn. 10.13) ausgeführt ist und während des Betriebes als Strombegrenzer wirkt. Das Entladungsgefäß befindet sich in einem luftleeren, doppelwandigen Wärmeschutzgefäß 3, wodurch die zum ungestörten Betrieb der Lampe erforderliche Temperatur von etwa 300 °C erreicht und eingehalten werden kann.

Nach der Zündung der Edelgasfüllung verdampft das zunächst feste Natrium, so daß der volle Lichtstrom erst nach einer Anlaufzeit von 5···10 Minuten erreicht wird. Während des Betriebes liefert der Vorschalttransformator eine Betriebsspannung von etwa 400 V. Er bewirkt einen Leistungsfaktor von $\varphi \approx 0.3$.

Die Lichtausbeute der Niederdruck-Natriumdampflampen ist sechsmal so groß wie die der Glühlampen. Die mittlere Lebensdauer beträgt etwa 4000 Brennstunden. Die Lampe strahlt intensiv gelbes Licht einer Wellenlänge (monochromatisches Licht) aus. Daher erscheinen die Körperfarben der angestrahlten Gegenstände lediglich als Grauabstufungen. Durch bessere Kontrastwirkung lassen sich jedoch mehr Einzelheiten als bei weißem Licht erkennen. Wegen des blendungsfreien Lichtes und wegen ihrer Wirtschaftlichkeit ist die Natriumdampflampe besonders für die Beleuchtung von Verkehrs- und Industrieanlagen, zur Beleuchtung staubhaltiger Werkhallen, zur Anstrahlung von Gebäuden usw. geeignet.

Hochdruck-Natriumdampflampen geben durch ein beträchlich verbreitertes Wellenspektrum alle Körperfarben wieder (gelbe überbetont). Die Lichtausbeute ist jedoch wesentlich kleiner als bei den Niederdruck-Na-Lampen.

Leuchtröhren und Leuchtstoffröhren. Leuchtröhren und Leuchtstoffröhren werden mit Hochspannung betrieben. Es sind Niederdruck-Gasentladungslampen mit einer Füllung aus einem Edelgas bzw. Edelgasgemisch oder einem Edelgas-Quecksilberdampf-Gemisch. Die Elektroden, die oft mit einer freie Elektronen abgebenden aktiven Schicht versehen sind, werden im Gegensatz zu denen der Niederspannungs-Leuchtstofflampen nicht vorgeheizt. Die Lichtfarbe hängt von der Art der Gasfüllung und von der Färbung des Glases ab. Leuchtstoffröhren haben auf der Innenseite der Glaswand noch eine Leuchtstoffschicht. Je nach Art des verwendeten Leuchtstoffs stehen zahlreiche Leuchtfarben zur Verfügung.

Die zum Betrieb erforderliche Hochspannung wird von Streufeld-Transformatoren (s. Abschn. 10.13) erzeugt, die während des Betriebes auch für die notwendige Strombegrenzung sorgen. Der Zündspannungsbedarf der Röhren beträgt je nach Gasfüllung und Röhrendurchmesser je 1 m Röhrenlänge 300···1000 V. Die zu einer Leuchtgruppe gehörenden Röhren liegen alle in Reihe an der Sekundärwicklung e i n e s Transformators. Dessen Sekundärspannung geht nach erfolgter Zündung durch das magnetische Streufeld auf die B r e n n s p a n n u n g der Röhren (etwa 50···75% der Sekundär-Leerspannung) zurück. Meist besteht die Möglichkeit, die Nennstromstärke mit Hilfe eines verstellbaren Jochs (magnetischer Nebenschluß) dem zu speisenden Röhrenstromkreis anzupassen.

Die Sekundär-Leerspannung der Leuchtröhren-Transformatoren darf aus S i c h e r h e i t s - g r ü n d e n höchstens 7,5 kV gegen Erde betragen, bei Erdung der Mittelanzapfung des Transformators also insgesamt 15 kV. Im sekundären Hochspannungsstromkreis dürfen nur Leuchtröhrenleitungen NYL oder NYLRZY für Nennspannungen von 7,5 kV oder 3,75 kV verlegt werden. Leuchtröhren und Leuchtstoffröhren werden im Freien in Werbelichtanlagen (Röhrenschrift), Leuchtstoffröhren auch zum Beleuchten und Dekorieren von Innenräumen verwendet.

8.4 Spannungserzeugung durch Licht. Fotoelement

So wie elektrische Energie in Licht umgewandelt werden kann, läßt sich umgekehrt Licht auch in elektrische Energie umformen. Der entsprechende Energieumwandler ist das Fotoelement.

Das S p e r r s c h i c h t - F o t o e l e m e n t (**189**.1) besteht aus einer metallischen Trägerplatte 1, auf der eine dünne Halbleiterschicht 2 (s. Abschn. 17.1), z. B. Selen (das zweite e wird betont), aufgebracht ist. Auf die Halbleiterschicht ist eine sehr dünne, lichtdurchlässige Metallhaut 3 aufgedampft. Ein Kontaktring 4 dient zur Stromabnahme. Das Licht fällt durch die Metallhaut auf die Halbleiterschicht und löst dort Elektronen aus. Die Elektronen bewegen sich zur Metallhaut hin, die dadurch zum negativen Pol wird. Entsprechend wird die Trägerplatte zum positiven Pol.

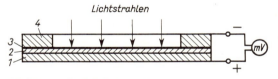

189.1 Sperrschicht-Fotoelement
1 Trägerplatte   3 Metallhaut
2 Halbleiterschicht   4 Kontaktring

Das Foto-Element ist eine Spannungsquelle, deren Quellenspannung mit zunehmendem Lichteinfall größer wird.

Wie beim Thermoelement sind Spannung und Wirkungsgrad sehr gering. Selbst bei stärkster Beleuchtung erreicht man nur einige zehntel Volt. Immerhin lassen sich Batterien aus Fotoelementen aufbauen, die zur Speisung von Transistor-Funkgeräten in Erdsatelliten oder von Durchgangsprüfgeräten ausreichen. Weit verbreitet ist das Fotoelement als Belichtungsmesser beim Fotografieren und als Beleuchtungsmesser (Luxmeter s. Abschn. 8.12).

Übungsaufgaben zu Abschnitt 8.3 und 8.4

1. Welcher Unterschied besteht zwischen der Stromleitung in Gasen sowie Metalldämpfen und der Stromleitung in Metallen?
2. Die direkte Lichterzeugung beim Stromdurchgang in Gasen und Metalldämpfen (Lichtwirkung des Stromes) ist zu beschreiben.

3. Welcher Unterschied besteht zwischen dem Licht einer Glühlampe und dem einer Gasentladungslampe?
4. Warum muß eine Gasentladungslampe mit einem Vorwiderstand betrieben werden?
5. Beschreibe Aufbau, Arbeitsweise und Schaltung einer Leuchtstofflampe.
6. Auf welche Weise kann der Leistungsfaktor von Leuchtstofflampenanlagen verbessert werden?
7. Wie kann man die Flimmerwirkung von Leuchtstofflampen verringern?
8. Welche Wirkung hat monochromatisches Licht?
9. Versuch: Eine Leuchtstofflampe mit induktivem Vorschaltgerät ist an das Netz anzuschließen, Stromstärke, Netzspannung und Brennspannung der Lampe sowie die Klemmspannung der Vorschaltdrossel sind zu messen. Aus den ermittelten Meßwerten sind die Schein-, Wirk- und Blindleistung, der Phasenverschiebungswinkel sowie der Schein-, Wirk- und Blindwiderstand der Schaltung zu berechnen. Zur Nachprüfung der Rechnung sind das Spannungs-, Leistungs- und Widerstandsdreieck der Schaltung zu zeichnen.

9 Meßgeräte

Zum Messen einer Größe, z. B. der Spannung, braucht man ein Meßgerät, mit dem festgestellt wird, wie oft die Einheit für die Größe, z. B. das Volt, in der zu messenden Größe enthalten ist.

Beim Messen vergleicht man mit Hilfe von Meßgeräten die zu messende Größe mit der Einheit dieser Größe.

Man unterscheidet elektrische Meßgeräte nach der Art ihrer Anzeige:

Meßgeräte mit analoger Anzeige. Dazu gehören alle Zeigermeßgeräte. Der Zeigerausschlag ist analog (d. h.: er entspricht) dem Betrag der gemessenen Größe. Eine besondere Form sind die schreibenden Meßgeräte. Sie tragen an der umgebogenen Zeigerspitze einen Schreibstift. Dieser schreibt auf einen Papierstreifen, der mit gleichbleibender Geschwindigkeit durch ein Zeituhrwerk unter dem Stift vorbeibewegt wird, eine zeitabhängige Kurve der gemessenen Größe. Hiervon macht man Gebrauch, wenn die Veränderung der gemessenen Größe über eine längere Zeitdauer festgehalten werden soll, z. B. die Stromaufnahme eines Motors während der täglichen Betriebszeit.

Ein Zeigermeßinstrument enthält als Hauptbestandteil das Meßwerk, in dessen beweglichem Teil ein Drehmoment erzeugt wird, das den Zeiger so weit aus seiner Ruhelage bewegt, wie es der zu messenden Größe entspricht. Zu einem vollständigen Meßinstrument gehören außerdem noch Skala, Gehäuse und darin eingebaute Zubehörteile. Als Meßgerät bezeichnet man ein Meßinstrument mit sämtlichem, auch außerhalb angeschlossenem Zubehör, z. B. getrennten Meßwiderständen.

Meßgeräte mit digitaler Anzeige. Sie geben das Meßergebnis als Ziffernfolge an, „digital" heißt sinngemäß „in Ziffern ausgedrückt". Elektrizitätszähler sind z. B. digital anzeigende Meßgeräte. Alle anderen digitalen Meßgeräte haben im wesentlichen elektronische Bauteile. Sie werden in der Energietechnik bisher wenig verwendet und daher hier nicht behandelt.

Elektronenstrahl-Oszilloskope. Mit ihnen kann man Größen und Vorgänge, z. B. die ständige Änderung des Augenblickswertes einer Wechselspannung, auf dem Bildschirm einer Elektronenstrahlröhre sichtbar machen (s. Abschn. 9.7).

9.1 Kennzeichnung von Meßgeräten

Damit man die Verwendbarkeit eines Meßgerätes für eine bestimmte Meßaufgabe auf den ersten Blick erkennen kann, sind auf der Skalenplatte außer der Einheit für die Meßgröße (V, A, W, kWh usw.) und der Herstellerfirma Sinnbilder für die kennzeichnenden Eigenschaften aufgedruckt. Im folgenden werden die wichtigsten erläutert.

Genauigkeitsklasse. Die Meßunsicherheit eines Meßgeräts wird durch das Klassenzeichen (d. i. eine Zahl) ausgedrückt. Die Zahl gibt den zulässigen Anzeigefehler des Meßgeräts nach oben (+) und unten (−) in Prozent an, bezogen auf den Meßbereich-Endwert (Vollausschlag).

Der Bezug auf den Meßbereich-Endwert ist erforderlich, weil die Ursachen für die Meßunsicherheit für den gesamten Meßbereich nahezu konstant sind. Die prozentuale Meßunsicherheit bezogen auf das M e ß e r g e b n i s, wird also um so größer, je kleiner der Zeigerausschlag ist.

Bei stark nichtlinearen Skalen, z. B. bei Widerstandsmessern, wird die prozentuale Meßunsicherheit auf die S k a l e n l ä n g e bezogen; Kennzeichnungsbeispiel: $\searrow$ 1,5.

Man unterscheidet F e i n m e ß g e r ä t e und B e t r i e b s m e ß g e r ä t e. Ihre Genauigkeitsklassen sind in der folgenden Tafel aufgeführt.

Verwendungszweck	Feinmeßgeräte				Betriebsmeßgeräte			
Klassenzeichen (zulässiger ± Anzeigefehler in %, bezogen auf den Meßbereich-Endwert)	0,05	0,1	0,2	0,5	1	1,5	2,5	5

Beispiel 67: Ein S p a n n u n g s m e s s e r mit der Genauigkeitsklasse 1,5 hat z. B. bei einem Meßbereich von 250 V für den gesamten Bereich einen z u l ä s s i g e n A n z e i g e f e h l e r von ± 1,5 · 250 V/ 100 = ± 3,75 V. Ist der angezeigte Meßwert 250 V, so liegt die zu messende Spannung demnach zwischen 246,25 V und 253,75 V. Bei einem Meßwert von 10 V dagegen liegt die zu messende Spannung zwischen 6,25 V und 13,75 V. Das entspricht dem

prozentualen Fehler $\qquad \dfrac{3,75 \text{ V}}{10 \text{ V}} \cdot 100\% = \pm\, 37,5\%$

Um den Anzeigefehler klein zu halten, soll man den Meßbereich des Meßgerätes so wählen, daß der Zeigerausschlag möglichst im oberen Drittel der Skala liegt.

Prüfspannung. Aus Sicherheitsgründen wird das Gehäuse eines Meßinstrumentes gegen das Meßwerk und gegen alle anderen, Spannung gegen Erde führenden Teile mit einer Prüfspannung auf Durchschlag geprüft, die erheblich über der zulässigen Betriebsspannung liegt. Die Prüfspannung wird durch einen schwarzen fünfzackigen P r ü f - s p a n n u n g s s t e r n mit eingeschriebener Prüfspannung in kV angegeben. Für übliche Ausführungen von Meßinstrumenten gelten folgende Werte:

Wurde keine Spannungsprüfung durchgeführt, so enthält der Stern die Zahl Null.
Für den Anschluß an Meßwandler (s. Abschn. 10.13) werden Geräte mit 2 kV Prüfspannung verwendet.

Prüfspannung in V	500	2000
Betriebsspannung in V	bis 40	40 ··· 650
Ziffer im Stern $\stackrel{\star}{}$	keine	2

Nennlage. Die durch das Klassenzeichen angegebene Anzeigegenauigkeit wird nur eingehalten, wenn das Gerät in der v o r g e s c h r i e b e n e n N e n n l a g e verwendet wird. Es bedeuten: $\perp$ senkrecht; $\sqcap$ waagerecht; $\angle\,60°$ unter 60° schräg liegend.

Sinnbilder für weitere Meßgeräteeigenschaften. Die Sinnbilder für die A r t d e s M e ß w e r k s, für die S t r o m a r t und die A n z a h l d e r i m M e ß g e r ä t v o r h a n d e n e n M e ß w e r k e sind in Tafel 193.1 zusammengestellt.

Beispiel 68: Auf der Skalenplatte eines Meßinstruments befinden sich folgende Sinnbilder:

Es handelt sich dann um ein Feinmeßinstrument der Genauigkeitsklasse 0,5 für Gleich- und Wechselstrom mit Dreheisen-Meßwerk für waagerechte Nennlage. Die Prüfspannung beträgt 2 kV.

Tafel **193**.1 Art des Meßwerks, Stromart und Anzahl der im Meßgerät vorhandenen Meßwerke

	Drehspulmeßwerk mit Dauermagnet, allgemein		Drehspulinstrument mit eingebautem Thermoumformer
	Drehspul-Quotientenmeßwerk (Kreuzspulmeßwerk)		Drehspulinstrument mit eingebautem Gleichrichter
	Drehmagnetmeßwerk		magnetische Schirmung
	Dreheisenmeßwerk		Zeigernullstellung
	elektrodynamisches Meßwerk, eisenlos		Gleichstrom
	elektrodynamisches Meßwerk, eisengeschlossen		Wechselstrom
	elektrodynamisches Quotientenmeß-werk, eisengeschlossen		Gleich- und Wechselstrom
	Bimetallmeßwerk		Drehstrominstrument mit 1 Meßwerk
	Achtung! Gebrauchsanweisung beachten		Drehstrominstrument mit 2 Meßwerken
Fe	Gerät zum Einbau in eine Eisentafel		Drehstrominstrument mit 3 Meßwerken

Klemmenbezeichnung

Bei Meßgeräten für Gleichstrom ist eine Anschlußklemme mit dem +-Zeichen versehen. Bei richtig gepoltem Anschluß schlägt der Zeiger des Gerätes dann in der gewünschten Richtung aus.

Um die Verwechslung von Anschlußklemmen bei Meßinstrumenten mit mehr als zwei Klemmen zu vermeiden, sind für Wechsel-und Dreh-strom - Meßinstru-mente die folgenden Klemmenbezeichnungen festgelegt worden:

	Klemmenbezeichnung für		
Anschluß für	Strom, von Stromquelle ankommend	Spannung	Strom, zum Verbraucher abgehend
Außenleiter L1	1	2	3
Außenleiter L2	4	5	6
Außenleiter L3	7	8	9
Mittelleiter N	10	11	12

9.2 Messung von Stromstärke und Spannung

9.21 Grundlagen

Bei den meisten Meßgeräten wird die magnetische Kraftwirkung des elektrischen Stromes ausgenutzt.

Strommesser messen die Stromstärke mit Hilfe der magnetischen Wirkungen des elektrischen Stromes.

Da jeder Strommesser einen inneren Widerstand R_i hat (s. hierzu Bild **194.**1 b), liegt nach dem Ohmschen Gesetz an diesem Innenwiderstand die Spannung U_i, die den zu messenden Strom I_i hindurchtreibt: $U_i = I_i \cdot R_i$. Trägt man statt der Stromstärke auf der Skala des Meßinstrumentes die an ihm liegende Spannung auf, so wird aus dem Strommesser ein Spannungsmesser.

a)

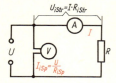

b)

Beispiel 69: Der Zeiger eines Strommessers mit dem Widerstand $R_i = 100\ \Omega$ schlägt bei der Stromstärke $I_i = 1$ mA bis an den Skalenendwert (Vollausschlag) aus. Welche Spannung U_i muß am Skalenendwert angeschrieben werden, wenn das Meßgerät als Spannungsmesser benutzt werden soll?

Lösung: Nach dem Ohmschen Gesetz beträgt die Spannung bei Vollausschlag $U_i = I_i \cdot R_i = 1$ mA $\cdot 100\ \Omega =$ 100 mV. Entsprechend erhalten alle übrigen Skalenstriche Spannungswerte, deren Zahlenwerte 100 mal so groß sind wie die Stromwerte (**194.**1 a).

194.1 a) Skalenplatte eines Drehspul-Meßinstrumentes der Genauigkeitsklasse 0,5 für die Messung von Gleichstrom und -spannung; Prüfspannung 2 kV; Nennlage senkrecht
b) Strom und Spannugen dieses Instrumentes bei Vollausschlag

Strommesser sind zugleich auch Spannungsmesser, da nach dem Ohmschen Gesetz zu jeder angezeigten Stromstärke eine ganz bestimmte Spannung gehört, die den Strom durch den inneren Widerstand des Meßinstruments hindurchtreibt.

Eigenverbrauch. Sowohl Strom- als auch Spannungsmesser benötigen beim Messen eine bestimmte elektrische Leistung, ihren Eigenverbrauch. Dieser soll möglichst klein sein, um die elektrischen Verhältnisse in dem gemessen wird, möglichst wenig zu verändern. Da der Strommesser in den Stromkreis, d.h. in Reihe mit dem Verbraucher R geschaltet und vom gesamten Strom I durchflossen wird (**194.**2), ist sein Eigenverbrauch dann gering, wenn er einen geringen Spannungsverlust $U_{i\,Str} = I \cdot R_{i\,Str}$ verursacht, sein innerer Widerstand $R_{i\,Str}$ also klein ist.

Beim Spannungsmesser, der an den Stromkreis, also parallel zum Verbraucher R geschaltet wird, ist der Eigenverbrauch dann gering, wenn er einen kleinen Meßstrom $I_{i\,Sp} = U/R_{i\,Sp}$ benötigt, also einen großen Widerstand $R_{i\,Sp}$ hat. Er wird bei Spannungsmessern meist durch die Angabe Widerstand/Meßbereich in Ω/V gekennzeichnet, z. B. 1000 Ω/V. Je größer diese Zahl ist, desto geringer ist der Eigenverbrauch.

Strommesser sollen einen möglichst kleinen, Spannungsmesser einen möglichst großen inneren Widerstand haben, damit ihr Eigenverbrauch klein ist.

194.2 Schaltplan für Strom- und Spannungsmessung. Die Fußzeichen Str und Sp kennzeichnen Größen des Strom- bzw. Spannungsmessers

9.22 Drehspul-Meßwerk

Aufbau. Das Meßwerk mit Außenmagnet (**195.**1) hat einen kräftigen Dauermagnet 1. Zur Erzielung eines starken Magnetfeldes Φ_1 zwischen den Polen bei nur kleinem Luftspalt dient ein Weicheisenkern 2. Im Luftspalt ist eine leichte Drehspule 3 angeordnet. Die Zeigerachse endet in Kegelspitzen, die in hohlkegelförmigen Lagersteinen, z. B. aus Saphir, gelagert sind. Die Stromzuführung erfolgt über zwei an den Stirnflächen der Drehspule angeordnete entgegengesetzt gewickelte Spiralfedern 4, die außerdem die Aufgabe haben, das erforderliche Gegendrehmoment, das dem Zeigerausschlag entgegenwirkt, zu erzeugen.

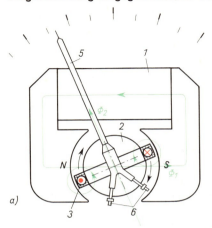

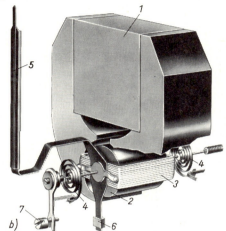

a)

b)

c)

195.1 Drehspul-Meßwerk mit Außenmagnet [8]
   a) Entstehung des Drehmomentes. Bei den eingetragenen Feldrichtungen
      führt die Drehspule eine Rechtsdrehung aus
   b) Aufbau
      1 Dauermagnet mit Polschuhen   5 Zeiger
      2 Weicheisenkern   6 Zeigerausgleichgewichte
      3 Drehspule   7 Nullpunktrücker
      4 Spiralfedern
   c) stoßfeste Spitzenlagerung

Das Meßwerk mit Kernmagnet **(195.2**a) hat kleinere Abmessungen und geringeres Gewicht. Es wird meist für Vielfachinstrumente verwendet. Bei der üblichen Spannbandlagerung **(195.2**b) erzeugen die Spannbänder 1 das Gegendrehmoment. Bei der Drehung entsteht keine Lagerreibung. Mit dieser Lagerung erreicht man eine hohe elektrische Empfindlichkeit, d.h. einen sehr geringen Eigenverbrauch.

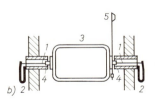

a)

b)

195.2 Drehspulmeßwerk mit Kernmagnet (a) [8]
      Spannbandlagerung des Meßwerks (b)
      1 Spannbänder, 2 Spannfedern, 3 Drehspule,
      4 Stoßfänger, 5 Zeiger

Wirkungsweise. Wird die Drehspule 3 vom Meßstrom durchflossen, so erzeugt sie ein Magnetfeld Φ_2, das bestrebt ist, dieselbe Richtung einzunehmen wie das Magnetfeld Φ_1 des Dauermagneten (s. Abschn. 3.12). Auf die Drehspule wird dadurch ein Drehmoment ausgeübt, das die Spiralfedern spannt. Die Federn entwickeln ein mit dem Drehwinkel zunehmendes Gegendrehmoment. Die Achse mit dem Zeiger wird soweit aus ihrer Ruhelage gedreht, bis beide Drehmomente gleichgroß sind.

Die Richtung des Zeigerausschlages ist von der Stromrichtung in der Drehspule abhängig. Deshalb ist festzuhalten:

Das Drehspul-Meßwerk eignet sich nur für die Messung von Gleichströmen und -spannungen.

Dämpfung. Damit der Zeiger sich beim ersten Ausschlagen möglichst schwingungslos, d.h. ohne um seinen richtigen Anzeigewert hin und her zu pendeln, einstellt, ist eine Dämpfung der Zeigerschwingungen nötig.

Sie wird mit Hilfe eines leichten Aluminiumrähmchens bewirkt, auf das die Drehspule gewickelt ist. Bei deren Bewegung im Magnetfeld entstehen im Rähmchen W i r b e l - s t r ö m e , die die Bewegung bremsen (Lenzsche Regel s. Abschn. 3.42).

Die Drehspule befindet sich bei jeder möglichen Zeigerstellung in einem überall gleich starken (homogenen) Magnetfeld. Die Teilung der S k a l a ist daher linear, d.h. gleichmäßig.

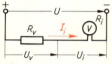

196.1
Meßbereich-Erweite-
rung beim Drehspul-
Spannungsmesser

Meßbereich-Erweiterung. Diese erfolgt beim Drehspul-Meßwerk mit Hilfe von Vor- und Nebenwiderständen. Soll das Meßwerk als S p a n n u n g s m e s s e r verwendet werden, so vergrößert man den Widerstand des Meßkreises auf den für die Spannungsmessung erforderlichen hohen Wert durch V o r w i d e r s t ä n d e (**196.**1). Diese haben die Aufgabe, die ü b e r s c h ü s s i g e S p a n n u n g aufzunehmen und so den Meßstrom auf den zulässigen kleinen Wert zu begrenzen.

Beispiel 70: Ein Drehspul-Meßwerk hat den inneren Widerstand $R_i = 100\ \Omega$. Der Vollausschlag erfolgt bei der Stromstärke $I_i = 1$ mA. Welcher Vorwiderstand R_v ist erforderlich, wenn der Meßbereich $U = 10$ V betragen soll?

L ö s u n g : Bei Vollausschlag beträgt die Spannung am Meßwerk $U_i = I_i \cdot R_i = 1$ mA $\cdot 100\ \Omega = 100$ mV. Am Vorwiderstand muß die Teilspannung $U_v = U - U_i = 10$ V $- 0,1$ V $= 9,9$ V zustande kommen. Da die Stromstärke für Vollausschlag $I_i = 1$ mA beträgt, muß der Vorwiderstand den Wert haben

$$R_v = \frac{U_v}{I_i} = \frac{9,9\ \text{V}}{0,001\ \text{A}} = 9900\ \Omega$$

Damit ein Spannungsmesser das Meßergebnis nicht wesentlich verfälscht, muß sein Eigenverbrauch sehr viel, d.h. mindestens 100mal kleiner sein als der Verbrauch des Meßobjektes (Widerstand, Spule, Maschine usw.), an dem man die Spannung messen will. Diese Bedingung ist erfüllt, wenn der Innenwiderstand des Spannungsmessers um ein Vielfaches größer ist, als der Widerstand des Meßobjektes. Zur Spannungsmessung an hochohmigen Widerständen benötigt man daher Spannungsmesser mit besonders hohem Innenwiderstand. Ein Spannungsmesser mit 1000 Ω/V hat beispielsweise bei einem Meßbereich von 250 V den i n n e r e n W i d e r s t a n d 1000 Ω/V $\cdot$ 250 V $= 250000\ \Omega$. Spannungsmesser haben 330 $\cdots$ 40000 Ω/V und mehr.

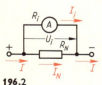

196.2
Meßbereich-Erweite-
rung beim Drehspul-
Strommesser durch
Nebenwiderstand

Soll das Drehspul-Meßwerk als S t r o m m e s s e r benutzt werden, so muß man den Widerstand des Gerätes durch einen N e b e n - w i d e r s t a n d R_N zum Meßwerk auf den für die Strommessung erforderlichen kleinen Wert verringern (**196.**2). Der Nebenwiderstand hat die Aufgabe, den ü b e r s c h ü s s i g e n S t r o m am Meßwerk vorbei zu leiten, so daß der durch das Meßwerk fließende Strom den zulässigen Wert nicht überschreitet.

Beispiel 71: Das Drehspul-Meßwerk in vorstehendem Beispiel 70 soll als Strommesser für den Meßbereich $I = 4$ A eingerichtet werden. Welcher Nebenwiderstand R_N ist hierfür erforderlich?

Lösung: Die Spannung am Meßwerk beträgt bei Vollausschlag $U_i = I_i \cdot R_i = 1$ mA $\cdot$ 100 $\Omega =$ 100 mV. Diese Spannung liegt auch am Nebenwiderstand. Der durch den Nebenwiderstand fließende Strom ist $I_N = I - I_i = 4$ A $- 0{,}001$ mA $= 3{,}999$ A. Dann ist der

erforderliche Nebenwiderstand $\quad R_N = \dfrac{U_i}{I_N} = \dfrac{0{,}1 \text{ V}}{3{,}999 \text{ A}} = 0{,}025 \; \Omega$

Verwendung. Da sich das Drehspul-Meßwerk unmittelbar nur für die Messung von Gleichströmen und -spannungen eignet, müssen für die Messung von Wechselströmen und -spannungen Meßgleichrichter verwendet werden. Zu dem Zweck werden i. allg. Dioden in Brückenschaltung vor das Meßwerk geschaltet (s. Abschn. 17.13).

Vielfach-Meßinstrumente. Verbreitete Verwendung finden Drehspul-Meßwerke in den Vielfach-Meßinstrumenten (**197.1**). Mit einem Umschalter 1 können verschiedene Vor- und Nebenwiderstände an das Meßwerk geschaltet werden. Auf diese Weise kann man e i n Meßwerk als Strom- oder als Spannungsmesser mit mehreren Meßbereichen verwenden. Unter Benutzung eines Meßgleichrichters kann man das Meßgerät auch für Wechselstromkreise heranziehen (Umschalter 2).

Das in Bild **197.1** dargestellte Vielfachinstrument ist mit Hilfe einer eingebauten Trocken-batterie auch für Widerstandsmessungen verwendbar (s. Abschn. 9.52).

Bei Vielfach-Meßinstrumenten soll man zum Schutze des Meßwerks vor Fehlschaltungen den Meßbereichschalter 1 nach beendeter Messung stets auf den Bereich für die größte Spannung schalten.

197.1 Vielfach-Meßinstrument [8]
1 Meßbereichsumschalter
2 Stromart-Wahlschalter
3 Potentiometer zum Ein-stellen des Zeigers auf Null bei kurzgeschlossenen Anschlußklemmen „ + " und „Ω" für Widerstands-messungen

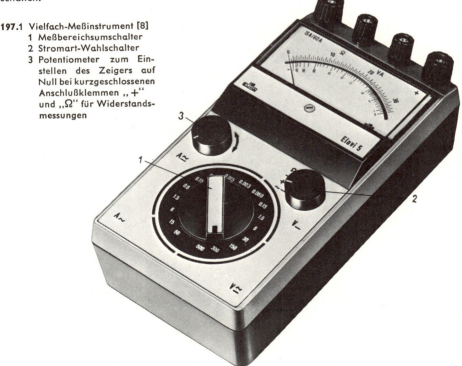

9.23 Dreheisen-Meßwerk

Wirkungsweise. Die Wirkungsweise des Dreheisen-Meßwerks geht aus dem folgenden Versuch hervor.

□ **Versuch 80.** In eine Spule (**198.1**) werden zwei Eisenstifte nebeneinander gelegt, die Spule wird über einen verstellbaren Vorwiderstand zuerst mit Gleichstrom gespeist. Beide Eisenstifte stoßen sich ab, und zwar um so heftiger, je größer die Stromstärke I ist. Auch bei umgekehrter Stromrichtung und somit auch bei Wechselstrom läßt sich die gleiche Wirkung beobachten. □

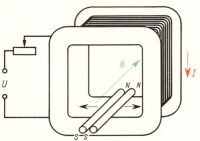

Beide Stifte werden vom gleichen magnetischen Fluß Φ der Spule durchsetzt und gleichsinnig magnetisiert. Ihre gleichartigen Magnetpole N, N und S, S stoßen sich ab.

Das Dreheisen-Meßwerk eignet sich für die Messung von Stromstärke und Spannung in Gleich- und Wechselstromkreisen.

198.1 Wirkungsweise des Dreheisen-Meßwerks

Im Innern des Meßwerks (**198.2**) mit der Zylinderspule 1 befinden sich zwei Weicheisenplättchen 2. Das eine Plättchen ist fest an der Innenseite der Spulenhülse 3, das andere an einem Hebel der drehbaren Zeigerachse 4 befestigt. Wird die Spule 1 vom Meßstrom durchflossen, so stoßen sich beide Plättchen 2 ab, wobei das beweglich angeordnete Plättchen ein Drehmoment auf die Zeigerachse ausübt und dabei eine Spiralfeder 5 spannt. Die Feder entwickelt ein mit dem Drehwinkel zunehmendes Gegendrehmoment. Die Achse mit dem Zeiger 6 wird somit nur soweit gedreht, bis beide Drehmomente gleich sind. Nach der Messung dreht die gespannte Feder den Zeiger wieder in die Nullstellung zurück.

Soll das Meßwerk als Strommesser benutzt werden, so gibt man seiner Spule wenige Windungen N aus dickem Draht und damit den für Strommesser erforderlichen kleinen

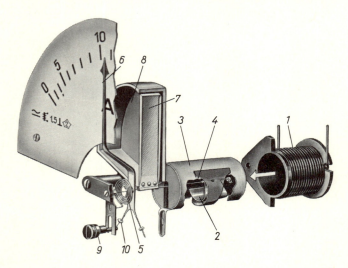

198.2
Dreheisen-Meßwerk [12]
1 Zylinderspule
2 Weicheisenplättchen (ein festes und ein drehbares)
3 Spulenhülse
4 Zeigerachse
5 Spiralfeder
6 Zeiger
7 Dämpfungsflügel
8 Dämpfungskammer
9 Nullpunktrücker
10 Zeigerausgleichgewichte

Innenwiderstand. Die für die Zeigerdrehung erforderliche Durchflutung (Amperewindungszahl) $N \cdot I$ ist ja mit um so weniger Windungen erreichbar, je größer die zu messende Stromstärke I ist. Als **S p a n n u n g s m e s s e r** erhält das Meßwerk eine Spule aus vielen Windungen dünnen Drahtes; hierdurch erhält man den für einen Spannungsmesser erforderlichen hohen Innenwiderstand, gleichzeitig aber wieder die erforderliche Durchflutung $N \cdot I$.

Dämpfung. Beim Dreheisen-Meßwerk wird die **L u f t k a m m e r d ä m p f u n g** angewendet (**198.2**). An der Zeigerachse ist ein Aluminiumflügel 7 befestigt, der sich mit geringem Spielraum in einer geschlossenen Dämpfungskammer 8 bewegt; hierbei wirkt der Luftwiderstand bremsend.

Skala. Bei Verdopplung der Stromstärke wird die abstoßende Kraft F **b e i d e r** Weicheisenplättchen verdoppelt, so daß sich insgesamt eine Vervierfachung der abstoßenden Kraft und damit des Drehmoments ergibt; bei Verdreifachung der Stromstärke entsteht die neunfache Kraft, denn Drei zum Quadrat ist Neun: $3^2 = 9$. Hierdurch wird die Skalenteilung **q u a d r a t i s c h**. Man kann aber die Skalenteilung durch zweckmäßige Formung und Anordnung der beiden Weicheisenplättchen — von einem kleinen Anfangsbereich abgesehen — gleichmäßig (**l i n e a r**) machen, wie dies die Skala in Bild **198.2** zeigt. Auch ist auf diese Weise eine Dehnung der Skalenteilung im unteren Bereich (Nullspannungsmesser) oder in der Skalenmitte (Netzspannungsüberwachung) möglich. Bei der überstromsicheren Ausführung wird die Skala am Bereichsende so weit zusammengedrängt, daß sie insgesamt das Doppelte oder sogar das Vierfache des ablesbaren Meßbereichs umfaßt.

Meßbereich-Erweiterung. Dreheisen-**S t r o m m e s s e r** mit mehreren Meßbereichen haben unterteilte Spulen, deren Wicklungsteile bei kleinen Strömen in Reihe, bei größeren einzeln, in Gruppen oder parallel geschaltet werden. Der Meßbereich für Wechselströme kann außerdem durch Verwendung von Stromwandlern (s. Abschn. 10.13) beliebig erweitert werden; bei Wechselstrommessungen in Hochspannungsanlagen sind Stromwandler aus Sicherheitsgründen ohnehin erforderlich. Dreheisen-Strommesser für Wandleranschluß sind entsprechend der Sekundärstromstärke der Stromwandler für 5 A, seltener für 1 A, bemessen.

Die Erweiterung des Meßbereichs von Dreheisen-**S p a n n u n g s m e s s e r n** erfolgt mit Vorwiderständen; Hochspannungsmessungen müssen aus Sicherheitsgründen aber immer mit Spannungswandlern durchgeführt werden. Dreheisen-Spannungsmesser für Wandleranschluß werden entsprechend der Sekundärspannung der Spannungswandler für 100 V, seltener für 110 V, bemessen.

Verwendung. Das Dreheisen-Meßinstrument ist wegen seines einfachen Aufbaus billig und unempfindlich gegen Erschütterungen und kurzzeitige Überlastungen. Wegen des schwachen eigenen Magnetfeldes muß das Meßwerk für genauere Messungen durch einen Weicheisenmantel vor dem Einfluß fremder Magnetfelder abgeschirmt werden. Die Eichung erfolgt meist für einen Frequenzbereich von $16\,2/3$ Hz bis 100 Hz, in Sonderfällen bis zu einer Frequenz von 1000 Hz.

Das Dreheisenmeßwerk wird vorwiegend für Schalttafelinstrumente verwendet, bei denen der relativ hohe Eigenverbrauch von $1 \cdots 5$ W keine Rolle spielt.

Übungsaufgaben zu Abschnitt 9.1 und 9.2

1. Was bedeuten die nebenstehenden Angaben auf den Skalenplatten von Meßinstrumenten?

2. Zwischen welchen Werten kann die mit einem Spannungsmesser der Klasse 1,5 gemessene Spannung liegen, wenn das Instrument bei dem Meßbereich 250 V die Spannung 150 V anzeigt?

3. Wie erreicht man die schwingungsfreie Einstellung des Zeigers eines Meßinstruments?

4. Wirkungsweise und Aufbau des Dreheisen-Meßwerks sind zu beschreiben.

5. Worauf ist bei Spannungsmessungen an hochohmigen Widerständen zu achten?

6. Wie erweitert man Strom- und Spannungsbereiche bei Dreheisen- und Drehspulmeßgeräten?

7. Welcher Zeigerausschlag würde entstehen, wenn ein Drehspul-Meßwerk keine Spiralfeder hätte? Welche Aufgabe hat also die Feder?

8. Worauf ist vor und nach der Benutzung eines Vielfach-Meßinstrumentes zu achten?

9. Wie groß ist für das Vielfach-Meßinstrument nach Bild **197**.1 (0,3 mA bei Vollausschlag) der Widerstand je Volt (Ω/V) bei Spannungsmessungen?

10. Versuch: Der Meßbereich eines Drehspul-Spannungsmessers soll von 30 V auf 250 V erweitert werden.
a) Ermittle mit Hilfe eines Strommessers den Instrumentenstrom für Vollausschlag und berechne den erforderlichen Vorwiderstand.
b) Der Vorwiderstand ist mit geeigneten Schicht- und Drahtwiderständen herzustellen und der neue Meßbereich mit Hilfe eines Spannungsmessers höherer Güteklasse auf genaue Anzeige zu prüfen.
c) Wie groß ist der Innenwiderstand des Spannungsmessers vor und nach der Bereichserweiterung?

11. Versuch: Ein Strommesser mit dem Meßbereich 50 mA soll zum Messen kleiner Spannungen verwendet werden.
a) Bestimme durch Messung der am Strommesser liegenden Spannung den Innenwiderstand des Instruments.
b) Der Umrechnungsfaktor zur Umrechnung der mA-Anzeige in die entsprechenden mV-Werte ist zu ermitteln.

9.3 Messung der elektrischen Leistung

Die Leistung eines Gleichstroms oder eines Wechselstroms, der mit der Wechselspannung „in Phase ist" (Phasenverschiebung Null, $\cos\varphi = 1$), kann durch je eine Messung von Strom und Spannung ermittelt werden: $P = U \cdot I$. Bei Phasenverschiebung zwischen Strom und Spannung (induktive oder kapazitive Belastung) ist noch der Leistungsfaktor $\cos\varphi$ zu berücksichtigen: $P = U \cdot I \cdot \cos\varphi$. Die Wirkleistung P wird in diesem Fall mit dem Leistungsmesser, einem Meßgerät mit elektrodynamischem Meßwerk, direkt bestimmt. Dieses hat eine Strom- und eine Spannungsspule und mithin vier Anschlußklemmen zur Erfassung des Einflusses von Strom und Spannung.

9.31 Elektrodynamisches Meßwerk

Wirkungsweise. Das Meßwerk hat in der e i s e n g e s c h l o s s e n e n A u s f ü h r u n g (**201**.1) einen geschlossenen, geblätterten Weicheisenring 1, in den die aus wenigen Windungen dicken Drahtes bestehende Stromspule 2 (Strompfad) eingelegt ist. Im Luftspalt zwischen den Polschuhen 3 des Weicheisenrings und einem ebenfalls geblätterten Weicheisenkern 4 ist, wie beim Drehspul-Meßwerk, als Drehspule eine Spannungsspule 5 (Spannungspfad) angeordnet, deren Strom wieder über zwei entgegengesetzt gewickelte Spiralfedern 6 zugeführt wird; diese erzeugen das dem Zeigerausschlag entgegenwirkende Drehmoment. Die Luftkammerdämpfung 7 bewirkt, wie beim Dreheisen-Meßwerk, eine schwingungsfreie Einstellung des Zeigers.

Die Skala ist linear geteilt. Werden Strom- und Spannungspfad von den Meßströmen durchflossen, so sind deren Magnetfelder Φ_I und Φ_U bestrebt, die gleiche Richtung einzunehmen und die Drehspule 5 entwickelt wie beim Drehspul-Meßwerk ein Drehmoment. Die Richtung des Zeigerausschlages hängt sowohl von der Stromrichtung in der Strom- als auch in der Spannungsspule ab. Der Zeigerausschlag kehrt seine Richtung um, wenn die Stromrichtung entweder in der Strom- oder in der Spannungsspule umgekehrt wird. Da sich die Richtung des Zeigerausschlages jedoch nicht ändert, wenn die Ströme in der Strom- und Spannungsspule gleichzeitig umgekehrt werden, eignet sich das Meßwerk nicht nur zur Messung der Gleichstromleistung, sondern auch der Wechselstromleistung.

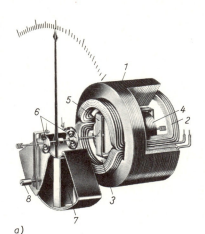
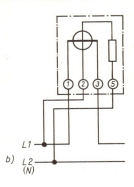

a)

201.1 Elektrodynamisches Meßwerk, eisengeschlossen [8]
a) Aufbau
b) Schaltplan eines Wirkleistungsmessers für Einphasen-Wechselstrom mit Ziffernbezeichnung der Anschlußklemmen

1 Weicheisenring, geblättert
2 Stromspule (fest)
3 Polschuhe
4 Weicheisenkern, geblättert
5 Spannungsspule (Drehspule)
6 Spiralfedern
7 Dämpfungskammer mit Dämpfungsflügel
8 Nullpunktrücker

Wirkleistungsmessung. Der Zeigerausschlag ist von Stromstärke und Spannung der zu messenden Leistung und, bei phasenverschobenem Strom, auch von der Phasenverschiebung φ zwischen Strom und Spannung abhängig. Der Ausschlag ist am größten, wenn Strom und Spannung in Phase sind ($\varphi = 0$), weil dann die Höchstwerte der Ströme im Spannungs- und Strompfad und damit die Höchstwerte des magnetischen Flusses in der Strom- und Spannungsspule zeitlich zusammenfallen. Je größer die Phasenverschiebung ist, desto geringer ist die Wirkleistung, um so weiter liegen diese Höchstwerte zeitlich auseinander und um so geringer ist das vom Meßwerk entwickelte Drehmoment. Bei dem Phasenverschiebungswinkel $\varphi = 90°$ (201.2) sind die Wirkleistung und damit der Zeigerausschlag gleich Null.

In Bild 201.2 ist angenommen, daß die Phasenverschiebung zwischen Strom und Spannung der zu messenden elektrischen Leistung $\varphi = 90°$ ist (Wirkleistung $P = 0$). Außerdem sei angenommen, daß zwi-

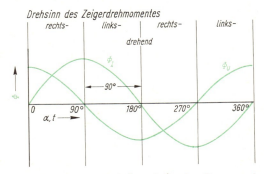

201.2 Magnetischer Fluß Φ_I und Φ_U der Strom- und Spannungsspule eines elektrodynamischen Meßwerks bei rein induktiver Blindleistung: Phasenverschiebung $\varphi = 90°$; Wirkleistung $P = 0$

schen $\varphi = 0$ und 90° der magnetische Fluß Φ_I des Strompfades und der Fluß Φ_U des Spannungspfades auf den Zeiger des Meßwerks ein **rechtsdrehendes Drehmoment** entwickeln. Bei $\varphi = 90°$ kehrt nun der Fluß Φ_U seine Richtung um. Da Φ_I die Richtung beibehält, wirkt das Drehmoment zwischen 90 und 180° jetzt in entgegengesetztem Drehsinn, also **linksdrehend**. Bei 180° kehrt sich auch die Richtung von Φ_I um, so daß das Drehmoment zwischen 180 und 270° **wieder rechtsdrehend** ist. Bei jeder Periode wechselt so das Drehmoment viermal seine Richtung, bei der Frequenz 50 Hz demnach $4 \cdot 50 = 200$ mal in der Sekunde. Diesem schnellen Richtungswechsel kann die Drehspule des Meßwerks nicht folgen, der Zeiger schlägt deshalb nicht aus, wie dies im vorliegenden Fall (Wirkleistung gleich Null) auch erforderlich ist.

Elektrodynamische Meßwerke eignen sich für die Messung der Gleich- und Wechselstromleistung. In Wechselstromkreisen zeigen sie die Wirkleistung an.

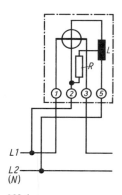

202.1
Schaltplan eines elektrodynamischen Meßwerks mit *LR*-Phasendrehglied als Blindleistungsmesser für Einphasen-Wechselstrom mit Ziffernbezeichnung der Anschlußklemmen (s. S. 193)

Blindleistungsmessung. Schaltet man in den Spannungspfad ein Phasendrehglied aus Drosselspule und Wirkwiderstand, das den Meßstrom im Spannungspfad um 90° gegenüber der Spannung verschiebt, so wird statt der Wirkleistung P die Blindleistung Q gemessen (**202.1**). Da die Phasendrehung nur für **eine** bestimmte Frequenz 90° beträgt, ist ein solcher **Blindleistungsmesser auch für eine feste Frequenz**, meist 50 Hz, geeicht.

Meßbereichserweiterung. Im Wechselstromkreis wird der Meßbereich des Strompfades mit Hilfe eines Stromwandlers oder durch Spulenumschaltung, der Meßbereich des Spannungspfades mit Hilfe eines Vorwiderstandes oder, bei Hochspannung, durch einen Spannungswandler erweitert.

Beim Anschluß an Meßwandler muß der Strompfad bei Verwendung eines Stromwandlers für 5 A, der Spannungspfad bei Verwendung eines Spannungswandlers für 100 V bemessen sein. Bei Verwendung eines getrennten Vorwiderstandes für den Spannungspfad ist darauf zu achten, daß er nach Bild **201**.1 b geschaltet wird. Würde der Vorwiderstand auf die andere Seite der Spannungsspule geschaltet, so bestünde die Gefahr eines Spannungsdurchschlags zwischen Strom- und Spannungsspule, da zwischen beiden die volle Betriebsspannung liegen würde.

Verwendung. In den meist benutzten **eisengeschlossenen Meßwerken** werden starke Magnetfelder entwickelt. Die Beeinflussung der Messung durch fremde Magnetfelder ist also gering. Eisengeschlossene Meßwerke sind allerdings nur für einen engen Frequenzbereich, z. B. von etwa 40···60 Hz, verwendbar.

Bei der Benutzung von Leistungsmessern ist stets daran zu denken, daß einer der beiden Meßpfade auch überlastet sein kann, ohne daß der Zeiger über den Skalenendwert hinaus ausschlägt. In Zweifelsfällen ist es zweckmäßig, die Belastung der Meßpfade durch Strom- und Spannungsmesser zu überwachen.

9.32 Leistungsmessung bei Drehstrom

Im Drehstrom-Vierleiter-Netz genügt es, bei gleicher Belastung der drei Stränge, die Strangleistung mit **einem** Leistungsmesser zu bestimmen. Die Gesamtleistung ist dann dreimal so groß. Bei ungleicher Belastung (Schieflast) muß in jeden Außenleiter ein Leistungsmesser geschaltet werden. Durch Zusammenzählen der drei Strangleistungen erhält man die Gesamtleistung. Die drei Leistungsmesser lassen sich zu einem Drehstromleistungsmesser mit drei Meßwerken (**203.1**) vereinigen, bei dem drei Drehspulen auf derselben Zeigerachse angeordnet sind, so daß sich ihre Drehmomente addieren.

Im Drehstrom-Dreileiternetz kann man bei gleicher Belastung der drei Stränge die Strangleistung ebenfalls mit e i n e m Leistungsmesser bestimmen, wenn man für seinen Spannungspfad einen künstlichen Sternpunkt (Nullpunkt) schafft (**203.2**). Es ist darauf zu achten, daß die drei Sternpunktwiderstände gleich groß sind, d. h. daß die Summe von Vorwiderstand R_v und Innenwiderstand R_i des Spannungspfades so groß ist wie jeder der Widerstände R_1 und R_2.

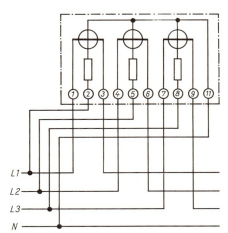

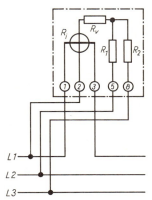

203.1 Messung der Wirkleistung bei ungleicher Strangbelastung im Drehstrom-Vierleiter-Netz 1···11 Ziffernbezeichnung der Anschlußklemmen des Meßgerätes (s. S. 193)

203.2 Wirkleistungsmesser mit künstlichem Sternpunkt für Dreileiter-Drehstrom bei gleicher Belastung der drei Stränge

Bei S c h i e f l a s t benötigt man entweder d r e i Einzelleistungsmesser, deren Spannungspfade einen Sternpunkt bilden, oder man benutzt e i n e n Drehstromleistungsmesser mit drei Meßwerken, die auf eine Zeigerachse wirken (**203.1**), jedoch ohne Klemme 11. Im Drehstrom-Dreileiternetz kann man die Leistung für beliebige Belastungen auch mit zwei Leistungsmessern oder mit einem Leistungsmesser mit zwei Meßwerken ermitteln (Zwei-Leistungsmesser-Verfahren). Beide Strompfade liegen dann in verschiedenen Außenleitern, die Spannungspfade aber zwischen diesen Außenleitern und dem dritten Außenleiter (**203.3**).

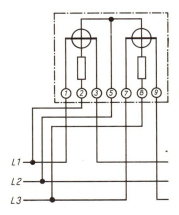

203.3 Zwei-Leistungsmesser-Verfahren (Aronschaltung)

9.4 Messung der elektrischen Arbeit

Meßgeräte zur Messung der elektrischen Arbeit W, sog. Kilowattstundenzähler, müssen in der Lage sein, das Produkt aus Leistung und Zeit $W = P \cdot t$ zu messen, d. h. sie summieren die in jedem Augenblick übertragene Leistung P über die Betriebszeit t. Zu diesem

Zweck haben sie wie die Leistungsmesser ein Triebwerk mit Spannungs- und Strompfad. Es wird jedoch keine Feder gespannt und kein Zeigerausschlag bewirkt, vielmehr wird ein Läufer in um so schnellere Drehung versetzt, je größer die gerade übertragene Leistung ist. Die Drehbewegung wird auf ein Z ä h l w e r k übertragen und die Gesamtzahl der Läuferumdrehungen ist ein Maß für die während der Betriebszeit des Verbrauchers übertragene elektrische Arbeit. Das Zählwerk kann daher in K i l o w a t t s t u n d e n g e e i c h t werden. In Wechselstromnetzen werden zur Messung der elektrischen Arbeit ausschließlich I n d u k t i o n s z ä h l e r verwendet.

Einphasen-Induktionszähler

Wirkungsweise. Bild **204.**1 zeigt den Aufbau des T r i e b w e r k s eines Wechselstromzählers (Zweileiterzähler). Der feststehende Teil besteht aus dem S t r o m e i s e n 1 mit der Stromspule und dem S p a n n u n g s e i s e n 2 mit der Spannungsspule. In den Luftspalt der beiden Eisenkerne ragt die L ä u f e r s c h e i b e 3 aus Aluminium. Ihre Welle 4 trägt die Antriebsschnecke 5 für das Z ä h l w e r k.

1 Stromeisen mit
  Stromspule
2 Spannungs-
  eisen mit Span-
  nungsspule
3 Läuferscheibe
4 Welle
5 Antriebs-
  schnecke für
  das Zählwerk
6 Bremsmagnet

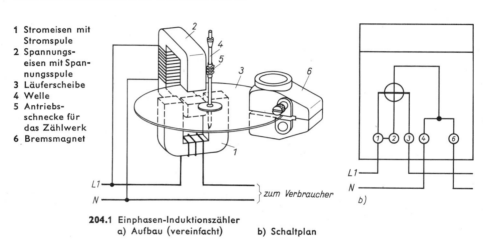

204.1 Einphasen-Induktionszähler
a) Aufbau (vereinfacht)   b) Schaltplan

Unter der Voraussetzung, daß die Belastung durch den Verbraucher ohne Phasenverschiebung zwischen Strom und Spannung erfolgt, erzeugt die aus wenig Windungen dicken Drahtes bestehende Stromspule ein magnetisches Wechselfeld, das mit der Netzspannung fast in Phase ist. Die aus vielen Windungen dünnen Drahtes bestehende Spannungsspule dagegen erzeugt wegen ihrer hohen Induktivität ein magnetisches Wechselfeld, das gegenüber der Netzspannung um fast 90° nacheilt. Durch einen magnetischen Nebenschluß am Spannungseisen und eine Abgleichwicklung mit einem verstellbaren Widerstand am Stromeisen (in Bild **204.**1 a nicht gezeigt) läßt sich eine Phasenverschiebung von genau 90° zwischen den Magnetfeldern im Strom- und Spannungseisen erreichen. Bild **205.**1 a zeigt den zeitlichen Verlauf der Magnetfelder im Stromeisen Φ_I und im Spannungseisen Φ_U.

Entstehung des Drehmomentes in der Läuferscheibe. Diese soll für die Zeitpunkte 1 bis 3 in Bild **205.**1 erläutert werden.

Z e i t p u n k t 1: Der magnetische Fluß Φ_I im Stromeisen hat seinen positiven Höchstwert (**205.**1 a) Dabei wird angenommen, daß er — durch entsprechenden Wickelsinn der Stromspule — die in Bild **205.**1 b eingezeichnete Richtung hat. Der magnetische Fluß Φ_I ändert sich im Zeitpunkt 1 für einen sehr kleinen hier betrachteten Zeitraum praktisch n i c h t; daher ruft er keine Induktionswirkung in der Läuferscheibe hervor.

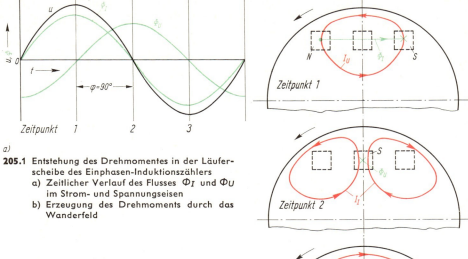

a)

205.1 Entstehung des Drehmomentes in der Läuferscheibe des Einphasen-Induktionszählers
a) Zeitlicher Verlauf des Flusses Φ_I und Φ_U
im Strom- und Spannungseisen
b) Erzeugung des Drehmoments durch das
Wanderfeld

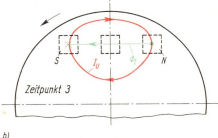

Der magnetische Fluß Φ_U im Spannungseisen
dagegen durchläuft seinen Nullwert. Die Flußänderung ist am größten und der dadurch in der
Läuferscheibe erzeugte Induktionsstrom I_U hat
seinen Höchstwert. Bei entsprechendem Wickelsinn der Spannungsspule ergibt sich nach der
Lenzschen Regel die eingezeichnete Stromrichtung. Nach Bild **80.2** in Abschnitt **3.31** entsteht in
der Läuferscheibe durch das Zusammenwirken
des vom Stromeisen erzeugten Magnetflusses Φ_I
und des durch den Induktionsstrom I_U erzeugten
Magnetfeldes ein linksdrehendes Drehmoment.

b)

Zeitpunkt 2: Der Fluß Φ_U im Spannungseisen hat seinen positiven Höchstwert. Seine Richtung
ergibt sich aus der Richtung des Induktionsstromes I_U im Zeitpunkt 1. Der Fluß Φ_U ändert sich
im Zeitpunkt 2 nicht und ruft daher keine Induktionswirkung in der Läuferscheibe hervor.

Der Fluß Φ_I hat Nulldurchgang. Seine Änderung ist daher am größten und der Induktionsstrom I_1
in der Läuferscheibe, dessen Richtung sich nach der Lenzschen Regel aus der Richtung des Flusses Φ_I
im Zeitpunkt 1 ergibt, hat seinen Höchstwert. Nach Bild **80.2** ergibt sich ebenfalls ein linksdrehendes Drehmoment.

Zeitpunkt 3: Die Verhältnisse sind in umgekehrtem Richtungssinn die gleichen wie im Zeitpunkt 1.
Man erhält wieder ein linksdrehendes Drehmoment.

Das Drehmoment wirkt in den betrachteten Zeitpunkten 1 bis 3 also stets linksdrehend. Auch in
den dazwischen liegenden Zeitabschnitten wird ein Drehmoment in gleicher Richtung erzeugt.
Allerdings erzeugen hier beide Flüsse, also sowohl Φ_I wie auch Φ_U in der Läuferscheibe Induktionsströme. Die für die Zeitpunkte 1 und 2 bzw. 2 und 3 beschriebenen Verhältnisse sind also dann
gleichzeitig gegeben.

Dem Drehmoment der Läuferscheibe wirkt ein mit zunehmender Drehzahl größer wer-
dendes Gegen-Drehmoment entgegen, das mit Hilfe eines Dauermagneten (6 in Bild
204.1) erzeugt wird, der mit seinen Polen über den Rand der Scheibe greift. In der sich
drehenden Scheibe entstehen Induktionsströme, die ein mit der Drehzahl zunehmendes
Gegendrehmoment bewirken (Wirbelstrombremse, s. Abschn. 3.42). Die Drehzahl der
Scheibe nimmt so lange zu, bis Drehmoment und Gegenmoment gleich groß sind.

Bild 205.1 b zeigt, daß die Magnetpole während jeder Halbperiode des Wechselstroms einmal von rechts nach links über die Läuferscheibe wandern, ein Vorgang, der sich bei 50 Hz in der Sekunde 100 mal wiederholt. Man bezeichnet daher das durch Strom- und Spannungseisen erzeugte Magnetfeld als **Wanderfeld**.

Messung der Wirkarbeit. Das entwickelte Drehmoment und damit die Drehzahl der Läuferscheibe hängt vom **Produkt aus Spannung und Stromstärke** und von der **Phasenverschiebung** zwischen Strom und Spannung, also von der übertragenen Wirkleistung ab. Beträgt die Phasenverschiebung 90°, so wird statt des Wanderfeldes nur ein Wechselfeld erzeugt, das nicht wandert, da die Magnetfelder von Strom- und Spannungseisen zeitlich zusammenfallen. Es kann kein Drehmoment entwickelt werden.

Im Triebwerk des Induktionszählers entsteht durch zwei phasenverschobene Wechselfelder ein Wanderfeld, das in der Läuferscheibe Induktionsströme erzeugt. Deren Magnetfelder üben zusammen mit dem Wanderfeld auf die Läuferscheibe ein Drehmoment aus, das der Läuferscheibe eine Drehzahl verleiht, die der übertragenen Wirkleistung verhältnisgleich ist. Die in einer bestimmten Zeit erfolgten Umdrehungen der Läuferscheibe sind daher ein Maß für die übertragene Wirkarbeit.

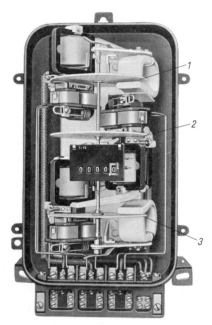

206.1 Drehstromzähler mit drei Läuferscheiben 1 bis 3 [2]

Messung der Blindarbeit. Soll mit dem Zweileiterzähler **Blindarbeit** gemessen werden, so muß die Phasenlage des Stromes in der Spannungsspule wie beim Leistungsmesser durch eine Phasendrehschaltung um 90° gedreht werden. In diesem Fall wird dann das größte Drehmoment erzeugt, wenn Strom und Spannung um 90° phasenverschoben sind.

Zählwerk. Die Drehbewegung der Läuferscheibe wird über das Schneckengetriebe (5 in Bild **204.**1) auf ein **Rollenzählwerk** übertragen.

Es hat fünf bis sechs lose nebeneinander auf einer Welle sitzende Rollen, die jede mit 0···9 beziffert sind. Die erste Rolle von rechts zeigt die erste Dezimalstelle (Zehntel) der durch den Zähler gehenden Kilowattstunden an. Bei jeder vollen Umdrehung dreht sie die links daneben liegende Rolle, die die vollen Kilowattstunden zählt (Einer) um eine Ziffer weiter. Die Drehzahl der weiter links liegenden Rollen ist ebenfalls jeweils im Verhältnis 1 : 10 untersetzt. Bei Zweitarifzählern (s. Abschn. 1.72) wird das Triebwerk durch eine Schaltuhr über die Zusatzklemmen 13 und 15 auf jeweils eines von zwei Zählwerken geschaltet (z. B. Tag- und Nachtstromtarif).

Drehstromzähler

Sie werden, ähnlich wie die Drehstrom-Leistungsmesser, aus zwei oder drei Einphasenzählern zusammengebaut. Ihre Läuferscheiben wirken auf eine gemeinsame Achse, wodurch deren Drehmomente addiert werden (**206.**1). Im Drehstrom-Vierleiter-Netz werden Zähler mit drei Triebwerken verwendet (**207.**1 a). Sie können auch im Dreileiternetz benutzt werden; dann werden die Klemmen 10 und 12 nicht geschlossen. Im Drehstrom-Dreileiter-Netz bevorzugt man jedoch Zähler mit zwei Triebwerken, die nach dem Zwei-Leistungsmesser-Verfahren geschaltet sind (s. Abschn. 9.32). Ihre Schaltung als Wirkverbrauchszähler zeigt Bild **207.**1 b.

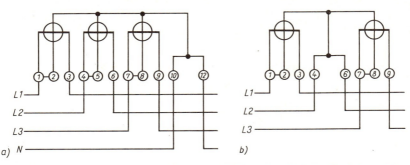

207.1 Schaltpläne mit Klemmenbezeichnungen (Ziffern) des Vierleiter-Drehstromzählers (a) und des Dreileiter-Drehstromzählers (b)

9.5 Messung des elektrischen Widerstandes

9.51 Bestimmung des Widerstandes durch Strom- und Spannungsmessung

Den elektrischen Widerstand kann man indirekt auf Grund des Ohmschen Gesetzes aus je einer Strom- und Spannungsmessung errechnen: $R = U/I$. Die Meßschaltungen nach Bild **207.2** haben allerdings beide den Nachteil, daß entweder die Messung der Stromstärke oder der Spannung mit einem Fehler behaftet ist.

In Schaltung **207.2**a mißt der Strommesser die Summe aus Meßstrom I_x und Spannungsmesserstrom I_{iU}. Der dadurch entstehende Fehler ist um so geringer, je kleiner der Strom I_{iU} gegenüber dem Strom I_x, je geringer also der Eigenverbrauch des Span-

nungsmessers ist. Diese Schaltung eignet sich daher besonders für die Messung kleiner Widerstände.

In Schaltung **207.2**b mißt der Spannungsmesser die Summe der beiden Spannungsabfälle U_x und U_{iI}. Der Fehler wird in dieser Schaltung um so geringer, je kleiner der Spannungsabfall U_{iI} gegenüber dem Spannungsabfall U_x

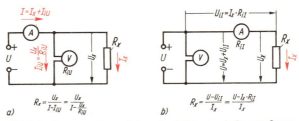

$$R_x = \frac{U_x}{I - I_{iU}} = \frac{U_x}{I - \frac{U_x}{R_{iU}}}$$

$$R_x = \frac{U - U_{iI}}{I_x} = \frac{U - I_x \cdot R_{iI}}{I_x}$$

207.2 Bestimmung des unbekannten Widerstands R_x aus Strom- und Spannungsmessung

ist. Diese Schaltung ist besonders für die Messung größerer Widerstände geeignet. Für genaue Messungen müßte man den durch den Eigenverbrauch der Meßgeräte verursachten Meßfehler in der Rechnung berücksichtigen.

9.52 Direkt anzeigende Widerstandsmesser (Ohmmeter)

Drehspul-Widerstandsmesser. Bild **208.1** zeigt den Schaltplan eines Reihen-Widerstandsmessers, bei dem das Meßinstrument, ein Drehstrom-Spannungsmesser mit hohem Innenwiderstand, der Eichwiderstand R_E und der zu messende Widerstand R_x in Reihe an eine eingebaute Trockenbatterie geschaltet sind.

Der im Meßstromkreis fließende Strom ist ein Maß für den unbekannten Widerstand R_x, die Instrumentenskala ist deshalb d i r e k t i n Ω geeicht.

Der Reihen-Widerstandsmesser nutzt die Tatsache aus, daß der Strom in Widerständen bei gleichbleibender Spannung nur vom Wert dieser Widerstände abhängt.

Da die Spannung der Batterie mit der Benutzungszeit absinkt, wird die am Widerstand R_x e r f o r d e r l i c h e k o n s t a n t e M e ß s p a n n u n g vor der Messung mit dem verstellbaren Eichwiderstand R_E bei gedrückter Prüftaste also für $R_x = 0$ eingestellt: Das Meßinstrument muß dann genau Null Ohm anzeigen. Kann die Meßspannung, die stets unter der Batteriespannung liegt, nicht mehr erreicht werden, so muß eine neue Batterie eingesetzt werden.

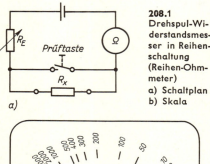

208.1
Drehspul-Wi-
derstandsmes-
ser in Reihen-
schaltung
(Reihen-Ohm-
meter)
a) Schaltplan
b) Skala

Bei jedem unbekannten Widerstand R_x liegt am Meßinstrument nur ein Teil der Meßspannung. Der Zeigerausschlag ist deshalb um so kleiner, je größer der Widerstand des Prüflings ist. Ist kein Prüfling angeschlossen, so fließt kein Strom; der Zeiger steht dann in der Nullstellung, die hier mit dem Widerstand Unendlich ($R_x = \infty$) beschriftet ist. Zwischen dem Zeigervollausschlag ($R_x = 0$) und der Zeigernullstellung ($R_x = \infty$) liegen die Widerstandswerte der O h m s k a l a (**208.**1b). Sie ist ungleichmäßig geteilt. Die Meßgenauigkeit ist im rechten, weit geteilten Bereich am größten. Mit Reihen-Ohmmetern kann man Widerstände von einigen Megohm messen. Sie werden häufig als Isolationsmesser (s. Abschn. 15.51) und in Vielfach-Meßinstrumenten verwendet. Diese haben dann zusätzlich eine Widerstandsskala und als Spannungsquelle eine eingebaute Trockenbatterie (**197.**1).

Kreuzspul-Widerstandsmesser. Das K r e u z s p u l - M e ß w e r k (**208.**2) ist ein Drehspul-Meßwerk, in dessen Luftspalt als Kreuzspule zwei fest miteinander verbundene, gekreuzte Drehspulen 4 angeordnet sind. Die Stromzuführung erfolgt nicht über Spiralfedern. sondern über drei schlaffe Metallbänder; dadurch hat die Kreuzspule im stromlosen Zustand keine bestimmte Ruhelage. Beide Drehspulen sind so geschaltet, daß ihre Drehmomente einander entgegen wirken. Der Luftspalt zwischen den Polschuhen 2 des Dauermagneten 1 und dem Kern 3 ist, wie Bild **208.**2 zeigt, an den Polschuhkanten enger als in der Polschuhmitte.

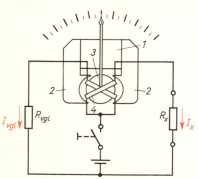

208.2 Kreuzspul-Widerstandsmesser
1 Dauermagnet   3 Weicheisenkern
2 Polschuhe   4 Kreuzspule

Beim Messen überwiegt einer der beiden Spulenströme I_x und I_{vgl} durch den unbekannten Widerstand R_x bzw. durch den Vergleichswiderstand R_{vgl}. Die Spule mit der kleineren Meßstromstärke wird in den engeren Bereich des Luftspalts getrieben, entwickelt aber infolge der dort größeren Feldliniendichte ein zunehmendes Drehmoment. Gleichzeitig wird das Drehmoment der Spule mit dem größeren Meßstrom kleiner. Die Bewegung beider Spulen hört auf, wenn die Drehmomente beider Spulen gleich groß geworden sind. Der Zeigerausschlag hängt daher vom Verhältnis (vom Quotienten) $I_x : I_{vgl}$ der beiden Spulenströme ab: Q u o t i e n t e n - M e ß w e r k.

Beim Kreuzspul-Widerstandsmesser (**208.2**) liegen i. allg. der zu messende Widerstand R_x und der Vergleichswiderstand R_{vgl} in Reihe mit jeweils einer der beiden Drehspulen Der Zeigerausschlag hängt, wie bereits gesagt, vom Verhältnis der beiden Spulenströme und damit vom Verhältnis der Widerstände $R_x : R_{vgl}$ ab. Die Skala kann in Ohm geeicht und bei entsprechender Formgebung des Luftspalts (abweichend vom Drehspul-Widerstandsmesser) nahezu linear gemacht werden. Mit dem Kreuzspul-Widerstandsmesser können Widerstände von etwa 1 Ohm bis zu 10^7 Ohm gemessen werden. Bei Schwankungen der Betriebsspannung ändert sich das Verhältnis der Meßströme $I_x : I_{vgl}$ n i c h t.

Im Gegensatz zum Drehspulwiderstandsmesser hat der Kreuzspul-Widerstandsmesser den Vorteil, gegenüber Schwankungen der Betriebsspannung unabhängig zu sein. Eine kleinere Betriebsspannung hat jedoch auch eine kleinere Meßempfindlichkeit zur Folge.

Kreuzspul-Widerstandsmesser werden vielfach in Isolationsmessern (s. Abschn. 15.51) verwendet, ferner häufig auch als W i d e r s t a n d s - T h e r m o m e t e r, bei denen dann anstelle des zu messenden Widerstandes R_x eine Meßsonde tritt, deren Widerstand sich mit der zu messenden Temperatur ändert (s. Abschn. 1.41).

9.53 Widerstands-Meßbrücke

Brückenschaltung

□ **Versuch 81.** An eine Trockenbatterie oder einen Akkumulator werden zwei Schiebewiderstände, $R_I = 330$ Ohm und $R_{II} = 100$ Ohm, als Spannungsteiler in Parallelschaltung angeschlossen (**210.1**). Die beiden Schleifer verbindet man über einen Spannungsmesser (Nullpunkt in der Skalenmitte, Meßbereich etwa gleich der Betriebsspannung) miteinander. Die beiden Schleifer und der Spannungsmesser bilden eine „Brücke" zwischen den Brückenzweigen R_I und R_{II}. Die Schaltung heißt deshalb B r ü c k e n s c h a l t u n g. Bei beliebiger Stellung des e i n e n Schleifers wird nun der andere so lange verschoben, bis der Spannungsmesser nicht mehr ausschlägt, also kein Brückenstrom mehr fließt. □

Ist die Brückenschaltung auf diese Weise „abgeglichen", so liegt zwischen den beiden Schleifern keine Spannung, weil beide Spannungsteiler R_I und R_{II} die B e t r i e b s s p a n n u n g U im gleichen Verhältnis teilen

$$U_1 : U_2 = U_3 : U_4 \quad \text{oder} \quad \frac{U_1}{U_2} = \frac{U_3}{U_4}$$

Teilt man Zähler u n d Nenner des Bruches auf der linken Seite dieser Gleichung durch den Strom I_I — der Wert des Bruches bleibt dabei unverändert — und entsprechend auf der rechten Seite durch den Strom I_{II}, also

$$\frac{U_1/I_I}{U_2/I_I} = \frac{U_3/I_{II}}{U_4/I_{II}}$$

so erhält man nach dem Ohmschen Gesetz für die abgeglichene Brückenschaltung die

Brückengleichung $$\frac{R_1}{R_2} = \frac{R_3}{R_4}$$

Die Richtigkeit der Brückengleichung kann durch Messung der Teilwiderstände mit Hilfe eines Widerstandsmessers nachgeprüft werden.

Die Brückenschaltung ist abgeglichen, wenn die Betriebsspannung in beiden Parallelzweigen im gleichen Verhältnis geteilt wird. Der Brückenstrom ist dann gleich Null.

Man kann die Brückenschaltung als Widerstands-Meßbrücke, als sog. Wheatstonesche Meßbrücke, verwenden[1]).

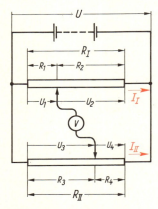

210.1 Brückenschaltung

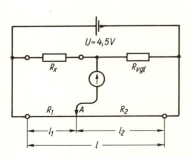

210.2 Schaltplan einer Schleifdraht-Meßbrücke

Schleifdraht-Meßbrücke

Der folgende Versuch soll zeigen, wie man mit der Brückenschaltung Widerstandsmessungen durchführen kann.

☐ **Versuch 82.** Nach Bild **210.2** wird jetzt eine abgeänderte Brückenschaltung aufgebaut. Darin ist R_{vgl} ein Vergleichswiderstand mit bekanntem Widerstandswert, hier z. B. 20 Ω. Der zu messende Widerstand ist R_x; sein Wert sei im vorliegenden Fall bekannt, er beträgt 5 Ω. Als Parallelzweig dient ein zwischen zwei Isolierstützen ausgespannter Draht aus Widerstandswerkstoff von $l = 1$ m Länge und 0,2 mm Durchmesser. Der Brückenanschluß A ist verschiebbar (Krokodilklemme verwenden). Er wird nun so lange verschoben, bis die Brückenschaltung abgeglichen ist. Mißt man nun die Teillängen l_1 und l_2 des Schleifdrahtes, so erhält man $l_1 = 20$ cm und $l_2 = 80$ cm, also $l_1 : l_2 = 1 : 4$. Da der Widerstand der Drahtlänge proportional ist, muß auch $R_1 : R_2 = 1 : 4$ sein. ☐

Ersetzt man in der Brückengleichung das Widerstandsverhältnis $R_1 : R_2$ durch das Längenverhältnis $l_1 : l_2$, so erhält man die Brückengleichung für die Schleifdraht-Meßbrücke

$$\frac{R_x}{R_{vgl}} = \frac{l_1}{l_2}$$

---

[1]) Wheatstone (gesprochen: wietstohn), englischer Naturforscher, 1802 bis 1875.

Durch Malnehmen **beider** Seiten der Gleichung mit R_{vgl} erhält man den zu messenden Widerstand

$$R_x = R_{vgl} \cdot \frac{l_1}{l_2} = 20\,\Omega \cdot \frac{20\ cm}{80\ cm} = 5\,\Omega$$

Dies ist aber der Wert des verwendeten, hier in diesem Versuch bekannten Widerstandes R_x.

Für bestimmte Vergleichswiderstände kann man am Schleifdraht eine in **O h m** **g e - e i c h t e   S k a l a** anbringen. Für $R_{vgl} = 20\,\Omega$ müßte z. B. am 20-cm-Punkt 5 Ω angeschrieben werden. Man kann die Brückenschaltung somit als Widerstands-Meßbrücke, in der hier beschriebenen Form als **S c h l e i f d r a h t - M e ß b r ü c k e** verwenden.

Da das Brückeninstrument nur als Nullinstrument benutzt wird (man stellt auf den „Strom Null" ein), ist die Meßgenauigkeit der Brücke von der Instrumentengenauigkeit nur in geringem Maße abhängig; die Meßgenauigkeit hängt praktisch nur von der Genauigkeit des Vergleichswiderstandes und des Schleifdrahtes ab, der durch genaues Ziehen (Kalibrieren) einen über die ganze Länge gleichbleibenden Querschnitt haben muß.

Mit Widerstands-Meßbrücken erreicht man höhere Meßgenauigkeiten als mit direkt anzeigenden Widerstandsmessern.

Die Messung ist am genauesten, wenn der Brückenabgleich im mittleren Teil des Schleifdrahtes erfolgt, wenn das Widerstandsverhältnis also $R_x : R_{vgl} \approx 1 : 1$ ist. Um für einen großen Widerstandsbereich brauchbare Meßergebnisse zu erhalten, werden bei ausgeführten Meßbrücken dekadisch [1]), d. h. in Zehnerpotenzen ($10^1 = 10$, $10^2 = 100$ usw.) abgestufte umschaltbare Vergleichswiderstände verwendet. Es wird dann jeweils **d e r** Vergleichswiderstand gewählt, bei dem der Brückenabgleich etwa in der Schleifdrahtmitte erfolgt.

Zur Erhöhung der Meßgenauigkeit wird als Brückeninstrument ein empfindliches Drehspulinstrument verwendet. Da es lediglich zum Brückenabgleich herangezogen wird, erhält es keine Zahlenskala, sondern nur eine Strichskala mit markiertem Nullpunkt in der Mitte (Galvanometer, s. Position 4 in Bild **212.1**).

Die Widerstands-Meßbrücke ist wie der Kreuzspul-Widerstandsmesser unabhängig von Schwankungen der Betriebsspannung, da sich bei Änderungen der Betriebsspannung das Verhältnis der Brücken-Teilspannungen zueinander nicht ändert.

Bei verminderter Betriebsspannung wird lediglich die Empfindlichkeit der Widerstandsmeßbrücke beeinträchtigt; bei zu hoher Betriebsspannung besteht die Gefahr, daß die Meßbrücke überlastet wird.

Ausgeführte Geräte. Handliche Ausführungen der Meßbrücke erhält man, wenn man den Schleifdraht nicht gerade ausspannt, sondern kreisförmig anordnet und den Schleifer mit einem Drehknopf 2 verstellt (**212.1**). Mit Hilfe des Knebels 1 wird ein für die beabsichtigte Widerstandsmessung geeigneter Meßbereich zwischen 40 mΩ und 6,4 MΩ gewählt. An der runden, mit 4···64 bezifferten Skalenscheibe 3 wird die Einstellung des Schleifdrahtabgriffs abgelesen. Im Skalenfenster erscheinen außerdem die dem gewählten Meßbereich zugeordnete Einheit und die Stellenzahl, z. B. „10 kΩ". Bei der Skaleneinstellung 13 ist dann der Meßwert 130 kΩ.

Messung von Flüssigkeits- und Erdungswiderständen. Hier muß die Betriebsspannung eine Wechselspannung sein, da bei Betrieb mit Gleichspannung durch chemische Zersetzung der Flüssigkeit an den Meßelektroden Übergangswiderstände entstehen, die das Meßergebnis verfälschen. Als Brückeninstrument eignet sich in diesem Falle ein Kopfhörer, mit dem die Schaltung

---

[1]) deka = zehn.

auf Tonminimum der betreffenden Wechselspannung abgeglichen wird. Diese kann auch durch eine Trockenbatterie mit nachgeschaltetem Selbstunterbrecher oder durch eine elektronische Zerhackerschaltung erzeugt werden.

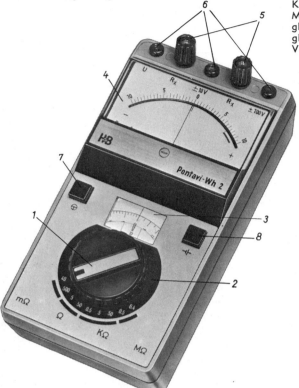

Kapazitäts- bzw. Induktivitäts-Meßbrücke. Hier ist der Vergleichswiderstand durch einen Vergleichskondensator oder durch eine Vergleichsspule ersetzt.

212.1
Schleifdraht-Meßbrücke [8]
1 Umschalter für Meßbereiche
2 Drehknopf für Nullabgleich
3 Skalenscheibe, mit 4···64 beziffert sowie Anzeige von Stellenwert und Einheit des Meßwertes
4 Skala für Nullabgleich
5 Anschlußklemmen für den zu messenden Widerstand
6 Buchsen für Gleichspannungsmessungen
7 Taster zum Einschalten der eingebauten Batterie
8 Taster zum Prüfen der Batterie

9.6 Frequenzmessung

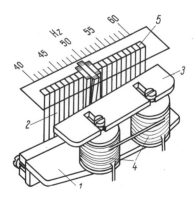

In der Energietechnik wird am häufigsten der Zungenfrequenzmesser mit Vibrationsmeßwerk verwendet (**212.2**). An einer Trägerleiste 1 sind Stahlzungen 2 mit unterschiedlichen Längen und damit verschiedener Eigenschwingungszahl nebeneinander befestigt. Die Stahlzungen werden durch den Elektromagneten 3 zum Schwingen angeregt. Da sie bei jedem Richtungswechsel des Erregerstromes vom Magneten angezogen werden, schwingt

212.2 Zungenfrequenzmesser. Die gemessene Frequenz beträgt 49 Hz [7]
1 Trägerleiste	3 Elektro-	4 Magnetspulen
2 Stahlzungen	magnet	5 Fahnen

die Zunge am weitesten aus, deren Eigenschwingungszahl mit der d o p p e l t e n Frequenz des Erregerstromes am besten übereinstimmt (Resonanzwirkung). Zur Sichtbarmachung des Schwingungszustandes sind die Stahlzungen am frei schwingenden Ende mit umgebogenen, weiß lackierten Fahnen 5 versehen. Die Magnetwicklung 4 ist eine Spannungsspule mit vielen Windungen dünnen Drahtes. Der Zungenfrequenzmesser muß daher wie ein Spannungsmesser geschaltet werden. Abweichungen bis zu 10% von der Nennspannung haben keinen Einfluß auf die Meßgenauigkeit.

9.7 Messungen mit dem Elektronenstrahl-Oszilloskop

Das Oszilloskop — auch Oszillograf genannt — stellt zeitlich ablaufende Vorgänge in Form von Diagrammen sowie Kennlinien auf dem Bildschirm einer Elektronenstrahlröhre dar. Es macht daher in vielen Fällen die punktweise Konstruktion von Kennlinien mit Hilfe von gemessenen Wertepaaren entbehrlich und ermöglicht darüber hinaus auch solche Vorgänge im Liniendiagramm darzustellen, die man wegen ihres schnellen Ablaufs mit Hilfe von Meßpunkten überhaupt nicht erfassen kann, z. B. den zeitlichen Verlauf einer Wechselspannung.

9.71 Elektronenstrahlröhre

Sie enthält in ihrem hochevakuierten Glaskolben zur Erzeugung freier Elektronen eine Glühkatode (**213.1**). Diese besteht aus dem Nickelröhrchen 1, das durch die Heizwendel 2 erhitzt wird. An der Stirnseite des Nickelröhrchens befindet sich die Emissionsschicht 3, die bei Erhitzung Elektronen in großer Menge freigibt. Die aus der Glühkatode austretenden Elektronen werden durch eine hohe, gegen die Katode posi-

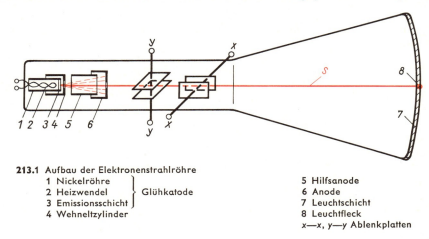

213.1 Aufbau der Elektronenstrahlröhre

1 Nickelröhre ⎫
2 Heizwendel ⎬ Glühkatode
3 Emissionsschicht ⎭
4 Wehneltzylinder

5 Hilfsanode
6 Anode
7 Leuchtschicht
8 Leuchtfleck
x—x, y—y Ablenkplatten

tive Gleichspannung von etwa 2000 V an der Anode 6 auf eine große Geschwindigkeit gebracht. Durch ein Loch in der Anode kann ein Teil der Elektronen hindurchgelangen. Dieser Elektronenstrahl S erzeugt auf der Leuchtschicht 7 im Inneren des Glaskolbens den Leuchtfleck 8. Die Menge der auf den Leuchtschirm auftreffenden Elektronen und damit die Helligkeit des Leuchtflecks läßt sich durch eine veränderbare, gegen Katode negative Spannung am Wehneltzylinder 4 steuern.

Eine Elektronenoptik, bestehend aus der Anode 6 und der Hilfsanode 5, ermöglicht es, den Elektronenstrahl durch Verändern der Spannung zwischen den beiden Anoden mehr oder weniger zu bündeln. Dadurch läßt sich der Durchmesser des Leuchtflecks in gewissen Grenzen verändern. Dieser Vorgang wird als Fokussierung bezeichnet.

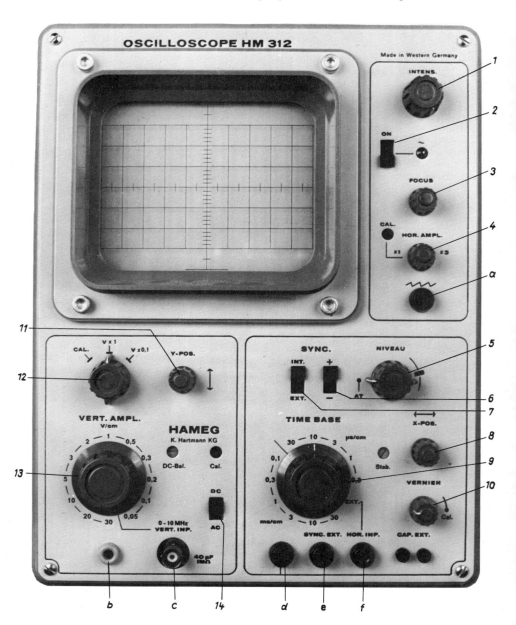

Durch Anlegen einer Spannung an die Ablenkplattenpaare *x—x* und *y—y* kann der Elektronenstrahl und damit der Leuchtfleck auf dem Bildschirm in waagerechter bzw. senkrechter Richtung abgelenkt werden.

9.72 Wirkungsweise des Oszilloskops

Bild **214**.2 zeigt die Frontplatte eines gebräuchlichen Oszilloskops als Beispiel für die Anordnung der wichtigsten Schalter, Stellknöpfe und Anschlußbuchsen.

Wichtig für einwandfreie Messungen ist die einpolige Erdung des Gerätes. I. allg. erfolgt sie über die Schutzkontakt-Steckverbindung des Gerätes. Werden Messungen am Versorgungsnetz vorgenommen, so ist unbedingt darauf zu achten, daß die Außenleiterspannung an der nicht mit der Masse (Erde) verbundenen Gerätebuchse liegt (Kurzschlußgefahr!). Sicherer ist es, die zu messende Spannung über einen Trenntransformator erdfrei zu machen.

Die Wirkungsweise des Oszilloskops soll nun am Beispiel der Darstellung der Kurvenform einer sinusförmigen Wechselspannung gezeigt werden.

x-Ablenkung (Zeitbasis). An das Plattenpaar *x—x* wird mit Hilfe der Stellknöpfe 9 und 10 (Schalter 7 auf intern, Stellknopf 5 auf AT) eine in dem eingebauten Kippgerät erzeugte Ablenkspannung U_x gelegt (**215**.1), die in der Zeit t_1 gleichmäßig (linear) von ihrem negativen auf ihren positiven Höchstwert ansteigt und in der sehr viel kürzeren Zeit t_2 wieder auf den

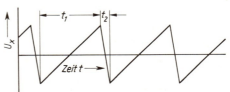

215.1 Sägezahnspannung für die x-Ablenkung
  t_1 Zeit für den langsamen Hinlauf des hellen Leuchtflecks nach rechts
  t_2 Zeit für den schnellen Rücklauf des verdunkelten Leuchtflecks

Anfangswert zurückkehrt („kippt"). Sie wird wegen ihrer Form im Zeitdiagramm als Sägezahnspannung bezeichnet. Durch den linearen Anstieg der Sägezahnspannung

214.1 Frontplatte eines Oszilloskops als Beispiel für Anordnung und Zweck der wichtigsten Stellorgane und Anschlußbuchsen

  Schalter und Stellknöpfe
  1 Helligkeit des Leuchtflecks
  2 Netzschalter
  3 Schärfe des Leuchtflecks
  4 x-Verstärkung (Horizontalablenkung)
  5 Triggerniveau. AT automatische Triggerung: Ablenkgerät kippt selbständig und wird durch Triggerimpulse aus der Meßspannung synchronisiert
  6 Wahlschalter: Polarität (+ —) des Synchronisationssignals
  7 Wahlschalter: Eigen- oder Fremdsynchronisation
  8 x-Zentrierung: waagrechte Verschiebung des Leuchtfleckes
  9 Grobeinstellung des Zeitmaßstabes der x-Ablenkung von 0,3 s/cm bis 30 ms/cm
  10 Feineinstellung des Zeitmaßstabes
  11 y-Zentrierung: senkrechte Verschiebung des Leuchtflecks
  12 y-Verstärkung, grob ⎫
  13 y-Verstärkung, fein ⎬ (Vertikalablenkung)
  14 Wahlschalter für y-Eingang, DC: Meßspannung, mit Gleichspannungsanteil dargestellt, AC: Meßspannung, ohne Gleichspannungsanteil dargestellt

  Buchsen
  a Sägezahnspannung, Ausgang
  b, c y-Eingang
  d Masse
  e Eingang für Fremdsynchronisationsspannung
  f x-Eingang (Input)

wird der Elektronenstrahl in horizontaler Richtung mit konstanter, an den Stellknöpfen 9 und 10 einstellbarer Geschwindigkeit periodisch über den Bildschirm geführt. Die Geschwindigkeit wird meist durch den Zeitmaßstab in der Einheit s/cm, ms/cm oder µs/cm angegeben. Kleiner Zeitmaßstab ist gleichbedeutend mit großer Geschwindigkeit und hoher Ablenkfrequenz. Der Rücklauf erfolgt bei gesperrtem Elektronenstrahl in der sehr kurzen Zeit t_2. Auf dem Bildschirm wird durch den schnell bewegten Leuchtfleck eine waagerechte Linie gezeichnet, deren Länge von der am Stellknopf 4 eingestellten Amplitude der Sägezahnspannung U_x abhängt.

y-Ablenkung. Die zu untersuchende Wechselspannung, Meßspannung genannt, wird an die Buchsen *b* und *d* oder mittels besonderen Meßkabels an die Doppelbuchse *c* und damit je nach ihrer Höhe über einen eingebauten Verstärker mit Abschwächer (Stellknöpfe 12 und 13) an das Plattenpaar y–y gelegt. Ist die Frequenz der Meßspannung ausreichend groß, so wird der Elektronenstrahl so schnell nach oben und unten abgelenkt, daß der Leuchtfleck bei ausgeschalteter x-Ablenkung auf dem Bildschirm eine senkrechte Linie zeichnet. Die Länge der Linie hängt von der Amplitude der Spannung an den y-Platten ab, die sich an den Stellknöpfen 12 und 13 einstellen läßt (**216.1**a).

Schaltet man nun die x-Ablenkung ein, so wird der Elektronenstrahl durch die Spannung an den y-Platten aus der horizontalen Bewegung proportional zum jeweiligen Augenblickswert der sinusförmigen Meßspannung an den y-Platten vertikal abgelenkt. Der Leuchtfleck durchläuft also während einer Periode eine sinusförmige Bahn (**216.1**b). Da sich dieser Vorgang bei 50 Hz in einer Sekunde 50mal wiederholt, erscheint der bewegte Leuchtfleck dem Auge wegen dessen Trägheit als stehende Sinuskurve, wenn x- und y-Ablenkung synchron erfolgen.

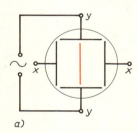
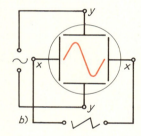

216.1 Wechselspannung an den y-Platten
a) x-Platten ohne Spannung
b) mit Sägezahnspannung

Um den zeitlichen Verlauf eines Stromes sichtbar machen zu können, legt man in den Meßstromkreis einen ohmschen Widerstand. Der in ihm entstehende Spannungsabfall ist dem Strom proportional und läßt sich daher zur Darstellung der Stromkurve verwenden (s. Bild **217.1** u. **218.1**).

Synchronisation (synchron = gleichzeitig). Damit ein stehendes Bild der Sinuskurve entsteht, müssen die Meßspannung an den y-Platten und die Ablenkspannung an den x-Platten entweder die gleiche Frequenz haben, oder die Frequenz der Meßspannung muß ein ganzzahliges Vielfaches der Kippfrequenz sein. Wäre z.B. $f_x : f_y = 1 : 3$, so würden auf dem Bildschirm 3 Perioden abgebildet.

Für ein stehendes Schirmbild ist außerdem erforderlich, daß der Strahl jeden Durchlauf an demselben Punkt beginnt. Dies erfordert eine genaue gleichbleibende Phasenlage von Meßspannung und horizontaler Ablenkspannung. Man kann das z. B. dadurch erreichen, daß der Anstieg der horizontalen Ablenkspannung gegen Schluß der Strahlablenkung in dem Augenblick abgebrochen und der Rücklauf eingeleitet wird, wenn die Meßspannung einen bestimmten Augenblickswert überschreitet. Nach dem Rücklauf beginnt der Strahl sofort seinen nächsten Durchlauf. Diesen Vorgang bezeichnet man als Synchronisation (Gleichlaufzwang). Die Synchronisation erfolgt entweder, wie beschrieben, durch die Meßspannung (intern) oder durch eine von außen zugeführte Spannung (extern, Buchse e).

Triggerung (triggern = auslösen). Bei der oben beschriebenen Synchronisation wird der Gleichlauf von Meßspannung und Ablenkspannung durch das rechtzeitige Abbrechen der Sägezahnspannung erreicht. Eine genauere Synchronisation erreicht man, wenn der Beginn jedes einzelnen Kippvorgangs durch einen Spannungsimpuls ausgelöst (getriggert) wird: getriggerte Zeitablenkung. Die Triggerimpulse werden entweder bei einem bestimmten (oft einstellbaren) Augenblickswert der Meßspannung (intern) erzeugt oder von außen (extern) über die Buchse e zugeführt. Der Strahl läuft nach rechts bis zu einem durch die horizontale Ablenkspannung vorgegebenen Endpunkt, springt sofort in seine Ausgangsstellung zurück und verbleibt dort, bis er durch einen weiteren Triggerimpuls für den nächsten Durchgang freigegeben wird.

Die Triggerung ermöglicht eine sehr genaue Synchronisation und dadurch ohne Nachstellung feststehende, klare Kurvenbilder. Dies ist vor allem bei Meßspannungen von Bedeutung, die aus Impulsen mit steilen Flanken oder solchen mit nicht konstanter Zeitfolge bestehen. In dem in Bild **214.1** dargestellten Oszilloskop wird die getriggerte Zeitablenkung angewendet.

Elektronischer Schalter. Sollen zur Darstellung der gegenseitigen Phasenlage die Spannungs- und die Stromkurve gleichzeitig sichtbar gemacht werden, so bedient man sich — wenn kein Zweistrahloszilloskop zur Verfügung steht — eines elektronischen Schalters als Zusatzgerät (**217**.1 a). Er legt an den y-Eingang des Oszilloskops in sehr schneller Folge abwechselnd die Spannung U (Eingang E I) und den Spannungsabfall $U_R = I \cdot R$, der dem Strom I proportional ist (Eingang E II). Dadurch erscheinen auf dem Bildschirm die beiden Kurven unterbrochen, d.h. in der Zeit, während der Strahl ein Stückchen an der U-Kurve schreibt, erscheint in der I-Kurve eine Lücke (**217**.1 b) und umgekehrt.

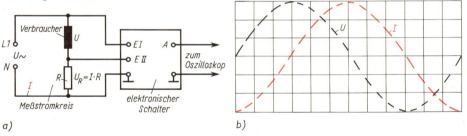

a)   b)

217.1 Aufnahme der Zeitdiagramme von Spannung U und Strom I bei induktiver Phasenverschiebung mit Hilfe eines elektronischen Schalters.   a) Meßschaltung   b) Schirmbild der Kennlinien

Anschlußbuchsen des elektronischen Schalters:
E I: Eingang I   E II: Eingang II   A: Ausgang   ⊥: Masse

Der Zusatzwiderstand R wird benötigt, um einen dem Strom I proportionalen Spannungsabfall $U_R = I \cdot R$ zu erhalten. Um die Verfälschung der Meßschaltung durch den Zusatzwiderstand R möglichst gering zu halten, gibt man diesem einen möglichst kleinen Wert. Der Verlauf des Spannungsabfalls U_R entspricht dem des Stromes I.

9.73 Darstellung von Kennlinien

Von den vielen Anwendungsmöglichkeiten des Elektronenstrahl-Oszilloskops soll noch die Darstellung der Kennlinien von Bauelementen genannt werden; z.B. Magnetisierungskurven von Spulenkernen, Kennlinien elektronischer Bauelemente wie Dioden, Transistoren, Thyristoren usw.

Als Beispiel sei die Aufnahme der Kennlinie einer Halbleiterdiode (s. Abschn. 17.1) näher beschrieben (**218.1**). Die Kennlinie stellt die Abhängigkeit des Diodenstroms von der Spannung in Durchlaß- und Sperrichtung dar. Die x-Ablenkung erfolgt hier nicht durch die Sägezahnspannung (intern), sondern durch die von außen angelegte Wechselspannung (extern, Buchse f).

Der Zusatzwiderstand R ist erforderlich, um einen dem Strom I proportionalen Spannungsabfall $U_y = R \cdot I$ zu erhalten, mit dem der Elektronenstrahl in senkrechter Richtung abgelenkt wird.

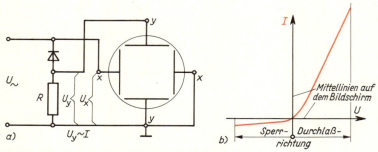

218.1 Aufnahme der Kennlinie einer Halbleiterdiode

    a) Meßschaltung b) Schirmbild der Kennlinie

Bei dieser Schaltung entsteht ein gewisser Fehler dadurch, daß die Ablenkspannung U_x um den Spannungsabfall U_y am Zusatzwiderstand R zu groß ist. Gibt man diesem jedoch einen entsprechend kleinen Wert, dann kann der Fehler vernachlässigbar klein gehalten werden.

Übungsaufgaben zu Abschnitt 9.3 bis 9.7

1. Was ist zu tun, wenn der Zeiger eines Leistungsmessers in die falsche Richtung ausschlägt?
2. Wie kann man den Meßbereich eines Leistungsmessers erweitern?
3. Worauf muß bei Leistungsmessungen geachtet werden, um Überlastungen des Meßwerks zu vermeiden?
4. Warum sind zur Leistungsbestimmung im Wechselstromkreis Leistungsmesser unentbehrlich?
5. Die Durchführung der Leistungsmessung im Drehstromnetz a) bei gleichmäßiger, b) bei ungleichmäßiger Belastung der drei Stränge ist zu beschreiben.
6. Auf welche Weise wird im Zähler das dem Antriebs-Drehmoment entsprechende Gegen-Drehmoment erzeugt?
7. Die Wirkungsweise des Induktionszählers ist zu beschreiben.
8. Wie läßt sich der Zähler für die Bestimmung einer Leistung verwenden?
9. Auf welche verschiedene Weise kann man den Wert eines elektrischen Widerstandes bestimmen?
10. Skizziere die Schaltung einer Widerstands-Meßbrücke und gib die Brückengleichung an.
11. Beschreibe die Erzeugung und die Ablenkung des Elektronenstrahles in der Elektronenstrahlröhre eines Oszilloskops.

12. **Versuch:** Ermittle die Leistungsaufnahme eines Drehstrommotors durch Anschluß eines Einphasen-Leistungsmessers am Klemmenbrett des Motors a) bei Sternschaltung und b) bei Dreieckschaltung.

13. **Versuch:** Ermittle den ohmschen Widerstand eines Verbrauchers durch Strom- und Spannungsmessung und prüfe das Ergebnis mit einem Widerstandsmesser nach.

14. **Versuch:** Mit Hilfe einer selbst geschalteten Meßbrücke ähnlich Bild **210.2** ist der Wert eines Widerstandes zu bestimmen.

15. **Versuch:** Das Zeitdiagramm einer Wechselspannung ist mit einem Oszilloskop darzustellen und der Spitze-Spitze-Wert (= doppelter Scheitelwert $2 U_{max} = U_{ss}$) sowie die Periodendauer bzw. Frequenz sind zu ermitteln.

16. **Versuch:** Das Zeitdiagramm von Spannung und Strom eines Kondensators oder einer Spule mit Eisenkern ist mit einem Oszilloskop und einem elektronischen Schalter entsprechend Bild **217.1** a darzustellen.

17. **Versuch:** Stelle die I-U-Kennlinie eines VDR-Widerstandes, einer Diode oder eines anderen Zweipols (Bauteil mit 2 Klemmen) mit einem Oszilloskop entsprechend Bild **218.1** dar.

10   Transformatoren

Durch die Induktionswirkung des magnetischen Feldes (s. Abschnitt 3.4) wird in einer Spule eine Spannung erzeugt, wenn der der diese Spule durchsetzende magnetische Fluß verstärkt oder geschwächt, also geändert wird. Diese Änderung kann man z. B. durch Änderung des Erregerstromes einer Magnetspule erreichen. Wird die Magnetspule von einem sinusförmigen Wechselstrom durchflossen, so entsteht in der Induktionsspule ebenfalls eine sinusförmige Wechselspannung mit derselben Frequenz. Damit das von der Magnetspule erzeugte Magnetfeld möglichst stark ist und die Induktionsspule möglichst vollständig durchsetzt wird, müssen beide Spulen durch einen geschlossenen Eisenkern magnetisch eng miteinander gekoppelt werden. Die auf diese Weise gewonnene Anordnung, bestehend aus Magnetspule, Induktionsspule und geschlossenem Eisenkern, heißt Transformator. Er hat den Zweck, eine gegebene Spannung (Primärspannung) in eine gewünschte Spannung (Sekundärspannung) umzuspannen (zu transformieren).

10.1 Einphasen-Transformatoren

Hat ein Transformator nur eine Magnetspule (Wicklung 1 in Bild **220**.1), die an einer Einphasen-Wechselspannung liegt, und nur eine Induktionsspule (Wicklung 2), in der eine einphasige Wechselspannung erzeugt wird, so spricht man von einem Einphasen-Transformator. Die am Eingang liegende, elektrische Energie aufnehmende Magnetspule wird Primärwicklung (Eingangswicklung), die Spannung erzeugende, elektrische Energie abgebende Induktionsspule Sekundärwicklung (Ausgangswicklung) genannt. Entsprechend diesen Bezeichnungen unterscheidet man Primär- und Sekundärstromkreis mit Primär- und Sekundärspannungen U_1 und U_2, Primär- und Sekundärströme I_1 und I_2, sowie Primär- und Sekundärwindungszahlen N_1 und N_2. Da beide Wicklungen in der Regel verschiedene Spannungen haben, werden auch die Bezeichnungen Ober- und Unterspannungswicklung benutzt, wobei die Oberspannungs-

220.1 a) Grundsätzlicher Aufbau eines Einphasen-Transformators mit den Wicklungen 1 und 2
b) Schaltplan
c) einpolige Darstellung mit Schaltkurzzeichen

wicklung sowohl Primär- als auch Sekundärwicklung sein kann, je nachdem, ob die Primärspannung hinunter- oder hinauftransformiert wird.

Für den Anfang der Oberspannungswicklung ist die K l e m m e n b e z e i c h n u n g 1.1, für das Ende 1.2 vorgesehen. Die Klemmen der Unterspannungswicklung werden mit 2.1 und 2.2 bezeichnet. Die grundsätzliche Anordnung eines Einphasentransformators sowie das Schaltzeichen zeigt Bild **220.1**.

10.11 Wirkungsweise

Leerlauf

Im Leerlauf, also bei offenem Sekundärstromkreis, verhält sich der Transformator so, als ob die Sekundärwicklung nicht vorhanden wäre, d. h. w i e e i n e D r o s s e l s p u l e mit geschlossenem Eisenkern (s. Abschn. 3.43). Wie bei dieser ist die Stromaufnahme, der Leerlaufstrom I_0, wegen der großen Induktivität und des dadurch vorhandenen großen induktiven Blindwiderstandes X_L sehr gering. Die im Leerlauf erzeugte Sekundärspannung U_2 kann man durch folgenden Versuch nach Bild **221.1** bestimmen.

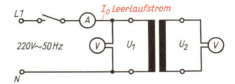

221.1 Ermittlung der Spannungsübersetzung

□ Versuch 83. Ein Aufbautransformator erhält bei gleicher Primärwicklung mit $N_1 = 600$ Wdg. nacheinander Sekundärwicklungen verschiedener Windungszahlen N_2. Die Primärspannung beträgt $U_1 = 220$ V. Der Vergleich der Primärspannung U_1 mit den Sekundärspannungen U_2 einerseits und der Primärwindungszahl N_1 mit den Sekundärwindungszahlen N_2 andererseits ergibt:

Ist die Sekundärwindungszahl $N_2 = 300$ Wdg., also halb so groß wie die Primärwindungszahl N_1, so ist die Sekundärspannung $U_2 = 110$ V, also ebenfalls halb so groß wie die Primärspannung U_1. Ist die Sekundärwindungszahl $N_2 = 1800$ Wdg., also dreimal so groß wie die Primärwindungszahl N_1, so ist die Sekundärspannung $U_2 = 660$ V, somit also ebenfalls dreimal so groß wie die Primärspannung U_1 usw. □

Beim Transformator ist das Verhältnis der Spannungen im Leerlauf gleich dem Verhältnis der Windungszahlen.

Man nennt das Verhältnis der Spannungen die

S p a n n u n g s ü b e r s e t z u n g $$\frac{U_1}{U_2} = \frac{N_1}{N_2}$$

Das ungekürzte Verhältnis der Nennspannungen — das sind die Spannungen bei Leerlauf — nennt man N e n n ü b e r s e t z u n g des Transformators, z. B. 20 000 V/400 V.

Tatsächlich ist, wie genauere Messungen zeigen, in Transformatoren die Sekundärspannung U_2 immer etwas kleiner als es sich aus der Formel für die Spannungsübersetzung ergibt; denn ein kleiner Teil des von der Primärwicklung erzeugten Flusses Φ_1 schließt sich als primärer S t r e u f l u ß durch die Luft, ohne die Sekundärwicklung zu durchsetzen (s. Versuch 85). Eine weitere Ursache für die kleinere Sekundärspannung sind die Spannungsabfälle, die durch die Wirkwiderstände in den Wicklungen entstehen. Beide Erscheinungen treten vor allem bei Belastung auf.

Beispiel 72: Ein Einphasen-Transformator mit der Primärwindungszahl $N_1 = 300$ Wdg. und der Sekundärwindungszahl $N_2 = 1200$ Wdg. soll an die Primärspannung $U_1 = 220$ V angeschlossen werden. Welche Sekundärspannung U_2 ist im Leerlauf zu erwarten?

Lösung: Aus der Formel für die Spannungsübersetzung $\dfrac{U_2}{U_1} = \dfrac{N_2}{N_1}$ erhält man durch Malnehmen mit U_1 auf beiden Seiten die

Sekundärspannung $\qquad U_2 = \dfrac{N_2 \cdot U_1}{N_1} = \dfrac{1200 \text{ Wdg.} \cdot 220 \text{ V}}{300 \text{ Wdg.}} = 880 \text{ V}$

Belastung

Bei Belastung des Transformators fließt ein **Sekundärstrom** I_2. Sein Einfluß auf den Betrieb des Transformators soll durch folgenden Versuch festgestellt werden.

☐ **Versuch 84.** Der Transformator in Bild **222.**1 mit $N_1 = 1200$ Wdg. und $N_2 = 600$ Wdg. liegt an der Primärspannung $U_1 = 220$ V und erzeugt die Sekundärspannung $U_2 = 110$ V. Er wird durch Verstellen des Belastungswiderstandes R nacheinander mit verschiedenen Sekundärströmen I_2 belastet. Diese werden so gewählt, daß sie groß gegen die Leerlaufstromstärke I_0 sind, die bei Transformatoren etwa $5 \cdots 15\%$ des Nennstromes bei Vollast beträgt (also I_2 etwa mindestens gleich $10 \cdot I_0$ wählen). Außerdem wird hier das durch die inneren Spannungsabfälle verursachte geringe Absinken der Sekundärspannung bei zunehmender Belastung nicht berücksichtigt. Bei der Sekundärstromstärke $I_2 = 1$ A erhält man die Primärstromstärke $I_1 = 0,5$ A, bei $I_2 = 2$ A beträgt sie $I_1 = 1$ A usw. ☐

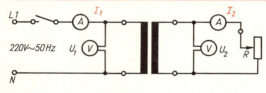

222.1 Ermittlung der Stromübersetzung

Auch nach Änderung der Übersetzung durch Auswechseln der Transformatorspulen erhält man stets das folgende Versuchsergebnis.

Beim Transformator ist das Verhältnis der Stromstärken gleich dem umgekehrten Verhältnis der Spannungen und damit der Windungszahlen.

Man nennt das Verhältnis der Ströme die

Stromübersetzung $\qquad \dfrac{I_1}{I_2} = \dfrac{U_2}{U_1} = \dfrac{N_2}{N_1}$

Durch Umstellen erhält man daraus die Gleichung $U_1 \cdot I_1 = U_2 \cdot I_2$ oder

Primärscheinleistung $S_1 =$ Sekundärscheinleistung S_2

Genauere Spannungs- und Strommessungen ergeben, daß die Sekundärleistung tatsächlich etwas kleiner als die Primärleistung ist. Der Transformator hat einen Leistungsverlust (Näheres hierüber s. unten unter **Verluste**).

Die Verdoppelung der Sekundärstromstärke hat praktisch eine Verdoppelung der Primärstromstärke, die Verdreifachung der einen eine Verdreifachung der anderen zur Folge usw. Diese **Abhängigkeit der Primärstromstärke von der Sekundärstromstärke** wird aus folgender Überlegung deutlich:

Wird der Sekundärstrom größer, so erzeugt dieser einen stärkeren sekundären Fluß Φ_2, der den bereits vorhandenen Fluß nach der Lenzschen Regel (s. Abschn. 3.41) schwächt. Dadurch sinkt die Selbstinduktionsspannung in der Primärwicklung, entsprechend vermag die Primärspannung nun einen größeren Primärstrom durch die Primärwicklung zu treiben. Dies geschieht in einem solchen Maße, daß der ursprünglich vorhandene Fluß immer wiederhergestellt wird.

Alle Belastungsänderungen auf der Sekundärseite des Transformators werden durch den gemeinsamen Fluß der beiden Transformatorwicklungen auf die Primärseite übertragen.

Auch die Phasenlage des Primärstromes richtet sich nach der Phasenlage des Sekundärstromes, so daß der Leistungsfaktor $\cos\varphi$ im Primärstromkreis etwa gleich dem Leistungsfaktor im Sekundärstromkreis ist.

Beispiel 73: Ein Einphasen-Transformator mit $U_1 = 220$ V und $U_2 = 42$ V wird durch ein Elektrowärmegerät ($\cos\varphi = 1$) mit $I_2 = 80$ A belastet. Wie groß ist der Primärstrom I_1?

Lösung: Aus der Formel für die Stromübersetzung $\dfrac{I_1}{I_2} = \dfrac{U_2}{U_1}$ erhält man durch Malnehmen mit I_2 auf beiden Seiten den

Primärstrom $$I_1 = \frac{U_2 \cdot I_2}{U_1} = \frac{42 \text{ V} \cdot 80 \text{ A}}{220 \text{ V}} = 15{,}3 \text{ A}$$

Streufluß bei Belastung

□ **Versuch 85.** Am Eisenkern des zunächst unbelasteten Aufbautransformators in der Schaltung nach Bild **223**.1 wird mit Hilfe eines Eisenstiftes versucht, eine Anziehungskraft festzustellen. Das gelingt nicht, d.h. außerhalb des Kerns ist kein nennenswertes Streufeld vorhanden. Wird der Transformator nun durch den Widerstand R belastet, so stellt man an den Stellen 1 und 2 (**223**.1) deutlich eine Anziehungskraft fest. Beim Öffnen des Sekundärkreises fällt der Eisenstift wieder ab. □

Die in Bild **223**.1 eingezeichneten, einander entgegengerichteten Streufelder Φ_{S1} und Φ_{S2} bilden an den Austrittsstellen 1 und 2 der Feldlinien aus dem Eisen in die Luft Magnetpole, die die beobachtete Anziehungskraft auf den Eisenstift ausüben.

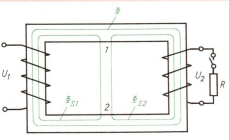

223.1 Entstehung von Streufeldern
Φ_{S1} und Φ_{S2} bei belastetem Transformator

Bei belastetem Transformator entstehen primäre und sekundäre Streufelder.

Verluste

Leerlaufverluste. Im Leerlauf des Transformators entstehen, wenn man von dem geringen Stromwärmeverlust durch den Leerlaufstrom in der Primärwicklung absieht, Ummagnetisierungsverluste (s. Abschn. 3.24) und Wirbelstromverluste (s. Abschn. 3.42) im Eisenkern. Die Leerlaufverluste sind daher überwiegend Eisenverluste.

Lastverluste treten beim belasteten Transformator zusätzlich auf — die Eisenverluste sind natürlich weiterhin vorhanden — und werden durch die Stromwärme in den Wicklungen verursacht. Sie heißen deshalb auch Stromwärme-, Wicklungs- oder Kupferverluste. Während die Eisenverluste bei verschiedener Belastung des Transformators annähernd gleich bleiben, werden die Lastverluste bei wachsender Belastung größer.

Wirkungsgrad (s. Abschn. 1.73). Er beträgt bei großen Transformatoren 95% und mehr. Bei kleinen Transformatoren liegt er darunter.

Leistung

Als Nennleistung des Transformators wird auf dem Leistungsschild die abgebbare Scheinleistung S in VA, kVA oder MVA angegeben.

Man gibt die Scheinleistung S und nicht die Wirkleistung P an, weil die übertragbare Wirkleistung bei gleicher Stromstärke, also gleicher Scheinleistung von der Phasenverschiebung zwischen Spannung und Strom, also vom angeschlossenen Verbraucher abhängt. Welchen Einfluß die Phasenverschiebung auf die Größe der übertragbaren Wirkleistung P hat, soll Beispiel 74 zeigen.

Beispiel 74: Ein Einphasen-Transformator mit der Nennleistung $S = 10$ kVA speist mit Nennleistung nacheinander verschiedene Verbraucher bei den Leistungsfaktoren a) $\cos\varphi = 1$, b) $\cos\varphi = 0,8$, c) $\cos\varphi = 0,6$. Wie groß ist in jedem Falle die übertragbare Wirkleistung P?

Lösung: a) $P = S \cdot \cos\varphi = 10$ kVA $\cdot$ $1 = 10$ kW
b) $P = S \cdot \cos\varphi = 10$ kVA $\cdot 0,8 = 8$ kW
c) $P = S \cdot \cos\varphi = 10$ kVA $\cdot 0,6 = 6$ kW

Aus den Zahlenergebnissen des vorstehenden Beispiels kann man folgern:

Je kleiner der Leistungsfaktor $\cos\varphi$ des Verbrauchers ist, um so kleiner wird bei gleicher Scheinleistung S die übertragene Wirkleistung P des Transformators.

Das Beispiel zeigt, wie wichtig der Leistungsfaktor für die Energieübertragung und für die Ausnutzung der Übertragungsmittel, in diesem Falle der Transformatoren, ist.

Die Nennleistung eines Transformators hängt von der Baugröße (also vom Kern- und Leiterquerschnitt), von der zulässigen Betriebstemperatur (und somit von der Temperaturbeständigkeit der verwendeten Isolierwerkstoffe) sowie von der Art der Kühlung ab.

10.12 Aufbau

Eisenkern

Nach der Form des Eisenkerns unterscheidet man Kern- und Manteltransformatoren. Bei der Kernbauweise sitzen die Wicklungen auf Schenkeln (Bild **224.**1 a), die oben und unten durch je ein Joch miteinander verbunden sind, um einen guten Eisenschluß zu gewährleisten. Bei der Mantelbauart werden die Wicklungen auf einen Schenkel

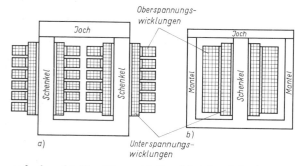

224.1 Aufbau von Einphasen-Transformatoren
a) Kerntransformator. Unterspannungswicklung als Zylinderwicklung, Oberspannungswicklung als Scheibenwicklung
b) Manteltransformator mit Zylinderwicklungen

aufgebracht. Der Eisenschluß erfolgt durch Joche und zwei weitere Schenkel mit halbem Querschnitt, die den Gesamtfluß teilen und den mittleren Schenkel wie einen Mantel umgeben. Der Manteltransformator wird bevorzugt als Kleintransformator verwendet. Um die Bildung von Wirbelströmen im Eisenkern einzuschränken, wird dieser aus voneinander isolierten Dynamoblechen zusammengesetzt (s. Abschn. 3.42) und das so geschichtete Blechpaket durch isoliert eingesetzte Bolzen zusammengepreßt.

Das obere Joch muß abnehmbar sein, damit die Wicklungen aufgebracht werden können. Die Verbindung zwischen Schenkel und Joch wird nach Bild **224.**2 oder **225.**1

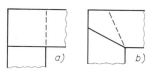

224.2 a) 90°-Schnitt und b) Schrägschnitt von Kernblechen

hergestellt. Der Schrägschnitt wird bei kornorientierten Blechen (s. Abschn. 3.24) vorgesehen. Dadurch bleibt das magnetisch günstige Verhalten dieser Bleche in Walzrichtung auch an den Stoßstellen erhalten.

Wicklungen

Es werden **Zylinder- und Scheibenwicklungen** (**224.**1) verwendet. Niederspannungswicklungen werden gewöhnlich als Zylinderwicklungen, Hochspannungswicklungen als Scheibenwicklungen ausgeführt. Bei der Ausführung als Scheibenwicklung wird die Hochspannungswicklung in eine Anzahl gut voneinander isolierter Teilspulen zerlegt. Hierdurch wird die Gesamtspannung günstiger unterteilt, weil in jeder Lage der Scheibenwicklung weniger Windungen liegen. Dadurch wird die Spannung zwischen zwei benachbarten Lagen kleiner, so daß sich die Gefahr eines Durchschlags vermindert.

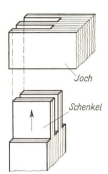

225.1 Verzapfung von Schenkel und Joch (Bleche mit 90°-Schnitt)

Wie Bild **224.**1 zeigt, bringt man Primär- und Sekundärwicklung auch bei Kerntransformatoren nicht jede für sich auf je e i n e n Schenkel auf, sondern je zur Hälfte übereinander auf b e i d e n Schenkeln. (Hierdurch erreicht man, daß der von der Primärwicklung erzeugte magnetische Fluß die Sekundärwicklung vollständiger durchsetzt, daß also der Streufluß, der an der Spannungserzeugung in der Sekundärwicklung ja nicht teilnimmt, möglichst klein bleibt.) Eine Ausnahme bilden in dieser Beziehung manche Kleintransformatoren (s. Abschn. 10.13). Die Unterspannungswicklungen liegen gewöhnlich innen, nächst dem Kern, und die Oberspannungswicklungen außen. Diese Anordnung gewährleistet eine sichere Isolation der Oberspannungswicklung gegen den Kern. Die Oberspannungswicklung mit der kleineren Stromstärke erhält gegenüber der Unterspannungswicklung den kleineren Leiterquerschnitt, dafür aber die stärkere Isolation.

10.13 Sonderausführungen

Spartransformatoren

Diese früher Autotransformatoren genannten Transformatoren haben nach Bild **225.**2 eine gemeinsame Wicklung für Primär- und Sekundärseite, beide Wicklungen sind hier also elektrisch nicht getrennt. Die Schaltung erinnert an einen Spannungsteiler aus Widerständen (siehe Abschnitt 1.54). Diese Ähnlichkeit täuscht jedoch, denn die Wirkungsweise ist eine völlig andere. Während mit dem Widerstandsspannungsteiler die angelegte Spannung nur geteilt, also vermindert werden kann, ist mit dem

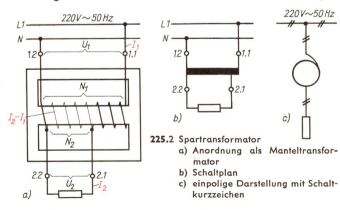

225.2 Spartransformator
a) Anordnung als Manteltransformator
b) Schaltplan
c) einpolige Darstellung mit Schaltkurzzeichen

Spartransformator nicht nur eine Spannungsverminderung, sondern auch eine Spannungserhöhung durchführbar.

Spartransformatoren haben für Primär- und Sekundärkreis eine gemeinsame Wicklung.

Die Spannungsübersetzung läßt sich auch hier wie beim Transformator mit getrennten Wicklungen berechnen.

Bei Belastung fließt in dem für Primär- und Sekundärkreis gemeinsamen Wicklungsteil nur die Differenz von Primär- und Sekundärstrom, so daß dieser Wicklungsteil mit erheblich vermindertem Leiterquerschnitt hergestellt werden kann. Man spart also durch die Verwendung von Spartransformatoren nicht nur Werkstoff, sondern erhält auch geringere Stromwärmeverluste. Im gemeinsamen Wicklungsteil fließt um so weniger Strom, je mehr sich die Übersetzung dem Verhältnis 1 : 1 nähert. Der Spartransformator kommt daher besonders vorteilhaft in den Fällen zur Anwendung, in denen die Spannungsübersetzung nicht wesentlich vom Verhältnis 1 : 1 abweicht.

Der Spartransformator darf nicht als Schutztransformator für die Speisung von Kleinspannungsanlagen verwendet werden. Man kann mit ihm zwar die gewünschte Kleinspannung herstellen, aber nicht die Möglichkeit ausschließen, daß die Leiter der Kleinspannungsanlage eine unzulässig hohe Spannung gegen Erde führen, wie Bild **226**.1 zeigt (s. Abschn. 17.32).

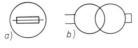

Die Verwendbarkeit des Spartransformators ist dadurch eingeschränkt, daß seine Benutzung nicht zulässig ist, wenn aus Sicherheitsgründen die elektrische Trennung des Verbrauchers vom Netz notwendig ist.

226.1 Unzulässiger Anschluß eines Spartransformators zur Speisung einer Kleinspannungsanlage
Gemeinsame Primär- und Sekundärklemme 2 hat 220 V. Sekundärklemme 2.1 hat $U = U_1 - U_2 = 220\,V - 42\,V = 178\,V$ gegen Erde. Nur der gestrichelt gezeichnete Anschluß wäre ungefährlich

Kleintransformatoren

Darunter versteht man Trockentransformatoren mit Nennleistungen bis 16 kVA. Da sie i. allg. auch Nichtfachleuten zugänglich sind, unterliegt ihr Bau besonders strengen Sicherheitsvorschriften. Die wichtigste Gruppe der Kleintransformatoren sind die Sicherheitstransformatoren mit Sekundärspannungen bis 42 V. Dazu gehören auch die Klingel-, Spielzeug- und Auftautransformatoren mit Spannungen bis 24 V (s. Abschn. 15.32). Alle Sicherheitstransformatoren müssen bedingt oder unbedingt kurzschlußfest sein (**226**.2).

226.2 Symbole zur Kennzeichnung a) bedingt und b) unbedingt kurzschlußfester Kleintransformatoren

Zu den Kleintransformatoren gehören außerdem u. a. Trenntransformatoren (s. Abschn. 15.33), Steuer- und Netzanschlußtransformatoren.

Bedingt kurzschlußfeste Transformatoren haben als Kurzschlußschutz eingebaute Schmelzsicherungen, Temperaturbegrenzer oder Überstromauslöser.

Unbedingt kurzschlußfeste Transformatoren sind so aufgebaut, daß ihre Sekundärspannung mit zunehmender Belastung stark absinkt. Im Kurzschlußfall fließt dann sekundär – und somit auch primär – nur ein begrenzter Kurzschlußstrom, der die Wicklungen auch bei einem Dauerkurzschluß nicht unzulässig erwärmt. Zum Vergleich zeigt Bild **227**.1 die Abhängigkeit der Sekundärspannungen vom Sekundärstrom bei einem Klingeltransformator (Kennlinie b) und bei einem Steuertransformator für elektrische Steuerungsanlagen (Kennlinie *a*). Während die Kennlinie des kurzschlußfesten Klingeltransformators mit zunehmender Belastung stark absinkt, ist die Spannungsänderung beim Netzanschlußtransformator verhältnismäßig gering.

Streufeldtransformatoren

Eine große Spannungsverminderung bei zunehmender Belastung erhält man, wenn die magnetische Kopplung zwischen Primär- und Sekundärwicklung durch verkleinerten Kernquerschnitt, durch das Anbringen eines Luftspaltes im Eisenkern oder durch die getrennte Anordnung von Primär- und Sekundärwicklung verschlechtert wird. Dann bilden sich bei zunehmender Belastung außerhalb des Kernes in immer höherem Maße magnetische Streufelder aus. Transformatoren mit großer Spannungsänderung heißen daher auch Streufeld-Transformatoren. Zu ihnen gehören die Transformatoren für den Betrieb von Leuchtröhrenanlagen und Natriumdampflampen (siehe Abschnitt 8.33) sowie die Schweißtransformatoren.

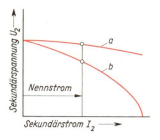

227.1
Abhängigkeit der Sekundärspannung U_2 vom Sekundärstrom I_2 eines Steuertransformators (*a*) und eines Klingeltransformators (*b*) gleicher Spannung und Leistung

Meßwandler

In Hochspannungsanlagen dürfen Meßgeräte aus Sicherheitsgründen nicht direkt an die Hochspannung führenden Anlageteile angeschlossen werden. Die Trennung der Meßstromkreise von der Hochspannungsanlage wird von Sondertransformatoren, den Meßwandlern, durchgeführt, welche zwei gut voneinander isolierte Wicklungen besitzen. Man unterscheidet Spannungs- und Stromwandler.

Spannungswandler (227.2). Diese transformieren die Hochspannung auf die ungefährliche Sekundärspannung von 100 V (auch 110 V) bei Vollausschlag des Spannungsmessers herunter. Die Primärwicklung wird wie ein Spannungsmesser an die Hochspannungsleitungen, deren Spannung gemessen werden soll, angeschlossen (**228.1**). An die Sekundärwicklung wird der Spannungsmesser geschaltet. Die Skala dieses Instrumentes ist mit den Werten der zu messenden Hochspannung beschriftet. Die primäre Hochspannungswicklung hat die Klemmenbezeichnung $U - V$, die sekundäre Niederspannungswicklung die Bezeichnung $u - v$.

Spannungswandler beruhen auf der Spannungsübersetzung des Transformators und gestatten, Spannungsmesser für Niederspannung zur Messung von Hochspannungen zu verwenden.

Hochspannungsseitig werden Spannungswandler gegen Kurzschluß zweipolig abgesichert. Auf der Sekundärseite ist einpolige Absicherung als Schutz gegen Überlastung durch Leitungsschluß, durch falsche Erdung oder falsche Schaltung üblich. Um die Meßstromkreise bei einem Durchschlag der Hochspannung infolge eines Isolationsfehlers zu schützen, muß die nicht abgesicherte Leitung und ebenso

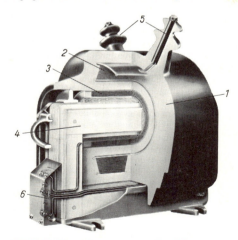

227.2 Gießharz-Spannungswandler [2]
 1 Gießharzkörper   3 Sekundärwicklung
 2 Primärwicklung   4 Eisenkern
 5 Anschlußbolzen der Primärwicklung
 6 Anschlußklemmen der Sekundärwicklung

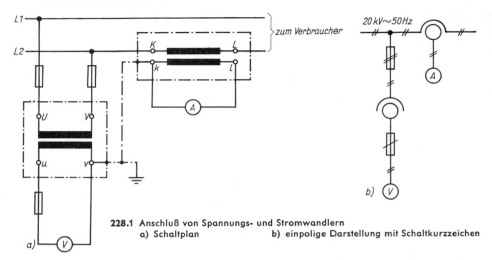

228.1 Anschluß von Spannungs- und Stromwandlern
a) Schaltplan b) einpolige Darstellung mit Schaltkurzzeichen

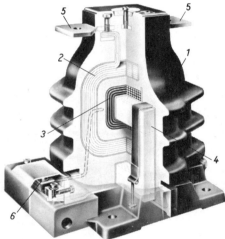

228.2 Gießharz-Stromwandler für Hochspannungsanlagen [2]
1 Gießharzkörper 3 Sekundärwicklung
2 Primärwicklung 4 Eisenkern
5 Anschlußstücke der Primärwicklung
6 Anschlußklemmen der Sekundärwicklung

das Gehäuse des Wandlers mit einer Erdungsleitung von 16 mm² Kupferquerschnitt geerdet werden.

Sollen mehrere Spannungsmesser oder auch Spannungsspulen von Leistungsmessern, Zählern, Relais usw. an einen Spannungswandler angeschlossen werden, so sind sie, wie bei Spannungsmessern notwendig, parallel zu schalten.

Stromwandler. Stromwandler dienen zur Messung großer Ströme in Niederspannungsnetzen und aus Sicherheitsgründen für alle Strommessungen in Hochspannungsanlagen (**228.2**) mit üblichen Strommessern für 1 oder 5 A. Ihre Primärwicklung wird wie ein Strommesser in die Hochspannungsleitung, deren Strom gemessen werden soll, gelegt, an die Sekundärwicklung wird der Strommesser geschaltet (**228.1**). Die Klemmen der primären Hochspannungswicklung heißen $K - L$, die der Sekundärwicklung $k - l$. Dabei ist zu beachten, daß die Klemme K der Primärwicklung der Spannungsquelle, die Klemme L dem Verbraucher zugekehrt ist. Die Klemmenfolge $K - L$ entspricht dann der Richtung des Energieflusses.

Stromwandler beruhen auf der Stromübersetzung des Transformators und gestatten, Strommesser für kleinere Ströme zur Messung wesentlich größerer Ströme, auch in Hochspannungsanlagen, zu verwenden.

Da Strommesser einen sehr geringen Widerstand besitzen, arbeiten Stromwandler mit nahezu kurzgeschlossener Sekundärwicklung. Der Vorschrift, wonach der Sekundärstromkreis nicht geöffnet werden darf, liegt folgender Sachverhalt zugrunde.

Bei geöffnetem Sekundärstromkreis kann die Sekundärwicklung im Eisenkern keinen sekundären magnetischen Fluß, der dem Primärfluß entgegenwirkt, erzeugen. Im Eisenkern kann dann bei großem Primärstrom — das ist der Belastungsstrom der angeschlossenen Verbraucher — ein so starker magnetischer Fluß entstehen, daß eine gefährlich hohe Sekundärspannung erzeugt wird, die 1000 V und mehr beträgt. Außerdem wird der Eisenkern durch den sehr starken magnetischen Wechselfluß so stark erhitzt (Eisenverluste), daß die Wicklungen des Wandlers zerstört werden. Aus diesen Gründen d a r f d e r S e k u n d ä r s t r o m k r e i s a u c h n i c h t a b g e s i c h e r t w e r d e n. (Im Primärstromkreis kommen Sicherungen ohnehin nicht in Frage, da die Primärwicklung vom Verbraucherstrom durchflossen wird.)

Stromwandler dürfen nicht bei geöffnetem Sekundärstromkreis angeschlossen und daher auf der Sekundärseite auch nicht mit Sicherungen versehen werden.

Stromwandler haben die genormte Sekundärstromstärke 5 A (z.T. auch 1 A) bei Vollausschlag des Strommessers. Dessen Skala ist mit den Werten der zu messenden Primärstromstärke beschriftet. In Hochspannungsanlagen müssen die Sekundärseite und das Gehäuse des Stromwandlers, ebenso wie die des Spannungswandlers, aus Sicherheitsgründen einpolig mit einer Erdungsleitung mit 16 mm² Kupferquerschnitt geerdet werden. Sollen m e h r e r e Strommesser oder auch Stromspulen von Leistungsmessern, Zählern, Relais usw. an e i n e n Stromwandler angeschlossen werden, so sind sie wie Strommesser in R e i h e zu schalten.

Stromwandler werden in Niederspannungsanlagen auch als Vielfachstromwandler (**229**.1) zur Meßbereichserweiterung von Vielfachmeßgeräten verwendet. Bei großen Primärströmen besteht die Primärwicklung häufig nur aus einer geraden Kupferschiene: Stabstromwandler.

229.1 Vielfach-Durchsteck-Stromwandler [8]
    1 Anschlußklemmen für die Primärwicklung (drei verschiedene Übersetzungen)
    2 Anschlußklemmen für die Sekundärwicklung
    3 Durchsteböffnung für Primärleiter. Der Meßbereich kann durch ein- oder zweimaliges Durchstecken des Primärleiters auf 250 A bzw. 125 A erhöht werden

10.2   Drehstrom-Transformatoren

10.21 Aufbau und Schaltung

Drehstrom kann man mit drei gleichen Einphasen-Transformatoren (**230**.1a), deren Primär- und Sekundärwicklungen in Dreieck- oder Sternschaltung miteinander verbunden werden, transformieren (s. Abschn. 7.1). Zweckmäßiger und üblich ist es jedoch, einen Drehstrom-Transformator mit gemeinsamem Eisenkörper für alle Wicklungen zu verwenden (**230**.1 b).

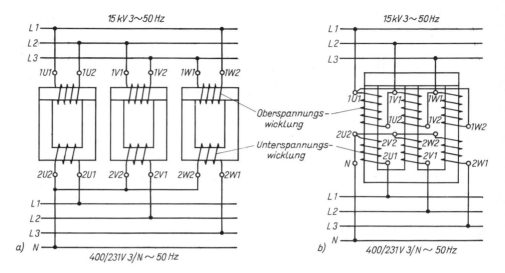

230.1 Transformierung des Drehstroms
  a) Schaltung von drei Einphasen-Transformatoren in Dreieck-Stern-Schaltung zum Transformieren
     von Drehstrom
  b) Gleichwertiger Drehstrom-Kerntransformator in Dreieck-Stern-Schaltung

Aufbau

Drehstrom-Transformatoren werden meist als Kerntransformatoren nach
Bild **230.1** b, seltener als Manteltransformatoren, gebaut. Die Anfänge der Wicklungen
haben die Klemmenbezeichnung U1, V1 und W1, ihre Enden die Klemmenbezeichnung U2, V2 und W2, wobei die Oberspannungswicklungen durch eine vorgesetzte 1, die Unterspannungswicklungen dagegen durch eine vorgesetzte 2 gekennzeichnet sind.

Kleinere Transformatoren werden mit Luftkühlung (Trockentransformatoren), größere
mit Ölkühlung betrieben. Öltransformatoren (**231**.1) werden in einen mit Transformatorenöl gefüllten Ölkessel gesetzt, die Wicklungsanschlüsse sind mit Hilfe
von Durchführungsisolatoren 5 und 6 nach außen geführt. Das Transformatorenöl
dient nicht nur zur Kühlung, sondern auch zur Isolierung. Es muß daher sehr rein sowie
wasser- und säurefrei sein. Damit die entwickelte Wärme gut abgegeben werden kann,
wird der Ölkessel zur Vergrößerung der wärmeabgebenden Oberfläche mit Kühlrippen 11 versehen. Sehr große Transformatoren erhalten eine Umwälzkühlung, bei
der das durch eine Pumpe umgewälzte Öl eine besondere Kühleinrichtung außerhalb
des Kessels durchläuft. Öltransformatoren sind nicht brandsicher. Wenn die Brandgefahr unbedingt vermieden werden muß, z. B. in Theatergebäuden, wird statt der
Ölfüllung eine Füllung aus einer nicht brennbaren Flüssigkeit, Askarel genannt (z. B.
Clophen, Pyralen), vorgesehen.

Damit sich die Ölfüllung bei stärkerer Belastung und damit höherer Betriebstemperatur
ausdehnen kann, wird oberhalb des Kessels ein Ölausdehnungsgefäß 7, Ölkonser-
vator genannt, angebracht und durch eine Rohrleitung mit dem Ölkessel verbunden.
Die Ölfüllung muß bis in das Ausdehnungsgefäß hineinreichen. Hierdurch wird verhindert, daß im oberen Kesselteil ein ölfreier Raum entsteht, in dem sich explosive Öl-

dämpfe ansammeln können; auch könnte eindringende Luft das Öl im Hauptgefäß zersetzen. Bis zu einer Umgebungstemperatur von 35 °C beträgt die zulässige Übertemperatur des Transformatorenöls 60 °C; das Öl darf also die Temperatur 95 °C nicht überschreiten. Zur Überwachung des Transformators wird in die Verbindungsleitung zwischen Ölkessel und Ausdehnungsgefäß ein Buchholzschutzrelais 9 eingebaut.

Tritt infolge einer örtlichen Überhitzung des Eisenkörpers, eines Windungs- oder Erdschlusses Gasbildung durch Zersetzung des Öls auf, oder sinkt der Ölspiegel, so ändert im Buchholzrelais ein Schwimmer seine Lage, betätigt einen Schalter und löst dadurch eine Alarmeinrichtung aus. Bei schweren Fehlern entsteht außerdem durch plötzliche Verdampfung einer größeren Ölmenge ein kräftiger Ölstrom zum Ausdehnungsgefäß und kippt einen weiteren, in der Verbindungsleitung liegenden Schwimmer, der durch einen Kontakt die sofortige Abschaltung des Transformators bewirkt.

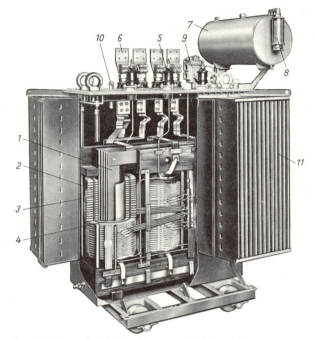

231.1 Drehstrom-Öl-Kerntransformator. 800 kVA [2]

1 Eisenkern	7 Ölausdehnungs-
2 Oberspannungswicklung	gefäß
3 Unterspannungswicklung	8 Ölstandsanzeige
4 Hartpapierzylinder (Isolation)	9 Buchholzrelais
5 Oberspannungsdurchführung	10 Thermometertasche
6 Unterspannungsdurchführung	11 Kühlrippen

Schaltung

Die Schaltung der Wicklungen des Drehstrom-Transformators richtet sich nach seinem Verwendungszweck. (Angaben über die Schaltung der Wicklungen und die wichtigsten Nenngrößen wie Nennspannungen, Nennleistung usw. findet man auf dem Leistungsschild des Transformators.)

Dreieck-Stern-Schaltung (232.1). Zur Versorgung von Niederspannungs-Verteilungsnetzen eignet sich für die Unterspannungswicklung nur die Sternschaltung, da sie, abweichend von der Dreieckschaltung, einen Sternpunkt besitzt, an dem der Sternpunktleiter des Verteilungsnetzes angeschlossen werden kann. Die Sekundärwicklung darf aber nur dann ungleichmäßig belastet werden, wenn die Primärwicklung auf der Oberspannungsseite im Dreieck geschaltet ist. Die im Dreieck geschaltete Oberspannungswicklung sorgt nämlich auch bei Schieflast, d. h. bei ungleichmäßiger Belastung der drei Stränge der Sekundärwicklung für eine gleichmäßige Verteilung des magnetischen Flusses auf die Kerne des Transformators. Dies ist notwendig, damit in allen drei Strängen der Sekundärwicklung gleich große Spannungen induziert werden. Verwendet wird die Dreieck-Stern-Schaltung **(232.1)** für die Versorgung von Niederspannungs-Verteilungsnetzen bei Transformatoren großer Leistung (über 400 kVA).

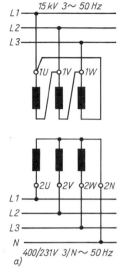

15 kV 3∼ 50 Hz
L1
L2
L3

1U   1V   1W

2U 2V 2W 2N
L1
L2
L3
N
400/231V 3/N∼ 50Hz
a)

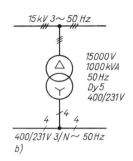

15 kV 3∼ 50 Hz

15000 V
1000 kVA
50 Hz
Dy5
400/231V

400/231V 3/N ∼ 50Hz
b)

232.1
Drehstrom-Transformator
in Dreieck-Stern-Schaltung
a) Schaltplan
b) einpolige Darstellung
mit Schaltkurzzeichen

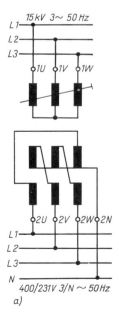

15 kV 3∼ 50 Hz
L1
L2
L3

1U   1V   1W

2U   2V 2W 2N
L1
L2
L3
N
400/231V 3/N ∼ 50Hz
a)

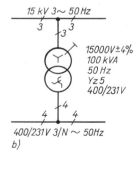

15 kV 3∼ 50 Hz

15000V±4%
100 kVA
50 Hz
Yz5
400/231V

400/231V 3/N ∼ 50Hz
b)

232.2
Drehstrom-Transformator
in Stern-Zickzack-Schal-
tung, Oberspannungs-
wicklung einstellbar
a) Schaltplan
b) einpolige Darstellung
mit Schaltkurzzeichen

Stern-Stern-Schaltung. Wird auch die Oberspannungswicklung in Stern geschaltet, so darf der Ausgleichsstrom im Sternpunktleiter der Unterspannungsseite nur bis zu 10% des Außenleiterstromes betragen, da sonst der unsymmetrische magnetische Fluß in den Kernen die Spannungen zwischen den Netzleitern verschieben würde.

Zickzack-Schaltung (232.2). Diese Schaltung, eine abgewandelte Form der Sternschaltung, bietet hier einen Ausweg. Sie wird hergestellt, indem man jeden einzelnen Strang der in Stern geschalteten Unterspannungswicklung in zwei gleiche Hälften aufteilt und dann auf jeweils zwei verschiedene Schenkel aufbringt. Dadurch wird der magnetische Fluß bei unsymmetrischer Belastung gleichmäßiger auf die Schenkel verteilt. Bei in Zickzack geschalteter Unterspannungswicklung kann die Oberspannungswicklung in Stern geschaltet werden: Stern-Zickzack-Schaltung. Die in Stern geschaltete Oberspannungswicklung bietet zudem den Vorteil, daß sie mit Anzapfungen versehen werden kann, die eine Anpassung der Übersetzung an die Netzverhältnisse auf Ober- und Unterspannungsseite ermöglichen. Üblich sind drei Anzapfungen je Strang, die eine Spannungsänderung der Unterspannungswicklung um ± 4% gestatten. Verwendet wird die Stern-Zickzack-Schaltung für die Versorgung von Niederspannungs-Verteilungsnetzen bei Transformatoren kleiner und mittlerer Leistung bis zu 400 kVA.

Schaltgruppen. Die verschiedenen Schaltungsmöglichkeiten für die Wicklungen sind in Schaltgruppen geordnet. Man unterscheidet nach der IEC-Bezeichnung (**I**nternationale **E**lektrotechnische **C**omission) vier Schaltgruppen 0, 5, 6 und 11 mit je drei Schaltungen. Die drei für Ober- und Unterspannungswicklung möglichen Schaltungen werden durch Buchstaben (*D* für Dreieckschaltung, *Y* für Sternschaltung und *Z* für Zickzack-schaltung) gekennzeichnet, wobei der erste große Buchstabe die Schaltung der Ober-spannungswicklung, der zweite kleine Buchstabe die Schaltung der Unterspannungs-wicklung angibt (z. B. *Dy*). Die auf diese beiden Buchstaben folgende Kennzahl der Schaltgruppe kennzeichnet die Phasenverschiebung zwischen Ober- und Unterspannung. Der Phasenwinkel φ ergibt sich, indem die Kennzahl jeweils mit 30° multipliziert wird. Bei Schaltgruppe 6 ist der Phasenwinkel zwischen Ober- und Unterspannung demnach $\varphi = 6 \cdot 30° = 180°$. Die wichtigsten Schaltgruppen sind in Tafel **233**.1 zu-sammengestellt.

Tafel **233**.1 Übersicht über die wichtigsten Schaltgruppen (n: mit herausgeführtem *N*-Leiter)

Schaltung Ober-Spannungswicklung	Unter-Spannungswicklung	Zeigerbild Ober-Spannungswicklung	Unter-Spannungswicklung	Schalt-gruppe	hauptsächlicher Verwendungs-zweck
				Yyn 0	Stern—Stern Transformatoren, die nicht zur Verteilung dienen
				Yzn 5	Stern—Zickzack Kleine Verteilungstransformatoren mit sekundär voll belastbarem Sternpunktleiter
				Dy 5	Dreieck—Stern große Verteilungstransformatoren mit sekundär voll belastbarem Sternpunktleiter
				Yd 5	Stern—Dreieck Maschinentransformatoren für Ge-neratoren großer Leistung

10.22 Parallelbetrieb

Parallelschalten der Ober- oder der Unterspannungswicklung mehrerer Transforma-toren ist bei gleichen Nennspannungen der parallel zu schaltenden Wicklungen ohne weiteres möglich. Sollen jedoch beide Wicklungen parallel geschaltet werden, so sind fünf Bedingungen zu erfüllen:

1. Die Transformatoren müssen **gleiche Ober- und Unterspannung** haben.

2. Das **Verhältnis der Nennleistungen** soll kleiner als 3 : 1 sein.

3. Die **Kurzschlußspannungen** sollen um nicht mehr als 10% voneinander ab-weichen.

Die Kurzschlußspannung u_k eines Transformators ist die Spannung in Prozent der Nennspan-nung, die primär angelegt werden muß, damit bei kurzgeschlossener Sekundärwicklung in der Primärwicklung der Nennstrom fließt. Je nach Größe des Transformators beträgt sie 2···10%. Die Kurzschlußspannung ist ein Maß für die Streuung und damit für den induktiven Innenwiderstand eines Transformators. Bei parallel geschalteten Transformatoren sinkt die sekundäre Klemmenspannung des Transformators mit der größeren Kurzschlußspannung bei Belastung stärker ab, so daß der Transformator mit der kleineren Kurzschlußspannung stärker belastet wird. Weichen die Kurzschlußspannungen um mehr als 10% voneinander ab, so besteht die Gefahr, daß der Transformator mit der kleineren Kurzschlußspannung überlastet wird.

4. Bei parallel zu schaltenden Drehstrom-Transformatoren müssen die Kennzahlen ihrer Schaltgruppen übereinstimmen, damit die Phasenlage der Sekundärspannungen übereinstimmt und Kurzschlüsse vermieden werden.

5. Parallel zu schaltende Transformatoren müssen phasenrichtig angeschlossen werden.

Phasenrichtig ist der Anschluß dann, wenn die Anschlußklemmen miteinander verbunden werden, zwischen denen keine Spannung besteht. Bei falschem Anschluß der Sekundärwicklung des zweiten Transformators bilden beide Sekundärwicklungen gemeinsam einen Kurzschlußstromkreis. Der phasenrichtige Anschluß wird nach Bild 234.1 entweder mit Hilfe von Spannungsmessern oder Glühlampen geprüft.

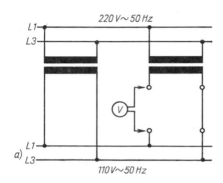

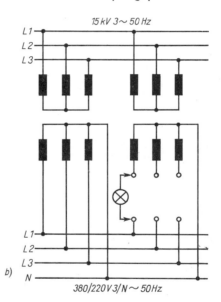

234.1 Prüfschaltungen zur Ermittlung des phasenrichtigen Anschlusses für den Parallelbetrieb von Transformatoren
a) bei Einphasen-Transformatoren, hier mit einem Spannungsmesser,
b) bei Drehstrom-Transformatoren, hier mit einer Glühlampe (bei 380 V ggf. zwei 220 V-Lampen in Reihenschaltung)

10.23 Bedeutung der Transformatoren für die Energieversorgung

Das wichtigste Anwendungsgebiet der Transformatoren ist die Energieübertragung vom Kraftwerk zu den Verbrauchsorten.

Kraftwerke dienen zur Erzeugung elektrischer Energie. Sie liegen i. allg. nicht in den Schwerpunkten des Energiebedarfs. Das bedeutet, daß die von ihnen erzeugte elektrische Energie über größere Entfernungen hinweg zum Verbraucher übertragen werden muß. Für die einzelnen Arten von Kraftwerken sind die Vorbedingungen für eine wirtschaftliche Errichtung und für rentablen Betrieb sehr verschieden.

Wasserkraftwerke können nur an Talsperren, an den Staustufen von Flußläufen oder am Fuß von Wasserfällen errichtet werden.

Braunkohlenkraftwerke sind an die Lagerstätten der Braunkohle gebunden. Der Transport dieses Brennstoffes zu entfernt gelegenen Kraftwerken würde viel zu teuer werden, da Braunkohlenkraftwerke wegen des geringen Heizwertes der Braunkohle davon sehr große Mengen benötigen.

Steinkohlenkraftwerke. Hier ist der Transport des Brennstoffes zwar relativ billiger, da Steinkohle etwa den dreifachen Heizwert der Braunkohle hat und deswegen auch in entsprechend kleineren Mengen benötigt wird, aber eine verkehrsgünstige Lage (vor allem an Wasserstraßen) ist für einen rentablen Betrieb dennoch notwendig.

Kernkraftwerke allein werden in Zukunft vollkommen freizügig bezüglich ihres Standortes sein, da sie eine so geringe „Brennstoffmenge" benötigen, daß die Transportkosten hier keine Rolle spielen. Aber auch Kernkraftwerke werden nur wirtschaftlich arbeiten können, wenn sie eine bestimmte Mindestgröße haben. Dies bedeutet, daß auch bei ihnen die Erzeugung elektrischer Energie nur an wenigen Orten erfolgen wird, so daß auch in diesem Falle die Übertragung elektrischer Energie über sehr große Entfernungen erforderlich ist.

Fernübertragung großer Energiemengen würde auf unüberwindbare Schwierigkeiten stoßen, wenn sie mit Niederspannungen, wie sie in den Verbrauchernetzen üblich sind (220 bzw. 380 V), durchgeführt werden sollte. Bei solch geringen Betriebsspannungen wären zur Übertragung großer Leistungen nämlich so große Stromstärken notwendig, daß die hierfür erforderlichen Leiterquerschnitte die tragbaren Höchstgrenzen weit überschritten. Um große Leistungen mit wirtschaftlich vertretbaren Leiterquerschnitten über große Entfernungen hinweg übertragen zu können, sind hohe Betriebsspannungen notwendig (**235.1**).

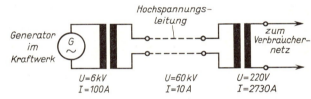

235.1 Fernübertragung elektrischer Energie ohne Berücksichtigung der Verluste

übertragene Leistung 600 kW bei cos φ = 1

Je höher bei der Übertragung elektrischer Energie die Betriebsspannung ist, um so kleiner wird bei gleicher übertragener Leistung die Stromstärke und damit der erforderliche Leiterquerschnitt.

Üblich sind heute Hochspannungsleitungen mit Betriebsspannungen bis zu 220 kV und sogar bis zu 380 kV (**236.1**). Die Erhöhung der Betriebsspannung im Kraftwerk und die Verringerung der Betriebsspannung am Ort des Verbrauchers wird von Transformatoren durchgeführt. Ohne Transformatoren wäre die Energieversorgung im heutigen Umfange nicht möglich.

Es soll noch erwähnt werden, daß bei dem heutigen Stand der Industrialisierung mit ihrem riesigen Energiebedarf die reibungslose Versorgung mit elektrischer Energie nur im Rahmen einer Verbundwirtschaft möglich ist, bei der alle Kraftwerke in ein gemeinsames Netz speisen, wie es sich heute zum Beispiel über ganz Westeuropa erstreckt.

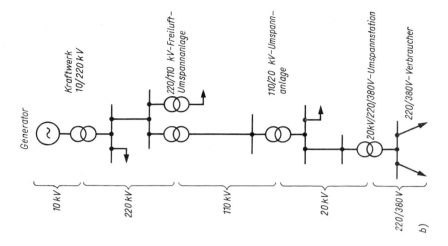

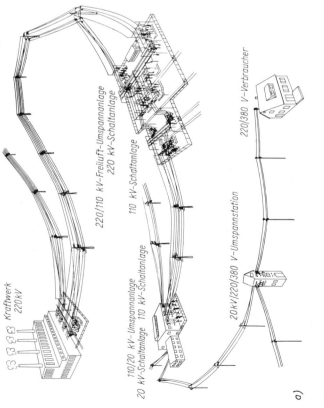

236.1 Aufbau eines Energieversorgungsnetzes (a) und zugehöriger Übersichtsschaltplan mit Schaltkurzzeichen, vereinfacht (b)

Übungsaufgaben zu Abschnitt 10

1. Für welche Zwecke werden Transformatoren verwendet?

2. Welche Wicklung heißt Primärwicklung, welche Sekundärwicklung, und wie wird die Übersetzung eines Transformators angegeben?

3. Ein Klingeltransformator für eine Netzwechselspannung von 220 V wird versehentlich an 220 V Gleichspannung angeschlossen. Er erwärmt sich dabei in kurzer Zeit sehr stark. Wie ist dies zu erklären?

4. Warum nimmt ein Transformator bei größerer Belastung einen größeren Primärstrom auf?

5. Wodurch entstehen die Leerlauf- und wodurch die Lastverluste?

6. Welche Angaben muß das Leistungsschild eines Transformators enthalten?

7. Wie erreicht man bei Klingeltransformatoren die Kurzschlußfestigkeit?

8. Welche Vor- und Nachteile haben Spartransformatoren?

9. Welche Aufgabe haben Meßwandler für Strom- und Spannungsmessungen?

10. Worauf ist beim Anschluß von Stromwandlern besonders zu achten?

11. Unter welchen Voraussetzungen dürfen Transformatoren parallel geschaltet werden?

12. Was bedeuten die Schaltgruppen-Bezeichnungen *Yzn* 5 und *Dy* 11?

13. Warum wird die Nennleistung eines Transformators nicht in W (kW), sondern in VA (kVA) angegeben?

14. Versuch: Zwei gleiche Einphasentransformatoren werden primär- und sekundärseitig parallel geschaltet. Der phasenrichtige Anschluß ist mit Hilfe von Spannungsmesser und Glühlampe zu prüfen.

15. Versuch: Es sind die Kennlinien der Sekundärspannungen U_2 in Abhängigkeit von den Sekundärströmen I_2 bei einem Schutztransformator und bei einem Klingeltransformator zu ermitteln.

16. Versuch: Die Leerlaufverluste, die Lastverluste und der Wirkungsgrad bei Nennbelastung sind für einen Kleintransformator zu ermitteln.

11 Asynchronmotoren für Drehstrom und Einphasenstrom

Der Asynchronmotor, vor allem der Kurzschlußläufer-Motor, ist als einfachster, betriebssicherster und billigster Motor unter allen Elektromotoren der weitaus gebräuchlichste. Wie bereits dargestellt, entsteht durch das vom Drehstrom in der Ständerwicklung erzeugte Drehfeld in der geschlossenen Läuferwicklung ein Induktionsstrom, dessen Magnetfeld zusammen mit dem Ständerdrehfeld ein Drehmoment erzeugt, das den Läufer in asynchrone Drehung versetzt (s. Abschn. 7.33).

11.1 Drehstrom-Asynchronmotor

11.11 Aufbau

Man unterscheidet Kurzschlußläufer- und Schleifringläufer-Motoren. Deren Aufbau ist, von der Ausführung des Läufers (mit Kurzschlußkäfig bzw. Läuferwicklung) abgesehen, derselbe. Deshalb bezieht sich die jetzt folgende Beschreibung der Bilder 239.1 a und b meist auf gleiche Bauteile und somit auch gleiche Positionszahlen beider Maschinen.

Ständer (239.1). Er besteht aus dem Gehäuse 1 und den beiden Lagerschilden 6. Das Gehäuse wird aus Gußeisen oder verschweißten Stahlteilen hergestellt; es ist bei innen gekühlten Motoren außen glatt, bei oberflächen-gekühlten Motoren mit Kühlrippen versehen. Die Lagerschilde 6 bestehen meist aus Gußeisen. Das Gehäuse umschließt das Ständerblechpaket 3, in dessen Nuten die Ständerwicklung 2 liegt. Durch die Einlagerung der Ständerwicklung in Nuten verläuft der magnetische Fluß nahezu vollständig im Eisen. Er hat lediglich den zwischen Ständer und Läufer liegenden Luftspalt zu überwinden (0,2 ··· 1,0 mm, je nach Größe des Motors). Am Gehäuse sind außen der Klemmenkasten 9 (für den Anschluß der Zuleitungen) und das Leistungsschild mit allen für den Motor wichtigen Angaben angebracht.

Läufer. Auf der Welle ist das Läuferblechpaket 4 befestigt, in dessen Nuten beim Kurzschluß- bzw. Käfigläufer (239.1 a) die Läuferstäbe 5 aus Kupfer oder Aluminium eingelegt sind. Sie sind an den beiden Stirnseiten durch je einen Ring kurzgeschlossen. Beim Schleifringläufer (239.1 b) ist in die Nuten eine aus drei Strängen bestehende, in Stern geschaltete Wicklung 5 eingelegt. Die offenen Enden sind an drei Schleifringe 14 geführt. Darauf schleifende Kohlebürsten gestatten, die Wicklung unmittelbar oder über Anlaßwiderstände kurzzuschließen.

Die beiden in Bild 239.1 dargestellten Motoren sind völlig geschlossen (Schutzart IP 44, s. Abschn. 14.24). Sie müssen daher von außen gekühlt werden. Der Lüfter 7 sitzt zu diesem Zweck außerhalb des Gehäuses auf der Motorwelle und führt einen kühlenden Luftstrom, der die Verlustwärme abführt, durch die Lüfterhaube 8 über die Gehäuseoberfläche. Diese ist zur besseren Wärmeabgabe durch angegossene Kühlrippen erheblich vergrößert.

Bei geschützten Motoren (Schutzart IP 12, IP 21, IP 22) sitzt der Lüfter innen auf der Läuferwelle. Er saugt durch Öffnungen in **einem** Lagerschild kühle Außenluft an und drückt sie durch den Luftspalt des Motors hindurch. Hierbei nimmt sie die Verlustwärme auf und tritt durch Öffnungen im gegenüberliegenden Lagerschild wieder aus. An die Kurzschlußringe des Läufers angegossene kurze Lüfterflügel unterstützen die Luftumwälzung im Innern der Kurzschlußläufer-Motoren.

Lager. Die Wellenlager sind in den Lagerschilden **6** untergebracht. Heute sind es meist **Wälzlager 11** in Form von Kugel- oder Rollenlagern. Sie sind mit Wälzlagerfett gefüllt, das je nach den Betriebsverhältnissen nach 6 bis 24 Monaten erneuert werden muß. Motoren mit Nennleistungen bis etwa 50 kW sind für Dauerschmierung eingerichtet.

Gleitlager werden heute nur noch zur Erzielung eines geräuschlosen Laufs verwendet. Sie sind mit Schmieröl gefüllt.

Bei ganz kleinen Motoren bestehen die Lagerschalen aus poröser Sinterbronze, die in ihren Poren soviel Schmiermittel aufnimmt, daß eine Nachschmierung nicht nötig ist.

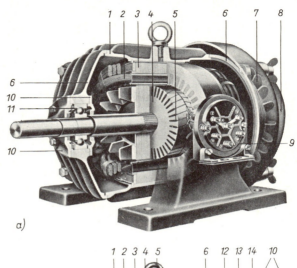

a)

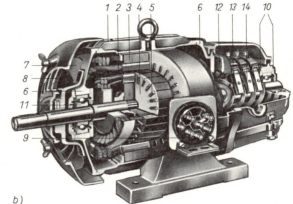

b)

239.1 Aufbau von Drehstrommotoren. Gehäuse mit Kühlrippen für Oberflächenkühlung, Schutzart IP 44 [2]
  a) Motor mit Kurzschlußläufer
  b) Motor mit Schleifringläufer

1 Gehäuse mit Kühlrippen	8 Lüfterhaube
2 Ständerwicklung	9 Klemmenbrett
3 Ständerblechpaket	10 Lagerdeckel
4 Läuferblechpaket	11 Wälzlager
5 Läuferstäbe bzw. -wicklung	12 Bürstenbrücke
6 Lagerschilde	13 Kohlebürste
7 Lüfter	14 Schleifring

11.12 Anzugsstrom und Drehmomente

Anzugsstrom

Der Anzugsstrom ist der im Augenblick des Einschaltens vom Motor kurzzeitig aufgenommene Strom. Er beträgt, je nach der Bauart des Läufers bei direktem Einschalten des Motors das 4- bis 7fache des Motornennstroms (Nennstrom: Stromaufnahme bei der auf dem Leistungsschild angegebenen Nennleistung). Man ist bestrebt, den Anzugsstrom möglichst klein zu halten, um Spannungsschwankungen im Netz, die z. B. bei Lampen störende Helligkeitsschwankungen hervorrufen, zu verhindern. Die EVU schreiben daher vor, daß der Anzugsstrom bestimmte Grenzen nicht überschreiten darf. Das Verhalten beim Anlauf soll an einem Versuch beobachtet werden.

□ **Versuch 86.** Ein kleiner Drehstrommotor mit einer Leistung von etwa 1,1 kW wird über einen Motorschalter an das Drehstromnetz gelegt. In eine Zuleitung wird ein Strommesser mit ausreichendem Meßbereich (mindestens 10 A) geschaltet. Beim Schließen des Schalters entsteht kurzzeitig ein großer Zeigerausschlag, also ein großer Anzugsstrom. □

Der große Anzugsstrom entsteht infolge der besonders großen Induktionswirkung des Drehfeldes auf die Wicklung des im Augenblick des Einschaltens stillstehenden Läufers (s. Abschn. 7.33). Wie beim stark belasteten Transformator (s. Abschn. 10.11) hat der induzierte große Läuferstrom einen entsprechend großen Strom in der Ständerwicklung zur Folge.

Beim Einschalten von Asynchronmotoren mit Kurzschlußkäfig oder kurzgeschlossener Läuferwicklung entsteht kurzzeitig ein großer Anzugsstrom.

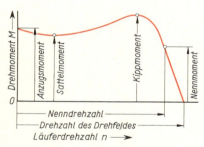

240.1 Asynchronmotor. Abhängigkeit des Drehmoments von der Drehzahl

Drehmomente

Bild **240.1** zeigt den Verlauf des Drehmomentes (s. Abschn. 14.12) beim Hochlaufen eines Asynchronmotors, das in dieser typischen Form für viele Motorarten gilt. Das Anzugsmoment ist das vom Motor im Augenblick des Einschaltens entwickelte Drehmoment; es beträgt das 1- bis 3fache des Motornennmomentes. Das Anzugsmoment sinkt nach dem Anlauf auf das Sattelmoment ab. Das zum Anfahren der angetriebenen Arbeitsmaschine benötigte Drehmoment muß also kleiner als das Sattelmoment sein, sonst zieht der Motor die Arbeitsmaschine zwar an, er kommt dann aber mit seiner Drehzahl über die Drehzahl beim Sattelmoment nicht hinaus, er „schleicht".

Das Kippmoment ist das größte Drehmoment, das der Motor entwickeln kann. Es ist für kurzzeitige Überlastungen von Bedeutung. Nach VDE 0530 (Bestimmungen für elektrische Maschinen) muß es, wie in Bild **240.1** mindestens das 1,6fache des Nennmoments betragen. Bei den meisten Motoren ist es jedoch größer. Bei einer Überlastung des Motors durch die angetriebene Arbeitsmaschine, also bei Überschreitung des Nennmoments, ist zu beachten, daß Motoren höchstens 2 min lang mit dem 1,5-fachen Nennstrom belastet werden dürfen, wenn sie sich nicht unzulässig erwärmen sollen.

Durch die Aufteilung der Ständerwicklung auf die Ständernuten erfährt das Drehfeld und damit auch das Drehmoment während jeder Umdrehung periodische Schwankungen, es pulsiert. Bei

240.2 Kurzschlußläufer-Käfige ohne Blechpaket [2]

einer bestimmten Stellung des Läufers kann das Drehmoment im Stillstand so klein sein, daß dieser nicht anläuft, er „klebt". Durch das Pulsieren des Drehmoments während des Laufs entstehen auch schädliche mechanische Schwingungen und damit R u t t e l k r ä f t e. Diese verursachen starke Geräusche, N u t e n g e r ä u s c h e genannt. Um ein sicheres Anziehen und einen ruhigeren Lauf des Motors zu erzielen, werden die L ä u f e r n u t e n s c h r ä g gegen die Welle gestellt (geschrägt) **240.2**.

11.13 Kurzschlußläufer-Motor

Rundstabläufer. Einfache Kurzschlußläufer haben einen Käfig aus Rundstäben. Der Anzugsstrom beträgt das 8- bis 10fache des Nennstroms. Das Anzugsmoment ist jedoch nur etwa so groß wie das Nennmoment (s. hierzu die Betriebskennlinie in Bild **250.1** a). Rundstabläufer dürfen in den Netzen der EVU wegen des hohen Anzugsstromes im allgemeinen nur bis 2,2 kW direkt eingeschaltet werden.

Motoren mit Rundstabläufer haben ungünstige Anlaufeigenschaften. Ihre gelegentliche Anwendung beschränkt sich auf Leistungen bis 2,2 kW.

Das im Verhältnis zu dem hohen Anzugsstrom kleine Anzugsmoment machen die Bilder **241.1** a, und b verständlich. Sie zeigen in beiden Fällen das mit der Drehzahl n_d umlaufende Drehfeld Φ_1, in der Stellung zum Läufer, in der im kurzgeschlossenen Läufer die maximale Induktionsspannung u_{2max} entsteht. In Bild **241.1** a ist ein Läufer mit reinem Wirkwiderstand R_2, also mit dem Phasenverschiebungswinkel $\varphi_2 = 0$ zwischen Spannung u_2 und Strom i_2 angenommen. Dann haben gleichzeitig mit u_2 auch der Läuferstrom i_2 und das Läuferfeld Φ_2 Höchstwerte; auf den Läufer wirkt ein großes Drehmoment M, da die Feldlinien von Φ_1 und Φ_2 das Bestreben haben, sich gleichzurichten. In Bild **241.1** b wurde ein Läufer mit rein induktivem Widerstand X_{L2}, also mit $\varphi_2 = 90°$, zugrundegelegt. Bei derselben Stellung des

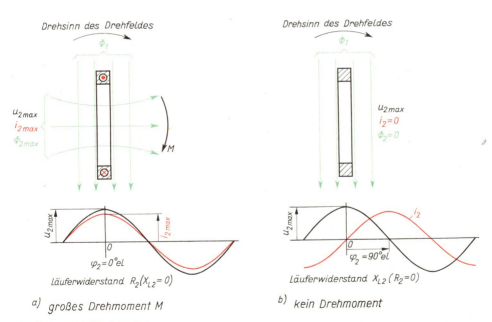

a) großes Drehmoment M
b) kein Drehmoment

241.1 Kurzschlußläufermotor
Abhängigkeit des Drehmoments M von der Phasenverschiebung φ_2 zwischen Läuferspannung u_2 und Läuferstrom i_2. Läufer als einfacher Kurzschlußring, s. Bild **167.1**

Läufers im Drehfeld wie bei a) entsteht zwar wieder der Höchstwert der Spannung u_2, aber wegen $\varphi_2 = 90°$ kein Läuferstrom i_2, daher auch kein Läuferfeld Φ_2 und somit kein Drehmoment M.

Das Einschalten von Motoren mit Rundstabläufer kommt an den extremen Fall in Bild **241**.1 b heran, der Nennbetriebszustand des Motors an den Fall in Bild **241**.1 a. Die Läuferfrequenz f_2 und damit der induktive Widerstand X_{L2} sowie die Phasenverschiebung φ_2 zwischen Spannung und Strom im Läufer nehmen bei wachsender Drehzahl ja mehr und mehr ab. Die Läuferfrequenz sinkt nämlich von 50 Hz beim Einschalten (Stillstand) auf die Schlupffrequenz 1···3 Hz bei der Nenndrehzahl (s. Abschn. 7.33); im gleichen Verhältnis sinkt der induktive Widerstand X_{L2} des Läufers.

Eine Möglichkeit, das Anzugsmoment zu vergrößern und gleichzeitig den Anzugsstrom zu verringern, besteht nach den obigen Erläuterungen darin, während des Anlaufs den Wirkwiderstand im Läuferstromkreis zu erhöhen. Die Phasenverschiebung zwischen Läuferspannung und Läuferstrom wird dadurch kleiner und das Drehmoment größer. Dieses Ziel wird beim Stromverdrängungsläufer und beim Schleifringläufer auf verschiedene Weise erreicht.

Stromverdrängungsläufer. Der Stromverdrängungsläufer ist ein Kurzschlußläufer, in dessen Kurzschlußkäfig durch besondere Formgebung der Läuferstäbe während des Anlaufs ein erhöhter Wirkwiderstand entsteht. Im Vergleich zum Rundstabläufer ist daher der Anzugsstrom kleiner und das Anzugsmoment größer (s. oben). Bild **242**.1 zeigt drei gebräuchliche Querschnittsformen für Läuferstäbe von Stromverdrängungsläufern, die an den beiden Stirnseiten des Läufers wie üblich durch Kurzschlußringe miteinander verbunden sind.

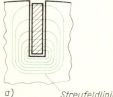
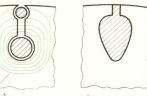

a)
Streufeldlinien b)   c)
des Läuferstabes

242.1 Induktive Stromverdrängung im Hochstabläufer (a) und im Doppelstabläufer (b), tropfenförmiger Läuferstab (c)

Während sich der überwiegende Teil der durch den Läuferstrom erzeugten Feldlinien über das Ständerblechpaket schließt, umgibt ein kleiner Teil die einzelnen Läuferstäbe als Streufeldlinien. Bild **242**.1 a zeigt, daß der tiefliegende Teil eines Läuferstabes des Hochstabläufers von vielen, der am Umfang liegende Teil dagegen nur von wenigen Streufeldlinien umgeben ist. Der tiefliegende Teil des Stabes wird nämlich auch von den Streufeldlinien umgeben, die durch den Strom im oberen Stabteil erzeugt werden, weil alle Streufeldlinien unterhalb der Nut im Läufereisen verlaufen. Oberhalb der Nut befindet sich der Luftspalt, so daß sich die Streufeldlinien in verschiedener Höhe durch die Nut schließen und so die oberen Stabteile von weniger Streufeldlinien umgeben sind. Dieser Verlauf der Streufeldlinien hat zur Folge, daß die Induktivität L des Stabes vom äußeren zum tiefliegenden Teil seines Querschnittes zunimmt. Dadurch entwickelt der in der Tiefe liegende Teil während des Anlaufs bei der verhältnismäßig hohen Läuferfrequenz von etwa 50 Hz einen wesentlich größeren induktiven Widerstand $X_L = 2\pi \cdot f \cdot L$ als der am Umfang liegende Teil, so daß der Läuferstrom während des Anlaufs vorwiegend im außen liegenden Teil der Läuferstäbe fließt: induktive Stromverdrängung.

Da sich der Läuferstrom auf einen kleinen Querschnitt beschränken muß, hat die Stromverdrängung während des Anlaufs eine Erhöhung des Wirkwiderstandes des Läuferkäfigs zur Folge. Mit zunehmender Drehzahl sinkt die Läuferfrequenz auf die Schlupffrequenz von 2···5 Hertz. Bei dieser kleinen Frequenz ist der induktive Widerstand der tiefliegenden Teile der Läuferstäbe vernachlässigbar klein. Der Strom verteilt sich bei der Nenndrehzahl also gleichmäßig über den ganzen Stabquerschnitt, so wie in einem Rundstabläufer. Ähnlich ist das Verhalten des Doppelstabläufers (242.1 b); die Betriebskennlinie eines Motors mit Doppelstabläufer zeigt Bild 250.1 b.

Eine gewisse Stromverdrängung entsteht auch in den tropfenförmigen Läuferstäben (242.1 c). Sie werden für Läufer von Motoren bis etwa 20 kW häufig angewandt.

Bei Motoren mit Stromverdrängungsläufern beträgt der Anzugsstrom das 4- bis 8fache des Nennstroms, das Anzugsmoment das 1,5- bis 3fache des Nennmoments, je nach Ausführungsart der Kurzschlußkäfige.

Stromverdrängungsläufer finden heute für Motoren über 1 kW überwiegend Anwendung. Sie werden in zahlreichen Ausführungsformen unter den Handelsbezeichnungen Stromdämpfungs-, Wirbelstrom-, Tiefnut-, Hochstab-, Doppelstab-, Doppelkäfigläufer gefertigt. Sie dürfen i. allg. bis zu Nennleistungen von 5,5 kW direkt eingeschaltet werden.

Stern-Dreieck-Schaltung. Wegen des hohen Anzugsstroms bei direkter Einschaltung werden größere Kurzschlußläufer-Motoren mit einem Stern-Dreieck-Schalter eingeschaltet (**243.1**). Er gestattet, einen in Dreieckschaltung betriebenen Motor während des Anlaufs vorübergehend in Stern zu schalten. Hierdurch verringert sich der Anzugsstrom, aber auch das Anzugsmoment auf etwa ein Drittel des Wertes bei direkter Einschaltung (s. Abschn. 7.2, Beispiel 62). Die Stern-Dreieck-Umschaltung kann nur bei Motoren angewendet werden, deren Ständerwicklung bei der verfügbaren Netzspannung Dreieckschaltung zuläßt. Dies ist der Fall, wenn z. B. in einem 380 V-Netz ein Motor mit den Leistungsschildangaben 380 V △ oder 380/660 V △/Y verwendet wird. Ein Motor mit den

Angaben 220/280 V △/Y ist nicht verwendbar, weil die höhere Spannung 380 V nur bei Sternschaltung angelegt werden darf. Seine Wicklung würde bei Dreieckschaltung überlastet.

Das Umschalten auf Dreieckschaltung darf erst erfolgen, wenn der Motor bei Sternschaltung seine volle Drehzahl erreicht hat. Bei zu früher Umschaltung entsteht ein starker Stromstoß, und der Zweck der Umschaltung wird nicht erreicht. Wegen der Verringerung des Anzugsmomentes auf ein Drittel kann die Stern-Dreieck-Umschaltung nur bei leichten Anlaufbedingungen, wie sie z. B. beim Anfahren von leerlaufenden Werkzeugmaschinen vorliegen, angewendet werden. Sie wird von den EVU bis 11 kW (z. T. auch höher) allgemein zugelassen.

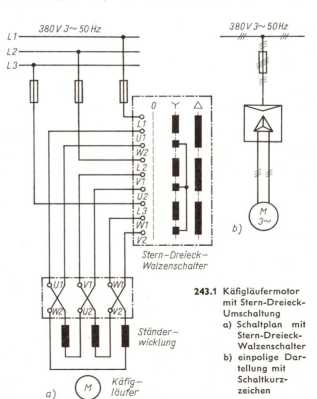

a)

Stern–Dreieck–
Walzenschalter

Ständer-
wicklung

Käfig-
läufer

b)

243.1 Käfigläufermotor
mit Stern-Dreieck-
Umschaltung
a) Schaltplan mit
Stern-Dreieck-
Walzenschalter
b) einpolige Dar-
tellung mit
Schaltkurz-
zeichen

Bei der Stern-Dreieck-Umschaltung verringert sich der Anzugsstrom auf ein Drittel seines Wertes bei direkter Einschaltung. Da sich auch das Anzugsmoment auf ein Drittel verringert, kann sie nur bei leichten Anlaufbedingungen verwendet werden.

11.14 Schleifringläufer-Motor

Für größere Motoren und vor allem bei schweren Anlaufbedingungen, z.B. bei Zentrifugen oder Mühlen, wo große Massen zu beschleunigen sind, werden oft Motoren mit Schleifringläufern verwendet. Auch bei diesen Maschinen wird der Wirkwiderstand im Läuferstromkreis während des Anlaufs erhöht, und man erreicht bei einem Anzugsstrom von etwa dem 1,5fachen Nennstrom Anzugsmomente bis zum doppelten Nennmoment.

Die Betriebskennlinie zeigt Bild **250.1 c.**

Die Erhöhung des Läuferwiderstandes während des Anlaufs geschieht durch einen Läuferanlasser, der über drei Schleifringe angeschlossen wird (**244.1**). Er besteht aus drei Widerständen in Sternschaltung, die während des Anlaufs mit einem verschiebbaren Kontaktbügel stufenweise abgeschaltet werden. In der Endstellung des Kontaktbügels ist die Läuferwicklung kurzgeschlossen.

Um den Verschleiß der Bürsten sowie Schleifringe zu verringern und Funkstörungen durch schlechte Kontaktgabe (Funkenbildung) zu vermeiden, sind größere Motoren oft mit einer Bürstenabhebe- und Kurzschlußvorrichtung versehen. Sie gestattet, die Schleifringe nach dem Anlaßvorgang durch Betätigen eines Hebels oder Handrades unmittelbar kurzzuschließen und gleichzeitig die Bürsten abzuheben.

Der Läuferanlasser darf die Läuferwicklung nicht unterbrechen, weil sich der Motor sonst allein durch Unterbrechung der Läuferwicklung stillsetzen ließe. Dabei könnte der Ständer irrtümlich auf das Netz geschaltet bleiben und seine Wicklung würde sich durch die bei stillstehendem Motor fehlende Kühlung unzulässig erwärmen.

Die Läuferwicklung ist wegen der dann einfacher durchzuführenden Isolierung meist für eine unterhalb der Netzspannung liegende Spannung gewickelt. Das Leistungsschild in Bild **249.1** zeigt Läuferdaten von 135 V (Läuferstillstands-Spannung) und 19,6 A (Läuferstrom bei Nennlast) bei Ständerwerten von 380 V und 9,25 A. Bei der Bemessung der Verbindungsleitungen zwischen Motor und Anlasser ist die größere Läuferstromstärke zu berücksichtigen.

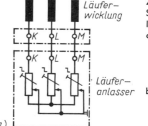

244.1
Schleifringläufermotor
a) Schaltplan mit Motorschalter und Läuferanlasser
b) einpolige Darstellung mit Schaltkurzzeichen

Bei Schleifringläufer-Motoren mit Läuferanlasser hat der Anzugsstrom etwa den 1,5-fachen Wert des Nennstroms. Ihr Anzugsmoment beträgt etwa das 2fache des Nennmoments.

Ein Nachteil des Schleifringläufer-Motors ist der kompliziertere Aufbau des Läufers und der dadurch wesentlich höhere Preis, zu dem noch der Preis des zusätzlich erforderlichen Läuferanlassers kommt.

Zur Veranschaulichung der Vorgänge im Asynchronmotor sollen an einem Schleifringläufer-Motor einige Messungen durchgeführt werden.

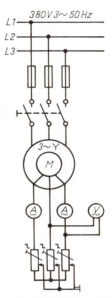

245.1 Messungen an einem Schleifringläufermotor

☐ **Versuch 87.** Ein kleiner 4poliger Drehstrommotor mit Schleifringläufer (**245**.1) wird bei offenen Läuferklemmen an das Netz geschaltet. Zwischen zwei Läuferklemmen wird bei ruhendem Läufer die Läuferspannung gemessen und mit der auf dem Leistungsschild des Motors angegebenen Läuferstillstandsspannung verglichen. Beide Werte müssen übereinstimmen.

Nun wird bei abgeschaltetem Motor an die Läuferklemmen ein Läuferanlasser angeschlossen und zusätzlich in eine Anschlußleitung ein Gleichstrommesser, dessen Nullpunkt in der Skalenmitte liegt, in eine andere Anschlußleitung ein Wechselstrommesser. Beim erneuten Einschalten der Ständerwicklung zeigt der Wechselspannungsmesser im ersten Augenblick die volle Läufer-Stillstandsspannung und der Wechselstrommesser den zu erwartenden hohen Läuferstrom an. Der Zeiger des Gleichstrommessers dagegen schlägt nicht aus, er vibriert nur. Bei steigender Drehzahl wird der Ausschlag des Wechselspannungsmessers immer kleiner, bis er bei kurzgeschlossenem Läufer schließlich auf Null zurückgeht. Der Zeigerausschlag des Wechselstrommessers geht ebenfalls zurück, bis bei Nenndrehzahl der Läuferbetriebsstrom erreicht ist. Der Zeiger des Gleichstrommessers geht mit zunehmender Drehzahl in immer langsamer werdende Pendelungen über. ☐

Die letzte Beobachtung ist offenbar auf die bei zunehmender Läuferdrehzahl abnehmende Läuferfrequenz (Schlupffrequenz) zurückzuführen. Ein Hin- und Hergang des Zeigers des Gleichstrommessers entspricht einer Periode des Läuferwechselstroms. Führt der Zeiger des Strommessers z. B. in einer Minute 30 Hin- und Herbewegungen aus, so beträgt die Läuferfrequenz

$$f_L = \frac{30}{\text{min}} = \frac{30}{60\,\text{s}} = \frac{1}{2}\,\frac{1}{\text{s}} = \frac{1}{2}\,\text{Hz}$$

Die Läuferdrehzahl n erhält man nach Abschn. 7.33 aus der Schlupfdrehzahl n_s. Mit der Formel $n = 60 \cdot f/p$ (s. Abschn. 6.12) wird die Schlupfdrehzahl

$$n_s = \frac{60 \cdot f_L}{p} = \frac{60\,\dfrac{\text{s}}{\text{min}} \cdot 0{,}5\,\dfrac{1}{\text{s}}}{2} = 15\,\text{min}^{-1}$$

Somit ist die Motordrehzahl

$$n = n_d - n_s = 1500\,\text{min}^{-1} - 15\,\text{min}^{-1} = 1485\,\text{min}^{-1}.$$

Diesen Wert kann man mit einem Drehzahlmesser nachprüfen.

11.15 Drehzahlsteuerung

Unter der elektrischen Steuerung einer Größe, hier der Drehzahl *n*, versteht man deren Beeinflussung (Veränderung) mit Hilfe von Schaltmitteln wie Schaltern, Schützen, Stellwiderständen (s. Abschn. 2.32). Die Drehzahlsteuerung ist für elektromotorische Antriebe manchmal notwendig. Für die Drehzahlsteuerung der Asynchronmotoren stehen drei Möglichkeiten zur Verfügung:

1. Änderung der Schlupfdrehzahl mit Hilfe des Läuferanlassers (durchführbar nur bei Schleifringläufer-Motoren).
2. Änderung der Polzahl durch eine polumschaltbare Ständerwicklung.
3. Änderung der Frequenz eines den Motor speisenden Frequenzumformers.

Steuerung der Drehzahl durch Schlupfänderung geschieht bei Motoren mit Schleifringläufer durch Verstellen des Anlasserwiderstandes, der dann im Betrieb zu einem mehr oder weniger großen Teil eingeschaltet bleibt. Die Drehzahl sinkt bei praktisch unverändertem Drehmoment um so mehr ab, je größer der in den Läuferstromkreis eingeschaltete Widerstand ist. Die üblichen Anlasser sind hierfür nicht geeignet, weil ihre Stufung zu grob ist; sie sind auch nicht für Dauereinschaltung bemessen und würden sich daher unzulässig erwärmen. Anlasser für Drehzahlsteuerungen haben größeren Drahtquerschnitt und kleinere Stufung; sie werden **Anlaßsteller** (früher Regelanlasser) genannt.

Diese Art der Drehzahlsteuerung hat zwei Nachteile. Es entstehen große Stromwärmeverluste, und die eingestellte Drehzahl ist stark belastungsabhängig. Sie sinkt also bei einer bestimmten Anlasserstellung um so mehr ab, je größer die Belastung des Motors wird. Im Leerlauf ist die Drehzahl durch den Anlaßsteller überhaupt nicht verstellbar. Dies soll durch einen Versuch nachgeprüft werden.

□ **Versuch 88.** Ein kleiner Drehstrommotor mit Schleifringläufer wird im Leerlauf mit einem Anlaßsteller zunächst so weit angelassen, daß dessen Widerstände etwa zur Hälfte eingeschaltet bleiben; dann wird der Anlaßsteller kurzgeschlossen. Mit einem Drehzahlmesser wird in beiden Fällen die Drehzahl gemessen: Ohne einen nennenswerten Unterschied läuft der Motor in beiden Fällen mit seiner Leerlaufdrehzahl. Nun wird der Motor mit einer Bremsvorrichtung (Band-, Backen-, Wirbelstrom-, Wasserwirbelbremse oder angekuppelter, belasteter Generator) belastet. Werden nun die Drehzahlmessungen bei denselben Anlasserstellungen wie im Leerlauf wiederholt, so mißt man bei Belastung gegenüber Leerlauf eine erheblich kleinere Drehzahl. □

Die mit dem Läufer-Anlaßsteller des Schleifringläufer-Motors eingestellte Drehzahl ist stark lastabhängig.

Steuerung der Drehzahl durch Polumschaltung wird entweder mit zwei getrennten Wicklungen verschiedener Polzahl oder mit Hilfe der **Dahlanderschaltung** erreicht **(247.1)**. Bei dieser Schaltung kann man die beiden Spulen jedes Stranges durch einen Umschalter mit den Spulen der beiden anderen Stränge entweder in Reihe zu einer Dreieckschaltung oder parallel zu einer Doppelsternschaltung zusammenschalten. Bei der Dreieckschaltung entsteht die doppelte Polzahl im Vergleich mit der Doppelsternschaltung. Bei der Spulenanordnung nach Bild **247.1** entstehen vier oder zwei Pole. Bild **248.1** zeigt die vollständige Schaltung des Motors mit Polumschalter. Damit bei der Umschaltung der Drehsinn gleich bleibt, müssen zwei Anschlüsse durch den Umschalter vertauscht, also z. B. *L1* an *1W* und *L3* an *1U* gelegt werden.

Der Nachteil dieser Schaltung besteht darin, daß sie nur zwei Drehzahlen im Verhältnis 1 : 2 ermöglicht. Durch eine zweite, getrennte Wicklung ist noch eine dritte oder

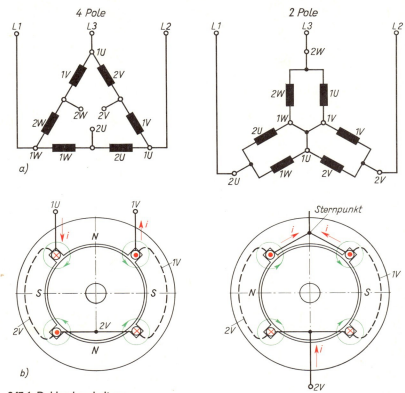

247.1 Dahlanderschaltung
  a) Schaltung der Ständerwicklung für 4 und 2 Pole
  b) Anordnung e i n e s Stranges, bestehend aus den beiden Halbsträngen 1 V und 2 V
    (mit nur einer Windung dargestellt)

auch, wenn die zweite Wicklung ebenfalls in Dahlanderschaltung ausgeführt ist, eine dritte und vierte Drehzahl möglich. Eine stufenlose Drehzahleinstellung ist aber nicht möglich.

Polumschaltbare Motoren ermöglichen keine stetige Drehzahlveränderung; sie gestatten lediglich 2 bis 4 Drehzahlstufen.

Steuerung der Drehzahl durch Frequenzänderung. Die Änderung der Frequenz für einen Asynchronmotor wird meist zur Erzeugung nur e i n e r Drehzahl über 3000 min^{-1} angewendet. Der dazu erforderliche Frequenzumformer (**247.2**) besteht aus einer als Generator wirkenden Asynchronmaschine mit Schleifringläufer und einem antreibenden Motor mit der festen Drehzahl n_1. Der Ständer des Generators ist

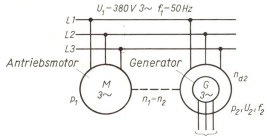

247.2 Schaltplan eines Frequenz- *zum anzutreibenden*
umformers *Motor*

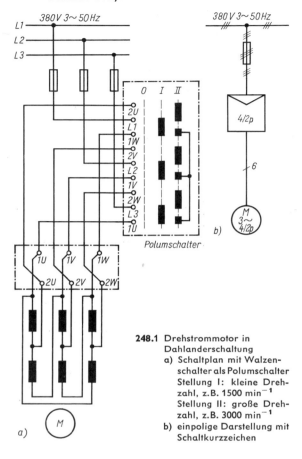

248.1 Drehstrommotor in Dahlanderschaltung
a) Schaltplan mit Walzenschalter als Polumschalter Stellung I: kleine Drehzahl, z.B. 1500 min^{-1} Stellung II: große Drehzahl, z.B. 3000 min^{-1}
b) einpolige Darstellung mit Schaltkurzzeichen

an das Drehstromnetz ($f_1 = 50$ Hz) angeschlossen. Das Ständerdrehfeld induziert im stillstehenden Läufer eine Spannung mit der Frequenz $f_2 = 50$ Hz. Wird der Läufer durch den Antriebsmotor entgegen dem Drehfeld des Ständers mit der festen Drehzahl n_1 angetrieben, so erhöht sich die relative Drehzahl zwischen Drehfeld und Läufer und damit auch die Frequenz f_2 der induzierten Läuferspannung um die feste Drehzahl. Beträgt z.B. die Drehzahl des Drehfeldes bei einem vierpoligen Generator $n_{d2} = 1500$ min^{-1} und die gegensinnige Drehzahl des zweipoligen Antriebsmotors $n_1 = 3000$ min^{-1}, so ist die

relative Drehzahl zwischen Drehfeld und Läufer

$$n = n_{d2} + n_1$$
$$= 1500 \text{ min}^{-1} + 3000 \text{ min}^{-1}$$
$$= 4500 \text{ min}^{-1}.$$

Daraus erhält man die Läuferfrequenz des Generators

$$f_2 = \frac{n \cdot p_2}{60}$$
$$= \frac{4500 \text{ min}^{-1} \cdot 2}{60 \text{ s/min}} = 150 \text{ Hz}$$

Haben beide Maschinen die gleiche Polpaarzahl ($p_1 = p_2$), so ist $f_2 = 100$ Hz. Durch Wahl anderer Polpaardifferenzen zwischen Antriebsmotor und Generator werden Frequenzumformer für die Frequenzen 200, 250 oder 300 Hz gebaut. Die damit erreichbaren Motordrehzahlen liegen dann zwischen 6000 und 18000 min^{-1}.

Frequenzumformer werden im allgemeinen nicht für eine stufenlose Drehzahlverstellung, sondern lediglich für eine feste Drehzahl über 3000 min^{-1} vorgesehen.

Frequenzumformer werden vor allem für Motoren zum Antrieb von Holzbearbeitungsmaschinen, die hohe Schnittgeschwindigkeiten benötigen, verwendet. Auch für Werkstätten mit vielen sehr schnellaufenden Hand-Werkzeugmaschinen, z.B. Bohr- und Poliermaschinen, werden sie eingesetzt.

11.16 Betriebsverhalten

Drehstrommotoren haben neben ihren vielen Vorzügen den Nachteil, daß sich ihre Drehzahl nicht genau und verlustlos verstellen läßt. Wo dies erforderlich ist, müssen

Gleichstrommotoren oder Einphasen- und Drehstrom-Stromwendermotoren verwendet werden (s. Abschn. 12 und 13).

Leistungsschild. Das Leistungsschild (**249**.1) nennt neben Hersteller, Motortyp (D bedeutet Drehstrom) und Herstellungsnummer alle für den betrieblichen Einsatz wichtigen Nennwerte des Motors. So gibt z. B. der Schleifringläufer-Motor mit dem in Bild **249**.1 dargestellten Leistungsschild in Dreieckschaltung an der Netzspannung 220 V und 50 Hz oder in Sternschaltung an der Netzspannung 380 V und 50 Hz die mechanische Leistung 4 kW ab. Bei dieser Leistung nimmt er in Dreieck-

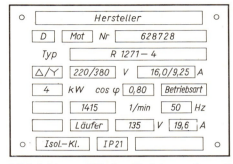

249.1 Leistungsschild eines Drehstrommotors mit Schleifringläufer

schaltung 16,0 A und in Sternschaltung 9,24 A auf. Durch den Leistungsfaktor $\cos\varphi = 0,8$ wird die bei Nennleistung gegebene Phasenverschiebung zwischen Spannung und Strom ausgedrückt. Der Motor entwickelt bei der Nennleistung 4 kW die Drehzahl 1415 min^{-1}. Die Läuferspannung beträgt bei Stillstand 135 V, der Läuferstrom bei Nennleistung 19,6 A. Diese beiden Angaben fehlen bei Motoren mit Käfigläufer,

weil sie hier nicht meßbar sind. IP 21 ist die Kennzeichnung der Schutzart des Motors (s. Abschn. 14.24). Die Isolationsklasse wird nur bei Wicklungen mit Sonderisolation, d. h. bei Isolation für erhöhte Temperaturanforderungen, angegeben.

249.2 Strom I, Drehzahl n, Wirkungsgrad η und Leistungsfaktor $\cos\varphi$ in Abhängigkeit von der abgegebenen Leistung P_{ab} für einen 2,2 kW-Drehstrommotor mit den Nennwerten:
$n = 1440$ min^{-1},
$I = 4,9$ A, $\eta = 0,84$, $\cos\varphi = 0,82$

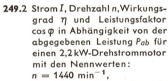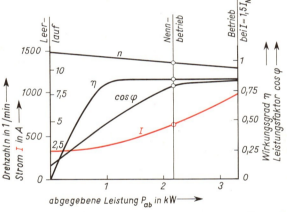

Betriebskennlinien. Zur Veranschaulichung des Verhaltens von Motoren im Betrieb werden oft Kurvenschaubilder verwendet: Betriebskennlinien. Bild **250**.1 zeigt für die drei Grundtypen des Asynchronmotors den Drehmomentverlauf und die Stromaufnahme in Abhängigkeit von der Drehzahl. Die Kennlinien geben ein Bild von den Anlaufeigenschaften und damit von der Verwendbarkeit für die verschiedenen Anlaufbedingungen (s. Abschn. 14.22). Demnach eignet sich der Motor mit Rundstabläufer (a) nur für Halblastanlauf, der Motor mit Doppelstabläufer (b) auch für Vollastanlauf und der Schleifringläufer-Motor (c) für Schweranlauf.

Die Kennlinien in Bild **249**.2 zeigen am Beispiel eines 2,2 kW-Motors, wie sich Stromaufnahme I, Drehzahl n, Wirkungsgrad η und Leistungsfaktor $\cos\varphi$ zwischen Leerlauf und Nennleistung verändern. Man ersieht daraus die geringfügige Drehzahländerung des Asynchronmotors zwischen Leerlauf und Vollast; der Asynchronmotor ist in seinem Drehzahlverhalten also „hart" und somit dem Gleichstrom-Nebenschlußmotor ähnlich. Man spricht daher auch vom Nebenschlußverhalten des Asynchronmotors (s. Abschn. 14.22).

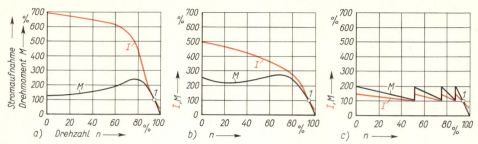

250.1 Strom I und Drehmoment M in Abhängigkeit von der Drehzahl n für einen Rundstabläufer (a), einen Doppelstabläufer (b) und einen Schleifringläufer mit vierstufigem Läuferanlasser (c); 100% $\triangleq$ Drehzahl des Drehfeldes. Nennbetrieb bei Punkt 1

Übungsaufgaben zu Abschnitt 11.1

1. Aus welchen Teilen bestehen Ständer und Läufer eines Drehstrommotors mit Schleifringläufer?
2. Wie müssen die Brücken im Klemmenkasten eines Drehstrommotors für direkte Einschaltung geschaltet werden, wenn das Leistungsschild die Spannungsangabe 220/380 V △/Y trägt (Netzspannung 380/220 V)?
3. Welche Leistung ist auf dem Leistungsschild von Motoren angegeben?
4. Welche Vor- und Nachteile haben Wälzlager gegenüber Gleitlagern?
5. Motoren erwärmen sich unzulässig, wenn sie nicht gekühlt werden. Wodurch entsteht die Verlustwärme?
6. Wie läßt sich feststellen, ob ein Motor mit Stern-Dreieck-Schalter eingeschaltet werden kann?
7. Welche Störungen können durch einen großen Anzugsstrom im Netz verursacht werden?
8. In welchen Fällen ist die Verwendung eines Schleifringläufer-Motors angebracht?
9. Wie kann man die Drehzahl eines Asynchronmotors verändern?
10. Wie kehrt man die Drehrichtung eines Asynchronmotors um?
11. Wie groß ist die Läuferschlupffrequenz eines Asynchronmotors, dessen Drehzahl 2700 min^{-1} bei 50 Hz beträgt?
12. Welche Vorteile hat der Stromverdrängungsläufer gegenüber dem Rundstabläufer?
13. Versuch: Für einen Motor mit einer Leistung von etwa 0,5 kW sind Anzugsstrom und Anzugsmoment zu ermitteln! Zur Feststellung des Anzugsmomentes befestigt man den Motor sicher auf dem Tisch (z. B. mit Schraubzwingen). Auf dem Wellenstumpf wird ein Hebel mit einer Klemmuffe aufgespannt. In etwa 300 mm Abstand von der Wellenmitte bringt man dann einen Kraftmesser an (s. Bild **287.2**).

11.2 Einphasen-Asynchronmotoren

11.21 Drehstrommotor als Einphasenmotor

Über das Verhalten der Drehstrommotoren bei Einphasenbetrieb soll ein Versuch Aufschluß geben.

☐ **Versuch 89.** Ein kleiner D r e h s t r o m m o t o r wird an das Drehstromnetz geschaltet. Wird eine Netzzuleitung unterbrochen, so läuft der Motor weiter. Schaltet man jetzt den Motor ab und dann bei ruhendem Läufer über zwei Zuleitungen wieder ein, so läuft er nicht mehr an (starker Brummton). Wirft man ihn nun durch Drehen der Riemenscheibe oder Ziehen am Riemen an (Vorsicht!), so läuft er weiter, und zwar sowohl im Rechts- als auch im Linkslauf, je nach der Anwurfrichtung. ☐

Bei der Unterbrechung e i n e s Leiters liegen bei Sternschaltung des Motors zwei Stränge in Reihe, bei Dreieckschaltung außerdem dazu parallel der dritte Strang. In beiden Fällen liegen die eingeschalteten Wicklungen an Wechselspannung und es kann sich daher kein Drehfeld, sondern nur ein Wechselfeld ausbilden. In der Wicklung des stillstehenden Läufers entsteht durch Induktion ebenfalls ein Wechselfeld. Ein Drehmoment entsteht n i c h t; der Motor läuft daher nicht an. Erst wenn er angeworfen wird, bildet das Wechselfeld des sich drehenden Läufers zusammen mit dem Ständerwechselfeld ein Drehfeld, das dann die einmal eingeleitete Drehung aufrecht erhält.

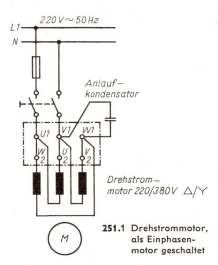

Durch den Ausfall von zwei der drei Phasen des Drehstroms kann der Motor nur noch ungefähr 60% seiner Nennleistung abgeben, ohne sich unzulässig zu erwärmen. Aus diesem Grunde besteht die Gefahr der Überlastung, wenn bei einem mit 60···100% der Nennleistung belasteten Motor ein Leiter unterbrochen wird (Einphasenlauf).

Nach Hinzuschalten eines Kondensators (**251.**1) kann der Motor auch am Einphasennetz bei stillstehendem Läufer ein Drehfeld entwickeln, da der Kondensator die Phasenlage des Stromes im Strang W1 — W2 gegenüber den Strömen in den Strängen $U1-U2$ und $V1-V2$ verschiebt (s. Abschn. 7.34). Der Motor läuft jetzt also selbständig an.

251.1 Drehstrommotor, als Einphasenmotor geschaltet

Drehstrommotoren können behelfsmäßig als Einphasenmotoren betrieben werden.

Mit einem Kondensator von etwa 70 µF je kW ist die abgegebene Leistung in der Schaltung nach Bild **251.**1 rund 80% der Drehstromleistung.

11.22 Einphasenmotoren mit Hilfswicklung

Wie in Abschn. 7.34 gezeigt wurde, kann sich auch in einem Einphasenmotor bei stillstehendem Läufer ein Drehfeld ausbilden, wenn man durch eine zur Ständer-Hauptwicklung $U1-U2$ versetzt angeordnete Hilfswicklung $Z1-Z2$ einen Strom schickt, der gegenüber dem Strom in der Hauptwicklung phasenverschoben ist.

Motor mit Widerstandshilfsphase. Die Phasenverschiebung kann man schon durch einen im Vergleich zur Hauptwicklung höheren Wirkwiderstand der Hilfswicklung erreichen. Man wickelt deshalb die Hilfswicklung mit dünnerem Draht als die Hauptwicklung. Zur Verringerung ihres induktiven Widerstandes wird sie außerdem teilweise bifilar gewickelt, d.h. ein Teil der Windungen (etwa ein Drittel) wird im entgegengesetzten Wickelsinn wie die übrigen Windungen gewickelt (s. Abschn. 3.22). Das Magnetfeld dieses Teiles der Windungen ist dem der übrigen Windungen entgegengerichtet, so daß das Gesamtfeld der Hilfswicklung und damit deren induktive Phasenverschiebung stark verringert werden.

Kondensatormotor. Man kann die Phasenverschiebung zwischen den Strömen in Haupt- und Hilfswicklung auch durch einen in Reihe mit der Hilfswicklung geschalteten Kondensator bewirken. Bild **252.**1 zeigt den Schaltplan eines solchen Kondensatormotors. In Reihe mit der Hilfswicklung liegt der **Anlaufkondensator** C_A, der nach dem Hochlaufen des Motors durch einen **Fliehkraftschalter**, manchmal auch durch einen besonderen Anlaßschalter, abgeschaltet wird. Der Fliehkraftschalter ist im Ständer eingebaut und wird beim Erreichen einer bestimmten Drehzahl durch ein am Läufer

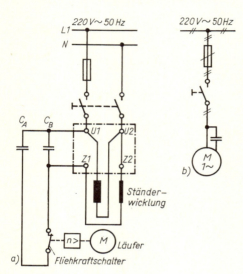

angebrachtes Fliehkraftgewicht geöffnet. Der nicht abschaltbare **Betriebskondensator** C_B bewirkt ein stärkeres und gleichmäßigeres Drehfeld und dadurch höhere Leistung und ruhigeren Lauf des Motors. Es gibt auch Motoren, die nur mit einem festen Betriebskondensator (kleineres Anzugsmoment) oder nur mit einem abschaltbaren Anlaufkondensator (kleinere Leistung) betrieben werden.

Einphasenmotoren mit Hilfswicklung werden für kleine Leistungen häufig verwendet.

Sie haben den Vorteil, daß sie auch dort verwendet werden können, wo kein Drehstrom zur Verfügung steht, z. B. im Haushalt. Von den EVU werden sie i. allg. für Leistungen bis 1,4 kW zugelassen.

252.1 Kondensatormotor
    a) Schaltplan mit Anlaufkondensator C_A und Betriebskondensator C_B
    b) einpolige Darstellung mit Schaltkurzzeichen

11.23 Spaltpolmotor

Bild **252.2** zeigt den Aufbau des Spaltpolmotors mit Kurzschlußläufer 1 in vereinfachter Darstellung. Die beiden Ständer **pole** 2 und 3 sind durch Schlitze in zwei ungleich breite Teile **gespalten**. Die schmaleren Teile der Pole werden von den Kurzschlußringen 4 umschlossen. In den Kurzschlußringen wird durch den sie durchsetzenden Teil des

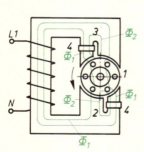

magnetischen Flusses Φ_1 ein Strom induziert, dessen magnetischer Fluß Φ_2 gegenüber dem Hauptfluß Φ_1 eine Phasenverschiebung aufweist. Die Kurzschlußringe wirken also ähnlich wie die Hilfswicklung der in Abschnitt 11.22 beschriebenen Motoren: Ihre Magnetfelder bilden zusammen mit dem Hauptfeld Φ_1 ein Drehfeld.

Spaltpolmotoren haben einen sehr schlechten Wirkungsgrad von etwa 20 %. Sie werden trotzdem bis zu Leistungen von 200 W verwendet, weil sie einen sehr einfachen Aufbau haben und keine Zusatzgeräte (Kondensator, Fliehkraftschalter) erfordern.

252.2 Spaltpolmotor, schematisch
    1 Kurzschlußläufer
    2, 3 Spaltpole
    4 Kurzschlußringe

Spaltpolmotoren sind kleine Einphasen-Asynchronmotoren besonders einfacher Bauart.

Sie werden zum Antrieb von Ventilatoren, Plattenspielern, Tonbandgeräten, Haushaltsmaschinen usw. verwendet.

11.3 Blindstromkompensation bei Drehstrommotoren

Zur Kompensation des Blindstroms werden Drehstrommotoren entweder einzeln oder in Gruppen kompensiert. Die kapazitive Blindleistung der erforderlichen Kondensatoren beträgt bei Einzelkompensation 40···50⁰/₀ der Motornennleistung. Bei Gruppenkompensation wird meist auf einen Leistungsfaktor $\cos\varphi = 0,9···0,95$ kompensiert. Die Kondensatoren werden immer in Dreieck geschaltet. Sie liegen dann an der vollen Außenleiterspannung und können eine höhere Blindleistung kompensieren als wenn sie in Stern geschaltet wären, wie im folgenden Beispiel nachgewiesen wird.

Die EVU verlangen Blindstromkompensation in Anlagen mit e i n e m Motor bei Leistungen ab 11 kW oder mit mehreren Motoren bei einer Gesamtleisung über 25 kW.

Beispiel 75: Drei Kondensatoren mit je 15 μF werden einmal in Stern, einmal in Dreieck an ein 380 V-Netz gelegt. Wie groß ist in beiden Fällen ihre kapazitive Blindleistung?

L ö s u n g : Der kapazitive Widerstand eines Kondensators beträgt

$$X_C = \frac{1}{2\,\pi\cdot f\cdot C} = \frac{1}{2\cdot 3,14\cdot 50\ \text{Hz}\cdot 0,000015\ \text{F}} = 212\ \Omega$$

Die kapazitive Blindleistung der drei Kondensatoren erhält man aus der Formel $Q_C = 3\cdot U^2/X_C$ (s. Abschn. 6.44, Beispiel 61). Bei Sternschaltung liegt an den Kondensatoren die Strangspannung U_{st}, bei der Dreieckschaltung die Außenleiterspannung U. Dann ist die kapazitive Blindleistung

bei Sternschaltung

$$P_{CY} = \frac{3\cdot U_{st}^2}{X_C} = \frac{3\cdot (220\ \text{V})^2}{212\ \Omega} = 685\ \text{Var}$$

bei Dreieckschaltung

$$P_{C\triangle} = \frac{3\cdot U^2}{X_C} = \frac{3\cdot (380\ \text{V})^2}{212\ \Omega} = 2055\ \text{Var}$$

Das Verhältnis beider Blindleistungen zueinander ist

$$P_{CY} : P_{C\triangle} = 685\ \text{Var} : 2055\ \text{Var} = 1:3$$

Bei gleicher Netzspannung erzeugen drei Kondensatoren in Dreieckschaltung die dreifache kapazitive Blindleistung, verglichen mit ihrer Blindleistung in Sternschaltung.

Die Einzelkompensation eines Motors für direkte Einschaltung zeigt Bild **253.**1. Da die Kondensatoren sich über die Motorwicklungen entladen können, sind keine Entladewiderstände erforderlich. Bei Stern-Dreieck-Umschaltung besteht bei Verwendung eines normalen Stern-Dreieck-Schalters und Anordnung der Kondensatoren nach Bild **253.**1 aber die Gefahr, daß die geladenen Kondensatoren bei der Umschaltung von Stern auf Dreieck gerade in dem Augenblick auf die volle Spannung geschaltet werden, in dem die Netzleiter die entgegengesetzte Polarität haben wie die Kondensatoren. Hierdurch käme im Augenblick der Umschaltung auf Dreieck über die Kontaktstücke des Schalters eine kurzschlußartige Entladung zustande, die die Schaltstücke schnell zerstören würde.

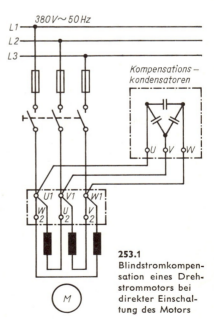

253.1
Blindstromkompensation eines Drehstrommotors bei direkter Einschaltung des Motors

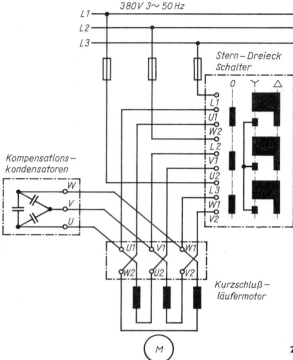

Um dies zu verhindern, werden Stern-Dreieck-Schalter verwendet, bei denen die Kondensatoren während der Umschaltung von Stern auf Dreieck an das Netz geschaltet bleiben, so daß der oben beschriebene Vorgang nicht eintreten kann (254.1). Die in der Nullstellung vorgesehenen, die Wicklungen kurzschließenden Schaltstücke haben den Zweck, die Kondensatoren nach dem Ausschalten des Motors über die Motorwicklungen zu entladen. Dies wäre bei der Stern-Dreieck-Umschaltung über die offenen Wicklungsstränge nicht möglich.

254.1 Stern-Dreieck-Schalter für einen kompensierten Drehstrommotor

11.4 Bremsen von Drehstrommotoren

Elektrische Antriebe müssen in manchen Fällen schnell zum Stillstand gebracht werden, z. B. bei Werkzeugmaschinen, Hebezeugen und Antrieben mit schnell wirkender Drehrichtungsumsteuerung. Diesem Zweck dienen mechanische und elektrische Bremsen.

Mechanische Bremse mit Bremslüftmagnet (255.1)

Die mechanisch mittels Federkraft wirkende Bremse wird durch den Bremslüftmagneten Y1 gelöst, sobald dessen Magnetspule beim Einschalten des Motors erregt wird. Im stromlosen Zustand tritt die Bremse durch die Federkraft in Funktion. Die Bremse wird also sowohl beim Abschalten des Motors als auch bei Ausfall der Netzspannung wirksam.

Gegenstrombremsen (255.2)

Die elektrische Bremswirkung wird durch Vertauschen von zwei Motoranschlüssen mit Hilfe des Bremsschützes K2 erreicht. Dadurch ändert sich die Drehrichtung des Drehfeldes, was eine kräftige Bremswirkung zur Folge hat. Bremsschütz K1 schaltet ein, wenn durch Betätigung des Aus-Tasters S1 das Motorschütz K1 abfällt und dabei der Öffner K1 schließt.

Damit der Motor nicht über den Stillstand hinaus in entgegengesetzter Drehrichtung wieder hochläuft, wird der **Drehzahlwächter** *F4* (. Abschn. 14.43) in den Stromkreis des Bremsschützes *K2* geschaltet. Der Drehzahlwächter, auch Bremswächter genannt, ist ein mit dem Antrieb gekuppelter, drehzahlabhängiger Schalter, dessen Schließer kurz vor dem Stillstand öffnet. Das Bremsschütz *K2* fällt dadurch ab und trennt den Motor vom Netz.

Gleichstrombremsen. Die Ständerwicklung des Motors wird beim Abschalten an eine Gleichspannung gelegt. Der weiterlaufende Motor arbeitet jetzt als Generator; die in den kurzgeschlossenen Läuferstäben entstehenden Induktionsströme erzeugen ein kräftiges Bremsmoment. Bei Schleifringläufern läßt sich die Bremswirkung durch Zuschalten von Widerständen in den Läuferstromkreis beeinflussen.

255.1 Drehstrommotor mit mechanischer Bremse
Y1 Bremslüftmagnet

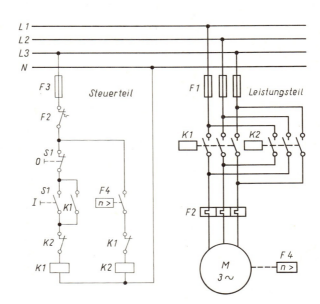

255.2
Gegenstrom-
bremsung eines
Drehstrommotors

K 1 Motorschütz
K 2 Bremsschütz
F 4 Drehzahlwächter

Übungsaufgaben zu Abschnitt 11.2 bis 11.4

1. Warum werden trotz ihres schlechten Wirkungsgrades in vielen Fällen Einphasen-Asynchron-Motoren verwendet?

2. Welche Aufgabe hat bei Kondensatormotoren der Kondensator?

3. Wie wird bei Einphasenmotoren mit Widerstands-Hilfswicklung die erforderliche Phasenverschiebung zwischen Haupt- und Hilfsphase erreicht?

4. Wie entsteht in einem Spaltpolmotor das Drehfeld?

5. In einem Haushaltsgerät ist ein Einphasenmotor ohne Stromwender eingebaut. Ein Hilfsgerät ist nicht vorhanden. Um welche Motorenart kann es sich handeln?

6. Warum und in welchen Fällen müssen bei Kompensationskondensatoren Entladewiderstände vorgesehen werden?

7. Welche Aufgabe hat der Drehzahlwächter bei der Gegenstrombremsung eines Drehstrommotors?

8. Über welche Klemmen sind die Kompensationskondensatoren in Bild **254.**1 während der Stern-Dreieck-Umschaltung mit dem Netz verbunden?

9. Versuch: Ein Drehstrommotor für 220/380 V mit einer Nennleistung von 0,5···1,0 kW wird in der Schaltung nach Bild **251.**1 an ein Einphasennetz von 220 V gelegt. Es ist festzustellen, wie er sich mit und ohne Anlaufkondensator beim Einschalten und während des Laufs verhält. Die Kapazität des Kondensators muß je nach Motorgröße mindestens 15···30 µF betragen.

12 Gleichstrommaschinen

Obwohl die Wechselstrom- und Drehstrommaschinen für die Energieversorgung und die elektromotorischen Antriebe heute eine bevorzugte Stellung einnehmen, sind die Gleichstrommaschinen für bestimmte Aufgaben auch weiterhin unentbehrlich.

12.1 Gleichstromgeneratoren

Wie bei allen Generatoren wird auch bei den Gleichstromgeneratoren die Spannung durch elektrische Induktion erzeugt (s. Abschn. 3.41).

12.11 Erzeugung einer Gleichspannung

Aufgabe des Stromwenders beim Generator. Wird eine Leiterwindung in einem Magnetfeld gedreht, entsteht in ihr durch Induktion eine sinusförmige Wechselspannung (s. Abschn. 6.11), die an den Enden der Leiterwindung mit zwei Schleifringen durch Bürsten abgenommen werden kann. Um diese Wechselspannung in eine Gleichspannung umzuwandeln, muß man einen mechanischen Gleichrichter vorsehen, der die Spulenenden in dem Augenblick miteinander vertauscht, in dem sich die Leiterwindung in der neutralen Zone (**257.1**) befindet, die erzeugte Wechselspannung also Null ist (s. S. 127). Verbindet man zu diesem Zweck die Enden der Leiterwindung

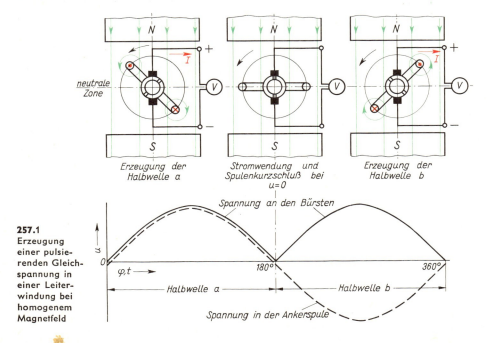

Erzeugung der Halbwelle a

Stromwendung und Spulenkurzschluß bei u=0

Erzeugung der Halbwelle b

neutrale Zone

Spannung an den Bürsten

257.1 Erzeugung einer pulsierenden Gleichspannung in einer Leiterwindung bei homogenem Magnetfeld

Halbwelle a

Halbwelle b

Spannung in der Ankerspule

statt mit z w e i Schleifringen mit den beiden Hälften e i n e s g e t e i l t e n Schleifringes, so kann man von den beiden Schleifringhälften über zwei gegenüberliegende Bürsten eine p u l s i e r e n d e   G l e i c h s p a n n u n g abgreifen. Der geteilte Schleifring erfüllt also die Rolle des oben genannten mechanischen Umschalters. Er heißt S t r o m w e n d e r, K o m - m u t a t o r oder auch K o l l e k t o r. Die Bürsten müssen so stehen, daß sich die Leiterwin- dung bei der Stromwendung in der neutralen Zone befindet (s. S. 127). Um die erzeugte Spannung zu erhöhen, kann man statt e i n e r Leiterwindung eine Spule mit mehreren Windungen benutzen.

Die bei der Drehung einer Spule in einem Magnetfeld induzierte Wechselspannung kann durch einen Stromwender gleichgerichtet werden.

Zur weiteren Erhöhung der erzeugten Spannung und zur Erzielung einer geringeren Welligkeit kann man, wie später gezeigt wird, mehrere gegeneinander versetzt ange- ordnete Induktionsspulen verwenden und diese über einen mehrfach geteilten Strom- wender in Reihe schalten, so daß sich ihre Spannungen addieren (**261**.1). Im Gegensatz zum Wechselstromgenerator (s. Abschn. 6.11) spielt hier die Sinusform der in den Anker- spulen induzierten Spannung keine Rolle.

12.12 Aufbau der Gleichstrommaschinen

Zur Erzielung eines starken Magnetfeldes werden in Gleichstrommaschinen (**258**.1), von kleinen Maschinen abgesehen, als Feldmagnete *b* Elektromagnete verwendet. Die Induk- tionsspulen *f* bettet man in die Nuten eines Ankerblechpaketes *e*; hierdurch erhält man einen kleinen Luftspalt zwischen dem Läufer und den Polschuhen *c* der Feldmagnete.

258.1 Bauteile einer vierpoligen Gleichstrommaschine

    1 Ständer: Magnetjoch *a*, Feldmagnete *b* mit Polschuhen *c*, Wendepole *d*
    2 Anker: genutetes Blechpaket *e* mit Wicklung *f*, Stromwender *g*, Lüfter *h*
    3 Lagerschilde   **4** Bürstengestell   **5** Klemmenkasten

Der die Feldmagnete enthaltende feststehende Teil der Maschine wird Ständer, der die Induktionsspulen enthaltende Läufer wird bei Gleichstrommaschinen A n k e r ge- nannt. In Abschn. 12.2 wird gezeigt, daß die Gleichstrommotoren den gleichen Aufbau haben wie die Gleichstromgeneratoren.

Gleichstrommaschinen sind A u ß e n p o l m a s c h i n e n, weil die Polkörper der Feld- magnete a u ß e n im Magnetgestell liegen. Wechselstrom- und Drehstromgeneratoren baut man wegen der einfacheren Stromabnahme als I n n e n p o l m a s c h i n e n; hier dreht sich der innenliegende Polkörper (Läufer).

Ständer

Das Magnetjoch *a* wird aus geschweißtem Walzstahl oder Grauguß hergestellt. Daran sind die Polkörper der Feldmagnete *b* mit den Feldwicklungen befestigt. Die Polkörper bestehen aus Polkern und Polschuh *c*. Die Polschuhe sind zum Luftspalt hin verbreitert, damit der magnetische Fluß Φ in einem möglichst großen Luftquerschnitt zum Anker- blechpaket übertreten kann.

Oft besteht der P o l k e r n aus massivem Stahl oder Stahlguß mit rundem Querschnitt, während die P o l s c h u h e stets aus voneinander isolierten Dynamoblechen zusammengenietet sind. Hier- durch werden die Wirbelströme herabgesetzt, die in den Polschuhen dadurch entstehen, daß sich der Fluß beim Vorbeilaufen der Ankernuten stoßartig ändert. Häufig wird auch der ganze Polkörper aus Blechen aufgebaut; dann erhält auch der Polkern rechteckigen Querschnitt.

Die F e l d w i c k l u n g e n werden meist in Reihe geschaltet und dabei so miteinander verbunden, daß Nord- und Südpole sich abwechseln. Dann entstehen in der vierpo- ligen Maschine (**259.1**) vier magnetische Kreise mit jeweils dem Fluß Φ und zwei Pol- paaren N—S. Bei kleinen und mittelgroßen Maschinen wird das Magnetgestell an den beiden Stirnseiten durch die Lagerschilde geschlossen. Schließlich sind am Magnetge- stell noch der Klemmenkasten und das genormte Leistungsschild befestigt.

Bürstengestell. Zum feststehenden Teil der Maschine gehört ferner die Befestigungs- vorrichtung für die B ü r s t e n. Sie enthält für eine zweipolige Maschine 2, für eine vier- polige Maschine 4 B ü r s t e n h a l t e r usw. (**259.2**). Die Bürsten 1 selbst bestehen aus

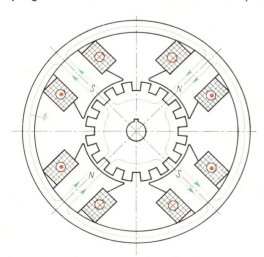

259.1 Magnetfeld einer vierpoligen Gleichstrommaschine (ohne Ankerwicklung)

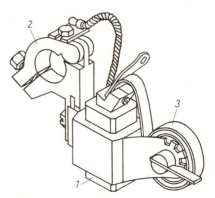

259.2 Bürstenhalter
    1 Bürste 2 Klemmvorrichtung für
    3 Feder   den Bürstenbolzen

gepreßtem Kohlenstoff (Graphit). Sie werden durch eine Feder 3 auf den Stromwender gedrückt. Die Bürstenhalter sind mit Klemmvorrichtungen 2 auf Bürstenbolzen befestigt, die ihrerseits isoliert in der Bürstenbrücke sitzen. Bei großen Ankerstromstärken werden mehrere Bürstenhalter nebeneinander auf einem Bürstenbolzen angeordnet.

Die Bürstenbrücke ist an einem Lagerschild befestigt und kann verdreht werden, um die Bürsten in die für die Stromwendung günstigste Stellung bringen zu können. Die richtige Bürstenstellung ist meist durch eine Strichmarkierung am Lagerschild angegeben.

Anker

Der Anker wird zur Einschränkung der Wirbelstrombildung aus voneinander isolierten Blechen zusammengesetzt. Das Blechpaket e wird mit Hilfe von Druckplatten und Bolzen, bei kleinen Maschinen durch Niete zusammengepreßt und auf der Ankerwelle befestigt. Am Ankerumfang sind die Nuten zur Aufnahme der Ankerwicklung ausgestanzt. Ein an der Stirnseite des Blechpakets angebrachter Lüfter h treibt einen kräftigen Luftstrom durch das Innere der Maschine (**258.**1).

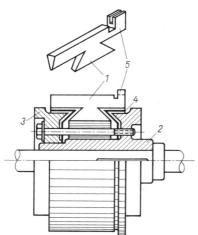

Stromwender (Kommutator, 260.1). Er besteht aus Hartkupferstegen 1, die mit ihrem schwalbenschwanzförmigen Ansatz auf der Stromwenderbuchse 2 durch einen Preßring 3 festgeklemmt werden. Die Stege sind gegeneinander durch Glimmer- oder Mikanitplatten isoliert. Eine unerwünschte leitende Verbindung zu Buchse und Ring wird durch Isolierstoffmanschetten 4 vermieden. Der Stromwender wird als Baugruppe für sich auf die Welle aufgebracht; jeder Steg hat eine Lötfahne 5, in die dann der Anfang einer Ankerspule und das Ende der nächsten eingelötet werden.

260.1 Stromwender (Kommutator)
1 Stromwendersteg   4 Isolierstoffmanschette
2 Stromwenderbuchse   5 Lötfahnen
3 Preßring

Ankerwicklungen sind entweder Draht- oder Stabwicklungen. Drahtwicklungen haben mehrere Windungen je Ankerspule, Stabwicklungen dagegen sind gewöhnlich aus nur einem einzigen Kupferstab rechteckigen Querschnitts gebogen. Keile aus Holz oder Preßstoff, welche die Nuten am Ankerumfang abschließen, sowie Drahtbandagen sorgen dafür, daß die Wicklungen durch die auftretenden Fliehkräfte nicht aus den Nuten geschleudert werden.

Schaltung der Ankerwicklung

Die Anordnung und Schaltung der Ankerspulen geht aus Bild **261.**1 hervor. Zur Vereinfachung ist darin eine zweipolige Maschine mit nur sechs Ankerspulen auf dem Ankerumfang dargestellt. Die meisten Gleichstrommaschinen sind dagegen mindestens vierpolig und haben wesentlich mehr Ankerspulen; die Wirkungsweise ist aber die gleiche.

Die auf dem Ankerumfang gegeneinander versetzt angeordneten sechs Ankerspulen (**261.**1) sind mit Anfang und Ende an jeweils zwei benachbarte Stege des Stromwenders angeschlossen.

Dieser hat demnach ebensoviel Stege I···VI, wie Ankerspulen vorhanden sind. In jeder Nut des Ankerblechpakets liegen zwei Spulenseiten, z. B. 1 und 4' oder 4

und 1' (**Zweischichtwick-**
lung). Die beiden in einem
Nutpaar liegenden Spulen
sind mit je zwei gegenüberliegenden Stromwenderste-
gen verbunden, z. B. Spule 1
mit den Stegen I und II sowie
Spule 4 mit den Stegen IV und
V. Dann werden beide An-
kerspulen von den sich gegenüberstehenden Bürsten zur
gleichen Zeit, nämlich beim
Durchgang durch die neu-
trale Zone, also im span-
nungslosen Zustand, kurzgeschlossen.

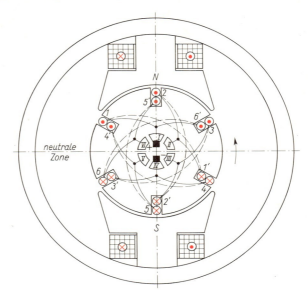

261.1 Ankerwicklung mit sechs
Spulen für eine zweipolige
Gleichstrommaschine (Dreh-
sinn für Generatorbetrieb)
Stirnansicht, rückwärtige
Spulenköpfe gestrichelt;
Hinleiter 1···6, Rückleiter
1'···6'

Man kann die Ankerwicklung auch gedanklich in Achsrichtung der Maschine auf-
schneiden und in der Ebene ausbreiten. Dann erhält man die Abwicklung in Bild **261.2** a.
Schließlich läßt sich die Wicklung noch nach Bild **261.2** b darstellen. Aus diesem Bild
ist zu ersehen, daß die Ankerwicklung in sich geschlossen ist und durch die Bürsten
in zwei parallel geschaltete Zweige aufgeteilt wird. Die Spulen jedes Zweiges sind in

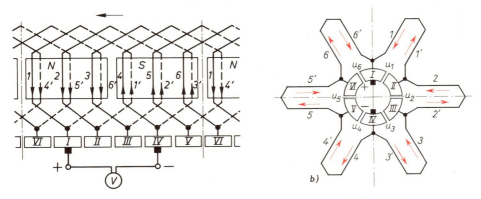

261.2 a) Abwicklung der Ankerwicklung nach Bild **261.1**; oben liegende Spulenleiter ausgezogen,
unten liegende gestrichelt
b) Ankerspulen aus den Nuten herausgeklappt
Die Spulen 1···1', 2···2' und 3···3' bilden den e i n e n, die Spulen 4···4', 5···5' und 6···6'
den anderen Parallelzweig der Ankerwicklung

Reihe geschaltet, ihre gegeneinander phasenverschobenen Spannungen u_1 bis u_3 bzw. u_4 bis u_6 werden also addiert. Die so am Stromwender erzeugte Ankerspannung hat schon bei sechs Ankerspulen nur noch geringe **Welligkeit** (**262.**1).

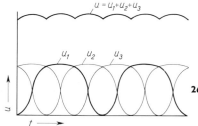

262.1 Teilspannungen u_1, u_2 und u_3 der drei Spulen eines Parallelzweiges der Ankerwicklung nach Bild **261.**1 zur Gesamtspannung u addiert. Die Teilspannungen sind hier nicht sinusförmig

In den versetzt angeordneten Ankerspulen des Gleichstromgenerators entstehen gegeneinander phasenverschobene Wechselspannungen, die der Stromwender zu einer Gleichspannung geringer Welligkeit gleichrichtet.

Klemmenbezeichnung

Die Klemmenbezeichnungen der Gleichstrommaschinen, ihrer Schaltgeräte und der Netzleitungen sind in Tafel **262.**2 zusammengestellt.

Tafel **262.**2 Klemmenbezeichnungen für Gleichstrommaschinen (nach VDE 0570 und DIN 42401)

Maschinen			Bezeichnung	
			bisher	neu
Anker			A-B	A 1—A 2
Nebenschlußwicklung			C-D	E 1—E 2
Reihenschlußwicklung			E-F	D 1—D 2
Wendepol- oder Kompensationswicklung ⎫ Wendepol- mit Kompensationswicklung ⎭			G-H	—
getrennte Wendepol- und Kompensationswicklung	⎰ Wendepolwicklung		GW-HW	B 1—B 2
	⎱ Kompensationswicklung		GK-HK	C 1—C 2
fremderregte Feldwicklungen	⎰ allgemein		I-K	F 1—F 2
	⎱ bei Bemessung für die eigene Ankerspannung (wahlweise)		C-D	E 1—E 2
Anlasser und Steller				
Anlasser	Klemme für Anschluß an	Netz		L
		Anker		R
		Nebenschlußwicklung		M
Feldsteller	Klemme für Anschluß an	Anfang der Nebenschlußwicklung		s
		Anker oder Netz		t
		Ende der Nebenschlußwicklung, um diese kurzzuschließen		q
Netzleitungen				
positiver Leiter				L +
negativer Leiter				L —
Mittelleiter				N

12.13 Ankerrückwirkung und Stromwendung

Die hier behandelten Erscheinungen gelten nicht nur für die Gleichstromgeneratoren, sondern ebenfalls für die Gleichstrommotoren (s. Abschn. 12.2). Bei den Motoren ist bei gleichen Feld- und Stromrichtungen lediglich die Drehrichtung umgekehrt wie bei den Generatoren.

Ankerrückwirkung

Bei u n b e l a s t e t e m G e n e r a t o r durchsetzt das von den Feldmagneten erzeugte Magnetfeld (das H a u p t f e l d) Luftspalt und Anker in der in Bild **259**.1 und **263**.1 a gezeigten Weise. Die geometrisch neutrale Zone liegt symmetrisch zu den Magnetpolen. Wird der G e n e r a t o r   b e l a s t e t, so führen die Ankerspulen Strom und erzeugen ebenfalls ein Magnetfeld. Das von der gesamten Ankerwicklung erzeugte Magnetfeld heißt Ankerfeld oder, weil es senkrecht zum Hauptfeld steht, A n k e r q u e r f e l d (**263**.1 b). Seine magnetische Achse wird trotz der Ankerdrehung in der geometrisch neutralen Zone festgehalten, denn an den in dieser Zone stehenden Bürsten erfolgt ja die Stromwendung in den Ankerspulen so, daß die Stromrichtung in den Ankerspulen unter den Magnetpolen stets gleich bleibt. Das die Polschuhe durchsetzende Ankerquerfeld ist an der linken oberen und rechten unteren Polschuhkante dem Hauptfeld gleich gerichtet, an den anderen Polschuhkanten aber entgegengesetzt gerichtet. Das aus Hauptfeld und Ankerquerfeld r e s u l t i e r e n d e G e s a m t f e l d (**263**.1 c) ist daher gegenüber dem Hauptfeld in Bild **263**.1 a S-förmig verzerrt.

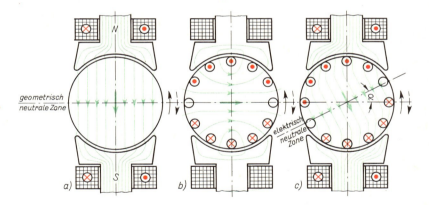

263.1 Ankerrückwirkung
    a) Hauptfeld der unbelasteten Maschine   c) Resultierendes Feld der
    b) Ankerquerfeld der belasteten Maschine   belasteten Maschine
    ⟶ Drehsinn für Generatorbetrieb
    ----⟶ Drehsinn für Motorbetrieb
    Magnetische Achsen der drei Felder: dicker grüner Pfeil

Hauptfeld und Ankerquerfeld der belasteten Gleichstrommaschine vereinigen sich zu einem resultierenden Gesamtfeld.

Die V e r z e r r u n g   d e s   G e s a m t f e l d e s hat eine Feldschwächung zur Folge, da die Feldschwächung an der einen Polschuhkante durch die Feldverstärkung an der anderen Polschuhkante wegen der dort herrschenden Eisensättigung nicht ausgeglichen werden kann. Die Feldschwächung bedeutet beim Generator eine Verminderung der erzeugten Spannung. Das verzerrte Gesamtfeld der belasteten Maschine hat eine neue **elektrisch neutrale Zone**, die gegenüber der geometrisch neutralen Zone der unbelasteten Maschine um den Winkel α verdreht ist (**263.1** c). Der Verdrehungswinkel wächst mit der Ankerstromstärke, also mit der Belastung der Maschine. Um diesen Winkel müßten also die Bürsten verschoben werden, um eine einwandfreie Stromwendung zu erreichen.

Bleiben die Bürsten jedoch in der ursprünglichen Stellung stehen, so erfolgt die Stromwendung in einem Augenblick, in dem in den durch die Bürsten kurzgeschlossenen Ankerspulen Spannung induziert wird. Die Bürsten ziehen daher beim Öffnen des Kurzschlusses an der ablaufenden Bürstenkante einen kleinen Lichtbogen. Da sich dieser Vorgang bei jeder Ankerspule ständig wiederholt, wird der Stromwender beschädigt.

Das Ankerquerfeld der belasteten Maschine schwächt das Hauptfeld und verdreht die neutrale Zone. Beide Erscheinungen nennt man Ankerrückwirkung.

Stromwendung (264.1)

Wenn zwei nebeneinanderliegende Stromwenderstege e i n e r Ankerspule, in Bild **264.1** a z. B. die Stege III, IV, unter die Bürste gelangen, muß die Stromwendung für diese Spule innerhalb der kurzen Zeit geschehen, während der sie durch die Bürste kurzgeschlossen wird (**264.1** b). Nach der Lenzschen Regel (s. Abschn. 3.41) wird dabei in der Spule 3—3' bei abnehmendem Spulenstrom eine Selbstinduktionsspannung erzeugt, die sog. S t r o m - w e n d e s p a n n u n g, die die Stromabnahme verzögert. Die Spule ist daher nicht stromlos, wenn der Kurzschluß der Spule 3—3' beendet ist. An der ablaufenden Bürstenkante wird deshalb ein Lichtbogen erzeugt: die B ü r s t e n   f e u e r n.

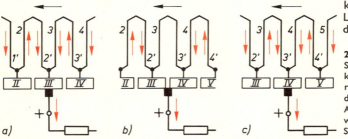

264.1
Stromwendung in den Ankerspulen (hier bei Generatorbetrieb). Man beachte die Stromrichtung in der Ankerspule 3—3' vor (a), während (b) und nach der Stromwendung (c)

Die Stromwendung bereitet bei belasteter Maschine auch dann Schwierigkeiten, wenn die Bürsten die in der elektrisch neutralen Zone stehenden Spulen kurzschließen.

Durch zusätzliches V e r s c h i e b e n   d e r   B ü r s t e n über d i e s e   S t e l l u n g   h i n a u s zu größeren Winkeln α kann die Stromwendung jedoch verbessert und Bürstenfeuer vermieden werden. Werden die Bürsten bei belastetem Generator z. B. im Drehsinn (beim Motor entgegen dem Drehsinn) über die jeweilige elektrisch neutrale Zone hinaus verschoben, so befindet sich die Ankerspule im Augenblick des Kurzschlusses bereits im Bereich des folgenden Hauptpols, der in ihr eine Spannung induziert, die der Stromwendespannung bei Beendigung des Kurzschlusses entgegenwirkt. Werden beide Spannungen bei entsprechender Einstellung des Winkels α gleich groß, so wird das Bürstenfeuer vermieden. Da die Lage der elektrisch neutralen Zone und damit die Bürstenstellung von der jeweiligen Belastung der Maschine abhängt, wäre es an sich erforderlich, die Bürsten zur Vermeidung von Bürstenfeuer bei jeder Belastungsänderung zu verstellen und beim Generator gleichzeitig die Spannungsänderungen durch Änderungen des Erregerstroms auszugleichen. Da dies praktisch nicht durchführbar ist, werden Hilfspole, W e n d e p o l e genannt, vorgesehen, die die genannten Aufgaben übernehmen.

Wendepole (265.1). Man ordnet in der geometrisch neutralen Zone kleine Hilfspole 3, sog. Wendepole, an. Sie heben das Ankerquerfeld in der geometrisch neutralen Zone auf und erzeugen in der kurzgeschlossenen Ankerspule die zur Aufhebung der Stromwendespannung erforderliche Gegenspannung. Jetzt kann man bei Belastungsänderungen auch ohne Bürstenverschiebung einen fast funkenfreien Lauf des Stromwenders erreichen. Da die Wirksamkeit der Wendepole mit wachsender Ankerstromstärke ebenfalls zunehmen muß, werden die Wendepolwicklungen in Reihe mit der Ankerwicklung 1 geschaltet, so daß sie vom Ankerstrom durchflossen werden und sich ihr Magnetfeld im gleichen Maße ändert, wie das Ankerquerfeld. Die Wendepolwicklungen bestehen aus wenig Windungen dicken Drahtes.

Wendepole heben das Ankerquerfeld in der geometrisch neutralen Zone auf und erzeugen die für die Aufhebung der Stromwendespannung erforderliche Gegenspannung. Sie ermöglichen auch bei Belastungsänderungen einen funkenfreien Lauf der Maschine.

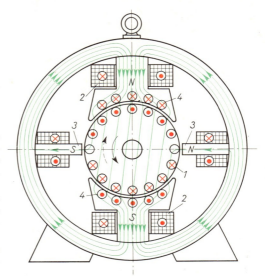

265.1 Wendepole und Kompensationswicklung der zweipoligen Gleichstrommaschine
1 Ankerwicklung   2 Feldwicklung
3 Wendepol mit Wendepolwicklung
4 Kompensationswicklung
——→ Drehsinn für Generatorbetrieb
----→ Drehsinn für Motorbetrieb

Auf einen Hauptpol, z. B. einen Nordpol N in Bild **265.1**, folgt beim Generator, im Drehsinn betrachtet, ein ungleichartiger Wendepol S, beim Motor dagegen ein gleichartiger Wendepol. In beiden Fällen ist das **Wendepolfeld dem Ankerquerfeld also entgegengerichtet.** Wendepolwicklungen und Ankerwicklung gehören zusammen und müssen stets miteinander umgepolt werden. Die entsprechenden Verbindungen für Anker- und Wendepolwicklung liegen deshalb innerhalb der Maschine, also nicht am Klemmenkasten.

Kompensationswicklung (265.1). Bei schnellaufenden und hohen Stromstößen ausgesetzten Maschinen ist es zur Erzielung einer einwandfreien Stromwendung notwendig, das Ankerquerfeld nicht nur in der geometrisch neutralen Zone, sondern auch unter den Hauptpolen aufzuheben. Zu diesem Zweck werden die Polschuhe der Hauptpole mit Nuten versehen und in diese eine Wicklung eingelegt, die wie die Wendepolwicklung mit der Ankerwicklung in Reihe geschaltet ist und vom Ankerstrom durchflossen wird. Diese **Kompensationswicklung** 4 muß so geschaltet sein, daß ihr Magnetfeld dem Ankerquerfeld entgegengerichtet ist. Bei richtiger Bemessung ihrer Windungszahl hebt die Kompensationswicklung das Ankerquerfeld unter den Hauptpolen auf.

12.14 Schaltung und Betriebsverhalten der Gleichstromgeneratoren

Abgesehen von Generatoren kleinster Leistung, die von Dauermagneten erregt werden, benutzt man für die Erregung der Generatoren Elektromagnete in Form der Feldmagnete in Bild **258.1**. Abweichend von den Generatoren für Wechsel- und Drehstrom sind Gleichstromgeneratoren in der Lage, das erforderliche Feld durch **Selbsterregung** zu erzeugen.

Selbsterregung[1])

Werden die Feldwicklungen des Generators nicht in Reihe, sondern p a r a l l e l zur Anker- wicklung geschaltet, so erhält man einen N e b e n s c h l u ß g e n e r a t o r, der unten noch näher besprochen wird. Der geringe Restmagnetismus (s. Abschn. 3.24) in den Polkör- pern genügt hier zur Erregung. Wenn die Ankerspulen nämlich in dem schwachen Feld des Restmagnetismus gedreht werden, so wird in ihnen bereits eine kleine Spannung, die R e m a n e n z s p a n n u n g, erzeugt, die an den Ankerklemmen zur Verfügung steht. Die Remanenzspannung treibt durch die parallel geschalteten Feldwicklungen einen kleinen Erregerstrom, der bei richtiger Polung der Feldwicklungen das Feld verstärkt. Dies hat eine höhere Spannung an den Ankerklemmen zur Folge, die ihrerseits wieder einen größeren Erregerstrom durch die Feldwicklungen treibt usw. Der Generator kommt so bei Inbetriebnahme innerhalb weniger Sekunden o h n e e i n e ä u ß e r e S t r o m q u e l l e auf seine volle Spannung. Ihre Höhe wird durch die Eisensättigung begrenzt.

Die Selbsterregung ermöglicht die Erzeugung des Magnetfeldes im Generator ohne äußere Stromquelle.

Nebenschlußgenerator

Schaltung. In Bild **266.**1 ist der S c h a l t p l a n eines Nebenschlußgenerators mit den üblichen Schaltgeräten und den Klemmenbezeichnungen der Tafel **262.**2 dargestellt. Um bei kleinem Erregerstrom I_E und damit niedriger Erreger- leistung die notwendige Durch- flutung zu erhalten, erhält die Erregerwicklung eine große Windungszahl.

266.1
Nebenschlußgenerator
mit Wendepolen
a) Schaltplan mit
Feldsteller für
Rechtslauf
b) einpolige Dar-
stellung mit Schalt-
kurzzeichen

Die Erregerwicklung des Neben- schlußgenerators besteht aus vie- len Windungen dünnen Drahtes, um die Erregerleistung niedrig zu halten.

Die im Betrieb e r z e u g t e S p a n n u n g hängt von der Dreh- zahl des Generators und von der Stärke des Erregerfeldes ab. Da der Betrieb i. allg. bei konstanter Nenndrehzahl erfolgt, erhält die Erregerwicklung $E1-E2$ zur Einstellung der Ankerspannung einen verstellbaren Vorwider- stand, den F e l d s t e l l e r.

Die Spannung des Nebenschluß- generators kann mit dem Feld- steller eingestellt werden.

Der F e l d s t e l l e r benötigt drei Anschlußklemmen. Die Klemme t wird an eine der beiden Anker- klemmen $A1$ oder $A2$, die Klemme s an die Klemme $E1$ der Feldwicklung gelegt. Die Klemme q des Feldstellers (Kurzschlußklemme) wird mit der Klemme $E2$ der Feldwicklung verbunden. Sie hat die Aufgabe, die Feldwicklung beim Öffnen des Erregerstromkreises kurzzuschließen; Dies ist zum Schutz der Isolation der Feldwicklung erforderlich, da diese als Nebenschlußwicklung wegen der hohen Windungszahl eine große Induktivität hat. Beim Öffnen des Erregerstromkreises

---

[1]) Die Selbsterregung der Gleichstrommaschine wurde von dem deutschen Ingenieur Werner v. Siemens (1816 bis 1892) erfunden.

würde eine gefährlich hohe Selbstinduktionsspannung erzeugt, die zu einem elektrischen Durchschlag der Wicklung führen könnte. Die Selbstinduktionsspannung bricht in der über die Klemme *q* kurzgeschlossenen Wicklung zusammen.

Betriebsverhalten. Das charakteristische Verhalten des Nebenschlußgenerators wird durch Versuch 90 veranschaulicht.

☐ **Versuch 90.** Eine Gleichstrom-Nebenschlußmaschine wird nach Bild **266.1** geschaltet und als Generator im Leerlauf mit der Nenndrehzahl angetrieben. Bei geöffnetem Erregerstromkreis entwickelt sie eine Ankerspannung von nur etwa 5···10% der Nennspannung (Remanenzspannung). Nun wird der Erregerstromkreis bei voll eingeschaltetem Feldsteller (großer Widerstand) geschlossen und beobachtet, ob die Ankerspannung ansteigt. Sinkt sie ab, so muß die Drehrichtung geändert werden. Bei stufenweiser Verkleinerung des Feldstellerwiderstandes entwickelt der Generator eine zunehmende Ankerspannung. Diese steigt zunächst im gleichen Verhältnis wie der Erregerstrom. Mit zunehmender Eisensättigung wird die Zunahme der Ankerspannung aber immer geringer. ☐

Stellt man diese Abhängigkeit der Ankerspannung vom Erregerstrom I_E in einem Schaubild dar, so erhält man die L e e r l a u f k e n n l i n i e des Nebenschlußgenerators (**267.1**). Diese ähnelt in ihrem Verlauf der Magnetisierungskurve des verwendeten Eisenwerkstoffes (s. Abschnitt 3.23).

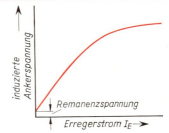

267.1 Leerlaufkennlinie eines Nebenschlußgenerators
(Drehzahl *n* konstant)

Verwendung. Für die Speisung von öffentlichen Energieversorgungsnetzen wird der Nebenschlußgenerator nicht mehr verwendet, da die Energieversorgung heute ausschließlich mit Drehstrom erfolgt. Als E r r e g e r g e n e r a t o r für Wechsel- und Drehstrom-Synchrongeneratoren, als Steuergenerator im Leonardumformer und für manche Sonderaufgaben ist der Gleichstrom-Nebenschlußgenerator aber weiterhin unentbehrlich. Als L i c h t m a s c h i n e in Kraftfahrzeugen wird er mehr und mehr vom Drehstromgenerator mit nachgeschalteten Siliziumgleichrichtern abgelöst.

Übungsaufgaben zu Abschnitt 12.1

1. Welche Aufgabe hat der Stromwender (Kommutator) beim Gleichstromgenerator?
2. Der Aufbau einer zweipoligen Gleichstrommaschine ist zu beschreiben.
3. Welche Auswirkungen hat die Ankerrückwirkung auf den Betrieb von Gleichstrommaschinen?
4. Welche Aufgaben haben die Wendepole?
5. Wie müssen die Wendepole angeordnet und die Wendepolwicklungen geschaltet werden? Welche Richtung müssen die Wendepolfelder haben?
6. Wodurch entsteht Bürstenfeuer und wie kann man es beseitigen?
7. Welcher Vorgang wird als Selbsterregung bezeichnet?
8. Was ist zu tun, wenn die Erregung eines Gleichstrom-Nebenschlußgenerators ausbleibt?
9. Wie kann man die vom Generator erzeugte Spannung verändern?
10. Welche Aufgabe hat die Klemme *q* des Feldstellers?
11. V e r s u c h : Es ist die Leerlaufkennlinie eines Gleichstrom-Nebenschlußgenerators entsprechend Versuch 90 zu ermitteln.

12.2 Gleichstrommotoren

Wie bei allen Motoren wird auch bei den Gleichstrommotoren das Drehmoment dadurch erzeugt, daß auf stromdurchflossene Leiter in einem Magnetfeld Kräfte wirken (s. Abschn. 3.31).

12.21 Wirkungsweise der Gleichstrommotoren

Aufgabe des Stromwenders beim Motor. Wird eine Ankerspule in einem Magnetfeld über zwei Schleifringe an eine Gleichspannung gelegt (**268.1** a), so entwickelt die Spule ein D r e h m o m e n t (s. Abschn. 3.31). Die Drehbewegung ist beendet, wenn sich die Spulenseiten in der neutralen Zone befinden, also die Magnetfelder des Magneten und der Spule gleiche Richtung haben. Würde die Spule — etwa durch die erhaltene Bewegungsenergie – über die neutrale Zone hinaus gedreht werden, so entstünde ein Drehmoment in entgegengesetzter Richtung und die Spule würde in die neutrale Zone zurückgedreht werden (**268.1** b). Um eine fortlaufende Drehbewegung zu erhalten, muß die Stromrichtung in der Ankerspule jeweils in der neutralen Zone umgekehrt werden, damit die Spulenseiten unter demselben Magnetpol immer dieselbe Stromrichtung haben. Die Umschaltung in der neutralen Zone erreicht man durch Verwendung des in Abschn. 12.11 behandelten S t r o m w e n d e r s (268.2). Die an den Stromwender angeschlossenen Spulenenden werden in der neutralen Zone durch die feststehenden Bürsten umgeschaltet. Dadurch kehrt sich die Stromrichtung in der Ankerspule um, der Gleichstrom w i r d also in einen W e c h s e l s t r o m u m g e f o r m t. So behalten die Spulenseiten unter demselben Magnetpol immer dieselbe Stromrichtung.

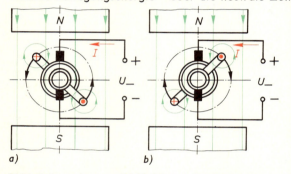

268.1 Ankerspule an zwei Schleifringen: Eine Drehbewegung erfolgt nur bis in die neutrale Zone. Die Schleifringe haben hier, abweichend von der tatsächlichen Anordnung, verschiedene Durchmesser

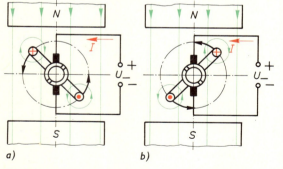

268.2 Ankerspule an einem Stromwender: Die Spule führt eine fortlaufende Drehbewegung aus. Stellung der Ankerspule (a) vor und (b) nach der Stromwendung

Der Stromwender dient als mechanischer Wechselrichter. Er bewirkt, daß in den Ankerspulen eines Gleichstrommotors ein Wechselstrom fließt, damit der Anker eine fortlaufende Drehbewegung ausführen kann.

Aufbau. Ersetzt man die einfache Ankerspule durch eine mehrspulige Ankerwicklung nach Bild **261.1**, so sorgt der Stromwender dafür, daß die Stromrichtung in d e r Ankerspule gewendet wird, die die neutrale Zone durchläuft. Diese Spule tritt dabei von einem Parallelzweig zum andern über (264.1 c), so daß die Stromrichtung in den Spulenseiten unter demselben Magnetpol stets gleich bleibt. Es wird also ein von der jeweiligen Ankerstellung unabhängiges, gleichbleibendes Drehmoment erzeugt. Die Ankerwicklung des Gleichstrommotors hat somit den gleichen Aufbau wie die des Gleichstromgenerators. Da auch der Ständer dem des Generators gleich ist, folgt:

Gleichstrommotoren und -generatoren haben den gleichen Aufbau. Jede Gleichstrommaschine kann sowohl als Generator wie auch als Motor betrieben werden.

Auch die in Abschnitt 12.13 behandelten Vorgänge der Ankerrückwirkung und Stromwendung gelten für die Gleichstrommotoren in gleicher Weise wie für die Gleichstromgeneratoren.

Induktive Gegenspannung. Gleichstrommotoren haben jedoch nicht nur den gleichen Aufbau wie die Gleichstromgeneratoren, jeder Gleichstrommotor ist vielmehr während des Betriebes gleichzeitig auch Generator. Denn wenn Ankerspulen in einem Magnetfeld bewegt werden, wird in ihnen eine Induktionsspannung erzeugt. Da diese nach der Lenzschen Regel (s. Abschn. 3.41) dem Ankerstrom — als der Ursache der die Induktion hervorrufenden Ankerdrehung — entgegenwirkt, nennt man diese Induktionsspannung Gegenspannung U_g.

Jeder Gleichstrommotor ist während des Betriebes gleichzeitig Generator. In den Spulen des umlaufenden Ankers wird eine Gegenspannung U_g induziert.

Die Gegenspannung U_g hängt von der Drehzahl des Ankers und von der Stärke des Magnetfeldes, somit also von der Größe des Erregerstromes ab. Bei stillstehendem Anker ist sie gleich Null. Mit zunehmender Drehzahl nimmt sie im gleichen Verhältnis wie diese zu, und bei der Nenndrehzahl des Motors ist sie nur um einen kleinen Betrag niedriger als die an den Motor angelegte Betriebsspannung U. Ohne diesen kleinen Betrag, den Spannungsabfall im Ankerwiderstand $U_A = I_A \cdot R_A$ als verbleibende treibende Spannung könnte kein Ankerstrom I_A fließen.

Gegenspannung $\qquad\qquad U_g = U - I_A \cdot R_A$

Der Ankerstrom I_A wird also durch die Spannungsdifferenz von Betriebsspannung U und Gegenspannung U_g durch den Ankerwiderstand getrieben.

Ankerstrom $\qquad\qquad I_A = \dfrac{U - U_g}{R_A}$

Beispiel 76: Ein Gleichstrommotor für $U = 220$ V hat den Nennstrom $I_A = 30$ A. Der Ankerwiderstand beträgt $R_A = 0{,}4$ Ohm. Wie hoch ist die Gegenspannung U_g bei Nennlast und Nenndrehzahl?

Lösung. $U_g = U - I_A \cdot R_A = 220$ V $- 30$ A $\cdot 0{,}4\,\Omega = 208$ V. Die den Ankerwiderstand überwindende kleine Spannung beträgt somit nur 220 V $-$ 208 V $=$ 12 V.

Die Gegenspannung bestimmt das Betriebsverhalten des Gleichstrommotors. Bei größerer Belastung muß er z. B. ein größeres Drehmoment abgeben. Die hierfür erforderliche höhere Stromstärke kann er bei gleichbleibender Betriebsspannung nur aufnehmen, wenn die Gegenspannung und damit die Drehzahl geringer werden. Umgekehrt wird bei abnehmender Belastung das Drehmoment und damit die Stromaufnahme geringer. Dies aber ist wiederum nur möglich, wenn die Gegenspannung und damit die Drehzahl des Motors ansteigen.

Durch die in den Ankerspulen induzierte Gegenspannung werden Drehzahl und Stromaufnahme des Gleichstrommotors der Belastung angepaßt.

Anlasser. Ein stillstehender Gleichstrommotor darf nicht unmittelbar auf das Netz geschaltet werden, da der Widerstand der Ankerwicklung sehr gering ist und weil bei

Stillstand im Anker keine Gegenspannung erzeugt wird. Es würde somit ein sehr hoher **Einschaltstrom** fließen, der nur durch den relativ kleinen Ankerwiderstand begrenzt wäre. Im Beispiel 76 würde dieser Strom

$$I = \frac{U}{R_A} = \frac{220\ V}{0,4\ \Omega} = 550\ A$$

betragen. Beim Einschalten des Motors muß der Anzugsstrom durch einen der Ankerwicklung vorgeschalteten **Anlaßwiderstand**, den **Anlasser**, begrenzt werden. Dieser kann mit zunehmender Drehzahl und damit zunehmender Gegenspannung stufenweise abgeschaltet werden.

Der Anlasser begrenzt den Anzugsstrom des Gleichstrommotors.

Der Anlasser muß so viele Schaltstufen haben und der Anlaßvorgang muß so langsam erfolgen, daß der Anzugsstrom auf das 1,5fache des Nennstromes begrenzt wird (s. Abschn. 11.12). Nur kleine Gleichstrommotoren können direkt auf das Netz geschaltet werden, da sie einen größeren Ankerwiderstand haben und ohnehin einen geringeren Strom aufnehmen.

Beispiel 77: Welchen Gesamtwiderstand R_v muß der Anlasser eines Gleichstrommotors für 220 V und 30 A haben, wenn dieser den Ankerwiderstand $R_A = 0,4$ Ohm hat und der Anzugsspitzenstrom I_{sp} das 1,5fache des Nennstromes nicht überschreiten darf?

Lösung. Anzugsspitzenstrom $I_{sp} = 1,5 \cdot 30\ A = 45\ A.$

Spannungsabfall in der Ankerwicklung $U_A = I_{sp} \cdot R_A = 45\ A \cdot 0,4\ \Omega = 18\ V$

Anlasser und Anker sind in Reihe geschaltet, also

Spannungsabfall im Anlasser $U_v = U - U_A = 220\ V - 18\ V = 202\ V$

Widerstand des Anlassers $R_v = \dfrac{U_v}{I_{sp}} = \dfrac{202\ V}{45\ A} = 4,49\ \Omega.$

Drehsinn. Gleichstrommotoren sind dann für Rechtslauf (s. Abschn. 14.21) geschaltet, wenn Anker- und Erregerstrom durch die Wicklungen bzw. über die mit Buchstaben bezeichneten Anschlußklemmen nach Tafel **262.2** in der Reihenfolge des Alphabets, bzw. von 1 nach 2 fließen. Da sich der Drehsinn bei gleichzeitiger Umkehrung von Anker- und Erregerstrom nicht ändert, entsteht ebenfalls Rechtslauf, wenn Anker- und Erregerstrom entgegengesetzt durch die Wicklungen fließen. Durch bloßes Vertauschen der beiden Zuleitungen kann der Drehsinn nicht geändert werden, sondern nur dadurch, daß man **entweder** die Ankerwicklung **oder** die Feldwicklung umpolt. Die Umkehrung des Drehsinns erfolgt vorzugsweise durch Umpolen der Ankerwicklung. Bei Wendepolmotoren wird die Wendepolwicklung mit der Ankerwicklung stets gemeinsam umgepolt, denn beide Wicklungen gehören elektrisch zusammen (**271.**1b). Motoren für häufigen Wechsel des Drehsinns erhalten Wendeschalter oder Wendeanlasser.

12.22 Nebenschlußmotor

Schaltung (271.1)

Die der Ankerwicklung A1—A2 parallel geschaltete Nebenschlußwicklung E1—E2 aus vielen Windungen dünnen Drahtes liegt — auch während des Anlaßvorganges — an der vollen Betriebsspannung. Der Erregerstrom I_E ist daher, unabhängig von der Belastung, stets gleich groß. Der Anlasser hat drei Anschlußklemmen. Klemme L (Leitung) wird an das Netz, Klemme R (Rotor) an die Ankerwicklung und Klemme M (Magnet) an die Feldwicklung geschaltet. Die Klemme M stellt über ein Schaltstück, unabhängig von der Schleiferstellung des Anlassers, die direkte Verbindung der Feldwicklung zum Netz her.

Die Verbindung zwischen der Klemme M und dem Widerstand des Anlassers hat die gleiche Aufgabe wie die Klemme q des Feldstellers beim Nebenschlußgenerator (266.1).

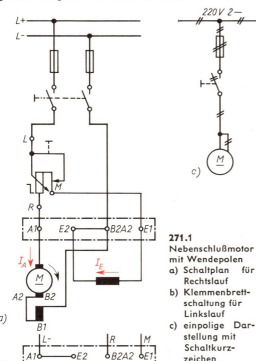

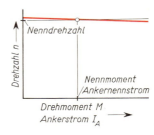

Durch sie wird beim Abschalten des Motors der Erregerstromkreis über die Ankerwicklung geschlossen, um die in der Erregerwicklung erzeugte Selbstinduktionsspannung unschädlich zu machen.

Betriebsverhalten

Um die Abhängigkeit der Drehzahl von der Belastung zu ermitteln, wird der folgende Versuch durchgeführt.

271.1
Nebenschlußmotor
mit Wendepolen
a) Schaltplan für Rechtslauf
b) Klemmenbrett-schaltung für Linkslauf
c) einpolige Darstellung mit Schaltkurzzeichen

271.2 Abhängigkeit der Drehzahl n des Nebenschlußmotors vom Drehmoment M bzw. vom Ankerstrom I_A

□ **Versuch 91.** Ein Gleichstrom-Nebenschlußmotor wird mit Hilfe des Anlassers auf seine Nenndrehzahl gebracht und mit einer Bremsvorrichtung (Band-, Backen-, Wirbelstrom-, Wasserwirbelbremse) mehr und mehr belastet. Mißt man für verschiedene Belastungen Drehmoment M und Ankerstrom I_A einerseits sowie die Drehzahl n andererseits, so ergeben die ermittelten Wertepaare die Belastungskennlinie (271.2).

Ein in den Ankerstromkreis geschalteter Strommesser zeigt, daß der Ankerstrom sich im gleichen Verhältnis ändert wie das abgegebene Drehmoment. Die Belastungskennlinie des Nebenschlußmotors kann man demnach auch ohne die Bestimmung des Drehmoments ermitteln, indem man den Motor durch einen angekoppelten, belasteten Generator bremst und zu den verschiedenen Drehzahlen nur die dazugehörige Stromstärke mißt. □

Die Drehzahl des Gleichstrom-Nebenschlußmotors sinkt bei Belastungszunahme nur wenig ab: Nebenschlußverhalten.

Dieses Verhalten ist dadurch zu erklären, daß bei konstantem Erregerstrom I_E und kleinem Ankerwiderstand R_A schon geringe Änderungen der Drehzahl und damit der Gegenspannung große Änderungen der Ankerstromstärke und damit des abgegebenen Drehmoments hervorrufen.

Beispiel 78: Bei dem Ankerwiderstand $R_A = 0,4\ \Omega$ und der Betriebsspannung $U = 220\ V$ beträgt die Stromaufnahme eines Nebenschlußmotors $I_A = 30\ A$. Die erzeugte Gegenspannung ist dann $U_g = U - I_A \cdot R_A = 220\ V - 30\ A \cdot 0,4\ \Omega = 208\ V$. Bei einer Belastungserhöhung um 100% steigt die Stromstärke auf $I_A = 60\,A$ und die Gegenspannung sinkt auf $U_g = U - I_A \cdot R_A = 220\,V - 60\,A \cdot 0,4\,\Omega$ $= 196\,V$. Die Verringerung der Gegenspannung und damit auch der Drehzahl beträgt bei der

Belastungserhöhung von $100\,^0/_0$ demnach nur $\dfrac{208\,V - 196\,V}{208\,V} \cdot 100\,^0/_0 = 5,8\,^0/_0$.

Drehzahlsteuerung

Für die Drehzahlsteuerung des Nebenschlußmotors gibt es zwei Möglichkeiten, die Änderung der Ankerspannung und die Änderung des Erregerstroms.

Änderung der Ankerspannung. Das Verhalten der Maschine bei dieser Art der Drehzahlsteuerung soll wieder in einem Versuch untersucht werden.

☐ **Versuch 92.** Zur Feststellung der **Abhängigkeit der Drehzahl von der Ankerspannung** wird ein Nebenschlußmotor über einen Anlasser an die Betriebsspannung gelegt. Zur Messung des Ankerstroms wird in den Ankerstromkreis ein Strommesser geschaltet. Während die Feldwicklung über die Klemme *M* des Anlassers wie üblich an der festen Betriebsspannung liegt, wird die Ankerspannung *U* verändert. Sie wird mit Hilfe des Anlaßwiderstandes vom Wert $U = 0$ stufenweise bis zur Betriebsspannung vergrößert. Die durch Messen der Ankerspannung *U* und der jeweils dazugehörigen Drehzahl *n* ermittelten Wertepaare ergeben die Kennlinie in Bild **272.1**. ☐

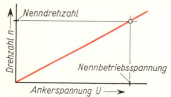

272.1 Abhängigkeit der Drehzahl *n* des Nebenschlußmotors von der Ankerspannung *U* (Erregerstrom I_E konstant)

Die Drehzahl eines Gleichstrom-Nebenschlußmotors steigt bei konstantem Erregerstrom mit zunehmender Ankerspannung.

Soll der Nebenschlußmotor ein gleichbleibendes Drehmoment liefern — im vorliegenden Versuch ist es das Leerlaufmoment —, so muß die Stromstärke bei konstantem Erregerstrom ebenfalls konstant bleiben. Das ist bei zunehmender Ankerspannung aber nur möglich, wenn die Gegenspannung ebenfalls ansteigt. Bleibt der Erregerstrom unverändert, so ist die Erhöhung der Gegenspannung nur durch eine Erhöhung der Drehzahl möglich.

Drehzahlsteuerung durch Ändern der Ankerspannung ist bei belastetem Motor mit einem gewöhnlichen Anlasser nicht durchführbar, da dessen Drahtquerschnitte nicht für Dauerlast bemessen sind. Man benutzt im praktischen Betrieb für Dauerlast bemessene Anlaßsteller mit feinerer Stufung (s. Abschn. 11.15).

Die Drehzahlsteuerung des Gleichstrom-Nebenschlußmotors ist unterhalb der Nenndrehzahl mit Hilfe eines Anlaßstellers möglich.

Die Steuerung mit Anlaßsteller hat den Nachteil, daß die Drehzahl des Nebenschlußmotors bei Belastungsschwankungen stärker schwankt als bei üblicher Betriebsweise. Die Erhöhung des Ankerstromes durch höhere Belastung hat nämlich eine entsprechende Erhöhung des Spannungsabfalls im Anlaßsteller und damit eine entsprechende Verminderung der verfügbaren Ankerspannung zur Folge. Dieser Nachteil wird vermieden, wenn man die Ankerwicklung direkt an einen Spannungserzeuger mit kleinem Innenwiderstand und veränderbarer Spannung anschließt (s. Abschn. 12.4).

Änderung des Erregerstroms. Ein Versuch mit dieser Steuerungsart hat ein zunächst überraschendes Ergebnis.

☐ **Versuch 93.** Um festzustellen, wie die **Drehzahl von der Erregerstromstärke abhängt,** wird der Motor im Leerlauf zunächst mit Hilfe des Anlassers auf die Nenndrehzahl gebracht. Dann wird mit einem Feldsteller die Erregerstromstärke stufenweise **vermindert. Die Drehzahl erhöht sich!** (Vorsicht! Drehzahl nicht zu weit erhöhen und keinesfalls den Erregerstromkreis unterbrechen!) Die gemessenen Wertepaare von Erregerstromstärke I_E und Drehzahl *n* ergeben die Kennlinie in Bild **273.1**. ☐

Die Drehzahl des Nebenschlußmotors wird bei gleichbleibender Ankerspannung um so größer, je kleiner die Erregerstromstärke ist.

Die Erklärung für dieses überraschende Versuchsergebnis erhält man leicht aus dem schon bekannten Verhalten der Maschine: Die Verringerung des Erregerstromes hat eine Feldschwächung und damit eine Verminderung der Gegenspannung zur Folge. Dadurch steigt der Ankerstrom auf einen Wert, der für das verlangte Drehmoment zu groß ist. Die Drehbewegung des Ankers wird daher so lange beschleunigt, bis seine Drehzahl und damit die Gegenspannung eine Höhe erreicht haben, bei der der Ankerstrom auf den der jeweiligen Belastung entsprechenden Wert zurückgegangen ist.

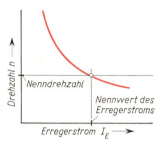

273.1 Abhängigkeit der Drehzahl n des Nebenschlußmotors von der Erregerstromstärke I_E (Ankerspannung U konstant)

Die Drehzahlsteuerung des Nebenschlußmotors ist oberhalb der Nenndrehzahl mit Hilfe eines Feldstellers möglich.

Bei ungewollter Unterbrechung des Erregerstromkreises, z. B. durch Drahtbruch, ist als erregendes Magnetfeld nur noch der geringe Restmagnetismus wirksam. Dabei kann die Drehzahl im Leerlauf so hoch werden, daß der Anker durch die auftretenden Fliehkräfte zerstört wird, der Motor „geht durch".

Verwendung

Da die Drehzahl des Nebenschlußmotors sich gut steuern läßt, ist er allen anderen Motoren in Antrieben überlegen, bei denen die Drehzahlsteuerung eine Rolle spielt. Er wird dann über Maschinenumformer oder Thyristoren am Drehstromnetz betrieben (s. Abschn. 12.4 u. 18.12).

12.23 Reihenschlußmotor

Schaltung (273.2). Die mit der Ankerwicklung $A1-A2$ in Reihe liegende Feldwicklung $D1-D2$ aus wenigen Windungen dicken Drahtes (Reihenschlußwicklung) wird vom Ankerstrom I_A durchflossen. Der Anlasser braucht nur die Klemmen L und R, wobei die Klemme L an das Netz, die Klemme R an die Ankerwicklung geschaltet wird.

Betriebsverhalten. Während im Nebenschlußmotor das Erregerfeld bei verschiedenen Ankerstromstärken konstant ist, ändert sich dessen Stärke beim Reihenschlußmotor bis zum Beginn der magnetischen Sättigung mit der Ankerstromstärke. Daraus ergibt sich ein vom Nebenschlußmotor stark abweichendes Betriebsverhalten.

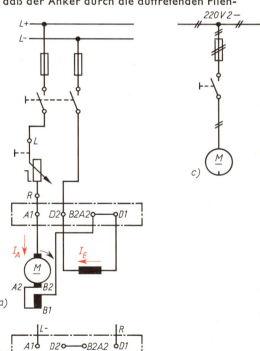

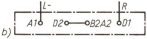

273.2 Reihenschlußmotor mit Wendepolen
a) Schaltplan für Rechtslauf
b) Klemmenbrettschaltung für Linkslauf
c) einpolige Darstellung mit Schaltkurzzeichen

L e e r l a u f. Hier hat der Motor nur das geringe Leerlaufmoment abzugeben. Den hierfür erforderlichen geringen Ankerstrom nimmt der Motor bei einer Gegenspannung auf, die nur wenig kleiner ist als die Betriebsspannung. Zur Erzeugung dieser Gegenspannung ist bei dem geringen Erregerstrom aber eine unzulässig hohe Drehzahl erforderlich.

Der Reihenschlußmotor darf nicht ohne Belastung betrieben werden, weil er bei Leerlauf durchgeht.

Belastung. Um Leerlauf zu vermeiden, muß die belastende Arbeitsmaschine starr angekuppelt sein. Riemenantrieb ist unzulässig. Bei zunehmender Belastung muß die erforderliche Vergrößerung des Ankerstroms wie beim Nebenschlußmotor durch eine Verringerung der Gegenspannung erreicht werden. Bei der gleichzeitigen Zunahme des Erregerstroms ist die Verkleinerung der Gegenspannung aber nur durch eine erhebliche Verminderung der Drehzahl erreichbar (**274.1**).

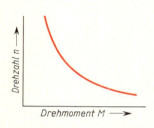

274.1 Abhängigkeit der Drehzahl des Reihenschlußmotors vom Drehmoment M

Die Drehzahl des Gleichstrom-Reihenschlußmotors ist stark belastungsabhängig. Bei großer Belastung sinkt die Drehzahl stark ab, bei geringer Belastung steigt sie stark an: Reihenschlußverhalten.

Drehzahlsteuerung. Da die Drehzahl stark belastungsabhängig ist, ist die Steuerung der Drehzahl des Reihenschlußmotors schwierig. Wie beim Gleichstrom-Nebenschlußmotor erfolgt die Drehzahlsteuerung unterhalb der Nenndrehzahl durch einen Anlaßsteller, oberhalb der Nenndrehzahl durch einen Feldsteller, der in diesem Fall jedoch parallel zur Feldwicklung geschaltet werden muß. Er darf diese nicht kurzschließen, da der Motor sonst durchgehen kann.

Verwendung. Der Reihenschlußmotor entwickelt beim Anlauf von allen Motoren das größte Drehmoment. Er eignet sich daher für schwerste Anzugsbedingungen, z. B. für den Antrieb von Hebezeugen und Fahrzeugen (Elektrokarren, Straßenbahnen, S- und U-Bahnen) sowie als Anlassermotor in Kraftfahrzeugen.

12.24 Doppelschlußmotor

Schaltung. Der Motor hat sowohl eine Nebenschluß- als auch eine Reihenschlußwicklung (**275.1**). Beide Wicklungen werden meist so geschaltet, daß sich ihre Magnetfelder gegenseitig verstärken. Der Anlasser hat wie der des Nebenschlußmotors die drei Anschlußklemmen L, M und R.

Betriebsverhalten. Überwiegt durch die Bemessung der Wicklungen der Einfluß der Nebenschlußwicklung, so zeigt der Motor vorwiegend Nebenschlußverhalten, überwiegt dagegen die Reihenschlußwicklung, so hat er überwiegend Reihenschlußverhalten. Die Belastungskennlinie liegt zwischen den Kennlinien des Nebenschlußmotors (**271.2**) und des Reihenschlußmotors (**274.1**). Die Drehzahl sinkt deshalb mit zunehmender Belastung stärker ab als die des Nebenschlußmotors. Wegen der Wirksamkeit der Nebenschlußwicklung kann er im Leerlauf nicht durchgehen.

Im Doppelschlußmotor sind die Eigenschaften von Neben- und Reihenschlußmotor vereinigt.

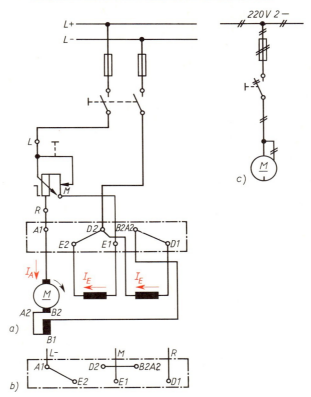

275.1 Doppelschlußmotor mit Wendepolen
a) Schaltplan für Rechtslauf
b) Klemmenbrettschaltung für Linkslauf
c) einpolige Darstellung mit Schaltkurzzeichen

12.3   Gleichstrommotor als Bremse

Die Tatsache, daß ein Gleichstrommotor während des Betriebes gleichzeitig Generator ist, ermöglicht es, den Motor als Bremse zu benutzen.

Widerstandsbremsung. Schaltet man einen Gleichstrommotor während des Laufes vom Netz ab und auf einen an die Ankerklemmen angeschlossenen Widerstand um, so treibt die im Anker induzierte Spannung einen Strom durch den Belastungswiderstand, solange sich Anker und angekuppelte Arbeitsmaschine weiter drehen. Der Motor wird zum Generator und der Ankerstrom bremst nach der Lenzschen Regel die Drehbewegung ab. Durch Verändern des Belastungswiderstandes kann man die Bremswirkung steuern. Man spricht von Nachlaufbremsung, z.B. bei Fahrzeugen und von Senkbremsung, z.B. bei Hebezeugen.

Nutzbremsung. Wird der Motor während des Bremsvorganges mit so großer Drehzahl angetrieben, daß die erzeugte Spannung über der Netzspannung liegt, z.B. bei der Talfahrt von Fahrzeugen oder beim Senken einer Last bei Hebezeugen, so kann er seine Bremsenergie als Nutzenergie in das Netz zurückspeisen.

12.4   Gesteuerte Gleichstrommotoren am Drehstromnetz

Am Drehstromnetz kann man Gleichstrommotoren entweder über gesteuerte Gleichrichter (s. Abschn. 18.12) oder über Maschinenumformer betreiben. Zu den letzteren gehört der Leonardumformer.

Leonardumformer (276.1)

Ein an das Drehstromnetz angeschlossener Drehstrommotor treibt mit konstanter Drehzahl einen Steuergenerator und einen Erregergenerator an. Die drei mechanisch fest miteinander gekuppelten Maschinen bilden den Steuersatz, durch den der eigentliche Antriebsmotor, der Steuermotor, gespeist wird. Steuermotor, Steuergenerator und Erregergenerator sind Gleichstrom-Nebenschlußmaschinen. Der Erregergenerator liefert die zur Erregung des Steuergenerators und -motors erforderliche Gleichspannung. Die Ankerspannung des Steuergenerators und damit die Drehzahl des Steuermotors lassen sich mit einem Umkehrfeldsteller von Null bis zur Nenndrehzahl des Motors stufenlos in beiden Drehrichtungen (Nullstellung in der Mitte) steuern. Durch einen weiteren Feldsteller im Erregerstromkreis des Steuermotors kann man dessen Drehzahl außerdem noch in beiden Drehrichtungen über die Nenndrehzahl hinaus erhöhen.

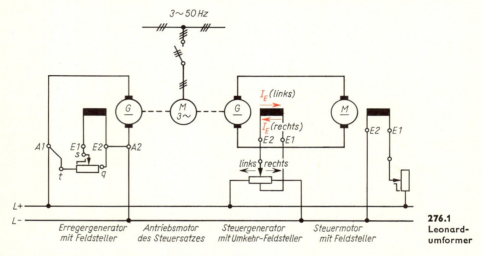

276.1
Leonard-umformer

| Erregergenerator mit Feldsteller | Antriebsmotor des Steuersatzes | Steuergenerator mit Umkehr-Feldsteller | Steuermotor mit Feldsteller |

Der Leonardumformer ermöglicht die stufenlose, verlustarme und belastungsunabhängige Drehzahlsteuerung in beiden Drehrichtungen ohne Zwischenschaltung eines Getriebes.

Verwendet wird der Leonardumformer vorwiegend für den drehzahlgesteuerten Antrieb großer Arbeitsmaschinen, z.B. großer Werkzeugmaschinen, Bagger und Walzenstraßen.

Übungsaufgaben zu Abschnitt 12.2 bis 12.4

1. Welche Aufgabe hat der Stromwender bei Gleichstrommotoren?
2. Wovon hängt das von einem Gleichstrommotor entwickelte Drehmoment ab?
3. Warum benötigen Gleichstrommotoren Anlasser?
4. In welcher Richtung müssen bei Rechtslauf des Gleichstrommotors Anker- und Erregerstrom durch die Wicklungen fließen?
5. Wie kann man den Drehsinn von Gleichstrommotoren umkehren?
6. Warum ist die Klemme M des Anlassers mit dem Anfang des Anlasserwiderstandes verbunden?
7. Wie läßt sich die Drehzahl beim Nebenschlußmotor steuern? Begründung!

8. Warum darf ein einfacher Anlasser nicht für die Drehzahlsteuerung verwendet werden?

9. Warum ist die Drehzahl eines Reihenschlußmotors stark belastungsabhängig?

10. Warum dürfen Reihenschlußmotoren nicht mit einem Riementrieb versehen werden?

11. Die Bremsung eines Fahrzeuges mit Hilfe des zum Antrieb benutzten Reihenschlußmotors ist zu beschreiben.

12. Auf welche Weise kann man einen Gleichstrommotor am Drehstromnetz betreiben?

13. Für welche Antriebe werden Gleichstrommotoren heute noch verwendet?

14. Versuch: Die Belastungskennlinie eines Nebenschlußmotors entsprechend Versuch 91, S. 271, ist zu ermitteln.

15. Versuch: Für einen Nebenschlußmotor ist eine Steuerschaltung mit Anlaßsteller und Feldsteller herzustellen und der Drehsinn des Motors durch Umschalten am Klemmenbrett sowie durch die Verwendung eines Wendeschalters zu ändern.

16. Versuch: Der Nennwirkungsgrad eines Nebenschlußmotors ist mit Hilfe einer Bremse (Band-, Backen-, Wirbelstrom-, Wasserwirbelbremse oder angekuppelter, belasteter Pendelgenerator), eines Drehzahlmessers sowie eines Strom- und eines Spannungsmessers zu bestimmen.

13 Stromwendermotoren für Wechselstrom und Drehstrom

Diese Motoren haben Läufer, die wie die Anker von Gleichstrommaschinen aufgebaut sind. Sie haben, wie diese, eine in sich geschlossene Ankerwicklung und einen Stromwender. Sie werden überall dort eingesetzt, wo synchrone und asynchrone Wechselstrom- und Drehstrommotoren nicht verwendet werden können. Dies ist der Fall, wenn stufen- und verlustlose Drehzahlsteuerung oder Reihenschlußverhalten, also großes Anzugsmoment bei möglichst belastungsabhängiger Drehzahl verlangt werden, oder wenn die geforderte Drehzahl über 3000 min^{-1} beträgt.

13.1 Universalmotor und Einphasen-Reihenschlußmotor

Der Drehsinn eines Gleichstrommotors wird nicht umgekehrt, wenn man die beiden Netzzuleitungen miteinander vertauscht (s. Abschn. 12.21). Es liegt daher der Gedanke nahe, Gleichstrommotoren mit Wechselstrom zu betreiben; denn der fortwährende Richtungswechsel des Wechselstromes hat die gleiche Wirkung wie das Vertauschen der Netzzuleitungen bei Gleichstrom.

☐ **Versuch 94.** Ein kleiner Gleichstrom-Nebenschlußmotor wird zunächst mit seiner Nenngleichspannung und dann mit Wechselspannung gleicher Größe (Effektivwert) betrieben. An der Wechselspannung entwickelt er eine geringere Drehzahl und ein geringeres Drehmoment; außerdem tritt starkes Bürstenfeuer auf. Bei längerer Betriebsdauer erwärmt sich das Magnetgestell erheblich. ☐

Gleichstrom-Nebenschlußmotoren eignen sich nicht für den Betrieb an Wechselspannung.

Die starke Erwärmung des Magnetgestells wird durch die in den massiven Eisenteilen entwickelten Wirbelströme hervorgerufen; diese werden herabgesetzt, wenn das Magnetgestell aus voneinander isolierten Blechen aufgebaut wird. Der Gleichstrom-Nebenschlußmotor entwickelt am Wechselstromnetz nur ein geringeres Drehmoment, weil sein Erregerstrom durch die hohe Induktivität der Feldwicklung (viele Windungen) um fast 90° gegenüber dem Ankerstrom nacheilt. Ein ausreichendes Drehmoment kann daher nur ein Reihenschlußmotor entwickeln, da hier durch die Reihenschaltung von Erregerwicklung und Ankerwicklung keine Phasenverschiebung zwischen Erreger- und Ankerstrom entstehen kann.

Für Wechselstrombetrieb eignen sich Gleichstrom-Reihenschlußmotoren, deren Magnetgestell aus isolierten Blechen aufgebaut ist.

Das stärkere Bürstenfeuer des mit Wechselstrom betriebenen Gleichstrommotors rührt daher, daß die Stromwendung bei Wechselstrom schwieriger ist als bei Gleichstrom. Zu der in der kurzgeschlossenen Ankerspule auftretenden Selbstinduktionsspannung kommt nämlich noch eine weitere Induktionsspannung hinzu, die durch den Auf- und Abbau des Erregerwechselfeldes erzeugt wird. Das Bürstenfeuer wird um so geringer, je kleiner die Induktivität der zwischen zwei Stromwenderstegen liegenden Ankerspulen, je geringer also ihre Windungszahl ist, ferner je geringer die Netzfrequenz und je kleiner die Netzspannung ist.

13.11 Universalmotor

Der Universalmotor (279.1) ist ein für Gleich- und Wechselstrom geeigneter Reihenschlußmotor mit Leistungen bis etwa 0,5 kW. Er hat zwei ausgeprägte Pole, auf denen die Feldwicklung, als Reihenschlußwicklung geschaltet, angeordnet ist. Wendepole und Kompensationswicklung

fehlen. Der Anker ist wie ein üblicher Gleichstromanker aufgebaut. Feld- und Ankerwicklungen liegen in Reihe (**279.**1 b). Die beiden Hälften der Feldwicklung 1D1−1D2 und 2D1−2D2 sind so geschaltet, daß die Ankerwicklung zwischen ihnen liegt. Sie wirken so als Drosselspulen für die durch Bürstenfeuer entstehenden Hochfrequenzspannungen, die sich sonst ungehindert über das Netz ausbreiten und Rundfunkstörungen verursachen könnten.

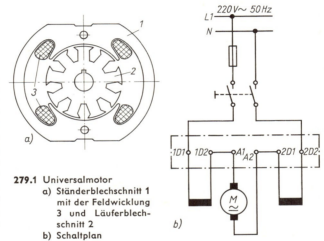

279.1 Universalmotor
a) Ständerblechschnitt 1 mit der Feldwicklung 3 und Läuferblechschnitt 2
b) Schaltplan

□ **Versuch 95.** Ein Universalmotor kleiner Leistung wird auf der Tischplatte festgespannt, an Nenngleichspannung angeschlossen und mit einer Holzlatte an der Riemenscheibe mehr oder weniger abgebremst. (Vorsicht, Motor neigt zum Durchgehen!) Der Motor entwickelt ein relativ großes Drehmoment. Mit zunehmender Belastung sinkt die Drehzahl aber stark ab. Der Versuch wird an Wechselspannung wiederholt. Schließlich wird der Motor noch über einen verstellbaren Vorwiderstand angeschlossen. Die Drehzahl kann durch Verstellen des Vorwiderstandes gesteuert werden. □

Der Universalmotor verhält sich wie ein Gleichstrom-Reihenschlußmotor. Er entwickelt ein großes Anzugsmoment. Seine Drehzahl liegt meist über 3000 min^{-1}; sie ist stark belastungsabhängig. Er eignet sich für Gleich- und Wechselstrom (Allstrommotor).

Der Universalmotor wird vorwiegend zum Antrieb von Elektrowerkzeugen und Haushaltgeräten verwendet.

13.12 Einphasen-Reihenschlußmotor

Die Stromwendung ist bei Stromwendermotoren um so schwieriger, je größer die Motorleistung und damit der Ankerstrom ist. Große Einphasen-Reihenschlußmotoren

z. B. für elektrische Bahnen (**280**.1) haben deshalb einen vom Gleichstrom- und vom Universalmotor abweichenden Aufbau.

Der aus Blechen aufgebaute **Ständer** (**280**.1a) hat keine ausgeprägten Magnetpole um Streufelder gering zu halten. Die **Erregerwicklung 2** wird daher in Nuten untergebracht. Zur Aufhebung des Ankerquerfeldes erhält der Motor eine **Kompensationswicklung 1**, die ebenfalls in Ständernuten liegt. Außerdem ist eine **Wendepolwicklung 3** auf den Wendezähnen **4** erforderlich, um die notwendige Wendespannung zu erzeugen (s. Abschn. 12.13). Der Anker ist wie ein Gleichstromanker aufgebaut. Die **Ankerwicklung** wird als Stabwicklung mit nur einer Windung für jede Ankerspule ausgeführt. Dadurch hält man die Induktivität der Ankerspulen klein und erleichtert die Stromwendung. Alle Wicklungen im Ständer und Anker sind in Reihe geschaltet.

Der Einphasen-Reihenschlußmotor verhält sich wie ein Gleichstrom-Reihenschlußmotor. Wegen seines großen Anzugsmoments wird er als Bahnmotor in elektrischen Lokomotiven verwendet.

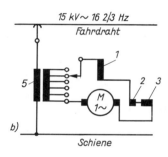

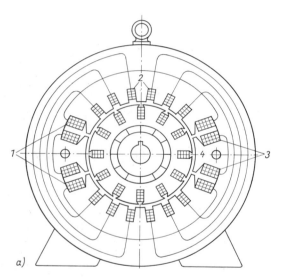

280.1 Einphasen-Reihenschlußmotor als Bahnmotor
  a) Wicklungsanordnung im Ständer bei zweipoliger Ausführung
  b) Schaltplan
  1 Kompensationswicklung
  2 Erregerwicklung
  3 Wendepolwicklung
  4 Wendezähne
  5 Stelltransformator

Zum **Anfahren** und zur **Drehzahlsteuerung** wird der Motor über den Stelltransformator 5 an eine veränderbare Betriebsspannung gelegt (**280**.1b). Die Primärwicklung des Steuertransformators liegt zwischen Fahrdraht und Lokomotivgestell, das über die Räder mit den Schienen leitend verbunden ist und so den Primärstromkreis schließt. Die zwischen Fahrdraht und Schienen liegende Betriebsspannung wird wegen der großen Ausdehnung des **Bahnnetzes** möglichst hoch gewählt. Sie beträgt meist 15 000 V bei der Frequenz 50 Hz : 3 = 16²/₃ Hz. Die niedrige Frequenz erleichtert die Stromwendung der Motoren; dem gleichen Zweck dient auch die Wahl einer niedrigen Motorspannung bis etwa 500 V.

Für Antriebe im **öffentlichen Drehstromnetz** sind größere Einphasen-Reihenschlußmotoren nicht geeignet, da sie das Netz ungleichmäßig belasten und die Stromwendung bei der Netzfrequenz 50 Hz schwierig ist.

13.2 Repulsionsmotor

In den Nuten des Ständerblechpakets des Repulsionsmotors (**281**.1) ist die Ständer-Erregerwicklung untergebracht, die an die Einphasen-Netzwechselspannung angeschlossen wird und ein magnetisches Wechselfeld erzeugt. Der Läufer ist wie ein Gleichstromanker gebaut. Die sich gegenüberstehenden, auf dem Stromwender schleifenden Bürsten sind durch eine Brücke leitend miteinander verbunden. Die Läuferwicklung hat keine leitende Verbindung mit dem Netz; der Läuferstrom wird durch Induktion erzeugt.

Im Gegensatz zum Universalmotor und zum Einphasen-Reihenschlußmotor ist der Repulsionsmotor wie der Asynchronmotor ein Induktionsmotor.

Zur Veranschaulichung der Vorgänge im Repulsionsmotor ist in Bild **282**.1 der Gleichstromanker aus Bild **261**.1 eingezeichnet. Die Richtung der während einer Halbwelle des Ständerstromes i durch das Ständerfeld Φ_S in der Läuferwicklung induzierten Spannungen bleibt unabhängig von der Bürstenstellung erhalten.

Motor ohne Bürsten (**282**.1 a). Sind keine Bürsten vorhanden, so fließt trotz der in sich geschlossenen Läuferwicklung kein Läuferstrom, da sich die in der Läuferwicklung induzierten Spulenspannungen (schwarze Punkte · und Kreuze ×) aufheben.

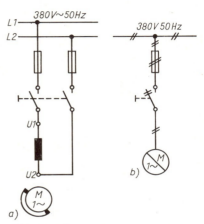

281.1 Repulsionsmotor mit einfachem Bürstensatz
a) Schaltplan
b) einpolige Darstellung mit Schaltkurzzeichen

Bürstenausgangsstellung (**282**.1 b). Sind dagegen zwei Bürsten vorhanden und schließen diese die in der neutralen Zone befindlichen Läuferspulen 1–1′ und 4–4′ kurz, so fließt in diesen ein Induktionsstrom (rote Punkte · und Kreuze ×). Es entsteht aber wegen der entgegengesetzten Richtung von Φ_S und Φ_L kein Drehmoment. In der Bürstenausgangsstellung nimmt der Motor nur einen geringen Magnetisierungsstrom auf.

Bürstenverschiebungswinkel zwischen 0 und 90°. In Bild **282**.1 c sind die Bürsten um den Winkel α im Uhrzeigersinn verdreht. Jetzt heben sich die in der Läuferwicklung induzierten Spulenspannungen nicht mehr auf. Es fließt ein Läuferstrom in der eingetragenen Richtung, und der Läufer erzeugt ein Magnetfeld Φ_L. Er entwickelt ein Drehmoment und dreht sich gegen den Uhrzeiger (s. Abschn. 3.31). Werden die Bürsten in die entgegengesetzte Richtung verdreht, so wird der Drehsinn umgekehrt.

Der Läufer des Repulsionsmotors dreht sich gegensinnig zur Bürstenverschiebung (Repulsion: Rückstoß).

Bürstenverschiebungswinkel 90°. In Bild **282**.1 d sind die Bürsten um 90° verdreht. Die Läuferwicklung wirkt jetzt wie die kurzgeschlossene Sekundärwicklung eines Transformators. Es wird aber wieder kein Drehmoment entwickelt, da die im Uhrzeigersinn wirkenden Drehmomente ebenso groß sind, wie die gegensinnigen Momente. In der Läuferwicklung fließt ein unzulässig hoher Induktionsstrom. In dieser Kurzschlußstellung darf der Motor daher nicht betrieben werden.

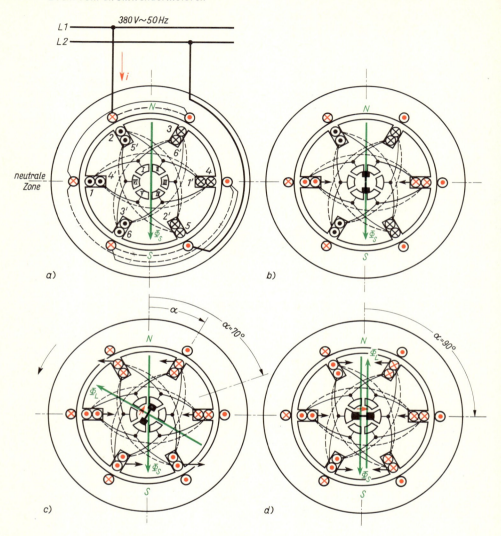

282.1 Repulsionsmotor, Wirkung der Bürstenverschiebung

    a) Darstellung ohne Bürsten. Richtungen von Ständerstrom (rot) und induzierter Läuferspannung (schwarz) bei einer Halbwelle des Ständerstromes i

    b) Bürstenausgangsstellung. Großer Strom in den kurzgeschlossenen, in der neutralen Zone stehenden Läuferspulen, aber kein Drehmoment

    c) Bürstenverschiebung um den Winkel α. Es wird ein Drehmoment erzeugt (je zwei gleichsinnige Kraftpfeile oben und unten)

    d) Kurzschlußstellung der Bürsten ($\alpha = 90°$). Kein Drehmoment (s. zwei gegensinnige Kraftpfeile). Gefahr für die Läuferwicklung

Der Einfachheit halber sind nur sechs Läuferspulen gewählt (rückwärtige Verbindung gestrichelt). Tatsächlich hat der Läufer, wie ein Gleichstromanker, wesentlich mehr Spulen

Durch Bürstenverschiebung kann der Repulsionsmotor angelassen, seine Drehzahl stufenlos gesteuert und der Drehsinn umgekehrt werden.

Bei einer Bürstenverschiebung von etwa $\alpha = 70°$ entwickelt der Repulsionsmotor sein **größtes Drehmoment (282.1 c)**. Die Verschiebung der Bürsten erfolgt durch Hebel oder Handräder. Der Motor hat **Reihenschlußverhalten**. Wie ein Reihenschluß-motor entwickelt er ein relativ großes Anzugsmoment, seine Drehzahl ist stark be-lastungsabhängig. Da er zum Durchgehen neigt, wird er vielfach mit einem Fliehkraft-schalter ausgerüstet, der die Läuferwicklung bei Erreichen ungefähr der synchronen Drehzahl unter Umgehung des Stromwenders kurzschließt. Der Motor läuft dann als asynchroner Kurzschlußläufermotor mit etwas kleinerer Drehzahl weiter.

Verwendung finden Repulsionsmotoren dort, wo stoßfreier Anlauf und bequeme, stufenlose Drehzahlsteuerung gefordert werden, z. B. zum Einzelantrieb von Druckerei- und Spinnereimaschinen, ferner für den Antrieb von Kranen.

Deri-Motor[1]). Der Repulsionsmotor darf im Betrieb nicht längere Zeit in der Ruhestellung (282.1 b) belassen werden, da der große Strom der in der neutralen Zone durch die Bürsten kurzgeschlos-senen Läuferspulen die Läuferwicklung unzulässig erwärmt. Der Deri-Motor, eine Weiterentwick-lung des einfachen Repulsionsmotors, vermeidet diesen Nachteil durch die Verwendung eines **doppelten Bürstensatzes.** Hierdurch ergibt sich noch der Vorteil, daß der Bürstenverschie-bungswinkel bis zum Erreichen der Kurzschlußstellung (282.1 d) statt 90° nun 180° beträgt. Hier-durch kann man die Drehzahl feinstufiger steuern als beim einfachen Repulsionsmotor.

13.3 Drehstrom-Stromwendermotoren

Auch Drehstrommotoren können für stufen- und verlustlose Drehzahlsteuerung ein-gerichtet werden, wenn der Läufer eine Wicklung erhält, die wie die Ankerwicklung einer Gleichstrommaschine aufgebaut und mit einem Stromwender versehen ist. Diese Bauweise wird vor allem für Motoren großer Leistung verwendet. Für kleine Leistungen verwendet man heute meist thyristor- oder triacgesteuerte Gleichstrom- bzw. Universal-motoren (s. Abschn. 18.12). Man unterscheidet Drehstrom-Nebenschluß- und Reihen-schlußmotoren. Diese Motoren haben ihre Bezeichnung weniger auf Grund ihres Auf-baus, als wegen ihres Betriebsverhaltens, das im ersten Fall dem des Gleichstrom-Nebenschlußmotors entspricht (Nebenschlußverhalten). Die Drehzahl der Drehstrom-Nebenschlußmotoren sinkt bei Belastungszunahme daher nur wenig ab. Sie kann in dem Drehzahlbereich 1 : 3 und mehr gesteuert werden. Drehstrom-Nebenschlußmotoren werden vorwiegend zum Antrieb von Druckerei-, Papier- und Textilmaschinen verwen-det. Für kleinere Leistungen bevorzugt man läufergespeiste, für größere Leistungen ständergespeiste Ausführungen dieser Motoren. Die letzteren eignen sich auch für den Anschluß an Hochspannung.

Läufergespeister Drehstrom-Nebenschlußmotor

Der Ständer entspricht dem des bekannten Asynchronmotors. Eine in den Nuten des Läufers der Maschine untergebrachte **Drehstromwicklung** ist über drei Schleifringe an das Drehstromnetz angeschlossen (284.1). In denselben Läufernuten liegt die mit dem Stromwender verbundene **Steuerwicklung**. Auf dem Stromwender schleifen zwei gegeneinander verschiebbare Bürstensätze, deren Bürsten um jeweils 120° gegenein-ander versetzt sind und die an die als normale Drehstromwicklung ausgeführte Ständer-wicklung angeschlossen sind. Die am Netz liegende Drehstrom-Läuferwicklung indu-ziert in der Ständerwicklung die Schlupfspannung und in der Steuerwicklung die

---

[1]) Deri, französischer Ingenieur.

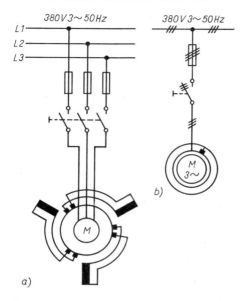

a)

b)

284.1 Läufergespeister Drehstrom-Nebenschluß-
motor; Drehzahleinstellung durch Bürstenverschiebung
a) Schaltplan
b) einpolige Darstellung mit Schaltkurzzeichen

Steuerspannung, beide mit der der jeweiligen Drehzahl entsprechenden Schlupffrequenz. Stehen die zu jeweils einem Strang der Ständerwicklung gehörigen Bürsten auf demselben Stromwendersteg, so ist die Ständerwicklung kurzgeschlossen, und der Motor läuft als Asynchronmotor. In der Ständerwicklung ist nur die induzierte Schlupfspannung wirksam, die einen Ständerstrom zur Folge hat, der der jeweiligen Belastung entspricht.

Werden beide Bürstensätze gegensinnig um den gleichen Betrag auf dem Stromwender verdreht, so greifen die beiden an jeweils demselben Strang der Ständerwicklung angeschlossenen Bürsten eine Steuerspannung ab, deren Höhe von der Größe der Bürstenverschiebung und deren Richtung von der Richtung der gegenseitigen Verschiebung abhängt. Jetzt sind in der Ständerwicklung sowohl die induzierte Schlupfspannung als auch die durch die Bürsten zugeführte Steuerspannung wirksam. Die aus beiden resultierende vergrößerte oder verkleinerte Ständerspannung hat nun so lange einen zu großen oder zu kleinen Ständerstrom zur Folge, bis die Schlupfspannung durch Drehzahländerung einen Wert erreicht, bei dem die resultierende Ständerspannung den der jeweiligen Belastung entsprechenden Ständerstrom erzeugt. Auf diese Weise kann man eine unter- oder übersynchrone Drehzahl bei dem Leistungsfaktor cos φ = 1 einstellen.

Die Drehzahl des läufergespeisten Drehstrom-Nebenschlußmotors wird durch Bürstenverschiebung gesteuert. Die Umkehrung des Drehsinns erfolgt wie beim Asynchronmotor durch Vertauschen zweier Zuleitungen.

Drehstrom-Reihenschlußmotor

Die als übliche Drehstromwicklung ausgeführte Ständerwicklung wird an das Netz geschaltet (**285.1**). Der Läufer hat eine Stromwenderwicklung, die über drei um 120° gegeneinander versetzt angeordnete, auf dem Stromwender schleifende Bürsten mit den Enden der Ständerwicklung verbunden ist. Ständer- und Läuferwicklung sind also in Reihe geschaltet. Beide sind so miteinander verbunden, daß sie gleichsinnig umlaufende Drehfelder erzeugen. Mit Rücksicht auf die Stromwendung muß die Läuferspannung klein gehalten werden. Zu diesem Zweck schaltet man bei großen Leistungen zwischen Ständer- und Läuferwicklung einen Zwischentransformator (**285.1**), der die Läuferspannung herabsetzt.

Stehen die Bürsten so, daß beide Drehfelder in Phase liegen, so entsteht kein Drehmoment. Die Bürsten stehen in Ruhestellung, der Motor nimmt nur einen geringen Magnetisierungsstrom auf. Werden die Bürsten gemeinsam durch die Bürstenbrücke verdreht, so entwickelt der Motor ein Drehmoment entgegen der Bürstenverdrehung, und zwar unabhängig vom Umlaufsinn der Drehfelder. Durch Verschieben der Bürsten in entgegengesetzter Richtung wird der Drehsinn umgekehrt. Der Motor entwickelt sein größtes Drehmoment ungefähr bei der Bürstenverschiebung 150°. Werden die Bürsten um 180° ver-schoben, so sind beide Drehfelder gegenphasig und der Motor nimmt einen kurzschlußartig hohen Strom auf, obwohl er kein Drehmoment entwickelt. Das Erreichen der Kurz-schlußstellung muß daher durch eine Sperre ver-hindert werden.

Durch Bürstenverschie-bung kann man den Dreh-strom-Reihenschlußmotor anlassen, seine Drehzahl in einem weiten Bereich stufenlos steuern und den Drehsinn umkehren.

Obwohl der Drehsinn des Läufers vom Dreh-sinn beider Drehfelder unabhängig ist, läßt man die Drehfelder stets im Drehsinn des Läufers um-laufen, um die Stromwen-dung zu erleichtern. Bei Umkehrung des Dreh-sinns werden daher auch zwei der drei Zuleitungen miteinander vertauscht.

Der Motor hat Reihen-schlußverhalten, also

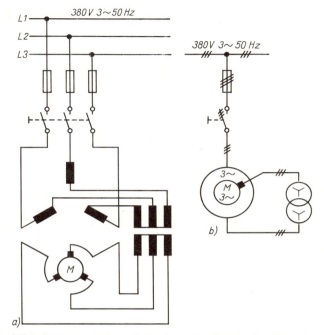

285.1 Drehstrom-Reihenschlußmotor mit Zwischentransformator; Drehzahleinstellung durch Bürstenverschiebung
a) Schaltplan
b) einpolige Darstellung mit Schaltkurzzeichen

eine stark belastungsabhängige Drehzahl. Im Leerlauf neigt er zum Durchgehen. Ver-wendung findet der Motor dort, wo Reihenschlußverhalten erwünscht ist, z. B. zum An-trieb von Hebezeugen, Gebläsen, Pumpen, Lüftern, Pressen usw.

Übungsaufgaben zu Abschnitt 13

1. Kann man Gleichstrommotoren am Wechselstromnetz betreiben? Begründung!

2. Warum lassen sich als Universalmotoren nur Reihenschlußmotoren verwenden?

3. Warum werden große Einphasen-Reihenschlußmotoren nicht am 50 Hz-Drehstromnetz betrie-ben?

4. Ist der Repulsionsmotor auch für Gleichstrombetrieb geeignet? Begründung!

5. Wie werden Drehzahl und Drehsinn beim Repulsionsmotor gesteuert?

6. In welchen Fällen werden anstelle der Asynchronmotoren die teureren und störanfälligeren Drehstrom-Stromwendermotoren verwendet.

7. Versuch: Die Belastungskennlinie eines Universalmotors ist mit Hilfe einer Bandbremse und eines Drehzahlmessers zu ermitteln.

14 Elektromotorische Antriebe

14.1 Grundlagen aus der Mechanik

Die Mechanik ist die Lehre von den Bewegungen und ihrer Ursache, den Kräften. In der Technik verwendet man zur Beschreibung mechanischer Vorgänge vorwiegend drei Größen: den Weg s mit der Einheit Meter (m), die Zeit t mit den Einheiten Sekunde (s), Minute (min) oder Stunde (h) und die Kraft F bzw. die Gewichtskraft G mit der Einheit Newton (N). Bis zum 31. 12. 1977 durfte anstelle des Newton auch noch das Kilopond (kp) verwendet werden (s. Anhang „SI-Einheitensystem"). Es ist 1 kp = 9,81 N ≈ 10 N und 1 N = 0,102 kp ≈ 0,1 kp. Alle übrigen in der Mechanik verwendeten Größen lassen sich aus diesen Größen ableiten.

14.11 Kraft

Eine Kraft ist bestimmt durch Größe, Richtung und Angriffspunkt. Man stellt sie durch einen Kraftpfeil dar, dessen Länge die Größe, dessen Lage die Richtung der Wirkungslinie und dessen Anfangspunkt den Angriffspunkt der Kraft angibt. Um die Größe der Kraft durch die Pfeillänge ausdrücken zu können, ist ein Kräftemaßstab erforderlich. Dieser gibt an, wieviel Newton bzw. kp durch 1 mm der Pfeillänge dargestellt werden sollen, z. B. 1 mm ≙ 5 N, der Maßstab in der Pfeildarstellung ist also 5 N/mm.

Wirken zwei Kräfte F_1 und F_2 gleichzeitig auf einen Körper, so kann man diese zu einer Gesamtkraft, der resultierenden Kraft F, zusammensetzen. Man addiert hierzu die beiden Kräfte F_1 und F_2 nach Größe und Richtung: Eine derartige Addition heißt geometrische Addition.

Kräfte werden geometrisch addiert.

Haben die beiden Kräfte F_1 und F_2 die gleiche Wirkungslinie und sind sie gleich gerichtet (**286.1** a), so erhält man die resultierende Kraft F durch einfache Addition. Sind die beiden Kräfte dagegen entgegengesetzt gerichtet (**286.1** b), so ergibt sich die resultierende Kraft F durch einfache Subtraktion. Bilden die Wirkungslinien beider Kräfte F_1 und F_2 (**286.1** c) einen Winkel, so erhält man die resultierende Kraft F, wenn man beide Kräfte zu einem Kräfteparallelogramm ergänzt. Die Diagonale des Parallelogramms stellt dann die resultierende Kraft dar.

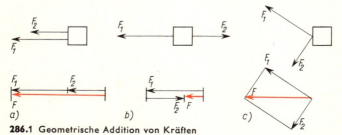

286.1 Geometrische Addition von Kräften

Eine Kraft F kann an einem Bauteil gleichzeitig in mehreren Richtungen wirken. Für zwei Richtungen kann man ebenfalls mit einem Kräfteparallelogramm die darin wirkenden Kräfte ermitteln: Man zerlegt die Kraft F in die beiden Teilkräfte, die

Komponenten F_1 und F_2. Dabei bildet die Kraft F die Diagonale, und die Komponenten erscheinen als Seiten des Kräfteparallelogramms.

Beispiel 79: Die Last $G = 6\,kN$ des in Bild **287.1** dargestellten K r a n a u s l e g e r s übt auf die Strebe 1 eine Zugkraft, auf die Strebe 2 eine Druckkraft aus. Die Größe dieser beiden Kraftkomponenten F_1 und F_2 erhält man durch Konstruktion des Kräfteparallelogramms. Darin sind die Richtungen der Komponentenwirkungslinien durch die Richtungen der beiden Streben 1 und 2 vorgegeben. Wählt man als Kräftemaßstab 400 N/mm, so wird der Pfeil für

die Last $G \triangleq \dfrac{6000\ \text{N}}{400\ \text{N/mm}} = 15$ mm lang. Für die

Kraftpfeile der beiden Komponenten kann man dann die Längen $F_1 \triangleq 16$ mm und $F_2 \triangleq 24$ mm ablesen. Dann sind $F_1 = 16\ \text{mm} \cdot 400\ \text{N/mm} = 6400\ \text{N}$ und $F_2 = 24\ \text{mm} \cdot 400\ \text{N/mm} = 9600\ \text{N}$.

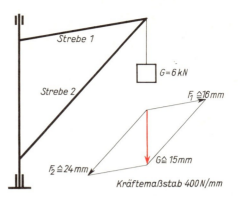

287.1
Zerlegung der Kraft G in die Komponenten F_1 und F_2 mit Hilfe des Kräfteparallelogramms

14.12 Drehmoment

□ **Versuch 96.** Ein kleiner Motor (Nennleistung z.B. $P = 0,5\,kW$) wird sicher auf dem Tisch befestigt (**287.2**). An den Wellenstumpf wird ein etwa 0,5 m langer Hebel angeschraubt, der in verschieden großen Abständen l von der Wellenmitte Ösen oder Bohrungen zum Einhängen eines Kraftmessers (Federwaage) enthält. Der Motor wird bei festgehaltenem Hebel eingeschaltet. Dann mißt man die K r a f t F in verschiedenen Abständen vom Wellenmittelpunkt, dem D r e h p u n k t. Dabei können sich z.B. folgende Werte ergeben

l in m	0,1	0,2	0,3	0,4	0,5
F in N	30	15	10	7,5	6

Das Versuchsergebnis in der vorstehenden Zahlentafel zeigt, daß die von der Federwaage gemessene Kraft F mit wachsendem Abstand vom Drehpunkt, dem sogenannten H e b e l a r m l, kleiner wird. Bildet man jedoch jeweils das Produkt aus F und l, so erhält man in allen Fällen $F \cdot l = 3\,Nm$. Dieses Produkt ist, abweichend von der gemessenen Kraft F, konstant. Es kennzeichnet die Ursache der Drehbewegung, die der Motor bewirken kann und wird D r e h m o m e n t M genannt (Moment heißt soviel wie „das Bewegende").

Das Drehmoment ist ein Maß für die Drehwirkung einer Kraft.

Drehmoment $\qquad M = F \cdot l$

Dem Drehmoment des Motors hält das Drehmoment der in verschiedenen Ab-

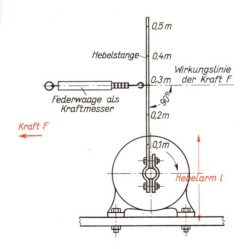

287.2 Drehmoment eines Motors im Stillstand (Anzugsmoment)

ständen vom Drehpunkt angreifenden Kraft F das Gleichgewicht. Die von der Feder-
waage an verschiedenen Hebelarmen entwickelte Kraft erzeugt also stets das gleiche
Drehmoment. Setzt man in der Formel $M = F \cdot l$ die Kraft F in N und die Länge des
Hebelarms l in m ein, so erhält man das Drehmoment M in Nm.

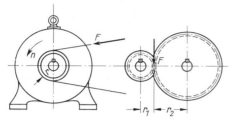

Die Länge des Hebelarms l ist stets der
kleinste (senkrechte) Abstand der Wirkungslinie der Kraft F vom Drehpunkt. Bei
Riemenscheiben und Zahnrädern ist für die
am Umfang angreifende Kraft als Hebel-
arm der Radius $r = d/2$ einzusetzen (288.1).

288.1 Drehmoment $M = F \cdot r$ beim Riemen- und
Zahnradtrieb.

14.13 Geschwindigkeit

Die Schnelligkeit der Bewegung eines Körpers wird durch den je Zeiteinheit, z. B. je 1 s,
1 min oder 1 h, zurückgelegten Weg angegeben. Diese Größe nennt man G e s c h w i n -
d i g k e i t v des Körpers.

Geschwindigkeit $\qquad v = \dfrac{s}{t}$

Setzt man hierin z. B. den Weg s in m und die Zeit t in s ein, so erhält man die Geschwin-
digkeit v in m/s.
Wie die Kraft, so ist auch die Geschwindigkeit durch G r ö ß e und R i c h t u n g bestimmt.
Man kann sie daher durch einen Geschwindigkeitspfeil darstellen und in einem Ge-
schwindigkeitsparallelogramm die Geschwindigkeitskomponenten in zwei bestimmten
Richtungen ermitteln (s. Abschn. 6.11). Ebenso kann man für zwei gleichzeitig ablaufende
Bewegungen deren Geschwindigkeit zu e i n e r resultierenden Geschwindigkeit zusammensetzen.
Bei Drehbewegungen gibt man die D r e h z a h l n in Umdrehungen pro Minute an. Da
die Zahl der Umdrehungen ein Zahlenwert ohne Einheit ist, kann man in Formel-
rechnungen 1/min oder min^{-1} schreiben. Die Geschwindigkeit v, mit der ein Treibriemen über den Umfang einer Riemenscheibe mit dem Durchmesser d läuft, erhält
man aus dem Weg $s = \pi \cdot d$ der Riemenscheibe je Umdrehung und der Drehzahl n
nach folgender Formel

Umfangsgeschwindigkeit $\qquad v = \pi \cdot d \cdot n$

Setzt man hierin den Durchmesser d in m und die Drehzahl n in min^{-1} ein, so erhält man
die Umfangsgeschwindigkeit v in der Einheit m/min und nach Division durch 60 s/min,
in der Einheit m/s.

Beispiel 80: Eine Riemenscheibe mit dem Durchmesser $d = 120$ mm hat die Drehzahl $n = 1500$
min^{-1}. Welche Geschwindigkeit in m/s hat der Treibriemen, wenn der Geschwindigkeitsverlust
durch den Riemenschlupf nicht berücksichtigt wird?

Lösung: Geschwindigkeit $v = \pi \cdot d \cdot n = \dfrac{3,14 \cdot 0,12 \text{ m} \cdot 1500 \cdot min^{-1}}{60 \text{ s/min}} = 9,42$ m/s

14.14 Mechanische Arbeit und Leistung

Wird ein Körper mit der Kraft F über den Weg s bewegt, so wird die

mechanische Arbeit $\qquad W = F \cdot s$

verrichtet.

Setzt man in der Formel $W = F \cdot s$ die Kraft F in N und den Weg s in m ein, so erhält man die Arbeit W in Nm, Joule (J) oder Wattsekunde (Ws). Es gilt: 1 Nm = 1 J = 1 Ws (s. Anhang „SI-Einheitensystem").

Eine Maschine kann eine Arbeit um so schneller verrichten, je größer ihre **Leistungs-fähigkeit** oder kurz ihre **Leistung** P ist. Diese wird durch die Arbeit ausgedrückt, die je Zeiteinheit, also z. B. je 1 s, verrichtet wird

mechanische Leistung $\qquad P = \dfrac{W}{t}$

Setzt man hierin die Arbeit in Nm und die Zeit in s ein, so erhält man die Leistung in Nm/s, Joule/Sekunde (J/s) oder Watt (W). Es gilt: 1 W = 1 J/s = 1 Nm/s.

Multipliziert man beide Seiten der Formel $P = W/t$ mit der Zeit t, so erhält man die

mechanische Arbeit $\qquad W = P \cdot t$

Wird die Leistung P während einer bestimmten Zeit t abgegeben, so wird die Arbeit $W = P \cdot t$ verrichtet.

Wenn in der Formel $P = W/t$ die Arbeit durch $W = F \cdot s$ ausgedrückt wird, erhält man die

mechanische Leistung $\qquad P = \dfrac{F \cdot s}{t}$

Man erhält P in Nm/s, wenn man F in N, s in m und t in s einsetzt. Führt man schließlich $v = s/t$ ein, so erhält man für die

mechanische Leistung $\qquad P = F \cdot v$

Auch in dieser Formel erhält man die Leistung P in Nm/s, wenn man die Kraft F in N und die Geschwindigkeit v in m/s einsetzt.

Leistungsangaben sind in der Technik für die Leistungsfähigkeit und somit die Be-urteilung der Einsatzfähigkeit von Maschinen oder Geräten wesentlich.

Für die Angabe von Maschinenleistungen ist die Einheit 1 Nm/s = 1 W zu klein. Man verwendet deshalb meist die Einheit **Kilowatt (kW)**. Bis zum 31. 12. 1977 war auch noch die Pferdestärke (PS) als Leistungseinheit zulässig (s. Anhang „SI-Einheitensystem"). Es gilt: 1 kW = 1,36 PS = 102 kpm/s und 1 PS = 0,736 kW = 75 kpm/s.

Beispiel 81: Ein Bauaufzug soll in $t = 30$ s die Last $G = 20$ kN einschließlich Eigengewicht auf die Höhe $h = 18$ m heben. Die zu erwartenden Reibungsverluste sollen durch den Wirkungsgrad 80 % berücksichtigt werden. Welche Leistung in kW und PS muß der Antriebsmotor an seiner Welle abgeben?

Lösung: Die Hubkraft F ist gleich der Gewichtskraft G der Last, die Hubhöhe h gleich dem zu-rückzulegenden Weg s. Dann ist die

reine Hubleistung $\qquad P_1 = \dfrac{F \cdot s}{t} = \dfrac{20\ \text{kN} \cdot 18\ \text{m}}{30\ \text{s}} = 12\ \text{kNm/s} = 12\ \text{kW}$

Unter Berücksichtigung der Verluste muß der Antriebsmotor die

Gesamtleistung $\qquad P_2 = \dfrac{P_1}{\eta} = \dfrac{12\ \text{kW}}{0,8} = 15\ \text{kW}$

abgeben. Dies sind $\qquad P_2 = 15\ \text{kW} \cdot 1,36\ \dfrac{\text{PS}}{\text{kW}} = 20,4\ \text{PS}$

Mechanische Leistung bei der Drehbewegung. Bei Drehbewegungen wird statt der Kraft F das Drehmoment M und statt der Geschwindigkeit v die Drehzahl n zugrunde gelegt. Die Leistung P eines Motors muß also aus M und n ermittelt werden.

Die Leistung P des in Bild **288.**1 dargestellten Motors wird über einen Treibriemen auf die angetriebene Maschine übertragen. Im Treibriemen wirkt die Riemenzugkraft F. Die Riemengeschwindigkeit v ist gleich der Umfangsgeschwindigkeit der Riemenscheibe $v = \pi \cdot d \cdot n = \pi \cdot 2\,r \cdot n$, mit dem Durchmesser d bzw. dem Radius r in m, der Drehzahl n in min^{-1} und der Geschwindigkeit v in m/min.

Setzt man die vorstehende Formel in die Leistungsformel $P = F \cdot v$ ein, so erhält man $P = F \cdot 2 \cdot \pi \cdot r \cdot n$. Da $F \cdot r$ das Drehmoment M des Motors ist, erhält man für die Motorleistung $P = 2 \cdot \pi \cdot M \cdot n$.

Diese Leistung ergibt sich in kNm/min mit M in kNm und n in min^{-1}. Nach Division durch 60 s/min erhält man mit denselben Einheiten wie vorhin und unter Fortlassen der Einheit s/min beim Faktor 60

$$P = \frac{2 \cdot \pi}{60} \cdot M \cdot n \text{ in kNm/s}$$

Da 1 kNm/s = 1 kW ist und $\dfrac{2\pi}{60} = \dfrac{1}{9{,}55}$, erhält man zur Berechnung der Motorleistung P aus Drehmoment M und Drehzahl n folgende Formel

Motorleistung
$$P = \frac{M \cdot n}{9{,}55}$$

Setzt man das Drehmoment M in kNm und die Drehzahl n in min^{-1} ein, so erhält man die Motorleistung in kW. Dem Divisor 9,55 ist die Einheit s/min zuzuordnen.

Wird das Drehmoment in der älteren Einheit kpm eingesetzt, so ist die

Leistung
$$P = \frac{M \cdot n}{975} \text{ in kW mit } M \text{ in kpm und } n \text{ in min}^{-1}$$

Zahlenwert- und Größengleichungen. Die beiden vorstehenden Gleichungen sind Z a h l e n - w e r t g l e i c h u n g e n , d.h. in die Gleichungen werden M und n nur die Zahlenwerte, nicht aber die Einheiten eingesetzt. Die Leistung in der gewünschten Einheit kW ergibt sich nur, wenn die Zahlenwerte von M und n in den Einheiten eingesetzt werden, die zusammen mit der Gleichung festgelegt sind. Das sind hier kNm bzw. kpm für M und min^{-1} für n.

Die übrigen im Buch verwendeten Gleichungen sind G r ö ß e n g l e i c h u n g e n , d.h. alle gegebenen Werte werden mit ihrem Zahlenwert und mit der zugehörigen Einheit durchgerechnet.

Die Gleichungen $n = 60 \cdot f/p$ (s. S. 131) und $P = M \cdot n/9{,}55$ (s. oben) sind nur dann echte Größengleichungen, wenn den Umrechnungsfaktoren ihre Einheiten zugeordnet werden, also 60 s/min bzw. 1/9,55 s/min ($2\pi/60$ s/min = 1/9,55 s/min).

Beispiel 82: Ein Motor gibt bei der Drehzahl $n = 950$ min^{-1} die Leistung $P = 1{,}1$ kW = 1,1 $\dfrac{\text{kNm}}{\text{s}}$ ab. Der Riemenscheibendurchmesser beträgt $d = 180$ mm. Wie groß ist das Drehmoment M des Motors in Nm und kpm und die Riemenzugkraft F in N und kp bei Nennbetrieb?

Lösung: Nach Umformen der Formel $P = \dfrac{M \cdot n}{9,55}$ erhält man das

Drehmoment $M = \dfrac{9,55 \cdot P}{n} = \dfrac{9,55 \dfrac{s}{min} \cdot 1,1 \dfrac{kNm}{s}}{950 \ min^{-1}} = 0,011 \ kNm = 11 \ Nm \approx 1,1 \ kpm$

Dann ist die Riemenzugkraft $F = \dfrac{M}{r} = \dfrac{11 \ Nm}{0,09 \ m} = 122 \ N \approx 12,2 \ kp$

14.2 Auswahl des Motors

Bei der Auswahl eines Elektromotors sind die folgenden Gesichtspunkte zu beachten.

1. **Art und Leistungsbedarf der anzutreibenden Arbeitsmaschine.** Hieraus erhält man Aufschluß über Drehsinn, Nennleistung, Drehzahl, Drehmomentenkennlinie, Anlaßart, Drehzahlverhalten und Betriebsart des Motors.

2. **Art des Versorgungsnetzes.** Danach richten sich die folgenden Motorwerte: Betriebsspannung, Stromart und Frequenz.

3. **Aufstellungsort und -art des Motors.** Hieraus folgen Schutzart, Bauart und Isolation (z. B. Sonderisolation bei hohen Raumtemperaturen).

4. **Art der Verbindung zwischen Motor und Arbeitsmaschine.** Sie bestimmt, ob die Motorwelle mit einer Flach- oder Keilriemenscheibe, einem Zahnrad (Ritzel) oder einer Kupplung zu versehen ist.

14.21 Drehsinn

Bezüglich des Drehsinns gelten für Motoren die folgenden Festsetzungen.

1. Der Drehsinn eines Motors wird von der Antriebsseite aus bestimmt.
2. Lauf im Uhrzeigersinn bezeichnet man als Rechtslauf, Lauf entgegen dem Uhrzeigersinn als Linkslauf. Als normaler Drehsinn gilt Rechtslauf.

14.22 Leistung, Drehzahl und Drehmoment

Die Nennleistung des Motors darf nicht kleiner, soll aber auch nicht wesentlich größer sein, als es der Leistungsbedarf der anzutreibenden Arbeitsmaschine erfordert. Ein zu großer, nicht voll belasteter Motor hat einen schlechteren Wirkungsgrad als bei Nennleistung, arbeitet also unwirtschaftlich.

Die abgegebene mechanische Motorleistung erhält man aus der Formel $P = M \cdot n/9,55$ in kW (s. Abschn. 14.14). Sie zeigt, daß an der Welle sowohl bei kleiner Drehzahl und großem Drehmoment, als auch bei großer Drehzahl und kleinem Drehmoment die gleiche Leistung abgegeben wird, solange nur das Produkt $M \cdot n$ gleich bleibt. Motoren mit großem Drehmoment und kleiner Drehzahl müssen aber größeren mechanischen Kräften standhalten; durch die erforderliche kräftigere Bauweise haben sie höhere Gewichte als schnellaufende Motoren gleicher Leistung. Deshalb setzt man, soweit möglich, Motoren mit hoher Drehzahl ein, die im Bedarfsfalle durch Riemen- oder Zahnradgetriebe herabgesetzt wird (s. Abschn. 14.3).

Beispiel 83: Ein Firmenkatalog gibt bei einem bestimmten Motortyp für die Nennleistung 4 kW folgende Motorgewichte an

Drehzahl in min⁻¹	3000	1500	1000	750
Gewicht in kg	36	47	62	80

Lastmoment beim Anlauf. Das dem Drehmoment des Motors entgegenwirkende Drehmoment der anzutreibenden Arbeitsmaschine wird als Gegen- oder Lastmoment bezeichnet. Das geforderte Lastmoment beim Anlauf ist bei der Motorauswahl neben den Nennwerten von Leistung und Drehzahl besonders wichtig. Nach dem Verhältnis Anzugsmoment zu Nenndrehmoment unterscheidet man neben dem Leeranlauf drei Anlauffälle.

1. Halblastanlauf. Beim Anlauf ist etwa das 0,5 fache Nennmoment des Motors erforderlich. Dies trifft für die meisten Werkzeugmaschinen zu, soweit sie während des Anlaufs noch nicht belastet sind (z.B. Bohr-, Dreh- und Fräsmaschinen), sowie für Lüfter und Kreiselpumpen. Halblastanlauf kann von fast allen Elektromotoren bewältigt werden, von Kurzschlußläufermotoren sogar bei Stern-Dreieck-Umschaltung. Ist für einen Antrieb ein möglichst stoßfreier Anlauf erforderlich, so muß das Anzugsmoment des Motors beim Einschalten durch einen Anlasser herabgesetzt werden.

2. Vollastanlauf. Beim Anlauf ist etwa das 1,0 fache Nennmoment des Motors erforderlich, z.B. bei Aufzügen, Kränen, Winden und Kolbenpumpen. Vollastanlauf ist mit vielen Motoren möglich; Stern-Dreieck-Anlauf von Asynchronmaschinen erfordert allerdings Motoren mit besonders großem Anzugsmoment (Stromverdrängungsläufer).

3. Schweranlauf. Beim Anlauf ist etwa das 1,4 fache Nennmoment des Motors erforderlich, wie z.B. beim Beschleunigen großer Massen (Walzen, Getreidemühlen, Zentrifugen) und bei besonders großen Reibungswiderständen während des Anfahrens (Elektrofahrzeuge, Gesteinsmühlen). Schweranlauf ist nur mit Motoren, die Reihenschlußverhalten zeigen, also mit Reihenschluß-, Repulsions- und Schleifringläufermotoren durchführbar.

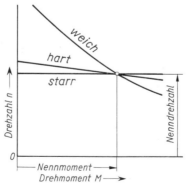

292.1 Kennlinien für Motoren mit verschiedenem Drehzahlverhalten
Synchronverhalten: starr
Nebenschlußverhalten: hart
Reihenschlußverhalten: weich

Drehzahlverhalten bei veränderlichem Lastmoment. Die Abhängigkeit der Motordrehzahl von der Belastung, also vom Lastmoment, läßt sich anschaulich durch Kennlinien darstellen (**292.1**). Man unterscheidet:

1. Synchronverhalten. Die Motordrehzahl ist unabhängig von der Belastung: starres Verhalten. Dieses Verhalten zeigt vor allem der Synchronmotor.

2. Nebenschlußverhalten. Die Drehzahl sinkt zwischen Leerlauf und Vollast nur wenig ab: hartes Verhalten. Nebenschlußverhalten zeigen Gleichstromnebenschluß- und Doppelschlußmotoren, Drehstrom- und Einphasenmotoren mit Kurzschlußläufer sowie Drehstrom-Nebenschlußmotoren.

3. Reihenschlußverhalten. Die Drehzahl sinkt bei Nennbelastung stark ab (über 25%);

bei Leerlauf steigt sie z.T. so stark an, daß die Gefahr des Durchgehens besteht. Dieses weiche Verhalten zeigen Reihenschlußmotoren für Gleich-, Wechsel- und Drehstrom; auch Schleifringläufermotoren mit eingeschalteten Anlaßwiderständen zeigen Reihenschlußverhalten.

14.23 Betriebsarten

Nach den Bestimmungen für elektrische Maschinen VDE 0530 werden für Motoren die Betriebsarten S 1 bis S 8 unterschieden (**293.1**). Die wichtigsten sind (in den Klammern sind die früher gebrauchten Kennbuchstaben genannt):

Dauerbetrieb S 1 (DB). Der Motor kann beliebig lange betrieben werden. Er erreicht dabei schließlich seine Beharrungstemperatur, auch thermischer Beharrungszustand genannt, d.h., die erzeugte Verlustwärme und die Wärmeabgabe an die Umgebung halten sich die Waage. Die Beharrungstemperatur darf die höchstzulässige Dauertemperatur der verwendeten Isolierstoffe nicht überschreiten. Diese liegt bei Normalisolation bei 100···120 °C, je nach der verwendeten Wicklungsisolation. Bei Sonderisolation, z. B. mit Silikongummi, liegt die höchstzulässige Dauertemperatur bei 180 °C. Die überwiegend verwendete Normalausführung der Motoren genügt der Betriebsart S 1. Ihr Leistungsschild trägt keinen besonderen Vermerk.

Kurzzeitbetrieb S 2 (KB). Die Betriebszeit darf — je nach Ausführungsart des Motors — 10; 30; 60 oder 90 min nicht überschreiten. Die anschließende Betriebspause muß so lang sein, daß der Motor sich wieder auf die Umgebungstemperatur abkühlen kann. Das Leistungsschild solcher Motoren trägt das Kurzzeichen S 2 und die zulässige Betriebszeit in Minuten, z. B. S 2 — 30 min. Motoren für Kurzzeitbetrieb sind z. B. für Hauswasserpumpen und Küchenmaschinen geeignet.

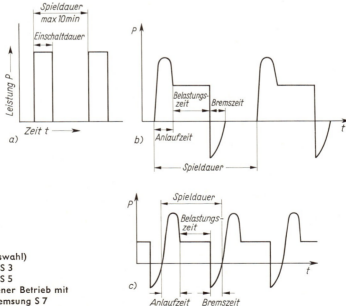

293.1 Betriebsarten (Auswahl)
a) Aussetzbetrieb S 3
b) Aussetzbetrieb S 5
c) Ununterbrochener Betrieb mit Anlauf und Bremsung S 7

Aussetzbetrieb S 3 (AB) und Durchlaufbetrieb mit Aussetzbelastung S 6 (DAB).
Einschalt- bzw. Belastungszeiten wechseln mit Pausen ab, in denen der Motor still-
steht (S 3) bzw. leerläuft (S 6), s. Bild **293**.1 a. Beide Zeiten bilden zusammen die **S p i e l -
d a u e r** ; diese ist so kurz, daß die Beharrungstemperatur weder während der Be-·
lastungszeit noch während der Abkühlungszeit erreicht wird.

S p i e l d a u e r. Diese darf 10 min nicht überschreiten. Die zulässige Einschalt- bzw. Belastungs-
dauer ED je Spiel beträgt, je nach Ausführungsart des Motors, 15, 25, 40 oder 60% der Spieldauer.
Ein Motor für Aussetzbetrieb mit 40% Einschaltdauer darf also bei einer Spieldauer von 5 min
höchstens 2 min lang mit seiner Nennleistung betrieben werden. Die Leistungsschildangabe lautet
in diesem Falle: S 3 — 40% (AB 40% ED). Diese Motoren werden vor allem für Kräne verwendet.
Haben häufiges Einschalten oder zusätzlich elektrisches Bremsen auf die Temperatur des Motors
einen Einfluß, so liegen die Betriebsarten S 4 bzw. S 5 vor (**293**.1 b).

Ununterbrochener Betrieb mit Anlauf und Bremsung S 7 (DSB) (293.1 c). Der
Motor steht dauernd unter Spannung. Zu jedem Spiel gehören neben der Belastungs-
zeit eine Anlaufzeit und eine Zeit mit elektrischer Bremsung, die die Erwärmung des
Motors wesentlich mitbestimmen. Die Betriebsart S 7 liegt z. B. bei automatisierten
Walzenstraßen vor. Das Leistungsschild trägt z. B. die Angabe S 7 — 300 c/h, wenn für
den Motor 300 Schaltspiele je Stunde zulässig sind (c von cycle [engl.] = Kreis).

14.24 Bauformen und Schutzarten

Bauformen (Tafel **294**.1). Motoren und Generatoren werden in ihrer äußeren
Gestaltung nach drei Gesichtspunkten unterschieden und durch ein zweiteiliges Kurzzeichen gekennzeichnet:

1. **A n o r d n u n g   d e r   W e l l e:** waagerecht (B) oder senkrecht (V)

2. **F o r m   d e s   S t ä n d e r s:** mit Füßen oder mit Befestigungsflansch

3. **A r t   d e r   W e l l e n l a g e r u n g:** Schildlager oder Stehlager.

Tafel **294**.1 Bauformen elektrischer Maschinen (Auswahl aus DIN 42950)

Kurz-zeichen	B 3	B 5	B 6	B 8	V 1	V 5
Erläute-rung	mit zwei Schild-lagern, freies Wellen-ende Gehäuse mit Füßen	mit zwei Schildlagern; freies Wellen-ende, Befestigungs-flansch, Gehäuse ohne Füße	mit zwei um 90° gedreh-ten Schild-lagern, für Wandbefesti-gung, Gehäuse mit Füßen	mit zwei um 180° gedreh-ten Schild-lagern, für Decken-befestigung, Gehäuse mit Füßen	mit zwei Füh-rungslagern, Befestigungs-flansch und freies Wellen-ende unten	mit zwei Füh-rungslagern, freies Wellen ende unten, Gehäuse mit Füßen für Wandbefesti-gung

Schutzarten für Maschinen und Schaltgeräte. Je nach dem Standort des Motors
und seiner Schaltgeräte werden verschiedene Schutzvorkehrungen gegen das Eindringen

von Schmutz und Wasser sowie gegen die Gefahr der unbeabsichtigten Berührung spannungführender oder sich drehender Teile erforderlich. Die genormten Schutzarten werden auf dem Leistungsschild nach DIN 40050 durch die Buchstaben IP und zwei Ziffern vermerkt.

Die Ziffern haben folgende Bedeutung:
Erste Kennziffer: Berührungsschutz und Schutz gegen das Eindringen von Fremdkörpern.
0 kein Schutz
1 Schutz gegen das Eindringen von Fremdkörpern über 50 mm Durchmesser
2 Schutz gegen das Eindringen von Fremdkörpern über 12 mm Durchmesser
3 Schutz gegen das Eindringen von Fremdkörpern über 2,5 mm Durchmesser
4 Schutz gegen das Eindringen von Fremdkörpern über 1 mm Durchmesser
5 Schutz gegen Staubablagerungen im Innern
6 Schutz gegen das Eindringen von Staub

Zweite Kennziffer: Wasserschutz
0 kein Wasserschutz
1 Schutz gegen senkrecht fallendes Tropfwasser
2 Schutz gegen schräg bis 15° zur Senkrechten fallendes Tropfwasser
3 Schutz gegen Sprühwasser bis 60° zur Senkrechten
4 Schutz gegen Spritzwasser aus allen Richtungen
5 Schutz gegen Strahlwasser aus allen Richtungen
6 Schutz gegen vorübergehende Überflutung
7 Schutz beim Eintauchen des Betriebsmittels in Wasser
8 Schutz beim Untertauchen des Betriebsmittels unter Wasser für beliebig lange Zeit

Manchmal ist noch ein durch Zusatzbuchstaben gekennzeichneter Sonderschutz erforderlich, z. B. Explosionsschutz (Ex) oder Schlagwetterschutz (Sch). Für die meisten Antriebe werden Motoren mit den Schutzarten IP 21, IP 22 (geschützte Ausführungen) und IP 44 (geschlossene Ausführung) verwendet. Bild **239**.1 zeigt zwei Motoren mit der Schutzart IP 44. (Ältere Bezeichnungen P 21, P 22 bzw. P 33.)

Für Installations- und Verbrauchsgeräte wird die Schutzart statt durch die beschriebenen IP-Bezeichnungen auch durch Symbole gekennzeichnet (s. Tafel **339**.1).

14.3   Mechanische Übertragung der Motorleistung

Die Übertragung der Motorleistung auf die Arbeitsmaschine kann auf verschiedene Weise erfolgen.

1. Starr oder elastisch auf kleine Entfernungen über Kupplungen. Ein Beispiel zeigt Bild **295**.1.
2. Starr auf kleine Entfernungen über Zahnrad- oder Schneckentriebe.
3. Elastisch auf kleine Entfernungen mit Keilriemen.
4. Elastisch auf größere Entfernungen mit Flachriemen.

Elastische Übertragung dämpft die beim Anfahren und im Betrieb auftretenden Stöße; dadurch werden Lager und Welle von Motor und Arbeitsmaschine geschont. Die Leistungsübertragung nach 2. bis 4. gestattet die

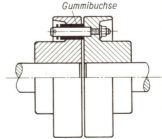

Gummibuchse

295.1 Elastische Zapfenkupplung

Änderung von Drehmoment und Drehzahl durch eine Übersetzung. Aus der Formel $P = M \cdot n/9{,}55$ folgt, daß sich bei gleicher Leistung das Drehmoment bei verringerter Drehzahl erhöht und umgekehrt. (Das Produkt $M \cdot n$ bleibt unverändert.)

Durch Riemen- und Rädertriebe kann man Drehzahl und Drehmoment eines Elektromotors nach den Erfordernissen der anzutreibenden Maschine verändern.

14.31 Riementrieb

Drehzahl, Riemenscheibendurchmesser und Übersetzung (296.1)

Die Umfangsgeschwindigkeiten v_1 und v_2 der beiden Riemenscheiben sind gleich, vorausgesetzt, daß der Riemen nicht rutscht: $v_1 = v_2$. Der Index 1 kennzeichnet die treibende Seite. Bei verschiedenen Durchmessern d_1 und d_2 ergeben sich daher auch verschiedene Drehzahlen n_1 und n_2, weil die Scheibe mit dem kleineren Durchmesser d_1 (und damit kleinerem Umfang $\pi \cdot d_1$) sich schneller drehen muß, als die große Scheibe. Sind Durchmesser und Umfang der kleineren Scheibe z. B. jeweils halb so groß wie diejenigen der großen Scheibe, so dreht sich die kleine Scheibe mit der doppelten Drehzahl. Allgemein gilt: Die Umfangsgeschwindigkeiten $v_1 = \pi \cdot d_1 \cdot n_1$ und $v_2 = \pi \cdot d_2 \cdot n_2$ (s. Abschn. 14.13) sind gleich, also $\pi \cdot d_1 \cdot n_1 = \pi \cdot d_2 \cdot n_2$. Wird auf beiden Seiten durch π geteilt, so erhält man für den

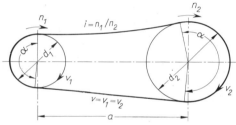

296.1 Einfacher Riementrieb

Riementrieb $\qquad d_1 \cdot n_1 = d_2 \cdot n_2$

Die Produkte aus Drehzahl und Durchmesser sind für die treibende und die getriebene Riemenscheibe gleich groß.

Durch Umformen der Gleichung erhält man $n_1/n_2 = d_2/d_1$. Das Verhältnis n_1/n_2 heißt

Übersetzung $\qquad i = \dfrac{n_1}{n_2} = \dfrac{d_2}{d_1}$

Beispiel 84: Für eine Arbeitsmaschine mit $n_2 = 780 \text{ min}^{-1}$ sind der Durchmesser der Riemenscheibe d_2 und die Übersetzung i zu berechnen. Die Motordrehzahl beträgt $n_1 = 1440 \text{ min}^{-1}$, die Motorriemenscheibe hat den Durchmesser $d_1 = 280 \text{ mm}$.

Lösung: Aus $d_1 \cdot n_1 = d_2 \cdot n_2$ erhält man durch Umformen den Scheibendurchmesser

$$d_2 = \frac{d_1 \cdot n_1}{n_2} = \frac{280 \text{ mm} \cdot 1440 \text{ min}^{-1}}{780 \text{ min}^{-1}} = 520 \text{ mm}$$

Übersetzung $\qquad i = \dfrac{n_1}{n_2} = \dfrac{1440 \text{ min}^{-1}}{780 \text{ min}^{-1}} = 1{,}85 : 1$

Riemenarten

Flachriemen bestehen meist aus Leder und werden nur noch für große Motoren mit großen Riemengeschwindigkeiten (bis 40 m/s) sowie für die manchmal notwendige Überbrückung großer Abstände zwischen Motor und Arbeitsmaschine verwendet.

Keilriemen (**297.1**) bestehen aus in Gummi gebetteten Gewebefäden. Sie haben durch ihre Keilform selbst bei kleineren Abmessungen ein wesentlich größeres Haftvermögen als Flachriemen. Dies wiederum gestattet ein geringeres Spannen des Riemens; dadurch werden Riemen und Lager geschont. Weitere Vorteile gegenüber dem Flachriemen sind: kleinere Scheibendurchmesser, kleinere Mindestwerte für den Umschlingungswinkel α und damit kleinere Achsabstände sowie größere Übersetzungen (bis 10 : 1), praktisch kein Schlupf. Bei großen Leistungen werden mehrere Keilriemen auf eine mehrrillige Scheibe nebeneinander gelegt. Breite und Höhe der Riemenprofile sowie die Längen der Keilriemen sind genormt.

Die Riemengeschwindigkeit darf nicht größer als 25 m/s sein, damit die Fliehkraft den Riemen nicht von den Scheiben abhebt.

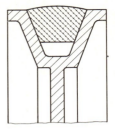

297.1 Keilriemenscheibe mit Keilriemen
im Schnitt dargestellt

14.32 Zahnrad- und Schneckentrieb

Drehzahl und Zähnezahl bei Zahnrädern. Die Bestimmungsgrößen eines Zahnrades werden zweckmäßigerweise nicht durch den Raddurchmesser, sondern durch die Zähnezahl z und die Zahnteilung t bzw. durch den Wert t/π, Modul m genannt, angegeben (**297.2**).

Die Zahnteilung t ist der auf dem Teilkreis gemessene Abstand von Zahnmitte zu Zahnmitte. Der Teilkreis ist der Kreis, auf dem sich beim Eingriff die Flanken der Zähne berühren. Der Teilung t wird aus Fertigungsgründen ein ganzzahliger Wert in Millimetern, der Modul m, zugrunde gelegt, der, mit π multipliziert, die Teilung ergibt, also $t = \pi \cdot m$. Der Teilkreisumfang ist dann $U = z \cdot t = \pi \cdot d$ und der Teilkreisdurchmesser $d = z \cdot t/\pi$. Mit $t/\pi = m$ erhält man $d = z \cdot m$.

Aus der Gleichung $d_1 \cdot n_1 = d_2 \cdot n_2$ (s. Abschn. 14.31) entsteht mit $d = z \cdot m$ die Gleichung $z_1 \cdot m \cdot n_1 = z_2 \cdot m \cdot n_2$. Durch Kürzen erhält man für den

Zahnradtrieb $\mathbf{z_1 \cdot n_1 = z_2 \cdot n_2}$

Mit den Zähnezahlen z wird hier die

Übersetzung $\qquad i = \dfrac{n_1}{n_2} = \dfrac{z_2}{z_1}$

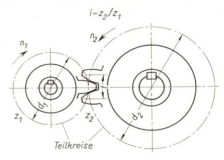

297.2 Einfacher Zahnradtrieb

Die Produkte aus Drehzahl und Zähnezahl sind beim Zahnradtrieb für das treibende und getriebene Zahnrad gleich groß.

Das getriebene Rad hat — abweichend vom Riementrieb — die dem treibenden Rad entgegengesetzte Drehrichtung. Soll die Drehrichtung beider Räder gleich sein, so ist ein Zwischenrad erforderlich (**298.1** a); die Übersetzung ändert sich dadurch nicht. Große Übersetzungen kann man durch Mehrfachübersetzungen erreichen (**298.1** b). Dafür gilt

$$\text{Gesamtübersetzung } i = \frac{\text{Drehzahl des ersten Rades}}{\text{Drehzahl des letzten Rades}}$$

Beispiel 85: Wie groß ist bei einem zweistufigen Zahnradgetriebe (**298.1**b) die Drehzahl n_4 bei $z_1 = 20$, $z_2 = 64$, $z_3 = 24$ und $z_4 = 90$ Zähnen, wenn $n_1 = 960 \text{ min}^{-1}$ ist?

Lösung: $\qquad i_1 = \dfrac{z_2}{z_1} = \dfrac{64}{20} = \dfrac{16}{5} \qquad\qquad\qquad i_2 = \dfrac{z_4}{z_3} = \dfrac{90}{24} = \dfrac{15}{4}$

$$i = i_1 \cdot i_2 = \frac{16}{5} \cdot \frac{15}{4} = \frac{240}{20} = \frac{12}{1} \qquad\qquad i = \frac{n_1}{n_4}$$

$$n_4 = \frac{n_1}{i} = \frac{960 \text{ min}^{-1}}{12} = 80 \text{ min}^{-1}$$

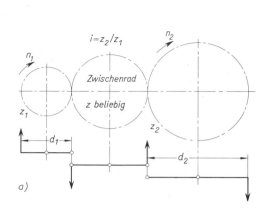

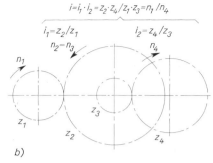

$$i = i_1 \cdot i_2 = z_2 \cdot z_4 / z_1 \cdot z_3 = n_1 / n_4$$

$$i_1 = z_2 / z_1 \qquad i_2 = z_4 / z_3$$
$$n_2 = n_3$$

298.1 a) Zahnradtrieb mit Zwischenrad, unten als Hebelübersetzung dargestellt
b) zweistufiger Zahnradtrieb

Schneckentriebe (298.2) ermöglichen bei sich kreuzenden Wellen sehr große Übersetzungen bis etwa 50 : 1. Der Schneckengang kann als Gewindegang eines Schraubenbolzens aufgefaßt werden. Entsprechend kann die Schnecke wie die Schraube ein- oder mehrgängig sein; die Zahl der Gewindegänge erkennt man an der Anzahl der Gewindeanfänge. Bei einer Umdrehung der eingängigen Schnecke dreht sich das Schneckenrad um einen Zahn weiter, auf dem Teilkreis also um den Betrag der Zahnteilung t des Schneckenrades.

Beträgt die Drehzahl der Schnecke n_1, so ist die Drehzahl des Schneckenrades $n_2 = n_1 / z$. Ist die Schnecke mehrgängig (Gangzahl g), so ist die Drehzahl des Schneckenrades $n_2 = n_1 \cdot g / z$. Daraus folgt durch Malnehmen mit z für den

Schneckentrieb $\qquad n_1 \cdot g = n_2 \cdot z$

298.2 Schneckentrieb

Beispiel 86: Wie groß ist die Drehzahl eines Schneckenrades mit $z = 40$ Zähnen, das von einer zweigängigen Schnecke (Gangzahl $g = 2$) angetrieben wird, deren Drehzahl $n_1 = 2900$ min^{-1} beträgt?

Lösung: $\qquad n_1 \cdot g = n_2 \cdot z$

$$n_2 = \frac{n_1 \cdot g}{z} = \frac{2900 \text{ min}^{-1} \cdot 2}{40} = 145 \text{ min}^{-1}$$

Schneckentriebe sind meist selbstsperrend; es ist deshalb nicht möglich, durch Antreiben des Schneckenrades die Schnecke zu drehen. Diese Eigenschaft wird in der Praxis ausgenutzt, z. B. im Kranbau, wo Seiltrommeln über Schneckentriebe von Elektromotoren angetrieben werden. Hier kann die am Seil hängende Last die Schnecke auf der Motorwelle bei ausgeschaltetem Motor nicht in Drehung versetzen. Der selbstsperrende Schneckentrieb sichert die Last also ohne Bremsen vor ungewolltem Absinken.

Änderung des Drehmomentes bei Übersetzungen. Wird durch einen Riemen- oder Zahnradtrieb die Drehzahl verändert, so ändert sich auch das Drehmoment; denn die Leistung muß ja, von geringen Verlusten im Getriebe abgesehen, unverändert bleiben.

Treibt beispielsweise ein Motor mit der Leistung P_1, der Drehzahl n_1 und dem Drehmoment M_1 über Riemen oder Zahnräder eine Arbeitsmaschine an, so stehen an der angetriebenen Welle die Leistung P_2, die Drehzahl n_2 und das Drehmoment M_2 zur Verfügung. Da $P_1 = P_2$ ist, erhält man $M_1 \cdot n_1/9{,}55 = M_2 \cdot n_2/9{,}55$, und durch Kürzen $M_1 \cdot n_1 = M_2 \cdot n_2$, weiterhin durch Umformen schließlich für alle

Rädergetriebe
$$\frac{M_1}{M_2} = \frac{n_2}{n_1}$$

Durch Übersetzungen in Rädergetrieben ändern sich die Drehmomente im umgekehrten Verhältnis wie die Drehzahlen.

Beispiel 87: Auf welche Drehzahl n_2 muß die Drehzahl eines Motors mit $n_1 = 960$ min^{-1} übersetzt werden, wenn bei einer Motorleistung $P = 2{,}2$ kW die Last $G = 600$ N mit Hilfe einer Seiltrommel, deren Durchmesser $d = 300$ mm beträgt, gehoben werden soll. $\eta = 1$ (**299.1**)?

Lösung:

Lastmoment an der Seiltrommel

$$M_2 = G \cdot \frac{d}{2} = 600\,\text{N} \cdot 0{,}15\,\text{m} = 90\,\text{Nm}$$

299.1 Antrieb einer Seilwinde über ein Zahnradgetriebe

Drehmoment des Motors $M_1 = \dfrac{9{,}55 \cdot P}{n_1} = \dfrac{9{,}55\,\frac{\text{s}}{\text{min}} \cdot 2{,}2\,\frac{\text{kNm}}{\text{s}}}{960\,\text{min}^{-1}} = 0{,}0224\,\text{kNm} = 22{,}4\,\text{Nm}$

Aus der Gleichung $M_1/M_2 = n_2/n_1$ erhält man dann durch Malnehmen mit n_1

$$n_2 = n_1 \cdot \frac{M_1}{M_2} = 960\,\text{min}^{-1} \cdot \frac{22{,}4\,\text{Nm}}{90\,\text{Nm}} = 234\,\text{min}^{-1}$$

14.4   Schalt- und Schutzgeräte für Motoren

Die wichtigsten Einrichtungen dieser Art für Motoren sind Sicherungen, einfache Motorschalter, Anlasser, Motorschutzschalter und Schütze. Schmelzsicherungen dienen in Motorstromkreisen i. allg. nur als Kurzschlußschutz für die Motorzuleitungen. Den Schutz des Motors vor Überlastung und Einphasenlauf können sie dagegen nicht übernehmen, weil man ihre Auslösestromstärke nicht auf den Motornennstrom einstellen kann wie beim Motorschutzschalter, der noch ausführlich zu besprechen ist. Die Schmelzsicherungen in den Zuleitungen sprechen nicht auf den hohen Einschaltstromstoß des Motors an. Bei großen Kurzschlußströmen verwendet man NH-Sicherungen (s. Abschn. 2.2).

14.41 Einfache Motorschalter und Anlasser

Steuerschalter sind Handschalter, die als Ein- und Ausschalter, Wendeschalter, Stern-Dreieck-Schalter und Polumschalter dienen (**300.1**). Motorschalter sind hinsichtlich ihrer Wirkungsweise Stellschalter, d. h. Schalter mit Dauerkontaktgabe, also ohne Rückzugskraft.

Anlasser und Anlaßsteller sind Stufenschalter mit angebauten Widerständen. Anlasser dienen bei Gleichstrom- und Schleifringläufermotoren zum Anlassen, also zum stufenweisen Einschalten des Motors. Anlaßsteller ermöglichen darüber hinaus eine Drehzahleinstellung. Sie haben, verglichen mit den Anlassern, größere Stufenzahl und für Dauereinschaltung bemessene Widerstände.

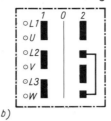

300.1 Walzenschalter als Wendeschalter für Drehstrommotoren
    a) Ansicht [12]
    b) Schaltzeichen. Dieses stellt die drehbare Schaltwalze abgewickelt dar, daneben die feststehenden Anschlußklemmen

14.42 Motorschutzschalter und Leistungsschalter

Motorschutzschalter und Leistungsschalter sind Schloßschalter, d. h. Schalter mit mechanischer Sperrung und Freiauslösung (**301**.1 und **301**.2). Motorschutzschalter haben ein Schaltvermögen entsprechend dem Anzugstrom des Motors. Leistungsschalter können darüber hinaus auch bei Kurzschlußbelastung sicher ein- und ausschalten. Das Öffnen des Schalters erfolgt durch Auslösen der Verklinkung des Schaltschlosses, und zwar entweder von Hand durch Einknicken des Kniehebels 1 mit Hilfe des Betätigungshebels 2 oder selbsttätig bei Überlastung sowie Kurzschluß durch thermische Überstromauslöser bzw. elektromagnetische Schnellauslöser. Der thermische Überstromauslöser kann mit der Einstellschraube 3 auf den Motornennstrom eingestellt werden. Bei Überlastung krümmt sich das Bimetall 4 (s. Abschn. 2.32) so weit, daß der Sperrhebel 5 freigegeben wird. Bei Kurzschluß wird ein Eisenkern in die Stromspule 6 gezogen und bewirkt so ebenfalls die Freigabe des Sperrhebels 5. Jetzt kann die beim Einschalten gespannte Feder 7 den Schalter selbst dann öffnen, wenn der Betätigungshebel festgehalten wird (**301**.2b). Diese sog. Freiauslösung löst also den Schalter bei Überlast oder Kurzschluß auch dann aus, wenn der Betätigungshebel verklemmt ist oder fest gehalten wird. Die Feder 8 zieht den Betätigungshebel in die Aus-Stellung zurück.

Schutzaufgaben der Motorschutzschalter und Leistungsschalter:

1. Überlastungsschutz wird von elektrothermisch wirkenden Bimetallauslösern bewirkt. Diese sind in alle Strompfade eingebaut und können in bestimmten Grenzen mit der Einstellschraube 3 (**301**.2) auf den Motornennstrom eingestellt werden. Der Bimetallauslöser spricht mit Verzögerung an, die um so geringer ist, je größer der die Überlastung verursachende Überstrom ist. Die Auslöseverzögerung ist jedoch so bemessen, daß der Schalter durch den Stromstoß beim Einschalten des Motors nicht ausgelöst wird. Der Bimetallauslöser löst den Schalter bei Drehstrommotoren auch dann aus, wenn diese durch Unterbrechung einer Zuleitung mit zu großer Stromaufnahme in den übrigen beiden Zuleitungen weiterlaufen (Einphasenlauf). Neben dem Überlastungsschutz übernehmen Motorschutzschalter manchmal auch den Schutz gegen Kurzschluß und Unterspannung.

2. Kurzschlußschutz bewirkt die unverzögerte Abschaltung von Kurzschlüssen durch den elektromagnetischen Schnellauslöser, der beim 10···15fachen Nennstrom anspricht.

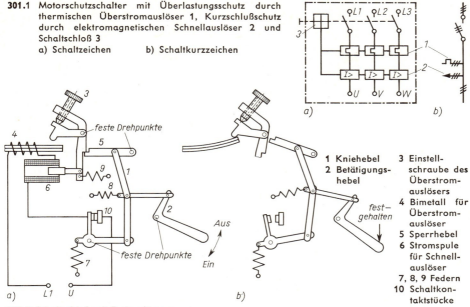

301.1 Motorschutzschalter mit Überlastungsschutz durch thermischen Überstromauslöser 1, Kurzschlußschutz durch elektromagnetischen Schnellauslöser 2 und Schaltschloß 3
a) Schaltzeichen   b) Schaltkurzzeichen

1 Kniehebel
2 Betätigungshebel
3 Einstellschraube des Überstromauslösers
4 Bimetall für Überstromauslöser
5 Sperrhebel
6 Stromspule für Schnellauslöser
7, 8, 9 Federn
10 Schaltkontaktstücke

301.2 Schaltschloß mit Freiauslösung
a) Schalter geschlossen
b) Schalter bei festgehaltenem Betätigungshebel durch Überstromauslösung geöffnet

Vor Motorschutzschaltern mit Kurzschlußauslösern sind i. allg. Schmelzsicherungen entbehrlich. In leistungsstarken Netzen mit großen Kurzschlußströmen sind sie allerdings erforderlich, weil dann der zu erwartende Kurzschlußstrom das Schaltvermögen des Motorschutzschalters übersteigen und den Schalter zerstören würde.

3. Unterspannungsschutz bewirkt, daß der Motor bei Netzausfall ausgeschaltet wird. Dadurch wird verhindert, daß das Netz bei wiederkehrender Spannung durch das gleichzeitige Anlaufen aller Motoren überlastet wird. Außerdem muß nach einer Netzstörung manchmal das Wiederanlaufen einer noch eingeschalteten Arbeitsmaschine verhindert werden, um Unfälle zu vermeiden. Der Unterspannungsschutz besteht aus einer als Spannungsspule geschalteten Magnetspule, deren Anker beim Absinken der Netzspannung unter einen bestimmten Wert abfällt und dadurch das Schaltschloß öffnet. (In den Bildern **301.1** und **301.2** nicht dargestellt.)

Leitungs- und Geräteschutzschalter haben ebenfalls Überlastungs- und Kurzschlußauslöser. Der Motorschutzschalter unterscheidet sich von diesen Schaltern durch die allpolige Abschaltung und durch seine auf den Motor-Nennstrom einstellbare Überstromauslösung, vom Leitungsschutzschalter außerdem noch durch den höheren Ansprechstrom seiner Kurzschlußauslösung. (Ansprechstrom beim Motorschutzschalter meist das 10fache des Motor-Nennstroms, beim Leitungsschutzschalter das 3- bzw. 5fache; s. Abschn. 2.2.)

14.43 Schütze, Befehlsschalter und Wächter

Schütze

Schütze sind elektromagnetisch betätigte Schalter. Sie werden unverklinkt, also ohne Schaltschloß ausgeführt (**302.1**) und durch die Wirkung des Steuerstromes in einer Magnetspule 1 eingeschaltet und gehalten. Schützschaltungen bestehen immer aus zwei Teilen, aus dem

Steuerteil, das sind die der Steuerung dienenden Hilfsstromkreise, und dem

Leistungsteil, das sind die gesteuerten Hauptstromkreise.

Schützschaltungen eignen sich besonders für Fernbedienung durch Befehlsschalter sowie, wegen ihres einfachen mechanischen Aufbaus, für große Schalthäufigkeit und verwickelte Steuerungsaufgaben, die mit handbetätigten Schaltgeräten entweder gar nicht oder nur mit großem Aufwand bewältigt werden können. Die Schaltungsmöglichkeiten sind außerordentlich mannigfaltig, vor allem in Verbindung mit besonderen Befehlsgeräten, z. B. Endschaltern, Zeitrelais, Fotozellen, Temperaturfühlern, Druckwächtern usw. Als Hauptschalter, der eine Anlage spannungslos macht, kann das Schütz allerdings nicht verwendet werden, da die Steuerstromkreise der Anlage auch in der Aus-Stellung des Schützes noch unter Spannung stehen.

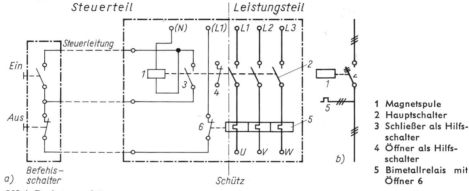

1 Magnetspule
2 Hauptschalter
3 Schließer als Hilfs-
schalter
4 Öffner als Hilfs-
schalter
5 Bimetallrelais mit
Öffner 6

302.1 Drehstromschütz
    a) Schaltplan mit Doppeldruckknopf-Taster als Befehlsschalter, thermischem Überlastungsschutz
    und ggf. Steuerleitungen für Fernbedienung   b) Schaltkurzzeichen

Schütze für Drehstrom (**302.1**) haben einen dreipoligen Hauptschalter 2. Daneben enthalten sie mindestens einen Hilfsschalter zur Selbsthaltung des Schützes, wenn der Steuerstromkreis durch Tastschalter geschaltet wird. Dieser Hilfsschalter ist hier der Schließer 3, der sich bei Betätigung des Schützes schließt. Die Selbsthaltung des Schützes wird dadurch erreicht, daß der Schließer 3 parallel zum Einschalttaster „Ein" geschaltet wird. Er überbrückt daher den Taster, sobald die Schützspule 1 angezogen hat und hält so den Steuerstromkreis geschlossen, nachdem der Einschalttaster in die Ruhelage zurückgegangen ist. Der Steuerstromkreis und damit auch der Hauptschalter 2 des Schützes werden erst wieder geöffnet, wenn der Ausschalttaster „Aus" betätigt wird.

Aus Sicherheitsgründen ist darauf zu achten, daß die Magnetspule 1 des Schützes stets an den N-Leiter geschaltet wird. Dadurch wird die Möglichkeit ausgeschlossen, daß das Schütz unbeabsichtigt anzieht, wenn eine Zuleitung der Magnetspule durch einen Isolationsfehler Masseschluß bekommt. Steuerstromkreise dürfen nur mit Spannungen bis 220 V betrieben werden, Steuerstromkreise für mehr als zwei Motoren (auch Elektromagnete, wie Ventile, Bremslüfter u. ä.) müssen über einen Steuertransformator (Trenntransformator) gespeist werden.

Die meisten Schütze enthalten außer dem Schließer 3 mindestens noch einen Öffner 4. Öffner werden beim Betätigen des Schützes geöffnet. Sie dienen meist zur elektrischen Verriegelung. Diese Verriegelung verhindert bei Schützsteuerungen mit zwei oder mehr Schützen, daß zwei Schaltungen versehentlich gleichzeitig vorgenommen werden, die nur nacheinander oder wahlweise erfolgen dürfen. Das ist z. B. der Fall beim Schalten auf Rechts- bzw. Linkslauf bei der Wendeschützschaltung (303.1).

Beispiele für Schützsteuerungen: Wendeschützschaltung (Umkehrung der Motordrehrichtung), selbsttätige Stern-Dreieck-Schaltung, selbsttätige stufenweise Abschaltung der Anlasserwiderstände bei Läuferanlassern, abhängige Steuerungen mehrerer Motoren an Förderanlagen oder Werkzeugmaschinen usw.

Bild 303.1 zeigt eine Wendeschützschaltung. Bei rechtslaufendem Motor M1 (Rechtsschütz K1 ist betätigt) ist die Betätigung des Linkslaufschützes K2 nicht möglich, weil der Steuerstromkreis des Schützes K2 am geöffneten Verriegelungsschalter des Schützes K1 unterbrochen ist.

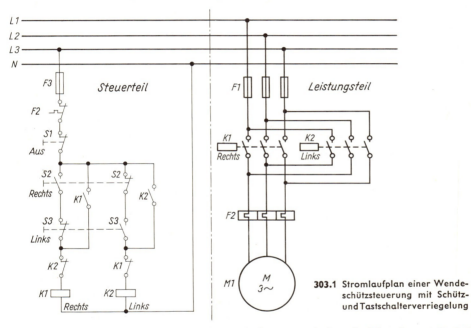

303.1 Stromlaufplan einer Wendeschützsteuerung mit Schütz- und Tastschalterverriegelung

Die in Bild 303.1 dargestellte Wendeschützschaltung ist als Stromlaufplan dargestellt. Bei Stromlaufplänen wird, im Gegensatz zu den Wirkschaltplänen die Schaltung übersichtlich nach Stromwegen aufgelöst, ohne Rücksicht auf die bauliche Zusammengehörigkeit und die örtliche Lage der einzelnen Teile. Die bauliche Zusammengehörigkeit getrennt gezeichneter Teile wird durch gleiche Kennzeichnung deutlich gemacht. So kehrt in Bild 303.1 bei allen zum Schütz für Rechtslauf K1 gehörigen Teilen die Bezeichnung K1 wieder. In Tafel 304.1 sind die genormten Kennbuchstaben für Geräte aufgeführt.

Schütze mit Motorschutz. Schütze übernehmen oft mit Hilfe des eingebauten Bimetallrelais 5 in Bild 302.1 auch den Überlastungsschutz des Motors. Abweichend vom Bimetallauslöser des Motorschutzschalters löst das Bimetallrelais hier aber keine mechanische Verklinkung; es betätigt vielmehr den Öffner 6 und unterbricht dadurch den Haltestromkreis des Schützes. Die solchen Schützen lediglich als Kurzschlußschutz vorgeschalteten Schmelzsicherungen können bis zu drei Stufen höher gewählt werden, als es für den Überlastungsschutz der Leitung erforderlich wäre, z. B. kann für den Querschnitt 1,5 mm² statt einer 16 A-Sicherung eine 35 A-Sicherung verwendet werden.

Tafel 304.1 Kennbuchstaben für die Kennzeichnung von Betriebsmitteln in Schaltplänen (Auswahl). In Klammern früher verwendete Kennbuchstaben.

Kennbuchstabe	Art des Betriebsmittels	Beispiele
A (u)	Baugruppen	Verstärker, Magnetverstärker, Regler, Gerätekombinationen
C (k)	Kondensatoren	
D (—)	Verzögerungs-, Speichereinrichtungen	Bistabile und monostabile Elemente, Kernspeicher, Plattenspeicher, Magnetbandspeicher
E (—)	Verschiedenes	Beleuchtungs- und Heizeinrichtungen, Einrichtungen, die sonst nicht in dieser Aufstellung aufgeführt sind
F (e)	Schutzeinrichtungen	Sicherungen, Schutzrelais, Auslöser, Wächter
G (—)	Generatoren	Generatoren, Frequenzwandler, Batterien, Phasenschieber
H (h)	Meldeeinrichtungen	Optische und akkustische Meldegeräte
K (c, d)	Schütze, Relais	Leistungsschütze, Hilfsschütze, Hilfs- und Zeitrelais
L (k)	Induktivitäten	Drosselspulen
M (m)	Motoren	
P (g)	Meßgeräte	Anzeigende, schreibende u. zählende Meßeinrichtungen, Uhren
Q (a)	Starkstromschaltgeräte	Leistungsschalter, Motorschutzschalter, Trennschalter, Schutzschalter, Sicherungslastschalter
R (r)	Widerstände	Stellwiderstände, Potentiometer, Heißleiter
S (b)	Schalter, Wähler	Tastschalter, Endschalter, Steuerschalter, Signalgeber
T (m)	Transformatoren	
V (p)	Röhren, Halbleiter	Elektronenröhren, Dioden, Transistoren, Thyristoren
W (—)	Übertragungswege	Leitungen, Schaltdrähte, Kabel, Sammelschienen
X (—)	Klemmen, Steckverbindungen	Trennstecker und -dosen, Klemm- und Lötleisten
Y (S)	El. betätigte mech. Einrichtungen	Bremslüfter, Magnetkupplungen, Magnetventile

Tafel 304.2 Farbkennzeichnung für Druckknöpfe, Leuchtdruckknöpfe und Leuchtmelder

Druckknöpfe	**EIN-Knopf** grün schwarz oder weiß	**AUS-Knopf** nur rot (Gefahrenknopf)
Leuchtdruckknöpfe	**EIN-Knopf** weiß oder klar **verboten:** grün und rot	**AUS-Knopf** (Gefahrenknopf) Leuchttaster nicht zulässig!
Leuchtmelder	**Einschalt-Zustand** weiß oder blau	**Ausschalt-Zustand** grün

Grundsätzlich: rot = Gefahr; gelb = Vorsicht; grün = Sicherheit

Befehlsschalter und Meldegeräte

Befehlsschalter dienen zum Betätigen der Schütze; Meldegeräte, meist Leuchtmelder, zeigen den Betriebszustand der Anlage an. Befehlsschalter sind meist Tastschalter, d.h. Schalter mit Rückzugskraft zur kurzzeitigen Kontaktgabe in Form von Druckknöpfen. Endtaster und Endschalter schalten den Motor selbsttätig aus oder um, wenn das bewegte Anlagenteil, z. B. ein Fahrstuhl oder der Schlitten einer Fräsmaschine, die gewünschte Stellung erreicht hat.

Druckknöpfe, Leuchtmelder und Leuchtdruckknöpfe erhalten eine Farbkennzeichnung nach VDE 0199 (Tafel **304.2**).

Wächter sind Grenzschalter, die entweder eine physikalische Größe z. B. den Druck in einer Pumpanlage (Druckwächter) oder einen Betriebszustand, z. B. die Beendigung der Gegenstrombremsung eines Motors (Drehzahlwächter), überwachen. Sie öffnen den Stromkreis, wenn der kritische Grenzwert erreicht ist, und schließen ihn wieder, wenn dieser Grenzwert um einen bestimmten Betrag unter- bzw. überschritten ist. Begrenzer schließen den Stromkreis nicht wieder selbsttätig, wie z. B. der Temperaturbegrenzer des Boilers in Abschn. 2.33.

14.44 Motorschutz durch Temperaturfühler

Bimetallauslöser und -relais sprechen an, wenn der vom Motor aufgenommene Strom eine bestimmte Grenze überschreitet. Der Strom dient hier also als Einflußgröße für die Auslösung des Auslöseorgans; er ist in den meisten Fällen auch ein zuverlässiger Maßstab für die Temperatur der Motorwicklung. Bei häufigem Einschalten des Motors (z. B. bei Aussetzbetrieb S 3 in Bild **293.1** a) oder bei länger dauerndem Schweranlauf kann aber der Fall eintreten, daß das Bimetall auslöst, obwohl die Grenztemperatur der Wicklung nicht erreicht ist. Auch bei starken Schwankungen der Umgebungstemperatur bieten Bimetallauslöser keinen zuverlässigen Schutz. In solchen Betriebsfällen wird der Motorschutz durch eingebaute Temperaturfühler erforderlich.

Motorvollschutz. Schutzeinrichtungen mit Temperaturfühlern werden wegen ihrer gegenüber dem stromabhängigen Bimetallschutz besseren Schutzwirkung als Motorvollschutz bezeichnet. Hier wird die Temperatur der Motorwicklung mit Hilfe von in die Wickelköpfe eingebauten Temperaturfühlern unmittelbar als Einflußgröße für das Unterbrechen des Schützstromkreises herangezogen. Als Fühler dienen Bimetallstreifen oder temperaturabhängige Halbleiterwiderstände. Sie schalten beim Überschreiten der für die Wicklung zulässigen Grenztemperatur den Motor indirekt durch Unterbrechen des Schützstromkreises ab.

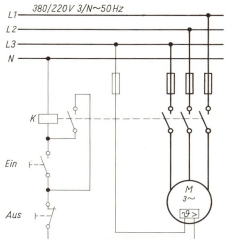

305.1 Motorvollschutz mit Bimetall-Temperaturfühler

So sind beispielsweise in Bild **305.1** die in jeden Wicklungsstrang des Drehstrommotors eingebauten Bimetall-Temperaturfühler sog. Temperaturwächter, die beim Überschreiten der Grenztemperatur der Wicklungen den Haltestromkreis des Schützes K unmittelbar unterbrechen.

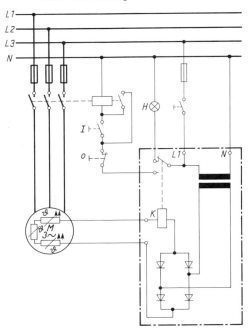

Die Kaltleiter-Temperaturfühler in den Wicklungsköpfen des Motors (**306**.1) liegen miteinander und mit dem Auslöserelais in Reihe an einer Gleichrichter-Brückenschaltung (s. Abschn. 17.13). Durch den mit der Temperatur steigenden Widerstand des Kaltleiters wird der Strom kleiner. Bei Erreichen der Grenztemperatur schaltet das Relais K ab, und der Haltestromkreis des Schützes wird unterbrochen. Halbleiter-Temperaturfühler sind wesentlich kleiner als Bimetall-Temperaturfühler. Sie lassen sich daher leichter in den Wickelköpfen der Motoren unterbringen. Durch ihre kleinen Abmessungen haben sie eine kleine Wärmekapazität und folgen daher der Wicklungstemperatur praktisch unverzögert. Das Relais spricht daher mit Sicherheit an, bevor sich die Wicklung unzulässig erwärmt hat.

306.1 Motorvollschutz mit Kaltleiter-Temperaturfühlern H Leuchtmelder „Störung"

Übungsaufgaben zu Abschnitt 14

1. Welche Angaben sind zur eindeutigen Beschreibung einer Kraft erforderlich?
2. Der Begriff Drehmoment ist zu erläutern.
3. Wie gibt man den Drehsinn einer elektrischen Maschine an?
4. Warum soll die Nennleistung eines Motors nicht größer sein, als es für die anzutreibende Maschine erforderlich ist?
5. In welchen Betriebsfällen muß der Antriebsmotor ein großes Anzugsmoment haben?
6. Es sind Anwendungsbeispiele für Motoren mit Synchron-, Nebenschluß- und Reihenschlußverhalten zu nennen.
7. Welche Bedeutung haben Buchstabe und Ziffern der Schutzart-Kennzeichnung?
8. Welche Vor- und Nachteile haben Keilriemenantriebe gegenüber Zahnradantrieben?
9. Warum sind Schmelzsicherungen nicht für den Überlastungsschutz von Motoren verwendbar?
10. Auf welche Stromstärke muß der Überlastungsschutz von Motorschutzschaltern und Schützen bei nichtkompensierten und bei kompensierten Motoren eingestellt werden?
11. Welche Aufgabe haben Schaltschloß und Freiauslösung?
12. Worin besteht der Unterschied zwischen Stellschaltern, Tastschaltern und Schloßschaltern?
13. Warum sind Bimetallauslöser und Bimetallrelais nicht als Kurzschlußschutz geeignet?
14. Warum kann man einen im Aussetz- oder Schaltbetrieb arbeitenden Motor nicht durch einen stromabhängigen Bimetallschutz schützen?
15. Versuch: Für einen kleinen Motorschutzschalter sind die Auslösezeit bei dem 1,5 fachen der eingestellten Stromstärke sowie die Mindeststromstärke, bei der die Schnellauslösung anspricht,

festzustellen. Zu diesem Zweck wird der Schalter einphasig an das Drehstromnetz gelegt; die beiden angeschlossenen Schaltstücke werden über einen passenden Stellwiderstand als Verbraucher und einen Strommesser angeschlossen.

16. Versuch: Für einen Drehstrommotor ist eine einfache Steuerschaltung, bestehend aus Schütz, Überstromrelais und Druckknopftaster zu schalten. Die Schaltung ist dann so zu erweitern, daß der Motor von zwei Stellen aus geschaltet werden kann.

17. Versuch: Für einen Drehstrommotor ist eine Wendeschützschaltung aufzubauen. Die Schaltung ist dann so zu erweitern, daß der Motor von zwei Stellen aus geschaltet werden kann.

15 Schutzmaßnahmen in elektrischen Anlagen

Die nach den Bestimmungen VDE 0100 und VDE 190 (s. Abschn. 16) vorgeschriebenen Schutzmaßnahmen sollen nicht dem Schutz der Anlage dienen, sondern dem Schutz des Menschen gegen die Gefahren des elektrischen Stromes und z.T. auch dem Schutz der Gebäude gegen Brandgefahr. Die Unfallgefahren sollen daher zuerst behandelt werden.

15.1 Elektrische Unfälle

15.11 Ursachen elektrischer Unfälle

Gefahr für Leben und Gesundheit besteht, wenn der Mensch zwei Punkte überbrückt, zwischen denen eine Spannung besteht. Der menschliche Körper ist dann Teil eines geschlossenen Stromkreises, wird also von einem elektrischen Strom durchflossen. Diese Möglichkeit ist in drei Fällen gegeben:

1. In einem Netz mit geerdetem N-Leiter (Neutralleiter) wird ein Anlageteil berührt, der zwar im Betrieb keine Spannung führen darf, durch einen Isolationsfehler jedoch Spannung gegen Erde annimmt, z. B. das metallische Gehäuse eines Gerätes oder einer Maschine. Dieser häufig auftretende Fehler heißt Körperschluß.

Berührt man einen mit einem Körperschluß behafteten Anlageteil und gleichzeitig die Erde, so schließt sich ein Stromkreis über den eigenen Körper, die Erde und den Widerstand R_B der Betriebserdung des Transformator-Sternpunktes (308.1). Diese Gefahr kann nur dann ausgeschlossen werden, wenn der Standort einen isolierenden Fußboden hat oder wenn der Sternpunkt des Speisetransformators nicht geerdet ist. (Der letztere Fall ist sehr selten, s. Abschn. 15.38.)

2. In einem Netz mit geerdetem N-Leiter werden versehentlich ein spannungführender Anlageteil und gleichzeitig die Erde berührt. Dann kann sich wie unter 1. ein Stromkreis bilden.

3. Bei isoliertem Standort gegen Erde kann sich über den Körper ein Stromkreis schließen, wenn er mit zwei gegeneinander Spannung führenden Anlageteilen in Berührung kommt.

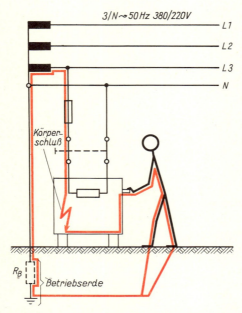

308.1 Fehlerstromkreis (rot) über den menschlichen Körper bei Berührung eines Gerätes mit Körperschluß (hier eines Elektroherdes)

Fall 2 oder 3 gefährdet hauptsächlich den an der Anlage arbeitenden **Fachmann**, Fall 1 vor allem den **Benutzer** des schadhaften Gerätes.

15.12 Wirkungen des elektrischen Stromes auf den menschlichen Körper

Entscheidend für alle Wirkungen des Stromes auf den Körper ist die **Stärke** des Stromes, der den Körper durchfließt. Außerdem spielt die **Dauer** der Stromeinwirkung und bei Wechselstrom die **Frequenz** eine Rolle. Die Spannung hat nur indirekt Einfluß, indem sie mit dem Gesamtwiderstand des betreffenden Stromkreises zusammen die Stromstärke bestimmt.

Einfluß des Körperwiderstandes

Den größten Widerstandsanteil eines sich über den menschlichen Körper schließenden Stromkreises hat meist der Körper selbst. Der Körperwiderstand ist daher für die Stromstärke und damit für die Gefahr von entscheidendem Einfluß. Er besteht aus dem **Hautwiderstand** und dem **Körperinnenwiderstand** von etwa $1300\,\Omega$. Der Hautwiderstand hängt von der Hautbeschaffenheit (trocken, feucht, Hornhaut) und von der Größe der Berührungsfläche ab. Bei feuchter Haut und großer Berührungsfläche sinkt er auf einen sehr kleinen Wert ab, so daß praktisch nur noch der Körperinnenwiderstand wirksam ist. Dann erhält man für 220 V den Körperstrom $\frac{220\,V}{1300\,\Omega} = 0{,}17\,A = 170\,mA$.

Da ab 40 mA Lebensgefahr besteht, gelten Spannungen über $U = I \cdot R = 40\,mA \cdot 1300\,\Omega \approx 50\,V$ als gefährlich.

Körperströme über das Herz von 100 mA und mehr wirken in der Regel tödlich. Ströme von 40 · · · 100 mA können bei längerer Einwirkungszeit schwere Schädigungen und auch den Tod zur Folge haben. Sie treten bei Spannungen über 50 V auf.

Einwirkungsmöglichkeiten des Stromes

Wirkungen auf das Herz. Liegt das Herz in der Strombahn, so kann bei Strömen über 40 mA das **Herzkammerflimmern** entstehen. Ärztliche Hilfe ist vergeblich, da die Herztätigkeit in eine flatternde Bewegung übergeht, die zum Herzstillstand und damit zum Tode führt.

Netzwechselstrom ist gefährlicher als Gleich- und Hochfrequenzstrom, besonders deshalb, weil er eine Verkrampfung der Muskulatur hervorruft. Dadurch ist z. B. das Lösen der Hand beim Umfassen des spannungführenden Teils oft nicht möglich, und es kommt zu einer längeren Stromeinwirkungszeit.

Äußere und innere Verbrennungen. Äußere Verbrennungen entstehen an der Stromübergangsstelle durch einen Lichtbogen, selbst dann, wenn der Körper nicht in der Strombahn liegt. Das gleiche gilt für das „Verblitzen" der Augen, einer Schädigung der Netzhaut durch das grelle Licht und die ultravioletten Strahlen des Lichtbogens, die zur dauernden Schädigung der Netzhaut und in schweren Fällen zur völligen Erblindung führen kann.

Innere Verbrennungen entstehen durch die Wärmewirkung größerer Ströme (über 100 mA), vor allem in den Körperteilen geringeren Querschnitts, also in Armen und Beinen, besonders bei Hochspannung; bei Niederspannung können sie bei längerer Einwirkungszeit (mehrere Sekunden) auftreten. Durch die Stromwärme werden die Körperzellen zersetzt. Die Zersetzungsprodukte stellen ein schweres Körpergift **dar**. Da man bei inneren Verbrennungen zunächst kaum Beschwerden verspürt, **muß un**bedingt der Arzt rechtzeitig aufgesucht werden, wenn die Möglichkeit einer **inneren** Verbrennung gegeben ist; denn durch die beschriebenen Folgen kann noch nach **Tagen** der Tod eintreten.

An den Stromübergangsstellen am Körper bilden sich häufig schmerzfreie, blaßgelbe, scharf umränderte Erhöhungen, sogenannte Strommarken. Sie sind völlig harmlos, verschwinden nach einiger Zeit und bieten für die Schwere des Unfalls keinen Anhalt.

Wirkungen auf das Nervensystem. Es können z. B. Lähmungen eintreten und Gehör, Sehkraft, Bewußtsein und Gleichgewichtssinn gestört werden. Liegt die Atemmuskulatur in der Strombahn, so kann Atemlähmung, verbunden mit Bewußtlosigkeit, eintreten. Meist ist der Stromdurchgang auch mit einer S c h r e c k w i r k u n g verbunden, die unwillkürliche Körperbewegungen (Reflexbewegungen) hervorruft; bei erhöhtem Stand des Betroffenen besteht dann Absturzgefahr. Bei herz- und nervenkranken Personen kann der Schreck auch unmittelbar zu Schädigungen führen, im schlimmsten Falle zum Herzschlag.

Stromdurchgang durch den Körper kann Herzkammerflimmern, Verbrennungen und mannigfache Nervenschädigungen hervorrufen.

15.13 Erste Hilfe bei elektrischen Unfällen

Ausführliche Anweisungen hierzu enthält die „A n l e i t u n g z u r e r s t e n H i l f e b e i U n f ä l l e n" (VDE 0134). Dazu gehören folgende besonders wichtige Regeln:

Sofort abschalten, wenn der Verunglückte noch an der Spannung liegt. Sind Schalter, Sicherungen oder Steckverbindungen nicht erreichbar, so muß bei Niederspannung (unter 1000 V) versucht werden, den Verunglückten von der Anlage frei zu machen. Dabei muß man sich isoliert aufstellen (z. B. auf trockenem Brett oder Kleidungsstück) oder sich die Hände mit trockenen Tüchern umwickeln, bevor man den Verunglückten berührt. Ist beides nicht schnell genug durchführbar, so kann die Anlage durch einen absichtlichen Kurzschluß spannungslos gemacht werden. (Vorsicht vor möglicherweise entstehendem Lichtbogen!)

Besteht Absturzgefahr, so ist eine Auffangvorrichtung (z. B. Auffangtuch) vorzusehen.

Bei Hochspannungsanlagen (durch Blitzpfeil und Aufschrift „Vorsicht! Hochspannung!" gekennzeichnet) darf der Verunglückte nicht angefaßt werden, solange er unter Spannung steht. Auch darf ein künstlicher Kurzschluß nicht ausgelöst werden, weil er große Gefahren für den Ausführenden birgt.

Sofort an Ort und Stelle künstliche Atmung durchführen, wenn der Verunglückte nicht mehr atmet. Die ersten Sekunden und Minuten nach dem Unfall sind entscheidend für Leben oder Tod. Die künstliche Atmung ist so lange durchzuführen, bis die Atmung wieder einsetzt oder der Arzt den Tod feststellt. Es sind Fälle bekannt, in denen Wiederbelebungsversuche erst nach mehreren Stunden zum Erfolg geführt haben.

15.2   Verhütung elektrischer Unfälle

15.21 Unfallverhütung beim Arbeiten an elektrischen Anlagen

Bei allen Arbeiten sind außer den allgemeinen Unfallverhütungsvorschriften die „V D E - B e s t i m m u n g e n f ü r d e n B e t r i e b v o n S t a r k s t r o m a n l a g e n" (VDE 0105) zu beachten, die von der „Berufsgenossenschaft der Feinmechanik und Elektrotechnik" verbindlich vorgeschrieben sind. Führt ihre Nichtbeachtung zu einem Unfall, so macht sich der Schuldige strafbar.

Die wesentlichen Bestimmungen aus VDE 0105 für das Arbeiten an Niederspannungsanlagen besagen: Das Arbeiten u n t e r S p a n n u n g ist bis auf wenige Sonderfälle verboten.

Vor Arbeitsbeginn sind folgende Maßnahmen in der angeführten Reihenfolge durchzuführen, um eine Anlage sicher spannungsfrei zu machen:

Allpolig abschalten. Schaltet der Arbeitende nicht selber ab, so darf er erst mit der Arbeit beginnen, wenn er die Bestätigung über die erfolgte Abschaltung erhalten hat. Allein die Verabredung eines Zeitpunktes für die Abschaltung genügt nicht.

Gegen Wiedereinschalten sichern. Dies kann z. B. durch Herausschrauben und sicheres Verwahren aller Stromkreissicherungen erfolgen. Wird die Anlage durch einen Schalter spannungsfrei gemacht, so kann dessen versehentliches Wiedereinschalten durch Abnehmen des Handgriffs verhindert werden. In vielen Fällen bietet die Anbringung eines Warnschildes: „Nicht einschalten! An der Anlage wird gearbeitet!" ausreichenden Schutz.

Auf Spannungsfreiheit prüfen, und zwar mit einem vorschriftsmäßigen Spannungsprüfer oder mit einem Spannungsmesser. Die Verwendung einer Glühlampe mit zwei Leitungsenden ist gefährlich und daher unzulässig, noch viel mehr die Spannungsprüfung „mit dem Finger"! Der Prüfende gefährdet sich dabei sowohl unmittelbar als auch dadurch, daß er bei isolierendem Schuhwerk oder Fußboden keine Stromwirkung verspürt und die Arbeit in der irrigen Annahme aufnimmt, die Anlage sei spannungslos.

Erden und Kurzschließen der Netzleiter in Sichtweite von der Arbeitsstelle. Bei Niederspannung ist i. allg. das Kurzschließen der Leitungen ausreichend.

Bei Arbeiten an räumlich ausgedehnten Anlagen oder an Hochspannungsanlagen sind weitere Vorschriften zu beachten. Dasselbe gilt für das Arbeiten unter Spannung, das in Niederspannungsanlagen bis 250 V gegen Erde unter gewissen Einschränkungen dann erlaubt ist, wenn es aus betrieblichen Rücksichten zwingend erforderlich ist, z. B. bei Arbeiten in Leitungsnetzen der EVU, besonders beim Herstellen von Hausanschlüssen. Arbeiten unter Spannung erfordert die Verwendung isolierten Werkzeuges und einen festen, isolierten Stand des Arbeitenden, gegebenenfalls Gummihandschuhe und einen Gesichtsschutz gegen Verbrennungen durch Kurzschluß.

15.22 Schutz gegen direktes Berühren Spannung führender Anlageteile

VDE 0100 schreibt vor, daß betriebsmäßig unter Spannung stehende Teile, sog. aktive Teile, entweder in ihrem ganzen Verlauf isoliert (Betriebsisolierung) oder zumindest im Handbereich durch Bauart, Lage oder besondere Vorrichtungen (z. B. Schutzverkleidungen) geschützt sind. Als Handbereich gilt, vom Standort aus gemessen, nach oben mindestens 2,50 m, in seitlicher Richtung und nach unten 1,25 m. Bei Nennspannungen bis 42 V ist der Schutz gegen direktes Berühren entbehrlich.

15.23 Schutz bei Berühren von Anlageteilen mit zu hohen Berührungsspannungen infolge von Isolationsfehlern: Indirektes Berühren

Körperschluß, Erdschluß

Durch Isolationsfehler kann ein Körperschluß oder ein Erdschluß entstehen. Von Körperschluß spricht man, wenn ein aktives Teil mit einem „Körper" in leitende Verbindung kommt. Körper sind leitfähige, betriebsmäßig keine Spannung führenden Teile, z. B. metallische Gehäuse.

Ein Erdschluß liegt vor, wenn durch einen Fehler eine leitende Verbindung zwischen einem aktiven Teil und der Erde oder einem geerdeten Teil entsteht.

Fehler- und Berührungsspannung

Fehlerspannung. U_F ist die Spannung, die bei einem Isolationsfehler zwischen den nicht zum Betriebsstromkreis gehörenden Teilen untereinander oder zwischen diesen und der Bezugserde auftritt (332.1). Unter Bezugserde versteht man die feuchten, gut leitenden Schichten des Erdreichs, deren Widerstand praktisch gleich Null ist. Der

Strom, der durch eine Fehlerspannung zum Fließen kommt, wird als **Fehlerstrom** I_F bezeichnet.

Berührungsspannung U_B ist der Teil der Fehlerspannung, der vom Menschen überbrückt werden kann, z. B. wenn er einen durch Körperschluß unter Spannung stehenden Anlagenteil und die Erde berührt (**312.1**). Zwischen seinen Füßen und der Bezugserde liegt in Reihe der Standortwiderstand R_{St}, der sich aus der Summe der Widerstände aus Fußboden, Mauerwerk und dem Widerstand zwischen den oberen Schichten des Erdreichs und der Bezugserde zusammensetzt. Dazu kommt in den meisten Fällen noch der Widerstand des Schuhwerks. Die Berührungsspannung ist also um den Betrag $I_F \cdot R_{St}$ kleiner als die Fehlerspannung. Ist R_{St} gleich Null, z. B. wenn der Mensch gleichzeitig das fehlerhafte Gerät und die Wasserleitung berührt, so ist $U_B = U_F$.

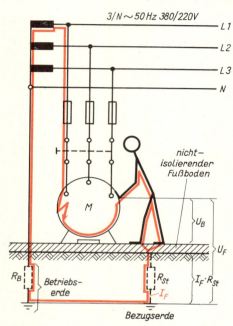

312.1 Fehlerspannung U_F und Berührungsspannung U_B bei Körperschluß eines Anlageteiles (hier eines Motors). Fehlerstromkreis rot

Schutzarten

Der wirksamste Schutz gegen das Auftreten zu hoher Berührungsspannungen (Berührungsspannungen über 50 V) sind zuverlässig gebaute Geräte und Leitungen sowie durch gut ausgebildete Fachleute sorgfältig errichtete und gewartete elektrische Anlagen. Die gewissenhafte Isolierung aller betriebsmäßig unter Spannung stehenden Teile ist besonders wichtig. Die Zuverlässigkeit der verwendeten Geräte und Leitungen kann der Installateur immer dann als gegeben annehmen, wenn sie vom VDE geprüft und zugelassen sind.

All dies reicht aber nicht aus, um auf die Dauer einen wirksamen Schutz zu erreichen. Denn mechanische Beschädigung, Alterung der Isolierstoffe, Feuchtigkeit und chemische Einflüsse verursachen trotz aller bei der Herstellung der Geräte und der Errichtung der Anlagen verwendeten Sorgfalt Isolationsfehler und damit unter Umständen gefährliche Berührungsspannungen. Daher schreiben die VDE-Bestimmungen zusätzliche Schutzmaßnahmen vor, wenn von einem Menschen möglicherweise Berührungsspannungen über 50 V (in Sonderfällen 42 V oder 24 V, s. Abschn. 15.32) überbrückt werden können. In Viehställen darf die Berührungsspannung 24 V nicht überschreiten.

In Anlagen mit Spannungen über 50 V sind nach VDE 0100 mit wenigen Ausnahmen besondere Schutzmaßnahmen gegen zu hohe Berührungsspannungen erforderlich.

Die wichtigste Ausnahme besteht für trockene Wohn- und Büroräume mit isolierendem Fußboden in Anlagen bis 250 V gegen Erde, wenn sie keine geerdeten metallischen Teile enthalten, die der Berührung zugänglich sind, z. B. Wasser- und Heizungsrohre. Hier sind also z. B. Steckdosen ohne Schutzkontakte zulässig.

In Anlagen mit Spannungen über 250 V gegen Erde sind ausnahmslos Schutzmaßnahmen erforderlich.

Maßnahmen zum Schutz bei indirektem Berühren, also bei Körperschluß, sind

a) Schutzmaßnahmen ohne Schutzleiter: Schutzisolierung, Kleinspannung, Schutztrennung.

b) Schutzmaßnahmen mit Schutzleiter: Schutzerdung, Nullung, Schutzleitungssystem, Fehlerspannungs(FU)-Schutzschaltung, Fehlerstrom(FI)-Schutzschaltung.

Diese Schutzmaßnahmen werden im einzelnen in Abschn. 15.3 behandelt.

Schutzleiter

Der Schutzleiter, auch PE-Leiter (s. Fußnote S. 319) genannt, ist ein Leiter, der das zu schützende, nicht zum Betriebsstromkreis gehörende Anlagenteil je nach Art der Schutzmaßnahme, mit der Erde, dem N-Leiter oder dem Fehlerspannungsschutzschalter verbindet. Er führt keinen Betriebsstrom, sondern nur im Schadensfalle den Fehlerstrom I_F.

Der Schutzleiter muß in seinem ganzen Verlauf grüngelb (in alten Anlagen rot) gekennzeichnet sein. Diese Kennzeichnung darf für keinen anderen Leiter verwendet werden. Sein Querschnitt muß bei Außenleiterquerschnitten bis 16 mm² gleich dem der Außenleiter, bei größeren Außenleiterquerschnitten gleich der Hälfte dieser Querschnitte, mindestens jedoch 16 mm² sein.

Der Anschluß des Schutzleiters erfolgt in Verbrauchern, Schaltgeräten, Steckvorrichtungen und Verteilerkästen an der mit dem Schutzzeichen ⊕ versehenen Klemme, die im Verbraucher mit dem leitfähigen Gehäuse, in Steckvorrichtungen mit dem Schutzkontakt leitend verbunden ist.

Ist das Gerät für Steckeranschluß vorgesehen (z. B. Heizofen), so muß dieser auf der Geräteseite einen mit den Metallteilen des Gerätes verbundenen metallischen Schutzkragen haben. Der Kragen stellt über den Schutzkontakt der Gerätesteckdose der Anschlußschnur die Verbindung des Gerätekörpers mit dem Schutzleiter her.

Der Schutzleiter muß unmittelbar an jedes zu schützende Anlagenteil angeschlossen werden. Er darf also nicht streckenweise z. B. durch Gehäuse von Geräten ersetzt werden, bei deren Entfernung die Schutzleitung unterbrochen wäre. Für feststehende Schaltkästen, Schaltgerüste usw. gilt diese Vorschrift nicht, wenn die Verbindungsstellen verschweißt, vernietet oder unter Verwendung von Zahnscheiben verschraubt sind.

Bewegliche Leitungen für den Anschluß von Verbrauchsgeräten, soweit diese nicht durch Schutzisolierung, Kleinspannung oder Schutztrennung geschützt sind, müssen in der gemeinsamen Umhüllung mit den stromführenden Leitern den grüngelb (in alten Anlagen rot) gekennzeichneten Schutzleiter enthalten.

Für den Anschluß ortsveränderlicher Verbraucher verwendete Stecker, Gerätesteckdosen und Kupplungsdosen müssen mit einem Schutzkontakt versehen sein.

Dies gilt nicht für Geräte, die durch Kleinspannung, Schutzisolierung oder Schutztrennung geschützt sind, weil für diese kein Schutzleiter erforderlich ist.

15.24 Zusätzlicher Schutz gegen zu hohe Berührungsspannungen durch Potentialausgleich

Außer den zu Bild **312**.1 beschriebenen Ursachen können Berührungsspannungen auch zwischen leitenden Bauteilen entstehen, die nicht zur elektrischen Anlage gehören. So wäre es z. B. möglich, daß ein Heizungsrohr, das keine oder nur eine schlechtleitende Erdverbindung hat, durch einen Isolationsfehler an einem elektrischen Anlagenteil (z. B. in einer Deckendurchführung) Spannung angenommen hat. Auf die Weise könnte eine Berührungsspannung zwischen dem Heizungsrohr und einem Wasserrohr, das eine gute Erdverbindung hat, entstehen. Man spricht dann auch wohl von einem **Potentialunterschied** (= Spannungsunterschied).

Der **Potentialausgleich** besteht nun darin, alle berührbaren Metallteile in einem Gebäude, vor allem Wasser-, Gas- und Heizungsrohrleitungen, untereinander und mit dem Schutzleiter der Anlage durch eine **Potential-Ausgleichsleitung** zu verbinden. Die Verbindung wird an der Potential-Ausgleichschiene in der Nähe des Hausanschlußkastens vorgenommen (**314**.1). An diese Schiene müssen, soweit vorhanden, auch berührbare Metallteile des Gebäudes (z. B. bei Stahlkonstruktionen), metallene Abwasserrohre, Blitzschutzanlagen, Antennengestänge, Erder (außer FU-Erder), vor allem Fundamenterder u. ä. angeschlossen werden. Die Anschlüsse sind zu kennzeichnen.

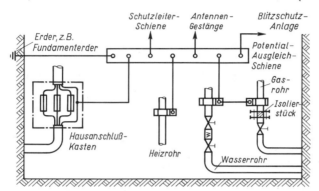

314.1 Herstellung des Potentialausgleichs an der Potential-Ausgleichsschiene durch Potentialausgleichsleitungen

Der Potentialausgleich verhindert das Zustandekommen eines Potentialunterschiedes (also einer Spannung) zwischen berührbaren Metallen untereinander sowie zwischen diesen und dem Schutzleiter.

Der Querschnitt der Ausgleichsleitungen muß dem der Schutzleiter entsprechen (s. Abschn. 15.35), mindestens aber 10 mm² betragen. Sie sind keine Schutzleiter und brauchen daher auch nicht grüngelb gekennzeichnet zu sein. Als Ausgleichschiene kann entweder ein Kupferband (Mindestquerschnitt 25 × 2 mm²) oder verzinkter Bandstahl (30 × 3,5 mm²) dienen.

Prüfung des Potentialausgleichs. Vor Inbetriebnahme der elektrischen Verbraucheranlage sind alle Verbindungen durch Augenschein auf einwandfreie Beschaffenheit zu überprüfen. Durch Widerstandsmessung ist festzustellen, ob der Widerstand zwischen der Ausgleichschiene und den Enden der in den Potentialausgleich einbezogenen Rohrleitungen 3 Ω nicht überschreitet. Der Meßstrom sollte etwa 5 A betragen.

Übungsaufgaben zu Abschnitt 15.1 und 15.2

1. In welchen Fällen bedeutet das Berühren spannungführender Teile eine Gefahr?
2. Welche körperlichen Schädigungen können durch den elektrischen Strom entstehen?
3. Welches sind die wichtigsten Maßnahmen zur ersten Hilfe bei elektrischen Unfällen?
4. Die vor Beginn einer Arbeit an elektrischen Anlagen zu ergreifenden Maßnahmen zur Unfallverhütung sind zu beschreiben!
5. Die Begriffe Körperschluß, Fehler- und Berührungsspannung sind zu erläutern?
6. Welchen Zweck haben die für elektrische Starkstromanlagen vorgeschriebenen Schutzmaßnahmen?
7. Welches sind die gegen zu hohe Berührungsspannung schützenden zusätzlichen Maßnahmen?
8. Wann brauchen bei der üblichen Netzspannung 220/380 V~ 50 Hz keine Schutzmaßnahmen angewendet zu werden?
9. Welche Aufgabe hat der Schutzleiter?
10. Welche Schutzwirkung wird durch den in VDE 0100 geforderten Potentialausgleich erreicht?

15.3 Schutzmaßnahmen gegen Gefahren bei indirektem Berühren

15.31 Schutzisolierung

Die Schutzisolierung soll die Überbrückung einer Berührungsspannung gegen Erde durch den Menschen verhindern (Betriebsisolierung s. Abschn. 15.22). Es kommen in Frage:

1. **Isolierende Gehäuse und Abdeckungen. Beispiel:** Haartrockner (**315.1** a).

2. **Isolierende Zwischenteile in Getrieben** (Kunststoffzahnräder), Wellen, Gestängen oder Gehäusen. **Beispiel:** Handbohrmaschine mit Leichtmetallgehäuse (**315.1** b).

3. **Standortisolierung.** Dabei werden der Fußboden und alle im Handbereich befindlichen, mit der Erde in Verbindung stehenden leitfähigen Teile isolierend abgedeckt. **Beispiel:** Arbeitsplatz an einem Prüftisch für elektrische Geräte.

Schutzisolierte Geräte müssen auf dem Gehäuse mit dem Zeichen für Schutzisolierung ▢ gekennzeichnet sein.

Lack- und Emailleüberzüge, Oxidschichten und Faserstoffumhüllungen gelten nicht als Schutzisolierung. Für **ortsveränderliche Geräte** gilt folgende Vorschrift:

Die Zuleitung ortsveränderlicher schutzisolierter Geräte darf keinen Schutzleiter enthalten, muß aber mit einem Schutzkontaktstecker oder einem entsprechend geformten Profilstecker versehen sein, der in Schutzkontakt-Steckdosen paßt.

Profilstecker dürfen jedoch nur verwendet werden, wenn sie mit der Anschlußleitung ein unteilbares Ganzes bilden.

Wird bei Reparaturen an ortsveränderlichen Geräten eine **dreiadrige Anschlußleitung** verwendet, so darf die

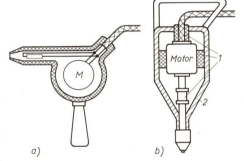

315.1 Schutzisolierte Geräte
a) Haartrockner mit Isoliergehäuse
b) elektrische Handbohrmaschine mit Metallgehäuse 2 und innen liegenden Isolierstücken 1

grüngelbe (früher rote) Ader **nicht** als Schutzleiter an das Gerät angeschlossen werden. Hierdurch soll verhindert werden, daß durch falschen Anschluß die nicht benötigte grüngelbe bzw. rote Ader Spannung erhält und durch unbeabsichtigte Verbindung mit dem Gerätekörper eine Gefahr bildet.

Anwendung. Die Schutzisolierung wird zunehmend — vor allem in der oben unter 1. genannten Form — für Haushaltsgeräte, Rundfunk- und Fernsehgeräte, Kleingeräte (Handleuchten, Elektrowerkzeuge, Haarschneidemaschinen) sowie für Schaltgeräte und Verteilungskästen verwendet. Sie stellt den sichersten Berührungsschutz dar. Ihrer Anwendung sind jedoch durch die relativ geringe mechanische und thermische Festigkeit der Isolierstoffe Grenzen gesetzt. Bei Motorgehäusen aus Isolierstoff würden auch wegen deren geringer Wärmeleitfähigkeit Kühlungsschwierigkeiten entstehen.

15.32 Schutzkleinspannung

Schutz durch Kleinspannung bis 42 V wird in Wechselstromnetzen meist durch die Verwendung von Sicherheits-, Spielzeug-, Handleuchten-, Auftau- und Klingeltransformatoren gewährleistet, die den „Vorschriften für Sicherheitstransformatoren" (VDE 0551) genügen, z. B. getrennte Wicklungen haben müssen. Seltener werden Akkumulatoren, galvanische Elemente und Motor-Generatoren zur Kleinspannungserzeugung verwendet. Es gelten als Zeichen für

Sicherheits- transformator	Spielzeug- transformator	Klingel- transformator	Auftau- transformator	Handleuchten- transformator

Klingeltransformatoren (6···24 V) müssen unbedingt, Spielzeug- und Auftautransformatoren (24 V) müssen bedingt kurzschlußfest sein (s. Abschn. 10.13).

Ortsfeste Kleinspannungstransformatoren mit Metallgehäuse müssen in die Schutzmaßnahme des Versorgungsnetzes einbezogen, in ortsveränderlicher Ausführung müssen sie schutzisoliert sein.

Die Schutzkleinspannung beträgt höchstens 42 V, bei elektrisch betriebenem Kinderspielzeug höchstens 24 V.

Um die Einschleppung einer gefährlichen Spannung in den Kleinspannungsstromkreis zu verhindern, gelten folgende Vorschriften:

Kleinspannungsstromkreise dürfen weder geerdet noch mit Anlagen höherer Spannung leitend verbunden werden.

Installationsmaterial und Leitungen müssen für 250 V isoliert sein; Ausnahmen: Kinderspielzeug und Fernmeldegeräte (z. B. Klingelanlagen).

Stecker für ortsveränderliche Kleinspannungsgeräte dürfen nicht in Steckdosen für höhere Spannungen, z. B. Netzspannung, passen.

Kleinspannungsgeräte dürfen keine Schutzleiterklemme haben, um zu verhindern, daß durch fehlerhaften Anschluß dieser Klemme eine zusätzliche Gefahrenquelle entsteht.

Anwendung. Der Schutz durch Kleinspannung ist auf Kleingeräte beschränkt, weil Großverbraucher wegen der bei kleiner Spannung großen Stromaufnahme unwirtschaftlich sind. Nach VDE 0100 ist Kleinspannung für Handleuchten in Dampfkesseln, Behältern, Rohrleitungen und ähnlichen engen Räumen mit leitenden Baustoffen sowie für elektrisch betriebenes Spielzeug (bis 24 V), für Backofenleuchten und Faßleuchten verbindlich vorgeschrieben. Geräte für Schutzkleinspannung tragen das Symbol (Schutzklasse III).

Wahlweise mit der Schutztrennung (s. Abschn. 15.33) ist Kleinspannung vorgeschrieben:

für Handnaßschleifmaschinen und Elektrowerkzeug bei Instandsetzungs-, Reinigungs- und sonstigen Arbeiten an Kesseln, Behältern, Rohrleitungen sowie in engen Räumen mit leitenden Bauteilen. (Ortsfest angebrachte Leuchten, können bei derartigen Arbeiten außerdem unter Anwendung der Schutzmaßnahme Schutzisolierung betrieben werden.)

Wahlweise mit der Schutzisolierung ist Kleinspannung für elektrische Geräte zur Haar- und Hautbehandlung bei Menschen und Tieren vorgeschrieben.

Ein Kleinspannungsnetz wird manchmal in Werkstätten angewendet, in denen viele Elektrowerkzeuge oder eine durch die Umstände erhöhte Gefährdung dies besonders rechtfertigen.

15.33 Schutztrennung

Die Schutztrennung soll bei Körperschluß eines Anlageteils das Entstehen einer Berührungsspannung gegen Erde durch Trennung des Verbraucherstromkreises vom geerdeten Versorgungsnetz verhindern. Die Trennung wird durch Trenntransformatoren mit getrennten Wicklungen (**317**.1) oder Motorgeneratoren erreicht. Vom Schutz durch Kleinspannung unterscheidet sich die Schutztrennung u. a. dadurch, daß sie für Spannungen bis 380 V zugelassen ist.

Die Trenntransformatoren (bis 4 kVA, bei Drehstrom bis 10 kVA) müssen VDE 0550 genügen und durch das Zeichen $\frac{o}{o}$ gekennzeichnet sein. Metallgehäuse ortsfester Trenntransformatoren müssen in die Schutzmaßnahme des Versorgungsnetzes einbezogen werden. In ortsveränderlicher Ausführung müssen die Trenntransformatoren schutzisoliert sein.

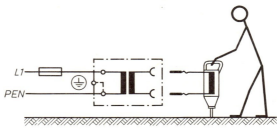

317.1 Schutztrennung eines Elektrowerkzeuges über einen ortsfesten Trenntransformator am Netz mit Nullung

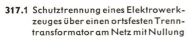

Die Schutztrennung würde unwirksam, wenn sich auf der Sekundärseite des Trenntransformators oder auf der Generatorseite des Motorgenerators ein Erdschluß ergäbe. Hierdurch entstände bei Körperschluß der erdschlußfreien Zuleitung eine Fehlerspannung gegen Erde. Um diese Gefahr weitgehend auszuschließen, gelten folgende Vorschriften:

An einen Trenntransformator (oder Motorgenerator) darf nur ein Verbraucher über eine fest eingebaute Steckdose ohne Schutzkontakt angeschlossen werden.
Bewegliche Anschlußleitungen für den Verbraucher müssen mindestens der Ausführung NMH (H05RR-F) entsprechen. Der Verbraucherstromkreis darf weder geerdet noch mit anderen Anlageteilen leitend verbunden sein.
Die Schutztrennung ist auf Stromverbraucher mit höchstens 15 A Nennstrom beschränkt.

Anwendung findet die Schutztrennung bei Elektrorasierern, Elektrowerkzeugen, Betonrüttlern, Naßschleifmaschinen. Bei besonderer Gefährdung (Arbeiten in Kesseln, auf Stahlgerüsten usw.) ist das Gehäuse des schutzgetrennten Gerätes mit dem Standort durch einen besonderen Leiter zu verbinden. Dieser Leiter muß außerhalb der Zuleitung sichtbar verlegt und sein Querschnitt wie der eines Schutzleiters bemessen werden. Bei Arbeiten in Kesseln ist der Trenntransformator oder Motorgenerator außerhalb des Kessels aufzustellen.

15.34 Schutzerdung

Bei der Schutzerdung werden die nicht zum Betriebsstromkreis gehörenden leitfähigen Teile der zu schützenden Anlage über einen Schutzleiter — in diesem Fall Erdungsleitung genannt — mit einem „Erder" verbunden. Als Erder dient ein Einzelerder in Form eines Banderders, Staberders oder Plattenerders (s. Abschn. 15.4) oder das Wasserrohrnetz. Durch die Schutzerdung soll bei Auftreten einer gefährlichen Berührungsspannung ein Fehlerstrom entstehen, der die Stromkreissicherung auslöst und dadurch das fehlerhafte Gerät spannungslos macht.

Der Fehlerstrom I_F muß mindestens das für die verwendete Sicherungsart in Tafel **318.1** aufgeführte Vielfache des Nennstroms I_N der Sicherung, Abschaltstrom I_A genannt, betragen, um die sofortige Auslösung der Sicherung zu erreichen.

Je nach der Art der verwendeten Schutzerdung schließt sich der Fehlerstromkreis entweder über das Erdreich (**318.2**) oder über das Wasserrohrnetz (**318.3**). Hierfür gilt folgende Vorschrift:

Tafel 318.1 Mindestwerte des Abschaltstroms I_A und Auslösezeit von Stromsicherungen für Anlagen mit Schutzerdung und Nullung

	Schmelzsicherungen (Betriebsklasse gL) bis 50 A über 50 A		LS-Schalter	Schutzschalter mit einstellbarer Kurzschlußauslösung
Abschaltsrom I_A	$3,5\,I_N$	$5\,I_N$	$3,5\,I_N$	1,25 x Einstellstrom des Kurzschlußauslösers
ungefähre Auslösezeit in Sekunden	1···10		0,1···1	0,1

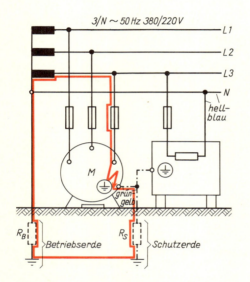

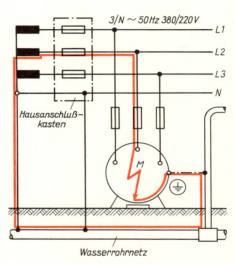

318.2 Schutzerdung eines Motors und eines Elektroherdes in einem geerdeten Netz. Bei einem Körperschluß entsteht der rot eingetragene Fehlerstromkreis

318.3 Schutzerdung über das Wasserrohrnetz

Soll sich der Fehlerstromkreis über das Erdreich schließen, so muß der Erdungswiderstand der Schutzerdung so klein sein, daß die Berührungsspannung mit Sicherheit nicht größer als 50 V ist.

Für die Ermittlung des höchstzulässigen Widerstandes R_S der Schutzerdung gilt daher die Formel

höchstzulässiger Schutzerdungswiderstand $\quad R_S = \dfrac{50\,V}{I_A}$

Bei einer 10 A-Schmelzsicherung ist der Abschaltstrom nach Tafel **318.1** $I_A = 3,5 \cdot 10$ A $= 35$ A; der Erdungswiderstand darf dann höchstens $R_S = 50\,V/35\,A = 1,43\,\Omega$ betragen. Dieser Wert ist so gering, daß er nur schwerlich mit einem Einzelerder, wohl aber mit einem metallisch gut durchverbundenen Wasserrohrnetz erreicht werden kann.

Bei der Benutzung des Wasserrohrnetzes zur Schutzerdung soll sich der Fehler-stromkreis ausschließlich über das metallisch durchverbundene Wasserrohrnetz schlie-ßen. Zu diesem Zweck ist der Sternpunktleiter an möglichst vielen Stellen, mindestens jedoch an den Hauptrohren der Wasserleitung oder an den Hausanschlüssen mit dem Wasserrohrnetz zu verbinden (**318.**3); außerdem ist der Wassermesser ordnungsge-mäß zu überbrücken (s. Abschn. 15.4). Im Grunde handelt es sich bei dieser Art der Schutzerdung um eine Nullung (s. Abschn. 15.35), bei der das Wasserrohrnetz als Null-leiter dient. Wie bei der Nullung muß daher die Bedingung erfüllt sein, daß bei einem Kurzschluß zwischen einem Außenleiter und dem mit der Wasserleitung verbundenen Schutzleiter mindestens der Abschaltstrom der nächsten vorgeschalteten Sicherung entsteht (s. Abschn. 15.35, 1. Nullungsbedingung).

Anwendung. Wie bereits gesagt, ist der für die Schutzerdung erforderliche Erdungs-widerstand R_S so gering, daß er sich mit Einzelerdern nur schwer erreichen läßt. Prak-tisch ist er nur durch den Anschluß an ein metallisch durchverbundenes Wasserrohrnetz erreichbar. Diese Art der Schutzerdung ist jedoch in Neuanlagen nicht mehr zulässig. Daher muß dann auf andere Schutzmaßnahmen zurückgegriffen werden. Beispiels-weise kann man in Netzen, in denen die Schutzerdung angewendet wird, für Neuan-lagen auf die FI-Schutzschaltung übergehen (s. Abschn. 15.37).

15.35 Nullung

Die Nullung kann dort angewendet werden, wo ein geerdeter Mittel- oder Neutral-(N)-Leiter, vorhanden ist. Er wird als Nulleiter bezeichnet, soweit er gleichzeitig als stromführender Leiter und als Schutzleiter verwendet wird. Die Nullung wird hergestellt durch den Anschluß des zu schützenden Anlageteiles, z. B. eines Geräte- oder Motor-gehäuses, bei Leiterquerschnitten bis 6 mm² über einen besonderen Schutzleiter (PE)[1] an den Nulleiter, bei Leiterquerschnitten ab 10 mm² auch direkt an den Nulleiter (PEN-Leiter). Bei einem Körperschluß entsteht ein Fehlerstromkreis, dessen Fehlerstrom die Stromkreissicherung sofort auslöst und dadurch das fehlerhafte Gerät vom Netz trennt (**320.**1). Damit die Nullung wirksam werden kann, müssen mehrere Bedingungen erfüllt sein.

Nullungsbedingungen (Auswahl)

1. Die Leitungsquerschnitte des Netzes müssen so reichlich bemessen sein, daß bei einem Kurzschluß zwischen Außen- und Nulleiter, bzw. Schutzleiter mindestens der Abschaltstrom I_A der nächsten vorgeschalteten Sicherung entsteht (Tafel 318.1).

Aus dem gleichen Grunde gilt:

2. Der Querschnitt des Nulleiters und des getrennt verlegten Schutzleiters muß bis zu Querschnitten von 16 mm² gleich dem des Außenleiters sein, bei den Querschnitten 25–35–50 und 70 mm² mindestens 16–16–25 bzw. 35 mm².

Durch diese beiden Vorschriften wird sichergestellt, daß bei einem Körperschluß, der bei genullten Geräten ja zu einem Kurzschluß zwischen dem Außenleiter mit Körper-schluß und dem Nulleiter oder Schutzleiter führt, die Gefahr durch sofortiges Abschal-ten des fehlerhaften Gerätes beseitigt wird.

Kann in einer Verbraucheranlage die 1. Nullungsbedingung nicht erfüllt werden, so darf dennoch genullt werden, wenn die Spannung zwischen Nulleiter und Erde mit einem FU-Schutzschalter (s. Abschn. 15.36) überwacht wird. Beim Auftreten einer gefährlichen Spannung zwischen Nulleiter und Erde schaltet der Schutzschalter die Anlage allpolig einschließlich Nulleiter ab.

3. Der Nulleiter muß wie die Außenleiter isoliert sein. Er muß ebenso sorgfältig verlegt und mit diesen in gemeinsamer Umhüllung geführt werden.

---

[1] *P protection* (engl.: Schutz); *E* Erde

Er muß in seinem ganzen Verlauf grüngelb (in alten Anlagen auch grau) gekennzeichnet sein, da er gleichzeitig stromführender Leiter und Schutzleiter ist. S o r g f ä l t i g e V e r l e g u n g d e s N u l l e i t e r s ist besonders wichtig, weil durch dessen Unterbrechung alle hinter der Unterbrechungsstelle genullten Gehäuse Spannung erhalten, o h n e d a ß die Geräte selber Körperschluß haben.

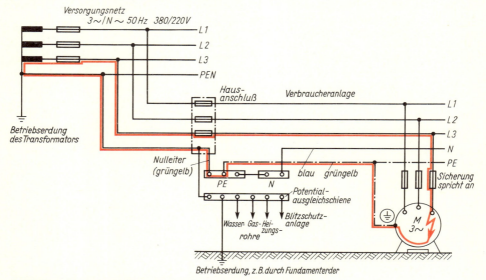

320.1 Herstellung der Nullung über einen besonderen Schutzleiter
PE Schutzleiterschiene oder -klemme, *N* Mittelleiterschiene oder -klemme
Bei einem Körperschluß am Außenleiter *L3* entsteht der rot eingezeichnete Fehlerstromkreis

Beispiel 88: Wenn man in Bild **322.1** annimmt, daß der Nulleiter v o r den angeschlossenen Verbrauchern unterbrochen ist, so wird das einphasig angeschlossene Wärmegerät stromlos. In seinen beiden Heizwiderständen entsteht daher kein Spannungsabfall und die Spannung des Außenleiters *L3* liegt über den *PEN*-Leiter an a l l e n hinter der Unterbrechungsstelle des Nulleiters genullten Gehäusen, also auch an dem Wärmegerät.

D i e I s o l i e r u n g d e s N u l l e i t e r s ist nötig, damit die Betriebsströme, die er führt, nicht über andere Wege, z. B. Rohrleitungen fließen und dabei womöglich einen Brand hervorrufen.

4. Wird in einer Anlage neben dem Mittelleiter ein besonderer Schutzleiter geführt, so muß der Mittelleiter hellblau, der Schutzleiter grüngelb gekennzeichnet sein.
Der Schutzleiter darf getrennt verlegt werden, muß dann aber ausreichend gegen mechanische Beschädigung geschützt werden.

Der besondere Schutzleiter soll die Gefahr einer Leitungsverwechslung verringern. Erfahrungsgemäß entstehen nämlich Unfälle auch dadurch, daß der Nulleiter mit dem spannungführenden Außenleiter verwechselt wird. Dient der Neutralleiter gleichzeitig als Schutzleiter (*PEN*-Leiter), so liegt durch diesen Schaltfehler an allen genullten Gerätekörpern volle Spannung gegen Erde. Im Gegensatz zur Unterbrechung des Nulleiters (*PEN*) stellt eine Unterbrechung des Schutzleiters (*PE*) keine unmittelbare Gefahr dar (vgl. Beispiel 88).

D e r b e s o n d e r e S c h u t z l e i t e r ist bei Neuanlagen und bei Erweiterung bestehender Anlagen mit Leiterquerschnitten bis 6 mm² Cu vorgeschrieben.

5. Der Schutzleiter darf nicht mit dem Mittelleiter an dieselbe Schiene oder Klemme angeschlossen werden. Der ankommende Nulleiter muß mit der Schutzleiterklemme verbunden werden (320.1).

6. Hinter der Aufteilung dürfen Mittel- und Schutzleiter nicht mehr miteinander verbunden werden. Der Mittelleiter darf dann auch nicht mehr geerdet werden.

Durch diese Vorschrift wird der Brandgefahr begegnet, die dadurch entstehen kann, daß der Betriebsstrom des *N*-Leiters an einer unvollkommenen Erdungsstelle eine gefährliche Erwärmung hervorruft (s. Isolierung des Nulleiters unter der 3. Nullungsbedingung).

7. Der Nulleiter darf nicht abgesichert und für sich allein nicht abschaltbar sein.

In beiden Fällen würde der Nulleiter unterbrochen und es entständen die unter 3. beschriebenen Gefahren. Wird der Nulleiter zusammen mit den Außenleitern abgeschaltet, sei es durch einen Schalter oder durch eine Steckvorrichtung, so muß das im Nulleiter liegende Schaltstück beim Einschalten voreilen, beim Ausschalten nacheilen, damit die Spannung auch nicht kurzzeitig ohne Nullungsschutz auf ein Gerät mit Körperschluß geschaltet werden kann.

8. Der Nulleiter ist in der Nähe des Transformators zu erden (Betriebserde, Bild 320.1), bei Freileitungsnetzen außerdem mindestens an den Enden aller Netzausläufer von über 200 m Länge. Der Gesamterdungswiderstand aller Betriebserdungen darf 2 Ω nicht überschreiten.

Durch diese Vorschrift soll erreicht werden, daß ein Erdschluß in einem Außenleiter immer zu einem Kurzschluß wird und sich durch das Ansprechen der im Erdschluß-Stromkreis liegenden Sicherung bemerkbar macht.

Würde der Nulleiter nicht geerdet sein, so bestände nach Bild **321.1** die Gefahr, daß durch einen unbemerkt gebliebenen Erdschluß in einem Außenleiter alle genullten Gehäuse Spannung gegen Erde führen. Ein Erdschluß ist aber bei einem Isolationsfehler in weit verzweigten Ortsnetzen mit ihren vielen erdnahen Punkten (Erdkabel, Rohrleitungen, metallische Gebäudeteile usw.) leicht möglich.

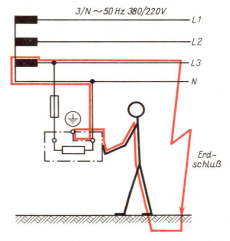

321.1 Entstehen einer Berührungsspannung durch Erdschluß in einem Netz mit nicht geerdetem *N*-Leiter bei Anwendung der Nullung . Fehlerstromkreis rot

9. Ist ein metallisches Wasserrohrnetz vorhanden, so muß der Nulleiter an möglichst vielen Stellen, mindestens aber an den Hauptrohren oder an den Hausanschlüssen, mit dem Wasserrohrnetz verbunden werden. Hierbei ist auf ordnungsgemäße Überbrückung des Wassermessers zu achten (s. Abschn. 15.4).

Da für Wasserleitungsrohre in zunehmendem Maße Kunststoff verwendet wird, fordern die Energieversorgungsunternehmen (EVU) stattdessen eine Einzelerdung des Nullleiters an der Potentialausgleichsschiene, z. B. mit dem Fundamenterder (s. Abschn. 15.4), bei Stahlskelettbauten an der Stahlkonstruktion.

10. In Netzen mit Nullung darf die Schutzerdung ohne Verbindung der Erdungsleitung mit dem Nulleiter nicht angewendet werden.

Die möglichen Folgen einer unzulässigen Schutzerdung in einem Netz mit genullten Geräten veranschaulicht Bild **322.1**. Der schutzgeerdete Motor *M* hat Körperschluß. Ist der Erdübergangswiderstand R_S seiner Schutzerdung gering, z. B. $R_S = 2\ \Omega$, so entsteht, wenn man den sehr kleinen Leitungswiderstand nicht berücksichtigt, der

Fehlerstrom
$$I_F = \frac{220\ \text{V}}{2\ \Omega + 2\ \Omega} = 55\ \text{A}$$

Bei diesem Strom würde die dem Motor vorgeschaltete Sicherung von beispielsweise 20 A Nennstrom erst nach 5 Sekunden ansprechen; denn nach Tafel **318.1** würde ihre Auslösezeit bei einem Abschaltstrom $I_A = 3,5 \cdot 20 \, A = 70 \, A$ etwa 5 Sekunden betragen. So lange würden der Nulleiter des gesamten Netzes und alle genullten Geräte die Fehlerspannung $U_F = R_B \cdot I_F = 2 \, \Omega \cdot 55 \, A = 110 \, V$ führen. Damit bestände an allen genullten Geräten tödliche Berührungsgefahr.

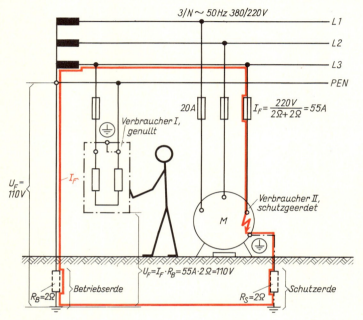

322.1

Entstehen einer Berührungsspannung an einem genullten Verbraucher I durch Körperschluß an einem schutzgeerdeten, aber nicht genullten Verbraucher II (Nullung des Verbrauchers I, hier direkt am *PEN*-Leiter; nur bei Leiterquerschnitten ab 10 mm² zulässig)

Ausnahmen von dieser Vorschrift sind zulässig, wenn der **Nulleiter mit einem metallischen Wasserrohrnetz verbunden** wird. Dann dürfen Geräte durch Verbinden mit dem Rohrnetz schutzgeerdet werden (**318.**3). Hierbei handelt es sich eigentlich wieder um eine Nullung, denn durch die Verbindung des Nulleiters mit dem Wasserrohrnetz ist dieses als Nulleiter wirksam.

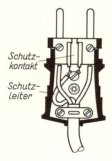

Schutzkontakt

Schutzleiter

322.2
Anschluß des Schutzleiters von beweglichen Leitungen

Die Schutzleitungsader von beweglichen Anschlußleitungen muß in Betriebsmitteln, wie Steckvorrichtungen und Verbrauchern so lang sein, daß sie beim Versagen der Zugentlastung erst nach den stromführenden Adern auf Zug beansprucht wird (**322.2**). Durch diese Vorschrift soll verhindert werden, daß beim Versagen der Zugentlastung nur der Schutzleiter abreißt und das Gerät so ohne Berührungsschutz betriebsfähig bleibt.

Anwendung

Die Nullung ist die am weitesten verbreitete Schutzmaßnahme. Ihre Wirksamkeit ist jedoch nur gewährleistet, wenn die zu fordernden Nullungsbedingungen lückenlos eingehalten werden. Deren Außerachtlassung führt zu einer erhöhten Gefährdung.

Prüfung der Nullung

Fehlerhafte Nullung macht sich nicht — wie ein sonstiger Schaltfehler — durch Versagen der Anlage bemerkbar. Die Wirksamkeit der Nullung muß daher bei neu errichteten Anlagen, hin und wieder auch bei älteren Anlagen, besonders geprüft werden. Bei Erweiterung einer schon vorhandenen älteren Installationsanlage darf man sich nicht darauf verlassen, daß deren grüngelber (grauer) Leiter auch wirklich der Nulleiter ist. Mit einem Spannungsmesser ist daher nachzuprüfen, ob dies der Fall ist und ob das zu schützende Geräte- oder Maschinengehäuse tatsächlich mit dem ermittelten Nulleiter verbunden ist. Die gleiche Prüfung muß an den Schutzkontakten aller Steckdosen durchgeführt werden. Die Wirksamkeit der Nullung kann dann wahlweise wie folgt geprüft werden:

1. Bei Sicherungen bis etwa 16 A wird am ausgeschalteten Gerät ein Körperschluß erzeugt. Die Sicherungen müssen dann bei einwandfreier Nullung beim Einschalten des Gerätes sofort ansprechen.

2. Bei Sicherungen über 16 A wird der bei Körperschluß auftretende Kurzschlußstrom I_K durch eine Messung nach Bild **323.**1 errechnet. Nach der 1. Nullungsbedingung (S. 319) muß dieser Strom den Abschaltstrom der vorgeschalteten Sicherung überschreiten.

Der Prüfwiderstand R_P in Bild **323.**1 soll nicht wesentlich größer als 20 Ω sein, sonst ist der Spannungsunterschied bei offenem und geschlossenem Schalter zu gering: Bei dem ohnehin vorhandenen Meßgerätefehler des verwendeten Spannungsmessers würde sich dann ein unzulässig großer Fehler bei der Ermittlung des Kurzschlußstromes I_K ergeben.

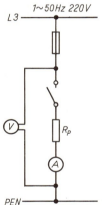

Beispiel 89: Der Spannungsmesser in der Meßschaltung nach Bild **323.**1 mißt bei geöffnetem Schalter 220 V; bei geschlossenem Schalter zeigt er 210 V, der Strommesser 2,2 A an. Demnach liegen an dem sog. Schleifenwiderstand R_{Sch} des Meßstromkreises (das sind vor allem die Leitungswiderstände) 220 V − 210 V = 10 V; somit ist der Schleifenwiderstand $R_{Sch} = 10$ V/2,2 A = 4,55 Ω. Bei einem Kurzschluß zwischen einem Außenleiter und dem *PEN*-Leiter liegt die volle Netzspannung 220 V an R_{Sch} und es entsteht der Kurzschlußstrom $I_K = 220$ V/4,55 Ω = 48,4 A. Dieser Strom würde ausreichen, um eine 10-A-Sicherung, deren Abschaltstrom nach Tafel **318.**1 3,5 · 10 A = 35 A beträgt, sofort zum Ansprechen zu bringen. Bei einer Sicherung für mehr als 10 A wäre die Nullung unzulässig.

323.1 Ermittlung des bei einem Kurzschluß zwischen Außenleiter und *PEN*-Leiter bzw. *PE*-Leiter entstehenden Kurzschlußstromes

15.36 Fehlerspannungs(FU)-Schutzschaltung

Die Fehlerspannungs-Schutzschaltung (FU-Schutzschaltung) soll das Bestehenbleiben einer zu hohen Berührungsspannung dadurch verhindern, daß der FU-Schutzschalter das fehlerhafte Gerät innerhalb von 0,2 s allpolig einschließlich des *N*-Leiters abschaltet (**324.**1). Wie bei der Schutzerdung entsteht bei Körperschluß ein Fehlerstrom über die Erde. Dieser bringt hier aber nicht die Sicherung, sondern eine Auslösespule, die Fehlerspannungsspule 1 zum Ansprechen, die den Schalter 2 über das Schaltschloß 3 schon bei dem Fehlerstrom $I_F = 40 \cdots 50$ mA allpolig öffnet. Die Fehlerspannungsspule liegt an der Fehlerspannung U_F, also zwischen dem zu schützenden Anlageteil und Erde. Eine Freiauslösung (s. Abschn. 14.42) verhindert das Wiedereinschalten des Schutzschalters, solange die Ursache der Fehlerspannung nicht beseitigt ist. Die Erdung wird von der Klemme *H* über den Hilfserdungsleiter *HL* und den Hilfserder 5 hergestellt, die Verbindung zum geschützten Anlageteil von der Klemme *K* über den Schutzleiter *PU* (nicht geerdeter Schutzleiter).

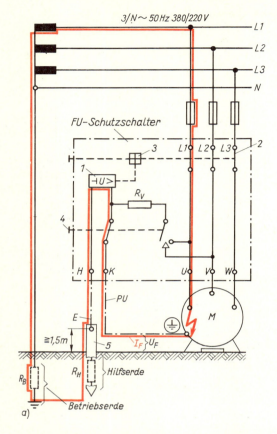

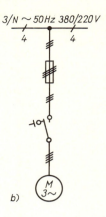

324.1 Fehlerspannungs (FU)-
Schutzschaltung

a) Schaltplan. Bei einem
Körperschluß entsteht der
rot eingetragene Fehler-
stromkreis
1 Fehlerspannungsspule
2 Schalter
3 Schaltschloß
4 Prüftaste
5 Hilfserder
E Hilfserdungsleiter
PU Schutzleiter, ungeerdet
(grüngelb)

b) Einpolige Darstellung
mit Schaltkurzzeichen

Hilfserder. Bei der Herstellung von Hilfserdungen sind unter Beachtung der Angaben
in Tafel **332.1** für die Hilfserder folgende Mindestmaße einzuhalten:

Rohrerder: $^1/_2$zölliges Rohr; 1,5 m tief im Erdboden
Plattenerder: Plattenfläche 0,5 m × 0,5 m
Banderder: Länge 10 m

Der Anschlußpunkt des Hilfserdungsleiters muß mindestens 1,5 m über dem Erdboden
liegen (**324.1**), um Unterbrechungen durch mechanische Einwirkung zu vermeiden.

Bedingungen für die Anwendung der FU-Schutzschaltung (Auswahl)

**1. Der Hilfserdungsleiter E ist isoliert zu verlegen, um eine Überbrückung der Fehler-
spannungsspule zu verhindern.**

Aus demselben Grunde muß der Hilfserder von anderen Erdern, z. B. der geerdeten
Stahlkonstruktion des Gebäudes, den Mindestabstand 10 m haben (**325.1**). Läßt sich dieser
Abstand nicht einhalten, so muß das zu schützende Gerät von der Erde isoliert aufgestellt
werden.

Im Ausbreitungsbereich eines Erders, auch Spannungsbereich genannt, entsteht bei
Stromdurchgang ein Spannungsabfall. Der Ausbreitungsbereich erstreckt sich auf einen Umkreis
von etwa 10 m um den Erder (**325.2**). Liegt darin ein zweiter Erder, so wirken zwischen beiden

325.1 Hilfserdung bei FU-schutzgeschalteten Geräten mit Erdverbindung (hier durch geerdetes Gebäudeteil), *PU* Schutzleiter, *E* Hilfserdungsleiter

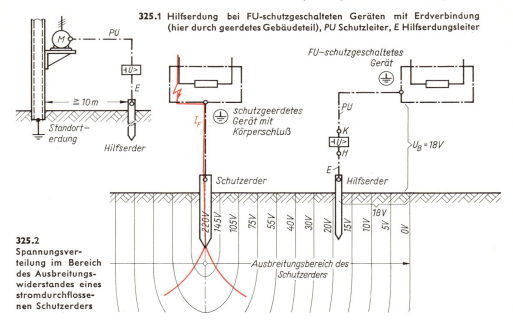

325.2 Spannungsverteilung im Bereich des Ausbreitungswiderstandes eines stromdurchflossenen Schutzerders

Erdern nicht deren volle Erdausbreitungswiderstände. In Bild **325.1** würde dies bei Körperschluß des Motors einer Überbrückung der Fehlerspannungsspule gleichkommen, der Schutz wäre in Frage gestellt.

Läge der Hilfserder im Spannungsbereich eines von einem fremden Strom durchflossenen Erders, so könnte das schutzgeschaltete Gerät über die Hilfserdungsleitung *E* die Fehlerspannungsspule und die Schutzleitung *PU* eine gefährliche Berührungsspannung gegen Erde annehmen. In Bild **325.2** beträgt die Berührungsspannung z. B. 18 V.

2. Wasserleitungsrohre dürfen als Hilfserder nur dann benutzt werden, wenn dadurch die Fehlerspannungsspule nicht überbrückt wird.

Dieser Fall kann z. B. eintreten, wenn das zu schützende Gerät ein Heißwasserbereiter oder ein Wasserpumpen-Motor ist, dessen Gehäuse über die Wasserleitung geerdet ist. Durch ein isolierendes Zwischenstück in der Wasserzuleitung kann man dann die Überbrückung der Fehlerspannungsspule verhindern.

3. Der Schutzleiter *PU* und der Hilfserdungsleiter *E* sind vor mechanischer Beschädigung geschützt zu verlegen.

Im allgemeinen wird der Schutzleiter gemeinsam mit der Zuleitung des zu schützenden Gerätes verlegt.

Anwendung

Die FU-Schutzschaltung wurde bisher vor allem dort angewendet, wo die Nullungsbedingungen, insbesondere die 1. Nullungsbedingung (Entstehung des Mindestabschaltstroms der vorgeschalteten Sicherung bei Kurzschluß) und die 5. Nullungsbedingung (Erdungswiderstand des Nulleiters höchstens 2 Ω) nicht erfüllt werden konnten. Ersteres trifft oft bei Freileitungsnetzen auf dem Lande, letzteres bei trockenem, steinigem Untergrund zu. Für Neuanlagen wird die FU-Schutzschaltung nicht mehr verwendet. An ihre Stelle ist die FI-Schutzschaltung getreten, die nun behandelt wird.

15.37 Fehlerstrom (FI)-Schutzschaltung

Die Fehlerstrom-Schutzschaltung soll das Bestehenbleiben einer zu hohen Berührungsspannung dadurch verhindern, daß der FI-Schutzschalter das fehlerhafte Gerät allpolig einschließlich des N-Leiters innerhalb von 0,2 s abschaltet. Der Fehlerstromkreis schließt sich über einen Hilfserder (**327.**1 a), über den natürlichen Erdungswiderstand, die sogenannte Standorterdung des zu schützenden Gerätes oder über den v o r dem FI-Schutzschalter mit dem Schutzleiter verbundenen N-Leiter (letzteres nicht in Freileitungsnetzen und bei erhöhten Sicherheitanforderungen, s. unter Anwendungen). Der Schutzleiter PE ist in einem solchen Fall in der Verteilung mit der Schutzleiterklemme oder mit der Potentialausgleichsschiene zu verbinden.

Als Hilfserder darf auch die Wasserrohrleitung benutzt werden, wenn der Erdungswiderstand der Rohrleitungen i m G e b ä u d e, also auch bei ausgebautem Wasserzähler, den Anforderungen genügt (s. Beispiel 90).

Der FI-Schutzschalter ist ein Schloßschalter mit Freiauslösung. Sein Hauptelement ist der **Ring-Stromwandler** mit Eisenkern (**327.**1 b). Alle Zuleitungen 1 zu dem zu schützenden Gerät (auch der N-Leiter) werden durch den ringförmigen Kern 2 geführt; sie bilden die Primärwicklungen des Wandlers. Die um den ringförmigen um den Ring gelegte Sekundärwicklung 3 ist an die Auslösespule 4 angeschlossen. Bei körperschlußfreien Verbrauchern ist im Wandler die Summe der zufließenden Ströme in jedem Augenblick gleich der Summe der abfließenden Ströme. Ihr gemeinsames Magnetfeld ist daher gleich Null, der Eisenring führt keinen magnetischen Fluß und in der Sekundärwicklung wird keine Spannung induziert. Entsteht aber durch einen Körperschluß — in Bild **327.**1 a im Außenleiter L2 — ein Fehlerstrom I_F, der seinen Weg über den Schutzleiter zur Hilfserdung bzw. zum N-Leiter oder über die Standorterdung des Gerätes nimmt, so ist die Summe der zu- und abfließenden Ströme im Wandler nicht mehr gleich Null; in dessen Eisenring entsteht dann ein magnetischer Wechselfluß. Dieser induziert in der Sekundärwicklung 3 eine Spannung. Diese Spannung und somit auch der von ihr im Auslöser 4 erzeugte Strom werden vom Fehlerstrom I_F bestimmt. Erreicht I_F die Nennfehlerstromstärke (Auslösestrom) I_{FN} des FI-Schutzschalters, so betätigt das Auslöserelais 4 das Schaltschloß 5. Das Auslöserelais löst, je nach Bauart des FI-Schutzschutzschalters bei den Nennfehlerströmen 0,03 A, 0,3 A, 0,5 A, 1 A oder 3 A aus. FI-Schutzschalter mit kleinen Nennfehlerströmen haben ein Hilfsrelais, weil der Sekundärstrom des Wandlers für die direkte Betätigung des Auslöserelais nicht ausreicht.

Der Stromwandler wird auch als **Summen-Stromwandler** bezeichnet, weil seine Sekundärspannung von der Summe (Σ) der Ströme in den Zuleitungen abhängig ist.

Bei Anlagen mit FI-Schutzschaltung muß der Erdungswiderstand R_H der Hilfserdung oder die Standorterdung des zu schützenden Gerätes so bemessen sein, daß beim jeweiligen Grenzfehlerstrom des Schutzschalters die Fehlerspannung unter 50 V (oder 24 V) bleibt.

Beispiel 90: Welche Werte dürfen die Erdungswiderstände R_H für FI-Schutzschalter mit den Grenzfehlerströmen $I_{F1} = 1$ A, $I_{F2} = 0,5$ A und $I_{F3} = 0,03$ A nicht überschreiten, wenn die Fehlerspannungen $U_F = 50$ V bzw. $U_F = 24$ V zugelassen werden?

Lösung:

$$R_{H1} = \frac{U_F}{I_{F1}} = \frac{50\text{ V}}{1\text{ A}} \leqq 50\ \Omega \quad \text{bzw.} \quad R_{H1} = \frac{24\text{ V}}{1\text{ A}} \leqq 24\ \Omega$$

$$R_{H2} = \frac{U_F}{I_{F2}} = \frac{50\text{ V}}{0,5\text{ A}} \leqq 100\ \Omega \quad \text{bzw.} \quad R_{H2} = \frac{24\text{ V}}{0,5\text{ A}} \leqq 48\ \Omega$$

$$R_{H3} = \frac{U_F}{I_{F3}} = \frac{50\text{ V}}{0,03\text{ A}} \leqq 1667\ \Omega \quad \text{bzw.} \quad R_{H3} = \frac{24\text{ V}}{0,03\text{ A}} \leqq 800\ \Omega$$

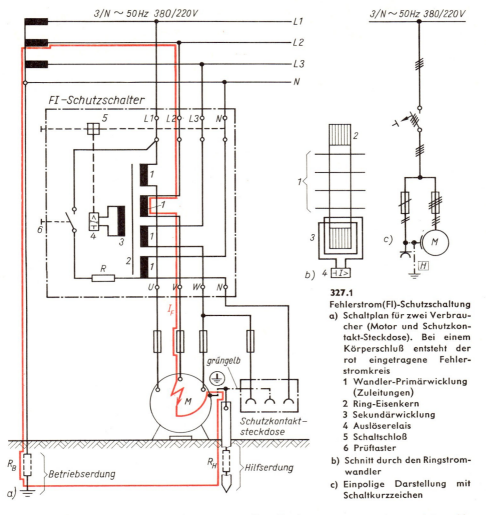

327.1
Fehlerstrom(FI)-Schutzschaltung
a) Schaltplan für zwei Verbraucher (Motor und Schutzkontakt-Steckdose). Bei einem Körperschluß entsteht der rot eingetragene Fehlerstromkreis
   1 Wandler-Primärwicklung (Zuleitungen)
   2 Ring-Eisenkern
   3 Sekundärwicklung
   4 Auslöserelais
   5 Schaltschloß
   6 Prüftaster
b) Schnitt durch den Ringstromwandler
c) Einpolige Darstellung mit Schaltkurzzeichen

Anwendung. Die FI-Schutzschaltung ist in allen Drehstromnetzen mit geerdetem *N*-Leiter anwendbar. Besonders geeignet ist sie in Anlagen mit erhöhten Sicherheitsanforderungen, z. B. in landwirtschaftlichen Betriebsstätten, auf Baustellen und in feuer- und explosionsgefährdeten Betriebsstätten.

Gegenüber der FU-Schutzschaltung bietet die FI-Schutzschaltung zwei Vorteile:

1. Sie benötigt keinen Schutzleiter zwischen dem zu schützenden Gerät und dem FI-Schutzschalter. Der FI-Schutzschalter kann daher ohne bauliche Veränderungen an den Zuleitungen vor jedes bisher geerdete oder genullte Gerät gesetzt werden, wenn darauf geachtet wird, daß der *N*-Leiter nach dem FI-Schutzschalter nicht mehr geerdet ist. Wird der Schutzleiter mit dem *N*-Leiter verbunden, so ist die Verbindung v o r dem FI-Schutzschalter herzustellen. Andernfalls würde der Fehlerstrom durch den Ringwandler zurückgeführt werden, so daß keine Differenzbildung zwischen zu- und abfließenden Strömen zustande käme: Der FI-Schutzschalter würde nicht auslösen.

2. Die Hilfserdung kann auch an der Wasserleitung oder an der Potentialausgleichsschiene vorgenommen werden. Bei durch den Aufstellungsort gut geerdeten Geräten, z. B. Heißwasserbereitern oder Wasserpumpen, ist die Hilfserdung völlig entbehrlich.

Gegenüber allen Schutzmaßnahmen mit Schutzleiter hat die FI-Schutzschaltung zwei weitere Vorteile:

1. FI-Schutzschalter mit Nennfehlerströmen bis 0,5 A schützen die Anlage zusätzlich gegen Brandgefahr durch Erdschluß, da sie die Anlage bei einem für Brände ungefährlichen Erdschlußstrom von weniger als 0,5 A abschalten (s. auch Abschn. 16.43).

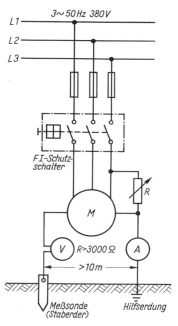

2. FI-Schutzschalter mit dem Nennfehlerstrom 30 mA bieten außer dem Schutz gegen zu hohe Berührungsspannung und gegen Brandgefahr zusätzlich Schutz bei unabsichtlichem Berühren betriebsmäßig spannungsführender Teile. Entsteht dabei ein Fehlerstromkreis über den Körper zur Erde, so wird die Anlage bei Strömen von 30 mA innerhalb von 0,2 s abgeschaltet.

Prüfung der FI-Schutzschaltung. Die Funktion des FI-Schutzschalters kann man durch Betätigen der Prüftaste 6 prüfen (**327.**1 a). Durch den Prüfwiderstand R fließt dann ebenso, wie beim Körperschluß eines Gerätes, ein Strom in Höhe des Auslösestroms. Die Prüfung der einwandfreien Beschaffenheit von Schutzleitung und Hilfserdung kann nach Bild **328.**1 durchgeführt werden. Der Stellwiderstand R ist so einzustellen, daß die Spannung am Gerätegehäuse wesentlich unter 50 V (24 V) liegt. Beim Verringern des Widerstandes muß der FI-Schutzschalter auslösen, bevor die Spannung zwischen Gerätegehäuse und Erde (Sonde, s. Bild **333.**2) 50 V (24 V) erreicht. Mit dem Strommesser ist dabei zu prüfen, ob der Schalter spätestens beim Nennfehlerstrom des Schalters auslöst.

328.1 Prüfung der FI-Schutzschaltung

15.38 Schutzleitungssystem

Das Schutzleitungssystem soll das Entstehen gefährlicher Berührungsspannungen in räumlich abgegrenzten Anlagen (z. B. in Fabrikanlagen mit eigenem Transformator) dadurch verhindern, daß alle zu schützenden Maschinen- und Gerätegehäuse miteinander und mit den der Berührung zugänglichen leitenden Gebäudeteilen, Rohrleitungen und dgl. sowie mit Erdern über Schutzleiter PE verbunden werden (**329.**1). Der Erdungswiderstand des gesamten Schutzleitungssystems darf 20 Ω nicht überschreiten. Der Sternpunkt des Generators oder Transformators darf nicht geerdet sein.

Hat ein Gerät, z. B. der Motor in Bild **329.**1, einen Körperschluß, so entsteht kein Fehlerstromkreis, weil der Sternpunkt des Speisetransformators nicht geerdet ist. Jedoch nehmen alle in das Schutzleitungssystem einbezogenen leitenden Teile, die Erde und die bedienende Person die Spannung des Motorgehäuses mit Körperschluß an. Es entsteht also keine Berührungsspannung zwischen Motorgehäuse und Standort des Menschen. Da kein Fehlerstrom fließt, spricht die Sicherung bei einem Körperschluß nicht an. Das Gerät mit Körperschluß bleibt daher betriebsfähig, ohne den Menschen zu gefährden; der Fehler kann in der nächsten Betriebspause behoben werden. Es kommt zu keinem Betriebsausfall, ein nicht geringer Vorteil.

Eine Gefährdung des Menschen tritt beim Schutzleitungssystem (**329**.1) erst ein, wenn zu einem ersten Körperschluß ein zweiter an einem anderen Außenleiter hinzutritt und die Sicherung nicht sofort anspricht, weil der Widerstand im Körperschlußkreis relativ hoch ist; die gleiche Wirkung hat der Erdschluß eines anderen Außenleiters. Um diese Gefahr auszuschließen, gilt folgende Vorschrift:

Beim Schutzleitungssystem ist eine Isolations-Überwachungseinrichtung anzubringen, die mit Hilfe eines Relais die Anlage auf Körper- und Erdschluß überwacht und jeden Fehler optisch oder akustisch anzeigt.

329.1
Schutzleitungs-
system
1 Über-
   wachungs-
   relais mit
   $R_i \geqq 15\,\mathrm{k\Omega}$

Bei einem
Körperschluß
entsteht noch
kein Fehler-
stromkreis und
damit auch
keine Berüh-
rungsspannung

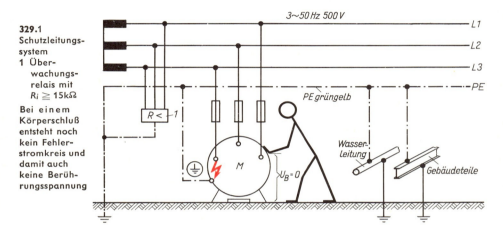

Das Überwachungsrelais 1 (**329**.1) muß den Mindestwiderstand $R_i \doteq 15\ \mathrm{k\Omega}$ haben. Hierdurch soll verhindert werden, daß durch den bei einem Körperschluß über die Erde und das Überwachungsgerät entstehenden Fehlerstromkreis eine gefährliche Berührungsspannung entsteht.

Anwendung. Das Schutzleitungssystem ist nur in örtlich begrenzten Anlagen mit Stromerzeugung für den Eigenbedarf oder mit eigenem Transformator bei getrennten Wicklungen zulässig, nicht aber für öffentliche Versorgungsnetze. Hier bestünde die Gefahr, daß ein Körperschluß im Stromkreis eines Außenleiters — der ja nicht, wie bei allen anderen Schutzmaßnahmen, sofort aufgedeckt wird — längere Zeit bestehen bleibt. Entstünde in dieser Zeit in einem zweiten Gerät an einem anderen Außenleiter ebenfalls ein Körperschluß, so könnten bis zum Ansprechen der Sicherungen an beiden fehlerhaften Geräten gefährliche Berührungsspannungen entstehen.

Deshalb findet das Schutzleitungssystem hauptsächlich in Industrieanlagen Anwendung, in denen der Ausfall eines Stromkreises zu schweren Betriebsstörungen führen würde, z. B. in der Hütten- und chemischen Industrie. Solche Betriebe haben meist ein vom 220 V-Lichtnetz getrenntes 500 V-Netz für Motoren und Großgeräte, in dem das Schutzleitungssystem angewendet wird.

In Narkose- und Operationsräumen in Krankenhäusern ist das Schutzleitungssystem nach VDE 107 (Bestimmungen für medizinisch genutzte Räume) vorgeschrieben. Es bietet in diesen Anlagen ein Höchstmaß an Sicherheit. Eine Überwachungseinrichtung zeigt optisch und akustisch an, wenn der Isolationswert der Anlage 15 kΩ unterschreitet. Aus Sicherheitsgründen muß in den genannten Räumen eine Ersatzstromversorgung vorgesehen werden (Batterie oder Notstromsatz).

Prüfung des Schutzleitungssystems erfolgt durch den Augenschein, durch Kontrolle der richtigen Bemessung, Verlegung und Kennzeichnung des Schutzleiters sowie durch eine Messung des Erdungswiderstandes, wie in Abschn. 15.4 beschrieben.

Übungsaufgaben zu Abschnitt 15.3

1. Worin besteht der Unterschied zwischen Betriebs- und Schutzisolierung?
2. In welchen Fällen sind nach VDE 0100 bestimmte Schutzmaßnahmen vorgeschrieben? Welche sind es?
3. Worin besteht der Unterschied zwischen Kurzschluß, Körperschluß und Erdschluß?
4. Wie wird die Schutzmaßnahme Nullung durchgeführt?
5. Wie verläuft der Fehlerstrom beim Auftreten eines Körperschlusses in einem genullten Gerät?
6. Worauf ist beim Anschließen der Leitungen in einer Schutzkontakt-Steckdose und in einem Schutzkontaktstecker besonders zu achten?
7. Warum muß der Sternpunkt des Transformators bei der Anwendung der Nullung geerdet sein?
8. Welche Bestimmungen müssen bei der Verlegung des Nulleiters in genullten Anlagen beachtet werden?
9. Welche Gefahr könnte an genullten Geräten bei abgesichertem Nulleiter entstehen?
10. Warum ist in VDE 0100 vorgeschrieben, daß der Schutzleiter PE in Leitungen bis zu 6 mm² Querschnitt getrennt vom N-Leiter geführt werden muß?
11. Durch welche Prüfungen kann die einwandfreie Beschaffenheit der Nullung in neu errichteten Anlagen nachgeprüft werden?
12. Eine mit träger Schmelzsicherung für 63 A abgesicherte Anlage soll genullt werden. Die Anwendbarkeit der Nullung wird durch eine Messung nach Bild **323.1** geprüft. Dabei ist die Spannung bei offenem Schalter 220 V und bei geschlossenem Schalter 209 V. Der Strommesser zeigt 10,5 A an. Darf die Nullung angewendet werden?
13. Aus welchem Grunde ist die Anwendung der Schutzerdung heute auf Ausnahmefälle beschränkt?
14. Welchen Verlauf nimmt der Fehlerstrom bei einem Körperschluß an einem durch FU-Schutzschalter geschützten Gerät?
15. In welchen Fällen besteht die Gefahr, daß der FU-Schutzschalter nicht auslöst?
16. Welche Vorteile hat die FI-Schutzschaltung gegenüber der Nullung?
17. Die Wirkungsweise des FI-Schutzschalters ist zu beschreiben.
18. Würde die FI-Schutzschaltung versagen, wenn man das zu schützende Gerätegehäuse nicht geerdet, sondern mit dem Nulleiter verbunden hätte? Begründung!
19. Welche Besonderheit hat das Schutzleitungssystem gegenüber den anderen Schutzmaßnahmen mit Schutzleiter?
20. Versuch: In einer Verbrauchsanlage ist die Messung nach Bild **323.1** durchzuführen. Mit Hilfe der gemessenen Spannungs- und Stromwerte ist der Kurzschlußstrom zwischen Außenleiter und N-Leiter zu errechnen und festzustellen, ob er über oder unter dem Abschaltstrom der vorgeschalteten Sicherung liegt.
21. Versuch: Zur Feststellung der Wirksamkeit einer FI-Schutzschaltung sind eine Spannungs- und eine Strommessung nach Bild **328.1** vorzunehmen. Als Sonde kann ein Rohr oder ein Stab von 1···1,5 m Länge dienen.

15.4 Ausführung und Prüfung von Erdungsanlagen

Erdung nennt man die leitende Verbindung eines Punktes des Betriebsstromkreises oder eines nicht zum Betriebsstromkeis gehörenden leitfähigen Bauteiles mit dem Erdreich. Eine Erdungsanlage besteht aus dem E r d e r (Band-, Stab-, Plattenerder, metallisches

Wasserrohrnetz) und der Erdungsleitung. In Niederspannungsnetzen (bis 1000 V) unterscheidet man nach dem Zweck drei Arten von Erdungen:

1. Betriebserdung: Erdung eines zum Betriebsstromkreis gehörenden Punktes, vor allem des Neutral (N)-Leiters in Drehstromanlagen.

2. Schutzerdung: Erdung von leitfähigen, nicht zum Betriebsstromkreis gehörenden Anlageteilen, z. B. von Geräte- oder Maschinengehäusen (s. Abschn. 15.34). Eine besondere Art der Schutzerdung ist die Erdung im Schutzleitungssystem.

3. Hilfserdung (FU- und FI-Erdung): Erdung bei der FU- und FI-Schutzschaltung (s. Abschn. 15.36 und 15.37). Auch bei der Messung des Erdungswiderstandes ist eine Hilfserdung mit Hilfe einer Meßsonde erforderlich (**333**·2).

Arten und Ausführung von Erdern (s. Tafel **332**.1).

Banderder. Erder aus Band, Rundmaterial oder Drahtseil. Sie werden in einer Tiefe von 0,5···1 m gestreckt, strahlenförmig oder ringförmig verlegt.

Staberder. Erder aus Rohr oder Profilstahl. Sie werden lotrecht in den Erdboden eingetrieben. Sind mehrere Staberder notwendig, um den erforderlichen geringen Erdübergangswiderstand zu erreichen, so muß ihr gegenseitiger Mindestabstand möglichst gleich der doppelten Länge des Stabes sein (Spannungsbereich s. Bild **325**.2).

Fundamenterder sind Banderder, die beim Bau eines Gebäudes im Gebäudefundament in die unterste Betonschicht hochkant eingebettet werden. Das freie Ende des Bandes wird — möglichst im Mauerwerk — bis in den Hausanschlußraum geführt (**331**.1).

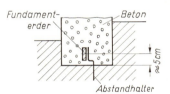

331.1 Richtige Verlegung des Fundamenterders auf Abstandshaltern

Plattenerder. Erder aus Blechplatten, die lotrecht in das Erdreich eingegraben werden. Die Plattenoberkante soll mindestens 1 m unter der Erdoberfläche liegen. Die übliche Plattengröße beträgt 0,5 × 1 m. Sind mehrere Platten erforderlich, um den gewünschten geringen Erdausbreitungswiderstand zu erzielen, so soll ein gegenseitiger Mindestabstand von 3 m eingehalten werden.

Damit die Erder in guter Verbindung mit dem umgebenden Erdreich stehen, müssen sie verschlemmt oder sorgfältig verstampft werden.

Außer den vorhin genannten Einzelerdern können für Erdungen verwendet werden:

Wasserrohrnetze. Erfolgt die Erdung innerhalb von Gebäuden, so muß der Wassermesser gut leitend durch ein verzinktes Kupferseil von mindestens 16 mm² Querschnitt oder ein verzinktes Stahlseil von mindestens 25 mm² Querschnitt oder verzinkten Bandstahl von mindestens 3 mm Dicke überbrückt werden.

Bleimantel von Erdkabeln. Dieser kann als Erder herangezogen werden, wenn das Kabel im Erdboden verlegt ist und die Kabelmuffen mit einem Überbrückungsleiter aus Kupfer von mindestens 4 mm² Querschnitt, bei Außenleiterquerschnitten über 10 mm² mit einem Überbrückungsleiter von mindestens 10 mm² Querschnitt überbrückt sind.

Erdungsleitungen

Diese müssen mit Rücksicht auf ausreichende mechanische Festigkeit folgende Mindestquerschnitte haben:

Mechanisch geschützte Verlegung (z. B. im Rohr): 1,5 mm² Cu oder 2,5 mm² Al.

Mechanisch ungeschützte Verlegung: 4 mm² Cu (kein Al), bei Bandstahl (mindestens 2,5 mm Dicke) 50 mm². Für den Anschluß von Erdungsleitern mit Hilfe von Schellen, z. B. bei Rohrerdern, müssen mindestens Schrauben M 10 verwendet werden. Blanke Erdungsleitungen müssen in der Nähe der Anschlußstellen gekennzeichnet werden (⏚ oder E). Sie können außerdem einen Farbanstrich haben, jedoch nicht grüngelb oder blau.

Tafel **332.**1 Mindestabmessungen und Werkstoffe für Einzelerder

Arten des Erders	Werkstoff		
	Stahl feuerverzinkt	Stahl kupferplattiert	Kupfer
Banderder	Bandstahl 100 mm², Mindestdicke 3 mm Leitungsseil 95 mm²	50 mm²	Band 50 mm², Mindestdicke 2 mm Leitungsseil 35 mm²
Fundament-erder	Bandstahl 30 x 3,5 oder 25 × 4 Rundstahl, mind. Φ 10		
Staberder	Flußstahlrohr 1 Zoll (für Hilfserder $^1/_2$ Zoll) Winkelstahl L 65 · 65 · 7 U-Profil 6$^1/_2$ T-Profil T 6 Kreuzprofil 50 × 3	15 mm Durchmesser 2,5 mm dicke Kupferauflage	Rohr 30 × 3
Plattenerder	Blech 3 mm	—	Blech 2 mm

Erdungswiderstand

Dieser ergibt sich als Summe von Ausbreitungswiderstand des Erders und Widerstand der Erdungsleitung. Der Ausbreitungswiderstand eines Erders ist der Widerstand zwischen dem Erder selbst und den Punkten eines Bereichs der Erdoberfläche, in dem keine merklichen Spannungsunterschiede mehr auftreten. Es sind dies Stellen an der Erdoberfläche, die so weit vom Erder entfernt sind, daß dort die Stromleitung wegen des immer größer werdenden Querschnittes des leitenden Erdreichs praktisch widerstandslos erfolgt (s. Abschn. 15.36). Man nennt diesen Erdbereich Bezugserde. Der Ausbreitungswiderstand hängt ab

von der Art und Beschaffenheit des Erdreichs,

von den Abmessungen des Erders.

Tafel **333.**1 enthält Mittelwerte von Ausbreitungswiderständen für lehmigen Ackerboden. Die Werte sind bei feuchtem Sand- und Kiesboden 2 bis 5mal, bei trockenem Sand- und Kiesboden etwa 10mal und bei steinigem Boden etwa 30mal so hoch.

Beispiel 91: Um in lehmigem Ackerboden den Ausbreitungswiderstand 5 Ω zu erreichen, benötigt man einen Banderder von 50 m Länge oder vier in einem Ring von etwa 15 m Durchmesser angeordnete Staberder von 5 m Länge oder 5 Plattenerder 1 m × 1 m in mindestens 3 m Abstand.

Messung des Erdungswiderstandes

Bestehen Zweifel über den zu fordernden niedrigen Ausbreitungswiderstand eines Erders, so muß eine Messung mit einem Erdungsmeßgerät oder mit Strom- und Spannungsmesser durchgeführt werden (**333.**2). Im letzteren Falle wird die Erdungs-

Tafel 333.1 Mittelwerte für Ausbreitungswiderstände verschiedener Erder

Art des Erders	Band oder Seil[1])				Stab oder Rohr				senkrechte Platte, Oberkante etwa 1 m tief	
Abmessungen des Erders	Länge				Länge				Oberfläche	
	10 m	25 m	50 m	100 m	1 m	2 m	3 m	5 m	0,5 m × 1 m	1 m × 1 m
Ausbreitungswiderstand in Ω	20	10	5	3	70	40	30	20	35	25

leitung mit einem nicht geerdeten Außenleiter hinter der Sicherung über einen einstellbaren Widerstand $R = 20 \cdots 1000\,\Omega$ und den Strommesser verbunden. Als Meßsonde

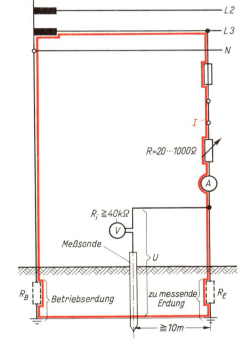

im Bereich der Bezugserde d. h. außerhalb des Ausbreitungsgebietes des Erders, dient ein $1 \cdots 1,5$ m tief eingetriebener Staberder im Abstand von $10 \cdots 20$ m. Da der Meßstrom des Spannungsmessers bei dem geforderten hohen Innenwiderstand von mindestens $R_i = 40\,k\Omega$ etwa 1 mA beträgt, ist der Erdungswiderstand der Meßsonde nicht kritisch. (Bei $100\,\Omega$ würde an der Sonde z. B. ein Spannungsabfall von nur $0,001\,A \cdot 100\,\Omega = 0,1\,V$ entstehen, der keinen störenden Einfluß auf die Genauigkeit der Messung hat.) Die gemessene Spannung U stellt den Spannungsabfall am Erdungswiderstand R_E des Erders dar. Daher ist der

Erdungswiderstand $R_E = \dfrac{U}{I}$

Beispiel 92: Mit dem einstellbaren Widerstand R wird der Strom $I = 1,5$ A eingestellt (**333.2**). Die dabei gemessene Spannung möge $U = 45$ V betragen. Wie groß ist der Erdungswiderstand R_E?

Lösung:
Erdungswiderstand $R_E = U/I = 45\,V/1,5\,A = 30\,\Omega$.

333.2 Messen des Erdungswiderstandes. Der Meßstromkreis ist rot eingetragen

15.5 Prüfung des Isolationswiderstandes von Verbraucheranlagen und Fußböden

Die Gefährdung des Menschen durch zu hohe Berührungsspannungen tritt, wie oben gezeigt wurde, i. allg. beim Zusammentreffen von zwei Voraussetzungen auf, nämlich

[1]) Bei Fundamenterdern haben die Ausbreitungswiderstände etwa die halben Werte, unabhängig von der Art des Erdreichs.

fehlerhafte Isolation an Geräten oder Leitungen
leitende Verbindung des Standortes mit der Erde.

Vor der Inbetriebnahme einer Anlage muß daher der Errichter, also der Installateur, den Isolationswiderstand der Anlage und in Zweifelsfällen auch den Isolationswiderstand des Fußbodens prüfen.

15.51 Prüfung des Isolationswiderstandes einer Verbraucheranlage

Isolationswiderstand

Die Isolation einer elektrischen Anlage muß der folgenden Vorschrift genügen:

In trockenen und feuchten Räumen muß der Isolationswiderstand der Anlagenteile ohne Verbrauchsgeräte zwischen zwei Überstrom-Schutzorganen oder hinter dem letzten Überstrom-Schutzorgan mindestens 1000 Ω je Volt Betriebsspannung betragen.

Bei 220 V Betriebsspannung muß der Isolationswiderstand daher mindestens 220 000 Ω betragen. Der Fehlerstrom über die Isolation darf also höchstens $1\ \mathrm{V}/1000\ \Omega = 1\ \mathrm{mA}$ betragen. Sind die Teilstrecken der Leiter länger als 100 m, so darf für jede weitere angefangene 100 m-Strecke der Fehlerstrom 1 mA mehr betragen. In nassen Räumen (das sind feuchte Räume, deren Fußböden und Wände zu Reinigungszwecken oft abgespritzt werden, z. B. Waschküchen und Wagenwaschräume) und bei im Freien verlegten Leitungen darf der Isolationswert 500 Ω/V nicht unterschreiten.

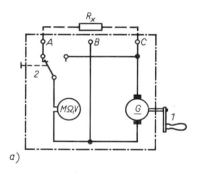

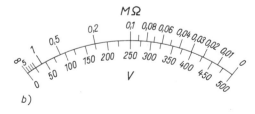

334.1 Isolationsmesser mit Kurbelinduktor und Drehspulinstrument
  a) Schaltplan. Klemmen A, B für Spannungsmessung; Klemmen A, C für Isolationsmessung
    1 Handkurbel für Kurbelinduktor
    2 Prüftaste zum Einstellen der Prüfspannung
  b) Skala mit Megohm- und Volt-Teilung

Isolationsmesser (334.1)

Der Isolationswiderstand wird mit einem Isolationsmesser geprüft, einem Widerstandsmesser, der aus einem in Ohm geeichten Drehspul- oder Kreuzspulinstrument und einem Kurbelinduktor oder Batterieumformer zur Erzeugung der Prüfspannung besteht (s. Abschn. 9.5).

Der Kurbelinduktor 1 ist ein kleiner Gleichstromgenerator, dessen Magnetfeld durch Dauermagnete erzeugt wird. Er wird über eine Zahnradübersetzung von einer Handkurbel angetrieben. Die der Eichung des Isolationsmessers zugrunde gelegte Prüfspannung ist erreicht, wenn bei gedrückter Taste 2 die Handkurbel so schnell gedreht wird, daß der Zeiger bis zum Nullwert der Megohm-Skala ausschlägt. Läßt man dann bei gleichbleibender Drehzahl der Handkurbel die Taste los, so stellt sich der Zeiger, entsprechend dem Isolationswiderstand R_x der angeschlossenen Anlage ein. Hat der Isolationsmesser ein Kreuzspulinstrument (s. Abschn. 9.52), so fehlt die Taste, da die Spannung dann nur ungefähr eingehalten zu werden braucht.

Bei der Isolationsmessung muß die Prüfspannung mindestens gleich der Nennspannung der Anlage sein, damit sich schwache Stellen der Isolation sicher bemerkbar machen. Bei Nennspannungen unter 500 V darf sie 500 V nicht unterschreiten. Die meisten Isolationsmesser arbeiten mit der Gleichspannung 500 V. Gleichspannung ist für Isolationsmessungen vorgeschrieben, weil eine Meß-Wechselspannung in Anlagen mit Kondensatoren durch deren kapazitiven Widerstand einen zu kleinen Isolationswiderstand vortäuschen würde.

Durchführung der Isolationsprüfung (335.1)

1. Prüfung Leiter gegen Erde. Der zu prüfende Anlagenteil wird allpolig vom Netz getrennt. Eine Klemme des Isolationsmessers wird an die für die Messung miteinander verbundenen Leiter der Anlage (Punkte 1 und 2), die andere mit der Erde, z. B. der Wasserleitung, verbunden. Sodann müssen alle Verbrauchsgeräte außer den Leuchten abgetrennt, Glühlampen und Leuchtstofflampen aus den Leuchten herausgenommen und alle Schalter geschlossen werden. Dann wird nämlich der Isolationswiderstand des gesamten Leitungsnetzes, nicht aber der Isolationswiderstand der Verbrauchsgeräte erfaßt. (Dieser unterliegt besonderen Prüfvorschriften.) Liegt jetzt der festgestellte Iso-

lationswiderstand über dem geforderten Mindestwert, so ist die Isolation gegen Erde einwandfrei. Im gegenteiligen Falle müssen die Stromkreise getrennt geprüft werden, der Stromkreis *I* z. B. an den Punkten 3 und 4 (Leitungen an der Verteilerschiene trennen). Ist der Stromkreis mit der fehlerhaften Isolation gefunden, so wird die Fehlerstelle „eingekreist", indem man die Leitungen an der nächsten Trennstelle (Abzweigdose), z. B. an den Punkten 5 und 6 abklemmt und eine weitere Messung durchführt. Nach diesem Verfahren wird die Prüfung so lange fortgesetzt, bis der fehlerhafte Leitungsstrang gefunden ist.

2. Prüfung Leiter gegen Leiter. Nach Entfernen der Verbindung zwischen den Punkten 1 und 2 wird der Isolationsmesser an diese Punkte angeschlossen. Mißt man einen zu kleinen Isolationswiderstand, so wird der Fehler auf dieselbe Weise eingekreist, wie unter 1. beschrieben.

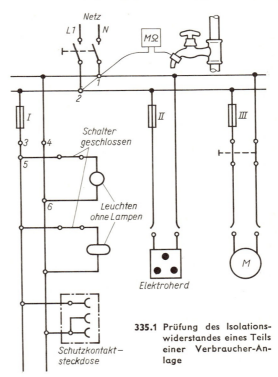

335.1 Prüfung des Isolationswiderstandes eines Teils einer Verbraucher-Anlage

15.52 Prüfung des Isolationswiderstandes von Fußböden

Diese Prüfung ist nur dann erforderlich, wenn zweifelhaft ist, ob in einem Wohn- oder Büroraum Schutzmaßnahmen angewendet werden müssen (s. Abschn. 15.23). Der Fußboden wird an der Stelle, an der gemessen werden soll, zunächst mit einem feuchten

Tuch (Fläche etwa 270 mm x 270 mm) bedeckt, auf das eine Metallplatte (etwa 250 mm x 250 mm x 2 mm gelegt wird (**336.**1). Die Platte wird durch ein Gewicht von etwa 750 N belastet, z. B. durch das Gewicht einer Person. Nun schließt man die Metallplatte über einen Spannungsmesser, dessen Innenwiderstand R_i bekannt ist, an einen Spannung gegen Erde führenden Außenleiter des Netzes an. Die Spannung U zwischen Außenleiter und Erde wird durch den Standortübergangswiderstand R_{St} und den Innenwiderstand R_i des Spannungsmessers in die beiden Teilspannungen U_{St} und U_i zerlegt. Nach den Regeln der Reihenschaltung von Widerständen gilt $R_{St}/R_i = U_{St}/U_i$. Da $U_{St} = U - U_i$ ist, kann man auch schreiben

$$\frac{R_{St}}{R_i} = \frac{U - U_i}{U_i}$$

Daraus erhält man den

Standortübergangswiderstand $R_{St} = R_i \cdot \dfrac{U - U_i}{U_i}$

Die Messung ist an mindestens drei beliebig gewählten Stellen des Fußbodens auszu-führen. Dabei muß der Standortübergangswiderstand an jeder Meßstelle mindestens 50 kΩ betragen, wenn der Fußboden als isolierend gelten soll.

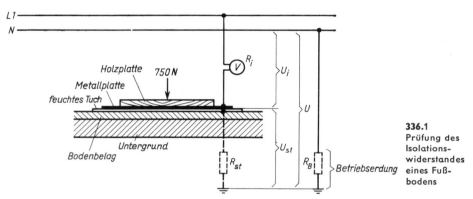

336.1
Prüfung des Isolations-
widerstandes
eines Fuß-
bodens

Beispiel 93: Mit einem Spannungsmesser, dessen innerer Widerstand $R_i = 100$ kΩ beträgt, wird in der Schaltung nach Bild **336.**1 die Spannung $U_i = 160$ V gemessen. Die Spannung des Außen-leiters gegen Erde beträgt $U = 220$ V. Der Standortübergangswiderstand ist dann

$$R_{St} = R_i \cdot \frac{U - U_i}{U_i} = 100 \text{ kΩ} \cdot \frac{220 \text{ V} - 160 \text{ V}}{160 \text{ V}} = 37,5 \text{ kΩ}$$

Er hat demnach nicht den für einen isolierenden Fußboden geforderten Mindestwiderstand 50 kΩ. Es muß also eine Schutzmaßnahme vorgesehen werden.

15.6 Netzarten

Durch Vereinbarungen innerhalb der EG werden die Verteilungsnetze mit 2 Buchstaben nach den Erdungsverhältnissen des Netzes (1. Buchstabe) und der Verbraucheranlage (2. Buchstabe) gekennzeichnet. Danach unterscheidet man

T N - Netze: Netze mit geerdetem Sternpunkt. Die Körper der Verbraucheranlage werden durch Schutzleiter (*PE*) mit dem herausgeführten Neutral-(*N*-)Leiter verbunden. Als Schutzmaßnahme wird die Nullung angewendet. Auch die FI-Schutzschaltung – und in alten Anlagen die FU-Schutzschaltung – darf angewendet werden.

TT-Netze: Netze mit geerdetem Sternpunkt. Die Körper der Verbraucheranlage sind an Erder angeschlossen, die nicht mit dem N-Leiter des Netzes verbunden sind.

Als Schutzmaßnahmen werden die Schutzerdung und die FI-Schutzschaltung (in alten Anlagen auch die FU-Schutzschaltung) angewendet.

IT-Netze: nicht geerdete Netze. Die Körper der Verbraucheranlage sind geerdet. Als Schutzmaßnahme dient das Schutzleitungssystem.

Es bedeuten:

T Terre (franz.) = Erde; N neutral; I isoliert = Netz ohne Betriebserdung

Übungsaufgaben zu Abschnitt 15.4 und 15.6

1. Was versteht man unter dem Ausbreitungswiderstand eines Erders? Wovon hängt er ab?
2. Auf welche verschiedene Weise werden Erdungen durchgeführt?
3. Welche Bestimmungen sind bei der Verlegung einer Erdungsleitung zu beachten?
4. Welche Länge muß ein Banderder in Lehmboden erhalten, um einen Ausbreitungswiderstand von etwa 80 Ω zu erzielen?
5. Welche Überlegungen sind bei der Durchführung einer Isolationsmessung anzustellen?
6. Aus welchem Grunde ist bei der Messung des Schleifenwiderstands nach Bild **323.1** ein Spannungsmesser mit einem Innenwiderstand von mindestens 40 kΩ vorgeschrieben?
7. Warum muß bei der Messung des Erdungswiderstandes nach Bild **333.2** die Meßsonde einen Abstand von mindestens 10 m von dem zu messenden Erder haben?
8. Versuch. Mit Hilfe der Schaltung in Bild **333.2** ist der Erdungswiderstand eines vorhandenen Erders, z. B. eines im Gebäude vorhandenen und als Betriebserdung oder FI-Erdung dienenden Banderders zu messen.
9. Versuch. Für einen Verbraucherstromkreis ist der Isolationswiderstand Leiter gegen Erde und Leiter gegen Leiter zu messen und festzustellen, ob er jeweils über dem geforderten Mindestwert liegt.
10. Versuch. Nach Bild **336.1** ist der Isolationswiderstand eines Fußbodens zu prüfen. Aus dem Prüfungsergebnis ist zu bestimmen, ob in dem Raum unter Berücksichtigung der in Abschnitt 15.23 genannten Vorschriften Schutzmaßnahmen erforderlich sind.

16 Wichtige VDE-Bestimmungen für das Errichten von Starkstromanlagen bis 1000 V

Elektrische Starkstromanlagen erfordern Maßnahmen, die Leben und Gesundheit von Personen und Nutztieren schützen, sowie Sachschäden durch Brände verhindern. Der Verband Deutscher Elektrotechniker (VDE)[1] hat Bestimmungen geschaffen, die Unfälle und Brände verhindern sollen und zwar durch die zweckmäßige Gestaltung von Geräten und Leitungen sowie durch sachgemäße Errichtung, Pflege und Instandsetzung elektrischer Anlagen. Die VDE-Bestimmungen müssen dem Fachmann vertraut sein und von ihm sorgfältig beachtet werden.

Für Elektroinstallationen sind besonders wichtig die „Bestimmungen für das Errichten von Starkstromanlagen mit Nennspannungen unter 1000 V" (VDE 0100), die „Bestimmungen für das Einbeziehen von Rohrleitungen in Schutzmaßnahmen von Starkstromanlagen mit Nennspannungen bis 1000 V" (VDE 0190) und die „Bestimmungen für den Betrieb von Starkstromanlagen" (VDE 0105).

Neben den VDE-Bestimmungen, die für den Elektro-Fachmann verbindliche Vorschriften sind, gibt es VDE-Richtlinien sowie Merkblätter und VDE-Schriften.

Richtlinien beschreiben den Stand der Technik in einem bestimmten Bereich z. B. Maßnahmen zur Funkentstörung.

Merkblätter enthalten Ratschläge für ein bestimmtes Anwendungsgebiet der VDE-Bestimmungen, z. B. für die Bekämpfung von Bränden in elektrischen Anlagen

VDE-Schriften enthalten ausführliche Erläuterungen zu einzelnen VDE-Bestimmungen, z. B. zu VDE 0100.

a)

b)
Kurzzeichen der Prüfstelle, z.B. VDE

338.1 a) VDE-Prüfzeichen
b) Sicherheitszeichen

Geprüfte und zugelassene Geräte tragen entweder das VDE-Prüfzeichen (**338.1** a) oder das Sicherheitszeichen für technische Arbeitsmittel (**338.1** b). Sie genügen den Anforderungen, die das „Gesetz über technische Arbeitsmittel" (Gerätesicherungsgesetz) vom 24. 6. 1968 stellt. Leitungen enthalten entweder den rotschwarzen Kennfaden und einen Firmenkennfaden oder, bei kunststoffisolierten Leitungen, den Aufdruck ⟨VDE⟩ und das Firmenzeichen. Neuartige Geräte und Leitungen werden zunächst probeweise zugelassen. Leitungen erhalten dann einen rot-schwarz-gelben Kennfaden bzw. den Aufdruck ⟨VDE PR⟩, Geräte im VDE-Prüfzeichen den Zusatz PR.

Im folgenden sind die wichtigsten in VDE 0100 festgelegten Bestimmungen sinngemäß wiedergegeben. Bestimmungen über Schutzmaßnahmen gegen zu hohe Berührungsspannungen sind bereits in Abschnitt 15 behandelt worden.

---

[1] Der VDE wurde im Jahre 1893 in Berlin von führenden Männern der deutschen Elektrotechnik gegründet.

16.1 Elektrische Betriebsmittel

Elektrische Betriebsmittel sind alle Mittel, die dem Erzeugen, Fortleiten, Verteilen und Anwenden elektrischer Energie dienen. Installationsgeräte und Verbrauchsgeräte müssen in ihrer konstruktiven Ausführung einer der in Tafel **339**.1 erläuterten Schutzarten entsprechen, wenn der verlangte Schutz über den Berührungsschutz hinausgeht.

Die Kennzeichnung der Schutzart für Maschinen und Schaltgeräte (nicht Installationsschalter) ist in Abschn. 14.24 erläutert.

Tafel **339**.1 Schutzarten für Installationsgeräte und Verbrauchsgeräte, die über den Schutz gegen Berührung hinausgehen (VDE 0710), in Klammer entsprechende Kurzzeichen nach DIN 40050.

Schutzart	Schutzumfang	Kurzzeichen
abgedeckt	kein Wasserschutz (IP 30)	
tropfwassergeschützt	Schutz gegen hohe Luftfeuchte, Wrasen und senkrecht fallende Wassertropfen (IP 31)	
regengeschützt	Schutz gegen von oben unter Winkeln bis zu 30° über der Waagrechten auftreffende Wassertropfen (IP 33)	
spritzwassergeschützt	Schutz gegen aus allen Richtungen auftreffende Wassertropfen (IP 54)	
strahlwassergeschützt	Schutz gegen aus allen Richtungen auftreffenden Wasserstrahl (IP 55)	
wasserdicht	Schutz gegen Eindringen von Wasser ohne Druck (IP 67)	
druckwasserdicht	Schutz gegen Eindringen von Wasser unter Druck (IP 68)	...bar
staubgeschützt	Schutz gegen Eindringen von Staub ohne Druck (IP 50)	
staubdicht	Schutz gegen Eindringen von Staub unter Druck (IP 60)	

Schalter. Für Schalter gelten folgende Bestimmungen:

1. Sie müssen alle gegen Erde Spannung führenden Pole gleichzeitig schalten. Einpoliges Schalten ist daher nur zulässig in Zweileiterstromkreisen mit Neutralleiter (N-Leiter).

2. Einpolige Schalter in festverlegten Leitungen müssen im nicht geerdeten Leiter angeordnet sein. Für Taster von Betätigungsspulen von Zeitautomaten und Stromstoßrelais ist diese Vorschrift nicht zwingend.

3. An einpolige Wechselschalter dürfen n i c h t beide Leiter des Stromkreises angeschlossen werden (sog. Sparschaltung).

Steckvorrichtungen. Für das Installieren dieser Betriebsmittel gilt:

1. Stecker müssen so angebracht werden, daß die Steckerstifte in nicht gestecktem Zustand nicht unter Spannung stehen.

2. Steckdoseneinsätze für Unterputzinstallation müssen so befestigt werden, daß sie beim Ziehen des Steckers nicht aus ihrer Verankerung gerissen werden können. Das kann z. B. durch Schraubbefestigung erreicht werden.

3. Die Verwendung von Steckvorrichtungen in Verbindung mit Lampenfassungen oder -sockeln ist nicht zulässig.

4. Abzweigstecker jeglicher Art sind nicht zulässig.

5. An e i n e n Stecker darf nur e i n e ortsveränderliche Leitung angeschlossen werden.

Leuchtstofflampen-Anlagen haben den folgenden Vorschriften zu genügen:

1. Werden Leuchtstofflampengruppen auf die drei Außenleiter eines Drehstromnetzes verteilt, so muß jeder Drehstromkreis durch einen Drehstromschalter allpolig geschaltet

werden. Die zu einem Drehstromkreis gehörenden Leitungen müssen dabei in **einem** Rohr oder — bei Lichtbändern — in demselben Hohlraum verlegt werden.

2. Parallel zu Kondensatoren von mehr als 0,5 µF sind Entladewiderstände anzuordnen. Für Kondensatoren bis 25 µF sind bei 220 V Widerstände von 1 MΩ; 0,25 W vorzusehen.

3. Bei Anbringung auf brennbaren Baustoffen müssen Leuchten mit dem Zeichen ▽ verwendet werden oder die Leuchte muß auf ihrer ganzen Länge und Breite gegenüber der Befestigungsfläche mit 1 mm dickem Blech abgedeckt sein. Bei Einrichtungsgegenständen (Möbel) aus brennbaren Werkstoffen müssen Leuchten und Vorschaltgeräte von der Befestigungsfläche mit einem Abstand von mind. 35 mm angebracht werden (VDE 0100, § 32).

4. Vorschaltgeräte, die außerhalb von Leuchten angebracht werden, müssen das Zeichen Ⓟ tragen. Sie verursachen bei Windungsschluß keinen Brand.

16.2 Beschaffenheit und Verlegung von Leitungen

16.21 Isolierte Starkstromleitungen und -kabel

In den Tafeln **340.**1 und **341.**1 sind die z. Z. gebräuchlichsten Leitungsarten einschließlich ihrer Kurzzeichen und ihrer Verwendung zusammengestellt.

Seit 1. Januar 1978 ist für eine Reihe von Leitungen die international harmonisierte Normung in Kraft getreten. Sie gilt bisher für diejenigen Leitungsarten, bei denen in den Tafeln **340.**1 und **341.**1 neben dem bisher gültigen Kurzzeichen das neue CENELEC-Kurzzeichen[1]) angegeben ist. Diese Kurzzeichen sind in Tafel **341.**2 erläutert.

Die Kennzeichnung harmonisierter Leitungen erfolgt durch den schwarz-rot-gelben Harmonisierungs-Kennfaden oder durch das Zeichen ◁ VDE ▷ ◁ HAR ▷ .

Tafel **340.**1 Leitungen für feste Verlegung (Auswahl)

Bezeichnung	Kurzzeichen (Grundtyp)	Anwendung
Leitungen für feste Verlegung		
PVC-Aderleitung (Y PVC-Kunststoff) (N normgerecht)	N Y A (H07V—U)	in trockenen Räumen; in Rohr auf und unter Putz sowie offen auf Isolierkörpern. Nur einadrig
Stegleitung (IF im Putz, flach)	N Y I F	in trockenen Räumen nur in und unter Putz
PVC-Steuerleitung	N Y S L Y Ö	in trockenen, feuchten und nassen Räumen 0,5 bis 2,5 mm², 3 bis 60 Adern. Eine Ader gnge
Umhüllter Rohrdraht (Z Zinkmantel)	N Y R U Z Y ⎤	Feuchtraumleitungen: in allen Räumen über, auf und unter Putz sowie im Freien. NYM auch im Putz
Bleimantelleitungen	N Y B U Y ⎬	
Mantelleitung	N Y M ⎦	
PVC-Verdrahtungsleitung (Fassungsader)	N Y F A ⎤ (H05V—U) ⎦	für Verdrahtungen in und an Leuchten (**F**assungsader) sowie in Schaltanlagen in trockenen Räumen
Pendelschnur	N Y P L Y w	für Schnur- und Zugpendel (w erhöhte Wärmebeständigkeit)

[1]) CENELEC: Europäische Kommission für elektrotechnische Normung (für die EG-Staaten).

Tafel **341**.1 Flexible Leitungen zum Anschluß ortsveränderlicher Stromverbraucher

Bezeichnung	Kurzzeichen (Grundtyp)	Anwendung
Gummiaderschnur	N S A (H$\overline{03}$RT—F)	in trockenen Räumen bei geringer mechanischer Beanspruchung
Leichte Zwillingsleitung	N L Y Z (H$\overline{03}$V$\overline{H}$—Y)	0,1 mm²; 2adrig; Belastung bis 1 A, Länge bis 2 m
Zwillingsleitung	N Y Z (H03$\overline{V}$H—H))	in trockenen Räumen für leichte Handgeräte bei sehr geringer mechanischer Beanspruchung, nicht für Wärmegeräte 0,5 und 0,75 mm², 2adrig
Leichte Gummischlauch-leitung für Handgeräte	N L H (H$\overline{05}$RR—F	in trockenen Räumen für leichte Handgeräte und für Elektrowärmegeräte bei geringer mechanischer Beanspruchung
Leichte PVC-Schlauchleitung	N Y L H Y (H03$\overline{V}$V—F)	wie vor; bei Wärmegeräten beschränkt zulässig
Mittlere Gummischlauch-leitung	N M H (H$\overline{05}$RR—F)	in trockenen und feuchten Räumen für Küchen- und Werkstattgeräte bei mittlerer Beanspruchung
Mittlere PVC-Schlauchleitung	N Y M H Y (H05$\overline{V}$V—F)	in trockenen Räumen; für Haus- und Küchengeräte auch in feuchten Räumen bei mittlerer mechanischer Beanspruchung; für Wärmegeräte beschränkt zulässig
Schwere Gummischlauch-leitung, ölfest, schwer entflammbar	N M Höu N S Höu (H$\overline{07}$RN—F)	in trockenen und feuchten Räumen sowie im Freien für schwere Geräte bei hoher mechanischer Beanspruchung

Tafel **341**.2: Kurzzeichen für harmonisierte Leitungen

Feld	1	2	3	4	5	—	6	7	8	9
Beispiel: Leichte PVC-Schlauch-leitung	H	03	V	V		—	F	3	G	1,5

1 Kennzeichnung der Normungsart: H harmonisiert, A von CENEVEC anerkannter nationaler Typ
2 Nennspannung: 03 300 V 05 500 V 07 700 V
3 Isolierhülle: V PVC R Gummi S Silikonkautschuk
4 Mantel: V PVC R Gummi N synth. Kautschuk J Glasfasergeflecht T Textilgeflecht
5 Besonderheiten: H flache, aufteilbare Leitung H 2 flache, nicht aufteilbare Leitung
6 Leiterart: U rund, eindrähtig; R rund, mehrdrähtig; K feindrähtig für feste Verlegung; F feindrähtig für bewegliche Leitungen; Y Lahnlitzenleiter[1]); H feinstdrähtig für bewegliche Leitungen
7 Aderzahl } Beispiele: mit gnge Ader (G) 3 G 2,5 : 3 Adern, 2,5 mm²
8 gnge Ader } ohne gnge Ader (X) 4 X 6 : 4 Adern, 6 mm²
9 Querschnitt }

[1]) Feine Textilfäden mit dünnem Kupferband umwickelt, 0,1 mm²

Zu den Kurzzeichen für mehradrige Leitungen wird bei Leitungen ohne grüngelbe Ader der Buchstabe O, bei Leitungen mit grüngelber Ader der Buchstabe J hinzugefügt, z. B. NYRUZY — J 5 x 10 für einen 5 adrigen umhüllten Rohrdraht mit grüngelber Ader und mit dem Querschnitt 10 mm². Die harmonisierten Leitungen werden mit den Kurzzeichen in Tafel 341.2 gekennzeichnet.

Aderkennzeichnung. Die Isolierung einadriger Leitungen ist grüngelb, hellblau oder schwarz gekennzeichnet. Fassungsadern, Zwillings- und Drillingsleitungen haben keine Aderkennzeichnung. Die Aderkennzeichnung mehradriger Leitungen erfolgt gemäß Tafel 342.1.

Tafel **342.1** Kennzeichnung der Adern bei mehradrigen Leitungen für feste Verlegung und für flexible Leitungen. Abkürzungen: gnge grüngelb; sw schwarz; hbl hellblau; br braun

Anzahl der Adern	Leitungen mit grüngelb gekennzeichneter Ader (mit Kurzzeichen J)	Leitungen ohne grüngelb gekennzeichnete Ader (mit Kurzzeichen 0)
2	gnge/sw	sw/hbl[1]
3	gnge/sw/hbl[1]	sw/hbl/br
4	gnge/sw/hbl/br	sw/hbl/br/sw
5	gnge/sw/hbl/br/sw	sw/hbl/br/sw/sw
6 und mehr (nur bei flexiblen Leitungen)	gnge/weitere Adern sw mit Zahlenaufdruck, fortlaufend von innen beginnend mit 1	

[1]) Die Adern der 2 adrigen flexiblen Leitungen haben die Farben br/hbl, die der 3 adrigen gnge/br/hbl.

16.22 Verlegung von Leitungen

Fest verlegte Leitungen

1. Fest verlegte Leitungen müssen durch ihre Lage oder durch Verkleiden vor mechanischer Beschädigung geschützt sein. Im Handbereich (s. Abschn. 15.22) ist stets eine Verkleidung erforderlich. An besonders gefährdeten Stellen ist für zusätzlichen mechanischen Schutz zu sorgen, z. B. über einer Deckendurchführung durch ein über die Leitung geschobenes Stahlrohr.

2. In einem Rohr dürfen nur die Leitungen eines Stromkreises einschließlich der zu diesem Stromkreis gehörigen Steuer- und Signaladern vereinigt sein. In Mehraderleitungen dürfen dagegen Leitungen mehrerer Stromkreise vereinigt werden.

3. Leitungsverbindungen und -abzweige dürfen nur auf isolierender Unterlage oder mit isolierender Umhüllung durch Verschrauben, Quetschen, Kerben oder gleichwertiger Kaltverbindung sowie durch Vernieten, Löten und Schweißen oder durch schraubenlose Klemmen vorgenommen werden. Leuchtenklemmen (Lüsterklemmen) dürfen nicht als Verbindungsklemmen im Zuge festverlegter Leitungen verwendet werden.

4. Anschlüsse unter Putz sowie Verbindungen bei Rohrverlegung und Mehraderleitungen dürfen nur in Dosen oder Kästen hergestellt werden.

5. Stegleitungen dürfen nur im oder unter Putz verlegt werden. Ohne Putzabdeckung dürfen sie lediglich in Hohlräumen von Decken und Wänden aus Beton, Stein oder ähnlichen Baustoffen verlegt werden.
Sie dürfen jedoch nicht an Metall, z. B. an Baustahlgewebe anliegen.

6. Stegleitungen dürfen nicht einbetoniert werden. Für Stegleitungen dürfen nur Dosen aus Isolierstoff verwendet werden.

7. Der grüngelb gezeichnete Leiter darf nur als S c h u t z l e i t e r verwendet werden.

8. Für den Mittel(N)-Leiter ist die blaue Ader zu verwenden.

9. Im Erdboden dürfen nur Kabel verlegt werden.

10. Freileitungen und ihre Isolatoren sind so anzubringen, daß sie ohne Hilfsmittel weder vom Erdboden, noch von Dächern, Ausbauten, Fenstern und sonstigen von Menschen regelmäßig betretenen Stätten zugänglich sind. Der Abstand zum Erdboden muß mindestens 4 m, über befahrbaren Wegen und Plätzen mindestens 5 m betragen.

Bewegliche Leitungen

1. Die Leitungen müssen an den Anschlußstellen von Zug und Schub entlastet, Leitungsumhüllungen gegen Abstreifen und Leitungsadern gegen Verdrehen gesichert sein.

2. Haben die Betriebsmittel ein Metallgehäuse, so muß die Schutzleitungsader so lang sein, daß sie bei Versagen der Zugentlastung erst nach den stromführenden Adern auf Zug beansprucht wird (s. Bild **322.**2).

3. Das Knicken von Zuleitungen an der Einführungsstelle ist durch zweckentsprechende Maßnahmen, z. B. durch Abrunden der Einführungsstelle, zu vermeiden; Metallwendeln oder -schläuche sind unzulässig.

4. Mehrdrähtige Leitungen müssen an den Anschlußstellen gegen das Abspleißen einzelner Drähte gesichert sein, z. B. durch Löten, Kabelschuhe, Ringösen, Quetschhülsen u. dgl.

16.3 Bemessung und Absicherung von Leitungen

16.31 Mindestquerschnitte von Leitungen

Leitungen müssen eine ausreichende mechanische Sicherheit besitzen. Zur Erzielung einer ausreichenden mechanischen Festigkeit sind die in Tafel **343.**1 angeführten Mindestquerschnitte einzuhalten.

Tafel **343.**1   Mindestquerschnitte für Kupferleitungen

Verlegungsart	Mindestquerschnitt in mm²
feste geschützte Verlegung	1,5 (Al 2,5)
Leitungen in Schalt- und Verteilungsanlagen bis 2 A/bis 16 A/über 16 A	0,5/0,75/1,0
offene Verlegung bei folgenden Abständen der Befestigungspunkte	
bis 20 m	4
über 20 m bis 45 m	6
bewegliche Leitungen	
für leichte Handgeräte bis 1 A Stromaufnahme und Längen bis 2 m	0,1
für Geräte bis 2 A Stromaufnahme und Längen bis 2 m	0,5
für Geräte bis 10 A Stromaufnahme, für Geräte-Steck- und Kupplungsdosen bis 10 A Nennstrom	0,75
für Geräte über 10 A Stromaufnahme, für Mehrfachsteckdosen sowie Geräte-Steck- und Kupplungsdosen mit mehr als 10 A Nennstrom	1,0
Fassungsadern	0,75

16.32 Schutz der Leitungen gegen zu hohe Erwärmung

Leitungen müssen gegen zu hohe Erwärmung infolge Überlastung und Kurzschluß geschützt werden. Die hierfür verwendeten Überstrom-Schutzorgane, Schmelzsicherungen und Leitungsschutzschalter (s. Abschn. 2.2) sind nach Tafel **344.**1 zu bemessen.

Tafel **344.**1 Zuordnung von Überstrom-Schutzorganen zu den Leiterquerschnitten isolierter Kupferleitungen bei Raumtemperaturen bis 30 °C

Leitungsquerschnitt in mm²	0,75	1	1,5	2,5	4	6	10	16	25
Nennstromstärken der Sicherung in A für									
Gruppe 1	—	6	10	16	20	25	35	50	63
Gruppe 2	6	10	16¹)	20	25	35	50	63	80
Gruppe 3	10	10	20	25	35	50	63	80	100

Gruppe 1: Einadrige Leitungen in Rohren
Gruppe 2: Mehradrige Leitungen, z. B. Mantelleitungen, Rohrdrähte, Bleimantelleitungen, Stegleitungen, bewegliche Leitungen
Gruppe 3: Einadrige Leitungen frei in der Luft verlegt und in Schaltanlagen

¹) 10 A bei mehr als zwei belasteten Adern

Weitere Bestimmungen nach VDE 0100

1. Überstromschutzorgane für Überlast und Kurzschluß müssen am Anfang jedes Stromkreises sowie an allen Stellen eingebaut werden, an denen die Strombelastbarkeit gemindert wird, z. B. durch Verringerung des Querschnitts.

2. Schutzorgane n u r für Überlast (z. B. Motorschutzschalter mit Bimetallauslöser) dürfen beliebig versetzt werden, wenn die Leitung vor dem Schutzorgan gegen Kurzschluß gesichert ist und weder Abzweige- noch Steckvorrichtungen enthält.
Die vorgeschaltete Sicherung gegen Kurzschluß darf im allgemeinen 2 Stufen höher sein, als es der Zuordnung zu den Leiterquerschnitten nach Tafel **344.**1 entspricht. Für lange Leitungen und Sicherungen über 100 A sind Ermittlungen nach VDE 0100, Teil 430 erforderlich.

3. Schutzorgane n u r für Kurzschluß dürfen bis zu 3 m versetzt werden, wenn die Leitung vor dem Schutzorgan kurzschluß- und erdschlußsicher ist, z. B. der Hauptleitungsabzweig zum Zähler.

4. In Sicherungssockel bis 63 A sind Paßeinsätze entsprechend der zu wählenden Sicherung einzusetzen. Für Schmelzeinsätze und Schraub-LS-Schalter unter 10 A sind Paßeinsätze 10 A zulässig.

5. Bei einseitiger Einspeisung muß die Zuleitung an den Fußkontakt angeschlossen werden.

6. Sicherungen müssen so angeordnet werden, daß ein etwa auftretender Lichtbogen keine Gefahr bringt (Glasplatte vor dem Kennmelder darf nicht entfernt werden).

7. Sicherungen dürfen nicht geflickt oder überbrückt werden.

8. Beleuchtungs- und Steckdosenstromkreise in Hausinstallationen dürfen nur bis 16 A gesichert werden. Reine Steckdosenstromkreise dürfen bis 25 A gesichert werden, wenn Steckdosen für 25 A Nennstrom verwendet werden (Tafel **344.**1 beachten!).

9. Schutzleiter dürfen keine Überstrom-Schutzorgane enthalten.

10. Als Schmelzsicherungen über 100 A dürfen nur NH-Sicherungen verwendet werden.

16.4 Sonderbestimmungen für Räume besonderer Art

16.41 Baderäume und Duschecken in Wohnungen und Hotels

Hier ist die Unfallgefahr durch den verringerten Widerstand der feuchten Haut und durch die gute Erdverbindung eines im Wasser stehenden Menschen besonders groß.

Deshalb gelten folgende Sonderbestimmungen:

1. Potentialausgleich.

Bade- und Duschwannen, ihre Abflußstutzen sowie metallische Rohrleitungen (Wasser-, Heizungs- und Gasrohre) sind zur Herstellung der Potentialgleichheit durch eine ungeschnittene Ausgleichsleitung untereinander zu verbinden (**345.1**). Bei Anwendung der Nullung, FI-Schutzschaltung oder Schutzerdung ist der Schutzleiter mit der Ausgleichsleitung zu verbinden. Zu dem Zweck wird von der Schutzleiterschiene einer

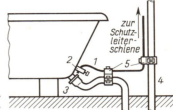

Verteilungstafel, an der der Schutzleiter einen Querschnitt von mindestens 4 mm² hat, eine einadrige Leitung von mindestens 4 mm² (z. B. NYM) in den Baderaum geführt. Die Leitung kann unter den Fliesen oder im Putz verlegt werden. Diese Verbindung ist nicht erforderlich, wenn bereits am Hausanschluß ein Potentialausgleich hergestellt wurde. (s. Abschn. 15.24).

345.1 Ausgleichsleitung 1 (4 mm² Cu) zur Herstellung der Potentialgleichheit zwischen Badewanne 2, Abflußrohr 3 und Frischwasserleitung 4; Anschlußschellen 5

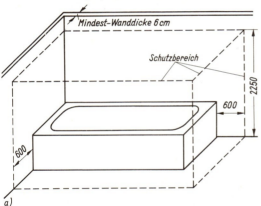

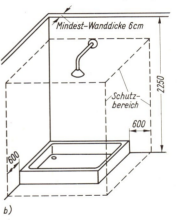

345.1 Schutzbereich
a) in Baderäumen b) in Duschecken

2. In den in den **Bildern 345.1** a und **345.1** b gekennzeichneten Schutzbereichen dürfen weder Leitungen im oder unter Putz noch Steckdosen und Schalter angebracht werden.

3. Leitungen zur **Versorgung** von festangebrachten Verbrauchsgeräten, z. B. Heißwassergeräten oder Leuchten, dürfen im Schutzbereich senkrecht verlegt werden, und zwar senkrecht von **oben,** wenn die Anschlußstelle oberhalb der Badewanne, senkrecht von unten, wenn **die Anschlußstelle** unterhalb der Badewannen-Oberkante liegt. Sie müssen von hinten **in das Gerät** eingeführt werden.

4. Auf der **Rückseite der Wände** innerhalb des Schutzbereichs dürfen **nur** dann Leitungen verlegt werden, **wenn zwischen** Leitung oder Wandeinbaugehäuse einerseits und der Innenseite der Wände andererseits eine Mindestwanddicke von 6 cm erhalten bleibt.

5. Die Leitungen dürfen keinen Metallmantel besitzen.

6. Leitungen, die zur Stromversorgung anderer Räume dienen, dürfen nicht durch Bade- oder Duschräume geführt werden.

7. Leuchten müssen mindestens spritzwassergeschützt sein, wenn sie im Sprühbereich der Brause liegen, z. B. IP 54 (s. auch Tafel **339.1**).

16.42   Feuchte und nasse Räume. Anlagen im Freien

Feuchte und nasse Räume sind Räume, in denen die Sicherheit der elektrischen Anlage durch Feuchtigkeit, Kondenswasser, chemische oder andere Einflüsse beeinträchtigt werden kann. Werden Wände und Decken zu Reinigungszwecken abgespritzt, so wird der Raum als „naß" bezeichnet. Beispiele: Stallungen, feuchte Keller, Großküchen, Metzgereien, Backstuben, Kühlräume, Kesselhäuser. Hier gelten folgende VDE-Bestimmungen:

1. Für feste Verlegung dürfen nur Feuchtraumleitungen mit Kunststoffumhüllung (NYM, NYRUZY, NYBUY, s. Tafel **340**.1) oder Kabel verwendet werden.

2. Als bewegliche Leitungen sind mittlere PVC-Schlauchleitungen H05VV—F (NYMHY) bis 2,5 mm² oder Gummischlauchleitungen H07RN—F (NMHöu) zu verwenden.

3. Elektrische Betriebsmittel müssen mindestens in tropfwassergeschützter Ausführung, Leuchten in regengeschützter Ausführung, Handleuchten in schutzisolierter Ausführung verwendet werden. In nassen Räumen müssen die Betriebsmittel strahlwassergeschützt sein (s. Tafel **339**.1).

4. Abzweigdosen, Schalter und Steckdosen sind an den Einführungsstellen feuchtigkeitssicher abzudichten. Steckvorrichtungen müssen ein Isoliergehäuse haben.

5. Die betriebsmäßig unter Spannung gegen Erde stehenden Leiter von Verbrauchsgeräten müssen durch Schalter mit erkennbarer Schaltstellung oder durch Steckvorrichtungen schaltbar sein. Ausgenommen hiervon sind fest angebrachte Leuchten.

6. Für geschützte Anlagen im Freien (überdacht) gelten die gleichen Bestimmungen. Für ungeschützte Anlagen gilt die Einschränkung, daß alle Betriebsmittel mindestens sprühwassergeschützt (IP 43) und Leuchten mindestens regengeschützt sein müssen (s. Tafel **339**.1).

16.43 Feuergefährdete Betriebsstätten

Feuergefährdete Betriebsstätten sind Räume, in denen die Gefahr besteht, daß an fehlerhaften elektrischen Betriebsmitteln durch leichtentzündliche Stoffe ein Brand entsteht. Solche Räume sind z. B. Holz- und Papierverarbeitungsbetriebe, Holz- und Strohlager, Garagen, Ölfeuerungsanlagen.

Die wichtigsten Sonderbestimmungen für diese Räume nach VDE 0100 § 50 N sind:

1. Bei Anwendung der Nullung muß von der letzten Verteilung außerhalb der feuergefährdeten Betriebsstätte ein besonderer Schutzleiter geführt werden, auch bei Leiterquerschnitten über 6 mm².

2. Bewegliche Leitungen müssen mindestens als Gummischlauchleitungen H07RN-F (NMHöu) ausgeführt werden.

3. Installationsschalter, Steckdosen und Abzweigdosen müssen mindestens tropfwassergeschützt sein (Symbol: ein Tropfen).

4. Schaltgeräte, Anlasser, Motoren und Überstromschutzorgane müssen mindestens in der Schutzart IP 41, in staubigen Räumen mindestens in der Schutzart IP 5· (staubdicht) ausgeführt sein.

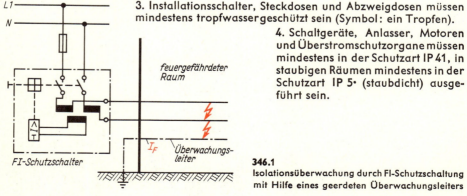

346.1
Isolationsüberwachung durch FI-Schutzschaltung mit Hilfe eines geerdeten Überwachungsleiters

5. Leuchten in staubigen Räumen müssen mindestens in der Schutzart IP 5 ausgeführt sein.

6. Lampen müssen durch geeignete Abdeckung, z. B. durch Schutzgläser oder Schutz-gitter gegen mechanische Beschädigung geschützt sein.

7. Wärmegeräte müssen mit Vorrichtungen versehen sein, die ein Berühren der Heiz-leiter mit entzündlichen Stoffen verhindern (keine offenen Heizleiter!).

8. Zur Vermeidung von Bränden durch zu hohe Erwärmung an einer Kurzschluß-oder Erdschlußstelle sind besondere Maßnahmen zu treffen. Dafür eignet sich vor allem die Isolationsüberwachung durch einen FI-Schutzschalter (**346**.1). Sie erfolgt da-durch, daß die verlegte Leitung (z. B. NYM) einen zusätzlichen, geerdeten Über-wachungsleiter führt. Entsteht ein unvollkommener Kurzschluß oder Erdschluß, so wird durch die damit verbundene Erwärmung sehr bald auch der Überwachungsleiter betroffen. Es entsteht über die Betriebserdung des Netzes ein Fehlerstrom I_F, der die Abschaltung der fehlerhaften Leitung durch den FI-Schutzschalter bewirkt. Der Nenn-fehlerstrom des verwendeten FI-Schutzschalters darf höchstens 0,5 A betragen.

9. Sind leitfähige Bauteile vorhanden, die nicht zur elektrischen Anlage gehören, z. B. Stahlkonstruktionen oder Metallrohrleitungen, so ist ein Potentialausgleich (s. Abschn. 15.24) durchzuführen.

16.44 Räume und Anlagen besonderer Art

Auf die besonderen Bestimmungen für Installationsarbeiten in solchen Räumen bzw. Anlagen kann hier nur hingewiesen werden. Es fallen darunter u. a. die elektrischen Betriebsstätten und abgeschlossenen elektrischen Betriebsstätten (s. VDE 0100 § 43 N und § 44 N), elektrische Anlagen auf Baustellen (s. VDE 0100 § 55 N), elektrische Anlagen in landwirtschaftlichen Betriebsstätten (s. VDE 0100 § 56 N), Versammlungs-stätten und Warenhäuser (VDE 0108), explosionsgefährdete Betriebsstätten (VDE 0165) und elektrische Ausrüstungen von Bearbeitungs- und Verarbeitungsmaschinen (VDE 0113).

Übungsaufgaben zu Abschnitt 16

1. Welchen Zweck haben die VDE-Bestimmungen?

2. Worin unterscheiden sich die in den VDE-Bestimmungen enthaltenen Vorschriften, Regeln und Leitsätze?

3. Wie ist an Geräten und Leitungen zu erkennen, ob sie den VDE-Bestimmungen genügen?

4. Warum sind parallel zu den Kompensationskondensatoren für Leuchtstofflampen Entlade-widerstände erforderlich?

5. Der Aufbau folgender Leitungsarten ist zu beschreiben: NYIF, NYM, NYRUZY, H03VV—F.

6. Warum dürfen in einem Rohr nur Leitungen eines Stromkreises zusammengefaßt werden?

7. Welchen Zweck hat die Vorschrift, daß in beweglichen Leitungen die Schutzleitungsader bei Versagen der Zugentlastung erst nach den stromführenden Adern auf Zug beansprucht werden darf?

8. Wo müssen Stromsicherungen vorgesehen werden?

9. Warum darf der Nulleiter nicht abgesichert werden?

10. Worin liegt die Schutzwirkung der in Bade- und Duschräumen vorgeschriebenen Potential-ausgleichleitung?

11. Warum dürfen in Bade- und Duschräumen keine Rohre mit Metallmänteln und keine zur Stromversorgung anderer Räume dienenden Leitungen verlegt werden?

12. Welche Gesichtspunkte sind vor Beginn einer Installationsarbeit für die Auswahl der Leitungs-art zu beachten?

17 Bauelemente der Leistungselektronik

In elektronischen Geräten und deren Bauelementen werden Vorgänge technisch genutzt, die bei der Bewegung elektrischer Ladungsträger (vor allem von Elektronen) in Halbleitern, im Vakuum und in Gasen entstehen. Die heute in der Energietechnik weitaus wichtigsten elektronischen Bauelemente sind die Halbleiterbauelemente, vor allem Halbleitergleichrichter, Transistoren und Thyristoren. Ihre Vorzüge haben in den vergangenen Jahren dazu geführt, daß sie die Vakuum- und Ionenröhren sowie die Quecksilberdampf-Stromrichter in der Energietechnik fast vollständig verdrängt haben. Letztere werden deshalb in diesem Buch nicht mehr behandelt. Die Vorzüge der Halbleiterbauelemente sind: sofortige Betriebsbereitschaft, da die bei Röhren erforderliche Anheizzeit entfällt; größere Lebensdauer, die bei vorschriftsmäßigen Betriebsbedingungen praktisch unbegrenzt ist; wesentlich größere Stoßfestigkeit und erheblich kleinerer Raumbedarf, er beträgt etwa 1/30 gegenüber dem der Röhre.

Typenbezeichnung für Dioden, Transistoren und Thyristoren

Sie besteht für Typen, die vorwiegend in der Unterhaltungselektronik verwendet werden (Standardtypen), aus 2 Buchstaben und 3 Ziffern. Andere, sog. professionelle Typen, werden durch 3 Buchstaben und 2 Ziffern gekennzeichnet. Die Bedeutung der so zusammengesetzten Kurzzeichen für die wichtigsten in der Leistungselektronik verwendeten Typen ist:

1. Buchstabe: A Ausgangswerkstoff Germanium
   B Ausgangswerkstoff Silizium
2. Buchstabe: A Diode
   C Nf-Transistor
   D Nf-Leistungstransistor
   P Fotohalbleiter, z. B. Fotoelement, Fotodiode
   S Schalttransistor
   T gesteuerter Gleichrichter (Thyristor)
   U Leistungs-Schalttransistor
   Y Leistungsdiode (Gleichrichter)
   Z Z-Diode

Der 3. Buchstabe (bei professionellen Typen) und die Ziffern kennzeichnen jeweils eine bestimmte technische Ausführung des betreffenden Grundtyps.

17.1 Halbleitergleichrichter

Spannung, Stromart und Frequenz der elektrischen Energie müssen manchmal umgeformt werden, um sie den praktischen Erfordernissen anzupassen. Die Umwandlung der Spannung erfolgt im Transformator (s. Abschn. 10). Zur Umformung der Stromart (teilweise auch der Frequenz) dienen umlaufende Maschinen, Umformer genannt, und ruhende Geräte, die Stromrichter. Man unterscheidet Gleichrichter und Wechselrichter. Letztere wandeln Gleichstrom in Wechselstrom um. Die wichtigste Stromrichterart sind die Gleichrichter, vor allem die Halbleitergleichrichter. Sie ermöglichen die Gewinnung von Gleichstrom aus dem Drehstromnetz, z. B. für die Ladung von Batterien, für den Betrieb von Straßen- und Schnell-Bahnen, für die Speisung elektronischer Geräte usw. Soll die Spannung des gleichgerichteten Stromes „gesteuert", d. h. verändert werden, so wählt man steuerbare Siliziumgleichrichter, sogenannte Thyristoren. Sie sind auch als Wechselrichter verwendbar.

17.11 Gleichrichterwirkung von Halbleitern

Halbleiter sind Stoffe mit Kristallgefüge und hohem spezifischem Widerstand, der bei den hier behandelten Arten — im Gegensatz zu den metallischen Leitern — mit zunehmender Temperatur abnimmt (negativer Temperaturkoeffizient, s. Abschn. 1.41). Technisch wichtige Halbleiter sind Germanium, Silizium und Selen (auf der zweiten Silbe betont).

Kristalle

Da die Wirkungsweise der Halbleitergleichrichter auf deren Kristallstruktur beruht, soll zunächst der Kristallaufbau fester Stoffe kurz behandelt werden.

In festen Stoffen mit Kristallgefüge sind die Atome in einer bestimmten, von der Art des Stoffes abhängigen Weise in Reihen und Schichten geordnet. Diese bilden ein Kristallgitter (**349**.1), dessen innere Struktur auch in der äußeren Form der Kristalle erkennbar ist, denn Kristalle haben eine regelmäßige, durch ebene Flächen begrenzte Gestalt mit den verschiedensten geometrischen Formen (Würfel, Rhomboeder, Tetraeder usw.). Ein Kristall entsteht z. B. beim Erstarren eines flüssigen Körpers (Schmelze oder Flüssigkeit) durch Anlagerung von Atomen an einen Kristallisationskern. Läßt man einen kristallinen Körper langsam und ungehindert aus einem Kristallisationskern heraus wachsen, so kann dieser eine beträchtliche Größe erreichen. Ein solcher Einkristall wird für die Herstellung der Einkristallgleichrichter benötigt (s. Abschn. 17.12).

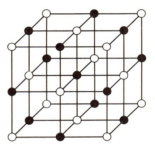

349.1 Kristallgitter eines festen Stoffes, hier eines Kochsalzkristalls
○ Natriumatome
● Chloratome

Zum Aufbau des Kristallgitters werden bei manchen Stoffen alle Elektronen für die gegenseitige Bindung der Kristallatome benötigt; diese Stoffe sind Nichtleiter. In anderen Stoffen — vor allem in Metallen — werden nicht alle Elektronen der Atome im Kristallgitter gebunden. Die nicht gebundenen Elektronen sind die aus Abschnitt 1.1 bereits bekannten freien Elektronen, die innerhalb des Kristalls nahezu frei beweglbar sind. Stoffe dieser Art sind also Leiter.

Metalle, Halbleiter sowie die meisten anderen festen Stoffe haben Kristallaufbau. Die gegenseitige Bindung der Kristallatome bewirken deren Elektronen.

Feste Stoffe ohne Kristallaufbau, also mit regellos angeordneten Atomen, kommen selten vor, sie heißen amorph (gestaltlos); dazu gehört z. B. das Glas.

Störstellenleitung

Ein Stoff ist elektrisch leitfähig, wenn er leicht verschiebbare Ladungsträger enthält. In den Metallen sind das die freien Elektronen, in Elektrolyten die positiven und negativen Ionen und in leitenden Gasen die durch Stoßionisierung gewonnenen Elektronen und positiven Ionen. In Halbleitern entstehen die für die Leitfähigkeit erforderlichen beweglichen Ladungen im wesentlichen durch sog. Störstellen im Kristallaufbau. Störstellen entstehen, wenn man dem Kristallgitter nur einige wenige Atome eines anderen Stoffes (Fremdatome) zusetzt, die in ihrer äußeren Elektronenschale ein Elektron mehr oder weniger aufweisen, als die Atome des Kristalls.

Hat das Fremdatom in seiner äußeren Elektronenschale ein Elektron mehr als die Kristallatome, so wird dieses überzählige Elektron im Kristall nicht gebunden; es ist —

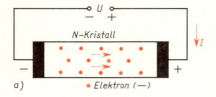

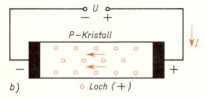

350.1 N- und P-Leitung in Halbleitern
   a) Elektronenwanderung in einem N-Kristall
   b) Löcherwanderung in einem P-Kristall

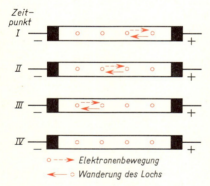

350.2 Vorgang bei der Löcherleitung in einem P-Leiter in vier Zeitpunkten I···IV

wie die freien Elektronen eines Metalls — frei im Kristall beweglich und kann durch eine angelegte Spannung als negativer Ladungsträger leicht in Richtung zur Pluselektrode bewegt werden (**350.1** a). Halbleiter dieser Art heißen N-leitende Halbleiter oder N-Leiter (N = negativ).

Die Leitfähigkeit N-leitender Halbleiter beruht auf dem Vorhandensein freier Elektronen im Kristallgitter. Beim Anlegen einer Spannung wandern sie — wie bei Metallen — in Richtung zum positiven Pol.

Hat das Fremdatom in seiner äußeren Elektronenschale ein Elektron weniger als die Kristallatome, so reichen die Elektronen des Fremdatoms nicht aus, den Kristall lückenlos aufzubauen. Wird das fehlende Elektron nun einer anderen Stelle im Kristallverband entnommen, so entsteht dort ein Loch oder Defektelektron (fehlendes Elektron). Dieses ist ein Ort positiver Ladung, da das zugehörige Kristallatom nun ein Elektron zu wenig hat und somit zum positiven Ion geworden ist. Das Loch kann durch ein anderes Elektron wieder aufgefüllt werden, welches seinerseits an seinem alten Ort im Kristallverband ein Loch hinterläßt usw. Bei diesem Vorgang hat sich das Loch in der der Elektronenbewegung entgegengesetzten Richtung verlagert. Legt man eine Spannung über zwei Elektroden an den Kristall, so bewegen sich die Elektronen, im elektrischen Feld gleichsam von Loch zu Loch springend, auf die Pluselektrode zu (**350.2**). Das entspricht aber einer scheinbaren Löcherwanderung in entgegengesetzter Richtung zur Minuselektrode (**350.1** b). Halbleiter dieser Art werden als P-leitende Halbleiter oder P-Leiter bezeichnet (P = positiv).

Die Leitfähigkeit P-leitender Halbleiter beruht auf dem Vorhandensein positiver Löcher im Kristallgitter. Beim Anlegen einer Spannung wandern sie — durch entgegengesetzte Elektronenbewegung von Loch zu Loch — in Richtung auf den negativen Pol.

Da die Leitfähigkeit der N- und P-Leiter, wie oben ausgeführt, auf dem Vorhandensein von Störstellen im Kristallgitter beruht, bezeichnet man sie als Störstellenleitung. Es sei besonders darauf hingewiesen, daß N- und P-Leiter, als Ganzes betrachtet, elektrisch neutral sind, ebenso wie die metallischen Leiter mit ihren freien Elektronen. Als Halbleiterkristalle werden heute Germanium, Silizium, und Selen bevorzugt, und zwar kann man aus reinem Germanium und Silizium durch geringfügige Beimengung (Dotierung) von Antimon oder Arsen (auf der zweiten Silbe betont) N-leitende Halbleiter (N-Leiter) und durch Beimengung von Bor, Gallium oder Indium P-leitende Halbleiter (P-Leiter) herstellen.

Sperrschicht an PN-Übergängen

Wird ein N-Leiter mit einem P-Leiter in engen Kontakt gebracht (**351.1** a), so erfolgt innerhalb einer sehr dünnen Zone beiderseits der Kontaktfläche eine Elektronenverschiebung aus dem N-Leiter in den P-Leiter hinein. Innerhalb dieser Zone ist dann der N-Leiter ohne freie Elektronen, der P-Leiter ohne Löcher. Diese sehr dünne Übergangszone (dünner als $^1/_{1000}$ mm) zwischen einem PN-Halbleiterpaar wird als S p e r r s c h i c h t bezeichnet. Legt man an das PN-Halbleiterpaar eine Gleichspannung so an, daß der positive Pol am N-Leiter und der negative Pol am P-Leiter liegt (**351.1** b), so werden im N-Leiter Elektronen, im P-Leiter Löcher

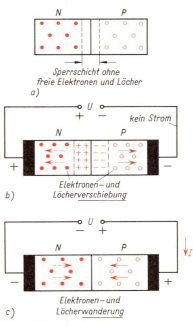

aus der Sperrschicht abgezogen. Die Sperrschicht wird von Ladungsträgern entblößt und hat daher einen sehr großen Widerstand: S p e r r r i c h t u n g.

Die Sperrschicht an einem PN-Übergang hat in Sperrichtung (Pluspol am N-Leiter, Minuspol am P-Leiter) einen sehr großen Widerstand.

Bei umgekehrter Polarität der angelegten Spannung (Pluspol am P-Leiter) werden aus dem N-Leiter Elektronen und aus dem P-Leiter Löcher in die Sperrschicht getrieben (**351.1** c). Die Sperrschicht verschwindet. Durch die angelegte Spannung wandern die freien Elektronen des N-Leiters in den P-Leiter, wo sie, von Loch zu Loch springend, sich weiter zur Pluselektrode hin bewegen. Die Sperrschicht hat einen sehr kleinen Widerstand: D u r c h l a ß r i c h t u n g.

Die Sperrschicht hat in Durchlaßrichtung (Pluspol am P-Leiter, Minuspol am N-Leiter) einen sehr kleinen Widerstand.

Ein PN-Halbleiterpaar wirkt also wie ein Ventil, d. h. es läßt, wie ein Luftventil die Luft, den Elektronenstrom nur in e i n e r Richtung durch. Man kann deshalb solche Halbleiteranordnungen zur Gleichrichtung von Wechselströmen, also als Gleichrichter verwenden.

PN-Halbleiterpaare wirken durch ihre Sperrschicht am PN-Übergang als elektrische Ventile Sie eignen sich daher als Gleichrichter.

351.1 PN-Sperrschicht
a) ohne äußere Spannung
b) Pluspol am N-Leiter: sehr großer Widerstand
c) Pluspol am P-Leiter: sehr kleiner Widerstand

17.12 Aufbau und Eigenschaften der Halbleitergleichrichter

E i n k r i s t a l l g l e i c h r i c h t e r enthalten eine kleine, etwa 1 mm dicke Scheibe, die aus einem Einkristall herausgeschnitten ist. Zu den Einkristallgleichrichtern gehören der hauptsächlich in der Nachrichtentechnik verwendete Germaniumgleichrichter und der für die elektrische Energietechnik wichtige Siliziumgleichrichter.

V i e l k r i s t a l l g l e i c h r i c h t e r bestehen aus einer Metallplatte, die mit einer dünnen, aus vielen kleinen Kristallen bestehenden Halbleiterschicht bedeckt ist. Zu den Vielkristallgleichrichtern gehören der Selengleichrichter und der in älteren Geräten noch verwendete Kupferoxidulgleichrichter.

Selengleichrichter

Der Selengleichrichter (**352.1**) besteht aus einer Trägerplatte aus Eisen oder Aluminium, auf der eine dünne, aus vielen kleinen Kristallen bestehende P-leitende Selenschicht aufgedampft ist. Auf die Selenschicht ist als metallische Gegenelektrode eine Schicht aus einer Zinn-Kadmium-Wismut-Legierung aufgespritzt. Die Sperrschicht bildet sich während der Herstellung zwischen der Selenschicht und der Gegenelektrode durch eine besondere Behandlung, Formierung genannt, aus. Das Verhalten des Selengleichrichters soll an zwei Versuchen untersucht werden.

□ **Versuch 97.** An einen Selen-Gleichrichter wird eine Gleichspannung von etwa 25 V, die mit einem Umschalter umgepolt werden kann, gelegt (**352.2**a). Die Stromstärke wird für beide Stromrichtungen gemessen. In Durchlaßrichtung stellt man einen großen, in Sperrichtung nur einen sehr kleinen Strom (Meßbereich ändern!) fest.

Die Stromstärke in Durchlaßrichtung wird nun an dem Schiebewiderstand R für eine Plattenbelastung von etwa 50 mA/cm² eingestellt. (Vorher Plattengröße ermitteln). Am Spannungsmesser liest man den Spannungsabfall ab. Er beträgt, je nach Ausführung der Platte 0,5···1,0 V.

Jetzt wird der Gleichrichter durch Umpolen der Spannung in Sperrichtung betrieben. Dabei kann der Schiebewiderstand auf $R = 0$ eingestellt werden. Der abgelesene Sperrstrom beträgt 0,3···0,5 mA/cm². Da sich die Sperrschicht bei längerer Betriebspause etwas zurückbildet, stellt sich die volle Sperrwirkung gegebenenfalls erst einige Minuten nach dem Einschalten ein. □

Wird der Strom in Durchlaß- und Sperrichtung bei verschiedenen Gleichspannungen gemessen, so kann man mit den Meßwerten eine Kennlinie zeichnen, die den Strom in Abhängigkeit von der Spannung zeigt (**352.2**b). Man ersieht daraus, daß bei kleinen

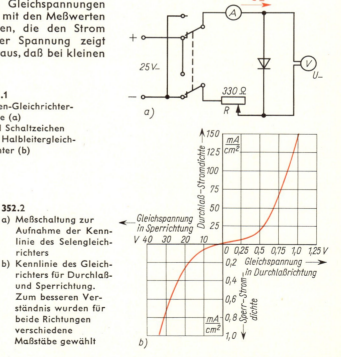

Durchlaßrichtung des Elektronenstromes

352.1
Selen-Gleichrichter-zelle (a)
und Schaltzeichen
für Halbleitergleich-richter (b)

metallische Trägerplatte

metallische Gegen-elektrode

Schicht
Selen

Stromdurchlaßrichtung

a)

b)

352.2
a) Meßschaltung zur Aufnahme der Kennlinie des Selengleichrichters
b) Kennlinie des Gleichrichters für Durchlaß- und Sperrichtung. Zum besseren Verständnis wurden für beide Richtungen verschiedene Maßstäbe gewählt

Durchlaßströmen ein verhältnismäßig großer Spannungsabfall entsteht, d. h. ein großer Widerstand vorhanden ist. Erst bei Stromdichten ab 40 mA/cm² zeigt der steilere Kennlinienverlauf eine im Verhältnis zur Stromzunahme geringere Spannungszunahme und damit eine Verringerung des Plattenwiderstandes an.

□ **Versuch 98.** An die Versuchsanordnung nach Bild **352.**2a wird nun bei voll wirksamem Schiebewiderstand R anstatt der Gleichspannung eine Wechselspannung von 25 V gelegt. Zum Nachweis des gleichgerichteten Stromes wird als Strommesser ein Drehspul-Meßinstrument ohne Meßgleichrichter verwendet, das bekanntlich nur Gleichstrom anzeigt. Der Zeiger schlägt aus. Steht ein Oszilloskop zur Verfügung, so kann damit der pulsierende Verlauf und die Kurvenform dieses Gleichstromes sichtbar gemacht werden. Indirekt läßt sich der pulsierende Verlauf durch die Induktionswirkung der Stromschwankungen in einem kleinen Transformator (300/1200 Wdg.) zeigen, der statt des Schiebewiderstandes R in den Stromkreis geschaltet wird. Ein an die Klemmen der Sekundärwicklung gelegter Wechselspannungsmesser zeigt die induzierte Spannung an. □

Der im vorstehenden Versuch nachgewiesene Gleichstrom ist offensichtlich durch Gleichrichtung gewonnen worden. Übersteigt die gleichzurichtende Spannung die zulässige Sperrspannung des Selengleichrichters (etwa 25 V), so müssen mehrere in Reihe geschaltete Platten auf einen isolierten Bolzen gereiht werden. Zum Gleichrichten der Netzspannung 220 V müssen z. B. 220 V/25 V = 9 Platten in Reihe geschaltet werden (Kurvenform des gleichgerichteten Wechselstromes s. S. 358).

Der Selengleichrichter hat in Sperrichtung einen sehr großen, in Durchlaßrichtung einen sehr kleinen Widerstand. Er ist daher zur Gleichrichtung von Wechselstrom in pulsierenden Gleichstrom geeignet.

Siliziumgleichrichter (Silizium-Dioden)

Sie haben in der Energietechnik große Bedeutung erlangt und wegen ihrer großen Vorzüge (Tafel **353.**1) den Selengleichrichter mehr und mehr verdrängt. Man benötigt z. B. bei einer Betriebsspannung von 380 V statt 15 Selenzellen nur eine Silizium-Gleichrichterzelle, die infolge ihrer viel höheren spezifischen Belastbarkeit außerdem wesentlich kleiner als die Selenzelle ist. In ihr (**354.**1) beansprucht der Halbleiter selbst, ein Siliziumplättchen, nur einen sehr geringen Raumanteil. Das Plättchen besteht aus einer P-leitenden und einer N-leitenden Zone, die beide durch Dotieren mit Fremdatomen erzeugt werden. Die Sperrschicht bildet sich an deren Berührungsfläche im Innern des Plättchens aus.

Der Siliziumgleichrichter hat im Vergleich zum Selengleichrichter eine wesentlich größere Sperrspannung und ist bei gleicher Leistung wesentlich kleiner.

Ein Nachteil des Siliziumgleichrichters ist seine durch die sehr geringe Wärmekapazität des Siliziumplättchens bedingte Empfindlichkeit gegen Überlastung und Kurzschluß.

Tafel **353.**1 Wichtige Kennwerte gebräuchlicher Gleichrichter

Art des Gleichrichters	Selen	Silizium
Sperrspannung in V	25	bis 1000 V
zulässige Stromdichte in A/cm²	0,05[1])	200
Wirkungsgrad	0,92	0,99
relativer Raumbedarf in %	1500	100
höchstzulässige Betriebstemperatur in °C	80	175

[1]) Bei Lüfterkühlung etwa der doppelte Wert.

Dieser Empfindlichkeit muß durch gute Kühlung sowie durch schnell ansprechende Sicherungen und Schutzschalter Rechnung getragen werden.

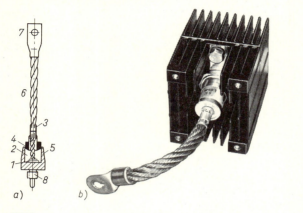
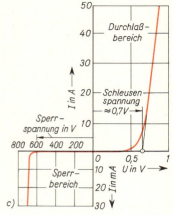

354.1
Silizium-Gleichrichter [12]
a) Schnitt durch eine Zelle   b) Zelle mit Kühlkörper   c) Kennlinie für Durchlaß- und Sperrbereich

1 Siliziumplättchen   3 Strombanddurchführung   4 Glaseinschmelzung   6 Stromband
2 Schutzgas   (vakuumdicht)   5 Gehäuse   7 Anschlußstück
                                               8 Gewindestutzen

Z-Dioden

Siliziumdioden haben einen sehr geringen Sperrstrom. Wird die maximale Sperrspannung jedoch überschritten, so wächst der Sperrstrom lawinenartig an, da dann Elektronen im starken elektrischen Feld aus ihrer Kristallbindung herausgerissen werden (Zenereffekt)[1]), die ihrerseits beim Auftreffen auf andere Atome weitere Elektronen freisetzen (Lawineneffekt). Bei normalen Dioden vermeidet man die Durchbruchspannung, um die Zerstörung der Diode zu verhindern. Bei den Z-Dioden oder Begrenzerdioden wird der Zenereffekt technisch ausgenutzt. Man kann sie für Durchbruchspannungen von etwa 4···200 V herstellen. Die Kennlinie (**355.1** a) zeigt, daß im steilen Kennlinienbereich eine große Stromänderung ΔI_z nur eine kleine Änderung ΔU_z der Klemmenspannung U_z zur Folge hat. Der Arbeitspunkt A liegt in der Mitte des steilen Kennlinienbereichs, der Arbeitsbereich zwischen A' und A''. Er ist gekennzeichnet durch die Zenerspannung U_z und den Zenerstrom I_z. In der Schaltung nach Bild **355.1** b verhindert der Vorwiderstand R_v, daß der Sperrstrom der Z-Diode unzulässig groß und die maximal zulässige Verlustleistung überschritten wird. Größere Schwankungen der Betriebsspannung U_1 haben zwar auch größere Änderungen ΔI_z des Zenerstromes I_z, aber nur sehr kleine Änderungen ΔU_z der Klemmenspannung U_z der Z-Diode, und damit der Ausgangsspannung U_2 zur Folge.

Auch Änderungen des Laststromes I wirken sich nur wenig auf die Ausgangsspannung U_2 aus.

Z-Dioden werden in Sperrichtung betrieben. Man kann sie zur Spannungsstabilisierung verwenden.

Die stabilisierende Wirkung der Z-Diode ist um so größer, je größer der Vorwiderstand R_v und je steiler die Kennlinie der Z-Diode ist.

---

[1]) C. Zener, englischer Physiker, 1934.

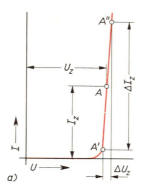

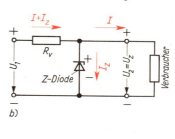

355.1 Z-Diode
   a) Kennlinie
   b) Stabilisierungs-
      schaltung

Beispiel 94: Eine Z-Diode mit der Zenerspannung $U_z = 12$ V und dem Zenerstrom $I_z = 40$ mA wird entsprechend Bild **355.1** b mit dem Vorwiderstand R_v an die unstabilisierte Spannung $U_1 = 40$ V gelegt. Der Verbraucher nimmt bei der Zenerspannung den Laststrom $I = 30$ mA auf. Wie groß muß der Vorwiderstand R_v sein?

Lösung: Auf den Vorwiderstand R_v entfällt die Klemmenspannung $U_v = U - U_z = 40$ V $- 12$ V $= 28$ V

Der Strom im Vorwiderstand beträgt

$$I_{Rv} = I + I_z = 30 \text{ mA} + 40 \text{ mA} = 70 \text{ mA}$$

Damit erhält man für den Vorwiderstand

$$R_v = \frac{U_v}{I_{Rv}} = \frac{28 \text{ V}}{0{,}07 \text{ A}} = 400 \ \Omega$$

17.13 Gleichrichterschaltungen

Von den praktisch verwendbaren Schaltungsmöglichkeiten werden hier nur die gebräuchlichen Anordnungen behandelt.

Gleichrichtung von Einphasen-Wechselstrom

Mit einem Gleichrichterelement läßt sich nur eine Einweggleichrichtung (Kurzzeichen E, E-Schaltung) durchführen (**356.1**a). Hier fließt nur während einer Halbperiode der Wechselspannung $U_\sim$ Strom, so daß ein stark pulsierender Gleichstrom i_- entsteht. Die Einweggleichrichtung ist also unvorteilhaft und wird daher nur selten angewendet.

Soll auch während der zweiten Periodenhälfte der Wechselspannung $U_\sim$ ein Gleichstrom i_- zustandekommen, so muß eine zweite Gleichrichterstrecke vorgesehen werden. Eine solche Zweiweg- oder Doppelweg-Gleichrichtung (**356.1** b und c) ermöglicht die Mittelpunktschaltung (M) und die Brücken- oder Graetzschaltung (B).

Die Transformatoren spannen die Netzspannung auf die Spannung $U_\sim$, entsprechend der gewünschten Gleichspannung U_- um. Sie trennen gleichzeitig die Gleichstromseite des Gleichrichtergerätes elektrisch von der Netzseite. Hierdurch führt die Gleichstromseite keine Spannung gegen Erde. Dies ist aus Sicherheitsgründen oft erwünscht (Trenntransformator s. Abschn. 15.33). Die Mittelpunktschaltung erfordert einen Transformator, dessen Sekundärwicklung einen Mittelabgriff hat.

Die Mittelpunktschaltung (M) ist nur bei Spannungen, die unter der halben Sperrspannung einer Gleichrichterplatte liegen, vorteilhaft. Man braucht dann nämlich nur zwei Platten, wäh-

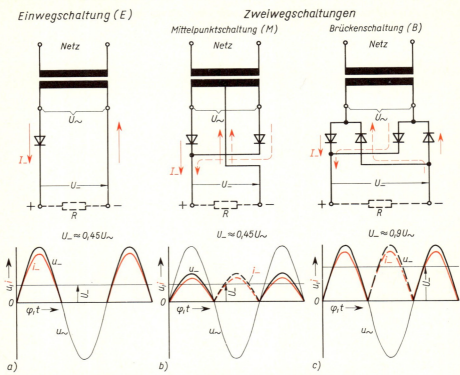

356.1 Gleichrichterschaltungen für Einphasen-Wechselstrom; R Lastwiderstand

rend die Brückenschaltung (B) vier Platten erfordert; der Aufwand durch den bei der M-Schaltung größeren Transformator wird hierdurch ausgeglichen. Ein weiterer Vorteil der M-Schaltung besteht darin, daß nur in zwei Gleichrichtern Verluste entstehen, statt in vier Gleichrichtern bei der B-Schaltung. Ist die gleichzurichtende Wechselspannung $U_\sim$ größer als die halbe Sperrspannung **einer** Platte, so ist bei der M-Schaltung in jedem Zweig die doppelte Plattenzahl wie bei der B-Schaltung erforderlich. Man benötigt dann für die **beiden** Zweige der M-Schaltung die gleiche Plattenzahl wie für die **vier** Zweige der Brückenschaltung.

Einphasen-Wechselstrom kann in Einweg- und Zweiwegschaltungen gleichgerichtet werden. Zweiweggleichrichtung wiederum ist in Brückenschaltung und Mittelpunktschaltung durchführbar.

Beispiel 95: Eine Wechselspannung $U_\sim = 220$ V soll in Brückenschaltung nach Bild **356.1**c gleichgerichtet werden. Die Stromstärke im Belastungswiderstand R ist $I_- = 5$ A. Die verwendeten Selen-Gleichrichterplatten haben die Sperrspannung $U_{Sp} = 25$ V, ihre Belastbarkeit (zulässige Stromdichte) beträgt $S = 50$ mA/cm². Es sind zu berechnen:

a) die erforderliche Plattenzahl je Brückenzweig n_B und die Gesamtplattenzahl n

b) die erforderliche Plattengröße A

c) die Leerlauf-Gleichspannung U_- ($= 0,9 \cdot U_\sim$)

d) Der Schaltplan der Gleichrichtersäule ist zu zeichnen.

Lösung: a) Plattenzahl je Brückenzweig $n_B = \dfrac{U_\sim}{U_{Sp}} = \dfrac{220\ \text{V}}{25\ \text{V}} = 9$ Platten.

Gesamtplattenzahl $n = 4 \cdot n_B = 4 \cdot 9 = 36$ Platten

b) Plattengröße $A = \dfrac{I_-}{S} = \dfrac{5 \text{ A}}{0,05 \text{ A/cm}^2} = 100 \text{ cm}^2$

c) Leerlauf-Gleichspannung

$$U_- = 0,9 \cdot U_\sim = 0,9 \cdot 220 \text{ V} = 198 \text{ V}$$

d) Bild **357.1** zeigt den Schaltplan der Gleichrichtersäule

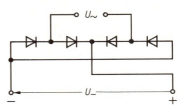

357.1 Schaltplan einer Gleichrichter-säule in Brückenschaltung nach Bild **356.1** c

Gleichrichtung von Drehstrom

Einweggleichrichtung kann man in der Stern-schaltung (S-Schaltung) durchführen (**357.2**a). Durch die Überlagerung der Sinuskuppen der drei Strangspannungen auf der Gleich-stromseite entsteht eine wesentlich geringere Welligkeit des Gleichstroms als bei der Einphasen-Einweggleichrichtung (**356.1** a).

Für kleine Spannungen (bis zu 15 V bei Selengleichrichtern) ist aus den gleichen Gründen wie bei der Einphasengleichrichtung die Sechsphasen-Mittelpunktschaltung als D o p p e l - s t e r n s c h a l t u n g (DS-Schaltung) am günstigsten (**357.2** b).

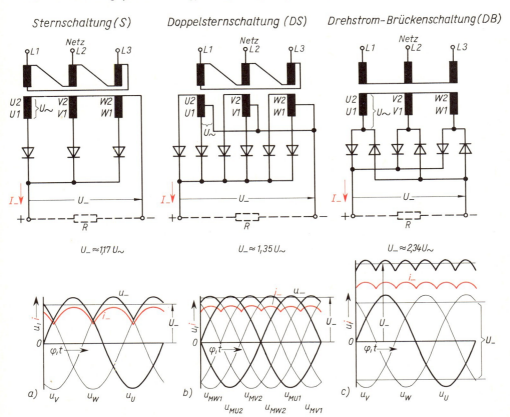

357.2 Gleichrichterschaltungen für Drehstrom

Die Drehstrom-Brückenschaltung (DB-Schaltung) ergibt eine sehr geringe Welligkeit (**357.2** c), sie wird deshalb am häufigsten angewendet.

Drehstrom kann ebenfalls in Einweg- und in Zweiwegschaltungen gleichgerichtet werden. Die Zweiweggleichrichtung wird mit Hilfe der Drehstrom-Brückenschaltung und der Doppelsternschaltung durchgeführt.

Glättung des gleichgerichteten Stromes

Bei allen Gleichrichterschaltungen entsteht, wie gezeigt wurde, ein mehr oder weniger stark pulsierender Gleichstrom, den man sich aus Gleich- und Wechselstromanteil gemischt vorstellen kann. In vielen Fällen stört die Welligkeit des gleichgerichteten Stromes, vor allem die größere Welligkeit bei der Gleichrichtung von Einphasen-Wechselstrom. Der Wechselstromanteil bewirkt wie jeder Wechselstrom in Spulen

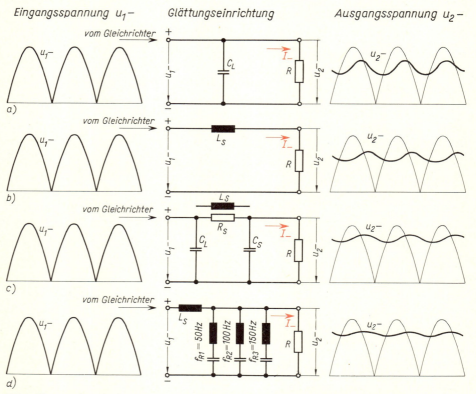

358.1 Glättung der gleichgerichteten Spannung durch verschiedene Glättungseinrichtungen, von a) bis d) nach dem Grad der Welligkeit der Ausgangsspannung u_2 (rechts) geordnet

Bei kleinen Strömen $I-$
a) für geringe Ansprüche an die Glättung: Ladekondensator C_L
c) für hohe Ansprüche: Ladekondensator C_L mit anschließender Siebkette R_S, C_S oder L_S, C_S

Bei großen Strömen $I-$
b) für geringe Ansprüche: Siebdrossel L_S
d) für hohe Ansprüche: Siebdrossel mit drei Saugkreisen

einen induktiven Spannungsabfall, inTelefonen und Lautsprechern vonTonübertragungs-anlagen entsteht ein Brummton. Um dies zu vermeiden, muß man den pulsierenden Gleichstrom mit Hilfe von Siebeinrichtungen glätten.

Die Welligkeit der Gleichspannung wirkt sich in den Stromkreisen so aus, als ob dem Mittelwert der Gleichspannung U_- sinusförmige Wechselspannungen mit der einfachen, doppelten, drei-fachen, vierfachen usw. Frequenz der gleichgerichteten Wechselspannung überlagert wären, je nachdem, welche der in Bild **356**.1 und **357**.2 gezeigten Schaltungen verwendet werden. Man bezeichnet diese Wechselspannungen als Oberwellenspannungen. Ihre Frequenz beträgt bei 50 periodischer Netzwechselspannung 50 Hz, 100 Hz, 150 Hz, 200 Hz usw., ihre Amplituden werden mit wachsender Frequenz immer geringer.

Bei Gleichströmen bis zu einigen Ampere wird dem Gleichrichterausgang zur Glättung des pulsierenden Gleichstroms lediglich ein Ladekondensator C_L mit einer Kapazität von mehreren Mikrofarad als Querglied parallelgeschaltet (**358**.1a). Er lädt sich bei den Höchstwerten der Gleichspannung auf und gibt bei den Tiefstwerten seine Ladung wieder ab.

Bei größeren Strömen erreicht man die erforderliche Glättung mit geringerem Aufwand durch eine Siebdrossel L_S, die als Längsglied in Reihe mit dem Verbraucher ge-schaltet wird (**358**.1b). Sie setzt den Wechselstromanteil des gleichgerichteten Stromes durch die induktive Drosselwirkung herab.

Eine besonders wirksame Siebung erhält man bei kleinen Strömen, wenn man hinter den Ladekondensator C_L ein aus einem Widerstand R_S oder einer Drosselspule L_S als Längsglied und einem Kondensator C_S als Querglied bestehendes Siebglied schaltet (**358**.1c). Bei größeren Strömen entsteht eine wirkungsvolle Siebung, wenn man hinter die Siebdrossel L_S mehrere Resonanzkreise, sogenannte Saugkreise (s. Abschn. 6.43), als Querglieder schaltet (**358**.1d). Jeder dieser Kreise wird auf eine Oberwellenfrequenz abgestimmt und schließt wegen seines bei der Resonanzfrequenz f_R sehr geringen Wider-standes den Oberwellenanteil der betreffenden Frequenzen praktisch kurz.

Der pulsierende Gleichstrom aus Gleichrichtern jeder Art kann mit Hilfe von Glättungs-kondensatoren und -drosseln sowie Siebketten weitgehend geglättet werden.

Siebdrosseln nach Bild **358**.1b zusammen mit Saugkreisen nach Bild **358**.1d werden hauptsächlich bei Großgleichrichtern verwendet.

17.2 Transistoren

Fügt man zu dem Halbleiterpaar in Bild **351**.1 eine weitere P- oder N-Zone hinzu, so erhält man eine PNP- oder eine NPN-Halbleiterzusammenstellung (**360**.1a). In beiden Fällen entstehen zwei gegeneinandergeschaltete PN-Übergänge. Diese Anordnung läßt keine Rückschlüsse auf die Wirkungsweise der so gewonnenen Halbleiteranordnung, des sog. Flächentransistors, zu. Seine Wirkungsweise wird am Beispiel des NPN-Transistors erläutert. Die Ausführungen gelten sinngemäß auch für den PNP-Transistor, wenn man sich anstelle negativer Ladungsträger (Elektronen) positive Ladungsträger (Löcher) vorstellt und umgekehrt.

Die Halbleiterzone, die Ladungsträger in die mittlere Zone liefert (emittiert), heißt Emitter E. Die mittlere Zone, die möglichst dünn (0,1 bis 0,01 mm) ausgeführt wird, heißt Basis B. Sie hat die Aufgabe, die Emission der Ladungsträger zu steuern. Die dritte Zone schließlich sammelt die die Basiszone durchströmenden Ladungsträger. Sie heißt daher Kollektor C. Zwischen Emitter, Basis und Kollektor bilden sich die beiden Sperrschichten Sp 1 und Sp 2 aus (**360**.1a). Die zwischen Emitter und Basis liegende Sperrschicht *Sp* 1 ist in Durchlaßrichtung, die zwischen Basis und Kollektor liegende Sperrschicht *Sp* 2 in Sperrichtung gepolt (s. Abschn. 17.11). Als Halbleiterwerkstoff wird Silizium, aber auch Germanium verwendet.

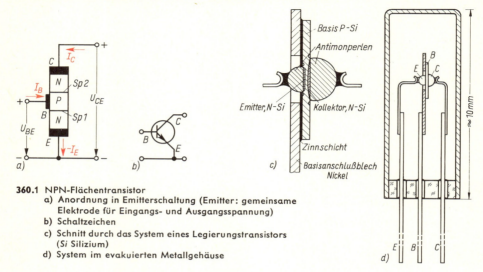

360.1 NPN-Flächentransistor
  a) Anordnung in Emitterschaltung (Emitter: gemeinsame Elektrode für Eingangs- und Ausgangsspannung)
  b) Schaltzeichen
  c) Schnitt durch das System eines Legierungstransistors (*Si* Silizium)
  d) System im evakuierten Metallgehäuse

17.21 Steuerung des Kollektorstromes

□ **Versuch 99.** Ein Transistor (z. B. BC 238) wird nach dem Schaltplan in Bild **361**.1 a betrieben. Bei fester Kollektorspannung von z. B. $U_{CE} = 5$ V[1]) wird die Basisspannung U_{BE} schrittweise von 700 mV auf 760 mV vergrößert. Dabei erhöhen sich der Basisstrom I_B von etwa 80 μA auf etwa 300 μA und der Kollektorstrom I_C von etwa 20 mA auf etwa 60 mA. Wiederholt man die Meßreihe bei größeren Kollektorspannungen U_{CE}, so liegen die Kollektorströme für die einzelnen Basisspannungen bzw. -ströme jeweils nur um einen geringen Betrag höher. Der Emitterstrom-I_E[2]) ist in jedem Fall um den Basisstrom I_B größer als der Kollektorstrom I_C. □

Die in Versuch 99 gemessenen Werte ergeben die Kennlinien in Bild **361**.1 b und c.

Vergleicht man die Wertepaare von Basisspannung U_{BE} und Basisstrom I_B bei verschiedenen Kollektorspannungen U_{CE}, stellt man fest, daß sie oberhalb von etwa 05, V, der sog. K n i e s p a n n u n g , von der Größe der Kollektorspannung weitgehend unabhängig sind. Man begnügt sich daher mit der Darstellung nur einer Eingangskennlinie für z. B. $U_{CE} = 5$ V (**361**.1 c).

Der Kollektorstrom eines Transistors kann durch Ändern der Basisspannung und damit des Basisstromes stufenlos gesteuert werden.

---

[1]) Für die eindeutige Bezeichnung von Spannungen zwischen den drei Elektroden (**E**mitter, **B**asis, Kollektor bzw. **C**ollector) verwendet man Fußzeichen (Indizes). Das erste Zeichen gibt die Elektrode des Transistors an, deren Spannung bezeichnet werden soll, das zweite nennt die Bezugselektrode für diese Spannung. — Das Vorzeichen der Spannungen ist positiv, wenn der von der Spannung hervorgerufene Strom in Richtung von der zuerst genannten Elektrode zu der dann angegebenen Elektrode fließt (vereinbarte Stromrichtung); andernfalls ist das Vorzeichen negativ.
[2]) Der Strom erhält ein p o s i t i v e s Vorzeichen, wenn er in den Transistor hineinfließt; andernfalls ist das Vorzeichen negativ. Als Stromrichtung gilt die international vereinbarte Richtung (s. Abschn. 1.21).

Versuch 99 zeigt, daß der Basisstrom I_B klein gegen Kollektorstrom I_C bzw. Emitterstrom I_E ist, und daß der Kollektorstrom stets um den Basisstrom kleiner als der Emitterstrom ist. Dies kann man folgendermaßen erklären:

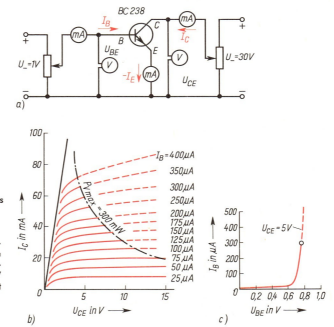

361.1
Steuerung des Kollektorstromes des Transistors BC 238
a) Schaltplan
b) I_C, U_{CE}-(Ausgangs-)Kennlinien des Transistors, gestrichelte Kurvenabschnitte oberhalb der Leistungshyperbel für $P_{Vmax} = 300$ mW dürfen nicht ausgesteuert werden (363.1 a)
c) I_B, U_{BE}-(Eingangs-)Kennlinie

Die Sperrschicht Sp 1 zwischen Basis und Emitter (**361.2**) ist in Durchlaßrichtung gepolt (s. Abschn. 17.11). Die durch die Basisspannung U_{BE} vom Emitter E durch die Sperrschicht Sp 1 in die Basiszone getriebenen Elektronen (Emitterstrom-I_E) werden dort nur zu einem geringen Teil, nämlich zu etwa 1%, Löcher auffüllen, die von der Basis B geliefert werden (Basisstrom I_B). Der weitaus überwiegende Teil der Elektronen durchdringt die Basiszone, da diese sehr dünn und nur schwach dotiert ist, also nur wenige Ladungsträger in Gestalt von Löchern hat. Die Elektronen gelangen in die Sperrschicht Sp 2 zwischen Basis und Kollektor, und obwohl diese in Sperrichtung gepolt ist, wird sie von den ankommenden Elektronen überschwemmt und somit leitend. Sind die Elektronen erst einmal in die Sperrschicht Sp 2 eingedrungen, so werden sie durch die verhältnismäßig hohe Spannung U_{CE} zwischen Emitter und Kollektor auf die Pluselektrode des Kollektors hin beschleunigt, wo sie Löcher auffüllen, die über den Kollektoranschluß C von der Stromquelle

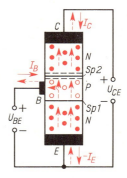

361.2 Vorgänge im NPN-Transistor → Stromrichtung ⇢ Richtung des Elektronenstromes

geliefert werden (Kollektorstrom I_C). Das Hineinwandern von Elektronen aus dem Emitter durch die Basiszone hindurch und in den gewöhnlich gesperrten PN-Übergang hinein bezeichnet man als Trägerinjektion, d.h., Elektronen werden in den gesperrten PN-Übergang injiziert („eingespritzt"), der dadurch seinen hohen Widerstand verliert.

17.22 Der Transistor als Verstärker

Aus Versuch 99 geht hervor, daß der Basisstrom I_B klein ist gegenüber dem Kollektorstrom I_C. Das Verhältnis von Kollektorstrom I_C zu Basisstrom I_B nennt man Gleichstromverstärkungsfaktor B.

Gleichstromverstärkungsfaktor $\quad B = \dfrac{I_C}{I_B}$

Beispiel 96: Wie groß ist der Gleichstromverstärkungsfaktor B des Transistors BC 238 bei den Basisströmen $I_{B1} = 100\,\mu A$ und $I_{B2} = 200\,\mu A$ und der Kollektorspannung $U_{CE} = 5$ V (**361.1 c**)?

Lösung: $B_1 = \dfrac{I_{C1}}{I_{B1}} = \dfrac{25\ \text{mA}}{0{,}1\ \text{mA}} = 250$ $\qquad\qquad B_2 = \dfrac{I_{C2}}{I_{B2}} = \dfrac{45\ \text{mA}}{0{,}2\ \text{mA}} = 225$

In der Praxis wird der Transistor stets mit einem Lastwiderstand betrieben, der mit dem Transistor in Reihe geschaltet ist. Dabei steuert der Eingangsstromkreis (Basisstromkreis) des Transistors den Betriebszustand des Ausgangsstromkreises (Kollektorstromkreis), d.h. Stromaufnahme, Klemmenspannung und Leistungsaufnahme des Lastwiderstandes.

☐ **Versuch 100.** In die dem Versuch 99 zugrundeliegende Schaltung wird der Lastwiderstand, auch Arbeits- oder Kollektorwiderstand genannt, $R_L = 220\,\Omega$ eingeführt (**362.1**). Ändert man jetzt bei fester Betriebsspannung $U_B = 15$ V mit Hilfe des Spannungsteilers den Basisstrom I_B von 100 µA auf 200 µA (also um $\Delta I_B = 100$ µA), so ändert sich die Basisspannung von 710 mV auf 750 mV (also um 40 mV), der Kollektorstrom I_C von 25 mA auf 44 mA (also um $\Delta I_C = 19$ mA) und die Kollektorspannung U_{CE} von 9,5 V auf 5,3 V (also um $\Delta U_{CE} = 4{,}2$ V). ☐

Der Transistor hat in Versuch 100 demnach folgende Verstärkungen

Stromverstärkung $\qquad V_I = \Delta I_C/\Delta I_B = 19\ \text{mA}/0{,}1\ \text{mA} = 190$

Spannungsverstärkung $\quad V_U = \Delta U_{CE}/\Delta U_{BE} = 4200\ \text{mV}/40\ \text{mV} = 105$

Leistungsverstärkung $\quad V_P = V_I \cdot V_U = 190 \cdot 105 = 19950$

Der Transistor mit Arbeitswiderstand arbeitet als Strom-, Spannungs- und Leistungsverstärker.

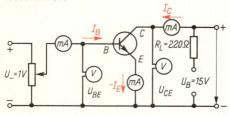

362.1 Verstärkerwirkung des Transistors BC 238 in Emitterschaltung

Ermittlung der Verstärkung mit Hilfe der Transistorkennlinien und der Widerstandsgeraden

Das Ergebnis des Versuchs 100 kann man auch mit Hilfe der Kennlinien des Transistors und der Kennlinie des Lastwiderstandes ermitteln. Für letzteren gilt die Gleichung

$I_C = \dfrac{U_{RL}}{U_R}$. Der Spannungsabfall $U_{RL} = I_C \cdot R_L$ am Lastwiderstand ist nach dem

2. Kirchhoffschen Satz gleich der Differenz von Betriebsspannung U_B und Kollektorspannung U_{CE}. Setzt man diese in die vorstehende Gleichung ein, so erhält man für die Kennlinie des Lastwiderstandes im I_C, U_{CE}-Kennlinienfeld des Transistors die

Funktionsgleichung $\qquad\qquad I_C = \dfrac{U_B - U_{CE}}{R_L}$

Daraus ergibt sich für $U_B = 15$ V und $R_L = 220\,\Omega$ die folgende Wertetabelle

U_{CE} in V	0	3	6	9	12	15
I_C in mA	68,2	54,5	40,9	27,3	13,6	0

Trägt man die Wertepaare der Tabelle in das Ausgangskennlinienfeld des Transistors (361.1 c) ein, so erhält man eine Gerade, die sog. Widerstandsgerade (363.1 a).

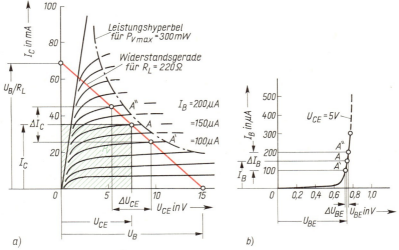

363.1 Ermittlung der Verstärkung
a) Ausgangskennlinienfeld mit der Widerstandsgeraden und dem Verlustleistungsrechteck, b) Eingangskennlinie

Man kann auch auf die Aufstellung der Wertetabelle verzichten, indem man nur die Endpunkte der Widerstandsgeraden ermittelt und diese anschließend durch eine Gerade miteinander verbindet. Für den unteren Endpunkt ist $U_{CE} = U_B = 15$ V, $I_C = 0$.

Für den oberen Endpunkt gilt $U_{CE} = 0$, $I_C = \dfrac{U_B}{R_L} = \dfrac{15\text{ V}}{220\,\Omega} = 68,2$ mA.

Der obere Endpunkt der Widerstandsgeraden liegt um so höher, je größer der Ausdruck $\dfrac{U_B}{R_L}$, je kleiner demnach der Lastwiderstand R_L ist. Die Steilheit der Widerstandsgeraden ist also um so größer, je kleiner der Lastwiderstand R_L ist.

Die Widerstandsgerade stellt für einen bestimmten Lastwiderstand die Abhängigkeit des Kollektorstroms von der Kollektorspannung dar.

Für den Arbeitspunkt A' (Schnittpunkt der Widerstandsgeraden mit der Kennlinie für den Basisstrom $I_B = 100$ μA) erhält man die Werte $U'_{CE} = 9{,}5$ V, $I'_C = 25$ mA und $U'_{BE} = 710$ mV (**363.1** b), für den Arbeitspunkt A'' mit dem Basisstrom $I''_B = 200$ μA gilt entsprechend $U''_{CE} = 5{,}3$ V, $I''_C = 44$ mA und $U''_{BE} = 750$ mV. Diese Werte stimmen mit den im Versuch 100 ermittelten überein.

Wechselspannungsverstärker

Als Wechselspannungsverstärker wird der Transistor mit konstanter Basisvorspannung U_{BE} bzw. mit konstantem Basisvorstrom I_B betrieben (Arbeitspunkt A in Bild **363.1**). Beide werden vom Eingangssignal[1]), der Wechselspannung ΔU_{BE} bzw. dem Wechselstrom ΔI_B, abwechselnd vergrößert und verkleinert, so daß sich der Arbeitspunkt A abwechselnd nach A' und nach A'' verlagert. Das Wechselsignal wird mit den Kopplungskondensatoren C_{K1} und C_{K2} ein- und ausgekoppelt (**364.1**). Hierbei ist zu beachten, daß die Größen ΔU_{BE}, ΔU_{CE}, ΔI_B und ΔI_C Spitze-Spitze-Werte, also das Zweifache der Scheitelwerte darstellen. Bei sinusförmigem Signal erhält man die Effektivwerte durch Division mit $2 \cdot \sqrt{2} = 2{,}82$ (s. Abschn. 6.14).

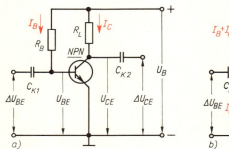
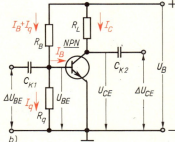

364.1
Transistor als Wechselspannungsverstärker
a) mit Basisvorwiderstand R_B
b) mit Basisspannungsteiler, bestehend aus R_B und R_q

Verlustleistung

Für die Erwärmung des Transistors ist die mittlere Verlustleistung im Arbeitspunkt A, die **Kollektorverlustleistung** P_V, maßgebend. Man kann diese durch das in Bild **363.1** a eingetragene **Verlustleistungsrechteck** veranschaulichen.

Kollektorverlustleistung $P_V = U_{CE} \cdot I_C$

Die für den Transistor maximal zulässige Kollektorverlustleistung $P_{V max}$ darf nicht überschritten werden, um zu verhindern, daß der Transistor infolge zu starker Erwärmung zerstört wird. Es gilt für sie die Gleichung $P_{V max} = U_{CE} \cdot I_C$. Stellt man sie nach I_C um, so erhält man die Funktionsgleichung

$$I_C = \frac{P_{V max}}{U_{CE}}$$

Für $P_{V max} = 300$ mW (**363.1** a) ergibt sich daraus die Wertetabelle

---

[1]) Unter Signal versteht man bei Verstärkern die elektrische Größe (Spannung, Strom, Leistung), die verstärkt werden soll (Eingangssignal) oder verstärkt worden ist (Ausgangssignal). In Steuerungs- und Regelungsanlagen sind die Eingangs- und Ausgangssignale oft auch nichtelektrische Größen (z. B. Temperatur, Drehzahl; s. Abschn. 17.5 und 18).

U_{CE} in V	0	2	4	6	8	10	12	14	16
I_C in mA	∞	150	75	50	37,5	30	25	21,4	20

Die zugehörige Kennlinie heißt **Leistungshyperbel (363.1)**. Im Verstärkerbetrieb darf der Arbeitspunkt A die Leistungshyperbel nicht überschreiten.

Die Ermittlung der Verstärkung mit Hilfe der Transistorkennlinien und der Widerstandsgeraden des Lastwiderstandes ist nur bei ausreichend großem Eingangssignal möglich: **Großsignalverstärkung.**

Kleine Eingangssignale kann man nicht im Kennlinienfeld darstellen. Hier ist die Ermittlung der Verstärkung nur durch Rechnung mit Hilfe der Transistorkenngrößen möglich, auf deren Behandlung hier jedoch verzichtet werden muß: **Kleinsignalverstärkung.**

Beispiel 97: Wie groß sind die Kollektorverlustleistung, der Emitterstrom und der Spannungsabfall im Lastwiderstand für den Arbeitspunkt A, die Effektivwerte der Größen ΔU_{BE}, ΔU_{CE}, ΔI_B und ΔI_C sowie die Eingangs- und Ausgangswechselleistung P_e bzw. P_a des Transistors im Bild **363.1**?

Lösung : Die Kollektorverlustleistung beträgt

$$P_V = U_{CE} \cdot I_C = 7,5 \text{ V} \cdot 35 \text{ mA} \approx 263 \text{ mW}$$

Der Spannungsabfall am Lastwiderstand ist

$$U_{RL} = I_C \cdot R_L = 0,035 \text{ A} \cdot 220 \text{ } \Omega = 7,7 \text{ V}$$

Für den Emitterstrom erhält man $I_E = I_C + I_B = 35 \text{ mA} + 0,15 \text{ mA} = 35,15 \text{ mA}$.
Die Effektivwerte haben folgende Größen

$$U_{BE\sim} = \frac{\Delta U_{BE}}{2,82} = \frac{40 \text{ mV}}{2,82} = 14,2 \text{ mV} \qquad U_{CE\sim} = \frac{\Delta U_{CE}}{2,82} = \frac{4,2 \text{ V}}{2,82} = 1,49 \text{ V}$$

$$I_{C\sim} = \frac{\Delta I_\sim}{2,82} = \frac{19 \text{ mA}}{2,82} = 6,74 \text{ mA} \qquad I_{B\sim} = \frac{\Delta I_B}{2,82} = \frac{100 \text{ mA}}{2,82} = 35,5 \text{ mA}$$

Die Eingangswechselleistung beträgt $P_{e\sim} = U_{BE\sim} \cdot I_{BE\sim} = 14,2 \text{ mV} \cdot 0,0355 \text{ mA} = 0,504 \text{ } \mu\text{W}$ und die Ausgangswechselleistung $P_{a\sim} = U_{CE\sim} \cdot I_{C\sim} = 1,49 \text{ V} \cdot 6,74 \text{ mA} = 10 \text{ mW}$

17.23 Einstellung der Basisvorspannung bzw. des Basisvorstromes

Basisvorspannung bzw. Basisvorstrom und damit der Arbeitspunkt A (**363.1**) werden in der Praxis nicht wie in den Versuchen 99 und 100 von einer besonderen Basisspannungsquelle erzeugt, sondern durch Spannungsteilung aus der konstanten Betriebsspannung U_B gewonnen. Verwendet man den **Basisvorwiderstand** R_B (**364.1**a), so ist der Spannungsabfall an der Diodenstrecken Emitter-Basis gleich der Basisvorspannung. Benutzt man dagegen einen **Basisspannungsteiler**, bestehend aus dem Basisvorwiderstand R_B und dem Basisquerwiderstand R_q (**364.1**b), so bestimmt der Spannungsabfall an R_q die Höhe der Basisvorspannung, und zwar um so wirksamer, je niederohmiger der Basisspannungsteiler und je größer damit der Querstrom I_q ist.

Die Basisvorspannung wird entweder mit einem Basisvorwiderstand oder mit einem Basisspannungsteiler eingestellt.

Der Basisspannungsteiler hat gegenüber dem Basisvorwiderstand den Vorteil, daß Basisvorspannung und Basisvorstrom bei Temperaturänderungen des Transistors konstanter bleiben, und zwar um so mehr, je größer der Querstrom im Vergleich zum Basisstrom ist. Es ist üblich, den Querstrom fünf- bis zehnmal so groß wie den Basisstrom zu wählen. Der Basisspannungsteiler darf allerdings nicht zu niederohmig sein, damit einerseits die Betriebsspannungsquelle und andererseits die Eingangsspannungsquelle nicht zu stark belastet werden.

Beispiel 98: Ein PNP-Transistor soll mit einem Basisvorwiderstand entsprechend Bild **364.**1 a die Basisvorspannung 250 mV und den Basisvorstrom 0,2 mA erhalten. Die Betriebsspannung beträgt 12 V. Wie groß muß der Basisvorwiderstand sein?

Lösung: Die Klemmenspannung des Basisvorwiderstandes beträgt

$$U_{RB} = U_B - U_{BE} = 12\ V - 0,25\ V = 11,75\ V$$

Für den Basisvorwiderstand erhält man

$$R_B = \frac{U_{RB}}{I_B} = \frac{11,75\ V}{0,2\ mA} = 58,8\ k\Omega$$

Beispiel 99: Die Basisvorspannung eines NPN-Transistors ist mit einem Basisspannungsteiler nach Bild **364.**1 b bei dem Basisvorstrom 0,4 mA auf 680 mV einzustellen. Die Betriebsspannung soll 6 V, der Baisquerstrom das Fünffache des Basisvorstroms betragen. Zu berechnen sind der Querwiderstand R_q und der Basisvorwiderstand R_B.

Lösung: Der Querstrom beträgt $I_q = 5 \cdot I_B = 5 \cdot 0,4\ mA = 2\ mA$ und damit der Querwiderstand
$$R_q = \frac{U_{BE}}{I_q} = \frac{680\ mV}{2\ mA} = 340\ \Omega$$

Die Klemmenspannung am Basisvorwiderstand ist

$$U_{RB} = U_B - U_{BE} = 6\ V - 0,68\ V = 5,32\ V$$

Er wird vom Strom $I_{RB} = I_q + I_B = 2\ mA + 0,4\ mA = 2,4\ mA$ durchflossen.
Für den Basisvorwiderstand erhält man daher

$$R_B = \frac{U_{RB}}{I_{RB}} = \frac{5,32\ V}{2,4\ mA} = 2,22\ k\Omega$$

17.24 Stabilisierung des Arbeitspunktes

Die Erwärmung des Transistors während des Betriebes bewirkt eine Verminderung seines Widerstandes (negativer Temperaturkoeffizient) und damit eine Vergrößerung des Kollektorstromes. Dies wiederum hat eine weitere Erhöhung der Temperatur zur Folge usw.

Ohne zusätzliche Stabilisierungsmaßnahmen ist der Betrieb des Transistors sehr stark temperaturabhängig und kann zur Zerstörung des Transistors infolge zu hoher Betriebstemperatur führen.

Folgende Stabilisierungsmaßnahmen werden — in der Regel auch kombiniert — angewendet:

1. Schließt man den Basisvorwiderstand R_B (**367.**1 a) statt an die Klemme U_B an den Kollektor des Transistors, so bewirkt diese als S p a n n u n g s g e g e n k o p p l u n g bezeichnete Maßnahme, daß bei einer Erhöhung des Kollektorstromes infolge Temperaturerhöhung der Spannungsabfall am Lastwiderstand R_L größer und daher die am Basisspannungsteiler liegende Gesamtspannung und somit auch die Basisvorspannung kleiner werden. Dies wiederum hat zur Folge, daß der Kollektorstrom nicht in dem Maße steigen kann, wie beim Anschluß des Basisvorwiderstandes an die Klemme U_B (**364.**1 a)

2. Schaltet man einen Emitterwiderstand R_E in die Emitterzuleitung (**367.**1 b), so ist die Basisspannung gleich der Differenz der Spannungsabfälle U_{Rq} und U_{RE}; also $U_{BE} = U_{Rq} - U_{RE}$. Bei diesem als S t r o m g e g e n k o p p l u n g bezeichneten Verfahren hat eine Vergrößerung des Kollektorstromes infolge Erwärmung des Transistors bei konstanter Spannung U_{Rq} eine Erhöhung des Spannungsabfalls U_{RE} an R_E und damit eine Verminderung der Basisvorspannung U_{BE} zur Folge. Dadurch kann der Kollektorstrom nicht in dem Maße ansteigen wie ohne Emitterwiderstand R_E. Soll die Schaltung

zur Verstärkung von Wechselspannungen verwendet werden, so schaltet man dem Emitterwiderstand R_E einen Emitterkondensator C_E parallel, damit durch die Stromgegenkopplung nicht auch das Nutzsignal geschwächt wird. Die Größe der Kapazität C_E des Emitterkondensators wählt man so, daß sein Wechselstromwiderstand bei der tiefsten zu übertragenden Frequenz etwa $10\cdots20^{0}/_{0}$ des Emitterwiderstandes beträgt: $X_C = 0,1\cdots0,2\cdot R_E$.

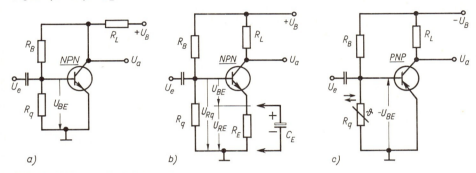

367.1 Stabilisierung des Arbeitspunktes

   a) Spannungsgegenkopplung durch Anschluß des Basisvorwiderstandes an den Kollektor
   b) Stromgegenkopplung durch Emitterwiderstand R_E. C_E hebt die Stromgegenkopplung für Wechselspannungen auf
   c) Stabilisierung durch Heißleiter als Querwiderstand

3. Verwendet man einen Heißleiter als Querwiderstand R_q (**367.**1 c) und ordnet diesen so an, daß er infolge inniger Berührung mit dem Transistor an dessen Temperaturänderungen teilnimmt, so verringert er bei einer Erhöhung der Temperatur des Transistors seinen Widerstand, und damit seine Klemmenspannung, also die Basisvorspannung U_{BE}. Die Verringerung der Basisvorspannung wirkt aber einer Erhöhung des Kollektorstromes entgegen.

4. Die wohl zuverlässigste Stabilisierungsmaßnahme besteht jedoch darin, daß man die Kollektorspannung U_{CE} durch geeignete Wahl des Kollektorwiderstandes R_L oder der Betriebsspannung U_B höchstens gleich der halben Betriebsspannung macht. Nach einem Lehrsatz der Geometrie hat das Verlustleistungsrechteck (**363.**1 a) dann seinen größtmöglichen Flächeninhalt, wenn $U_{CE} = \dfrac{U_B}{2}$ ist. Verlagert sich der Arbeitspunkt A infolge Erwärmung des Transistors nach A'', so wird das Kollektorverlustleistungsrechteck stets kleiner. Das bedeutet aber abnehmende Wärmeentwicklung des Transistors und Begrenzung der Zunahme des Kollektorstromes.

17.25 Der Transistor als Schalter

Der Versuch 99 zeigt, daß der Kollektorstrom um so größer ist, je größer die Basis-Emitterspannung U_{BE} und je größer damit der Basisstrom I_B ist. Haben diese den Wert Null, hat die Basis demnach das Potential des Emitters, so fließt ein extrem kleiner Kollektorstrom durch Transistor und Lastwiderstand, der sog. Reststrom (**368.**1 a). Der Transistor hat dann einen sehr großen Widerstand. Er ist praktisch gesperrt: Arbeitspunkt A'. Die Betriebsspannung fällt fast vollständig über dem Transistor ab, und der Lastwiderstand hat eine vernachlässigbar kleine Klemmenspannung. Der Transistor wirkt für den Lastwiderstand als offener Schalter (**368.**1 b).

Im Arbeitspunkt A'' wird der Transistor von der Basis-Emitterspannung bzw. vom Basisstrom voll durchgesteuert. Es fließt der bei dem verwendeten Lastwiderstand größtmögliche Kollektorstrom. Der Transistor hat jetzt einen sehr kleinen Widerstand. Sein Spannungsabfall, die sog. Restspannung, ist sehr klein. Die Betriebsspannung fällt fast vollständig über dem Lastwiderstand ab, der damit die größtmögliche Leistung erhält. Der Transistor wirkt für den Lastwiderstand jetzt als geschlossener Schalter (**368.**1 c).

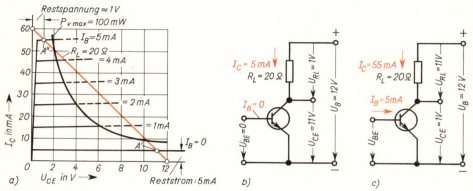

368.1 Schalttransistor
a) Darstellung des Schaltverhaltens im Ausgangskennlinienfeld
d) Transistor gesperrt: Schalter offen (Arbeitspunkt A')
c) Transistor leitend: Schalter geschlossen (Arbeitspunkt A'')

Ein Transistor kann als kontaktloser Schalter verwendet werden, der von der Basis-Emitterspannung U_{BE} bzw. dem Basisstrom I_B geöffnet und geschlossen wird.

Im Schalterbetrieb hat der Transistor nur zwei stabile Arbeitspunkte (A' und A''). Wenn die Arbeitsgerade beim Schalten sehr schnell durchfahren wird, z. B. bei rechteck- oder impulsförmigen Steuerspannungen oder -strömen, darf sie im Gegensatz zum Verstärkerbetrieb die Leistungshyperbel durchschneiden (**368.**1 a).

Die vom Lastwiderstand aufgenommene Leistung, die sog. Schaltleistung P, beträgt $P = (U_B - U_{CE}) \cdot I_C$. Da die Restspannung bei einem Schalttransistor jedoch sehr klein ist, kann man bei Verwendung eines solchen näherungsweise auch mit der Formel $P = U_B \cdot I_C$ rechnen. Die auf den durchgeschalteten Transistor entfallende Leistung heißt Schalterverlustleistung P_V. Man erhält sie mit der Formel $P_V = U_{CE} \cdot I_C$.

Beispiel 100: Wie groß sind die Schaltleistung P und die Schalterverlustleistung P_V des durchgesteuerten Transistors in Bild **368.**1?
Lösung: $P = (U_B - U_{CE}) \cdot I_C = (12 \text{ V} - 1 \text{ V}) \cdot 55 \text{ mA} = 605 \text{ mW}$
$P_V = U_{CE} \cdot I_C = 1 \text{ V} \cdot 55 \text{ mA} = 55 \text{ mW}$

Für Schaltzwecke hat man spezielle Schalttransistoren mit extrem kleinen Restströmen und Restspannungen entwickelt. Gegenüber mechanischen Schaltern haben sie mehrere Vorteile: Sie arbeiten praktisch trägheitslos, da keine Massen bewegt werden müssen. Sie haben daher auch eine große Schaltgeschwindigkeit. Außerdem entstehen keine Öffnungsfunken, die Verschleiß des Schalters, Funkstörungen und Explosionsgefahr zur Folge haben könnten. Schaltleistung und Betriebsspannung sind jedoch begrenzt. Zum Schalten größerer Leistungen insbesondere im Energieversorgungsnetz dienen daher andere Schaltelemente, nämlich die im folgenden Abschnitt behandelten Thyristoren.

17.3 Thyristoren und Triggerschaltelemente

Sie unterscheiden sich von den bisher behandelten Gleichrichtern und Transistoren dadurch, daß sie, um ihren Betriebszustand zu erreichen, durch einen Stromimpuls „gezündet" werden müssen, wobei sie schlagartig vom gesperrten in den leitenden Zustand übergehen.

17.31 Thyristoren

Zur Steuerung größerer Spannungen und großer Leistungen sind Transistoren mit wirtschaftlich tragbarem Aufwand nicht mehr einsetzbar. In diesen Fällen werden Thyristoren verwendet.

Aufbau und Wirkungsweise

Der Thyristor ist ein steuerbares Halbleiterbauelement. Als Halbleiterwerkstoff verwendet man Silizium. Gegenüber dem Transistor mit drei Halbleiterzonen hat der Thyristor deren vier in der Reihenfolge NPNP (**369.**1 a, d). Sie bilden die drei Sperrschichten Sp 1, Sp 2 und Sp 3.

An der P-Zone zwischen den Sperrschichten Sp 1 und Sp 2 befindet sich die **Steuerelektrode**, auch **Zündelektrode** oder **Gatter** G genannt. Den Einfluß der Steuerelektrode auf den Betriebszustand des Thyristors soll der folgende Versuch zeigen.

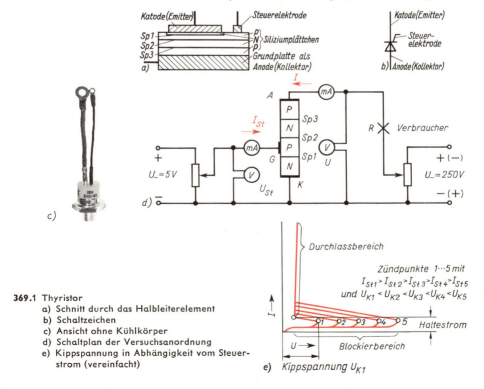

369.1 Thyristor
a) Schnitt durch das Halbleiterelement
b) Schaltzeichen
c) Ansicht ohne Kühlkörper
d) Schaltplan der Versuchsanordnung
e) Kippspannung in Abhängigkeit vom Steuerstrom (vereinfacht)

□ **Versuch 101.** Ein Thyristor, z. B. der Typ TAG 3-400 R (Transistor AG, Karlsruhe) wird entsprechend Bild **369.**1 d geschaltet. Als Verbraucher R möge eine Glühlampe 220 V; 15 W dienen. Wird die Betriebsspannung U = 220 V so angelegt, daß die Anode A am Minuspol und die Katode K am Pluspol liegt (eingeklammerte Polaritätszeichen), so hat die Steuerspannung U_{st} keine Wirkung. Der Thyristor ist, unabhängig von der Größe der Steuerspannung, gesperrt.

Polt man die Betriebsspannung U um und erhöht die Steuerspannung von Wert Null an, so wird der Thyristor plötzlich leitend, wenn die Steuerspannung den Wert der Zündspannung $U_Z \approx 1$ V und der Steuerstrom I_{st} den Wert des Zündstromes $I_Z \approx 8$ mA erreicht. Die Glühlampe leuchtet und es fließt der Durchlaßstrom I = 60 mA. Die Klemmenspannung des Thyristors beträgt nunmehr nur noch etwa 0,8 V, die Betriebsspannung fällt fast vollständig am Lastwiderstand R ab. Änderung des Steuerstromes oder Unterbrechung des Steuerstromkreises haben keinen Einfluß mehr auf den Thyristor, der seine Sperrfähigkeit erst wieder erreicht, wenn der Durchlaßstrom den Wert des Haltestromes von etwa 10 mA unterschreitet. Mißt man die Betriebsspannung, bei der der Thyristor zündet, die sog. Kippspannung U_K, so stellt man fest, daß die Kippspannung um so kleiner ist, je größer der Steuerstrom ist (Zündpunkte 1 ··· 5 in Bild **369.**1 e). □

Wird die Betriebsspannung U so angelegt, daß die Anode am Minuspol und die Katode am Pluspol liegt (eingeklammerte Polaritätszeichen in Bild **369.**1 d), so sind die Sperrschichten Sp 1 und Sp 3 in Sperrichtung, die Sperrschicht Sp 2 in Durchlaßrichtung gepolt. Der Thyristor wirkt somit wie eine in Sperrichtung gepolte Siliziumdiode (s. Abschn. 17.12). In diesem Fall hat die Steuerelektrode keine Wirkung; es fließt der geringe Sperrstrom. Die maxmiale Sperrspannung beträgt jd nach Typ bis zu 3000 V.

Liegt die Anode dagegen am Pluspol und die Katode am Minuspol der Betriebsspannung U, so ist nur die Sperrschicht Sp 2 in Sperrichtung, die Sperrschicht Sp 1 sowie Sp 3 dagegen in Durchlaßrichtung gepolt. Ohne Steuerspannung U_{st} sperrt der Thyristor auch jetzt eine Spannung in Höhe der Sperrspannung, und es fließt ein geringer Sperrstrom. Legt man nun eine Steuerspannung U_{st} so an, daß die Steuerelektrode positiv gegenüber Katode ist, so fließt ein Steuerstrom I_{st}, da Sperrschicht Sp 1 in Durchlaßrichtung gepolt ist. Vergrößert man die Steuerspannung auf den Wert der Zündspannung, so daß ein Steuerstrom in der Größe des Zündstromes fließt, so wird die Zahl der in die mittlere P-Zone gelangenden Ladungsträger (Elektronen) so groß, daß die mittlere Sperrschicht Sp 2 davon überschwemmt und somit leitend wird: Trägerinjektion (Transistor s. Abschn. 17.21). Der Thyristor „zündet" in sehr kurzer Zeit, und es fließt der Durchlaßstrom der nur noch von der Betriebsspannung U und vom Lastwiderstand R_L abhängt und der durch Ändern oder Unterbrechen des Steuerstromes I_{st} nicht mehr beeinflußt werden kann.

Um den Zündzeitpunkt einwandfrei einstellen zu können, wendet man beim Thyristor Impulssteuerung an. Dabei wird zur gewünschten Zeit ein ausreichend großer Zündstromimpuls erzeugt, der den Thyristor sicher zündet.

Die Zündung des Thyristors kann zum gewünschten Zeitpunkt durch einen Zündstromimpuls an

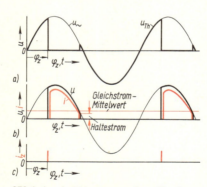

370.1 Anschnittsteuerung eines Thyristors mit Zündstromimpulsen
 a) Betriebsspannung $u_\sim$ und Klemmenspannung u_{Th} am Thyristor
 b) Kurvenform des Durchlaßstromes i und der Klemmenspannung u am Verbraucher
 c) Zündstromimpulse i_z beim Zündwinkel φ_z

der Steuerelektrode ausgelöst werden. Nach erfolgter Zündung hat die Steuerelektrode dagegen keinen Einfluß mehr auf den Durchlaßstrom.

Anschnittsteuerung. Verwendet man als Betriebsspannung anstelle einer Gleichspannung eine Wechselspannung, dann wird der Durchlaßstrom beim Unterschreiten des Haltestromes jeweils am Schluß einer Halbwelle unterbrochen (**370**.1), und der Thyristor muß nach Wiederkehr der Spannung in Durchlaßrichtung jedesmal gezündet werden. Mit Zündimpulsen (s. Abschn. 17.32) öffnet man deshalb durch Wahl des Zündzeitpunktes bzw. des Zündwinkels φ_z das Halbleiterventil über eine mehr oder weniger lange Zeit der Halbwelle der Wechselspannung: Anschnittsteuerung. Bei Impulssteuerung kann der Zündwinkel mit dem Steuergerät von 0 bis 180° verändert werden. Je größer der Zündwinkel φ_z, desto kleiner ist der unter der Stromkurve übrigbleibende Gleichstrommittelwert.

Anwendungen

Der Thyristor ist als gesteuerter Gleichrichter vielseitig anwendbar. Er kann für eine maximale Sperrspannung von über 3000 V und bei entsprechender Kühlung für Nennströme über 1000 A hergestellt werden. Direkter Anschluß an das 380 V-Netz ist daher möglich.

Soll der Verbraucher mit steuerbarem Gleichstrom gespeist werden, so verwendet man die Thyristoren entsprechend den Schaltungen in Bild **356**.1 und **357**.2 anstelle einfacher Gleichrichter. In den Brückenschaltungen für Wechsel- und Drehstrom genügt es jedoch, jeweils nur die Hälfte der Gleichrichter durch Thyristoren zu ersetzen: halbgesteuerte Brückenschaltung (**371**.1a). Soll der Verbraucher mit steuerbarem Wechselstrom gespeist werden,

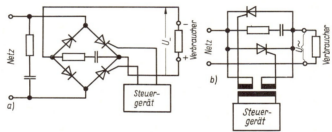

371.1 Thyristorschaltungen (*RC*-Glieder zum Schutz der Thyristoren gegen Überspannung bzw. Spannungsstöße bei induktiver Last)
a) Brückenschaltung mit 2 Thyristoren und 2 Siliziumdioden (halbgesteuerte Brücke) zur Speisung des Verbrauchers mit Gleichstrom
b) Antiparallelschaltung zur Speisung des Verbrauchers mit Wechselstrom

so schaltet man zwei Thyristoren in Antiparallelschaltung (**371**.1 b).

Triac

Ordnet man zwei Thyristorsysteme in Antiparallelschaltung in einem Siliziumkristall an, so erhält man einen Zweiwegthyristor, Triac[1]) genannt, mit fünf einander abwechselnden P- und N- dotierten Zonen (**371**.2).

Der Triac wird wie der Thyristor in Anschnittsteuerung betrieben.

Die Zündung wird bei ihm jedoch wie bei der Antiparallelschaltung zweier Thyristo-

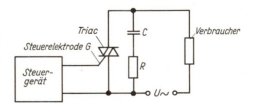

371.2 Triac-Steuerschaltung (*RC*-Glied zum Schutz des Triac gegen Spannungsstöße bzw. Überspannung bei induktiver Last)

---

[1]) Triac: Abkürzung für **Tri**ode-**AC**-Switch, d.h. Triodenwechselstromschalter.

ren (**371**.1b) bei jeder Halbwelle der Betriebswechselspannung mit Steuerimpulsen ausgelöst. Mit einem Diac (s. Abschn. 17.32) zusammen lassen sich sehr einfache Steuerschaltungen aufbauen (s. Abschn. 18.22). Der Triac ermöglicht die Steuerung von Wechselstromverbrauchern am 220 V-Netz bis zu 50 A.

In Anschnittsteuerung arbeitende Thyristoren und Triacs rufen wegen des fortwährenden Schaltbetriebes Funkstörungen hervor. Um deren Ausbreitung im Energieversorgungsnetz zu verhindern, ist der Einbau einer Funkentstörschaltung zwischen Netz und Steuerschaltung erforderlich.

17.32 Mehrschichtdioden

Diese Schaltelemente zeichnen sich dadurch aus, daß sie beim Erreichen einer bestimmten Spannung, der Durchbruch- Zünd- oder Kippspannung, plötzlich vom gesperrten in den leitenden Zustand übergehen. Man nennt sie auch Triggerdioden, da sie zur Erzeugung von Impulsen zur Steuerung von Thyristoren und Triacs verwendet werden.

Vierschichtdiode

Man kann sie als Thyristor ohne Steuerelektrode ansehen (**372**.1). Ihr Verhalten ist demnach das eines Thyristors ohne Steuerspannung.

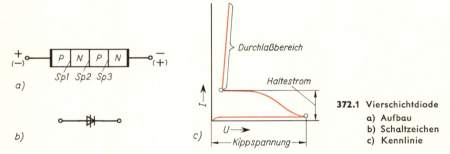

372.1 Vierschichtdiode
a) Aufbau
b) Schaltzeichen
c) Kennlinie

Legt man eine Gleichspannung so an, daß der Pluspol an der äußeren P-Zone und der Minuspol an der äußeren N-Zone liegen, so sind die äußeren Sperrschichten $Sp\,1$ und $Sp\,3$ in Durchlaßrichtung, die mittlere Sperrschicht $Sp\,2$ dagegen in Sperrichtung gepolt. Bei Erreichen der Kippspannung wird die mittlere Sperrschicht plötzlich leitend; die Vierschichtdiode schaltet durch. Ihrem geringen Widerstand entsprechend hat sie jetzt als Klemmenspannung die niedrige Durchlaßspannung von weniger als 1 V. Im Durchlaßzustand entspricht ihre Kennlinie der einer normalen Siliziumdiode. In den Sperrzustand gelangt die Vierschichtdiode erst wieder, wenn der Haltestrom unterschritten wird.

Polt man die Spannung um (eingeklammerte Polaritätszeichen), so ist die mittlere Sperrschicht $Sp\,2$ in Durchlaßrichtung, die Sperrschichten $Sp\,1$ und $Sp\,3$ dagegen in Sperrichtung gepolt. Jetzt hat die Vierschichtdiode dasselbe Verhalten wie eine Siliziumdiode in Sperrichtung; sie zeigt kein Kippverhalten.

Die Vierschichtdiode zeigt nur in einer Richtung Kippverhalten. Sie ist eine Einweg-Schaltdiode.

Die Kippspannungen handelsüblicher Vierschichtdioden betragen zwischen 20 V und 200 V.

Fünfschichtdiode (Diac)

Sie entsteht, wenn man zwei Vierschichtdiodensysteme in Antiparallelschaltung auf einem Siliziumkristall anordnet (**373.1**). Beim Anlegen einer Wechselspannung blockiert die Fünfschichtdiode unterhalb der Kippspannung in beiden Richtungen. Beim Überschreiten der Kippspannung schaltet sie jedoch in beiden Richtungen durch. Dabei verringert sich ihre Klemmenspannung jeweils bis auf die Durchlaßspannung von weniger als 1 V. Im Durchlaßzustand hat sie dieselbe Kennlinie wie eine normale Siliziumdiode. Den Sperrzustand erreicht die Fünfschichtdiode erst wieder nach Unterschreiten des Haltestroms.

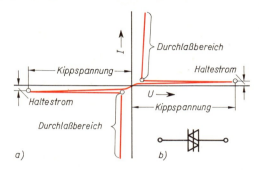

373.1 Fünfschichtdiode oder Diac
a) Kennlinie   b) Schaltzeichen

Die Fünfschichtdiode — auch Diac[1]) genannt — zeigt in beiden Richtungen Kippverhalten. Sie ist eine Zweiwegschaltdiode.

Dreischicht-Diode

Dieses Schaltelement (**373.2**) kann man sich aus zwei gegeneinander geschalteten Z-Dioden entstanden denken. Eine von beiden Diodenstrecken ist stets in Sperrichtung gepolt. Wie die Kennlinie zeigt, hat auch die Dreischichtdiode Kippverhalten. Bei Erreichen der Durchbruchspannung geht ihre Klemmenspannung um etwa 30% der Durchbruchspannung zurück. Ihr Kippverhalten ist demnach nicht so stark ausgeprägt wie das der Fünfschichtdiode.

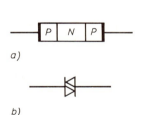

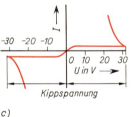

373.2 Dreischicht-Diode
a) Aufbau
b) Schaltzeichen
c) Kennlinie

Wie die Fünfschichtdiode zeigt auch die Dreischichtdiode in beiden Richtungen Kippverhalten. Man nennt sie daher ebenfalls Zweiweg-Schaltdiode oder Diac.

Die Durchbruchspannung der Dreischichtdiode beträgt etwa 30 V.

Werden Mehrschichtdioden als Triggerdioden zum impulsartigen Ansteuern von Thyristoren und Triacs verwendet, so stellt man den Zeitpunkt, bei dem sie ihre Kippspannung erreichen, in der Regel mit einem *RC*-Glied als Phasenstellglied ein (s. Abschn. 18.12).

17.33 Unijunktion-Transistor[2])

Der Unijunktion-Transistor — kurz UJT genannt — besteht aus einem N-leitenden Silizium-Stäbchen als Basis mit den beiden einander gegenüberliegenden Basisan-

---

[1]) Diac: Abkürzung für **Diode-AC**-Switch, d. h. Diodenwechselstromschalter.
[2]) junktion (engl.) heißt Sperrschicht; unijunktion (gesprochen: junijanktschn) also: eine Sperrschicht.

schlüssen B_1 und B_2 und einer P-leitenden Zone als Emitter E (**374.1** a, b). Der Kollektor fehlt. Man nennt den UJT deswegen auch **Doppelbasistransistor** oder auch **Doppelbasisdiode**.

☐ **Versuch 102.** Ein UJT, z. B. der Typ **2 N 1671** (Texas Instruments), wird entsprechend Bild **374.1** d geschaltet. Liegt zwischen den beiden Basisanschlüssen die Betriebsspannung $U_{BB} = 5$ V, auch Zwischenbasisspannung genannt, und befindet sich der Schleifer des Eingangsspannungsteilers R am negativen Ende desselben, so fließt ein geringer Emitterstrom I_E in der Größe und der Richtung des Sperrstromes der Sperrschicht des UJT. Vergrößert man nun die Steuerspannung U_E, indem man den Schleifer in Richtung zum positiven Ende des Eingangsspannungsteilers verschiebt, so schaltet der UJT bei Erreichen der Kippspannung, hier **Höckerspannung** genannt, plötzlich durch. Die Spannung U_E verringert sich bis auf etwa 1 V, und der Emitterstrom fließt in der Größe des Durchlaßstromes der Sperrschicht zwischen Emitter E und Basis B_1. Dadurch erhöht sich auch der Spannungsabfall U_{R1} im Widerstand R_1, der als Ausgangsspannung U_a abgegriffen werden kann. Vermindert man nun die Steuerspannung U_E, so geht der Durchlaßstrom wieder in den Sperrstrom über, wenn die Steuerspannung die Größe der Löschspannung unterschreitet. Eine Erhöhung der Zwischenbasisspannung U_{BB} hat eine Erhöhung der Kippspannung und eine schärfere Ausprägung des Kippverhaltens zur Folge. ☐

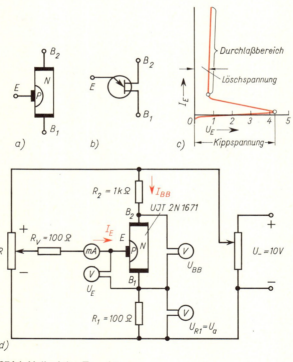

a)   b)   c)

d)

374.1 Unijunktion-Transistor
    a) Aufbau   b) Schaltzeichen   c) Kennlinie
    d) Schaltplan der Versuchsanordnung

Das Verhalten des UJT läßt sich folgendermaßen erklären: Die Strecke B_1—B_2 des N-dotierten Stabes hat den verhältnismäßig hohen Widerstand von etwa 5—10 kΩ, und zwischen B_2 und B_1 fließt der geringe Strom I_{BB}. Der Emitteranschluß E teilt diese Widerstandsstrecke in die beiden Teilwiderstände R_{B1-E} und R_{E-B2} und die Betriebsspannung U_{BB} in zwei Teilspannungen. Solange die Steuerspannung U_E kleiner ist als der Spannungsabfall an R_{B1-E}, ist die Sperrschicht in Sperrichtung gepolt. In dem Augenblick jedoch, in dem die Steuerspannung U_E größer wird als der Spannungsabfall an R_{B1-E}, geht die Sperrschicht zwischen E und B_1 in den Durchlaßzustand über, und ihr Widerstand geht auf etwa 20 Ω zurück. Der UJT kippt entsprechend der Kennlinie in Bild **374.1** c in den leitenden Zustand, und es fließt jetzt ein Emitterstrom in der Größe des Durchlaßstromes.

Der UJT geht erst dann wieder in den gesperrten Zustand über, wenn die Steuerspannung U_E den Wert der Löschspannung unterschreitet.

Der UJT hat wie die Triggerdioden die Eigenschaften eines elektronischen Schwellenwertschalters. Mit dem Aufbau und dem Verhalten eines normalen Transistors hat er nichts gemein.

Man verwendet den UJT zum Ansteuern von Thyristoren. Der Zeitpunkt, bei dem er seine Kippspannung erreicht, kann durch ein RC-Glied in Verbindung mit einer Z-Diode eingestellt werden (s. Abschn. 18.12).

17.4 Signalumformer und Signalwandler

In elektrischen Steuerungs- oder Regelungsanlagen ist es oft erforderlich, ein nicht-elektrisches Steuer- bzw. Regelsignal in eine elektrische Größe umzuformen. Die dazu erforderlichen Geräte werden als Signal- oder Meßumformer, manchmal auch als Fühler oder Geber bezeichnet. Der Temperaturbegrenzer eines Boilers (s. Abschn. 2.33) ist z. B. ein solcher Meßumformer, der das Steuersignal „Höchsttemperatur" in das Stellsignal „Strom Aus" umformt.

Wird eine elektrische Größe lediglich auf einen anderen Wert oder in eine andere Form gebracht, so bezeichnet man das dazu erforderliche Gerät als Signal- oder Meßwandler. Spannungsteiler, Transformatoren und Gleichrichter können z. B. als Wandler dienen.

Signal- oder Meßumformer formen mechanische, thermische, optische, magnetische und chemische Größen in elektrische Größen um.

Von den sehr zahlreichen praktisch bedeutsamen Umformern sollen hier nur einige häufig vorkommende Geräte beschrieben werden.

17.41 Mechanisch-elektrische Umformer

Sie formen mechanische Größen, z. B. Drehwinkel, Druck, Weg (Hub), Kraft, Geschwindigkeit, Drehzahl und Drehmoment in elektrische Größen, Spannung oder Strom, um **(375.1)**.

Dehnungsmeßstreifen (DMS 375.1 b). Dehnt man einen Leiter, z. B. einen dünnen Konstantandraht oder eine Folie aus Widerstandswerkstoff, so wird er länger und

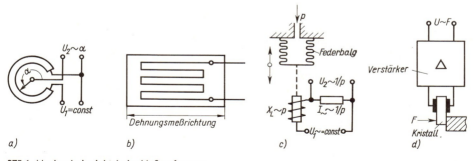

375.1 Mechanisch-elektrische Meßumformer
  a) Potentiometer, α Drehwinkel   b) Dehnungsmeßstreifen
  c) induktiver Umformer, p Druck   d) piezoelektrischer Umformer, F Kraft

dünner, und sein Widerstand wird größer. Wird der Leiter infolge einer Krafteinwirkung gestaucht, so wird sein Widerstand entsprechend kleiner. Um eine große Längenänderung zu erhalten, klebt oder kittet man den Leiter mäanderförmig auf einen Kunststoffstreifen auf (**375.1 b**). Den auf diese Weise hergestellten DMS befestigt man z. B. auf der Oberfläche des zu messenden Maschinen- oder Gebäudeteils, auf der Membran einer Druckmeßdose usw. DMS werden in der Regel in Brückenschaltungen verwendet. Ihre Widerstandsänderung bringt die Meßbrücke aus dem Gleichgewicht, wodurch sich die Spannung am Brückenzweig ändert. Der Einsatz der DMS ist sehr vielseitig. Man kann mit ihnen nicht nur Längen- bzw. Formänderungen, sondern indirekt auch deren Ursachen, nämlich Kräfte, Drücke, Drehmomente, Schwingungen usw., messen.

Druckgesteuerter Transistor. Dieser, auch Pitran genannte Silizium-Transistor wird wie ein normaler Transistor geschaltet. Er hat jedoch eine Basis-Emitter-Sperrschicht, die mechanisch über einen Stift mit der als Membran ausgebildeten Stirnfläche des Transistorgehäuses gekoppelt ist. Drückt man auf die Membran, so ändert sich die Leitfähigkeit des Transistors. Die sich daraus ergebende Änderung des Kollektorstromes hat eine Änderung der als Ausgangsspannung wirkenden Kollektorspannung zur Folge. Man kann den Pitran zur direkten Kraft- und Druckmessung sowie zur Schwingungsmessung verwenden.

Piezoelektrischer Umformer (375.1 d). In dem Quarzkristall bewirkt die Kraft F Formänderungen und, durch diese bedingt, eine Polarisation der Atome. Hierdurch entstehen zwischen den gegenüberliegenden Oberflächen kleine, von der Kraft F abhängige elektrische Spannungen U, die allerdings verstärkt werden müssen. Die Spannung U ist der Kraft F proportional (Proportionalitätszeichen $\sim$), also: $U \sim F$.

Tachogenerator. Mit ihm können Drehzahlen in proportionale elektrische Spannungen umgeformt werden. Hierzu wird der Tachogenerator mit der Welle, deren Drehzahl gemessen werden soll, gekuppelt.

In Zweipunktregelungen und -steuerungen werden vom Meßumformer nur zwei Grenzwerte der zu beeinflussenden Größe erfaßt. Dafür zwei Beispiele: An Aufzügen und Werkzeugmaschinenschlitten ist diese Größe ein Weg, an dessen beiden Grenzpunkten durch eine Nocke die Endschalter betätigt werden. Der Fliehkraftschalter eines Kondensatormotors schaltet dessen Anlaufkondensator ab, wenn der Motor eine bestimmte Drehzahl erreicht hat.

17.42 Thermisch-elektrische Umformer

Zur Umformung von Temperaturen in elektrische Spannungen bzw. Ströme dienen vor allem Heißleiter und Thermoelemente (s. Abschn. 1.34 und 2.4).

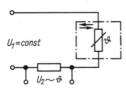

376.1
Heißleiter als Meßfühler in einem Gerät

Heißleiter oder **Thermistoren** werden als Temperaturfühler in das zu steuernde oder zu regelnde Gerät eingebaut (**376.1**) und liefern durch ihren negativen Temperaturkoeffizienten eine der Temperatur proportionale Spannung ($U \sim \vartheta$). Sie sind für Temperaturen bis etwa 200 °C geeignet. Zur Messung höherer Temperaturen nutzt man den positiven Temperaturkoeffizienten von Widerständen aus Nickel oder Platin ($U \sim 1/\vartheta$), die für Temperaturen bis 550 °C geeignet sind. Ihre Widerstandswerte können mit wesentlich engeren Toleranzen als die Werte der Halbleiter-Heißleiter eingehalten werden.

Thermoelemente werden hauptsächlich für die Erfassung hoher Temperaturen bis 1600 °C eingesetzt.

In Zweipunktregel- und Steueranlagen wird die Wärmeausdehnung von **Bimetallen** und **Dehnungsstäben** (Stabregler des Heißwasserspeichers Bild **61**.2) sowie der Quecksilbersäule in **Kontaktthermometern** zum Schließen und Öffnen eines Schalters verwendet.

17.43 Optisch-elektrische Umformer

In diesen Umformern wird die elektromagnetische Strahlungsenergie des sichtbaren Teils des Spektrums (**172**.1), also des Lichtes, und manchmal auch des unsichtbaren Teiles, also der Wärme- und ultravioletten Strahlen, in Spannungen und Ströme umgeformt. Die Strahlungsenergie selbst wird allerdings nur in wenigen Fällen — z. B. beim Dämmerungsschalter, wo das Tageslicht zum Steuern einer Beleuchtungsanlage dient — durch Steuern oder Regeln beeinflußt. Meist wird sie nur als Hilfsgröße herangezogen, wie z. B. bei der Steuerung von Ölfeuerungsanlagen. Hier dient die Strahlung der Flamme des Ölbrenners zur Überwachung des Betriebszustandes. Auch bei der Lochstreifensteuerung von Werkzeugmaschinen (**381**.1) benutzt man die Lichtstrahlen nur zur Übertragung der in den Löchern des Lochstreifens verschlüsselt enthaltenen Steuerbefehle auf die Fotowiderstände. Die Fotowiderstände formen dann diese Befehle in elektrische Steuersignale um. Die optische Signalübertragung hat den Vorteil, daß keine mechanischen Kräfte für die Betätigung von Schalterkontakten gebraucht werden.

Außer den in Abschn. 1.43 behandelten Fotowiderständen und den in Abschn. 8.4 behandelten **Fotoelementen** (**189**.1) werden noch Fotodioden und Fototransistoren verwendet.

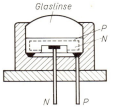

Glaslinse

Fotodioden (**377**.1 und **377**.2 b) enthalten einen Halbleiter aus Germanium oder Silizium mit PN-Übergang (s. Abschn. 17.1). Sein Widerstand in Sperrichtung ist von der Beleuchtungsstärke des einfallenden Lichtes stark abhängig. Eine Sammellinse konzentriert das Licht auf den sehr kleinen Halbleiter ($d \approx$ 1 mm). Die Fotodiode hat kleinere Abmessungen, jedoch einen noch größeren Innenwiderstand als der Fotowiderstand.

377.1 Fotodiode

Fototransistoren (**377**.2 d) unterscheiden sich in ihrem Aufbau nicht wesentlich von normalen Transistoren (s. Abschn. 17.2). Das Licht gelangt durch eine Glaslinse auf das Basisplättchen und ändert durch Freisetzen von Ladungsträgern die Leitfähigkeit des Transistors. Da beim Fototransistor noch die Verstärkerwirkung hinzukommt, hat er etwa die 30fache Lichtempfindlichkeit der Fotodiode.

Fotoduodioden (**377**.2 e) sind wie Fototransistoren aufgebaut, jedoch fehlt der Basisanschluß.

377.2 Schaltzeichen fotoelektronischer Schaltelemente
  a) Fotowiderstand
  b) Fotodiode
  c) Fotoelement
  d) Fototransistor, PNP-Typ
  e) Foto-Duodiode, NPN-Typ

a)
b)
c)
d)
e)

Fotowiderstände, Fotodioden und Fototransistoren sind lichtabhängige Widerstände. Sie erfordern daher eine Stromquelle, deren Spannung — je nach Art und Typ des Bauelementes — bei Fototransistoren bis 30 V bei Fotodioden bis 100 V und bei Fotowiderständen bis 400 V beträgt. Lediglich das in Abschn. 8.4 beschriebene Fotoelement ist ein Spannungserzeuger mit einer Leistung von wenigen Milliwatt bei Stromstärken von einigen Milliampere.

Übungsaufgaben zu Abschnitt 17

1. Welche Nachteile haben Umformer gegenüber Stromrichtern?
2. Welche Arten von Stromrichtern gibt es?
3. Für welche Zwecke ist auch heute Gleichstrom unentbehrlich?
4. Wie erfolgt die Stromleitung in einem N-leitenden und in einem P-leitenden Halbleiter?
5. Welche Eigenschaft hat die PN-Sperrschicht?
6. Skizziere den Schaltplan einer aus sechs Stromventilen bestehenden Gleichrichtersäule in Drehstrom-Brücken-Schaltung.
7. Der Aufbau und die Wirkungsweise eines Transistors sind zu beschreiben.
8. Das Ausgangskennlinienfeld eines NPN-Transistors ist zu skizzieren und die Widerstandsgerade für $R_L = 150\ \Omega$ und $U_B = 12\ V$ sowie die Leistungshyperbel für $P_{Vmax} = 300\ mW$ in das Diagramm einzutragen.
9. Wie ändert sich die Lage der Widerstandsgeraden des Lastwiderstandes, wenn dieser oder die Betriebsspannung geändert werden?
10. Die Basisvorspannung eines Transistors mit Lastwiderstand wird vergrößert. Wie ändert sich die Kollektorspannung?
11. Auf welche Weise kann man die Basisvorspannung eines Transistors einstellen? Welche Überlegungen sind dabei anzustellen?
12. Verschiedene Maßnahmen zur Temperaturstabilisierung eines Transistors sind zu beschreiben.
13. Wie erfolgt die Steuerung eines Transistors?
14. Beschreibe das Verfahren der Anschnittsteuerung!
15. Wie wirkt die Antiparallelschaltung von Thyristoren?
16. Wirkungsweise und Anwendung des Triac und des Diac sind zu erläutern.
17. Aufbau und Wirkungsweise eines Unijunktion-Transistors sind mit der eines normalen Transistors zu vergleichen.
18. Welche Anforderungen müssen Werkstoff und Aufbau des Eisenkerns eines Tranduktors erfüllen?
19. Welche Vorteile hat die Steuerung der Klemmenspannung eines Verbrauchers mit einem Thyristor gegenüber einer solchen mit einem Stellwiderstsand?
20. Der Unterschied zwischen Meßumformer und Meßwandler ist an je einem Beispiel zu erläutern.
21. Beschreibe Aufbau und Wirkungsweise von optisch-elektrischen Meßumformern.
22. Versuch: An eine Selengleichrichter-Anordnung in Brückenschaltung (356.1 c) ist eine Wechselspannung passender Größe zu legen, dann wird der Gleichrichter vom Leerlauf bis zur Nennstromstärke in mehreren Stufen belastet.
   a) Die Leerlauf-Gleichspannung U_- ist zu messen und ihr Verhältnis zur Betriebswechselspannung $U_\sim$ zu ermitteln.
   b) Für jede Belastung sind Belastungsstrom I_- und Gleichspannung U_- zu messen.
   c) Mit Hilfe der gemessenen Werte ist ein Kurvenschaubild, das die Abhängigkeit der Gleichspannung U_- vom Belastungsstrom I_- zeigt, zu zeichnen.
23. Versuch: Die Kennlinien des Transistors BC 238 sind mit der Versuchsanordnung in Bild 361.1 a aufzunehmen und mit den Kennlinien in Bild 361.1 b, c zu vergleichen.
24. Versuch: Der Transistor BC 238 wird entsprechend der Versuchsanordnung in Bild 362.1 mit dem Lastwiderstand $R_L = 150\ \Omega$ an die Betriebsspannung $U_B = 12\ V$ gelegt und der Basisstrom I_B von 200 µA auf 300 µA, also um $\Delta I_B = 100$ µA geändert. Zu ermitteln sind die Spannungsverstärkung V_U, die Stromverstärkung V_I und die Leistungsverstärkung V_P. Die Richtigkeit der ermittelten Größen ist mit den Kennlinien des Transistors und der Widerstandsgeraden entsprechend Bild 363.1 zu prüfen.

18 Elektrische und elektronische Steuerung und Regelung

In elektrisch betriebenen Steuerungs- und Regelungsanlagen einschließlich der elektronischen Anlagen läuft der Steuer- bzw. Regelvorgang mit Hilfe von elektrischer Energie ab. Die gesteuerte oder geregelte Größe kann sowohl eine elektrische Größe (z. B. Spannung oder Frequenz) als auch eine nichtelektrische Größe (z. B. Temperatur oder Drehzahl) sein. Außer Steuerungs- und Regelungsanlagen mit elektrischen oder elektronischen Bauteilen gibt es auch Anlagen mit mechanischen, hydraulischen oder pneumatischen Bauteilen. Sie werden hier nicht behandelt.

18.1 Steuerung

18.11 Grundbegriffe

Die wichtigsten, schon in Abschn. 2.32 erwähnten Begriffe und Einrichtungen einer Steuerungsanlage sollen anhand der Drehzahlsteuerung eines Gleichstrommotors erläutert werden. Hierzu ist in Bild **379.1** nicht wie sonst üblich der Wirkschaltplan oder der Stromlaufplan sondern ein Blockschaltplan zur Darstellung des Wirkungsablaufes der Steuerung gezeichnet. Er beschreibt den Weg des vom Befehlsgeber ausgelösten Steuersignals und wird daher auch als Signalflußplan bezeichnet. Die Drehzahl n des Motors ist die zu steuernde Größe, der gesteuerte Motor die Steuerstrecke 1. Die Beeinflussung der Drehzahl wird durch Veränderung der Ankerspannung U_A des Motors erreicht; sie ist die Stellgröße y. Die Stellgröße kann durch ein im Befehlsgeber 2 (Steuerglied) erzeugtes Steuersignal im Stellglied 4 (hier einem Thyristor; s. Abschn. 17.31) verändert werden und beeinflußt am Stellort (hier Ankerwicklung) die Drehzahl n des Motors. Es ist häufig notwendig, das Steuersignal in einem Verstärker (hier Unijunktion-Transistor 3; s. Abschn. 17.33) zu verstärken und evtl. auch umzuformen.

Die Verbindungslinien zwischen den Blöcken des Blockschaltplans geben den Wirkungsweg, die Pfeile darin die Wirkungsrichtung der Signale an. Befehlsgeber, Verstärker, Stellglied und Steuerstrecke bilden eine Steuerkette.

379.1 Signalflußplan der Drehzahlsteuerung eines Gleichstrommotors
1 Steuerstrecke   2 Befehlsgeber (Steuerglied)
3 Vorverstärker   4 Leistungsverstärker und Stellglied

Störgrößen z, hier z. B. Schwankungen der Speisespannung oder Belastungsschwankungen des Motors, wirken sich ungehindert auf die eingestellte Drehzahl aus, werden durch die Steuerung also nicht selbsttätig korrigiert.

Steuern ist die Beeinflussung einer Größe durch eine andere Größe mit dem Ziel, den gewünschten Betriebszustand eines Gerätes, einer Maschine oder einer Anlage herzustellen. Störeinflüsse werden nicht selbsttätig berichtigt, da die gesteuerte Größe keine Wirkung auf den Steuervorgang ausübt.

Stellglieder

Tafel **380.**1 enthält eine Zusammenstellung der wichtigsten Stellglieder mit stetiger und unstetiger Wirkung, die in elektrisch gesteuerten oder geregelten Anlagen verwendet werden. Aus Stellgliedern mit stetiger Wirkung erhält man die Stellgröße in einem bestimmten Bereich kontinuierlich, d.h. für beliebige Werte, Beispiel: verstellbarer Widerstand. Stellglieder mit unstetiger Wirkung erlauben lediglich, einige wenige, meist nur zwei Betriebszustände herzustellen. Beispiel: Schalter mit Stellung Aus (kein Strom I) und Ein (Strom I).

Tafel **380.**1 Stellglieder für elektrische und elektronische Steuerungen und Regelungen

Stellglieder für elektrische Stellgrößen mit		Stellglieder für Massenströme, z. B. Ströme von Luft, Gas, Dampf, Flüssigkeiten
unstetiger Wirkung	stetiger Wirkung	
Schalter	Stellwiderstand	Klappe ⎫
Quecksilber-Schaltröhre	Stelltransformator	Ventil ⎪
Schaltschütz bzw. Relais	Transistor	Schieber ⎬ mit Stellmotor
Schalttransistor	Thyristor	Pumpe ⎭
	Transduktor	Magnetventil

Steuerungsarten

Befehlssteuerung. Das unstetige oder stetige Stellglied wird unmittelbar oder mit Hilfe eines am Befehlsgeber (Steuerglied) ausgelösten Steuersignals, meist von Hand betätigt. Die in Bild **379.**1 dargestellte Motorsteuerung ist z. B. eine handbetätigte, stetige Befehlssteuerung. Das Steuersignal kann aber auch auf andere Weise, z. B. durch eine Lichtschranke, ausgelöst werden.

Grenzwertsteuerung. Soll die Steuerstrecke bei Erreichen eines bestimmten einstellbaren Grenzwertes der gesteuerten Größe selbsttätig abgeschaltet werden, so wird ein Begrenzer eingebaut. Er erfaßt die gesteuerte Größe und schaltet die Anlage nach Erreichen des eingestellten Grenzwertes ab. Auf diese Weise können z. B. begrenzt werden: Wege oder Flüssigkeitsstand von Behältern mit Endschaltern; Drehzahlen mit Fliehkraftschaltern; Temperaturen mit Kontaktthermometern und Bimetallschaltern (s. Abschn. 2.32); Drücke mit Druckwächtern; elektrische Ströme mit Bimetall- und elektromagnetischen Schaltern. (Beispiel für eine Grenzwertsteuerung s. Heißwasserboiler mit Temperaturbegrenzer in Abschn. 2.33.)

Programmsteuerungen. Man unterscheidet die Zeitplan-, Wegplan- und Ablaufsteuerung.

Zeitplansteuerung. Der Zeitplan, also der zeitliche Ablauf mehrerer Steuerungsvorgänge, wird durch ein festes oder einstellbares zeitabhängiges Programm festgelegt. Der Programmgeber ist z. B. ein motorgetriebener Programmschalter oder ein mit Lichtstrahlen abgetasteter Lochstreifen (**381.**1). Der Ablauf des Waschprogramms in einem Waschautomaten wird z. B. von einem motorgesteuerten Programmschalter gesteuert.

Wegplansteuerung. Hierbei wird der Ablauf der Bearbeitung eines Werkstücks, z. B. in einer programmgesteuerten Werkzeugmaschine (Dreh-, Fräs- oder Schleifmaschine), durch Steuerung der Werkzeugzustellung in Abhängigkeit vom zurückgelegten Weg oder der Stellung eines beweglichen Teiles der gesteuerten Anordnung

durchgeführt. Die Steuerung erfolgt hier mit Hilfe
von Lochschablonen oder Lochstreifen, die das
Programm in Form von Löchern verschiedener
Form und Anordnung enthalten. Die Lochschablone
wird mechanisch durch Fühlstifte, der Lochstreifen
optisch durch Fotowiderstände oder Fotodioden
abgetastet; das in der Lochform und -anordnung
verschlüsselt enthaltene Programm formt man in
elektrische Steuerimpulse um (**381.1**).

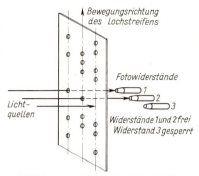

381.1 Lochstreifen mit Lichtstrahlabtastung für eine Zeitplansteuerung

A b l a u f s t e u e r u n g. Die Folge der einzelnen Steuer-
vorgänge wird dadurch gesteuert, daß ein „Steuer-
schritt" den nächsten auslöst, dieser wieder den
nächsten usw. Läuft z. B. die Stern-Dreieck-Umschaltung nach Abschn. 11.13 selbsttätig ab, so ist
dies bereits eine einfache Ablaufsteuerung.

Signalsysteme

Signal bedeutet in der Steuerungs- und Regelungstechnik die Art der Information, die
den Steuerungs- bzw. Regelungsvorgang auslöst. Bei der Drehzahlsteuerung in Bild **379.1**
ist z. B. die im Befehlsgeber erzeugte Spannungsveränderung das Steuerungssignal, also
die Information für das Stellglied.

Analoge Signale. Signale können kontinuierlich (stetig) sein. Man nennt sie dann
analoge Signale (analog: gleichwertig). *Beispiel:* Bei einem Zeigermeßinstrument ist
der Zeigerausschlag als Signal der zu messenden Größe (z. B. einer Spannung) dieser
Größe analog und folgt ihr kontinuierlich.

Digitale Signale. Wird die Änderung der zu messenden Größe dagegen nicht kontinuierlich, sondern in Stufen (Schritten) wiedergegeben, spricht man von digitalen
Signalen (digital = in Stufen, in Schritten). B e i s p i e l : Bei einem Digitalmeßinstrument
wird das zu messende Signal (z. B. eine Spannung) durch eine Ziffernanzeige, d. h. in
Stufen, angegeben.

Binär-digitales Signalsystem. Die moderne digitale Signalverarbeitung beschränkt
sich auf zwei Signalwerte. Ein System dieser Art heißt binär-digitales Signalsystem (binär
= zweiwertig), die Signale heißen B i n ä r s i g n a l e . Die beiden Signalwerte werden mit
den Ziffern 0 und 1 bezeichnet und in Digital-Bausteinen durch bestimmte Spannungsbereiche dargestellt (**381.2**). Beträgt die Betriebsspannung eines Transistors-Bausteins
12 V, liegt das 0-Signal z. B. im Bereich 0 bis 2 V und das 1-Signal im Bereich 8 bis 12 V.
Im ersten Fall wird der S p a n n u n g s b e r e i c h (auch Signalpegel genannt) mit L (engl.
low = niedrig), im zweiten Fall mit H (engl. high = hoch) bezeichnet. Die Herstellung
beider Signalwerte bzw. Signalpegel erfolgt durch das Ein- und Ausschalten von Stromkreisen.

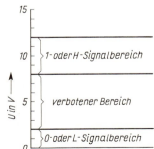

381.2 Signalbereiche für Binärsignale

Das binär-digitale Signalsystem besteht aus den beiden Signalwerten 0 und 1. Ihnen sind die beiden Signalpegel L und H zugeordnet.

In Kontakttechnik erfolgt der Schaltvorgang durch Stellschalter und Tastschalter, durch Relais und Schütze.

Kontaktlos können die beiden Schaltzustände mit Hilfe elektronischer Bauelemente, vor allem durch Schaltdioden und Schalttransistoren hergestellt werden (s. Abschn. 17.25). Die Schaltungen mit Halbleiterbauelementen haben die größte Bedeutung erlangt.

Der Unterschied zwischen einem analogen und einem binär-digitalen Signal soll am Beispiel der Drehzahlmessung gezeigt werden: Ein der Drehzahl analoges Signal kann mit einem Tachogenerator (s. Abschn. 17.41) erzeugt werden. Seine Spannung ändert sich kontinuierlich mit der Drehzahl.

Ein binär-digitales Signal kann mit einer Lichtschranke (Scheibe mit Schlitz) erzeugt werden. Durch den Schlitz der sich drehenden Scheibe entsteht eine drehabhängige Lichtimpulsfolge (Licht oder kein Licht). Sie bildet das binär-digitale Signal, das z. B. in einer Fotodiode (s. Abschn. 17.43) in Spannungsimpulse umgesetzt wird.

Das binär-digitale Signalsystem wird vor allem in sog. l o g i s c h e n S c h a l t u n g e n in elektronischen Rechenanlagen — dazu gehören elektronische Datenverarbeitungsanlagen (EDV), Prozeßrechner und Taschenrechner — sowie in Steuerungs- und Regelungsanlagen angewendet.

18.12 Logische Schaltungen

Die Bezeichnung „logische Schaltung" besagt, daß durch die verwendeten Bausteine — meist sind es elektronische Bausteine — Eingangssignale und Ausgangssignale in binär-digitaler Form in logischen, d. h. folgerichtigen Zusammenhang gebracht, also miteinander verknüpft werden.

Mit logischen Bausteinen lassen sich logische Verknüpfungen herstellen. Logische Bausteine heißen daher auch Verknüpfungsglieder.

Die wichtigsten logischen Bausteine und ihre logische Funktion als Verknüpfungsglieder werden im folgenden beschrieben.

Nicht-Glied

Das Nicht-Glied dient der Signalumkehr (Umkehrstufe). Es hat folgende logische Bedeutung:

Das Ausgangssignal A hat den Wert L, wenn das Eingangssignal E den Wert H hat und umgekehrt (Negation, Inversion).

Die A r b e i t s t a b e l l e (383.1 a) gibt diesen Zusammenhang wieder. Das S c h a l t - z e i c h e n zeigt Bild 383.1 b: der Kreis am Schaltzeichen bedeutet Signalumkehr.

Die Funktion der Umkehrstufe zeigt die Relaisschaltung in Bild 383.1 c. Führt der Eingang E das Signal L (Schalter S offen), führt der Ausgang das Signal H (Lampe brennt) und umgekehrt.

Mit der Transistorschaltung (383.1 d) als Verknüpfungsglied kann man die Umkehrstufe kontaktlos herstellen (s. Abschn. 17.25). Ist der Schalter S des Signalgebers geschlossen, führt die Eingangsklemme E die Spannung 0 V (L-Signal). Die Basisspannung des Transistors ist dadurch ebenfalls 0 V; der Transistor ist gesperrt. Das Potential (Spannung gegen Schaltungsnullpunkt: Emitter) am Ausgang A beträgt 12 V (H-Signal).

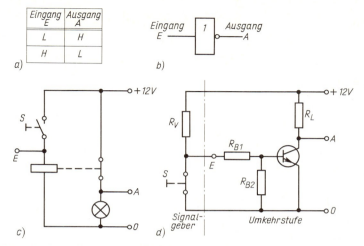

Eingang E	Ausgang A
L	H
H	L

a)

b)

383.1 NICHT-Glied
a) Arbeitstabelle
b) Schaltzeichen
c) in Kontakttechnik
d) kontaktlos

c)

d)

Umkehrstufe

Ist der Schalter S des Signalgebers dagegen geöffnet, beträgt das Potential am Eingang E etwa 12 V (Eingangssignal H). Der Transistor ist durchgesteuert und dadurch das Potential am Ausgang A annähernd 0 V (Ausgangssignal L).

Die einfache Transistorstufe als logischer Baustein bewirkt eine Signalumkehr.

UND-Glied

Es dient der UND-Verknüpfung mehrerer Eingangssignale. Die UND-Funktion, auch Konjunktion genannt, hat folgende logische Bedeutung:

Das Ausgangssignal A hat nur dann den Wert H, wenn alle Eingangssignale E den Wert H haben.

Die Arbeitstabelle **384.1** a gibt diesen Sachverhalt wieder. Das &-Zeichen im Schaltzeichen des UND-Glieds (**384.1** b) ist das früher bei Kaufleuten verwendete Summenzeichen.

Das Prinzip des UND-Glieds am Beispiel dreier Eingangssignale E_1, E_2, E_3 zeigt die Relaisschaltung in Bild **384.1** c. Man erkennt:

Die Reihenschaltung von Schaltkontakten führt zu einer UND-Verknüpfung der Eingangssignale.

Die kontaktlose UND-Stufe (**384.1** d) besteht aus dem UND-Glied — hier ein Widerstand-Dioden-Glied — und dem nachgeschalteten zweistufigen Transistorverstärker. Die zweite Transistorstufe ist erforderlich, um das durch die erste Stufe umgekehrte (negierte, invertierte) Signal durch nochmaliges Umkehren in die richtige Lage zu bringen; denn zweimalige Verneinung bedeutet Bejahung.

Die Dioden D_1, D_2, D_3 verhindern die Rückwirkung des betätigten Gebers auf die übrigen Geber. Wird z. B. der Geber S_1 betätigt, wird die Diode D_1 in Sperrichtung geschaltet und verhindert so die Beeinflussung der übrigen Eingänge, die auf 0-Potential bleiben. Erst wenn alle Geber bestätigt werden, hat der Ausgang H-Signal. Der Transistor T_1 schaltet durch und hat an seinem Ausgang L-Signal. Dadurch ist der Transistor T_2 gesperrt und hat an seinem Ausgang H-Signal.

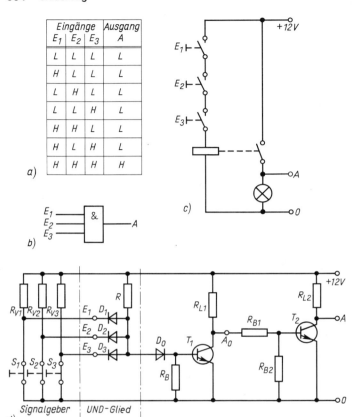

Eingänge			Ausgang
E_1	E_2	E_3	A
L	L	L	L
H	L	L	L
L	H	L	L
L	L	H	L
H	H	L	L
H	L	H	L
H	H	H	H

a)

b)

c)

d)

Signalgeber | UND-Glied

384.1 UND-Stufe
a) Arbeitstabelle
b) Schaltzeichen
c) in Kontakttechnik
d) kontaktlos

Bei nicht betätigten Gebern (alle Eingangssignale L) fließt über den Widerstand R und die Dioden D_1, D_2, D_3 ein Ruhestrom. Der dadurch in den Dioden und den vorgeschalteten Gebern verursachte Spannungsabfall kann bis zu etwa 1 V betragen. Dieser Wert würde als 0-Signal den Transistor T_1 aufsteuern, was jedoch durch die in Durchlaßrichtung geschaltete Diode D_0 mit der Schleusenspannung (s. Bild **354.**1 c) von etwa 2 V verhindert wird.

Die Zahl der Signal-Eingänge ist bei der UND-Stufe beliebig groß. Sie wird in der kontaktlosen Ausführung lediglich durch die Summe der Sperrströme der Dioden D_1, D_2, D_3 usw. begrenzt.

NAND-Glied

Das NAND-Glied (engl. **not-and,** d. h. nicht-und) ist ein UND-Glied mit nachfolgender Signalumkehr. Es hat folgende logische Bedeutung:

Das Ausgangssignal A hat nur dann den Wert L, wenn alle Eingangssignale E den Wert H haben.

Die Arbeitstabelle **385.**1 a gibt diesen Sachverhalt wieder. Das Schaltzeichen (**385.**1 d) zeigt das UND-Glied mit nachfolgender Signalumkehr.

Eingänge			Ausgang
E_1	E_2	E_3	A
L	L	L	H
H	L	L	H
L	H	L	H
L	L	H	H
H	H	L	H
H	L	H	H
H	H	H	L

a)

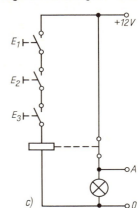

c)

385.1 NAND-Glied
a) Arbeitstabelle
b) Schaltzeichen
c) in Kontakttechnik
d) Schaltzeichen eines kombinierten
   UND-NAND-Bausteins

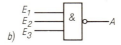

b)

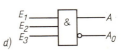

d)

Das NAND-Glied unterscheidet sich schaltungstechnisch vom UND-Glied dadurch, daß in der Relaisschaltung statt des Schließers ein Öffner verwendet wird (**385.1** c). Bei der kontaktlosen Ausführung fällt die nachgeschaltete Umkehrstufe mit dem Transistor T_2 fort bzw. wird als Ausgangssignal A_0 gewählt. Man erkennt daraus, daß ein elektronischer UND-Baustein auch stets ein NAND-Baustein ist (Bild **384.1** d und **385.1** d).

Wie das UND-Glied ist auch das NAND-Glied auf beliebig viele Signaleingänge erweiterbar. In der kontaktlosen Ausführung ist die Zahl der Signaleingänge ebenfalls durch die Summe der Sperrströme der Dioden D_1, D_2, D_3 usw. begrenzt.

ODER-Glied

Es dient der ODER-Verknüpfung mehrerer Eingangssignale. Die ODER-Funktion, auch Disjunktion genannt, hat folgende logische Bedeutung:

Das Ausgangssignal A hat den Wert H, wenn eines oder mehrere der Eingangssignale E_1, E_2, E_3 usw. den Wert H haben.

Die Arbeitstabelle **386.1** sowie das Schaltzeichen (**386.1** b) geben diesen Sachverhalt wieder.
Das Prinzip des ODER-Glieds am Beispiel dreier Eingangssignale E_1, E_2, E_3 zeigt die Relaisschaltung in Bild **386.1** c. Man erkennt:

Die Parallelschaltung von Schaltkontakten führt zur ODER-Verknüpfung der Eingangssignale.

Die kontaktlose ODER-Stufe (**386.1** d) besteht aus dem ODER-Glied — hier ein Widerstand-Dioden-Glied — und dem nachgeschalteten zweistufigen Transistorverstärker. Die zweite Transistorstufe hat auch hier die Aufgabe, die Signalumkehr der ersten Transistorstufe wieder rückgängig zu machen (s. UND-Stufe).

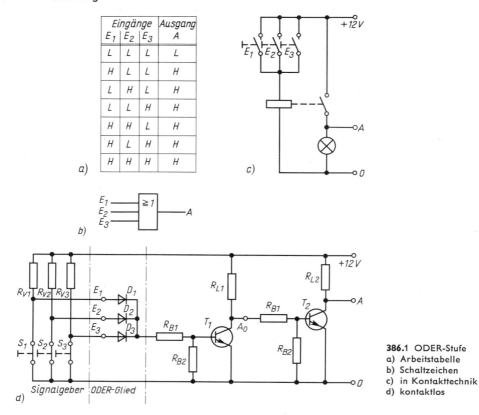

Eingänge			Ausgang
E_1	E_2	E_3	A
L	L	L	L
H	L	L	H
L	H	L	H
L	L	H	H
H	H	L	H
H	L	H	H
H	H	H	H

a)

b)

c)

d) Signalgeber | ODER-Glied

386.1 ODER-Stufe
a) Arbeitstabelle
b) Schaltzeichen
c) in Kontakttechnik
d) kontaktlos

Die Dioden D_1, D_2, D_3 verhindern die gegenseitige Beeinflussung der vorgeschalteten Geber bzw. Baustufen. Wird z.B der Signalgeber S_1 betätigt, so wird der Eingang des Transistors T_1 über die in Durchlaßrichtung geschaltete Diode D_1 angesteuert. Die Dioden D_2 und D_3 sperren jedoch das Eingangssignal.

NOR-Glied

Das NOR-Glied (engl. **not-or,** d.h. nicht-oder) ist ein ODER-Glied mit nachfolgender Signalumkehr. Es hat die logische Bedeutung:

Das Ausgangssignal A hat den Wert L, wenn eines oder mehrere der Eingangssignale E_1, E_2, E_3 usw. den Wert H haben.

Die Arbeitstabelle **387.1** gibt diesen Sachverhalt wieder. Das Schaltzeichen (**387.1 b**) zeigt die NOR-Stufe mit nachfolgender Signalumkehr.

Das NOR-Glied unterscheidet sich schaltungstechnisch vom ODER-Glied dadurch, daß in der Relaisschaltung statt des Schließers ein Öffner verwendet wird (**387.1 c**). Bei der kontaktlosen Ausführung fällt die nachgeschaltete Umkehrstufe mit dem Transistor T_2 fort bzw. wird als Ausgangssignal A_0 gewählt. Man erkennt daraus, daß ein elektronischer ODER-Baustein auch stets ein NOR-Baustein ist (**386.1 d** und **387.1 d**).

Wie das ODER-Glied ist auch das NOR-Glied auf beliebig viele Signaleingänge erweiterbar.

Eingänge			Ausgang
E_1	E_2	E_3	A
L	L	L	H
H	L	L	L
L	H	L	L
L	L	H	L
H	H	L	L
H	L	H	L
H	H	H	L

a)

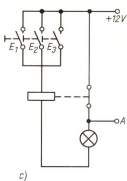

c)

387.1
NOR-Glied
a) Arbeitstabelle
b) Schaltzeichen
c) in Kontakttechnik
d) Schaltzeichen eines kombinierten
   ODER-NOR-Bausteins

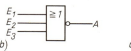

b)

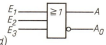

d)

Vergleich der Schaltfunktionen UND, ODER, NAND und NOR

Vergleicht man die Arbeitstabelle des NOR-Glieds (**387.1** a) mit dem des UND-Glieds (**384.1** a), so erkennt man, daß beide Schaltungen dann gleichwertig sind, wenn man die Eingangsstelle des UND-Glieds umkehrt (**387.2** a). Ebenso ergibt der Vergleich der Funktionstabellen des NAND-Glieds (**385.1** a) und des ODER-Glieds (**386.1** a) die Gleichwertigkeit beider Schaltungen dann, wenn man die Eingangssignale des ODER-Glieds umkehrt (**387.2** b). Da das UND-Glied demnach in ein NOR-Glied und das ODER-Glied in ein NAND-Glied umgewandelt werden kann, NOR- und NAND-Glieder außerdem das NICHT-Glied umfassen, ergibt sich folgende Erkenntnis:

Beliebige Steuerungsaufgaben lassen sich durch die ausschließliche Verwendung von NOR-Gliedern oder NAND-Gliedern lösen. NOR- und NAND-Glieder sind universell verwendbare Digital-Bausteine.

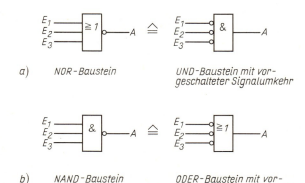

a)   NOR-Baustein   UND-Baustein mit vor-
                           geschalteter Signalumkehr

b)   NAND-Baustein   ODER-Baustein mit vor-
                           geschalteter Signalumkehr

387.2
Gleichwertigkeit verschiedener
logischer Bausteine

a) aus NOR - Gliedern

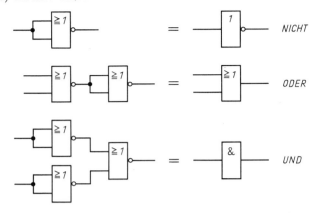

b) aus NAND - Gliedern

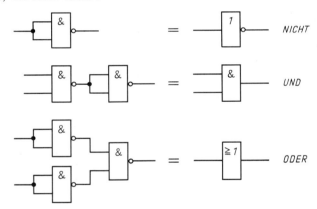

388.1
NICHT, UND, ODER aus
NOR- und NAND-Glieder

Die Darstellung der Schaltfunktionen NICHT, UND, ODER durch NOR-Glieder oder durch NAND-Glieder zeigt Bild **388.1.** Zu beachten ist, daß bei der Verwendung als NICHT-Glied (Inverter, Negator) alle Signaleingänge miteinander zu verbinden sind.

Äquivalenz-Schaltung

Die Äquivalenz hat folgende logische Bedeutung:

Das Ausgangssignal A hat nur dann den Wert H, wenn alle Eingangssignale den gleichen Wert, also entweder L oder H haben.

Die Arbeitstabelle **389.1** a sowie das Schaltzeichen (**389.1** b) geben diesen Sachverhalt wieder.

Die Äquivalenzschaltung ist auf beliebig viele Signaleingänge erweiterbar.

Für 2 Eingangssignale gilt die Arbeitstabelle nach Bild **389.2** a Die schaltungstechnische Realisierung der Äquivalenz ist auf verschiedene Weise möglich. Bild **389.2** b zeigt die Äquivalenzschaltung mit 5 NOR-Bausteinen, **389.2** c mit 4 NOR-Bausteinen.

Eingänge			Ausgang
E_1	E_2	E_3	A
L	L	L	H
H	L	L	L
L	H	L	L
L	L	H	L
H	H	L	L
H	L	H	L
H	H	H	H

a)

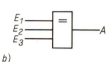

b)

E_1	E_2	A
L	L	H
H	L	L
L	H	L
H	H	H

a)

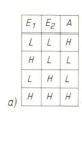

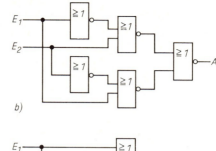

b)

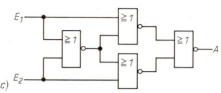

c)

389.1
Äquivalenz
a) Arbeitstabelle
b) Schaltzeichen

389.2 Äquivalenzschaltungen für zwei Signaleingänge mit NOR-Bausteinen
a) Arbeitstabelle
b) Schaltplan mit 5 NOR-Bausteinen
c) Schaltplan mit 4 NOR-Bausteinen

Antivalenz-Schaltung

Die Antivalenz, auch Exklusiv-ODER genannt, hat folgende logische Bedeutung:

Das Ausgangssignal A hat nur dann den Wert H, wenn eines der Eingangssignale den Wert H hat.

Die Arbeitstabelle **389.3** a und das Schaltzeichen (**389.3** b) geben diesen Sachverhalt wieder.

Man erkennt daraus, daß die Antivalenz einerseits eine Sonderform der ODER-Funktion ist (ausschließendes ODER), andererseits bei 2 Eingangssignalen aber auch das Gegenteil (Negation, Inversion) der Äquivalenz (**389.2** c).

Die schaltungstechnische Realisierung der Antivalenz erhält man demnach bei zwei Eingangssignalen, wenn man einer Äquivalenzschaltung (**389.2** b und c) eine Umkehrstufe nachordnet.

389.3
Antivalenz oder Exklusives ODER
a) Arbeitstabelle
b) Schaltzeichen

Eingänge		Ausgang
E_1	E_2	A
L	L	L
H	L	H
L	H	H
H	H	L

a)

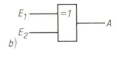

b)

Digitalbausteine

Die außerordentlich stürmische Entwicklung der Halbleitertechnologie brachte die Möglichkeit, die elektronischen Schaltelemente der einzelnen Verknüpfungsglieder auf einem einzigen Halbleiterkristall zusammenzufassen. Man spricht hierbei von integrierten Schaltungen — abgekürzt IS oder IC (engl. integrated circuit).

Die Kristallplättchen, auch Chips genannt, haben eine Ausdehnung von nur einem bis zu wenigen Quadratmillimetern. Die Anschlüsse und das schützende Gehäuse nehmen demgegenüber einen weitaus größeren Raum ein.

Eine heute sehr verbreitete Gehäuseform für integrierte Halbleiterschaltungen ist in Bild **390.1** a dargestellt. Die Bezeichnung D u a l - i n - L i n e - G e h ä u s e weist auf die zweireihige Anordnung der Anschlußkontakte hin. Durch die Verwendung von Steckfassungen ist es leicht möglich, defekte IC-Bausteine auszuwechseln. In einem Dual-in-Line-Gehäuse können sich viele einzelne logische Schaltelemente befinden. Der Baustein FLH 191 z. B. enthält 4 NOR-Glieder mit je 2 Eingängen, entsprechend der Anschlußanordnung nach Bild **390.1** b (Ansicht von oben). Die Betriebsspannung beträgt 5 V. Die Eingangsspannungen müssen für den H-Signal-Bereich mindestens 2 V betragen. Für den L-Signal-Bereich dürfen sie 0,8 V nicht überschreiten (s. **381.2**). In einem handelsüblichen Taschenrechner werden alle Rechenoperationen von einem einzigen IC-Baustein durchgeführt, der über 6000 Transistoren in einem Kristall von etwa 6 mm Kantenlänge aufweist. (Bild **390.2**).

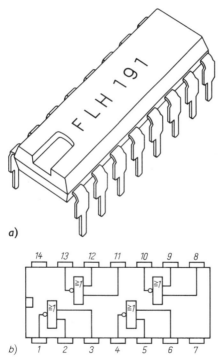

a)

b)

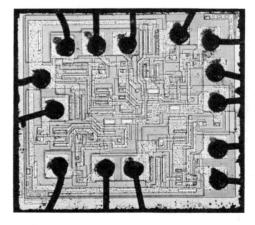

390.1 Dual-in-Line-Gehäuse (a), Anschlußanordnung (Ansicht von oben) (b).

390.2 Integrierte Schaltung
Darstellung des Kristalls mit Anschlußlötstellen

Logik-Familien. Je nachdem, ob der Halbleiterkristall Widerstände und Dioden oder Dioden und Transistoren enthält, spricht man von Widerstand-Dioden-Logik (RDL) oder von Dioden-Transistor-Logik (DTL). Werden dagegen Widerstands- und Dioden-Funktionen ebenfalls von Transistoren wahrgenommen, spricht man von Transistor-Transistor-Logik (TTL).

Schaltzeichen für logische Schaltungen

Die hier verwendeten Schaltzeichen sind die seit Juli 1976 in DIN 40700 Bl. 14 genormten, an den IEC-Entwurf 117-15 (**I**nternationale **E**lektrotechnische **C**ommission) angepaßten Schaltzeichen. Zum besseren Verständnis des vorhandenen Schrifttums gibt Tafel **396**.1 eine Gegenüberstellung dieser Schaltzeichen mit den vorher gültigen DIN-Schaltzeichen und den ASA-Schaltzeichen (**A**merican **S**tandards **A**ssociation) nach der z. Zt. gültigen USA-Norm.

Tafel **391**.1 Vergleich der Schaltzeichen

	DIN 40700 neu	DIN 40700 alt	ASA
NICHT			
UND			
ODER			
NAND			
NOR			
Äquivalenz			
Antivalenz Exclusiv-ODER			

Die Schaltzeichen für binäre Schaltglieder geben nur ihre logische Funktion, nicht aber ihre elektrische Schaltung wieder.

18.13 Steuerungsbeispiele

Lichtempfindliche Steuerung eines Relais mit Fotodiode und Schmitt-Trigger

Mit der in Bild **392**.1 dargestellten Schaltung wird ein Relais in Abhängigkeit von der auf eine Fotodiode (s. Abschn. 17.43) wirkenden Beleuchtungsstärke gesteuert. Damit auch bei langsamer Änderung der Beleuchtungsstärke das Relais für die beiden Schaltzustände „Ein" und „Aus" eindeutig angesteuert wird, das Relais also nicht „schleichend" anspricht, befindet sich zwischen der Fotodiode und der Leistungsstufe eine als Schwellenwertschalter wirkende spannungsabhängige Kippstufe, ein sog. Schmitt-Trigger. Der Schmitt-Trigger kann nur zwei stabile Schaltzustände einnehmen; entweder ist der Transistor $Tr\,1$ durchgesteuert und der Transistor $Tr\,2$ gesperrt oder umgekehrt. Welcher der beiden Zustände jeweils vorliegt, hängt von der Größe der Basisspannung U_{BE1} des Transistors $Tr\,1$ ab (s. Abschn. 17.25).

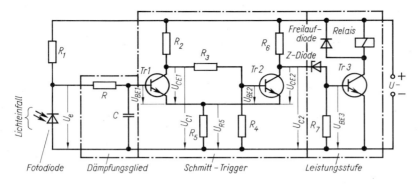

392.1 Lichtempfindliche Steuerung mit NPN-Transistoren

Die in Sperrichtung betriebene Fotodiode bildet mit dem Widerstand R_1 einen Spannungsteiler. Bei großer Beleuchtungsstärke hat die Fotodiode einen so kleinen Widerstand, daß die Eingangsspannung U_e und damit die Basisspannung U_{BE1} des Transistors $Tr\,1$ so gering ist, daß dieser sicher sperrt (**392.1**, Zeitabschnitte a, c und e). Der Basisspannungsteiler des Transistors $Tr\,2$, bestehend aus den Widerständen R_2, R_3 und R_4 ist so bemessen, daß bei gesperrtem Transistor $Tr\,1$ der Transistor $Tr\,2$ eine so große Basisspannung U_{BE2} erhält, daß er sicher durchgesteuert wird. Seine Ausgangsspannung $U_{C2} = U_{R5} + U_{CE2}$ ist daher gering. Da die nachgeschaltete Z-Diode (s. Abschn. 17.12) diese geringe Spannung sperrt, hat die Basisspannung U_{BE3} des Leistungstransistors $Tr\,3$ den Wert Null. Der Transistor $Tr\,3$ ist daher gesperrt, und das Relais zieht nicht an.

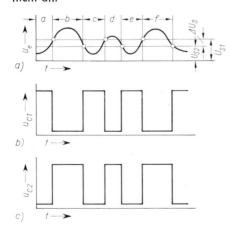

a)

b)

c)

392.2 Zeitdiagramm des Schmitt-Triggers

Erhöht sich bei kleiner werdender Beleuchtungsstärke der Fotodiode die Eingangsspannung U_e des Schmitt-Triggers und damit die Basisspannung U_{BE1} des Transistors $Tr\,1$, so hat das zunächst keine Wirkung auf den Betriebszustand des Schmitt-Triggers, solange der Transistor $Tr\,1$ einen nur kleinen Kollektorstrom führt. Überschreitet die Eingangsspannung U_e jedoch die Schwellenwertspannung U_{S1} (Triggerschwelle), so wird der Transistor $Tr\,1$ durchgesteuert. Sein Kollektorstrom erzeugt nun im Widerstand R_2 einen so großen Spannungsabfall, daß die Basisspannung U_{BE2} des Transistors $Tr\,2$ zu gering wird, um diesen im durchgesteuerten Zustand zu halten. Der Schmitt-Trigger kippt nun sehr schnell in den anderen Schaltzustand, in welchem der Transistor $Tr\,1$ leitet und der Transistor $Tr\,2$ sperrt

(**392.1**, Zeitabschnitte b, d und f). Der Kippvorgang, also der sehr schnelle Wechsel von Durchgangszustand und Sperrzustand, setzt voraus, daß der Kollektorstrom des Transistors $Tr\,2$ durch entsprechende Bemessung der Widerstände R_2, R_3, R_4 und R_5 stärker abnimmt, als der Kollektorstrom des Transistors $Tr\,1$ zunimmt. In diesem Fall wächst der Kollektorstrom des Transistors $Tr\,1$ selbst dann noch, wenn die Beleuchtungsstärke nicht mehr abnimmt und damit der Spannungsabfall U_e an der Fotodiode nicht weiter zunimmt. Die Basisspannung $U_{BE1} = U_e - U_{R5}$ nimmt nämlich weiter zu, weil sich der Spannungsabfall am gemeinsamen Emitterwiderstand R_5 verringert.

Hat der Schmitt-Trigger den neuen Betriebszustand erreicht, so ist die Ausgangsspannung U_{C2} des jetzt gesperrten Transistors $Tr\,2$ praktisch gleich der Betriebsspannung. Die Z-Diode schaltet durch und führt dem Leistungstransistor $Tr\,3$ den Spannungsabfall am Widerstand R_7 als Basisspannung U_{BE3} zu. Der Transistor $Tr\,3$ schaltet durch, und das Relais zieht an.

Erhöht man die Beleuchtungsstärke wieder und vermindert damit die Spannung U_e an der Fotodiode, so kippt der Schmitt-Trigger bei der Schwellwertspannung U_{S2}, die um einen bestimmten Betrag ΔU_S unter dem Schwellwert U_{S1} liegt, in den Ausgangszustand zurück. Der Schmitt-Trigger zeigt eine H y s t e r e s e (s. Abschn. 3.23). Dient als Lichtquelle eine mit Wechselspannung gespeiste Glühlampe, so schwankt deren Helligkeit im Takte der doppelten Netzfrequenz. Ein Schmitt-Trigger mit kleiner Hysterese würde dazu neigen, im Takt der Helligkeitsschwankungen ein- und auszuschalten, wenn die Eingangsspannung U_e im Bereich der Schwellwertspannungen U_{S1} und U_{S2} liegt. Das in der Schaltung vorgesehene RC-G l i e d glättet als Siebglied (s. Abschn. 17.14) die Eingangsspannung U_e und verhindert so diese störende Erscheinung.

Die parallel zum Relais geschaltete Diode — F r e i l a u f d i o d e genannt — verhindert, daß der Leistungstransistor $Tr\,3$ beim plötzlichen Übergang vom leitenden in den gesperrten Zustand durch die dabei an der Relaisspule auftretende hohe Selbstinduktionsspannung zerstört wird (s. Abschn. 3.43). Im Durchschaltzustand des Transistors $Tr\,3$ ist die Freilaufdiode in Sperrichtung gepolt und hat dann keinen Einfluß. Die beim Übergang in den Sperrzustand am Relais auftretende Selbstinduktionsspannung versucht, den Kollektorstrom des Transistors $Tr\,3$ aufrechtzuerhalten. Sie entwickelt auf der Kollektorseite des Relais ihren Pluspol, auf der anderen Seite ihren Minuspol. Die Freilaufdiode ist jetzt in Durchlaßrichtung gepolt und schließt die Relaiswicklung kurz; die Selbstinduktionsspannung bricht zusammen. Das Relais fällt ohne Verzögerung ab, und auch der Kollektorstrom geht ohne Verzögerung auf den geringen Wert des Reststromes zurück.

Verwendung. Die vorstehende Schaltung wird als L i c h t s c h r a n k e, z. B. für eine Rolltreppe, oder als D ä m m e r u n g s s c h a l t e r, z. B. zum Einschalten einer Beleuchtungsanlage, verwendet. Tauscht man die Fotodiode gegen einen geeigneten NTC- oder PTC-Widerstand aus, so erhält man einen temperaturempfindlichen Schalter.

Drehzahlsteuerung eines Gleichstrom-Nebenschlußmotors mit Thyristor und UJT

Mit der in Bild **394.1** dargestellten Schaltung kann die Drehzahl des Gleichstrom-Nebenschlußmotors stufenlos und praktisch verlustlos gesteuert werden. Als Stellglied arbeitet der Thyristor in Anschnittsteuerung. Er wird von dem Unijunktiontransistor (s. Abschn. 17.33) mit nadelförmigen Impulsen angesteuert. Der UJT wiederum ist Bestandteil eines S ä g e z a h n g e n e r a t o r s, der seine Betriebsspannung aus einem eigenen Netzteil, bestehend aus einem Netztransformator und einem Einweg-Gleichrichter, erhält. Die Halbwellen der Betriebsspannung (**394.1 a**) werden durch die Z-Diode in Verbindung mit dem Vorwiderstand R_v begrenzt, damit am RC-Glied für die Dauer einer Halbwelle eine trapezförmige Spannung anliegt (**394.1 b**). Sie treibt einen Ladestrom durch das RC-Glied, dessen Kondensator C über den Stellwiderstand R aufgeladen wird. Die Klemmenspannung am Kondensator steigt entsprechend Bild **394.1 c** an. Die Schnelligkeit des Spannungsanstiegs wird durch die Zeitkonstante $\tau = R \cdot C$ des RC-Gliedes bestimmt (s. Abschn. 4.22). Erreicht die Spannung am Lade-

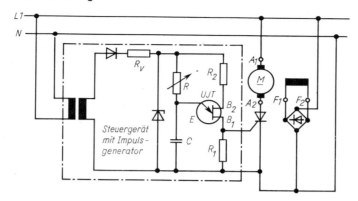

394.1
Drehzahlsteuerung[1]

kondensator die Größe der Zündspannung des UJT, so schaltet dieser durch, und der Kondensator entlädt sich über die Diodenstrecke E-B_1 des UJT und den Widerstand R_1. Der Entladestrom erzeugt in R_1 einen impulsförmigen Spannungsabfall U_{R1} (**394.2 d**), durch den der Thyristor gezündet wird.

Der Zündzeitpunkt bzw. der Zündwinkel φ_z des Thyristors kann mit dem Stellwiderstand R des RC-Gliedes von annähernd 0 bis 180° eingestellt werden. Bei Zündwinkeln

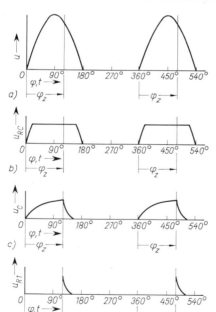

zwischen 60° und 90° zündet der UJT zweimal, zwischen 45° und 60° dreimal usw. Wirksam ist jedoch nur jeweils die erste Zündung während der Halbwelle, da der Thyristor erst beim Nulldurchgang der Netzspannung wieder in den gesperrten Zustand übergeht.

Der Verbraucher arbeitet im Einwellenbetrieb. Soll er mit beiden Halbwellen angesteuert werden, sind zwei Thyristoren erforderlich (halbgesteuerte Brückenschaltung in Bild 371.1 a), die beide mit der Spannung U_{R1} angesteuert werden. Damit die Zündung bei jeder Halbwelle erfolgt, ist anstelle des Einweggleichrichters ein Zweiweggleichrichter zur Speisung des Sägezahngenerators erforderlich.

394.2 Erzeugung der Steuerimpulse
a) Betriebsspannung des Sägezahngenerators
b) Durch Z-Diode begrenzte Betriebsspannung
c) Klemmenspannung am Ladekondensator bzw. Steuerspannung (Eingangsspannung) des UJT
d) Ausgangsspannung des UJT bzw. Steuerspannung des Thyristors

---

[1]) Das zum Schutz des Thyristors (**394.1**) bzw. des Triac (**395.1**) gegen Spannungsstöße erforderliche RC-Glied (s. **371.1**) sowie die ebenfalls notwendige Funkenstörschaltung sind der Einfachheit wegen fortgelassen.

Helligkeitssteuerung einer Glühlampe mit Triac, Diac und Phasenstellglied

Die Schaltung in Bild **395**.1 ermöglicht die stufenlose und praktisch verlustlose Steuerung der Leistungsaufnahme des Lastwiderstandes, hier einer Glühlampe. Das Stellglied, ein Triac (s. Abschn. 17.31), arbeitet bei beiden Halbwellen in Anschnittsteuerung. Die Steuerimpulse liefert ein Diac (s. Abschn. 17.32), der seinerseits von einem Phasenstellglied, bestehend aus dem als Stellwiderstand geschalteten Potentiometer R_1 und dem Kondensator C_1, angesteuert wird. Um die Leistungsaufnahme des Lastwiderstandes von Null bis zur Nennleistung zu ermöglichen, muß der Zündwinkel φ_z mit dem Stellwiderstand R_1 von 0 bis 180° geändert werden können.

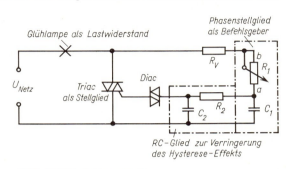

395.1 Helligkeitssteuerung[1]

Die Wirkungsweise des Phasenstellgliedes geht aus Bild **395**.2 a und b hervor. Der Stellwiderstand R_1 und der Kondensator C_1 liegen in Reihenschaltung an der Klemmenspannung U_{Tr} des Triac, wenn man von dem geringen Spannungsabfall am Schutzwiderstand R_V absieht. Die Teilspannungen U_{R1} an R_1 und U_{C1} an C_1 haben stets eine Phasenverschiebung vom 90° gegeneinander. Vergrößert man den Stellwiderstand R_1, so ändert sich die Spannungsteilung derart, daß U_{R1} größer und U_{C1} kleiner wird. Nach einem Lehrsatz der Geometrie (Satz des Thales), verlagert sich der Punkt P dabei auf einem Halbkreis in Richtung auf P' (Pfeilrichtung(**395**.2 a).Der Phasenverschiebungswinkel φ zwischen der Klemmenspannung U_{Tr} am Triac und der Teilspannung U_{C1} kann sich dabei von 0 bis auf fast 90° ändern. Daß sich der Zündwinkel φ_z, wie erforderlich, jedoch von etwa 0 bis 180° ändern kann, liegt daran, daß er nicht nur vom Phasenverschiebungswinkel φ, sondern auch von der Größe der Teilspannung U_{C1} abhängt (**395**.2 b). Steht der Schleifer des Stellwiderstandes in der unteren Endstellung a, ist also $R_1 = 0$ (Stellung „hell"), so stimmt die Klemmenspannung am Kondensator C_1 in Größe und Phasenlage mit der Klemmenspannung U_{Tr} am Triac überein (Kurve I), wenn man den geringen Spannungsabfall am Schutzwiderstand R_V vernachlässigt. Der Diac erreicht seine Durchbruchspannung im Zündpunkt 1, dem der

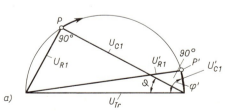

a)

395.2 Wirkungsweise des Phasenstellgliedes
   a) Spannungsdreieck
   b) Zeitdiagramm

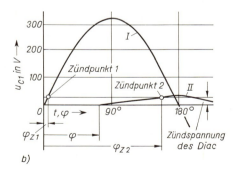

b)

[1] s. Fußnote S. 394

Zündwinkel φ_{z1} entspricht. Der Lastwiderstand erhält jetzt die volle Leistung. Der Schutzwiderstand R_V verhindert bei dieser Schleiferstellung, daß der Diac durch einen zu großen Zündstrom zerstört wird.

Befindet sich der Schleifer des Stellwiderstandes R_1 in der entgegengesetzten, also der oberen Endstellung b (Stellung „dunkel"), so erreicht die Klemmenspannung am Kondensator gerade noch sicher die Zündspannung des Diac, ihr Phasenverschiebungswinkel φ gegenüber der Klemmenspannung des Triac beträgt fast 90° (Kurve II). Das Diagramm zeigt, daß der Zündpunkt 2 des Diac jetzt jedoch um fast 180° gegenüber Zündpunkt 1 phasenverschoben ist. Man erkennt daraus, daß der Zündwinkel φ_z des Triac mit dem Stellwiderstand um fast 180° verschoben und die Leistungsaufnahme des Lastwiderstandes ungefähr vom Wert Null bis zur vollen Nennleistung verändert werden kann.

Ohne das RC-Glied, bestehend aus dem Widerstand R_2 und dem Kondensator C_2, hätte die Schaltung jedoch noch einen erheblichen Mangel, der sich darin zeigt, daß die

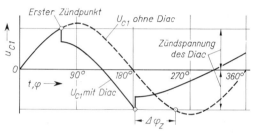

Helligkeit der Lampe beim Betätigen des Stellwiderstandes von Stellung „dunkel" an aufwärts nicht gleichmäßig wächst, sondern plötzlich auf „halbhell" springt. Beim Zurückdrehen des Stellknopfes geht die Helligkeit der Lampe dagegen stetig auf etwa Null zurück. Die Schaltung hat eine Hysterese (vgl. Abschn. 3.23). Die Ursache hierfür liegt in der teilweisen Entladung des Kondensators C_1 durch den relativ hohen Zündstrom während der

396.1 Hysterese-Effekt

ersten Zündung. Bild **396.1** zeigt, daß sich dadurch der Zündwinkel der folgenden Zündungen um den Wert $\Delta\varphi_z$ verringert, was zu einem schlagartigen Anstieg der Lampenhelligkeit führt. Schaltet man das RC-Glied zwischen Phasenstellglied und Diac, so wird der Ladezustand des Kondensators C_1 durch den Zündstrom nur noch unwesentlich vermindert, da jetzt vorwiegend der Kondensator C_2 belastet wird. Anschließend wird dieser durch das Phasenstellglied wieder nachgeladen, um die folgende Zündung durchführen zu können. Das RC-Glied hebt jedoch nicht nur den Hysterese-Effekt weitgehend auf, sondern ermöglicht außerdem die Einstellung des Zündwinkels bis auf 180°, da es eine zusätzliche Phasenverschiebung der Zündspannung bewirkt.

Als Lastwiderstand kann man anstelle der Glühlampe auch eine Leuchtstofflampe verwenden. Letztere benötigt dann allerdings einen getrennten Heizkreis mit Heiztransformator. In Haushaltsgeräten und Elektrowerkzeugen dient die Schaltung zur Steuerung von Universalmotoren (s. Abschn. 13.11).

18.2 Regelung

18.21 Grundbegriffe

Ändern sich in der Motorsteuerung nach Bild **397.**1 die als Störgrößen z auftretende Belastung und die Speisespannung des Motors, so ändert sich auch die Motordrehzahl n. Diese unerwünschte Drehzahländerung kann durch Eingreifen von Hand am Befehlsgeber 2 wieder rückgängig gemacht werden. Soll die Drehzahl aber, unabhängig von

Belastungs- und Spannungsschwankungen, ohne äußeren Eingriff auf einem konstanten Wert gehalten werden, so muß eine D r e h z a h l r e g e l u n g vorgesehen werden, die jede Drehzahländerung selbsttätig (automatisch) feststellt und dann beseitigt.

Die geregelte Maschine oder Anlage heißt R e g e l s t r e c k e 1 (**397**.1), die geregelte Größe, hier die Motordrehzahl n, R e g e l g r ö ß e x. Es ist, abweichend von der Steuerung, das entscheidende Merkmal der Regelung, daß der jeweils vorhandene Wert der Regelgröße, der Istwert x_i, fortwährend durch eine Messung erfaßt wird. Durch einen S i g n a l - oder M e ß u m f o r m e r 2 oder durch einen S i g n a l - oder M e ß w a n d l e r (s. Abschn. 17.5) formt man ihn in eine geeignete elektrische Größe, z. B. eine Spannung um. Falls erforderlich, wird diese in einem M e ß v e r s t ä r k e r noch verstärkt.

Die so umgeformte Regelgröße und die vom S o l l w e r t e i n s t e l l e r 3 vorgegebene Führungsgröße w wirken gemeinsam auf den V e r g l e i c h e r 4, hier einen Transistor. Als Meßumformer dient im vorliegenden Beispiel ein vom geregelten Motor M angetriebener, kleiner permanentmagnetischer Gleichstromgenerator G, ein T a c h o - g e n e r a t o r, dessen Klemmenspannung dem Istwert der Drehzahl proportional ist. Die Tachogeneratorspannung und die dem Sollwert der gewünschten Drehzahl entsprechende Spannung des Sollwerteinstellers werden dem Vergleicher 4, hier einem Transistor zugeführt.

Liegt eine R e g e l a b w e i c h u n g $x_w = x_i - w$ vor, stimmen also Istwert x_i und Führungsgröße w nicht überein, so entsteht im Vergleicher 4 eine dieser Abweichung proportionale Spannung, die den R e g e l v e r s t ä r k e r 5, der hier gleichzeitig als S t e l l - g l i e d dient, so steuert, daß er als S t e l l g r ö ß e y die zur Wiederherstellung der Solldrehzahl erforderliche Ankerspannung U_A liefert.

Die bauliche Zusammenfassung mehrerer Regelungsbauglieder, z. B. des Sollwerteinstellers 3 und des Vergleichers 4, wird als Regler bezeichnet (**397**.1).

Regeln ist ein selbsttätig (automatisch) verlaufender Vorgang, durch den der gewünschte Wert einer Größe – der Regelgröße x – hergestellt und bei eintretenden Störeinflüssen z aufrechterhalten wird. Der Wirkungsablauf der Regelung vollzieht sich in einem geschlossenen Kreis, dem R e g e l k r e i s, dadurch, daß der Istwert x_i der Regelgröße fortlaufend erfaßt, d.h. gemessen und mit der geforderten Führungsgröße w verglichen wird. Eine Abweichung beider Werte voneinander wird durch Änderung der Stellgröße y selbsttätig beseitigt.

Regelstrecke, Meßumformer bzw. -wandler, Regler und Stellglied bilden für den Signalfluß einen in sich geschlossenen Kreislauf, den Regelkreis.

Aus der großen Fülle der durch die Regelungstechnik gegebenen Möglichkeiten seien noch einige wichtige Anwendungen genannt: Regelung der Klemmenspannung von Generatoren oder Transformatoren, des Druckes von Gasen und Dämpfen in Kesseln, Konstanthalten des Flüssigkeitsspiegels in Behältern sowie der Temperatur in Öfen oder Räumen.

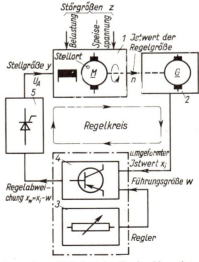

397.1 Signalflußplan der Drehzahlregelung eines Gleichstrommotors
1 Regelstrecke   2 Signal- oder Meß-
umformer   3 Sollwerteinsteller
4 Vergleicher   5 Regelverstärker
und Stellglied

Unstetige und stetige Regelung

Je nach der Art, wie die im Vergleicher festgestellte Regelabweichung x_w an das Stellglied weitergegeben wird, unterscheidet man unstetige und stetige Regelungen.

Unstetige Regelung. Hier benutzt man Zweipunkt- oder Dreipunktregler. **Zweipunktregler** erfassen nur zwei Grenzwerte der Regelabweichung. Beim Erreichen des unteren Grenzwertes wird ein fester Wert der Stellgröße eingeschaltet und nach Erreichen des oberen Grenzwertes wieder ausgeschaltet. Der im Abschn. 2.33 beschriebene Heißwasserspeicher hat eine Zweipunkt-Temperaturregelung. Auch die Temperaturregelungen bei Öl- und Gasheizungen sowie in Kühlschränken sind Zweipunktregelungen.

Stetige Regelung. Unstetige Regelungen haben den Nachteil, daß die Regelgröße weniger genau konstant gehalten wird. Sie pendelt auch im störungsfreien Betrieb periodisch zwischen einem oberen und einem unteren Grenzwert hin und her, weil sich die Stellgröße nicht genau auf d e n Wert einstellen läßt, der zur Aufrechterhaltung des Sollwertes der Regelgröße erforderlich ist. Bei Störeinwirkungen auf die Regelstrecke ändert sich lediglich das Verhältnis der Einschaltdauer zur Ausschaltdauer der Stellgröße.

Bei stetigen Regelungen wird die Stellgröße von der Regelgröße stetig (kontinuierlich) beeinflußt, so daß es möglich ist, die Stellgröße bei störungsfreiem Betrieb auf einen festen Wert einzustellen, der zur Aufrechterhaltung des Sollwertes der Regelgröße erforderlich ist. Die Stellgröße ändert sich nur, wenn durch Störeinwirkungen eine Regelabweichung entsteht. Die periodischen Schwankungen der Regelgröße bei unstetigen Regelungen entstehen also bei stetigen Regelungen nicht. Dieser Vorteil muß allerdings durch einen höheren Geräteaufwand erkauft werden.

Zeitverhalten von stetigen Reglern

Je nach der Art der zeitlichen Abhängigkeit der Stellgröße von der Regelabweichung unterscheidet man im wesentlichen proportionalwirkende Regeleinrichtungen (P-Regler) und integralwirkende Regeleinrichtungen (I-Regler).

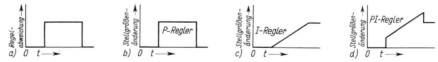

398.1 Verhalten stetiger Regelungseinrichtungen bei Rechtecksprung der Regelabweichung (a) und zugehörige Steilgrößenänderung (b bis d)

P-Regler erzeugen eine der Regelabweichung proportionale Stellgrößenänderung. Springt die Regelgröße also z. B. plötzlich auf einen größeren Wert und bald danach wieder zurück (Rechtecksprung, (Bild **398.1** a), so entsteht eine gleichgeartete sprunghafte Stellgrößenänderung (**398.1** b).

I-Regler erzeugen eine der Regelabweichung proportionale Stellgeschwindigkeit. Bei einem Rechtecksprung der Regelgröße ist die erzeugte Stellgröße dem Produkt aus Regelabweichung und Zeit proportional (**398.1** c), die Stellgröße erreicht erst mit einer zeitlichen Verzögerung ihren neuen Wert.

PI-Regler. Bild **398.1** d zeigt das Verhalten eines PI-Reglers. Er ist die Kombination eines P-Reglers und eines I-Reglers, wie sich dies anschaulich aus den Kennlinien in den Bildern **398.1** b und c ergibt.

Meß- und Regelverstärker, Vergleicher

Die am Ausgang der Regelstrecke vom Meßumformer oder Meßwandler erfaßte Regelgröße x ist u. U. so klein, daß sie in einem **Meßverstärker** verstärkt werden muß.

Die Anforderungen an die Genauigkeit (Übertragungstreue) des Meßverstärkers sind sehr hoch, denn ein von ihm hervorgerufener Fehler täuscht am Vergleichsort einen falschen Istwert vor.

Auch die vom Vergleicher gebildete Regelabweichung x_w wird häufig in einem **Regelverstärker** verstärkt, damit auch bei einer kleinen Regelabweichung eine ausreichend große Stellgröße y entsteht. Der Regelverstärker muß also eine entsprechend große Ausgangsleistung haben und u. U. sehr empfindlich sein. Da ein von ihm hervorgerufener Fehler mit ausgeregelt würde, braucht er im Gegensatz zum Meßverstärker jedoch nicht besonders genau zu sein. Als Verstärkerelement verwendet man meist den Transistor.

Als **Vergleicher** kann man eine **Brückenschaltung** (s. Abschn 9.53) nach Bild **399.1** oder einen **Transistor** nach Bild **399.2** verwenden.

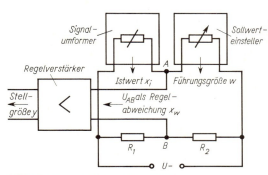

399.1 Brückenschaltung als Vergleicher

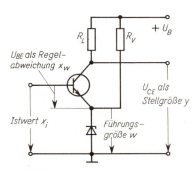

399.2 Transistor als Vergleicher und Regelverstärker

18.22 Regelungsbeispiele

Spannungsgeregeltes Netzgerät

Bild **399.3** zeigt die Schaltung eines Netzgerätes, mit dem eine Gleichspannung aus dem Wechselstromnetz, die Ausgangsspannung U_a, erzeugt werden kann, deren Höhe unabhängig von Schwankungen der Eingangsspannung U_e oder des Laststromes I_L weitgehend konstant bleibt. Der Gleichrichter mit dem Netztransformator ist in der Schaltung weggelassen.

Der Ausgangsspannungsteiler, bestehend aus den Widerständen R_1 und R_2, wirkt als Meßwandler, indem er einen Teil der Ausgangsspannung U_a, den Istwert der Regelgröße, auf die Basis des Transistors $Tr\,2$ gibt. Das Emitterpotential dieses Transistors wird durch die Z-Diode in Verbindung mit dem Vorwiderstand R_V konstant gehalten. Es stellt die Führungsgröße dar (**399.3**). Der Emitter-Basis-Übergang wirkt somit als Vergleicher zwischen Basispotential (Regelgröße) und Emitterpotential (Führungsgröße). Die

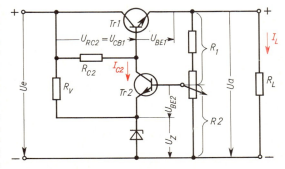

399.3 Geregeltes Netzgerät mit NPN-Transistoren

Differenz aus diesen beiden Größen, die Basis-Emitter-Spannung U_{BE2}, ist die Regel-abweichung, die den Kollektorstrom I_{C2} steuert. Dieser erzeugt am Kollektorwider-stand R_{C2} den Spannungsabfall U_{RC2}, der um ein Vielfaches größer ist, als die Basis-Emitter-Spannung U_{BE2}. Der Transistor $Tr\,2$ wirkt demnach als Regelverstärker. Sein Kollektorpotential steht an der Basis des als Stellglied wirkenden Transistors $Tr\,1$ und bestimmt dessen Basis-Emitter-Spannung U_{BE1}, die die Stellgröße darstellt.

Steigt nun z.B. die Ausgangsspannung U_a, weil sich die Eingangsspannung U_e erhöht oder der Laststrom I_L verringert, so wird das Basispotential des Transistors $Tr\,2$ nega-tiver, so daß seine Basis-Emitter-Spannung U_{BE1} größer wird. Die Folge ist ein größerer Kollektorstrom I_{C2} und damit ein größerer Spannungsabfall U_{RC2} am Kollektorwider-stand R_{C2}. Dadurch erhält die Basis des Transistors $Tr\,1$ ein positiveres Potential. Das bedeutet aber eine kleinere Basis-Emitter-Spannung U_{BE1} des Stelltransistors $Tr\,1$, dessen Durchgangswiderstand damit entsprechend größer wird.

Bei günstiger Bemessung der Schaltelemente ist die Zunahme des Spannungsabfalls am Stelltransistor $Tr\,1$ fast gleich der Zunahme der Eingangsspannung U_e. Damit bleibt die Ausgangsspannung U_a weitgehend konstant. Mit dem Schleifer des Ausgangsspan-nungsteilers läßt sich der Sollwert der Ausgangsspannung verändern.

Da sich die Stellgröße U_{BE1} annähernd proportional mit der Regelabweichung U_{BE2} ändert, handelt es sich bei der beschriebenen Spannungsregelung um eine P-Regelung.

Temperaturregelung in elektrischen Speicherheizanlagen

Die Speicherheizgeräte in elektrischen Speicherheizanlagen werden i. allg. mit billigem Nachtstrom in der Zeit zwischen $22 \cdots 6^h$ aufgeladen. Sie müssen in der Lage sein, in dieser Zeit so viel Wärme zu speichern, daß diese für den folgenden Tag von $6 \cdots 22^h$ für die zu beheizenden Räume ausreicht. Die Speicherheizgeräte enthalten zu dem Zweck keramische Speicherkerne 2 (**400.1**), die von eingebauten Rohrheizkörpern 3 bis auf etwa 650 °C erwärmt werden können: Ladevorgang. Die Wärmeabgabe an die Luft des beheizten Raumes erfolgt durch ein Gebläse 7, das die Raumluft durch die Luftkanäle 4 des Speicherkerns bläst: Entladevorgang. Die Bimetallfeder 6 bewirkt, daß auch bei voller Aufladung des Speichers die Luftaustrittstemperatur unter 100 °C bleibt. Dies wird durch Beimischen einer mehr oder weniger großen Menge von Raumluft zu der austretenden Heißluft er-reicht.

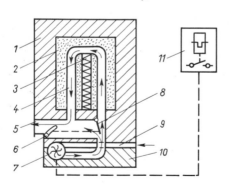

400.1 Speicherheizgerät

1 Wärmedämmung	7 Gebläse
2 Speicherkern	8 Luftmischklappe
3 Heizelement	9 Lufteintritt
4 Luftkanal	10 Sockel
5 Warmluftaustritt	11 Raumtemperatur-
6 Bimetallfeder	regler

Lade- und Entladevorgang erfolgen selbsttätig durch je eine Temperaturregelungs-einrichtung. Die nachstehend beschriebene Laderegelungseinrichtung ist nur eine von vielen Möglichkeiten. Die in den praktisch ausgeführten Anlagen meist noch vor-gesehenen Feinheiten, wie z.B. Einrichtungen, die die Ladezeit möglichst an das Ende der Niedertarifzeit legen oder die den maximalen Sollwert der Speichertemperatur verringern, wenn tagsüber mit einer geringen Entladung zu rechnen ist, werden nicht behandelt.

Laderegelung (401.1). Nach Freigabe des Nachttarifs durch eine Schaltuhr oder einen Steuerimpuls über die Rundsteueranlage des EVU, wird über das Schütz K1 das Speicherheizgerät eingeschaltet. Es wird so lange aufgeheizt, wie der Schalter des eingebauten Temperaturreglers geschlossen ist. Der Sollwert der Speichertemperatur wird durch die Außentemperatur bestimmt, die durch den Witterungsfühler — hier ein Heißleiter — erfaßt wird. Das Steuergerät wirkt als Meßverstärker und erzeugt eine von der Außentemperatur abhängige Spannung, die am Heizwiderstand R_H des Temperaturreglers anliegt. Dieser Heizwiderstand erwärmt das Bimetallband, das sich um so stärker in Pfeilrichtung (nach links) krümmt, je höher die Steuerspannung, je höher also die Außentemperatur ist. Bei stärkerer Krümmung schaltet der Schalter des Temperaturreglers das Schütz K2 und damit den Heizstrom des Speichers früher ab. Auf diese Weise wird die Speichertemperatur durch die Außentemperatur bestimmt.

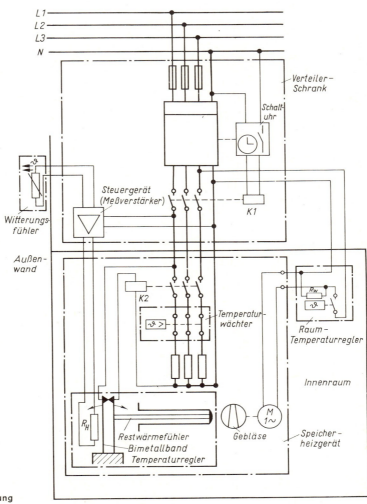

401.1
Schaltplan
der Regelungsschaltung

Die Einschaltzeit des Speichers wird aber auch durch die im Speicher noch vorhandene Wärmemenge (Restwärme) und die damit verbundene Temperatur bestimmt. Sie wird durch den Restwärmefühler des Temperaturreglers erfaßt. Er arbeitet nach dem Prinzip des Invarstabreglers (s. Abschn. 2.32). Das Schaltstück des Restwärmefühlers wird um so mehr in Pfeilrichtung (nachts rechts) geschwenkt, je höher die Temperatur im Speicher von der vorhergehenden Ladung her noch ist. Der Temperaturwächter verhindert, daß die höchstzulässige Speichertemperatur überschritten wird.

Die beschriebene Anordnung bildet eine Regeleinrichtung mit einem Zweipunkt-Temperaturregler, der die Speichertemperatur in Abhängigkeit von der Außentemperatur regelt. Der Witterungsfühler hat dabei die Funktion des Sollwert-Einstellers. Er erfaßt die Außentemperatur, die als Führungsgröße der Regelung dient. Die Speichertemperatur ist die Regelgröße. Führungsgröße und Regelgröße werden im Temperaturregler des Speichers miteinander verglichen. Der Regler unterbricht den Steuerstrom des Schützes K 2 und damit den Strom für die Heizelemente (Stellgröße), wenn die Regelgröße, also die Speichertemperatur, ihren Sollwert erreicht hat.

Regelung der Raumtemperatur bei der Entladung. Die Wärmeabgabe des Speicherheizgerätes an den beheizten Raum erfolgt im wesentlichen durch die Luft, die das Gebläse 7 durch die Luftkanäle 4 des erhitzten Speicherkerns bläst. Der Gebläsemotor wird eingeschaltet, wenn das Bimetall des Raumtemperaturreglers den Motorschalter schließt. Bei geschlossenem Schalter ist gleichzeitig der Heizwiderstand R_W eingeschaltet. Er erzeugt innerhalb des Reglergehäuses eine etwas über der Raumtemperatur liegende Temperatur. Der Regler schaltet daher schon vor Erreichen der eingestellten Solltemperatur ab. Durch diese Maßnahme wird verhindert, daß der Regler, bedingt durch die Wärmeträgheit des Bimetalls, erst abschaltet, wenn der Sollwert der Raumtemperatur um mehr als 1 °C überschritten ist (**402.1**). Diese Einrichtung wird als thermische Rückführung bezeichnet.

Die Raumtemperatur-Regler haben meist noch ein Folgekontaktsystem. Ist die Raumtemperatur über Nacht stark abgesunken, so wird durch das Einstellen der höheren Solltemperatur am Morgen zunächst ein Kontakt geschlossen, über den das Gebläse 7 im Schnellgang betrieben wird. Hat der Raum die eingestellte Solltemperatur erreicht, so wird der Gebläsemotor über einen Vorwiderstand mit kleinerer Spannung betrieben und das Gebläse arbeitet im weiteren Verlauf der Nachheizung mit niedrigerer Drehzahl.

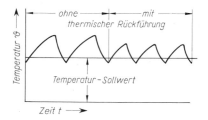

402.1 Einfluß der thermischen Rückführung auf die Regelung der Raumtemperatur

Übungsaufgaben zu Abschnitt 18

1. Worin besteht der Unterschied zwischen Steuern und Regeln?
2. Welche elektrischen und sonstigen physikalischen Größen werden häufig gesteuert und geregelt? Anwendungsbeispiele?
3. Worin unterscheiden sich analoge und digitale Signale?
4. Was ist ein Binärsignal?
5. Nennen Sie Verknüpfungsglieder, geben Sie ihre logische Bedeutung an und skizzieren Sie das Schaltzeichen.
6. Skizzieren Sie die Schaltpläne eines kontaktlosen NOR-Gliedes und eines NAND-Gliedes.
7. Wie kann man ein UND-Glied aus NOR-Gliedern aufbauen?
8. Es ist zu prüfen, ob die Äquivalenz-Schaltungen nach Bild 106 die Äquivalenz-Funktion erfüllen.

9. Der Regler eines Heißwasserspeichers enthält Sollwerteinsteller, Meßumformer, Vergleicher und Stellglied. Anhand von Bild **61**.2 ist zu bestimmen, welche Teile des Reglers diese Aufgabe übernehmen.

10. Für stetige und unstetige Steuerungs- und Regelungsvorgänge sind Anwendungsbeispiele aufzuführen.

11. Welche Wirkung haben Störeinflüsse (Störgrößen) auf die gesteuerte und welche Wirkung auf die geregelte Größe?

12. Welche Störgrößen können a) auf die Temperatur eines geheizten Raumes, b) auf die Klemmenspannung eines Generators, c) auf die Drehzahl eines Gleichstrommotors und eines Drehstromkurzschlußläufermotors einwirken?

13. Welche Anforderungen sind an die Genauigkeit eines Meßverstärkers (Verstärkung des Istwertes der Regelgröße) und welche an einen Regelverstärker (Verstärkung der Regelabweichung) zu stellen?

14. Welche Schaltelemente bzw Schaltungen lassen sich als Vergleicher verwenden?

15. Das Zeitverhalten von P-, I- und PI-Reglern bei einem Rechtecksprung der Regelabweichung ist durch ein Zeitdiagramm darzustellen.

16. Die Steuerschaltung mit einem UJT für einen Thyristor ist zu skizzieren und deren Wirkungsweise zu erläutern.

17. Welche Steuerungsarten unterscheidet man?

18. Welche Aufgabe hat die Freilaufdiode in einem Schaltverstärker mit induktiver Last?

19. Die Schaltung in Bild **394**.1 ist dahingehend zu ändern, daß der Verbraucher mit beiden Halbwellen angesteuert wird.

20. Wie muß die Schaltung in Bild **394**.1 geändert werden, wenn anstelle des Gleichstrommotors ein Wechselstromverbraucher in Antiparallelschaltung betrieben werden soll?

21. Die Zündspannung am Triac in Bild **395**.1 kann bis etwa 180° verschoben werden, obwohl das Phasenstellglied die Phasenlage der Klemmenspannung des Kondensators gegenüber der Betriebsspannung nur um etwa 90° zu drehen vermag. Wie ist das möglich?

22. Was versteht man unter Hysterese beim Betrieb eines Triac entsprechend Bild **395**.1?

23. Die Schaltung eines Schmitt-Triggers ist zu skizzieren und seine Wirkungsweise zu erläutern.

24. Welche Wirkung hat die Hysterese eines Schmitt-Triggers auf dessen Betriebsverhalten?

25. Wie kommen Regelgröße und Führungsgröße in einem Raumthermostaten zur Wirkung?

26. Was versteht man unter thermischer Rückführung?

27. Der Signalflußplan für den Regelkreis des in Bild **399**.3 dargestellten spannungsgeregelten Netzgerätes ist entsprechend Bild **397**.1 zu skizzieren, neben den Blöcken ihre Funktion anzugeben und in die Blöcke jeweils das Schaltzeichen des bestimmenden Bauelementes einzutragen.

Anhang

Das SI-Einheitensystem

Voraussetzung für das Messen von Größen ist die Festlegung von Einheiten. In Wissenschaft und Technik hat man sich in den vergangenen Jahren international auf das SI-Einheitensystem (System International) geeinigt. Es löst das bisher verwendete „Technische Einheitensystem" ab. Die Anwendung des SI-Einheitensystems wird in der Bundesrepublik durch das „Gesetz über Einheiten im Meßwesen" vom 2. 7. 1969 und die Ausführungsverordnung dazu vom 26. 6. 1970 für den amtlichen und geschäftlichen Verkehr eingeführt. Fast stets sind dafür mehrjährige Übergangsfristen vorgesehen.

Das Gesetz unterscheidet 6 Basiseinheiten und daraus abgeleitete Einheiten. Wie bisher dürfen aus diesen Einheiten mit Hilfe von Vorsätzen dezimale Vielfache und Teile gebildet werden, z. B. 1000 m = 1 km (s. Taf. 16.1).

Basiseinheiten

Basisgröße	Basiseinheit	Kurz-Zeichen	Grundlage für die Festsetzung der Basiseinheit
Länge l	das Meter	m	Wellenlänge einer bestimmten elektromagnetischen Strahlung
Zeit t	die Sekunde	s	Periodendauer einer bestimmten elektromagnetischen Strahlung
Masse m	das Kilogramm	kg	Masse des internationalen Normalkörpers
Stromstärke I	das Ampere	A	Kraftwirkung zwischen zwei stromdurchflossenen Leitern
Temperatur T	das Kelvin	K	Absoluter Temperaturnullpunkt und Schmelzpunkt (genauer Tripelpunkt) des Wassers
Lichtstärke I	die Candela	cd	Stärke der bei schmelzendem Platin entstehenden Lichtstrahlung
Stoffmenge	das Mol	mol	gleiche Teilchenzahl (z. B. Atome), wie Atome in 12 g Kohlenstoff enthalten sind.

Temperaturen dürfen auch in Grad Celsius (°C) angegeben werden. Der Nullpunkt der Kelvin-Temperaturskala liegt bei $-273°C$, der der Celsius-Temperaturskala entsprechend bei 273 K. Für Temperaturdifferenzen gilt 1°C = 1 K.

Abgeleitete Einheiten

Aus der großen Zahl der abgeleiteten SI-Einheiten werden hier nur die wichtigsten der in der Elektrotechnik verwendeten erläutert.

Kraft. 1 Newton (N, sprich njutn) ist die Kraft, die der Masse 1 kg die Beschleunigung 1 m/s² erteilt. Es ist 1 N = 1 kg $\cdot$ m/s².

Energie (mechanische elektrische und Wärmeenergie). 1 Joule (J, sprich dschul). 1 J = 1 Nm = 1 Ws.

Leistung. 1 Watt (W) = 1 J/s = 1 Nm/s.

Elektrische Spannung. 1 Volt (V) = 1 W/A   **Elektrischer Widerstand.** 1 Ohm (Ω) = 1 V/A

Magnetischer Fluß. 1 Weber (Wb) = 1 Vs

Magnetische Flußdichte. 1 Tesla (T) = 1 Wb/m² = 1 Vs/m²; verwendet wird auch 1 Vs/cm² = 10000 Vs/m² = 10000 T.

Druck. 1 Pascal (Pa) = 1 N/m². Weitere Druckeinheiten: 1 MPa = 1 N/mm²; 1 bar = 10⁵ Pa; 1 mbar = 100 Pa. Mit den älteren Druckeinheiten at und Torr (1 Torr = 1 mm Quecksilbersäule) ist 1 at = 98100 Pa = 98,1 kPa ≈ 100 kPa; 1 MPa = 10,2 at ≈ 10 at; 1 Torr = 133 Pa = 0,133 kPa; 1 kPa = 7,5 Torr.

Nach DIN 1304 gelten für einige Größen neue Formelzeichen. In dieser Auflage werden jedoch noch die bisherigen Formelzeichen verwendet.

Größe	verwendetes Formelzeichen	Formelzeichen nach DIN 1304
Fläche	A	A, S
Querschnittsfläche		S, q
Elektrische Leitfähigkeit	$\varkappa$	$\gamma, \varkappa$
Stromdichte	S	J, S
Celsius-Temperatur	ϑ	t, ϑ
Temperaturdifferenz	$\Delta\vartheta$	$\Delta T, \Delta t, \Delta\vartheta$

Umrechnung bisher verwendeter Einheiten in SI-Einheiten

Größe	SI-Einheit	frühere Einheit	Umrechnung
Masse m	Kilogramm kg		—
Kraft F	Newton N	Kilopond kp	1 kp ≈ 10 N 1 N ≈ 0,1 kp
Drehmoment M	Newtonmeter Nm	Kilopondmeter kpm	1 kpm ≈ 10 Nm 1 Nm ≈ 0,1 kpm
Arbeit W (Energie, Wärmemenge)	Joule J 1 J = 1 Nm = 1 Ws	Kilopondmeter kpm Kilocalorie kcal	1 kpm ≈ 10 J 1 J ≈ 0,1 kpm 1 kcal ≈ 4,2 kJ 1 kJ ≈ 0,24 kcal
Leistung P	Watt W $1\,W = 1\,\dfrac{J}{s} = 1\,\dfrac{Nm}{s}$	$\dfrac{\text{Kilopondmeter}}{\text{Sekunde}}\ \dfrac{kpm}{s}$ Pferdestärke PS	$1\,\dfrac{kpm}{s} \approx 10\,W$ $1\,W \approx 0,1\,\dfrac{kpm}{s}$ 1 PS = 0,736 kW 1 kW = 1,36 PS
Magnetischer Fluß Φ	Weber Wb 1 Wb = 1 Vs (Voltsekunde)	Maxwell M	1 M = 10⁻⁸ Wb 1 Wb = 10⁸ M
Magnetische Flußdichte B	Tesla T $1\,T = 1\,\dfrac{Wb}{m^2} = 1\,\dfrac{Vs}{m^2}$	Gauß G	1 G = 10⁻⁴ T 1 T = 10⁴ G
Temperatur-differenz $\Delta\vartheta$	Kelvin K und Grad Celsius °C	Grad grd	1 grd = 1 K = 1 °C

Sachverzeichnis